Donald Estep

Angewandte Analysis in einer Unbekannten

Mit 211 Abbildungen

Übersetzt aus dem Englischen von der djs² GmbH,
unter Mitarbeit von Stefanie Thorns

T0224584

 Springer

Donald Estep
Colorado State University
Department Mathematics
Weber Building 101
Fort Collins, CO 80523-1874
USA
E-mail: estep@math.colostate.edu

Übersetzer
djs^2 GmbH
Technologiepark 32
33100 Paderborn
Deutschland

Bibliografische Information Der Deutschen Bibliothek

Die Deutsche Bibliothek verzeichnet diese Publikation in der Deutschen Nationalbibliografie;
detaillierte bibliografische Daten sind im Internet über http://dnb.ddb.de abrufbar.

Übersetzung der englischen Ausgabe: „Practical Analysis in One Variable" von Donald Estep,
Undergraduate Texts in Mathematics, Springer New York 2002.

Mathematics Subject Classification (2000):
26-02, 26Axx, 34Axx, 41A05,65H05, 65L20

ISBN 3-540-21898-X   Springer Berlin Heidelberg New York

Springer ist ein Unternehmen von Springer Science+Business Media

springer.de

© Springer-Verlag Berlin Heidelberg 2005
Printed in Germany

Satz: Reproduktionsfertige Vorlage vom Übersetzer
Herstellung: LE-TeX Jelonek, Schmidt & Vöckler GbR, Leipzig
Einbandgestaltung: *design & production* GmbH, Heidelberg
Gedruckt auf säurefreiem Papier   46/3142YL - 5 4 3 2 1 0

*Gewidmet Lipman Bers, der mir als erster
die Schönheit der Mathematik zeigte und Patty Somers,
die mir half, sie wiederzufinden.*

Vorwort

Hintergrund

Ich war gerade achtzehn Jahre alt, als ich als Erstsemester anfing, Analysis zu studieren. An der Universität von Columbia angekommen, stand ich im Begriff, Physik oder Ingenieurwissenschaften zu studieren. Meine Verführung zur Mathematik begann aber sofort mit der Vorlesung zur Differential- und Integralrechnung von Lipman Bers, die in diesem Jahr mit fesselnden Vorlesungen an erster Stelle stand. Nachdem der Kurs vorüber war, rief mich Professor Bers zu sich in sein Büro und gab mir ein kleines blaues Buch von W. Rudin mit dem Titel *Prinzipien der mathematischen Analysis*. Er teilte mir mit, dass wenn ich dieses Buch während des Sommers lesen könnte, das meiste verstehen und durch Bearbeitung der Aufgaben beweisen könnte, mir dann eventuell eine Karriere als Mathematiker bevorstehen würde. So begann ein 20 Jahre währender Kampf darum, die Ideen im „Kleinen Rudin" zu meistern.

Ich begann also, motiviert durch diese Herausforderung an mein Ego. Allerdings war dieser oberflächliche Grund schnell vergessen, als ich diesen Sommer über die Schönheit und die Kraft der Analysis kennenlernte. Jeder, der sich an seinen ersten „ernsthaften" Mathematikkurs erinnert, wird meine Gefühle über diese neue Welt, in die ich fiel, nachempfinden können. Während meiner Studienzeit irrte ich rastlos durch die komplexe Analysis, die analytische Zahlentheorie und die partiellen Differenzialgleichungen, bevor ich mich schließlich bei der numerischen Analysis niederließ. Hinter dieser Unentschlossenheit stand aber eine allgegenwärtige und ständig wachsende Wertschätzung der Analysis. Eine Wertschätzung, die noch immer meinen Intellekt stärkt, selbst in der oftmals zynischen Welt des modernen professionellen Gelehrten.

Diese Wertschätzung zu entwickeln fiel mir allerdings nicht leicht, und die Darstellung in diesem Buch wurde durch meine Kämpfe angeregt, die grundlegendsten Konzepte der Analysis zu verstehen. Um J. von Neumann zu zitieren: Wir verstehen die Mathematik nicht, vielmehr wird uns die Mathematik durch Übung vertraut. Oftmals verstehen wir ein schwieriges Konzept, indem wir spezielle Fälle betrachten, die das Konzept konkretisieren. Andererseits wird unser Verständnis eines Konzeptes durch die speziellen Fälle, die wir betrachten, eingeschränkt. Wenn man die Mathematik in speziellen Zusammenhängen gelernt hat, ist man leicht überzeugt, dass dies das natürlichste und beste Umfeld ist, in dem man diese Ideen lehren sollte.

Ich denke, dass dies speziell auf die Analysis zutrifft. Ich sehe die Analysis als die Kunst und die Wissenschaft der Abschätzung. Das die Praxis der Analyis eine Kunst darstellt, kann jeder nachvollziehen, der einem Studenten der Differenzial- und Integralrechnung zu erklären versucht, was ein „epsilon-delta" Beweis der Ableitung ist. An bestimmten Punkten lautet die natürliche Antwort auf die Frage „Warum tust du dies?" „Das ist offensichtlich, kannst du das nicht erkennen?" Durch die Wissenschaft des Abschätzens verweise ich auf die Notwendigkeit der mathematischen Strenge, die sicherstellt, dass alle gewonnenen Abschätzungen sinnvoll und dass plausible Argumente wahr sind.

Weder eine Kunst noch eine Wissenschaft kann effektiv im Abstrakten gelehrt werden. Konzepte und Techniken, die in praktischen Umgebungen bestens motiviert sind, werden im Abstrakten einfach zu einer „Trickkiste". Außerdem werden technische Schwierigkeiten oftmals überwältigend, wenn es keine konkreten Beispiele gibt, die die Sachverhalte motivieren bzw. es keinen zwingenden Grund dafür gibt, Zeit mit den Komplikationen zu verbringen. Zu oft mangelt es dem Verstand an Feuerkraft, die abstrakte technische Mathematik zurückzulassen, und sich vorzustellen, wie die zugrundeliegenden Ideen verwendet werden könnten.

Daher stelle ich die grundlegenden Ideen der reellen Analysis im Kontext einer fundamentalen Aufgabe aus der angewandten Mathematik dar, nämlich der Approximation von Lösungen physikalischer Modelle. Aufgrund meiner Forschungsschwerpunkte in der numerischen Analyis und der angewandten Mathematik ist dieser Ansatz für mich natürlich. Ich bin ein numerischer Analytiker, da meine erste Reaktion auf die Konfrontation mit einem schwierigen analytischen Konzept ist, Beispiele durchzurechnen. Ich glaube, dass dieser „experimentelle" Ansatz zum Verständnis der Mathematik für viele Menschen natürlich ist. Deshalb stelle ich, soweit praktikabel, die Analyis aus einer konstruktiven Perspektive vor. Viele bedeutenden Sätze werden unter Verwendung konstruktiver Argumente bewiesen, die auf einem Computer implementiert und durch Berechnung verifiziert werden können. Die Sätze selbst werden im Kontext der Lösung von Modellen physikalischer Situationen angeregt, die geradezu nach einer berechenbaren Lösung schreien. Ich glaube, dass die Studenten, die diese Beweise implementieren und die praktischen Aufgaben in diesem Buch lösen, ein „praktisches" Verständnis der Analysis entwickeln, das Ihnen in der Zukunft zugute kommen wird.

Motivation

Ich habe drei offenkundige Gründe, dieses Buch zu schreiben, und einen versteckten.

Erstens, wann immer ich numerische Analysis lehre, ärgere ich mich über die viele Zeit, die ich mit Themen zur grundlegenden Differenzial- und Integralrechnung verbringe. Aus der Perspektive der Naturwissenschaftler und der Ingenieure ist die moderne Infinitesimalrechnung sehr unbefriedigend. Die Studenten verbringen viel von ihrer Zeit damit, Fähigkeiten zu trainieren, die nur selten verwendet werden, niemals werden ihnen aber grundlegende Ideen nähergebracht, die immer wieder auftauchen. Eine Folge ist, dass Studenten der Naturwissenschaften und der Ingenieurwissenschaften einen großen Teil ihrer Zeit in fortgeschrittenen Mathematikvorlesungen mit elementaren Themen verbringen und das auf Kosten von fortgeschrittenem Material, für das sie wahrlich die Hilfe eines Mathematikers benötigen.

Zweitens ist das Abhalten einer modernen Vorlesung zur Differenzial- und Integralrechnung für viele Analytiker eine frustrierende Erfahrung. Die Differenzial- und Integralrechnung sollte ein Kurs zur reellen Analysis sein, da es dies ist. Allerdings geht der gegenwärtige Trend bei den Vorlesungen zur Infinitesimalrechnung dahin, alles das zu vermeiden, was mit der Analysis zu tun hat und sich stattdessen auf die Lösung praktisch unwichtiger Aufgaben mit „exakten Antworten" zu konzentrieren. Die althergebrachte Weisheit lautet, dass die Analysis zu schwierig ist (bzw. zynisch ausgedrückt, dass die Studenten zu dumm sind, echte Mathematik zu erlernen). In all den Jahren aber habe ich viele klevere Studenten getroffen und diese Begründung zunehmend als fragwürdig empfunden. Dieser Trend könnte eher der Beobachtung entsprungen sein, dass es bedeutende Anstrengungen und Einfallsreichtum des Lehrenden erfordert, jungen Studenten strenge Mathematik beizubringen.

Drittens: Eine Einführung in die relle Analysis unter Verwendung eines modernen, abstrakten Ansatzes zu lehren, ist selbst unter Zuhilfenahme eines wunderbaren Buches wie dem von Rudin, weit vom Optimalen entfernt. Wie erwähnt habe ich ernsthafte Bedenken hinsichtlich der Effizienz eines abstrakten Ansatzes für die Lehre der Analysis. Außerdem zieht dieser Ansatz einige ernsthafte Konsequenzen nach sich. Zuallererst verbreitet er die fehlerhafte Vorstellung, dass es einen Unterschied zwischen der „reinen" Analysis und den „schmutzigen" Themen gibt, die für die numerische Analysis und die angewandte Mathematik wichtig sind. Dies sät Vorurteile über reine und angewandte Mathematiker, die für die Mathematik so unglücklich sind. Außerdem macht es den typischen Einführungskurs zur reellen Analysis für die kleversten Studenten der Natur- und Ingeniuerwissenschaften unattraktiv, die doch von der Teilnahme an einem solchen Kurs profitieren könnten.

Dieses Buch versucht, die grundlegenden Ideen der reellen Analysis und der numerischen Analysis zusammen in ein angewandtes Umfeld zu stellen, das für junge Studenten aller technischen Fachrichtungen sowohl zugänglich als auch motivierend ist.

Dieses Ziel spiegelt meinen versteckten Grund zum Schreiben dieses Buches wider. Dieses Buch ist nämlich eine persönliche Aussage darüber, wie meiner Meinung nach Menschen Mathematik lernen und wie Mathematik demnach gelehrt werden sollte.

Handhabung

Am Anfang dieses Buch steht die Lösung von algebraischen Modellen mit numerischen Lösungen. Die Diskussion führt auf natürliche Weise von den ganzen Zahlen über die rationalen Zahlen und die vollständige Induktion zur Konstruktion der reellen Zahlen. Eingebunden ist eine gründliche Diskussion zu den Funktionen. Höhepunkt in diesem Teil des Buches ist die Theorie der Fixpunktiteration zur Lösung von nichtlinearen Gleichungen. Der folgende Teil des Buches befasst sich mit Modellen, die Ableitungen beinhalten und deren Lösungen Funktionen sind. Die Modellierung und die Analyse von Funktionen motiviert die Einführung der Ableitung, während die Lösung der einfachsten Differenzialgleichungsmodelle die Einführung des Integrals motiviert. Wir untersuchen die Eigenschaften dieser Operationen ausführlich, um dann als praktische Anwendung die grundlegenden transzendenten Funktionen als Lösungen einiger klassischer Differentialgleichungen abzuleiten und zu analysieren. Dieser Teil schließt mit einer Diskussion des Newton–Verfahrens zur Lösung von Nullstellenproblemen. Mit dem grundlegenden Stoff über Zahlen und Funktionen versorgt, wendet sich das Buch einer detaillierteren Analyse von Funktionen zu, dies schließt Untersuchungen zur Stetigkeit, zu Folgen von Funktionen und zur Approximationstheorie ein. Das Buch endet mit einer Diskussion der Lösung von nichtlinearen Differentialgleichungen und zwar mittels des entscheidend wichtigen Fixpunktsatzes und dem Satz von Arzela über gleichgradig stetige Funktionen.

Obwohl es sich hierbei um klassische Themen handelt, ist das Material in diesem Buch nicht in der für die meisten Lehrbücher zur rellen Analysis typischen Reihenfolge angeordnet. Es gibt dafür zwei Gründe. Einer der wenigen Grundsätze für die Lehre, den ich 20 Jahre beibehalten habe, ist, immer nur jeweils ein neues Konzept einzuführen, und es nur dann einzuführen, wenn es erforderlich ist. Konsequenterweise wird der Stoff in diesem Buch in einer Reihenfolge eingeführt, die durch die praktische Aufgabe motiviert ist, Modelle zu lösen, statt durch den formalen Stil, das Thema von Grund auf aufzubauen. Drei wichtige Beispiele sind die Einführung sowie der Gebrauch der Lipschitz-Stetigkeit lange vor anderen Definitionen der Stetigkeit, die Einführung der Ableitung über die Linearisierung einer Funktion und die Einführung der Integration als ein Verfahren zur approximativen Lösung von Differenzialgleichungen, statt einer Methode die Fläche unterhalb einer Kurve zu berechnen. Jede dieser Entscheidungen führt zu deutlichen pädagogischen Vorteilen hinsichtlich der Motivation von Ideen sowie des Unterrichtens von Studenten darüber, wie man Analysis *durchführt*.

Die Reihenfolge des Materials in diesem Buch wurde auch von dem Ziel bestimmt, konstruktive Argumentationen darzustellen. Die Annahme der Lipschitz-Stetigkeit erleichtert es zum Beispiel, konstruktive Beweise für mehrere fundamentale Ergebnisse wie den Mittelwertsatz zu geben. Daher wird die allgemeinste Definition der Stetigkeit und die allgemeinen Versionen einiger fundamentaler Ergebnisse nicht vor dem letzten Drittel des Buches präsentiert, in dem die Diskussion sowohl abstrakter und komplizierter als auch weniger konstruktiv wird.

Dieses Buch zielt auf zwei Arten von Vorlesungen ab. Zum einen gibt es die Spezialisierungssequenz in der Differenzial- und Integralrechnung, die typischerweise von Erstsemestern gewählt wird, die beabsichtigen, ein technisches Gebiet zu studieren. Diese Studenten haben oftmals Vorkenntnisse in der Infinitesimalrechnung. Zweitens gibt es den Einführungskurs in die reelle Analyis, der Studierenden der Mathematik angeboten wird, die die Differential- und Integralrechung abgeschlossen haben. Dieses Buch wurde erfolgreich für beide Arten von Vorlesungen am Georgia Institute of Technology sowie der Colorado State University eingesetzt. Ein großer Teil dieses Materials wurde auch erfolgreich in Schweden an der technologischen Universität von Chalmers getestet.

Um dieses Buch für solche Vorlesungen einzusetzen, ist es notwendig, den abzudeckenden Stoff auszuwählen. In einer Vorlesung für Erstsemester mit der Spezialisierungssequenz Differential- und Integralrechnung verwende ich das Material aus den Kapiteln 1–4, 5–7 (kurz), 8–15 und schließlich die eigentliche Infinitesimalrechnung aus den Kapiteln 16–30 und 35. Den Schluß bildet ausgewähltes Material aus den Kapiteln 31 und 36–38. Eine Vorlesung zur Differential- und Integralrechnung, die diesem Lehrplan folgt, läßt sicherlich mehrere Themen aus, die ein Standardkurs abdecken würde, wie eine detaillierte Diskussion zu den Integrationstechniken und verschiedener „Standardanwendungen". Ich habe nicht festgestellt, dass meine Studenten darunter gelitten haben. In einem fortgeschrittenen Kurs zur Infinitesimalrechnung bzw. einem Einführungskurs zur reellen Analysis wähle ich Material aus den Kapiteln 3, 4, 8–15, 16, 18–23, 25–27, 28 und 29 sehr kurz, 32–35. Anschließend wähle ich für meine Vorlesungen Material aus den Kapiteln 36–41 aus.

Das Material wird durch Übungsaufgaben ergänzt, die von einfachen Berechnungen bis zu Abschätzungen und Rechenprojekten reichen. Wenn ich diesen Stoff lehre, teile ich es in eine Mischung aus Kursarbeit, die Klausuren zum grundlegenden Verständnis einschließen, Hausaufgaben, die die schwierigeren analytischen Aufgaben abdecken und „Laborprojekten" ein, die unter Verwendung eines Computers durchgeführt werden und die einen schriftlichen Bericht erfordern.

Danksagungen

Als Student war ich in der glücklichen Lage, Vorlesungen zur Analysis von einer Reihe ausgezeichneter Mathematiker zu besuchen, die Lipman Bers, Jacob Sturm, Hugh Montgomery, Joel Smoller, Jeff Rauch, Ridgway Scott, Claes Johnson und Stig Larsson einschließen. Obwohl ich ein gleichgültiger Student war, schafften sie es dennoch, mir einen kleinen Eindruck der wunderschönen Sichtweise auf die Analysis zu verschaffen, die sie ständig im Geiste mit sich tragen.

Ursprünglich entstand dieses Projekt während Gesprächen mit meinem guten Freund und Kollegen Claes Johnson. Sowohl Zustimmung als auch Ablehnung von Claes sind immer ungeheuer stimulierend. Die Energie aufzubringen, dieses Projekt zu beenden, geht zu einem nicht kleinen Teil auf meine Studenten im Kurs zur Spezialisierungssequenz in der Infinitesimalrechnung am Georgia Institute of Technology 1997/8 zurück. Ihre Begeisterung, Geduld, Wißbegier, sowie ihr angenehmes Wesen war unbeschränkt und sie zu unterrichten war wahrlich eine lebensändernde Erfahrung.

Ich danke Luca Dieci, Sean Eastman, Kenneth Eriksson, Claes Johnson, Rick Miranda, Patty Somers, Jeff Steif und Simon Tavener für ihre Kommentare und Korrekturen, die zu wesentlichen Verbesserungen führten. Ich danke Lars Wahlbin, der mir bei mehreren Punkten zur Geschichte der Mathematik weitergeholfen hat.

Ich danke der Abteilung Mathematical Sciences bei der National Science Foundation für viele Jahre Unterstützung. Insbesondere basiert der Stoff in diesem Buch auf Arbeiten, die von der National Science Foundation durch die Beihilfen DMS-9506519, DMS-9805748 und DMS-0107832 unterstützt wurde.

Schließlich danke ich Patty Somers für ihre Unterstützung und Geduld. Mit einem akademischen Mathematiker verheiratet zu sein, ist schlimm genug, ganz zu schweigen, damit klarkommen zu müssen, dass er auch noch ein Buch schreibt. Patty tut beides und überzeugt mich darüberhinaus, dass es (fast immer) Spaß macht.

Fort Collins, Colorado   Donald Estep

Inhalt

II Differenzial- und Integralrechnung   239

16 Die Linearisierung einer Funktion in einem Punkt   241

17 Wir analysieren das Verhalten eines Populations–Modells   257

18 Interpretationen der Ableitung   265

19 Differenzierbarkeit auf Intervallen   273

20 Nützliche Eigenschaften der Ableitung   289

21 Der Mittelwertsatz   301

22 Ableitungen von inversen Funktionen   311

Einführung

Analysis. Über dieses Wort nachzudenken, ruft eine überraschende Vielfalt an Emotionen hervor. Jetzt, auf dem Höhepunkt meiner mathematischen Karriere, vermeine ich für die Analysis das zu empfinden, was eine professionelle Holzbearbeiterin für ihre Holzbearbeitungswerkzeuge empfindet. Ich bin beruflich stolz auf meine Fähigkeiten und auf die Dinge, die ich unter Verwendung meiner Werkzeuge erschaffen habe, und ich habe ein berufliches Interesse daran, wie andere diese Werkzeuge verwenden. Ich bin immer bestrebt, meine Fähigkeiten zu verfeinern und zu verbessern. Ich kann mich aber auch noch an die Zeit erinnern, als ich ein Student war, der zum ersten Mal Analysis lernte. Ich erinnere mich an Tage wütender Frustration, als ich versuchte, eine oder zwei Seiten eines Artikels oder Buches zu lesen bzw. eine Aufgabe zu bearbeiten. Es gab auch einige wenige Momente wunderbarer Offenbarung mit Gefühlen ähnlich denen, die ich empfinde, wenn ich durch die endlosen Wälder meiner heimatlichen Appalachen wandere und plötzlich auf eine Lichtung stoße, die die Schönheit dieser alten Gebirge enthüllt.

Aber ich gehe schon wieder zu schnell voran. Was ist Analysis? Die Analysis hat zwei Gesichter, und zwar abhängig von der Orientierung des Benutzers. Für die „angewandten Mathematiker" bedeutet die Analysis Approximation und Abschätzung. Das Bestreben in den Naturwissenschaften und den Ingenieurwissenschaften ist, die physikalische Welt zu beschreiben, zu erklären, wie sie funktioniert und dann Vorhersagen über ihr zukünftiges Verhalten zu treffen. Meistens sind unsere Beschreibungen der physikalischen Welt mathematisch; tatsächlich ist die Mathematik die Sprache der Natur- und Ingenieurwissenschaften. Aber obwohl wir oftmals grobe

Vereinfachungen machen müssen, um eine mathematische Beschreibung zu erhalten, sind mathematische Beschreibungen der physikalischen Situationen oftmals zu kompliziert, um direkt verstanden zu werden. Hier hilft die Analysis in Form von Abschätzungen, Vereinfachungen und Approximationen der Beschreibung weiter.

Für „reine" Mathematiker, die weit entfernt von Anwendungen in den technischen Wissenschaften arbeiten, bedeutet die Analysis die Untersuchung des Grenzverhaltens von unendlichen Prozessen. Viele mathematische Objekte, wie zum Beispiel die Ableitung und das Integral sowie die Zahlen selbst werden am besten als Grenzwert eines unendlichen Prozesses definiert. Sich mit Unendlich und unendlichen Prozessen auf einem rationalen und mathematisch strengen Weg zu befassen ist, was die moderne Mathematik, die um die Zeit von Newton und Leibniz beginnt, von der „klassischen" Mathematik unterscheidet, die zum Beispiel von den alten Griechen entwickelt wurde. Die Schwierigkeit liegt darin, zu verstehen, was es bedeutet, einen solchen Grenzwert zu bestimmen, da wir offensichtlich niemals zum „Ende" eines unendlichen Prozesses gelangen können. Die moderne Analysis hat diesen Sachverhalt auf ein solides mathematisches Fundament gestellt.

Diese zwei Sichtweisen der Analysis beschreiben aber dieselbe Aktivität. Approximation und Abschätzung implizieren eine Vorstellung vom Wesen eines Grenzwerts, das heißt, der Möglichkeit, vollständige Genauigkeit als Grenzwert des Approximationsprozesses zu erlangen. Andererseits impliziert das Konzept eines Grenzwerts auch eine Approximation, die so genau wie gewünscht gemacht werden kann. Tatsächlich sind viele Analytiker in erster Linie an unendlichen Prozessen interessiert, die direkt etwas mit mathematischen Beschreibungen von physikalischen Phänomenen zu tun haben.

Nun genug der vagen Worte zur Analysis. Dieses Buch führt nicht nur in die Analysis ein, sondern es definiert sie auch bzw. zumindestens ihre grundlegenden Bausteine. Dass es 600 Seiten benötigt, um diese Bausteine zu definieren, ist nicht überraschend, wenn man bedenkt, dass die strenge mathematische Analysis eine der schönsten und wichtigsten intellektuellen Errungenschaften der Menschheit ist. Dieses Lehrbuch beschreibt den Weg, der von einer Anzahl Genies geschaffen wurde, die in der Mathematik, den Naturwissenschaften und den Ingenieurwissenschaften gearbeitet haben.

Dieses Buch gliedert sich in drei Teile, die den Stoff nach Thema und Schwierigkeit gliedern. Der erste Teil, *Zahlen und Funktionen, Folgen und Grenzwerte*, befasst sich mit den grundlegenden Eigenschaften von Zahlen und Funktionen und führt in das fundamentale Konzept des Grenzwerts und seines Gebrauchs zur Lösung von mathematischen Modellen ein. Der zweite Teil, *Differenzial- und Integralrechnung*, führt sowohl in die Ableitung und das Integral ein, als auch in die Modellierung mit und die Lösung von Differentialgleichungen. Der dritte Teil, *Sie möchten Analysis? Hier ist sie.* befasst sich intensiver mit Eigenschaften von Funktionen und der

Lösung von Differentialgleichungen. Die drei Teile decken sukzessiv schwierigere Themen ab. Die drei Teile sind auch in sukzessiv schwierigerem Stil geschrieben. Insbesondere ist das Material des ersten Teils eng mit der Lösung von Modellen verbunden, während das Material im letzten Teil oftmals abstrakt um seiner selbst willen präsentiert wird.

Die ideale Vorbereitung, um dieses Buch zu lesen, ist ein vorheriger Umgang mit der Differential- und Integralrechnung, wie zum Beispiel ein fortgeschrittener Kurs an einer weiterführenden Schule oder ein Einführungskurs an der Universität. Die Mindestanforderungen sind ein Kurs zur Trigonometrie und Erfahrungen mit der analytischen Geometrie.

Übrigens hätte ich Frustration bei der Beschreibung meiner Gefühle zur Analysis erwähnen sollen, sowohl gegenwärtig als auch in der Vergangenheit. Ich kämpfe noch immer gegen die Frustration an, wenn ich versuche, neue Analysis zu erlernen bzw. Probleme in meiner Forschung zu lösen. Der einzigartige Radrennfahrer Greg LeMond äußerte sich zum Radfahren so: „Es wird nicht einfacher, man wird lediglich schneller." Ich nehme an, dass dasselbe auf die Mathematik zutrifft. Jetzt erscheinen mir Teile der Analysis in ihrer Vertrautheit einfach und ich kämpfe mit komplizierteren Ideen. Aber der Kampf, die Analysis zu verstehen, wird für mich niemals enden. Falls es also ein Trost für den Leser ist: Die Analysis wird niemals einfach werden, aber Sie werden zumindest mit immer schwierigeren Ideen kämpfen.[1]

Wenn ich nicht Mathematiker geworden wäre, wäre ich wahrscheinlich Ingenieur oder Naturwissenschaftler geworden und zwar aus dem einfachen Grund, das ich aus demselben grundlegenden Drang angetrieben werde wie viele Ingenieure, Mathematiker und Naturwissenschaftler: Nämlich dem Drang, *zu verstehen*. Solange ich mich erinnern kann, habe ich es gehaßt, nicht zu wissen, *warum* etwas wahr ist. Dieser Wunsch ist die hauptsächliche Motivation für den Ansatz zur Analysis, den ich in diesem Buch gewählt habe.

Dieses Buch ist nicht in dem „Satz–Beweis" Stil geschrieben, der in strengen Mathematiklehrbüchern üblich ist. Mit ein paar Ausnahmen sind die Diskussionen in diesem Buch nicht darauf ausgerichtet, lediglich zu beweisen, dass eine Tatsache wahr ist; stattdessen versuchen sie zu erklären, *warum* bestimmte Tatsachen wahr sind. Folglich wird in erster Linie den Erklärungen und Diskussionen Aufmerksamkeit geschenkt, und meistens werden die Sätze nur benutzt, um die Diskussionen zusammenzufassen. Diese Betonung des Verständnisses spiegelt sich in den Aufgaben wider, welche eher von Ihnen verlangen, dass Sie erklären, warum Dinge wahr sind, statt mechanische Berechnungen durchzuführen.

Aufzubrechen und die Analysis zu verstehen ist ein schwieriges Unterfangen und es ist die Ausnahme, dass jemand in der Lage ist, alles beim

---

[1] Eigenartigerweise klingt das nicht so ermutigend, wie es gemeint ist!

ersten Mal zu verstehen. Tatsächlich benötigen die meisten Menschen Jahre, um einige der grundlegenden Ideen der Analysis zu verstehen, wie der Autor aus reumütiger eigener Erfahrung weiß. Da wir die Dinge nicht auf Jahre hinausschieben können, während wir auf die wahre Erleuchtung warten, ist es wichtig, sich nicht an problematischen Punkten „festzufahren". Wenn Sie etwas nicht verstehen, nachdem Sie sich damit für einige Zeit beschäftigt haben, machen Sie einfach weiter. Zu der Zeit, als die mathematischen Grundlagen der Differenzial- und Integralrechnung heftigst in Frage gestellt wurden (und letztendlich zu der modernen Analysis führten), arbeitete d'Alembert[2] und schrieb

Mache weiter und Du erlangst Vertrauen.

Im Kontext größerer menschlicher Konflikte stellte Winston Churchill dies prägnanter dar:

Wenn Du durch die Hölle gehst, geh' weiter.

---

[2]Der französische Mathematiker Jean Le Rond d'Alembert (1717–1783) war ein sehr einflußreicher Naturwissenschaftler und Mathematiker. Er erzielte seine bedeutendsten mathematischen Ergebnisse in der Theorie der Differentialgleichungen und der Mechanik. d'Alembert definierte als Erster die Ableitung einer Funktion als den Grenzwert des Quotienten von kleineren Zunahmen und forderte, dass das Konzept des Grenzwertes auf ein solides mathematisches Fundament gestellt werden sollte.

Teil I

Zahlen und Funktionen, Folgen und Grenzwerte

1
Mathematische Modellierungen

Der erste Halt auf unserer Reise in die Analysis ist die mathematische Modellierung. In diesem Buch betrachten wir die Analysis im Hinblick auf das Verständnis mathematischer Modelle der Welt. Allerdings ist dies kein Buch über mathematische Modellierung. Dies ist ein eigenes Thema, welches nicht nur einen meisterhaften Gebrauch der Mathematik, sondern auch von bestimmten naturwissenschaftlichen und technischen Feldern verlangt. Tatsächlich ist ein großer Teil des Lehrplanes in den Naturwissenschaften und der Technik eben genau dem Erstellen solcher mathematischer Modelle gewidmet.

Dennoch, da wir beabsichtigen, mathematische Modelle der physischen Welt zu analysieren, ist es wichtig zu verstehen, wie mathematische Modelle erschaffen sind, was sie modellieren sollen, und welche Art von Informationen aus Modellen erwartet wird. Wir beginnen, indem wir zwei einfache Beispiele für den Gebrauch der Mathematik geben, um praktische Situationen zu beschreiben. Das erste Beispiel ist ein Problem aus der Ökonomie und das zweite ist eines aus der Vermessung. Beides sind wichtige Felder von Anwendungen der Mathematik seit der Zeit der Babylonier.[1] Obwohl

---

[1] Der Begriff „Babylonier" bezeichnet mehrere Gruppen von Völkern, die in Mesopotamien in der Region um die Flüsse des Tigris und des Euphrates lebten, ungefähr in der Zeit von 4000–1000 v.Chr. Babylonische Mathematik beinhaltete Tabellen von Wurzeln von Zahlen (exakt und ungefähr), Lösungen von algebraischen Problemen, Formeln für lange Summen, und rudimentäre Geometrie. Die Babylonier waren zu einem beträchtlichen Teil auf die Mathematik angewiesen, um ihre täglichen Aufgaben zu organisieren.

die Modelle sehr einfach sind, veranschaulichen sie fundamentale Ideen, die
wiederholt immer wieder vorkommen.

1.1 Das Modell von der Abendsuppe

Wir bereiten eine Suppe für das Abendessen zu, und dem Rezept folgend,
bitten wir unseren Mitbewohner zum Lebensmittelgeschäft zu gehen und
für 10 Euro Kartoffeln, Karotten und Rindfleisch im Verhältnis 3:2:1 ihres
Gewichtes einzukaufen. In anderen Worten ausgedrückt, soll bezüglich des
Gewichtes dreimal so viel Kartoffeln wie Rindfleisch und zweimal so viele
Karotten wie Rindfleisch vorhanden sein. Im Lebensmittelgeschäft findet
unser Mitbewohner heraus, dass Kartoffeln 1 Euro pro Pfund, Karotten 2
Euro pro Pfund und Rindfleisch 8 Euro pro Pfund kosten. Unser Mitbewohner steht folglich vor dem Problem herauszufinden, wie viel von jeder
einzelnen Zutat einzukaufen ist, um die 10 Euro auszugeben.

Eine Möglichkeit ist, das Problem durch Ausprobieren zu lösen. Unser
Mitbewohner könnte Quantitäten der Zutaten im Verhältnis 3:2:1 zur Kas-
se bringen und den Angestellten den Preis kontrollieren lassen; dies wäre
so lange zu wiederholen, bis der Betrag von 10 Euro erreicht ist. Selbstverständlich jedoch könnten sowohl unser Mitbewohner als auch der An-
gestellte sich wahrscheinlich bessere Möglichkeiten vorstellen, den Nach-
mittag zu verbringen. Eine andere Möglichkeit ist das Problem mathematisch auf einem Blatt Papier zu beschreiben bzw. ein **mathematisches
Modell** des Problems zu erstellen, und dann die korrekten Mengen herauszufinden, indem man einige Berechnungen anstellt. Wenn sie einfach
genug sind, könnte unser Mitbewohner in der Lage sein, die Berechnungen in seinem Kopf zu machen. Anderenfalls könnte er ein Stück Papier
und einen Stift oder einen Taschenrechner benutzen. In jedem Fall ist die
Idee, den Verstand zu gebrauchen (und einen Stift und Papier oder einen
Taschenrechner) anstelle von roher körperlicher Arbeit.

Das mathematische Modell könnte folgendermaßen aufgebaut sein: wir
beachten, dass es genügt, die Menge des Rindfleisches zu bestimmen, da
wir zweimal soviel Karotten wie Rindfleisch einkaufen werden und dreimal
soviel Kartoffeln wie Rindfleisch. Wir geben der zu bestimmenden Menge
einen Namen, wir lassen nämlich x die einzukaufende Menge Fleisch in
Pfund bezeichnen. Hier repräsentiert das Symbol x eine unbekannte Menge,
oder **eine Unbekannte**, die wir zu bestimmen versuchen, indem wir die
verfügbare Information benutzen.

Sei die Menge des Fleisches x Pfund, dann ergibt sich der Preis des
einzukaufenden Fleisches $8x$ Euro aus der einfachen Berechnung

$$\text{Kosten des Fleisches in Euro} = x\,\text{Pfund} \times 8\,\frac{\text{Euro}}{\text{Pfund}}.$$

Da das Gewicht der Kartoffeln das Dreifache des Gewichts des Fleisches betragen soll, ist die Menge der Kartoffeln in Pfund ausgedrückt $3x$ und die Kosten der Kartoffeln betragen $3x$ Euro, weil der Preis für die Kartoffeln einen Euro pro Pfund beträgt. Abschliessend stellen wir fest, dass die Menge der einzukaufenden Karotten $2x$ beträgt und die Kosten sich auf 2 Mal $2x = 4x$ Euro belaufen, weil der Preis 2 Euro pro Pfund beträgt. Die Gesamtkosten des Fleisches, der Kartoffeln und der Karotten errechnen sich, indem die Kosten jedes einzelnen aufsummiert werden:

$$8x + 3x + 4x = 15x.$$

Da wir annehmen, dass wir 10 Euro ausgeben sollen, erhalten wir die Gleichung

$$15x = 10, \qquad (1.1)$$

die das Verhältnis der Gesamtkosten zum verfügbaren Geld ausdrückt. Dies ist eine **Gleichung**, die die Unbekannte x und bestimmte Zahlenwerte aus der physikalischen Situation beinhaltet. Mit dieser Gleichung kann unser Mitbewohner herausfinden, wie viel von jeder Zutat einzukaufen ist. Gelöst wird diese, indem beide Seiten der Gleichung (1.1) durch 15 dividiert werden, was $x = 10/15 = 2/3$, also ungefähr $0, 667$ ergibt. Also sollte unser Mitbewohner 2/3 Pfund Fleisch einkaufen, sowie daraus folgend $2 \times 2/3 = 4/3$ Pfund Karotten, sowie schließlich $3 \times 2/3 = 2$ Pfund Kartoffeln.

Das mathematische Modell für diese Situation ist die Gleichung (1.1), das heißt $15x = 10$, wobei x die Menge des Fleisches darstellt, $15x$ die Gesamtkosten und 10 das verfügbare Geld. Die Modellierung bestand darin, die Gesamtkosten der Zutaten $15x$ mit Hilfe der Gesamtmenge des Fleisches x auszudrücken. Beachten Sie, dass wir in diesem Modell nur berücksichtigen, was wesentlich für unsere gegenwärtige Absicht ist, Kartoffeln, Karotten und Fleisch für die Abendsuppe einzukaufen. Wir kümmern uns nicht darum, die Preise anderer Artikel wie Eis oder Bier aufzuschreiben.[2] Die nützliche Information zu bestimmen, ist ein wichtiger und manchmal auch schwieriger Teil der mathematischen Modellierung.

Den Symbolen die relevanten Quantitäten, bekannt oder unbekannt, zuzuordnen, ist ein weiterer wichtiger Schritt, um ein mathematisches Modell zu errichten. Die Idee, den Symbolen unbekannte Quantitäten zuzuordnen, wurde von den Babyloniern eingeführt, die solche Modelle wie das Modell von der Abendsuppe benutzten, um die Versorgung der vielen Leute, die an ihren Bewässerungssystemen arbeiteten zu organisieren.

Ein positives Merkmal von mathematischen Modellen ist, dass sie wiederverwendet werden können, um andere Situationen zu beschreiben. Haben wir zum Beispiel 15 Euro zur Verfügung, ist das Modell $15x = 15$ mit der Lösung $x = 1$. Wenn wir 25 Euro haben dann ist das Modell $15x = 25$ mit der Lösung $x = 25/15 = 5/3$. Im Allgemeinen, wenn die Menge des Geldes

---

[2]Egal wie wünschenswert. Intellektuelle Disziplin hat schließlich Priorität.

y gegeben ist, dann ist das Modell $15x = y$. In diesem Modell benutzen wir die zwei Symbole x und y, und nehmen an, dass die Menge des Geldes y vorgegeben ist und die Menge des Rindfleisches x eine unbekannte Menge darstellt, die mit der Gleichung ($15x = y$) dieses Modells zu bestimmen ist. Die Rollen können vertauscht werden und wir können uns vorstellen, dass die Menge des Rindfleisches gegeben ist und die Ausgaben y bestimmt werden sollen (bezogen auf die Formel $y = 15x$). Im ersten Fall würden wir uns die Menge des Rindfleisches x als eine Funktion der Ausgabe y denken, und im zweiten die Ausgabe y als eine Funktion von x.

Bevor wir das mathematische Modell für die einzukaufende Menge an Rindfleisch herausgefunden hatten, haben wir vorgeschlagen, dass unser Mitbewohner die Menge herausfinden könnte, indem er eine Strategie von Versuch und Irrtum gebraucht. Wir können solch eine Strategie auch mathematisch durchführen. Zuerst vermuten wir $x = 1$, was zu den Gesamtkosten der Zutaten von 15 Euro führt. Weil dies zu viel ist, probieren wir eine kleinere Menge an Fleisch, sagen wir $x = 0,5$, und erhalten Gesamtkosten von $7,5$ Euro. Dies ist zu wenig, deshalb erhöhen wir sie ein wenig, sagen wir $x = 0,75$. Dies führt zu Gesamtkosten von $11,25$ Euro. Nun versuchen wir es noch einmal mit einer Schätzung zwischen $0,5$ und $0,75$, sagen wir $0,625$. Jetzt erhalten wir $9,38$ Euro als Gesamtkosten (aufgerundet). Beachten Sie, dass wir mit dieser Prozedur eindeutig Fortschritte machen bezüglich der Zielkosten von 10 Euro. Wir wählen eine Menge zwischen $0,625$ und $0,75$, sagen wir $0,6875$, und erhalten Gesamtkosten von $\approx 10,31$ Euro. Kontinuierliches Schätzen in dieser Art und Weise lässt uns herausfinden, dass unsere Schätzungen immer näher zu dem korrekten Wert $x = 2/3 = 0,66666 \cdots$ tendieren, welchen wir durch die Division bestimmt haben.

1.2   Das Modell vom matschigen Hof

Der Autor besitzt ein Haus mit einem Hinterhof der Grösse 100 m $\times$ 100 m, welcher die unglückliche Tendenz hat, einen matschigen See zu bilden, jedesmal wenn es regnet. Wir zeigen links in Abbildung 1.1 eine Perspektive des Feldes. Wegen der Neigung des Hofes glaubt er, dass das Überfluten gestoppt werden kann, indem man einen flachen Graben entlang der Diagonalen des Hofes zieht, sowie einige perforierte Regenrohre aus Plastik legt und sie dann wieder mit Erde bedeckt. Er steht nun vor dem Problem, die Menge des Rohres zu bestimmen, das er einkaufen muss. Weil eine Vermessung des Grundstücks lediglich die äusseren Abmessungen und die Lage der Ecken liefert, und die physikalische Messung der Diagonalen nicht so einfach ist, hat er beschlossen, zu versuchen, die Distanz mit Hilfe der Mathematik zu berechnen.

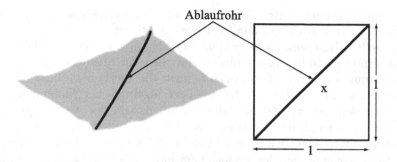

Abbildung 1.1: Perspektive eines Feldes mit einer schlechten Drainage und einem Modell, dass die Abmessungen beschreibt.

Es ist relativ schwierig, einen Hof exakt zu beschreiben, deshalb bilden wir ein einfaches Modell, indem wir annehmen, dass der Hof perfekt quadratisch und eben sei. In diesem Modell ändern wir die Einheiten von 100 m, so dass das Feld 1×1 gross ist. Das Modell ist rechts in Abbildung 1.1 dargestellt. Wenn wir die Länge der Diagonalen unseres Feld–Modells mit x bezeichnen, dann besagt der Satz des Pythagoras, dass $x^2 = 1^2 + 1^2 = 2$. Um die Länge x des Regenrohres herauszufinden, müssen wir deshalb die Gleichung

$$x^2 = 2 \qquad (1.2)$$

lösen. Wir nennen diese Gleichung das Modell vom matschigen Hof. Sprechen wir über ein Feld mit den Seitenlängen y, dann ist das Modell im Allgemeinen $y = x^2$.

Die Gleichung (1.2) zu lösen mag zuerst täuschend einfach erscheinen; die positive Lösung ist letzten Endes nur $x = \sqrt{2}$. Dieses wirft jedoch die relevante Frage auf „Was ist $\sqrt{2}$?" Gehen Sie in einen Laden und fragen Sie nach $\sqrt{2}$ Einheiten Rohr – Sie werden keine positive Antwort erhalten. Aller Wahrscheinlichkeit nach kommen die vorgeschnittenen Rohre nicht in Längen von geeichten $\sqrt{2}$ und der Verkäufer wird konkretere Informationen benötigen als lediglich das Symbol „$\sqrt{2}$", um ein Stück Rohr abzumessen.

Wir können versuchen den Wert von $\sqrt{2}$ festzustellen, indem wir wieder eine Strategie von Versuch und Irrtum verwenden, wie schon beim Modell von der Abendsuppe. Wir können einfach überprüfen, dass $1^2 = 1 < 2$, während $2^2 = 4 > 2$. So liegt $\sqrt{2}$, was immer es auch ist, zwischen 1 und 2. Als nächstes können wir überprüfen, dass $1,1^2 = 1,21$, $1,2^2 = 1,44$, $1,3^2 = 1,69$, $1,4^2 = 1,96$, $1,5^2 = 2,25$, $1,6^2 = 2,56$, $1,7^2 = 2,89$, $1,8^2 = 3,24$, $1,9^2 = 3,61$ ist. Offensichtlich liegt $\sqrt{2}$ zwischen $1,4$ und $1,5$. Als nächstes können wir versuchen, die dritte Kommastelle festzulegen. Jetzt finden wir heraus, dass $1,41^2 = 1,9881$ ist, während $1,42^2 = 2,0164$ ist. Ganz offensichtlich liegt $\sqrt{2}$ zwischen $1,41$ und $1,42$, allerdings höchstwährscheinlich näher an $1, 41$. Fahren wir so fort, so können wir ganz offensichtlich so viele Dezimalstellen von $\sqrt{2}$ bestimmen, wie wir möchten.

Es stellt sich heraus, dass wir viele Modelle antreffen werden, die gelöst werden müssen, indem man einige Variationen der Strategie von Versuch und Irrtum verwendet. Tatsächlich können die meisten mathematischen Gleichungen nicht exakt mit Hilfe einiger algebraischer Manipulationen gelöst werden, wie wir das im Fall des Modells von der Abendsuppe tun konnten (1.1). Folglich ist der Ansatz von Versuch und Irrtum für das Lösen von mathematischen Gleichungen fundamental wichtig in der Mathematik. Wir werden sehen, dass der Versuch Gleichungen, wie $x^2 = 2$ zu lösen uns direkt in das eigentliche Herz der Analysis trägt.

1.3   Mathematische Modellierungen

Basierend auf diesen Beispielen können wir mathematische Modellierungen als einen Prozess mit drei Komponenten beschreiben:

1. Das Formulieren des Modells in mathematischen Termen;

2. Das mathematische Verstehen des Modells;

3. Die Bestimmung der Lösung des Modells.

Wir begannen dieses Kapitel mit der Beschreibung physikalischer Situationen im Modell von der Abendsuppe, und in dem Modell vom matschigen Hof mit mathematischen Gleichungen, was die erste Komponente mathematischer Modellierung darstellt. Beachten Sie, dass dieser Aspekt nicht allein mathematischer Natur ist. Gleichungen zu formulieren, die eine physikalische Situation beschreiben, involviert sicherlich Mathematik, allerdings verlangt es auch Kenntnisse der Physik, der Technik, der Volkswirtschaft, der Geschichte, der Psychologie und von allen anderen Gebieten, die relevant sind, um physikalische Umgebungen zu beschreiben.

Als zweiten Schritt müssen wir bestimmen, ob das Modell „mathematischen Sinn„ ergibt. „Hat es eine Lösung und ist das die einzige Lösung? „ sind zum Beispiel wichtige Fragen. " Was sind die Eigenschaften der Lösung und ergeben sie Sinn, was die physikalische Situation, die modelliert wurde anbelangt? „ ist eine andere wichtige Frage. Um ein Modell mathematisch zu verstehen, müssen wir die mathematischen Komponenten, die das Modell bilden, und die Eigenschaften der Lösung verstehen.

Die Gleichungen, die wir für das Modell von der Abendsuppe und für das Modell vom matschigen Hof erhielten, nämlich $15x = y$ und $x^2 = y$, sind Beispiele für **algebraische Gleichungen**, in denen der Wert y und die Unbekannte x beide Zahlen sind. Die Modelle selbst stellen Funktionen dar. Wir beginnen unser Studium der Analysis mit der Betrachtung der Eigenschaften von Zahlen und Funktionen.

Bei der Betrachtung zunehmend komplizierterer Situationen treffen wir auf Modelle, in denen die Werte und die unbekannten Größen Funktionen sind. Wollen wir zum Beispiel die Bewegung eines Satelliten beschreiben, dann ist die Beschreibung eine Funktion, die die Position und vielleicht die Geschwindigkeit, als Funktion der Zeit angibt. Solche Modelle enthalten typischerweise Ableitungen und Integrale und werden als Differenzialgleichungen oder Integralgleichungen bezeichnet. Die Differenzialrechnung ist nichts anderes als die Wissenschaft der Formulierung und Lösung von Differenzial- und Integralgleichungen.

Die letzte Komponente der Modellierung ist das Lösen der Gleichungen in dem Modell, um so neue Informationen bezüglich der modellierten Situation zu erhalten. Im Fall des Modells von der Abendsuppe können wir die Modellgleichung eindeutig lösen, indem wir eine Formel für die Zahlen niederschreiben, die der Gleichung genügen. Allerdings können wir nicht die Lösung für das Modell vom matschigen Hof eindeutig niederschreiben, und wir greifen auf eine iterative Strategie von „Versuch und Irrtum" zurück, um einige Stellen der Dezimaldarstellung der Lösung zu berechnen. So läuft es im Allgemeinen; ab und zu können wir die Lösung der Gleichung eines Modells eindeutig niederschreiben, meistens können wir aber nur die Lösung mittels einiger iterativer Berechnungsprozesse schätzen.

In diesem Buch werden wir vornehmlich einen **konstruktiven** Ansatz für das Problem des Analysierens und Lösens von Gleichungen wählen, in welchem wir **Algorithmen** oder mathematische Verfahren suchen, durch welche Lösungen so genau wie gewünscht bestimmt oder berechnet werden können, abhängig vom zulässigen Aufwand. In diesem Ansatz werden wir versuchen, die oben aufgeführten Komponenten 2 und 3 miteinander zu verbinden.

Kapitel 1 Aufgaben

1.1. Nehmen wir an, dass ein Lebensmittelgeschäft Kartoffeln für 40 Cent pro Stück, Karotten für 80 Cent pro Pfund, und Rindfleisch für 120 Cent pro *100 Gramm* verkauft. Bestimmen Sie die Modellgleichung für den Gesamtpreis.

1.2. Nehmen wir an, dass wir das Suppenrezept dahingehend umstellen, dass wir gleiche Mengen an Karotten und Kartoffeln haben, während das Gewicht dieser beiden zusammen sechs mal so groß wie das Gewicht des Rindfleisches sein soll. Bestimmen Sie die Modellgleichung für den Gesamtpreis.

1.3. Nehmen wir an, Sie fügen dem Suppenrezept Zwiebeln im Verhältnis von 2:1 zur Menge an Rindfleisch hinzu, während Sie das Verhältnis der anderen Zutaten beibehalten. Der Preis für Zwiebeln im Lebensmittelgeschäft beträgt 1 Euro pro Pfund. Bestimmen Sie die Modellgleichung für den Gesamtpreis.

1.4. Während der Pilot direkt über dem Flughafen in einer Höhe von 1 km in einer Warteschleife fliegt, sehen Sie aus dem Fenster des Flugzeuges Ihre Eigentumswohnung. Sie wissen, dass der Flughafen 4 km von Ihrer Eigentumswohnung entfernt ist, und wir stellen uns vor, dass die Eigentumswohnung die Höhe 0 hat. Wie weit sind Sie von zu Hause und einem kalten Bier entfernt?

1.5. Finden Sie ein Modell, das die Länge eines Abflussrohrs angibt, das die entgegengesetzten Ecken eines Feldes der Größe 100×200 m verbindet. Finden Sie eine geschätzte Lösung, indem Sie eine Strategie von Versuch und Irrtum verwenden.

1.6. Finden Sie ein Modell für die Trockenlegung eines Hofes, welcher drei Seiten der geschätzten Länge 2 hat. Nehmen wir an, dass wir den Hof trockenlegen wollen, indem wir ein Rohr von einer Ecke zum Mittelpunkt der gegenüberliegenden Seite legen. Wieviel an Rohr benötigen wir?

1.7. Ein Vater spielt mit seinem Kind auf einer Wippe, die ein 3 m langes Sitzbrett hat. Der Vater wiegt 75 kg und das Kind 25 kg. Entwickeln Sie ein Modell für die Position des Drehpunktes auf dem Brett, so dass die Wippe perfekt ausbalanciert ist. *Hinweis:* Erinnern Sie sich an das Prinzip des Hebels, das besagt, dass die Produkte der Distanzen vom Drehpunkt bis zu den Massen an jedem Ende eines Hebels gleich sein müssen, damit der Hebel sich im Gleichgewicht befindet.

1.8. Ein rechteckiges Stück Land soll von einem großen Feld abgezäunt werden, dass entlang eines geraden Flusses liegt, und zwar so, dass der Fluss eine Seite des Stückes Land bildet. Der Zaun kostet 35 Euro/Meter und das rechteckige Stück soll aus 100 m^2 bestehen. Finden Sie eine Formel für die Kosten des Zaunes ausgedrückt in der Länge einer Seite des Stückes Land. Beachte: Es gibt zwei mögliche Formen für die Antwort.

2
Natürliche Zahlen sind einfach nicht genug

Zahlen sind der wichtigste Bestandteil mathematischer Modellierungen und aus diesem Grund müssen wir ein tiefes Verständnis für die Konstruktion und Eigenschaften der Zahlen entwickeln. In diesem Kapitel beginnen wir damit, natürliche Zahlen zu betrachten. Dies sind die Zahlen $1, 2, 3, \cdots$, die wir zuerst als Kinder kennenlernen, und denen wir am häufigsten in unserem täglichen Leben begegnen. Obwohl ihre Eigenschaften uns vertraut sind, lohnt es sich dennoch, sich an ihre Eigenschaften zu erinnern, und zu schauen, wie sie zu unserem intuitiven Verständnis des Zählens passen.

Wir erinnern uns auch daran, dass die natürlichen Zahlen allein unserem Rechnungsbedarf im täglichen Leben nicht genügen. Sogar einfache Modelle, die lediglich natürliche Zahlen betreffen, führen schnell auf die ganzen Zahlen und dann zu den rationalen Zahlen. Diese Zahlen erweitern die natürlichen Zahlen, und zwar in dem Sinne, dass sie sowohl natürliche Zahlen als auch Zahlen, die nicht natürlich sind, beinhalten. Wir werden erklären wie die Eigenschaften von den natürlichen Zahlen an solche Erweiterungen „vererbt" wurden. Dies ist eine wichtige Vorstellung, die wir später bei der Infinitesimalrechnung höchst effektiv einsetzen werden.

2.1 Die natürlichen Zahlen

Natürliche Zahlen sind uns durch unsere Erfahrung mit dem Zählen bekannt, bei dem wir mit 1 beginnen und wiederholt 1 hinzufügen, um den Rest zu erhalten; $2 = 1 + 1$, $3 = 2 + 1 = 1 + 1 + 1$, $4 = 3 + 1 =$

$1+1+1+1, 5 = 4+1 = 1+1+1+1+1$, und so weiter. Das Zählen ist eine weit verbreitete Aktivität in der menschlichen Gesellschaft: wir zählen die Minuten während wir auf das Kommen des Buses warten, der Lehrer zählt die Klausurpunkte, Robinson Crusoe zählte die Tage in dem er Kerben in einen Baumstamm machte. In jedem dieser Fälle repräsentiert die Einheit 1 etwas unterschiedliches; Minuten und Jahre, Cents, Klausurpunkte, Tage; aber die Operation der Addition bleibt dieselbe in jedem dieser Fälle.

Eingebettet in diese Erfahrung des Zählens sind die in der Schule gelernten fundamentalen Regeln über die natürlichen Zahlen. Wenn zum Beispiel n und m natürliche Zahlen sind, dann ist $n + m$ eine natürliche Zahl, und sowohl das **Kommutativgesetz der Addition**,

$$m + n = n + m,$$

als auch das **Assoziativgesetz der Addition**,

$$m + (n + p) = (m + n) + p,$$

wobei m, n und p natürliche Zahlen sind, sind bekannt. Das Kommutativgesetz $2 + 3 = 3 + 2$ stammt aus der Erkenntnis dass

$$(1 + 1) + (1 + 1 + 1) = 1 + 1 + 1 + 1 + 1 = (1 + 1 + 1) + (1 + 1).$$

In Worten kann dies durch folgende Beobachtung erklärt werden: Wenn wir 5 Donuts in einer Box haben, können wir sie verzehren, indem wir erst 2 Donuts essen und dann 3 Donuts oder, genauso gut, indem wir zuerst 3 Donuts essen und dann 2 Donuts.

Auf ähnliche Weise definieren wir die Multiplikation zwei natürlicher Zahlen m und n, bezeichnet durch $m \times n = mn$, als Resultat der $m -$ $-maligen$ Addition von n. Das **Kommutativgesetz der Multiplikation**,

$$m \times n = n \times m,$$

drückt die Tatsache aus, dass die $m - -malige$ Addition von n dasselbe ist, wie die $n - -malige$ Addition von m. Dies kann schematisch durch eine rechteckige Anordnung von Punkten in m Zeilen und n Spalten dargestellt werden, wobei das Zählen der gesamten Anzahl von Punkten $m \times n$ auf zwei Wege erfolgen kann: Summieren Sie zuerst m Punkte in jeder Spalte und danach n Spalten; als zweiten Weg summieren Sie n Punkte in jeder Zeile und danach m Zeilen (vgl. Abbildung 2.1). Andere gebräuchliche Fakten sind das **Assoziativgesetz der Multiplikation**,

$$m \times (n \times p) = (m \times n) \times p,$$

sowie das **Distributivgesetz**, das die Addition und die Multiplikation miteinander verbindet,

$$m \times (n + p) = m \times n + m \times p.$$

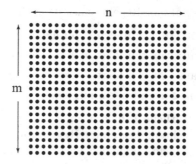

Abbildung 2.1: Veranschaulichung des Kommutativgesetzes für die Multiplikation: $m \times n = n \times m$. Man erhält dieselbe Summe, wenn man waagerecht die Punkte der Zeilen zählt oder senkrecht die Spalten herunter.

Diese gelten für alle natürlichen Zahlen m, n und p. Diese Regeln können wieder durch einfache Manipulation der schematischen Anordnung von Punkten bewiesen werden. Da die Addition und die Multiplikation natürlicher Zahlen immer eine weitere natürliche Zahl produziert, sagen wir, dass die natürlichen Zahlen eine **abgeschlossene** Zahlenmenge unter den Operationen der Addition und der Multiplikation sind.

Wir definieren die **Potenzen** natürlicher Zahlen durch wiederholte Multiplikation. Wenn n und p natürliche Zahlen sind, dann ist

$$n^p = \underbrace{n \times n \times \cdots \times n}_{p \text{ Multiplikationen}}.$$

Wir gebrauchen hierbei das Zeichen der drei Punkte „$\cdots$" um darzustellen „fahre auf dieselbe Weise fort". Bekannte Regeln, wie zum Beispiel

$$\left(n^p\right)^q = n^{pq}$$
$$n^p \times n^q = n^{p+q}$$
$$n^p \times m^p = (nm)^p,$$

und so weiter, folgen direkt aus dieser Definition. Übrigens ist es ganz nützlich, sich an folgende Formeln zu erinnern

$$(n+m)^2 = n^2 + 2nm + m^2$$
$$(n+m)^3 = n^3 + 3n^2m + 3nm^2 + m^3. \tag{2.1}$$

Wir haben auch eine klare Vorstellung über die Reihung natürlicher Zahlen entsprechend ihrer Größe, oder die **Ordnung** der Zahlen. Wir betrachten m als größer als n, in Zeichen $m > n$, wenn m erhalten werden kann, indem man wiederholt 1 zu n hinzuaddiert. Die Ungleichheitsbeziehung genügt einem eigenen Satz an Regeln, einschließlich

aus $m < n$ und $n < p$ folgt $m < p$

aus $m < n$ folgt $m + p < n + p$

aus $m < n$ folgt $p \times m < p \times n$

aus $m < n$ und $p < q$ folgt $m + p < n + q,$

welche für beliebige natürliche Zahlen n, m, p und q gelten. Aber gleichzeitig ist unbedingt zu beachten, dass einige Regeln *nicht* gelten, zum Beispiel sagt $m < n$ und $p < q$ nichts über das Verhältnis der Größen $m + q$ und $n + p$ aus. (Warum nicht?)

Eine Möglichkeit natürliche Zahlen visuell darzustellen, besteht in einer horizontalen Linie, welche sich nach rechts erstreckt und die fortlaufend mit den Zeichen 1, 2, 3 mit einem festen Abstand bezeichnet ist (siehe Abbildung 2.2). Wir nennen diese Linie den **Zahlenstrahl**. Die Linie dient dabei als ein Lineal, um die Aneinanderreihung der Punkte einzuhalten. Alle arithmetischen Operationen können mit Hilfe des Zahlenstrahls ge-

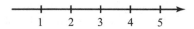

$$\begin{array}{ccccc} 1 & 2 & 3 & 4 & 5 \end{array}$$

Abbildung 2.2: Der Zahlenstrahl natürlicher Zahlen.

deutet werden. Addiert man zum Beispiel 1 zu einer natürlichen Zahl n hinzu, bedeutet dies, von der Position n eine Einheit nach rechts nach $n + 1$ zu gehen; ebenso bedeutet die Addition von p, sich p Einheiten nach rechts zu bewegen.

Die Darstellung natürlicher Zahlen als Summen von Einsen wie $1 + 1 + 1 + 1 + 1$, Kerben an einem Baumstamm oder Perlen an einem Faden wird schnell unpraktisch und das „Dezimalsystem", das die Basis 10 gebraucht, stellt eine große Verbesserung dar. In diesem System benutzen wir die Ziffern 0, 1, 2, 3, 4, 5, 6, 7, 8 und 9 und deren Anordnung, um jede natürliche Zahl effektiv darstellen zu können. Zum Beispiel ist

$$4711 = 4 \times 10 \times 10 \times 10 + 7 \times 10 \times 10 + 1 \times 10 + 1.$$

Die Auswahl der Basis 10 geschah natürlich im Hinblick auf die Verbindung zum Zählen, wobei wir unsere Finger gebrauchen.

2.2 Das Unendliche oder: Gibt es eine größte natürliche Zahl?

Die Erkenntnis dass, mit n auch $n + 1$ eine natürliche Zahl ist, stellt eine wichtige Beobachtung dar. Eine Konsequenz ist, dass es insbesondere keine größte natürliche Zahl geben kann. Für jede gegebene natürliche Zahl

können wir immer eine größere natürliche Zahl finden, indem wir 1 hinzuaddieren.

Das Prinzip, dass es keine größte natürliche Zahl geben kann, wird durch
das Wort Unendlichkeit ausgedrückt, welches in Zeichen durch ∞ dargestellt ist. Wir sagen, dass **unendlich** viele natürliche Zahlen existieren,
oder dass die Menge natürlicher Zahlen **unendlich** ist, um auszudrücken,
dass es prinzipiell möglich ist, 1 zu jeder natürlichen Zahl hinzuzuaddieren
und dadurch eine größere natürliche Zahl zu erhalten. Verbringen Sie aber
nicht zu viel Zeit damit, über die Bedeutung der Unendlichkeit zu phi-
losophieren; dies bedeutet lediglich, dass wir niemals aufhören zu zählen.
Die Formulierung „unendlich viele Schritte" bedeutet, dass es immer die
Möglichkeit gibt, einen weiteren Schritt zu machen, unabhängig von der
schon gemachten Anzahl von Schritten. Unendlich viele Donuts zu haben
bedeutet, immer noch einen weiteren Donut nehmen zu können, und zwar
unabhängig davon, wieviele wir schon gegessen haben. Diese Möglichkeit
erscheint realistischer (und angenehmer) als tatsächlich unendlich viele Donuts zu essen.[1]

2.3   Eine Kontroverse über die Menge der natürlichen Zahlen

Wir können die Menge $\{1, 2, 3, 4, 5\}$ der ersten 5 natürlichen Zahlen leicht
begreifen. Wir schreiben die Zahlen $1, 2, 3, 4$ und 5 einfach auf einem Blatt
Papier nieder und schauen uns dann die Zahlen als eine Einheit, ähnlich
einer Telefonnummer, an. Ebenso können wir die Menge $\{1, 2, ..., 100\}$ der
ersten 100 natürlichen Zahlen erfassen. Wir können auch sehr große einzelne Zahlen begreifen. So können wir zum Beispiel die Zahlen €1000 und
€10000 verstehen, da wir in unserem Leben Dinge kaufen, die soviel kosten. Wir können sogar den Betrag €10.000.000 verstehen, indem wir uns
vorstellen wie der Rest unseres Lebens ausschauen würde, hätten wir so
viel Geld. Aber trotz dieses Verständnisses ist die Definition der Menge der
natürlichen Zahlen nicht ganz unproblematisch.

---

[1]Selbstverständlich bezieht sich diese Diskussion auf eine Art unbegrenztes Gedan-
kenexperiment. In der realen Welt existieren Grenzen dafür, wie lange wir Zahlen addieren können. Eines Tages wird Robinson Crusoes Baumstamm mit Kerben voll sein.
Ebenso ist es unmöglich eine natürliche Zahl mit, sagen wir, 10^{50} Ziffern in einem Computer zu speichern, da dies ungefähr der Gesamtanzahl an Atomen entspricht, die sich
schätzungsweise im Universum befinden. Aus diesem Grund, obwohl es prinzipiell keine
größte natürliche Zahl gibt, existieren in der Realität praktische Grenzen im Hinblick
auf die Größe natürlicher Zahlen, die wir gebrauchen können. Es ist wichtig zu unterscheiden, was prinzipiell wahr und was in der Praxis machbar ist, wenn wir Mathematik
studieren.

Die übliche Definition der Menge natürlicher Zahlen, welcher mit $\mathbb{N}$ bezeichnet wird, umfasst die Menge *aller* natürlichen Zahlen. Hierbei handelt es sich um ein universelles Konzept und, wie sich herausstellt, eine nützliche Sichtweise. Aber die Sache hat einen Haken. Jeder Versuch, diese Menge auf einem Blatt Papier niederzuschreiben, ist aufgrund der realen Gegebenheiten zum Scheitern verurteilt. Wir können einfach nicht alle Elemente einer Menge, die eine unendliche Anzahl von Elementen enthält, niederschreiben.

Aus diesem Grund lehnt eine kleine Gruppe von Mathematikern, genannt die Konstruktivisten, und die eng verwandten Intuitionisten,[2] Definitionen ab, die unendliche Mengen betreffen. Die Konstruktivisten glauben, dass jede gültige mathematische Aussage in eine endliche Anzahl von Zahlenoperationen zerlegt werden kann, und zwar mit einer begrenzten Anzahl von Ziffern. Diese Ansicht führt zu weitreichenden Konsequenzen, die gar nicht offensichtlich sind. Ein Konstruktivist könnte sicherlich die erste Definition von $\mathbb{N}$ nicht akzeptieren, er könnte jedoch die Definition von $\mathbb{N}$ als Menge *möglicher* natürlicher Zahlen akzeptieren, welche potenziell berechnet werden könnten, indem man immer wieder 1 addiert. Dieser Ansicht nach ist $\mathbb{N}$ immer im Aufbau, und kann niemals tatsächlich zum Abschluss gebracht werden. Der Unterschied zwischen den zwei Definitionen von $\mathbb{N}$ ist sehr subtil, führt allerdings zu bedeutenden Unterschieden darin, wie man Eigenschaften von $\mathbb{N}$ beweist.[3]

Die Idee, die Unendlichkeit und unendliche Mengen als definitive Größen zu behandeln, begann mit der Arbeit von Cantor.[4] Cantors Arbeit über Mengen hat einen gewaltigen Einfluss auf die Sichtweise der Unendlichkeit in der Mathematik ausgeübt, und die Mehrheit der Mathematiker glaubt heute, dass die Menge aller natürlicher Zahlen eine durch $\mathbb{N}$ gut definierte Einheit ist. Cantors Ideen waren zu seiner Zeit jedoch umstritten, wobei ein Großteil der anfänglichen Opposition von Kronecker,[5] welcher der erste Konstruktivist war, angeführt wurde. Andere Konstruktivisten und Intui-

---

[2]Wir sprechen von beiden Gruppen als Konstruktivisten.

[3]Die Diskussion über die mit den Grundlagen der Analysis assoziierten Kontroversen ist in diesem Buch bestenfalls oberflächlich. Für eine detailliertere und umfassende Präsentation vergleichen Sie Kline [16] und Davis und Hersh [8].

[4]Georg Ferdinand Ludwig Philipp Cantor (1845–1915) arbeitete in Deutschland in den Bereichen Zahlentheorie und Analysis bevor er eine Theorie für unendliche Mengen und unendliche Zahlen entwickelte. Cantor entwickelte eine Beschreibung der reellen Zahlen, die eng mit dem hier im Buch aufgegriffenen Ansatz verwandt ist. Die Kontroversen, die seine Ideen über die Mengen umgaben, hatten eine negative Auswirkung auf seine Karriere und trugen zu der schrecklichen Depression bei, die ihn während seiner letzten Lebensjahre begleitete.

[5]Leopold Kronecker (1823–1891) arbeitete in Deutschland in den Bereichen Algebra und Zahlentheorie. Ein sehr bekanntes Zitat Kroneckers lautet„Gott erschuf die positiven ganzen Zahlen, alles andere ist Machwerk des Menschen." Kronecker war ein solcher Gegner von Cantors Ideen, dass er die Veröffentlichung einer frühen Arbeit von Cantor zu verhindern versuchte und später öffentlich gegen seine Ideen argumentierte.

tionisten schließen solch wichtige Mathematiker wie Poincaré,[6] Brouwer[7] und Weyl[8] ein.

Eine wichtige Konsequenz der Ansicht der Konstruktivisten besteht darin, dass eine Aussage über ein mathematisches Objekt nur als sinnvoll betrachtet wird, wenn sie einen Algorithmus beinhaltet, um das Objekt zu berechnen. Der Ausdruck „ein konstruktiver Beweis" wird gebraucht, um Beweise zu bezeichnen, die ihre Schlussfolgerungen durch einen konstruktiven Algorithmus erreichen. Es ist offensichtlich, dass diese Beweise im Zusammenhang des Studiums mathematischer Modelle bevorzugt werden, aufgrund des ultimativen Ziels das Modell zu lösen. Zum Großteil werden wir konstruktive Beweise in diesem Buch vorstellen. Auf der anderen Seite kann nicht abgestritten werden, dass der Weg des strikten Konstruktivismus steinig und steil ist. Folglich greifen wir auf nicht konstruktive Ideen zurück, wenn es zweckmäßig erscheint oder die Alternative zu technisch ist.[9] Es ist wahrscheinlich fair zu sagen, dass viele Mathematiker dieselbe Einstellung mit uns teilen.

2.4 Die Subtraktion und die ganzen Zahlen

Zusammen mit unserer Erfahrung mit der Addition haben wir auch ein intuitives Verständnis **inverser** Operationen für das der **Subtraktion**. Haben wir zum Beispiel 12 Donuts zu Hause in Atlanta, und fahren wir mit dem Rad hinaus nach Paulding County und zurück, und essen dann 7 Donuts, so wissen wir, dass 5 übrig sind. Ursprünglich erhielten wir die 12 Donuts, indem wir einzelne Donuts nacheinander in die Box gelegt haben,

---

[6]Der französische Mathematiker Jules Henri Poincaré (1857–1912) erschuf oder reformulierte einige Bereiche in der Mathematik und der mathematischen Physik und leitete eine spezielle Relativitätstheorie unabhängig von Einstein her. Er schrieb auch einige sehr bekannte naturwissenschaftliche Bücher.

[7]Der niederländische Mathematiker Luitzen Egbertus Jan Brouwer (1881–1967) leistete fundamentale Beiträge zur Topologie, welche einige frühen „Fixpunkttheoreme"beinhalteten, bevor er sich den Grundlagen der Mathematik zuwandte und die Intuitionisten gründete. Interessanterweise hängen seine wichtigsten Resultate von einer Art nicht konstruktiver Argumente ab, die er ja schließlich zurückwies.

[8]Hermann Klaus Hugo Weyl (1885–1955) arbeitete in Deutschland bevor er in die Vereinigten Staaten auswanderte, als die Nationalsozialisten an die Macht kamen. Er leistete wichtige Beiträge zur Analysis, der Gruppentheorie, der mathematischen Physik, der Zahlentheorie und der Topologie. Eine interessante Selbstbewertung von Weyl war „Meine Arbeit versuchte stets die Wahrheit mit der Schönheit zu vereinigen, aber wenn ich entweder die eine oder die andere zu wählen hatte, wählte ich gewöhnlich die Schönheit."

[9]Wenn es sich hier um einen intellektuellen Widerspruch handelt, können wir nur dankbar für die enorme Fähigkeit des menschlichen Verstandes sein, konkrete Aussagen über Objekte zu akzeptieren, die nur vage definiert sind, wie etwa die Welt, die Seele, die Liebe, Jazz Musik, das Ego, Glück und $\mathbb{N}$.

doch wir können auch Donuts entnehmen bzw. subtrahieren, indem wir sie aus der Box wieder entnehmen. Mathematisch schreiben wir dies als $12 - 7 = 5$.

Die Notwendigkeit der Subtraktion entsteht auch wenn wir Modelle formulieren, wobei wir die Addition und natürliche Zahlen gebrauchen. Nehmen wir an, dass wir diejenige Anzahl an Donuts bestimmen möchten, welche zu sieben hinzuaddiert zwölf ergibt, dies bedeutet, wir wollen die Aufgabe $7 + x = 12$ lösen. Die Antwort wird durch Subtraktion geliefert, $x = 12 - 7 = 5$.

Aber die Subtraktion führt auch zu einer Komplikation, da wir eine Gleichung formulieren können, bei der wir natürliche Zahlen gebrauchen, jedoch eine Lösung erhalten, die keine natürliche Zahl ist. Nehmen wir zum Beispiel an, wir haben die Gleichung

$$x + 12 = 7.$$

Diese Art von Gleichung ergibt sich, wenn wir 12 Donuts essen wollen, aber nur 7 zur Verfügung haben. Die Lösung, von der wir wissen, dass sie $x = 7 - 12$ ist, kann keine natürliche Zahl sein. Denn wenn wir eine natürliche Zahl zu 12 hinzuaddieren, ist die resultierende natürliche Zahl sicherlich größer als 7. Offensichtlich ergeben sich häufig ähnliche Situationen.

BEISPIEL 2.1. Nehmen wir an, dass wir einen Radrahmen aus Titanium für €2500 kaufen wollen, jedoch nur €1500 auf der Bank haben. Wir begreifen sofort, dass wir uns €1000 leihen müssen, um den Rahmen zu kaufen. Diese €1000 sind Schulden und stellen keinen positiven Betrag auf unserem Bankkonto dar. Es handelt sich um keine natürliche Zahl.

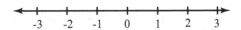

Abbildung 2.3: Der Zahlenstrahl ganzer Zahlen.

Eine andere Möglichkeit diese Schwierigkeit zu beschreiben, besteht in der Feststellung, dass die natürlichen Zahlen nicht abgeschlossen unter der Subtraktion sind. Um mit solchen Situationen umgehen zu können, **erweitern** wir die natürlichen Zahlen $\{1, 2, 3, \ldots\}$, indem wir die negativen Zahlen $-1, -2, -3, \ldots$ zusammen mit 0 hinzufügen. Das Resultat ist die Menge der **ganzen Zahlen**

$$\mathbb{Z} = \{\ldots, -3, -2, -1, 0, 1, 2, 3, \ldots\} = \{0, \pm 1, \pm 2, \pm 3, \ldots\}.$$

Wir sagen, dass $1, 2, 3, \ldots$, die **positiven ganzen Zahlen** sind, während $-1, -2, -3, \ldots$, die **negativen ganzen Zahlen** sind. Grafisch denken wir uns den Strahl natürlicher Zahlen nach links erweitert und markieren dann den Punkt, der eine Einheit nach links entfernt von 1 ist, mit 0. Der Punkt, der zwei Einheiten nach links entfernt von 1 ist mit -1 und so weiter. Der resultierende Strahl wird der **Zahlenstrahl ganzer Zahlen** genannt (vgl. Abbildung 2.3). Wir nennen den Punkt 0 den **Ursprung** des Zahlenstrahls. Der Ursprung wird oft als das „Zentrum" des Zahlenstrahls behandelt.

Jedesmal wenn wir eine Zahlenmenge erweitern, müssen wir auch die Definitionen für die arithmetischen Operationen erweitern, so dass auch diese für die neue, erweiterte Menge von Zahlen definiert sind. Wir wissen, wie man zwei natürliche Zahlen addiert – aber wie addieren wir ganze Zahlen? Eine Richtlinie für das Auffinden der richtigen Definitionen für die Operationen besteht darin, dass die „neuen" arithmetischen Operationen für die ganzen Zahlen mit den „alten" Operationen im Einklang stehen sollen, falls die ganzen Zahlen zufällig natürliche Zahlen sein sollten.

Ein einfacher Weg, die Erweiterung der arithmetischen Operationen anschaulich darzustellen, besteht darin, einen Zahlenstrahl zu benutzen. Wir definieren die Summe von zwei ganzen Zahlen m und n wie folgt. Wenn n und m beide natürliche Zahlen sind, oder positive ganze Zahlen, dann wird $n + m$ auf dem üblichen Weg erhalten: Bei 0 beginnend bewegen wir uns n Einheiten nach rechts, gefolgt von zusätzlichen m Einheiten nach rechts. Wenn n positiv und m negativ ist, dann erhalten wir $n + m$, indem wir bei 0 starten und uns n Einheiten nach rechts bewegen, danach m Einheiten zurück nach links. Wenn n negativ ist und m positiv ist, so erhalten wir $n + m$, indem wir bei 0 beginnen und uns n Einheiten nach links bewegen und anschließend m Einheiten nach rechts. Schließlich, wenn sowohl n als auch m beide negativ sind, dann erhalten wir $n + m$ indem wir uns bei 0 beginnend n Einheiten uns nach links bewegen und dann m zusätzliche Einheiten weiter nach links gehen. Da die Zahl 0 weder negativ noch positiv ist, sollen wir uns weder nach rechts noch nach links bewegen, wenn wir 0 addieren. Anders ausgedrückt, es gilt $n + 0 = n$ für alle ganzen Zahlen n. Es ist einfach nachzuweisen, dass diese Definition der Addition für die ganzen Zahlen genau dieselben Eigenschaften hat, wie diejenige für die Addition der natürlichen Zahlen.

Jetzt können wir auch die inverse Operation, die Subtraktion, definieren. Für eine ganze Zahl n definieren wir zunächst $-n$ als die ganze Zahl mit dem umgekehrten Vorzeichen. Offensichtlich folgt aus dieser Definition, dass $n + (-n) = (-n) + n = 0$ für jede ganze Zahl n ist. Abschließend definieren wir die Subtraktion von zwei ganzen Zahlen als $n - m = n + (-m)$ und $-n + m = (-n) + m$. Mit Hilfe dieser Definition können wir jetzt beweisen, dass all die Eigenschaften, welche wir von der Addition, der Subtraktion und der Multiplikation erwarten, auch für die ganzen Zahlen richtig bleiben. Übrigens, bitte beachten Sie, dass die Subtraktion nicht dieselben Eigenschaften wie die Addition hat, obwohl sie mit der Addition verwandt ist. Während die Addition beispielsweise kommutativ ist, gilt dies im Allgemeinen nicht für die Subtraktion: $n - m \neq m - n$, es sei denn $n = m$.

Wir erinnern uns daran, dass die Verbindung von Ungleichungen mit inversen Operationen ein bisschen knifflig sein kann. Zum Beispiel dreht sich bei der Multiplikation mit einer negativen Zahl eine Ungleichung um, so dass aus $m < n$ die Ungleichung $-m > -n$ folgt.

2.5   Die Division und die rationalen Zahlen

Wir untersuchen jetzt die inverse Operation zur Multiplikation, nämlich die **Division**. Tatsächlich haben wir schon die Division benutzt, um die Gleichung für das Modell von der Abendsuppe $15x = 10$ zu lösen und $x = 10/15 = 2/3$ zu erhalten. Obwohl 15 und 10 ganze Zahlen sind, ist das Ergebnis keine weitere ganze Zahl. Hierdurch wird die Erweiterung der ganzen Zahlen zu den **rationalen Zahlen**, motiviert. Diese bilden die Menge $\mathbb{Q}$ aller Lösungen von Gleichungen der Form $nx = m$, wobei m und n ganze Zahlen mit $n \neq 0$ sind. Um diese Definition nutzbar zu machen, müssen wir natürlich herausfinden, wie man derartige Lösungen berechnet.

Wir beginnen mit der Definition der **Division mit Rest** einer natürlichen Zahl n durch eine andere natürliche Zahl $m \neq 0$. Diese besteht in der Berechnung natürlicher Zahlen p und r, so dass $n = pm + r$ mit $r < m$. Diese Berechnung kann sukzessive durch wiederholte Subtraktion durchgeführt werden.

BEISPIEL 2.2. Nehmen wir an, dass $n = 64$ und $m = 15$ ist. Dann ist

$$64 = 15 + 49$$
$$64 = 15 + 15 + 34 = 2 \times 15 + 34$$
$$64 = 3 \times 15 + 19$$
$$64 = 4 \times 15 + 4.$$

Eine effizientere Methode, oder ein **Algorithmus**, um eine Division durchzuführen, besteht in dem Algorithmus der **schriftlichen Division**, wobei wir systematisch Gruppen von Ziffern des Zählers durch die Nenner dividieren, von links nach rechts fortschreitend. Diesen Vorgang veranschaulichen wir zunächst, indem wir in Abbildung 2.4 links 64 durch 15 dividieren. Da 15 nicht 6 teilt, beginnen wir die Division, indem wir die ersten zwei Ziffern von 64 betrachten. Da $15 \times 4 = 60$ ist, stellen wir die 4 in die Spalte über der 4 von der 64 und schreiben das Ergebnis 60 unter die 64. Durch Subtraktion erhalten wir den restlichen Anteil des Zählers. In diesem Fall ist der Rest 4 und es können keine weiteren Divisionen mehr ausgeführt werden. Rechts dividieren wir 2418610 durch 127. Wenn speziell der Rest von n dividiert durch m Null ist, dann erhalten wir eine **Faktorisierung** $n = pm$ von n als das Produkt der Faktoren p und m. In diesem Fall definieren wir $n/m = p$ und sagen, dass p der **Quotient** von n und m ist.

```
                              19044
                      127 ⌐2418610
                          127  1×127
              4            1148
      15 ⌐64              1143  9×127
         60  4×15          561
          4               508   4×127
                          530
                          508   4×127
                           22
```

Abbildung 2.4: Zwei Beispiele für eine schriftliche Division.

Ebenso gilt $n/p = m$ und m ist der Quotient von n und p. Wenn jedoch der Rest von n dividiert durch m nicht Null ist, so müssen wir die ganzen Zahlen zu den **rationalen Zahlen** erweitern. Diese Zahlen haben die Gestalt n/m für ganze Zahlen n und $m \neq 0$, um die Division für alle ganzen Zahlen zu definieren. Wir werden die Eigenschaften der rationalen Zahlen in Kapitel 4 diskutieren.

2.6   Abstände und der Betrag

Manchmal ist es nützlich von der Entfernung zwischen zwei Zahlen zu sprechen. Nehmen Sie zum Beispiel an, dass wir eine Schwelle für unsere Eingangstür kaufen müssen. Wir benutzen ein Maßband und platzieren es an einer Seite des Türrahmens bei 2 cm und an der anderen Seite bei 32 cm. Wir würden aber nicht in ein Geschäft gehen und den Verkäufer nach einer Schwelle fragen, die bei 2 cm anfängt und bei 32 cm aufhört. Stattdessen würden wir dem Angestellten mitteilen, dass wir $32 - 2 = 30$ cm benötigen. In diesem Fall ist 30 die Entfernung zwischen 32 und 2. Wir definieren allgemein die **Entfernung** zwischen zwei ganzen Zahlen p und q als $|p - q|$, wobei der **Betrag** $|\ \ |$ definiert wird durch

$$|p| = \begin{cases} p, & p \geq 0, \\ -p, & p < 0. \end{cases}$$

Zum Beispiel sind $|3| = 3$ und $|-3| = 3$. Durch den Gebrauch des Betrags stellen wir sicher, dass die Entfernung zwischen p und q dieselbe ist, wie die Entfernung zwischen q und p. Zum Beispiel gilt $|5 - 2| = |2 - 5|$.

In diesem Buch werden wir häufig Ungleichungen verbunden mit dem Betrag behandeln. Wir geben hierfür ein Beispiel, das jeden Studenten interessieren sollte.

BEISPIEL 2.3. Nehmen wir an, dass Klausuren, deren Punktzahl höchstens um 5 von 79 abweichen (bei zu erreichenden 100 Punkten) die Note *gut* erhalten. Wir wollen die Liste derjenigen Punktzahlen ermitteln, für die das Ergebnis *gut* ist. Damit sind alle Punktzahlen x gesucht, die sich um höchstens 5 von 79 Punkten unterscheiden. Dies kann formuliert werden als

$$|x - 79| \leq 5. \tag{2.2}$$

Es gibt nun zwei mögliche Fälle: $x < 79$ und $x \geq 79$. Wenn $x \geq 79$ gilt, dann ist $|x - 79| = x - 79$ und (2.2) wird zu $x - 79 \leq 5$ oder $x \leq 84$. Wenn $x < 79$ gilt, dann ist $|x - 79| = -(x - 79)$ und (2.2) bedeutet, dass $-(x - 79) \leq 5$ oder $(x - 79) \geq -5$ oder $x \geq 74$. Die Verknüpfung dieser Ergebnisse ergibt $79 \leq x \leq 84$ als eine Möglichkeit oder $74 \leq x < 79$ als andere Möglichkeit, oder zusammengefasst $74 \leq x \leq 84$.

Im Allgemeinen gibt es zwei Möglichkeiten, falls $|x| < b$: $-b < x < 0$ oder $0 \leq x < b$, was bedeutet, dass $-b < x < b$. Tatsächlich können wir beide Fälle gleichzeitig lösen.

BEISPIEL 2.4. $|x - 79| \leq 5$ bedeutet, dass

$$
\begin{array}{ccccc}
-5 & \leq & x - 79 & \leq & 5 \\
74 & \leq & x & \leq & 84 \, .
\end{array}
$$

Um $|4 - x| \leq 18$ zu lösen, schreiben wir

$$
\begin{array}{ccccc}
-18 & \leq & 4 - x & \leq & 18 \\
18 & \geq & x - 4 & \geq & -18 \; \textit{(Beachten Sie die} \\
22 & \geq & x & \geq & -14 \; \textit{Veränderungen!).}
\end{array}
$$

Die andere Ungleichungsrichtung wird unterschiedlich gehandhabt.

BEISPIEL 2.5. Nehmen wir an, wir wollen

$$|x - 79| \geq 5 \tag{2.3}$$

lösen. Wenn $x \geq 79$ ist, dann wird in (2.3) $x - 79 \geq 5$ oder $x \geq 84$. Wenn $x \leq 79$, dann wird in (2.3) $-(x - 79) \geq 5$ oder $(x - 79) \leq -5$ bzw. $x \leq -74$. Das Resultat ist daher, dass es für alle x mit $x \geq 84$ oder $x \leq -74$ gilt. Wir können dies schreiben als

$$
\begin{array}{lll}
-(x - 79) \geq 5 & \text{oder} & x - 79 \geq 5 \\
(x - 79) \leq -5 & \text{oder} & x - 79 \geq 5 \\
x \leq -74 & \text{oder} & x \geq 84 \, .
\end{array}
$$

Zum Schluss wollen wir eine wichtige Eigenschaft von $|\;\;|$ erwähnen, die als **Dreiecksungleichung** bezeichnet wird. Es gilt

$$|a + b| \leq |a| + |b| \tag{2.4}$$

für alle rationalen Zahlen a und b. In Übungsaufgabe Aufgabe 2.12 sollen Sie dies beweisen.

2.7   Die ganzen Zahlen im Computer

Da wir den Computer permanent in diesem Kurs gebrauchen, werden wir von Zeit zu Zeit auf einige Eigenschaften der Computerarithmetik hinweisen. Insbesondere unterscheiden wir Berechnungen, die auf einem Computer durchgeführt werden, von der „theoretischen" Arithmetik, die wir bis jetzt beschrieben haben.

Das grundätzliche Problem, das bei der Verwendung eines Computers auftaucht, ist auf die Begrenzung des Speicherplatzes zurückzuführen. Ein Computer muss die Zahlen auf einer physikalischen Einheit abspeichern, die nicht „unendlich" sein kann. Deshalb kann ein Computer nur eine *endliche* Anzahl von Zahlen darstellen. Jede Programmiersprache hat eine Beschränkung für die Zahlen, die sie darstellen kann. Es ist relativ geläufig, dass eine Programmiersprache Variablentypen wie *INTEGER* und *LONG INTEGER* besitzt. Hierbei ist eine INTEGER Variable eine ganze Zahl im Bereich $\{-32768, -32767, ..., 32767\}$, die diejenigen Zahlen mit 2 Bytes Speicherbedarf umfasst und eine LONG INTEGER Variable eine ganze Zahl im Bereich von $\{-2147483648, -2147483647, ..., 2147483647\}$, welcher die Zahlen mit 4 Bytes Speicherbedarf darstellt. Dies kann ernsthafte Konsequenzen haben, wie jeder weiß, der eine Schleife mit einem ganzzahligen Index programmiert, der die gegebene Schranke überschreitet. Insbesondere können wir nicht dadurch prüfen, ob eine bestimmte Tatsache für alle ganzen Zahlen gilt, indem wir einen Computer benutzen, um jeden Einzelfall zu testen.

Kapitel 2 Aufgaben

2.1. Identifizieren Sie fünf Situationen in Ihrem Leben, in denen Sie zählen und benennen Sie die Einheit „1" für jeden Fall.

2.2. Benutzen Sie die Darstellung mit dem Zahlenstrahl der natürlichen Zahlen, um die folgenden Gleichungen zu interpretieren und zu verifizieren. Für alle natürlichen Zahlen x, y und z gilt: (a) $x+y = y+x$ und (b) $x+(y+z) = (x+y)+z$.

2.3. Benutzen Sie ein Feld von Punkten, um das Distributivgesetz der Multiplikation $m \times (n + p) = m \times n + m \times p$ zu interpretieren und zu beweisen.

2.4. Benutzen Sie die Definition von n^p für natürliche Zahlen n und p, um (a) $\left(n^p\right)^q = n^{pq}$ und (b) $n^p \times n^q = n^{p+q}$ für natürliche Zahlen n, p, q zu beweisen.

2.5. Beweisen Sie, dass (2.1) wahr ist.

2.6. Gebrauchen Sie den Zahlenstrahl der ganzen Zahlen, um die vier möglichen Fälle der Definition von $n+m$ für die ganzen Zahlen n und m zu veranschaulichen.

2.7. Dividieren Sie (a) 102 durch 18, (b) -4301 durch 63, und (c) $650,912$ durch 309 unter Verwendung der schriftlichen Division.

2.8. (a) Finden Sie alle natürlichen Zahlen, die sich durch 40 ohne Rest teilen lassen. (b) Führen Sie dasselbe für 80 durch.

Bei Aufgabe 2.9 handelt es sich um eine abstrakte Version der schriftlichen Division. Wir werden diese Art der Division ausführlich später in Kapitel 7 behandeln.

2.9. Gebrauchen Sie die schriftliche Division, um zu zeigen, dass

$$\frac{a^3 + 3a^2b + 3ab^2 + b^3}{a + b} = a^2 + 2ab + b^2.$$

2.10. Suchen Sie die *ungültigen* Regeln aus der folgenden Liste heraus:

$$a < b \text{ impliziert, dass } a - c < b - c$$
$$(a + b)^2 = a^2 + b^2$$
$$\left(c(a + b)\right)^2 = c^2(a + b)^2$$
$$ab < bc \text{ impliziert, dass } b < c$$
$$a - b < c \text{ impliziert, dass } a < c + b$$
$$a + bc = (a + b)c.$$

Finden Sie für jeden Fall Zahlen, die zeigen, dass die Regel ungültig ist.

2.11. Lösen Sie die folgenden Ungleichungen:

(a) $|2x - 18| \leq 22$ (b) $|14 - x| < 6$

(c) $|x - 6| > 19$ (d) $|2 - x| \geq 1$.

2.12. Beweisen Sie (2.4). *Hinweis:* Betrachten Sie die verschiedenen Fälle der Vorzeichen von a und b.

2.13. Schreiben Sie ein kleines Programm in der Programmiersprache Ihrer Wahl, welches die größte ganze Zahl herausfindet, die die Sprache darstellen kann. *Hinweis:* Normalerweise passiert eines der zwei folgenden Dinge, falls man versucht, einer INTEGER Variablen einen zu großen Wert zuzuordnen: Entweder erhält man eine Fehlermeldung oder der Computer gibt der Variablen einen negativen Wert.

3
Die Unendlichkeit und die vollständige Induktion

Wir haben behauptet, dass es sich bei der Menge aller natürlichen Zahlen $\mathbb{N}$ um ein nützliches Konzept handelt. Ein Grund dafür ist, dass es dadurch einfacher gemacht wird, über Eigenschaften aller natürlicher Zahlen zu sprechen. Allerdings wirft dies die Frage auf, wie wir vorgehen sollen, wenn wir eine Eigenschaft für alle natürlichen Zahlen beweisen wollen. Wenn wir eine Eigenschaft einiger Zahlen beweisen sollten, so bräuchten wir nur die Eigenschaft bei jeder Zahl zu überprüfen. Prinzipiell könnte dies für jede endliche Menge von Zahlen durchgeführt werden, auch wenn sehr groe Mengen Schwierigkeiten verursachen könnten. Wir können aber nicht explizit eine Eigenschaft für jede Zahl einer unendlichen Menge von Zahlen (wie $\mathbb{N}$) überprüfen. Die vollständige Induktion ist ein Werkzeug, mit dessen Hilfe Eigenschaften unendlicher Zahlenmengen bewiesen werden.

3.1 Die Notwendigkeit der vollständigen Induktion

Wir erläutern die Notwendigkeit der vollständigen Induktion anhand einer Geschichte über den Mathematiker Gauß[1] im Alter von 10 Jahren. Sei-

---

[1]Carl Friedrich Gauß (1777-1885), manchmal auch der Prinz der Mathematik genannt, war einer der größten Mathematiker aller Zeiten. Zusätzlich zu seiner unglaublichen Fähigkeit zu rechnen (besonders wichtig im 18. Jahrhundert) und einem unübertroffenen Talent für mathematische Beweise hatte Gauß eine „erfinderische" Vorstellungskraft sowie ein rastloses Interesse an der Natur. Er machte wichtige Entdeckungen von unglaublicher Reichweite im Gebiet der reinen sowie der angewandten Mathematik, aber

nem altmodischen Rechenlehrer gefiel es, vor den Studenten anzugeben. Er forderte sie auf, eine groe Anzahl aufeinanderfolgender Zahlen per Hand zu addieren, wobei der Lehrer aus einem Buch wusste, dass dies schnell durchgeführt werden konnte, indem man folgende Formel gebraucht:

$$1 + 2 + 3 + \cdots + (n - 1) + n = \frac{n(n+1)}{2}. \tag{3.1}$$

Beachten Sie, dass die „$\cdots$" darauf hinweisen, dass wir alle natürlichen Zahlen zwischen 1 und n addieren. Diese Formel ermöglicht es, die $n - 1$ Additionen auf der linken Seite durch eine Multiplikation und eine Division zu ersetzen, was eine beachtliche Reduktion der Arbeit darstellt, benutzt man ein Stück Kreide und eine Schiefertafel für die Summen.

Übrigens, lange Summen treten bei Integrationen und in Modellen auf, wie zum Beispiel bei der Berechnung des Zinseszins auf einem Sparbuch oder bei der Addition von Tierpopulationen. Formeln für die Additon wie (3.1) sind deshalb auch für die Praxis nützlich, deshalb sind wir an ihnen interessiert.

Der Lehrer formulierte vor der Klasse die Summe $1 + 2 + \cdots + 99$ und fast augenblicklich stand Gauß auf und legte seine Schiefertafel auf seinem Pult mit der korrekten Antwort, 4950, nieder, während der Rest der Klasse sich immer noch abmühte. Wie schaffte es der junge Gauß, die Summe so schnell zu berechnen? Er kannte die Formel (3.1) nicht, er leitete sie aber her, indem er das folgende klevere Argument benutzte. Um $1 + 2 + \cdots + 99$

---

auch wichtige Entdeckungen in den Naturwissenschaften. Ein Teil seiner Methode basierte stark auf seinen „experimentellen" Berechnungen. Unglücklicherweise schrieb Gauß nur sehr spärlich über seine Arbeit: einige Mathematiker, die ihm nacheiferten, bemühten sich, Theoreme zu entdecken, die er bereits kannte. Gauß' Interesse an nicht–euklidischer Geometrie verschafft uns einen guten Eindruck davon, wie sein Verstand arbeitete. Im Alter von 16 Jahren, begann er ernsthaft, die euklidische Geometrie zu hinterfragen. Zu seinen Lebzeiten, hatte die euklidische Geometrie einen heiligen Status erreicht und wurde als eine höhere Wahrheit erachtet, die niemals in Frage gestellt werden könnte. Gauß beschäftigte aber die Tatsache, dass die euklidische Geometrie auf Postulate gestützt wurde, die anscheinend nicht bewiesen werden konnten: zum Beispiel können sich zwei parallele Linien nicht schneiden. Er fuhr fort, eine Theorie einer nicht–euklidischen Geometrie zu entwickeln, in der sich parallele Linien schneiden können, und diese Theorie schien genauso gut geeignet zu sein, die Welt zu beschreiben, wie die euklidische Geometrie. Gauß veröffentlichte diese Theorie nicht, da er Streitereien fürchtete, dennoch beschloss er, dass sie getestet werden sollte. In der euklidischen Geometrie beträgt die Summe der Winkel in einem Dreieck 180°, während in der nicht–euklidischen Geometrie dies so nicht zutrifft. Jahrhunderte vor dem Zeitalter der modernen Physik führte Gauß also ein Experiment durch, um zu ermitteln, ob das Universum „gekrümmt" ist. Er mass die Winkel in dem Dreieck, welches durch drei Berggipfel gebildet wurde. Unglücklicherweise war die Genauigkeit seiner Instrumente nicht ausreichend, um die Frage zu klären.

zu summieren, gruppieren wir die Zahlen zu zweit wie folgt:

$$1 + \cdots + 99$$
$$= (1 + 99) + (2 + 98) + (3 + 97) + \cdots (49 + 51) + 50$$
$$= 49 \times 100 + 50 = 49 \times 2 \times 50 + 50 = 99 \times 50.$$

Dies stimmt auch mit der Formel (3.1) für $n = 99$ überein. Bei Aufgabe 3.9 bitten wir Sie zu beweisen, dass dieses Argument benutzt werden kann, um zu zeigen, dass (3.1) für jede natürliche Zahl n gilt.

Gauß hatte eine spezielle Fähigkeit, Muster in Zahlen zu erkennen, was ihm ermöglichte, Formeln wie (3.1) leicht zu entdecken. Die meisten von uns besitzen dieses Talent nicht. Jemand könnte behaupten, dass eine Formel wie (3.1) wahr ist, und wenn wir die Formel für etwas wichtiges benutzen wollten (zum Beispiel, wenn unsere Note von der Addition von n Zahlen abhinge) dann wären wir motiviert zu versuchen, die Formel auf ihre Wahrheit hin zu überprüfen.

3.2   Das Prinzip der vollständigen Induktion

Die Aufgabe ist also zu zeigen, dass die Formel (3.1) wahr ist für *jede* natürliche Zahl n. Es ist leicht genug zu beweisen, dass sie wahr ist für $n = 1$: $1 = 1 \times 2/2$; für $n = 2$: $1 + 2 = 3 = 2 \times 3/2$; und für $n = 3$: $1+2+3 = 6 = 3 \times 4/2$. Die Gültigkeit für jede natürliche Zahl in dieser Weise zu beweisen, bis zu, sagen wir, $n = 1000$ wäre zwar sehr ermüdent, aber möglich. Selbstverständlich können wir auch einen Computer benutzen, um weiter zu gehen, aber auch ein Computer kommt nicht weiter, wenn n sehr gross wird. Wir wissen aber, dass, unabhängig davon, wie viele natürliche Zahlen n wir überprüfen, es immer natürliche Zahlen geben wird, die wir nicht überprüft haben.

Stattdessen benutzen wir eine Technik, genannt das Prinzip der vollständigen Induktion, um zu zeigen, dass (3.1) wahr ist. Der erste Schritt ist zu überprüfen, dass die Formel für $n = 1$ gültig ist, was wir oben schon getan haben. Der zweite Schritt, welcher der **induktive Schritt** genannt wird, ist folgendes zu zeigen: gilt die Formel für eine gegebene natürliche Zahl, dann gilt sie auch für die nächste natürliche Zahl. Das **Prinzip der vollständigen Induktion** sagt aus, dass die Formel dann für jede natürliche Zahl n gelten muss. Dies ist zu Recht eine intuitive Behauptung. Wir wissen, dass die Formel für $n = 1$ gilt. Durch den induktiven Schritt gilt sie deshalb auch für die nachste Zahl $n = 2$. Aber der induktive Schritt impliziert dann erneut, dass sie auch für $n = 3$ gilt, und dann für $n = 4$, und so weiter. Da wir so auf diesem Weg schließlich jede natürliche Zahl erreichen, ist es richtig zu behaupten, dass die Formel für jede natürliche Zahl gilt. Selbstverständlich basiert das Prinzip der vollständigen Induktion auf der Überzeugung, dass wir schließlich jede natürliche Zahl erreichen, wenn wir bei 1 beginnen und dann 1 ausreichend oft addieren. Wir betrachten dies als eine definierte Eigenschaft, oder Axiom, der natürlichen Zahlen.

Jetzt versuchen wir, (3.1) zu beweisen: Wir zeigen, dass der induktive Schritt gilt. Deshalb *nehmen wir an*, dass die Formel (3.1) für $n = m - 1$ gültig ist, wobei $m \geq 2$ eine natürliche Zahl ist. In anderen Worten, wir nehmen folgendes an:

$$1 + 2 + 3 + \cdots + m - 1 = \frac{(m-1)m}{2}. \tag{3.2}$$

Jetzt wollen wir *beweisen*, dass die Formel für die nächste natürliche Zahl $n = m$ gilt. Um dies für (3.1) zu tun, addieren wir m zu beiden Seiten von (3.2) und erhalten

$$\begin{aligned}
1 + 2 + 3 + \cdots + m - 1 + m &= \frac{(m-1)m}{2} + m \\
&= \frac{m^2 - m}{2} + \frac{2m}{2} = \frac{m^2 - m + 2m}{2} \\
&= \frac{m(m+1)}{2},
\end{aligned}$$

was die Gültigkeit der Formel für $n = m$ zeigt. Wir haben bewiesen, dass wenn (3.1) für jede natürliche Zahl $n = m - 1$ wahr ist, sie es auch für die nächste natürliche Zahl $n = m$ ist. Mit Hilfe der vollständigen Induktion erkennen wir, dass (3.1) für jede natürliche Zahl n gilt.[2]

Wir können den Beweis auch aufstellen, ohne dass wir die natürliche Zahl m einführen. In der Umformulierung nehmen wir an, dass (3.1) für n gilt, ersetzt durch $n - 1$, folglich nehmen wir an, dass

$$1 + 2 + 3 + \cdots + n - 1 = \frac{(n-1)n}{2}.$$

Addieren wir n zu beiden Seiten erhalten wir

$$1 + \cdots + n - 1 + n = \frac{(n-1)n}{2} + n = \frac{n(n+1)}{2},$$

wobei es sich, wie gewünscht, um (3.1) handelt.

---

[2]Unsere Erfahrung zeigt, dass die meisten Studenten es nicht als schwierig erachten, eine Eigenschaft wie (3.1) für ein bestimmtes n wie 1 oder 2 oder 100 zu beweisen. Aber der allgemeine induktive Schritt, das heisst, die Annahme, dass die Formel für eine beliebige natürliche Zahl wahr ist, sowie zu zeigen, dass sie auch für die nächste natürliche Zahl wahr ist, ist schwierig. Diese Art abstrakter Argumentation erscheint am Anfang sonderbar. Versuchen Sie dennoch auf jeden Fall, die Aufgaben zu lösen. Die Ausarbeitung einiger Induktionsbeweise ist eine gute Übung für einige der Argumente, auf die wir später treffen werden.

3.3   Der Gebrauch der vollständigen Induktion

Wir betonen hier, dass die Methode der vollständigen Induktion nützlich ist, um die Gültigkeit einer gegebenen Formel zu zeigen. Aber die vollstänige Induktion hilft uns nicht, die Formel zu konstruieren. Tatsache ist, dass es keine Technik gibt, um systematisch Formeln wie (3.1) herzuleiten. Um solche Formeln zu finden, bedarf es vielleicht einer guten Intuition, Versuch und Irrtum, oder tieferen Verständnisses, wie der kleveren Idee von Gauß. Auf jeden Fall aber erleichtert uns die Erfahrung mit solchen Formeln, sie einfacher zu erraten. Zum Beispiel könnten wir behaupten, dass die Durchschnittsgröße der Zahlen 1 bis n der Wert $n/2$ ist, und da n Zahlen zu addieren sind, sollte ihre Summe so etwas wie $n\frac{n}{2}$ sein, was ja recht nahe an dem korrekten Wert $(n+1)\frac{n}{2}$ liegt.

Wir geben zwei weitere Beispiele, um den Gebrauch der vollständigen Induktion zu veranschaulichen.

BEISPIEL 3.1.   Zuerst zeigen wir eine Formel für die **geometrische Summe** mit n Termen für eine feste natürliche Zahl $p > 1$:

$$1 + p + p^2 + p^3 + \cdots + p^n = \frac{1 - p^{n+1}}{1 - p}, \tag{3.3}$$

welche für jede natürliche Zahl n gilt. Hier denken wir uns p als fest und die Induktion verläuft über n. Die Formel (3.3) gilt für $n = 1$, da

$$1 + p = \frac{1 - p^2}{1 - p} = \frac{(1 - p)(1 + p)}{1 - p} = 1 + p,$$

wobei wir die Formel $a^2 - b^2 = (a - b)(a + b)$ verwendet haben. Nehmen wir an, sie sei wahr für n ersetzt durch $n - 1$, dann erhalten wir

$$1 + p + p^2 + p^3 + \cdots + p^{n-1} = \frac{1 - p^n}{1 - p}.$$

Wir addieren p^n zu beiden Seiten und erhalten

$$1 + p + p^2 + p^3 + \cdots + p^{n-1} + p^n = \frac{1 - p^n}{1 - p} + p^n$$

$$= \frac{1 - p^n}{1 - p} + \frac{p^n(1 - p)}{1 - p}$$

$$= \frac{1 - p^{n+1}}{1 - p},$$

womit wir den induktiven Schritt durchgeführt haben.

BEISPIEL 3.2.

Die vollständige Induktion kann auch gebraucht werden, um Eigenschaften zu zeigen, die nicht Summen betreffen. Als Beispiel zeigen wir eine nützliche Ungleichung. Für jede feste natürliche Zahl p gilt

$$(1 + p)^n \geq 1 + np \tag{3.4}$$

für jede natürliche Zahl n. Die Ungleichung (3.4) ist sicherlich gültig für $n = 1$, da $(1 + p)^1 = 1 + 1 \times p$. Jetzt nehmen Sie an, sie gilt für $n - 1$,

$$(1 + p)^{n-1} \geq 1 + (n - 1)p.$$

Wir multiplizieren beide Seiten mit der positiven Zahl $1 + p$,

$$
\begin{aligned}
(1 + p)^n = (1 + p)^{n-1}(1 + p) &\geq (1 + (n - 1)p)(1 + p) \\
&\geq 1 + (n - 1)p + p + (n - 1)p^2 \\
&\geq 1 + np + (n - 1)p^2.
\end{aligned}
$$

Da $(n - 1)p^2$ nicht negativ ist, können wir es auf der rechten Seite subtrahieren und erhalten dann (3.4).

3.4   Ein Modell einer Insektenpopulation

Die vollständige Induktion wird auch oft gebraucht, um Modelle herzuleiten. Wir stellen ein Beispiel vor, dass das Populationswachstum von Insekten betrifft.

Wir betrachten eine vereinfachte Situation einer Insektenpopulation, bei der sich alle Erwachsenen zu einem speziellen Zeitpunkt, während des ersten Sommers den sie erleben, paaren, anschließend sterben sie vor dem nächsten Sommer. Im allgemeinen existieren viele Faktoren, die die Rate der Reproduktion beeinflussen: das Angebot an Nahrung, das Wetter, Pestizide, und sogar die Population selbst. Aber dieses erste Mal vereinfachen wir all dies und nehmen lediglich an, dass die Anzahl der Nachkommen, die bis zur nächsten Paarungszeit überleben, einfach proportional zu der Anzahl der lebenden Erwachsenen während der Paarungszeit ist. In Versuchen ist dies oft eine gültige Annahme, wenn die Population nicht zu gross ist. Das Ziel dieses Modells ist zu bestimmen, ob und wann die Insektenpopulation eine kritische Grösse erreicht. Dies ist zum Beispiel wichtig, wenn die Insekten eine Krankheit tragen oder wenn sie die Ernten in der Landwirtschaft vernichten.

Da wir die Insektenpopulationen während verschiedener Jahre beschreiben, müssen wir ein Zeichen einführen, dass es uns erleichtert, die veränderlichen Namen mit den verschiedenen Jahren zu assoziieren. Wir benutzen das **Indexzeichen** um dies zu tun. Wir lassen P_0 die gegenwärtige oder **anfängliche** Population und $P_1, P_2, \cdots, P_n, \cdots$ die Populationen während der folgenden Jahre bezeichnen, entsprechend der Jahreszahl 1, 2, $\cdots$, n, $\cdots$ nummeriert. Der **Index** oder **Subskript** von P_n ist ein bequemer Weg, um das Jahr zu bezeichnen. Die Annahmen unserer Modellierungen bedeuten, dass P_n proportional zu P_{n-1} ist. Wir verwenden den Buchstaben R um die konstante Größe der Proportionalität zu bezeichnen, so dass

$$P_n = RP_{n-1}. \tag{3.5}$$

Nehmen wir an, dass die ursprüngliche Population P_0 bekannt ist. Die Aufgabe ist nun herauszufinden, wann die Population eine bestimmte Größe M erreicht. In anderen Worten, finden Sie das kleinste n, so dass $P_n \geq M$.

Um dies zu tun, leiten wir eine Formel her, die die Abhängigkeit der Größe P_n von n ausdrückt, indem wir für (3.5) die vollständige Induktion benutzen. Da (3.5) auch für $n-1$ gilt, gilt $P_{n-1} = RP_{n-2}$. Setzen wir dies ein, so finden wir

$$P_n = RP_{n-1} = R(RP_{n-2}) = R^2 P_{n-2}.$$

Jetzt setzen wir für $P_{n-2} = RP_{n-3}$, $P_{n-3} = RP_{n-4}$, und so weiter. Nach $n-2$ weiteren Substitutionen finden wir

$$P_n = R^n P_0. \tag{3.6}$$

Da R und P_0 bekannt sind, gibt dies eine eindeutige Formel für P_n in Abhängigkeit von n. Beachten Sie, dass die Weise, in der wir in diesem Beispiel die vollständige Induktion gebrauchen, sich von den vorhergehenden Beispielen unterscheidet. Allerdings ist der Unterschied nur oberflächlich. Um das Induktionsargument ähnlich ausschauen zu lassen wie bei den vorhergehenden Beispielen, können wir annehmen, dass (3.6) für $n-1$ gilt und benutzen dann (3.5) um zu zeigen, dass es deswegen auch für n gilt.

Zu der Aufgabe zurückkehrend, n zu finden, so dass $P_n \geq M$ gilt, ist die Aufgabe nun, n zu finden, so dass

$$R^n \geq M/P_0. \tag{3.7}$$

So lange $R > 1$, wird R^n schließlich groß genug werden, um dies zu erreichen. Wenn zum Beispiel $R = 2$, dann wächst P_n schnell mit n. Im Falle $P_0 = 1000$ ist $P_1 = 2000$, $P_4 = 32000$ und $P_9 = 1024000$.

Kapitel 3   Aufgaben

3.1. Beweisen Sie, dass die Formeln

$$\text{(a)} \qquad 1^2 + 2^2 + 3^2 + \cdots + n^2 = \frac{n(n+1)(2n+1)}{6} \qquad (3.8)$$

und

$$\text{(b)} \qquad 1^3 + 2^3 + 3^3 + \cdots + n^3 = \left(\frac{n(n+1)}{2} \right)^2 \qquad (3.9)$$

für alle natürlichen Zahlen n gelten, indem Sie vollständige Induktion benutzen.

3.2. Zeigen Sie, dass die folgende Formel für alle natürlichen Zahlen n gilt, indem Sie vollständige Induktion benutzen.

$$\frac{1}{1 \times 2} + \frac{1}{2 \times 3} + \frac{1}{3 \times 4} + \cdots + \frac{1}{n(n+1)} = \frac{n}{n+1}.$$

3.3. Benutzen Sie vollständige Induktion um zu zeigen, dass die folgenden Ungleichungen für alle natürlichen Zahlen n gelten:

$$\text{(a)}\ 3n^2 \geq 2n + 1 \qquad \text{(b)}\ 4^n \geq n^2 \ .$$

In den Aufgaben 3.4 und 3.5 unterscheidet sich die Anwendung der vollständigen Induktion von denen, welche im Kapitel besprochen wurden.

3.4. Beweisen Sie, dass $7^n - 4^n$ ein Vielfaches von 3 ist für alle natürlichen Zahlen n. *Hinweis:* Wenn a ein Vielfaches von 3 ist, dann gilt $a = 3b$ für eine natürliche Zahl b.

3.5. Finden Sie eine Formel für die Summe der ungeraden natürlichen Zahlen von 1 bis n, $1 + 3 + 5 + \cdots + n$, wobei n ungerade ist. Beweisen Sie mit Hilfe vollständiger Induktion, dass die Formel korrekt ist. *Hinweis:* Um die Formel zu finden, berechnen Sie die Summe für einige der ersten ungeraden Zahlen.

Die Aufgaben 3.6–3.8 beziehen sich auf die Modellierung von Insektenpopulationen. Aufgabe 3.8 ist um einiges schwieriger als die Aufgaben 3.6 und 3.7.

3.6. Die Aufgabe ist, die Population einer Spezies von Insekten zu modellieren, welche eine Paarungszeit während des Sommers haben. Die Erwachsenen paaren sich während ihres ersten erlebten Sommers, dann sterben sie vor dem nächsten Sommer. Nehmen wir an, dass die Anzahl der Nachkommen, welche bis zur nächsten Paarungszeit überleben, proportional ist zum Quadrat der Anzahl der erwachsenen Insekten. Drücken Sie die Insektenpopulation als Funktion des Jahres aus.

3.7. Die Aufgabe ist, die Population einer Spezies von Insekten zu modellieren, welche eine Paarungszeit während des Sommers haben. Die Erwachsenen paaren sich während ihres ersten erlebten Sommers, dann sterben sie vor dem nächsten Sommer, und ausserdem töten und fressen die Erwachsenen einige ihrer Nachkommen. Nehmen Sie an, dass die Anzahl der Nachkommen, geboren während jeder Paarungszeit, proportional ist zur Anzahl der Erwachsenen und dass die Anzahl der Nachkommen, welche von den Erwachsenen getötet werden, proportional ist zu dem Quadrat der Anzahl von Erwachsenen und dass es keinen anderen Todesgrund gibt. Leiten Sie eine Gleichung her, welche die Insektenpopulation in einem Jahr in Bezug setzt zu der Population in dem vorhergehenden Jahr.

3.8. Die Aufgabe ist, die Population einer Spezies von Insekten zu modellieren, welche eine Paarungszeit während des Sommers haben. Die Erwachsenen paaren sich während ihres ersten und zweiten Sommers, den sie erleben, dann sterben sie vor dem dritten Sommer. Nehmen wir an, dass die Anzahl der Nachkommen, die jedes Jahr während der Paarungszeit geboren werden, proportional ist zu der Anzahl der lebenden erwachsenen Insekten und dass alle Insekten ihre Lebensdauer erleben. Leiten Sie eine Gleichung her, welche die Insektenpopulation in einem Jahr nach dem ersten in Beziehung setzt zu der Population in den vorhergehenden zwei Jahren.

3.9. Leiten Sie die Formel (3.1) her, indem sie die Summe

$$
\begin{array}{ccccccccc}
 & 1 & + & 2 & + & \cdots & + & n\text{-}1 & + & n \\
+ & n & + & n\text{-}1 & + & \cdots & + & 2 & + & 1 \\
\hline
 & n{+}1 & + & n{+}1 & + & \cdots & + & n{+}1 & + & n{+}1
\end{array}
$$

beweisen und zeigen Sie, dass dies $2(1 + 2 + \cdots + n) = n \times (n + 1)$ bedeutet.

4
Rationale Zahlen

Ein Grund, rationale Zahlen zu betrachten, ist, dass wir Gleichungen der Form

$$qx = p, \tag{4.1}$$

lösen wollen, wobei p und $q \neq 0$ ganze Zahlen sind. Insbesondere sind wir der Gleichung $15x = 10$ beim Modell von der Abendsuppe begegnet, welche nicht gelöst werden könnte, wären für x nur ganze Zahlen zugelassen. Wir müssen die Menge der ganzen Zahlen erweitern, um auch Brüche zuzulassen. In der Schule lernen wir die Definition einer **rationalen Zahl** r als Zahlen der Form $r = p/q$, wobei p und q ganze Zahlen sind mit $q \neq 0$. Wir nennen p den **Zähler** und q den **Nenner** des **Bruches** oder **Verhältnisses**.

Ein weiterer Grund, weswegen wir die rationalen Zahlen einführen wollen, ist das praktische Problem der Messung von Mengen, für das die ganzen Zahlen alleine ein zu ungenaues Instrument darstellen. Wird eine Einheitsmenge geschaffen, um Mengen zu messen — wie zum Beispiel das metrische System — so wird eine willkürliche Menge als das Einheitsmaß festgelegt. Zum Beispiel der Meter für Distanzen, das Gramm für Gewichte und die Minute für die Zeit. Wir messen alles bezogen auf diese Einheiten. Allerdings ist es selten, dass eine zumessende Menge eine exakte Zahl von Einheiten ergibt, so dass wir gezwungen sind, uns auf Brüche der Einheiten einzulassen. Wir benennen sogar einige spezielle Brüche der Einheiten; ein Zentimeter ist 1/100 eines Meters, ein Millimeter ist 1/1000 eines Meters und so weiter.

Tatsächlich handelt es sich bei diesen zwei Gründen um ein und denselben. Betrachten Sie zum Beispiel unseren Denkprozess, wenn wir mit dem Problem konfrontiert werden, einen Kuchen in sieben gleiche Stücke aufzuteilen. Nachdem wir den ersten Schnitt gemacht haben, versuchen wir den Winkel desjenigen Stückes zu schätzen, welches einen ganzen Kuchen ergibt, wenn wir es zu sechs weiteren Stücken derselben Größe addieren. Anders ausgedrückt, wir versuchen, die Gleichung $7x = 1$ zu lösen.

4.1 Operationen mit rationalen Zahlen

Erinnern wir uns daran, dass wir bei der Konstruktion der ganzen Zahlen durch die Erweiterung der natürlichen Zahlen auch die Definitionen der arithmetischen Operationen erweitern mussten. Dabei bewahrten wir die arithmetischen Eigenschaften, die wir für die natürlichen Zahlen gebraucht haben. Dies ist notwendig, weil die ganzen Zahlen die natürlichen Zahlen einschließen.

Erweitern wir nun die ganzen Zahlen, um die rationalen Zahlen zu erhalten, so stellt sich uns dasselbe Problem. Sicherlich schließen die rationalen Zahlen die ganzen Zahlen ein: Es ist klar, dass $p/1$ gleich p sein soll. Und wieder sollen die Operationen auf den rationalen Zahlen mit den Operationen auf den ganzen Zahlen übereinstimmen. Mit dieser Anforderung können wir die arithmetischen Operationen für die rationalen Zahlen auf eindeutige Weise definieren.

Diese Übung, d.h. sich durch die Definitionen der arithmetischen Operationen zu arbeiten, ist sowohl nützlich als auch interessant. Nehmen wir zum Beispiel an, dass unser Mitbewohner noch nie etwas von den rationalen Zahlen gehört hat und uns nach einer Erklärung fragt. Da uns die vorangegangenen Kapitel noch präsent sind, beschließen wir, die rationalen Zahlen aus der Sichtweise der zu lösenden Gleichung (4.1) zu erklären. Um jegliche Konfusion mit den bisherigen Erfahrungen unseres Mitbewohners mit Brüchen und Symbolen wie „-" und „/" zu vermeiden, verwenden wir am Anfang eine abstraktere Notation. Wir beschreiben eine rationale Zahl als eine „Sache", welche (4.1) löst. Diese bezeichnen wir als ein **geordnetes Paar** $x = (p, q)$, wobei die **erste Komponente** p die rechte Seite der Gleichung und die **zweite Komponente** q die linke Seite der Gleichung $qx = p$ bezeichnet. Unabhängig von der Notation, die wir gebrauchen, benötigen wir einen Weg, um die zwei Zahlen p und q zu bestimmen. Auch müssen wir ihre Rolle in der Gleichung (4.1) festlegen. Um unserem Mitbewohner eine Orientierung zu geben, heben wir hervor, dass einige dieser Paare von Natur aus mit den bekannten ganzen Zahlen gleichgesetzt werden können. So ist nämlich $(p, 1)$ dasselbe wie p, da die Lösung der Gleichung $1x = p$ die Zahl $x = p$ ist. Aus diesem Grund handelt es sich bei den rationalen

Zahlen um eine Erweiterung der ganzen Zahlen. Wir betonen aber auch, dass es keinen Grund gibt zu erwarten, dass $(p,q) = (q,p)$ generell gilt.

Jetzt bauen wir die Regeln auf, damit wir Rechnungen mit dieser Menge von geordneten Zahlenpaaren durchführen können. Diese Regeln basieren auf den Eigenschaften der ganzen Zahlen. Nehmen wir zum Beispiel an, wir wollen herausfinden, wie man eine rationale Zahl $x = (p,q)$ mit einer rationalen Zahl $y = (r,s)$ multipliziert. Wir beginnen mit den definierenden Gleichungen $qx = p$ und $sy = r$. Wir multiplizieren beide Seiten und nehmen an, dass $xs = sx$ wahr ist, da die Multiplikation von ganzen Zahlen kommutativ ist. Wir finden folgendes heraus:

$$qxsy = qsxy = qs(xy) = pr.$$

Wir schließen daraus, dass

$$xy = (pr, qs),$$

weil $z = xy$ die Gleichung $qsz = pr$ löst. Somit haben wir die bekannte Regel

$$(p,q)(r,s) = (pr, qs).$$

erhalten. In der üblichen Notation für die rationalen Zahlen wird dies geschrieben als

$$\frac{p}{q} \times \frac{r}{s} = \frac{pr}{qs}. \tag{4.2}$$

Auf ähnliche Weise finden wir heraus, wie zwei rationale Zahlen $x = (p,q)$ und $y = (r,s)$ addiert werden. Wir beginnen wieder mit den definierenden Gleichungen $qx = p$ und $sy = r$. Wir multiplizieren beide Seiten von $qx = p$ mit s und beide Seiten von $sy = r$ mit q. Wir erhalten $qsx = ps$ und $qsy = qr$. Durch Addieren und die Annahme, dass $qsx + qsy = qs(x + y)$ gilt, weil die Addition von ganzen Zahlen assoziativ ist, erhalten wir

$$qs(x + y) = ps + qr.$$

Dies deutet darauf hin, dass

$$(p,q) + (r,s) = (ps + qr, qs).$$

In der üblichen Notation für die rationalen Zahlen wird dies geschrieben als

$$\frac{p}{q} + \frac{r}{s} = \frac{ps + qr}{qs}. \tag{4.3}$$

Um zwei rationale Zahlen zu addieren, müssen wir also einen gemeinsamen Nenner finden.

Von diesen Berechnungen inspiriert, definieren wir die rationalen Zahlen als geordnete Paare von ganzen Zahlen (p,q) mit $q \neq 0$, wobei die Operation der Multiplikation $\times$ und der Addition $+$ definiert sind durch (4.2) und

(4.3). Jetzt können wir beweisen, dass alle uns vertrauten Regeln für das Rechnen mit ganzen Zahlen genauso für die rationalen Zahlen gelten. Um zu zeigen, dass $(p, p) = 1$ für $p \neq 0$ ist, benutzen wir (4.3) und (4.2) und erhalten

$$(p, p) + (r, 1) = (p + pr, p) = (p(r + 1), p) = (r + 1, 1)(p, p),$$

so dass

$$(r, 1) = (p, p)(r + 1 - 1, 1)(p, p) = (r, 1)(p, p).$$

Dies zeigt, dass (p, p) sich genauso verhält wie 1. In der üblichen Notation erhalten wir $p/p = 1$ wenn $p \neq 0$. Auf ähnliche Weise $(pr, ps) = (r, s)$ für $p \neq 0$ oder

$$\frac{pr}{ps} = \frac{r}{s}.$$

Wir argumentieren auf dieselbe Weise und definieren die Division (p, q) $/(r, s)$ einer rationalen Zahl (p, q) durch die rationale Zahl (r, s) mit $r \neq 0$ als

$$(p, q)/(r, s) = (ps, qr)$$

weil (ps, qr) die Gleichung $(r, s)x = (p, q)$ löst. In der üblichen Notation:

$$\frac{\frac{p}{q}}{\frac{r}{s}} = \frac{ps}{qr}.$$

Wir können jetzt die Gültigkeit der erwarteten Eigenschaften der Multiplikation und der Division überprüfen, wie zum Beispiel

$$\frac{p}{q} = p \times \frac{1}{q}.$$

Selbstverständlich benutzen wir im Ausdruck x^n die Variable x als rationale und n als natürliche Zahl, um die n-fache Multiplikation der Zahl x mit sich selbst zu bezeichnen. So haben wir

$$x^{-n} = \frac{1}{x^n}$$

für natürliche Zahlen n und $x \neq 0$. Genauso wie für die ganzen Zahlen definieren wir $x^0 = 1$ für eine rationale Zahl x.

Es ist wichtig, zur Kenntnis zu nehmen, dass diese Definitionen für die Rechenoperationen auf den rationalen Zahlen bedeuten, dass die Summe, das Produkt, die Differenz oder der Quotient von zwei rationalen Zahlen immer eine andere rationale Zahl (falls definiert) darstellt. In anderen Worten ausgedrückt, die rationalen Zahlen sind **abgeschlossen** unter diesen Rechenoperationen. Erinnern wir uns, dass die ursprüngliche Motivation für die Definition der rationalen Zahlen die Beobachtung war, dass wir nicht immer mit Hilfe der ganzen Zahlen Lösungen für (4.1) finden. Allerdings können wir eine rationale Zahl finden, die die Gleichung löst, nämlich

$x = (p, q)$ da $(q, 1)(p, q) = (pq, q) = (p, 1)$ ist. Außerdem können wir eine rationale Lösung für jede Gleichung der Form $ax = b$ finden, wobei a und b eine beliebige rationale Zahl mit $a \neq 0$ ist. Wenn nämlich $a = (p, q)$ und $b = (r, s)$ ist, dann ist $x = ((r, s), (p, q))$ $(= b/a)$.

Als letzten Schritt stellen wir unserem Mitbewohner folgende Notation vor:

$$(p, q) = \frac{p}{q} = p/q.$$

Die Idee, die ganzen Zahlen und die rationalen Zahlen aus den natürlichen Zahlen, sowie einer Liste von Eigenschaften oder den Axiomen, welche die Rechnungen mit den natürlichen Zahlen bestimmen, zu konstruieren, stammt von Peano.[1]

4.2   Dezimaldarstellungen der rationalen Zahlen

Der beste Weg, eine rationale Zahl darzustellen, ist in der Form der Dezimaldarstellung, wie zum Beispiel $1/2 = 0.5$, $5/2 = 2.5$ und $5/4 = 1.25$. Im Allgemeinen ist eine **endliche Dezimaldarstellung** eine Zahl der Form

$$\pm p_m p_{m-1} \cdots p_2 p_1 p_0 . q_1 q_2 \cdots q_n, \tag{4.4}$$

wobei m und n natürliche Zahlen sind und die **Stellen** $p_m, p_{m-1}, \cdots, p_0, q_0,$ $\cdots, q_n$ gleich einer der natürlichen Zahlen $\{0, 1, \cdots, 9\}$ sind. Wir gebrauchen die „$\cdots$" um auf die Ziffern hinzuweisen, die nicht ausgeschrieben sind. Der ganze Teil einer Dezimalzahl ist $p_m p_{m-1} ... p_1 p_0$, während der Dezimal- oder Bruchteil $0.q_1 q_2 \cdots q_n$ ist. Zum Beispiel: $432.576 = 432 + 0.576$.

Die Dezimaldarstellung wird berechnet, indem man den schriftlichen Divisionsalgorithmus nach dem Dezimalpunkt fortsetzt, anstatt aufzuhören, wenn der Rest gefunden ist. Wir veranschaulichen dies in Abbildung 4.1.

Es ist nützlich, sich daran zu erinnern, dass die Dezimaldarstellung (4.4) in Wirklichkeit nur eine kurze Notation ist für die Zahl

$$\pm p_m 10^m + p_{m-1} 10^{m-1} + \cdots + p_1 10 + p_0$$
$$+ q_1 10^{-1} + \cdots + q_{n-1} 10^{-(n-1)} + q_n 10^{-n}.$$

BEISPIEL 4.1.

$$432.576 = 4 \times 10^2 + 3 \times 10^1$$
$$+ 2 \times 10^0 + 5 \times 10^{-1} + 7 \times 10^{-2} + 6 \times 10^{-3}.$$

---

[1]Giuseppe Peano (1858–1932) war ein italienischer Mathematiker. Er bewies seine Version des Satz 41.5 und entdeckte die Methode sukzessiver Approximation verhältnismäßig früh in seiner Karriere. Peanos' wichtigste Arbeiten sind der Logik und den Grundlagen der Analysis zuzuordnen.

$$
\begin{array}{r}
47.55 \\
\hline
40 \,\overline{)\,1902.000} \\
160 \\
\hline
302 \\
280 \\
\hline
22.0 \\
20.0 \\
\hline
2.00 \\
2.00 \\
\hline
.00
\end{array}
$$

Abbildung 4.1: Wir benutzen die schriftliche Division, um eine Dezimaldarstellung zu erhalten.

Eine endliche Dezimaldarstellung ist auf jeden Fall eine rationale Zahl, weil sie eine Summe von rationalen Zahlen darstellt. Man sieht dies ein, indem man $p_{m-1} \cdots p_1.q_1 q_2 \cdots q_n$ als den Quotienten der ganzen Zahlen $p_m p_{m-1} \cdots p_1 q_1 q_2 \cdots q_n$ und 10^n schreibt:

$$
p_{m-1} \cdots p_1.q_1 q_2 \cdots q_n = \frac{p_{m-1} \cdots p_1 q_1 q_2 \cdots q_n}{10^n},
$$

zum Beispiel $432.576 = 432576/10^3$.

Berechnet man Dezimaldarstellungen rationaler Zahlen mit Hilfe der schriftlichen Division, so führt dies unmittelbar zu einer interessanten Beobachtung: Einige Dezimaldarstellungen „stoppen" nicht. In anderen Worten, einige Dezimaldarstellungen beinhalten eine **unendliche** Anzahl von Stellen ungleich Null. So ist zum Beispiel die Lösung des Modells von der Abendsuppe $2/3 = 0,666\cdots$ während $10/9 = 1,11111\cdots$ ist. Wir führen die Division in Abbildung 4.2 durch. Wie gewöhlich gebrauchen wir „unendlich", weil wir über etwas diskutieren, dass fortfährt ohne zu stoppen.

$$
\begin{array}{r}
1.1111\ldots \\
\hline
9 \,\overline{)\,10.0000\ldots} \\
9 \\
\hline
1.0 \\
.9 \\
\hline
.10 \\
.09 \\
\hline
.010 \\
.009 \\
\hline
.0010
\end{array}
$$

Abbildung 4.2: Die Dezimaldarstellung von 10/9 endet nicht.

Wir können viele Beispiele unendlicher Dezimaldarstellungen finden:

$$\frac{1}{3} = 0,3333333333\cdots$$

$$\frac{2}{11} = 0,18181818181818\cdots$$

$$\frac{4}{7} = 0,571428571428571428571428\cdots$$

Beachten Sie bei all diesen Beispielen die Eigenschaft, dass die Stellen der Dezimaldarstellung sich nach einem bestimmten Punkt anfangen zu wiederholen. Die Ziffern in 10/9 und 1/3 wiederholen sich in jedem Eintrag, die Ziffern in 2/11 wiederholen sich nach jedem zweiten und die Ziffern in 4/7 nach jedem sechsten Eintrag. Wir bezeichnen Dezimaldarstellungen mit dieser Eigenschaft als **periodisch**. Wir benutzen das Wort periodisch, um alles zu beschreiben, das sich in einem regelmäßigen Abstand wiederholt. Wenn wir den Prozess der schriftlichen Division bei der Berechnung der Dezimaldarstellung von p/q betrachten, stellen wir fest, dass *die Dezimaldarstellung jeder rationalen Zahl entweder eine endliche oder eine periodische sein muss.* Wenn die Darstellung nicht endlich ist, so ist in jedem Stadium des Divisionsprozesses ein Rest ungleich Null, wobei es sich um eine ganze Zahl zwischen 0 und $q-1$ handelt. In anderen Worten, es gibt höchstens $q-1$ Möglichkeiten für den Restbetrag bei jedem Schritt. Dies bedeutet, dass nach höchstens q Divisionen ein bestimmter Rest wieder auftauchen muss. Danach wiederholen sich die nachfolgenden Restbeträge in derselben Reihenfolge wie vorher.

Die Tatsache, dass viele rationale Zahlen unendliche Dezimaldarstellungen haben, führt zu der gleichen Art von Unsicherheit, auf die wir schon getroffen sind, als wir über die Menge der natürlichen Zahlen gesprochen haben. Während wir alles über die rationale Zahl $5/4 = 1,25$ mit einer endlichen Dezimaldarstellung wissen, existiert eine inhärente Unsicherheit über die Dezimaldarstellung von 10/9, weil wir niemals alle Ziffern niederschreiben können. In anderen Worten, was bedeuten die „$\cdots$" in der Dezimaldarstellung von 10/9?

Es stellt sich heraus, dass wir die Formel für die geometrische Summe (3.3) verwenden können, um den Sachverhalt klar auszudrücken. Betrachten wir die Dezimaldarstellung, die wir von 10/9 erhalten und stoppen wir nach $n+1$ Divisionen. Wir schreiben dies als $1,11\cdots 1_n$ mit n Dezimalstellen gleich 1 nach dem Punkt. In der langen Form lautet die Zahl

$$1,11\cdots 11_n = 1 + 10^{-1} + 10^{-2} + \cdots + 10^{-n+1} + 10^{-n},$$

mit (3.3) ist dies gleich

$$1,11\cdots 11_n = \frac{1 - 10^{-n-1}}{1 - 0,1} = \frac{10}{9}\left(1 - 10^{-n-1}\right); \tag{4.5}$$

das bedeutet:

$$\frac{10}{9} = 1,11\cdots 11_n + \frac{10^{-n}}{9}.$$ (4.6)

Der Term $10^{-n}/9$ nimmt gleichmäßig gegen 0 ab, während n zunimmt. Deshalb können wir $1,11\cdots 11_n$ so nah wie gewünscht an $10/9$ annähern, indem wir einfach n groß genug werden lassen. Dies führt zur Interpretation

$$\frac{10}{9} = 1,11111111\cdots$$

was bedeutet, dass wir die Zahl $1,111\cdots 1_n$ so nah wie gewünscht an $10/9$ annähern, indem wir n groß genug wählen. Dadurch, dass wir ausreichend viele Dezimalstellen in die niemals endende Dezimaldarstellung von $10/9$ aufnehmen, machen wir den Irrtum kleiner als jede beliebige positive Zahl.

Wir geben ein weiteres Beispiel, bevor wir den allgemeinen Fall betrachten.

BEISPIEL 4.2. Durch Berechnungen finden wir heraus, dass $2/11 = 0,1818181818\cdots$ ist. Wir betrachten die ersten m Paare der Stellen 18 und erhalten

$$\begin{aligned}
0,1818\cdots 18_m &= \frac{18}{100} + \frac{18}{10000} + \frac{18}{1000000} + \cdots + \frac{18}{10^{2m}} \\
&= \frac{18}{100}\left(1 + \frac{1}{100} + \frac{1}{100^2} + \cdots + \frac{1}{100^{m-1}}\right) \\
&= \frac{18}{100}\frac{1-(100^{-1})^m}{1-100^{-1}} = \frac{18}{100}\frac{100}{99}(1-100^{-m-1}) \\
&= \frac{2}{11}(1-100^{-m}),
\end{aligned}$$

das heißt

$$\frac{2}{11} = 0,1818\cdots 18_m + \frac{2}{11}100^{-m}.$$

Folglich interpretieren wir $2/11 = 0,1818181818\cdots$, was bedeutet, dass wir die Zahlen $0,1818\cdots 18_m$ so nah wie gewünscht an $2/11$ annähern können, indem wir m ausreichend groß wählen.

Wir betrachten jetzt den allgemeinen Fall einer unendlichen periodischen Dezimaldarstellung der Form

$$p = 0,q_1 q_2 \cdots q_n q_1 q_2 \cdots q_n q_1 q_2 \cdots q_n \cdots,$$

wobei jede Periode aus den n Stellen $q_1 \cdots q_n$ besteht. Wir brechen die Dezimaldarstellung nach m Wiederholungen ab und benutzen (3.3), um die folgende Darstellung zu erhalten:

$$
\begin{aligned}
p_m &= \frac{q_1 q_2 \cdots q_n}{10^n} + \frac{q_1 q_2 \cdots q_n}{10^{n2}} + \cdots + \frac{q_1 q_2 \cdots q_n}{10^{nm}} \\
&= \frac{q_1 q_2 \cdots q_n}{10^n} \left(1 + \frac{1}{10^n} + \frac{1}{(10^n)^2} + \cdots + \frac{1}{(10^n)^{m-1}} \right) \\
&= \frac{q_1 q_2 \cdots q_n}{10^n} \frac{1 - (10^{-n})^m}{1 - 10^{-n}} = \frac{q_1 q_2 \cdots q_n}{10^n - 1} \left(1 - (10^{-n})^m \right).
\end{aligned}
$$

Damit ergibt sich

$$
\frac{q_1 q_2 \cdots q_n}{10^n - 1} = p_m + \frac{q_1 q_2 \cdots q_n}{10^n - 1} 10^{-nm}.
$$

Wir schließen daraus, dass

$$
p = \frac{q_1 q_2 \cdots q_n}{10^n - 1}
$$

ist, und zwar in dem Sinne, dass die Differenz zwischen der abgetrennten Dezimaldarstellung p_m von p und $q_1 q_2 \cdots q_n / (10^n - 1)$ beliebig klein gemacht werden kann, indem die Anzahl der Wiederholungen m erhöht wird. Damit ziehen wir mehr Stellen von p in Betracht. Somit gilt: $p = q_1 q_2 \cdots q_n / (10^n - 1)$. Wir kommen also zum Schluss, dass *jede unendliche periodische Dezimaldarstellung gleich einer beliebigen rationalen Zahl ist.*

Wir fassen diese Diskussion als folgendes fundamentales Resultat zusammen, das ursprünglich von Wallis formuliert wurde.[2]

Satz 4.1 *Eine rationale Zahl hat entweder eine endliche oder eine unendliche periodische Dezimaldarstellung und umgekehrt: Jede endliche oder unendliche periodische Dezimaldarstellung stellt eine rationale Zahl dar.*

4.3   Die Menge der rationalen Zahlen

Die Definition der Menge der rationalen Zahlen führt zu noch mehr Kontroversen, als die Definition der ganzen Zahlen. Zunächst gibt es zu jeder beliebigen rationalen Zahl immer eine größere rationale Zahl. Darüberhinaus gibt es zu zwei beliebigen verschiedenen rationalen Zahlen immer eine rationale Zahl, die zwischen diesen beiden liegt. Die gängige Konvention

---

[2]John Wallis (1616–1703) war ein englischer Mathematiker, der ursprünglich an der Universität von Cambridge Theologie studierte, weil es dort niemanden gab, der die Mathematikstudenten beriet. Wallis machte fundamentale Beiträge zu den Grundlagen der Infinitesimalrechnung, insbesondere benutzte er analytische Techniken, um wichtige Integrationsformeln aufzustellen, welche später von Newton benutzt wurden. Wallis führte auch ∞ ein, um die Unendlichkeit darzustellen, sowie den Ausdruck „Beweis durch vollständige Induktion."

ist, die Menge der rationalen Zahlen $\mathbb{Q}$ als die Menge von *allen* rationalen Zahlen zu definieren, d.h.

$$\mathbb{Q} = \left\{ x = \frac{p}{q} : p, q \text{ in } \mathbb{Z}, q \neq 0 \right\}.$$

Alternativ könnten wir $\mathbb{Q}$ auch als die Menge der *möglichen* Zahlen x der Form $x = p/q$ definieren, wobei p und $q \neq 0$ ganze Zahlen sind.

4.4   Das Verhulst-Modell von Populationen

In den nächsten zwei Abschnitten präsentieren wir Modelle, deren mathematische Behandlung die Verwendung von rationalen Zahlen erfordert.

Bestimmte Bakterien können keine Aminosäuren produzieren, die sie für die Produktion von Proteinen und die Zellreproduktion benötigen. Wenn sich diese Bakterien in einer Kultur mit Lösungsmittel, welches ausreichend Aminosäuren enthält, befinden, dann verdoppelt sich die Größe der Population in einem regelmäßigen Zeitintervall, sagen wir in ungefähr einer Stunde. Wenn P_0 die ursprüngliche Population zum gegenwärtigen Zeitpunkt und P_n die Population nach n Stunden bezeichnet, dann haben wir

$$P_n = 2P_{n-1} \tag{4.7}$$

für $n \geq 1$. Dieses Modell ähnelt dem Modell (3.5), das wir in Abschnitt 3.4 benutzt haben, um die Insektenpopulation zu beschreiben. Wenn die Bakterien auf diese Weise weiter anwachsen können, erhalten wir aus dem Modell, dass $P_n = 2^n P_0$ gilt. Gibt es jedoch nur eine begrenzte Menge an Aminosäuren, dann fangen die Bakterien an, um die Resource zu konkurrieren . Infolgedessen kann die Population sich nicht länger jede Stunde verdoppeln. Die Frage lautet nun: Was passiert mit der Bakterienpopulation mit fortschreitender Zeit? Wächst sie zum Beispiel weiter an, geht sie auf Null zurück (d.h. stirbt sie aus) oder tendiert sie zu einem konstanten Wert hin?

Um dieses zu modellieren, gestatten wir, dass der Proportionalitätsfaktor 2 in (4.7) mit der Population so variiert, dass er abnimmt, während die Population wächst. Wir nehmen zum Beispiel an, dass es eine Konstante $K > 0$ gibt, so dass für die Population zur Stunde n gilt:

$$P_n = \frac{2}{1 + P_{n-1}/K} P_{n-1}. \tag{4.8}$$

Mit dieser Wahl ist der Proportionalitätsfaktor $2/(1 + P_{n-1}/K)$ immer kleiner als 2 und nimmt sicherlich ab, während P_{n-1} größer wird. Wir betonen, dass es viele andere Funktionen gibt, die dieses Verhalten zeigen. Die richtige Wahl ist diejenige, die Resultate ergibt, welche zu den experimentellen

Daten aus dem Labor passen. Es stellt sich heraus, dass unsere Wahl zu den experimentellen Daten gut passt und (4.8) als Modell nicht nur für Bakterien benutzt wurde, sondern auch für Tiere, Menschen und Insekten.

Die Wahl eines Mechanismus', die Wachstumsrate der Population abnehmen zu lassen, während die Population selbst in (4.8) anwächst, geht auf Verhulst zurück.[3] Wir werden eine Version des Verhulst–Modells, welches Differenzialgleichungen betrifft, in Kapitel 39 diskutieren.

Wir suchen jetzt eine Formel, die ausdrückt, wie P_n von n abhängt. Wir definieren $Q_n = 1/P_n$, dann ergibt (4.8) folgendes:

$$Q_n = \frac{Q_{n-1}}{2} + \frac{1}{2K}.$$

Wir benutzen vollständige Induktion auf dieselbe Weise, wie wir sie in dem Insektenmodell Abschnitt 3.4 angewandt haben und erhalten

$$\begin{aligned}
Q_n &= \frac{1}{2}Q_{n-1} + \frac{1}{2K} \\
&= \frac{1}{2^2}Q_{n-2} + \frac{1}{2K} + \frac{1}{4K} \\
&= \frac{1}{2^3}Q_{n-3} + \frac{1}{2K} + \frac{1}{4K}\frac{1}{8K} \\
&\quad\vdots \\
&= \frac{1}{2^n}Q_0 + \frac{1}{2K}\left(1 + \frac{1}{2} + \cdots + \frac{1}{2^{n-1}}\right)
\end{aligned}$$

Für jede Stunde, die vergeht, fügen wir einen weiteren Term zur Summe hinzu und erhalten R_n. Das Ziel ist herauszufinden, wie R_n sich verhält, während n wächst. Wir benutzen die Formel für die Summe geometrischer Reihen (3.3), welche ganz offensichtlich sowohl für die rationalen als auch für die ganzen Zahlen gilt und erhalten

$$P_n = \frac{1}{Q_n} = \frac{1}{\frac{1}{2^n}Q_0 + \frac{1}{K}\left(1 - \frac{1}{2^n}\right)}. \tag{4.9}$$

4.5 Ein Modell des chemischen Gleichgewichts

Die Löslichkeit ionischer Präzipitate ist eine wichtige Problematik in der analytischen Chemie. Für das Gleichgewicht einer gesättigten Lösung von leicht löslichen und konzentrierten Elektrolyten gilt:

$$A_x B_y \rightleftharpoons x A^{y+} + y B^{x-} \tag{4.10}$$

---

[3]Der belgische Mathematiker Pierre Francois Verhulst (1804–1849) arbeitete auf dem Gebiet der Mathematik, der Physik und der Sozialstatistiken. Seine bemerkenswertesten Errungenschaften waren Studien der Populationsdynamik.

Die Löslichkeitskonstante ist gegeben durch

$$K_{sp} = [\,\mathrm{A}^{\,y+}]^x [\,\mathrm{B}^{\,x-}]^y. \qquad (4.11)$$

Diese konstante Größe der Löslichkeit des Produktes ist nützlich um vorherzusagen, ob ein Präzipitat eine gegebene Menge von Konditionen oder die Lösbarkeit eines Elektrolyts erfüllen kann.

So gebrauchen wir zum Beispiel, um die Lösbarkeit von $\mathrm{Ba(IO_3)_2}$ in einer $0,020$ Mole/Liter Lösung von $\mathrm{KIO_3}$ zu bestimmen:

$$\mathrm{Ba(IO_3)_2} \rightleftharpoons \mathrm{Ba}^{2+} + 2\,\mathrm{IO_3^-}$$

K_{sp} für $\mathrm{Ba(IO_3)_2}$ ist gegeben durch $1,57 \times 10^{-9}$. S bezeichnet die Löslichkeit von $\mathrm{Ba(IO_3)_2}$. Aufgrund der Massenerhaltung gilt $S = [\,\mathrm{Ba}^{2+}]$, wobei die Iodationen sowohl von $\mathrm{KIO_3}$ als auch von $\mathrm{Ba(IO_3)_2}$ stammen. Die Gesamtkonzentration von Iodaten ist die Summe dieser Beiträge:

$$[\,\mathrm{IO_3^-}\,] = (0,02 + 2S).$$

Wir setzten diese in (4.11) ein und erhalten

$$S\,(0,02 + 2S)^2 = 1,57 \times 10^{-9}. \qquad (4.12)$$

4.6 Der Zahlenstrahl rationaler Zahlen

Erinnern wir uns, dass wir die ganzen Zahlen durch den Zahlenstrahl dargestellt haben. Dieser bestand aus einem Strahl mit Punkten in regelmäßigen Abständen. Wir können auch einen Strahl benutzen, um die rationalen Zahlen darzustellen. Wir beginnen mit dem Zahlenstrahl der ganzen Zahlen und fügen dann die rationalen Zahlen hinzu, die eine Dezimalstelle besitzen:

$$-\cdots, -1, -0,9, -0,8, \cdots, -0,1, 0, 0,1, 0,2, \cdots, 0,9, 1, \cdots.$$

Danach fügen wir die rationalen Zahlen hinzu, die zwei Dezimalstellen besitzen:

$$-\cdots, -0,99, -0,98, \cdots, -0,01, 0, 0,01, 0,02, \cdots 0,98, 0,99, 1, \cdots,$$

anschließend die rationalen Zahlen mit 3, 4 und mehr Dezimalstellen. Wir stellen dies in Abbildung 4.3 dar. Bald füllen die Punkte den Strahl aus. Ein durchgezogener Strahl würde bedeuten, dass jede Zahl rational ist, eine Beobachtung, die wir später diskutieren werden. Auf jeden Fall aber erscheint der Strahl als von Punkten ausgefüllt. Wir nennen dies den **Zahlenstrahl der rationalen Zahlen**.

```
 •   •   •   •   •   •   •   •   •
-4  -3  -2  -1  -0   1   2   3   4


-4  -3  -2  -1  -0   1   2   3   4


-4  -3  -2  -1  -0   1   2   3   4
```

Abbildung 4.3: Wir füllen den Zahlenstrahl der rationalen Zahlen zwischen -4 und 4 aus, indem wir mit ganzen Zahlen beginnen. Dann fügen wir die rationalen Zahlen mit einer Nachkommastelle hinzu, dann die mit zwei Nachkommastellen, usw.

Für die gegebenen rationalen Zahlen a und b mit $a < b$ sagen wir, dass die rationalen Zahlen x mit $a \leq x \leq b$ ein **abgeschlossenes Intervall** beschreiben[4] und wir bezeichnen das Intervall durch $[a, b]$. Wir schreiben auch

$$[a, b] = \{x \text{ in } \mathbb{Q} : a \leq x \leq b\}.$$

Die Punkte a und b werden die **Endpunkte** des Intervalls genannt. Auf ähnliche Weise definieren wir **offene** (a, b) und **halb-offene** Intervalle $[a, b)$ und $(a, b]$ durch

$$(a, b) = \{x \text{ in } \mathbb{Q} : a < x < b\}, \quad [a, b) = \{x \text{ in } \mathbb{Q} : a \leq x < b\},$$

$$[a, b) = \{x \text{ in } \mathbb{Q} : a \leq x < b\}, \text{ and } (a, b] = \{x \text{ in } \mathbb{Q} : a < x \leq b\}.$$

Auf analoge Weise schreiben wir alle rationalen Zahlen, die größer als eine Zahl a sind, als

$$(a, \infty) = \{x \text{ in } \mathbb{Q} : a < x\} \text{ und } [a, \infty) = \{x \text{ in } \mathbb{Q} : a \leq x\}.$$

Wir benutzen ∞ *symbolisch*, um darauf hinzuweisen, dass es auf der rechten Seite keinen Endpunkt für die Menge der Zahlen gibt, welche größer als a sind. Wir schreiben die Menge der Zahlen kleiner als a auf ähnliche Weise. Wir stellen Intervalle auch graphisch dar, und zwar indem wir die Punkte auf dem Segment des Zahlenstrahls der rationalen Zahlen kennzeichnen. Siehe Abbildung 4.4. Beachten Sie, dass wir einen offenen Kreis oder einen geschlossenen Kreis benutzen, um die Endpunkte der offenen und abgeschlossenen Intervalle zu kennzeichnen.

---

[4]Um ganz korrekt zu sein, sollten wir dies das abgeschlossene *rationale* Intervall nennen. Der Term abgeschlossen hat zwei Bedeutungen: Eine ist, dass das Intervall seine Endpunkte enthält und die zweite ist eine allgemeinere Notation, die wir im Moment aber nicht beschreiben wollen. Diese beiden Bedeutungen sind dieselben für die Intervalle der reellen Zahlen, nicht jedoch für die Intervalle der rationalen Zahlen. Dies könnte zu Verwirrung führen, allerdings werden wir sehr selten über die Intervalle der rationalen Zahlen sprechen, nachdem wir die reellen Zahlen in Kapitel 11 besprochen haben.

Kapitel 4 Aufgaben

4.1. Benutzen Sie die Definitionen der Multiplikation sowie der Addition der rationalen Zahlen und zeigen Sie, dass wenn r, s und t rationale Zahlen sind, $r(s+t) = rs + rt$ und (b) $r/(s/t) = rt/s$ ist.

Bei Übungsaufgabe 4.2 und 4.3 werden wir Sie bitten, die Konsequenzen herauszufinden, wenn wir alternative Definitionen elementarer Rechenoperationen für die rationalen Zahlen erstellen.

4.2. Nehmen Sie an, dass die rationalen Zahlen als geordnete Paare $(p, q) = p/q$ ganzer Zahlen definiert wären. Wir definieren das Produkt von zwei rationalen Zahlen (p, q) und (m, n) durch $(p, q)(m, n) = (pm, qn)$ wie gewöhnlich und die Addition durch

$$(p, q) + (m, n) = (p + q + m + n, q + n).$$

Finden Sie mindestens eine arithmetische Eigenschaft, die scheitert.

4.3. Nehmen Sie an, dass die rationalen Zahlen als geordnete Paare $(p, q) = p/q$ der ganzen Zahlen definiert wären, das Produkt von zwei rationalen Zahlen (p, q) und (m, n) durch $(p, q)(m, n) = (pm, qn)$ wie gewöhnlich definiert ist und die Addition als

$$(p, q) + (m, n) = (p + m, q + n).$$

Finden Sie mindestens eine der üblichen Recheneigenschaften, die scheitert.

4.4. Eine Person rennt auf einem großen Schiff mit $3,3$ Meter/Sekunde in Richtung des Bugs, während das Schiff sich mit 24 Kilometer/Stunde bewegt. Wie groß ist die Geschwindigkeit des Läufers bezogen auf einen stehenden Betrachter? Interpretieren Sie die Berechnung zur Lösung als den Vorgang, einen Hauptnenner zu finden.

4.5. Berechnen Sie die Dezimaldarstellungen von (a) $432/125$ und (b) $47,8/80$.

4.6. Berechnen Sie die Dezimaldarstellungen von (a) $3/7$, (b) $2/13$ und (c) $5/17$.

4.7. Finden Sie die rationalen Zahlen, die den folgenden Dezimaldarstellungen entsprechen (a) $0,4242\,4242\cdots$, (b) $0,881188118811\cdots$ und (c) $0,4290542905\cdots$.

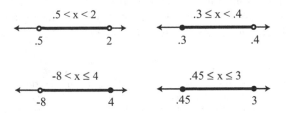

Abbildung 4.4: Verschiedene Intervalle des Zahlenstrahls rationaler Zahlen.

4.8. Finden Sie eine Gleichung für die Anzahl von Milligramm von $Ba(IO_3)_2$, welches aufgelöst werden kann in 150 ml Wasser bei 25° C mit $K_{sp} = 1,57 \times 10^{-9}$ mol^2/L^3. Die Reaktion ist

$$Ba(IO_3)_2 \rightleftharpoons Ba^{2+} + 2\,IO_3^-.$$

4.9. Wir investieren Geld in einen Bond, der pro Jahr 9% Zinsertrag abwirft. Nehmen wir an, dass wir alles Geld, welches wir aus Zinserträgen anderer Bonds erhalten, in einen Kapitaleinsatz C_0 €investieren. Schreiben Sie ein Modell nieder, dass den Geldbetrag nach n Jahren angibt.

4.10. Lösen Sie die folgenden Ungleichungen:

(a) $|3x - 4| \leq 1$ (b) $|2 - 5x| < 6$

(c) $|14x - 6| > 7$ (d) $|2 - 8x| \geq 3$.

5
Funktionen

Wir wenden uns nun der Untersuchung von Funktionen zu, einem weiteren wichtigen Bestandteil mathematischer Modellierungen. So betragen zum Beispiel die Gesamtkosten der eingekauften Lebensmittel in dem Modell von der Abensuppe $15x$ (Euro), wobei x die Menge an Rindfleisch in Pfund darstellt. In anderen Worten ausgedrückt, für jede Menge Rindfleisch x existieren entsprechende Gesamtkosten $15x$. Wir sagen dazu, dass die Gesamtkosten $15x$ eine Funktion von, oder abhängig von der Menge Rindfleisch x ist.

5.1 Funktionen

Die moderne Definition einer Funktion, welche auf Dirichlet zurückgeführt wird,[1] bestimmt f als eine **Funktion** von x, wenn jedem gewählten x einer vorgeschriebenen Menge ein *eindeutiger* Wert $f(x)$ zugewiesen werden kann. Eine allgemeine Definition einer Funktion wurde zuerst von Leibniz benutzt[2], welcher eine Funktion als eine Größe definierte, die entlang ei-

---

[1] Johann Peter Gustav Lejeune Dirichlet (1805–1859) arbeitete in Deutschland. Er erbrachte wichtige Resultate für die Systemgleichgewichte; die Strömungsmechanik; die Zahlentheorie (einschließlich der Begründung der analytischen Zahlentheorie); die Potenzialtheorie sowie die Theorie von Fourier–Reihen.

[2] Der deutsche Mathematiker Gottfried Wilhelm von Leibniz (1646–1716) war ein wichtiger Mathematiker und Philosoph. Er arbeitete auch als Diplomat, Ökonom, Geologe, Historiker, Linguist, Anwalt und Theologe. Leibniz war ein wahrer fächerübergrei-

ner Kurve variierte. Er benutzte den Ausdruck „eine Funktion von." Vor
Leibniz' Zeit gebrauchten die Mathematiker gelegentlich die Idee einer „Relation" zwischen Größen, obschon sie eher vage definiert war, und kannten spezielle Funktionen, wie den Logarithmus. Die gängige Notation einer
Funktion geht auf Euler zurück. [3]

In dem Modell von der Abendsuppe lautet die Funktion $f(x) = 15x$. Es
hilft, sich x als die **Eingabe** vorzustellen, während $f(x)$ die entsprechende
Ausgabe ist. Dementsprechend schreiben wir manchmal $x \rightarrow f(x)$, was
visuell die Idee darstellt, dass die Eingabe x zu der Ausgabe $f(x)$ „gesendet"
wird.

Wir beziehen uns auf die Eingabe x einer Funktion als eine **Variable**,
weil x im Wert variieren kann. Wir bezeichnen x auch als das **Argument**
einer Funktion $f(x)$. Die vorgeschriebene Menge, aus der die Eingabe einer
Funktion f ausgewählt wird, wird der **Definitionsbereich** der Funktion
f genannt und wird mit $D(f)$ bezeichnet. Die den im Definitionsbereich
$D(f)$ gewählten Argumenten x zugehörige Menge von Werten $f(x)$ wird
der **Bildbereich** $R(f)$ von f genannt.

BEISPIEL 5.1. Für das Modell von der Abendsuppe mit $f(x) = 15x$
könnten wir $D(f) = [0,1]$ wählen, wenn wir beschließen, dass die Menge an Rindfleisch x im Intervall $[0,1]$ variieren kann. In diesem Fall ist
$R(f) = [0,15]$. Wir könnten für den Definitionsbereich $D(f)$ auch eine
andere Menge möglicher Werte für den Betrag an Rindfleisch x, wie zum
Beispiel $D(f) = [a,b]$, wählen, wobei a und b nichtnegative rationale

---

fender Wissenschaftler, was ein sehr seltener und erhabener Zustand ist. Leibniz und
Newton wird die Erfindung der Infinitesimalrechnung (unabhängig voneinander und ungefähr zu demselben Zeitpunkt) zugeschrieben. Wie auch immer, Leibniz entwickelte
eine bessere Notation der Infinitesimalrechnung, welche wir heutzutage gebrauchen. Im
speziellen war es Leibniz, der zuerst die Notation dy/dx für die Ableitung und $\int$ für das
Integral benutzte. Zusätzlich zu den Funktionen führte er auch den Term des Algorithmus, der Konstante, des Parameters und der Variablen ein. Leibniz konstruierte auch
eine frühe „Rechenmaschine"

[3]Leonhard Euler (1707–1783) wurde in der Schweiz geboren, verbrachte aber die
meiste Zeit seiner Karriere in Deutschland und in Russland. Er arbeitete in fast allen Bereichen der Mathematik und war der produktivste Mathematiker aller Zeiten: Er
veröffentlichte über 850 Arbeiten. Auf jeden Fall litt die Qualität nicht durch die Quantität (wie das so oft der Fall ist) und Euler machte fundamental wichtige Beiträge in
der Geometrie, der Infinitesimalrechnung und der Zahlentheorie. Er baute die Infinitesimalrechnung von Leibniz und Newton in das erste definitive Lehrbuch der Infinitesimalrechnung ein, welches einen großen Einfluß auf fast alle nachfolgenden Bücher zur
Infinitesimalrechnung hatte. Euler untersuchte Differentialgleichungen, die Kontinuum-
mechanik, die Mondtheorie, das Problem der drei Körper, Elastizitäten, die Akkustik,
die Wellentheorie des Lichts, Hydrauliken, Musik und er legte das Fundament der analytischen Mechanik. Euler erfand, unter anderem, die Notation $f(x)$ für eine Funktion
von x, e für die Basis des natürlichen Logarithmus, i für die Quadratwurzel von -1, π,
die Σ- Notation für Summen und die Δ- Notation für endliche Differenzen. Euler arbeitete auch noch während der letzten siebzehn Jahre seines Lebens, obwohl er vollständig
erblindet war.

Zahlen darstellen und der entsprechende Bildbereich $R(f) = [15a, 15b]$ lautet. Wir könnten auch $D(f) = \{x \text{ in } \mathbb{Q}, \ x > 0\}$ mit dem entsprechenden $R(f) = \{x \text{ in } \mathbb{Q}, \ x > 0\}$ wählen.

Im täglichen Leben stolpern wir über Funktionen rechts und links:

BEISPIEL 5.2. Ein Autohändler bestimmt einen Preis $f(x)$, welcher eine Zahl für jedes seiner Autos x darstellt. Der Definitionsbereich $D(f)$ ist die Menge seiner Autos und der Bildbereich $R(f)$ ist die Menge aller unterschiedlicher Preise seiner Autos.

BEISPIEL 5.3. Wenn wir die Uhrzeit mit einem Blick auf die Uhr feststellen, ordnen wir der Menge von Winkeln x, die die Zeiger bilden, einen numerischen Wert $f(x)$ zu. Der Definitionsbereich $D(f)$ ist die Menge aller Winkel in einem Kreis. Benutzen wir das Gradmaß für die Winkel, ist $D(f) = [0, 360]$ und der Bildbereich $R(f)$ ist die Menge von Zeitaugenblicken von 0 bis 24 Stunden.

BEISPIEL 5.4. Wenn die Regierung Steuerbescheide ausstellt, ordnet sie eine Zahl $f(x)$, welche den geschuldeten Betrag darstellt, einer anderen Zahl x zu, welche das entsprechende Gehalt darstellt. Der Definitionsbereich $D(f)$ und der Bildbereich $R(f)$ verändern sich häufig in Abhängigkeit von den politischen Kräften.

Es ist nützlich, der Ausgabe einer Funktion einen Variablen-Namen zuzuteilen; so können wir zum Beispiel $y = f(x)$ schreiben. Somit ist der Wert der Variable y gegeben durch den Wert $f(x)$, welchen wir x zugewiesen haben. Wir bezeichnen x als die **unabhängige Variable** und y als die **abhängige Variable**. x nimmt die Werte in dem Definitionsbereich $D(f)$ an, während y die Werte im Bildbereich $R(f)$ annimmt. Die Namen, welche wir für die unabhängige Variable und die abhängigen Variablen gebrauchen, sind aus Bequemlichkeit so gewählt. Die Namen x und y sind gängig und nichts ist besonders an diesen Buchstaben. So bezeichnet $z = f(u)$ dieselbe Funktion, wenn wir f nicht verändern, das heißt die Funktion $y = 15x$ könnte genauso gut geschrieben werden als $z = 15u$.

BEISPIEL 5.5. Im Gebrauchtwagengeschäft wissen wir, dass eins der älteren Autos ein wahres Montagsauto ist: nichtsdestotrotz nennen wir es einen „Windbeutel, dessen vorheriger Besitzer eine kleine alte Dame aus Des Moines war, die jenes ausschließlich fuhr, um zur Kirche zu gelangen". Diese Bezeichnung hat eine vorteilhafte Aussage, obwohl der Preis, den wir für das Auto erhalten wollen, dergleiche ist, unabhängig davon, ob es nun als Montagsauto oder Windbeutel bezeichnet wird.

5.2 Funktionen und Mengen

Bis jetzt haben wir uns die Eingabe und die Ausgabe einer Funktion als einfache Mengen vorgestellt. Manchmal müssen wir aber auch Funktionen von Mengen benutzen, das heißt, bei der Eingabe und bei der Ausgabe handelt es sich um Mengen.

> BEISPIEL 5.6. Wenn wir einen Block von 200 Blättern Papier kaufen, bezahlen wir den Preis für die Menge an Blättern und berechnen nicht 200 mal den Preis eines einzelnen Blattes Papier.

> BEISPIEL 5.7. Obwohl ein Autohändler die Wagen zu einem individuellen Preis verkauft, könnten alle Wagen einen Gesamtpreis erhalten, falls das Unternehmen zahlungsunfähig wird.

Die Ursache für die Notwendigkeit, sich mit Mengen zu befassen, ist unsere Schwierigkeit, über zwei Dinge zugleich nachzudenken. Um aus dieser Begrenzung herauszukommen, müssen wir Dinge zu Mengen gruppieren. Deshalb müssen wir auch Funktionen zu diesen Mengen betrachten. In diesem Zusammenhang sagen wir, dass eine Funktion f eine **Transformation** oder **Abbildung** des Definitionsbereichs $D(f)$ **auf** den Bildbereich $R(f)$ definiert. Symbolisch schreiben wir dies als $f : D(f) \to R(f)$.

> BEISPIEL 5.8. Für das Modell von der Abendsuppe mit $f(x) = 15x$ und dem Definitionsbereich $D(f) = [0,1]$ schreiben wir $f : [0,1] \to [0,15]$. Ist der Definitionsbereich stattdessen $\mathbb{Q}$, haben wir $f : \mathbb{Q} \to \mathbb{Q}$. In diesem Fall steht die Funktion $f(x) = 15x$ nicht länger im Zusammenhang mit dem Modell von der Abendsuppe, da wir x gestatten, negativ zu werden.

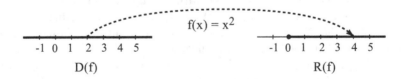

$$f(x) = x^2$$

-1 0 1 2 3 4 5	-1 0 1 2 3 4 5
D(f)	R(f)

Abbildung 5.1: Darstellung von $f : \mathbb{Q} \to \{x \text{ in } \mathbb{Q},\ x \geq 0\}$ mit $f(x) = x^2$.

> BEISPIEL 5.9. Wir benutzen die Funktion $f(x) = x^2$ für das Modell vom matschigen Hof . In diesem Modell ist $D(f) = \{x \text{ in } \mathbb{Q},\ x > 0\}$ und $f : \{x \text{ in } \mathbb{Q},\ x > 0\} \to \{x \text{ in } \mathbb{Q},\ x > 0\}$. Verwenden wir für $D(f) = \mathbb{Q}$, so erhalten wir $f : \mathbb{Q} \to \{x \text{ in } \mathbb{Q},\ x \geq 0\}$. Wir stellen dies in Abbildung 5.1 dar. Wenn wir für $D(f) = \mathbb{Z}$ verwenden, dann ist $f : \mathbb{Z} \to \{0, \pm 1, \pm 2, \pm 3, \pm 4, ...\}$.

BEISPIEL 5.10. Die Funktion $f(z) = z + 3$ genügt $f : \mathbb{N} \to \{4, 5, 6, \cdots\}$ aber $f : \mathbb{Z} \to \mathbb{Z}$.

BEISPIEL 5.11. Die Funktion $f(n) = 2^{-n}$ genügt $f : \mathbb{N} \to \{\frac{1}{2}, \frac{1}{4}, \frac{1}{8}, \cdots\}$.

BEISPIEL 5.12. Die Funktion $f(x) = 1/x : \{x \text{ in } \mathbb{Q}, \ x > 0\} \to \{x \text{ in } \mathbb{Q}, \ x > 0\}$. Beachten Sie, dass dies bedeutet, für jedes beliebige x in $\{x \text{ in } \mathbb{Q}, \ x > 0\}$, $1/x$ ist $\{x \text{ in } \mathbb{Q}, \ x > 0\}$. Und umgekehrt gibt es für jedes beliebige y in $\{x \text{ in } \mathbb{Q}, \ x > 0\}$ ein x in $\{x \text{ in } \mathbb{Q}, \ x > 0\}$ mit $y = 1/x$.

Oftmals ist es sehr langwierig und schwierig, den Bildbereich einer Funktion f entsprechend ihres Definitionsbereichs exakt zu bestimmen. Deshalb schreiben wir oft $f : D(f) \to B$: Dies bedeutet, dass jedem x in $D(f)$ ein zugeteilter Wert $f(x)$ existiert, der in der Menge B liegt. Der Bildbereich $R(f)$ ist in B enthalten, aber die Menge B kann größer als $R(f)$ sein. Auf diese Weise vermeiden wir, dass wir den Bildbereich $R(f)$ exakt ermitteln müssen. Wir sagen dann, dass f den Definitionsbereich $D(f)$ **in** B abbildet.

BEISPIEL 5.13. Die Funktion $f(x) = x^2$ genügt sowohl $f : \mathbb{Q} \to \{x \text{ in } \mathbb{Q}, \ x > 0\}$ als auch $f : \mathbb{Q} \to \mathbb{Q}$. Dies wird in Abbildung 5.1 deutlich.

BEISPIEL 5.14. Die Funktion

$$f(x) = \frac{x^3 - 4x^2 + 1}{(x-4)(x-2)(x+3)}$$

ist für alle rationalen Zahlen $x \neq 4, 2, -3$ definiert. Deshalb definieren wir $D(f) = \{x \text{ in } \mathbb{Q}, x \neq 4, x \neq 2, x \neq 3\}$. Es ist oft der Fall, dass wir als Definitionsbereich die größte Zahlenmenge verwenden, für welche die Funktion definiert ist. Der Bildbereich ist schwierig zu ermitteln, aber sicherlich haben wir $f : D(f) \to \mathbb{Q}$.

Bei den ersten Beispielen haben wir die Funktionen der Mengen definiert, indem wir zuerst die Funktion auf den Elementen der Menge angegeben haben. Aber es passiert häufig, dass zuerst die Menge betrachtet wird und danach, in einem zweiten Schritt, was mit den einzelnen Elementen der Menge geschieht.

BEISPIEL 5.15. Ein Kinofilm besteht aus einer Sequenz von Bildern, die mit einer Geschwindigkeit von 16 Bildern pro Sekunde gezeigt wird. Normalerweise schauen wir uns den Film vom ersten bis zum letzten Bild an. Anschließend unterhalten wir uns eventuell über einige Szenen im Film, welche Teilmengen der Gesamtheit der Bilder entsprechen. Nur einige wenige Menschen, wie der Cutter und der Direktor, könnten den Film auf der Ebene individueller Elemente des Definitionsbereichs

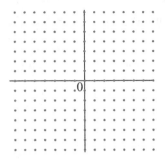

Abbildung 5.2: Das Koordinatensystem der ganzen Zahlen.

betrachten – den Bildern des Films. Wenn die Elemente des Films bearbeitet werden, werden die Bilder $1, 2, 3, \cdots, N$ nummeriert. Sie sehen den Film als eine Funktion f mit $D(f) = \{1, 2, \cdots, N\}$ und ordnen jeder Zahl n in $D(f)$ das Bild $f(n)$ mit der Zahl n zu.

BEISPIEL 5.16. Ein Telefonbuch der Personen, die in einer Stadt wie Fort Collins leben, ist einfach eine gedruckte Version der Funktion, welche eine Telefonnummer $f(x)$ jeder Person x in Fort Collins mit einer eingetragenen Nummer zuordnet. Zum Beispiel, wenn $x = $ E. Merckx ist, dann ist $f(x) = 4631123456$, dies ist die Telefonnummer von E. Merckx. Wenn wir einen Eintrag im Telefonbuch finden wollen, nehmen wir das Telefonbuch, dieses ist die gedruckte Darstellung des vollständigen Definitionsbereichs und Bildbereichs der Funktion f, und bestimmen dann das Bild, das heißt die Telefonnummer eines einzelnen im Definitionsbereich.

5.3 Die graphische Darstellung von ganzzahligen Funktionen

Bis jetzt haben wir eine Funktion beschrieben, indem wir entweder ihre sämtlichen Werte in einer Tabelle aufgeführt haben, oder indem wir eine Formel wie $f(n) = n^2$ angegeben und ihren Definitionsbereich bestimmt haben. Es ist nützlich, über ein Bild, einen Graphen oder eine graphische Darstellung einer Funktion zu verfügen. Der Graph einer Funktion ist ein Weg, um das Verhalten einer Funktion „global" zu beschreiben. Zum Beispiel können wir beschreiben, wie eine Funktion in einer Region steigt und in einer anderen fällt. Auf diese Weise bekommen wir eine Idee, wie sie sich verhält, ohne dass wir spezielle Werte angeben müssen.

Wir beginnen, indem wir den Graphen einer Funktion $f : \mathbb{Z} \to \mathbb{Z}$ beschreiben. Erinnern wir uns, dass die ganzen Zahlen geometrisch durch den

n	f(n)
0	0
1	1
-1	1
2	4
-2	4
3	9
-3	9
4	16
-4	16
5	25
-5	25
6	36
-6	36

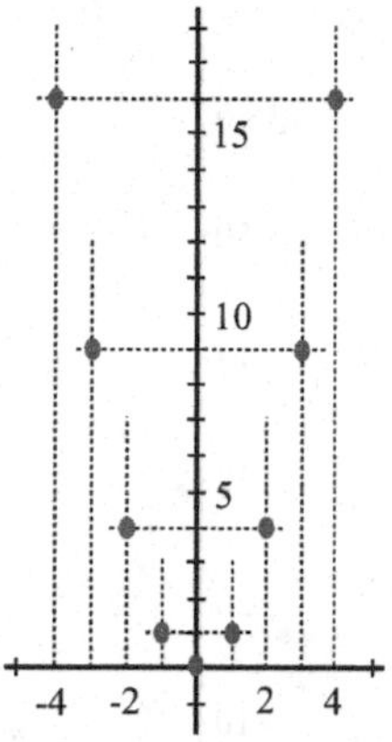

Abbildung 5.3: Eine tabellarische Auflistung von $f(n) = n^2$ sowie ein Graph mit Punkten, die zur Funktion $f(n) = n^2$ mit dem Definitionsbereich der ganzen Zahlen gehören.

Zahlenstrahl der ganzen Zahlen dargestellt wurden. Um nun die Eingabe und die Ausgabe für $f : \mathbb{Z} \to \mathbb{Z}$ zu beschreiben, benötigen wir zwei Geraden, so dass wir die Punkte von $D(f)$ auf der einen und die Punkte von $R(f)$ auf der anderen Gerade markieren können. Ein bequemer Weg, diese zwei Geraden anzuordnen, ist, sie orthogonal zu platzieren und sich bei den zugehörigen Ursprüngen schneiden zu lassen. Dies wird in Abbildung 5.2 dargestellt. Wenn wir die Punkte markieren, die wir durch die sich schneidenden vertikalen Geraden mit den ganzzahligen Punkten auf der horizontalen Achse und den horizontalen Geraden mit den ganzzahligen Punkten auf der vertikalen Achse erhalten haben, erhalten wir ein Gitter von Punkten, so wie es in Abbildung 5.2 dargestellt ist. Dies wird das **Koordinatensystem der ganzen Zahlen** genannt. Jede Zahlengerade wird als **Achse** des Koordinatensystems bezeichnet. Der Schnittpunkt der zwei Zahlengeraden wird **Ursprung** genannt und mit 0 bezeichnet.

Wie wir gesehen haben, kann eine Funktion $f : \mathbb{Z} \to \mathbb{Z}$ mit Hilfe einer Liste, in der die Eingabe gegenüber der entsprechenden Ausgabe platziert wird, dargestellt werden. Wir zeigen eine solche Tabelle für $f(n) = n^2$ in Abbildung 5.3. Eine solche Tabelle können wir im rationalen Koordinatensystem darstellen, indem wir nur die Punkte kennzeichnen, die einem Eintrag in der Tabelle entsprechen. Das heißt, wir kennzeichnen jeden Schnittpunkt der Geraden, die vertikal von der Eingabe ansteigt und der Geraden, die sich horizontal auf Höhe der entsprechenden Ausgabe erstreckt. Wir zeichnen das Diagramm für $f(n) = n^2$ in Abbildung 5.3.

BEISPIEL 5.17. In Abbildung 5.4 zeichnen wir n, n^2 und 2^n entlang der vertikalen Achse mit $n = 1, 2, 3, .., 6$ entlang der horizontalen Achse

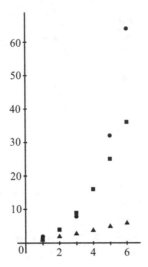

Abbildung 5.4: Die graphische Darstellung der Funktionen ▲ $f(n) = n$, ■$f(n) = n^2$ und • $f(n) = 2^n$.

ein. Der Graph deutet darauf hin, dass 2^n schneller wächst als n und n^2, während n zunimmt.

BEISPIEL 5.18. In Abbildung 5.5 zeichnen wir n^{-1}, n^{-2} und 2^{-n} mit $n = 1, 2, .., 6$ ein. Diese Darstellung zeigt, dass 2^{-n} am schnellsten abnimmt, sowie n^{-1} am langsamsten.

Wir können einen Punkt des ganzzahligen Koordinatensystems als ein **geordnetes Zahlenpaar** darstellen. Jedem Punkt des Systems, der am Schnittpunkt der vertikalen Gerade, die n auf der horizontalen Achse durchläuft, und der horizontalen Gerade, die m auf der vertikalen Achse durchläuft, angeordnet ist, ordnen wir das Zahlenpaar (n, m) zu. Dies sind die **Koordinaten** des Punktes. Wir benutzen diese Notation und beschreiben die Funktion $f(n) = n^2$ als die Menge der geordneten Paare

$$\{(0,0), (1,1), (-1,1), (2,4), (-2,4), (3,9), (-3,9), \cdots\}.$$

Willkürlich vereinbart ordnen wir immer der ersten Zahl im geordneten Paar die horizontale Platzierung des Punkes zu und der zweiten Zahl die vertikale Platzierung.

Wir können die Idee einer Funktion veranschaulichen, indem wir eine Abbildung ihres Definitionsbereichs in ihren Bildbereich hinein geben und dafür ihren Graphen benutzen. Betrachten Sie hierfür Abbildung 5.3. Wir beginnen an einem Punkt im Definitionsbereich auf der horizontalen Achse und verfolgen eine Gerade vertikal bis zum Punkt auf dem Graphen der Funktion. Von diesem Punkt verfolgen wir eine horizontale Gerade bis zur vertikalen Achse. Mit anderen Worten: Wir können die Ausgabe bestimmen, die mit einer gegebenen Eingabe verknüpft ist, indem wir zuerst die vertikale Gerade verfolgen und danach die horizontale Gerade. Verfolgen wir viele Punkte, dann können wir sehen, dass $\mathbb{Z}$ auf $\{x$ in $\mathbb{Z}, \ x > 0\}$ abgebildet wurde.

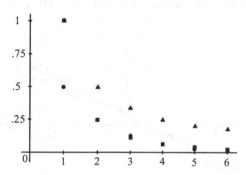

Abbildung 5.5: Graphische Darstellung der Funktionen ▲ $f(n) = n^{-1}$, ■ $f(n) = n^{-2}$ und ● $f(n) = 2^{-n}$.

5.4   Die graphische Darstellung von Funktionen der rationalen Zahlen

Jetzt betrachten wir den Graphen einer Funktion $f : \mathbb{Q} \to \mathbb{Q}$. Wir folgen dem Beispiel ganzzahliger Funktionen und zeichnen Funktionen der rationalen Zahlen in das **Koordinatensystem der rationalen Zahlen** ein. Dieses ist konstruiert, indem zwei Zahlenstrahle rationaler Zahlen im rechten Winkel zueinander platziert werden, die sich in den Ursprügen schneiden. Wir kennzeichnen dort jeden Punkt, der die Koordinaten rationaler Zahlen hat. Betrachten wir noch einmal Abbildung 4.3, so scheint ein solches Koordinatensystem mit Punkten vollständig ausgefüllt zu sein, auch wenn es das nicht ist. Wir vermeiden es, ein Beispiel zu zeichnen!

Wenn wir eine Funktion $f : \mathbb{Q} \to \mathbb{Q}$ einzuzeichnen versuchen, indem wir eine Liste der Werte erstellen, so stellen wir sofort fest, dass die graphische Darstellung einer Funktion von rationalen Zahlen komplizierter ist als die einer Funktion von ganzen Zahlen. Wenn wir die Werte für eine ganzzahlige Funktion berechnen, können wir nicht *alle* Werte errechnen, da es unendlich viele ganze Zahlen gibt. Stattdessen wählen wir eine kleinste und eine größte ganze Zahl und berechnen die Werte der Funktion für diejenigen ganzen Zahlen, die dazwischen liegen. Aus demselben Grund können wir

x	$\frac{1}{2}x + \frac{1}{2}$	x	$\frac{1}{2}x + \frac{1}{2}$
-5	-2	$-0,6$	$0,2$
$-2,8$	$-0,9$	$0,2$	$0,6$
-2	$-0,5$	1	1
$-1,2$	$-0,1$	3	2
-1	0	5	3

Abbildung 5.6: Eine Tabelle einiger Funktionswerte von $f(x) = \frac{1}{2}x + \frac{1}{2}$.

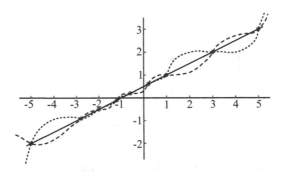

Abbildung 5.7: Die graphische Darstellung einiger durch $f(x) = \frac{1}{2}x + \frac{1}{2}$ gegebener Punkte und einige Funktionen, die durch diese Punkte verlaufen.

nicht alle Werte einer Funktion berechnen, die für rationale Zahlen definiert ist. Jetzt müssen wir die Tabelle auf zwei Arten abschneiden. Wir müssen für die Erstellung der Tabelle eine kleinste und eine größte Zahl wählen. Außerdem müssen wir uns entscheiden, wie viele Punkte zwischen dem kleinsten und dem größten Wert wir benutzen wollen. In anderen Worten, wir können nicht die Werte der Funktion für alle rationalen Zahlen zwischen zwei rationalen Zahlen berechnen. Das bedeutet, dass eine Wertetabelle einer Funktion von rationalen Zahlen immer Lücken zwischen den Punkten aufweist, für die die Funktion angegeben ist. Wir geben ein Beispiel, um dies zu verdeutlichen.

BEISPIEL 5.19. Wir listen einige Werte der Funktion $f(x) = \frac{1}{2}x + \frac{1}{2}$ auf, welche für die rationalen Zahlen in Abbildung 5.6 definiert ist und zeichnen dann die Funktionswerte in Abbildung 5.7 ein.

Die aufgeführten Werte für dieses Beispiel legen nahe, dass wir eine gerade Linie durch die bestimmten Punkte ziehen sollten, um die Funktion zu zeichnen. In anderen Worten, wir schätzen die Werte der Funktion, die zwischen den berechneten Punkten liegen, indem wir annehmen, dass die Funktion sich dazwischen nicht merkwürdig verhält. Aber es gibt viele Funktionen, die mit $\frac{1}{2}x + \frac{1}{2}$ für die aufgelisteten Punkte (wie in Abbildung 5.7 gezeigt) übereinstimmen. Die Entscheidung, ob wir eine Funktion ausreichend oft ausgewertet haben oder nicht, um dann ihr Verhalten einschätzen zu können, ist ein interessantes und wichtiges Problem. [4]

Tatsächlich können wir als Hilfe für diese Entscheidung die Infinitesimalrechnung benutzen. Aber im Moment *nehmen wir an, dass gezeichnete Funktionen zwischen den Beispielpunkten glatt variieren*, was zum größten Teil für die in diesem Buch betrachteten Funktionen auch stimmt.

---

[4] Alle Softwarepakete, wie zum Beispiel *MATLAB*© , die Funktionen einzeichnen, müssen diese Entscheidung treffen und häufig kann eine solche Software an einer guten graphischen Darstellung scheitern.

Kapitel 5 Aufgaben

5.1. Identifizieren Sie vier Funktionen, auf die Sie im täglichen Leben stoßen und bestimmen Sie für jede sowohl den Definitionsbereich als auch den Bildbereich.

5.2. Bestimmen Sie für die Funktion $f(x) = 4x - 2$ den Bildbereich, der (a) $D(f) = (-2, 4]$, (b) $D(f) = (3, \infty)$ und (c) $D(f) = \{-3, 2, 6, 8\}$ entspricht.

5.3. Gegeben ist $f(x) = 2 - 13x$. Ermitteln Sie den Definitionsbereich $D(f)$, der dem Bildbereich $R(f) = [-1, 1] \cup (2, \infty)$ entspricht.

5.4. Bestimmen Sie den Definitionsbereich und den Bildbereich für $f(x) = x^3/100 + 75$, wobei $f(x)$ eine Funktion darstellt, die die Temperatur in einem Aufzug mit x Personen und einer Höchstkapazität von 9 Personen angibt.

5.5. Bestimmen Sie den Definitionsbereich und den Bildbereich von $H(t) = 50 - t^2$, wobei $H(t)$ eine Funktion darstellt, die die Höhe eines fallengelassenen Balls in Metern zum Zeitpunkt $t = 0$ angibt.

5.6. Ermitteln Sie den Bildbereich der Funktion $f(n) = 1/n^2$, welche für $D(f) = \{n \text{ in } \mathbb{N} : n \geq 1\}$ definiert ist.

5.7. Ermitteln Sie den Definitionsbereich und eine Menge B, die den Bildbereich der Funktion $f(x) = 1/(1 + x^2)$ enthält.

5.8. Ermitteln Sie den Definitionsbereich der Funktionen

$$\text{(a) } \frac{2 - x}{(x + 2)x(x - 4)(x - 5)} \quad \text{(b) } \frac{x}{4 - x^2} \quad \text{(c) } \frac{1}{2x + 1} + \frac{x^2}{x - 8} \; .$$

5.9. Betrachten Sie die Funktion f als definiert für die natürlichen Zahlen, wobei $f(n)$ den Rest darstellt, den wir erhalten, wenn wir n mit Hilfe der schriftlichen Division durch 5 dividieren. So ist zum Beispiel $f(1) = 1$, $f(6) = 1$, $f(12) = 2$, etc. Bestimmen Sie $R(f)$.

5.10. Veranschaulichen Sie die Abbildung $f : \mathbb{N} \to \mathbb{Q}$, indem Sie zwei Intervalle benutzen, wobei $f(n) = 2^{-n}$ ist.

5.11. Zeichnen Sie die folgenden Funktionen $f : \mathbb{N} \to \mathbb{N}$ ein, nachdem Sie eine Liste von mindestens 8 Werten erstellt haben: (a) $f(n) = 4 - n$, (b) $f(n) = n - n^2$, (c) $f(n) = (n + 1)^3$.

5.12. Zeichnen Sie drei unterschiedliche Kurven, die durch die folgenden Punkte laufen $(-3, -2.5)$, $(-2, -1)$, $(-1, -.5)$, $(0, .25)$, $(1, 1.5)$, $(2, 2)$, $(3, 4)$.

5.13. Zeichnen Sie die Funktionen (a) 2^{-n}, (b) 5^{-n} und (c) 10^{-n}, welche für die natürlichen Zahlen n definiert sind. Vergleichen Sie die Zeichnungen.

5.14. Zeichnen Sie die Funktion $f(n) = \frac{10}{9}(1 - 10^{-n-1})$, welche für die natürlichen Zahlen definiert ist.

5.15. Zeichnen Sie die Funktion $f : \mathbb{Q} \to \mathbb{Q}$ mit $f(x) = x^3$, nachdem Sie eine Wertetabelle erstellt haben.

6
Polynome

Bevor wir die Eigenschaften allgemeiner Funktionen weiter untersuchen, betrachten wir das wichtige Beispiel der Polynome. Polynome sind ganz konkret, wie in Kapitel 36 erklärt wird, die „Bausteine" vieler Funktionen, auf die wir bei mathematischen Modellierungen treffen. Folglich tauchen Polynome wiederholt in der Analysis auf.

In diesem Kapitel entwickeln wir die Arithmetik für allgemeine Polynome, und zwar indem wir eine praktische Notation für Summen benutzen. Erinnern wir uns daran: Wenn rationale Zahlen addiert, subtrahiert oder multipliziert werden, dann ist das Ergebnis eine weitere rationale Zahl. Wir zeigen, dass eine analoge Eigenschaft auch für Polynome gilt.

6.1 Polynome

Eine **ganzrationale Funktion** oder ein **Polynom** f ist eine Funktion der Form

$$f(x) = a_0 + a_1 x + a_2 x^2 + a_3 x^3 + \cdots + a_n x^n, \tag{6.1}$$

wobei $a_0, a_1, \cdots, a_n$ gegebene Zahlen sind und als **Koeffizienten** bezeichnet werden. Beachten Sie, dass wir in diesem Fall die Punkte „$\cdots$" benutzen, um darauf hinzuweisen, dass die Summe auch die „fehlenden" Terme enthält. Als Definitionsbereich eines Polynoms kann die gesamte Menge der rationalen Zahlen genommen werden; wie auch immer, es ist schwierig den Bildbereich zu bestimmen. Sicherlich, wenn x eine beliebige rationale Zahl darstellt, und die Koeffizienten rational sind, dann ist auch $f(x)$ eine weitere rationale Zahl. Der Bildbereich eines Polynoms mit rationalen Koeffizienten enthält demnach rationale Zahlen. Die Frage ist nur, ob er alle rationalen Zahlen enthält. Es stellt sich heraus, dass dies im Allgemeinen nicht der Fall ist. Dies zeigen wir in Kapitel 10.

Wenn n den größten Index mit $a_n \neq 0$ bezeichnet, so sagen wir, dass der **Grad** von f gleich n ist. Wenn alle Koeffizienten a_i Null sind, dann ist $f(x) = 0$ für alle x und wir sagen, dass f das **Nullpolynom** ist. Das einfachste Polynom nach dem Nullpolynom ist das **konstante** Polynom $f(x) = a_0$ vom Grade 0. Anschließend (und auch noch einfach) kommen die **linearen** Polynome $f(x) = a_0 + a_1 x$ vom Grade 1 sowie die **quadratischen** Polynome $f(x) = a_0 + a_1 x + a_2 x^2$ vom Grade 2 (wir nehmen an, dass $a_1 \neq 0$ bzw. $a_2 \neq 0$). Wir benutzten das lineare Polynom $f(x) = 15x$ im Modell von der Abendsuppe, das quadratische $f(x) = x^2$ im Modell vom matschigen Hof und ein Polynom vom Grade 3, um die Löslichkeit von Ba(IO$_3$)$_2$ in Abschnitt 4.5 zu modellieren. Die Polynome vom Grade 0, 1, 2 und sogar 3 sind gut bekannt, weshalb wir uns auf die Entwicklung von Eigenschaften allgemeiner Polynome konzentrieren.

6.2   Die Σ Notation für Summen

Bevor wir die Arithmetik für Polynome entwickeln, führen wir eine sehr praktische Notation ein, um Summen zu behandeln. Diese wird die **Sigma-Notation** (oder Σ-Notation) genannt und wurde von Euler erfunden. Für beliebig gegebene $n+1$ Größen $\{a_0, a_1, \cdots, a_n\}$ versehen mit Indizes schreiben wir deren Summe als

$$a_0 + a_1 + \cdots + a_n = \sum_{i=0}^{n} a_i.$$

Der **Index** der Summe ist i und wir nehmen an, dass er alle ganzen Zahlen zwischen der **unteren Grenze**, die hier 0 ist, und der **oberen Grenze**, die hier n ist, durchläuft.

BEISPIEL 6.1. Endliche **harmonische Reihen** vom Grade n:

$$\sum_{i=1}^{n} \frac{1}{i} = 1 + \frac{1}{2} + \frac{1}{3} + \cdots \frac{1}{n}.$$

BEISPIEL 6.2.   Die **geometrische Summe** vom Grade n mit dem Faktor r ist

$$1 + r + r^2 + \cdots + r^n = \sum_{i=0}^{n} r^i.$$

Der Index i wird als eine **Platzhaltervariable** betrachtet, und zwar deshalb, weil er umbenannt oder die Summe umgeschrieben werden kann, um so bei einer anderen ganzen Zahl anzufangen.

BEISPIEL 6.3. Die folgenden Summen sind alle dieselben:

$$\sum_{i=1}^{n} \frac{1}{i} = \sum_{z=1}^{n} \frac{1}{z} = \sum_{i=0}^{n-1} \frac{1}{i+1} = \sum_{i=4}^{n+3} \frac{1}{i-3}.$$

Indem wir die Σ Notation benutzen, können wir allgemeine Polynome (vgl. (6.1)) in einer gekürzteren Form darstellen:

$$f(x) = \sum_{i=0}^{n} a_i x^i = a_0 + a_1 x^1 + \cdots + a_n x^n.$$

BEISPIEL 6.4. Wir können

$$1 + 2x + 4x^2 + 8x^3 + \cdots + 2^{20} x^{20} = \sum_{i=0}^{20} 2^i x^i$$

und

$$1 - x + x^2 - x^3 + \cdots - x^{99} = \sum_{i=0}^{99} (-1)^{2i-1} x^i$$

schreiben, weil $(-1)^{2i-1} = 1$ ist, falls i ungerade und $(-1)^{2i-1} = -1$ ist, wenn i gerade ist.

6.3   Arithmetik mit Polynomen

In diesem Abschnitt werden wir Regeln ausarbeiten, um Polynome zu verknüpfen und auf diese Weise neue Polynome zu erhalten. Die Regeln basieren auf den arithmetischen Operationen der Zahlen.

Wir definieren die Summe von zwei Polynomen folgendermaßen: Sind

$$f(x) = a_0 + a_1 x^1 + a_2 x^2 + \cdots + a_n x^n$$

und

$$g(x) = b_0 + b_1 x^1 + b_2 x^2 + \cdots + b_n x^n$$

gegeben, so ist das neue Polynom $f + g$ definiert durch

$$(f + g)(x) = (b_0 + a_0) + (b_1 + a_1)x^1 + (b_2 + a_2)x^2 + \cdots (b_n + a_n)x^n;$$

das heißt die Summe von f und g ist das Polynom mit den Koeffizienten, die wir erhalten, indem wir die entsprechenden Koeffizienten jedes Summanden addieren. Beachten Sie, dass wir die runden Klammern um $f + g$ benutzen, um darauf hinzuweisen, dass ein neues Polynom konstruiert wurde. Mit Hilfe der Σ Notation haben wir:

$$(f + g)(x) = \sum_{i=0}^{n} a_i x^i + \sum_{i=0}^{n} b_i x^i = \sum_{i=0}^{n} (a_i + b_i) x^i.$$

Es folgt, dass der Wert von $f + g$ im Punkt x berechnet werden kann, indem die Zahlen $f(x)$ und $g(x)$ addiert werden:

$$(f + g)(x) = f(x) + g(x).$$

Beispiel 6.5. Falls $f(x) = 1 + x^2 - x^4 + 2x^5$ und $g(x) = 33x + 7x^2 + 2x^5$, so ist

$$(f + g)(x) = 1 + 33x + 8x^2 - x^4 + 4x^5.$$

Selbstverständlich „ergänzen" wir die „fehlenden" Monome, das heißt, diejenigen mit Koeffizienten gleich Null, um die allgemeine Formel benutzen zu können.

Beispiel 6.6. Falls $f(x) = 1 + x^2 - x^4 + 2x^5$ und $g(x) = 33x + 7x^2 + 2x^5$, so ist

$$\begin{aligned}
(f + g)(x) &= (1 + 0x + x^2 + 0x^3 - x^4 + 2x^5) \\
&\quad + (0 + 33x + 7x^2 + 0x^3 + 0x^4 + 2x^5) \\
&= 1 + 33x + 8x^2 + 0x^3 - x^4 + 4x^5 \\
&= 1 + 33x + 8x^2 - x^4 + 4x^5.
\end{aligned}$$

Im Allgemeinen gilt für die Addition des Polynoms

$$f(x) = \sum_{i=0}^{n} a_i x^i$$

vom Grade n (wir nehmen an, dass $a_n \neq 0$ ist) und des Polynoms

$$g(x) = \sum_{i=0}^{m} b_i x^i$$

vom Grade m, wobei wir $m \leq n$ annehmen, dass nur die „fehlenden" Koeffizienten in g eingesetzt werden müssen, indem $b_{m+1} = b_{m+2} = \cdots = b_n = 0$ gesetzt wird und f und g anschließend mit Hilfe der Definition addiert werden.

Beispiel 6.7.

$$\sum_{i=0}^{15} (i+1)x^i + \sum_{i=0}^{30} x^i = \sum_{i=0}^{30} a_i x^i$$

mit

$$a_i = \begin{cases} i+2, & 0 \le i \le 15, \\ 1, & 16 \le i \le 30. \end{cases}$$

Im nächsten Schritt definieren wir das **Produkt** cf einer Konstanten c mit einem Polynom

$$f(x) = \sum_{i=0}^{n} a_i x^i,$$

als dasjenige Polynom, welches wir durch die Multiplikation jedes einzelnen Koeffizienten des Polynoms mit c erhalten, das heißt

$$(cf)(x) = \sum_{i=0}^{n} ca_i x^i.$$

Selbstverständlich wird dies durch die Distributivgesetze der Addition und der Multiplikation der rationalen Zahlen untermauert.

BEISPIEL 6.8.

$$2.3(1 + 6x - x^7) = 2.3 + 13.8x - 2.3x^7.$$

Wir können jetzt unter Benutzung dieser Definition die **Differenz** von zwei Polynomen f und g als $f - g = f + (-g)$ definieren.

Nun sind wir in der Lage Polynome zu kombinieren, indem wir die Polynome mit rationalen Zahlen multiplizieren und die Ergebnisse addieren. Dadurch erhalten wir neue Polynome: Sind n Polynome $f_1, f_2, \cdots, f_n$ und n Zahlen $c_1, \cdots, c_n$ gegeben, so ist

$$f(x) = \sum_{m=1}^{n} c_m f_m(x)$$

ein neues Polynom und wird die **Linearkombination** der Polynome f_1, $\cdots$, f_n genannt. Der Name deutet auf die Tatsache hin, dass eine lineare Funktion $ax + b$ durch die Operationen der Addition und der Multiplikation mit einer Konstanten definiert ist. Die Zahlen $c_1, \cdots, c_n$ werden als **Koeffizienten** der Linearkombination bezeichnet.

BEISPIEL 6.9. Die Linearkombination von $2x^2$ und $4x - 5$ mit den Koeffizienten 1 und 2 ist

$$1(2x^2) + 2(4x - 5) = 2x^2 + 8x - 10.$$

Benutzt man diese Definition, so kann ein allgemeines Polynom

$$f(x) = \sum_{i=0}^{n} a_i x^i$$

wiederum als eine Linearkombination der speziellen Polynome 1, x, x^2, $\cdots$, x^n beschrieben werden, welche als **Monome** bezeichnet werden. Um die Notation einheitlich zu gestalten, setzen wir $x^0 = 1$ für alle x.

Die obigen Definitionen implizieren den folgenden Satz:

Satz 6.1 *Eine Linearkombination von Polynomen ist ein Polynom. Ein allgemeines Polynom ist eine Linearkombination von Monomen.*[1]

Als weitere Konsequenz obiger Definitionen erhalten wir für die Linearkombinationen von Polynomen eine Anzahl von Regeln, welche die entsprechenden Regeln für die rationalen Zahlen widerspiegeln. Wenn f, g und h Polynome sind und c eine rationale Zahl ist, dann gilt zum Beispiel:

$$f + g = g + f, \tag{6.2}$$

$$(f + g) + h = f + (g + h), \tag{6.3}$$

$$c(f + g) = cf + cg. \tag{6.4}$$

Abschließend betrachten wir das Produkt von allgemeinen Polynomen. Zunächst definieren wir das Produkt von zwei Monomen x^j und x^i als

$$x^j x^i = x^j \times x^i = x^{j+i},$$

und zwar in Anlehnung an dieselbe Regel, die auch für die Multiplikation von Potenzen von Zahlen gilt. Wir definieren das Produkt von x^j und einem Polynom $f(x) = \sum_{i=0}^{n} a_i x^i$, indem wir x^j wie folgt hineinmultiplizieren:

$$
\begin{aligned}
x^j f(x) &= a_0 x^j + a_1 x^j \times x + a_2 x^j \times x^2 + \cdots + a_n x^j \times x^n \\
&= a_0 x^j + a_1 x^{1+j} + a_2 x^{2+j} + \cdots + a_n x^{n+j} \\
&= \sum_{i=0}^{n} a_i x^{i+j}.
\end{aligned}
$$

Das Ergebnis ist ein Polynom vom Grade $n + j$.

BEISPIEL 6.10.

$$x^3(2 - 3x + x^4 + 19x^8) = 2x^3 - 3x^4 + x^7 + 19x^{11}.$$

Letztendlich definieren wir das Produkt fg von zwei Polynomen $f(x) = \sum_{i=0}^{n} a_i x^i$ und $g(x) = \sum_{j=0}^{m} b_j x^j$ durch $(fg)(x) = f(x)g(x)$. Damit können

---

[1] Wir werden Linearkombinationen von Polynomen in Kapitel 38 weitergehend diskutieren.

wir $f(x)g(x)$ wie folgt berechnen:

$$(fg)(x) = f(x)g(x) = (\sum_{i=0}^{n} a_i x^i)(\sum_{i=0}^{m} b_i x^i)$$

$$= \sum_{i=0}^{n} \left(a_i x^i \sum_{j=0}^{m} b_j x^j \right) = \sum_{i=0}^{n} \left(a_i \sum_{j=0}^{m} b_j x^{i+j} \right)$$

$$= \sum_{i=0}^{n} \sum_{j=0}^{m} a_i b_j x^{i+j}.$$

Wir betrachten ein Beispiel:

BEISPIEL 6.11.

$$(1 + 2x + 3x^2)(x - x^5) = 1(x - x^5) + 2x(x - x^5) + 3x^2(x - x^5)$$
$$= x - x^5 + 2x^2 - 2x^6 + 3x^3 - 3x^7$$
$$= x + 2x^2 + 3x^3 - x^5 - 2x^6 - 3x^7$$

Diese Definitionen implizieren nun den folgenden Satz:

Satz 6.2 *Das Produkt eines Polynoms ungleich Null vom Grade n und einem Polynom ungleich Null vom Grade m ist ein Polynom vom Grade $n + m$.*

Diese Definitionen implizieren nun, dass das Kommutativ-, das Assoziativ- und die Distributivgesetze für Polynome f, g und h gelten:

$$fg = gf, \qquad (6.5)$$
$$(fg)h = f(gh), \qquad (6.6)$$
$$(f + g)h = fh + fh,. \qquad (6.7)$$

Produkte sind langwierig zu berechnen, aber glücklicherweise können wir Software (wie zum Beispiel *MAPLE*©) benutzen, um dies durchzuführen. Es gibt jedoch einige Beispiele, die man im Gedächtnis behalten sollte:

$$(x + a)^2 = (x + a)(x + a) = x^2 + 2ax + a^2$$
$$(x + a)(x - a) = x^2 - a^2$$
$$(x + a)^3 = x^3 + 3ax^2 + 3a^2x + a^3.$$

6.4   Die Gleichheit von Polynomen

Wir sagen, dass zwei Polynome f und g gleich sind, $f = g$, falls $f(x) = g(x)$ in jedem Punkt x gilt. Äquivalent gilt $f = g$, wenn $(f - g)(x)$ das

Nullpolynom ist, also alle Koeffizienten Null sind. Beachten Sie, dass zwei Polynome nicht unbedingt gleich sind, nur weil sie zufällig denselben Wert in einem Punkt haben!

BEISPIEL 6.12. $f(x) = x^2 - 4$ und $g(x) = 3x - 6$ sind beide Null für $x = 2$, sie sind jedoch nicht gleich.

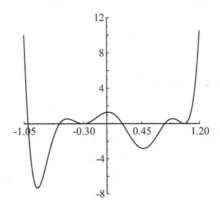

Abbildung 6.1: Eine graphische Darstellung von $y = 1,296 +1,296x -35,496x^2 -57,384x^3 +177,457x^4 +203,889x^5 -368,554x^6 -211,266x^7 +313,197x^8 +70,965x^9 -97,9x^{10} -7,5x^{11} +10x^{12}$.

6.5   Graphen von Polynomen

Ein allgemeines Polynom vom Grade größer 2 oder 3 kann eine ziemlich komplizierte Funktion sein und es ist schwierig, aussagekräftige, allgemeine Beobachtungen über ihren Verlauf zu treffen. Wir zeigen in Abbildung 6.1 ein Beispiel für ein Polynom vom Grade 12. Wenn der Grad des Polynoms größer 2 oder 3 ist, so gibt es eine Tendenz im Verlauf zu großen „Schwankungen", was bei der Zeichnung der Funktion zu Schwierigkeiten führt. Das in Abbildung 6.1 dargestellte Polynom nimmt für $x = 3$ den Wert $987940, 8$ an.

Andererseits können wir die Monome ziemlich leicht zeichnen. Es stellt sich heraus, dass sowohl die Darstellungen der Monome vom ungeraden Grade n, als auch die Darstellungen der Monome vom geraden Grade ähnliche Gestalten annehmen, sobald der Grad $n \geq 2$ wird. Wir zeigen einige Beispiele in Abbildung 6.2.

Eine offensichtliche Eigenschaft der Graphen von Monomen besteht in deren Symmetrie. Wenn der Grad geradzahlig ist, so sind die Darstellungen symmetrisch bzgl. der y-Achse, vgl. Abbildung 6.3. Das bedeutet, dass der

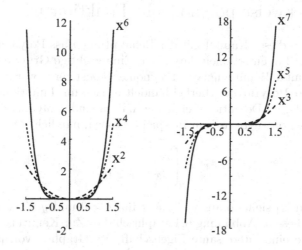

Abbildung 6.2: Darstellungen einiger Monome.

Wert der Monome derselbe für x und $-x$ ist, oder, mit anderen Worten, $x^m = (-x)^m$ für geradzahlige m. Wenn der Grad ungerade ist, sind die Darstellungen symmetrisch bzgl. des Ursprungs. Mit anderen Worten, der Wert der Funktion für x ist das Negative des Wertes der Funktion für $-x$, oder $(-x)^m = -x^m$ für ungerade m.

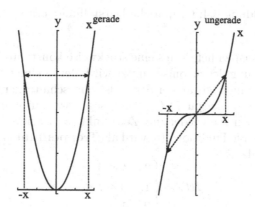

Abbildung 6.3: Symmetrien der Monome vom geradem und ungeradem Grad.

6.6 Stückweise polynomielle Funktionen

Wir begannen dieses Kapitel mit der Behauptung, dass Polynome oftmals die Bausteine für Funktionen darstellen. Eine wichtige Gruppe von Funktionen, die unter Benutzung von Polynomen konstruiert werden, sind die **stückweisen Polynome**. Hierbei handelt es sich um Funktionen, die auf Intervallen, die im Definitionsbereich enthalten sind, Polynome sind.

Wir sind schon zuvor auf ein Beispiel gestoßen, nämlich:

$$|x| = \begin{cases} x, & x \geq 0, \\ -x, & x < 0. \end{cases}$$

Die Funktion $|x|$ sieht so aus wie $y = x$ für $x \geq 0$ und $y = -x$ für $x < 0$. Wir stellen diese in Abbildung 6.4 graphisch dar. Zur Kenntnis genommen werden sollte eine interessante Eigenschaft des Graphen von $|x|$: Dessen scharfe Ecke bei $x = 0$ tritt direkt am Übergangspunkt des stückweisen Polynoms auf.

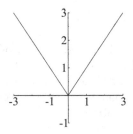

Abbildung 6.4: Graphische Darstellung von $y = |x|$.

Ein weiteres Beispiel liefert uns eine stückweise konstante Funktion, welche zur Modellierung des Stroms benutzt wird, der in einen Stromkreis eingespeist wird. Nehmen wir an der Strom ist abgeschaltet, er ist also 0, und wir schalten ihn zum Zeitpunkt $t = 0$ ein, sagen wir mit einer Stromstärke 1. Dann schalten wir ihn wieder zum Zeitpunkt $t = 1$ Sekunden ab. Die den Strom beschreibende Funktion $I(t)$ wird als **Treppenfunktion** bezeichnet. Sie ist definiert als

$$I(t) = \begin{cases} 0, & t < 0, \\ 1, & 0 \leq t \leq 1, \\ 0, & 1 < t. \end{cases} \tag{6.8}$$

Wir stellen I in Abbildung 6.5 graphisch dar.

In Abschnitt 38.4 erklären wir, warum stückweise Polynome gegenüber Polynomen bei mehreren Problemstellungen bevorzugt werden.

Kapitel 6 Aufgaben

6.1. Schreiben Sie die folgenden endlichen Summen mit Hilfe der Sigma Notation. Vergewissern Sie sich, dass Sie die Anfangs- und Endwerte für den Index korrekt wählen!

(a) $1 + \frac{1}{4} + \frac{1}{9} + \frac{1}{16} + \cdots + \frac{1}{n^2}$

(b) $-1 + \frac{1}{4} - \frac{1}{9} + \frac{1}{16} - \cdots \pm \frac{1}{n^2}$

(c) $1 + \frac{1}{2 \times 3} + \frac{1}{3 \times 4} + \cdots + \frac{1}{n \times (n+1)}$

(d) $1 + 3 + 5 + 7 + \cdots + 2n + 1$

(e) $x^4 + x^5 + \cdots + x^n$

(f) $1 + x^2 + x^4 + x^6 + \cdots + x^{2n}$.

6.2. Schreiben Sie die endliche Summe $\displaystyle\sum_{i=1}^{n} i^2$ so um, dass (a) i mit -1 beginnt, (b) i mit 15 beginnt, (c) der Summand die Form $(i+4)^2$ hat und (d) i mit $n+7$ aufhört.

6.3. Schreiben Sie die folgenden Polynome um und benutzen Sie dafür die Sigma Notation:

(a) $x + 2x^3 + 3x^5 + 4x^7 + \cdots + 10x^{19}$

(b) $2 + 4x + 6x^2 + 8x^3 + \cdots + 24x^{10}$

(c) $1 + x - x^2 + x^3 + x^4 - x^5 + \cdots - x^{17}$.

6.4. $f_1(x) = -4 + 6x + 7x^3$, $f_2(x) = 2x^2 - x^3 + 4x^5$ und $f_3(x) = 2 - x^4$ seien gegeben. Berechnen Sie die folgenden Polynome:

(a) $f_1 - 4f_2$

(b) $3f_2 - 12f_1$

(c) $f_2 + f_1 + f_3$

(d) $f_2 f_1$

(e) $f_1 f_3$

(f) $f_2 f_3$

(g) $f_1 f_3 - f_2$

(h) $(f_1 + f_2)f_3$

(i) $f_1 f_2 f_3$.

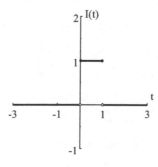

Abbildung 6.5: Graphische Darstellung der Treppenfunktion $I(t)$.

6.5. Berechnen Sie die folgenden Polynome, wobei a einer Konstanten entspricht:

(a) $(x+a)^2$ (b) $(x+a)^3$ (c) $(x-a)^3$ (d) $(x+a)^4$.

6.6. Berechnen Sie $f_1 f_2$, wobei $f_1(x) = \sum_{i=0}^{8} i^2 x^i$ und $f_2(x) = \sum_{j=0}^{11} \frac{1}{j+1} x^j$ sind.

6.7. Stellen Sie die Funktion

$$f(x) = 360x - 942x^2 + 949x^3 - 480x^4 + 130x^5 - 18x^6 + x^7$$

graphisch dar und zwar indem sie $MATLAB^{©}$ oder $MAPLE^{©}$ benutzen. Man benötigt eine geschickte Hand bei der Wahl eines geeigneten, zu zeichnenden Intervalls. Sie sollten Darstellungen für mehrere, verschiedene Intervalle generieren: Beginnen Sie mit $-0,5 \le x \le 0,5$ und vergrößern Sie dann dieses Intervall.

6.8. Stellen Sie die folgenden stückweisen Polynome für $-2 \le x \le 2$ graphisch dar.

(a) $f(x) = \begin{cases} 2, & -2 \le x \le -1, \\ x^2, & -1 < x < 1, \\ x, & 1 \le x \le 2. \end{cases}$ (b) $f(x) = \begin{cases} -1-x, & -2 \le x \le -1, \\ 1+x, & -1 < x \le 0, \\ 1-x, & 0 < x \le 1, \\ -1+x, & 1 < x \le 2. \end{cases}$

6.9. (a) Zeigen Sie, dass das Monom x^3 mit wachsendem x größere Werte annimmt. (b) Zeigen Sie, dass das Monom x^4 für $x < 0$ fällt und für $x > 0$ wächst.

7
Funktionen, Funktionen und noch mehr Funktionen

Bevor wir mit der Untersuchung von Funktionen fortfahren, beschreiben wir Möglichkeiten, komplizierte Funktionen durch die Verknüpfung einfacherer Funktionen zu erzeugen.[1] Tatsächlich sind wir auf diese Idee bereits in Kapitel 6 gestoßen, in dem wir allgemeine Polynome durch das Aufaddieren von Monomen konstruiert haben. Wir beginnen damit zu beschreiben, wie beliebige Funktionen aufaddiert werden. Anschließend betrachten wir die Operationen der Multiplikation und der Division. Wir beenden dieses Kapitel mit der Komposition von Funktionen.

7.1 Linearkombinationen von Funktionen

Es ist nicht schwierig, das Konzept zu verallgemeinern, eine neue Funktion durch die Addition von Funktionen zu erzeugen. Der erste Schritt ist die Definition der Summe $f_1 + f_2$ zweier gegebener Funktionen f_1 und f_2 als

---

[1]Die Idee, einfache Dinge zu verbinden, um auf diese Weise komplexere zu generieren, ist fundamental für viele unterschiedliche Schauplätze. Musik ist ein gutes Beispiel hierfür: Akkorde oder Harmonien entstehen durch die Kombination von einzelnen Tönen, komplexe rhythmische Strukturen können durch überlagerte, einfache rhytmische Muster entstehen, einzelne Instrumente werden zu einem Orchester kombiniert. Ein weiteres Beispiel ist ein Festessen, welches sich aus einer Vorspeise, einem Hauptgang, Dessert und einem Kaffee zusammensetzt, in Verbindung mit Aperitifen, Weinen und Cognac, in endlosen Kombinationen. Darüberhinaus, setzt sich jedes Gericht aus der Kombination von Zutaten wie Rindfleisch, Karotten und Kartoffeln zusammen.

diejenige Funktion mit dem Wert in x, der gegeben ist durch die Summe der Werte von $f_1(x)$ und $f_2(x)$. Das heißt:

$$(f_1 + f_2)(x) = f_1(x) + f_2(x).$$

Für die in x zu definierende Summe $f_1 + f_2$, müssen beide Funktionen f_1 und f_2 in x definiert sein. Aus dem Grund ist der Definitionsbereich $D(f_1 + f_2)$ von $f_1 + f_2$ die Schnittmenge $D(f_1) \cap D(f_2)$ der Definitionsbereiche $D(f_1)$ und $D(f_2)$.

BEISPIEL 7.1.   Die Funktion $f(x) = x^3 + 1/x$, welche für $D(f) = \{x$ in $\mathbb{Q} : x \neq 0\}$ definiert ist, ist die Summe der Funktionen $f_1(x) = x^3$ mit dem Definitionsbereich $D(f_1) = \mathbb{Q}$ und $f_2(x) = 1/x$ mit dem Definitionsbereich $D(f_2) = \{x$ in $\mathbb{Q} : x \neq 0\}$. Die Funktion $f(x) = x^2 + 2^x$, welche für Werte in $\mathbb{Z}$ definiert ist, ist die Summe von x^2 (definiert auf $\mathbb{Q}$) und 2^x (definiert auf $\mathbb{Z}$).

Beachten Sie, dass diese Definition impliziert, dass $f_1(x) + f_1(x) = 2f_1(x)$ für jedes x aus $D(f_1)$ ist. Ähnlich definieren wir das Produkt einer gegebenen Funktion f mit einer rationalen Zahl c als diejenige Funktion cf, dessen Wert in x durch die Multiplikation des Wertes $f(x)$ mit c bestimmt ist. Das heißt:

$$(cf)(x) = cf(x).$$

Selbstverständlich ist der Definitionsbereich von cf gegeben durch $D(cf) = D(f)$.

Diese Definitionen stehen im Einklang mit den Definitionen, die wir für die Polynome benutzt haben. So erhalten wir alle üblichen Eigenschaften, wie das Kommutativ-, das Assoziativ- und die Distributivgesetze, vgl. Sie (6.2)–(6.4).

Eine Kombination dieser Definitionen erlaubt es, eine neue Funktion $c_1f_1 + c_2f_2$ zu definieren, indem wir Vielfache c_1 und c_2 der gegebenen Funktionen f_1 und f_2 addieren, und so eine neue Funktion erzeugen, deren Definitionsbereich die Schnittmenge der Definitionsbereiche von f_1 und f_2 ist. Diese neue Funktion wird als **Linearkombination** von f_1 und f_2 bezeichnet. Im Allgemeinen definieren wir die Linearkombination $a_1f + \cdots + a_nf_n$ von n Funktionen $f_1, \cdots, f_n$ durch

$$(a_1f + \cdots + a_nf_n)(x) = a_1f_1(x) + \cdots + a_nf_n(x),$$

wobei $a_1, \cdots, a_n$ Zahlen sind und die Koeffizienten der Linearkombination genannt werden. Offensichtlich ist der Definitionsbereich der Linearkombination $a_1f + \cdots + a_nf_n$ die Schnittmenge der Definitionsbereiche $D(f_1)$, $\cdots, D(f_n)$.

BEISPIEL 7.2.   Der Definitionsbereich der Linearkombination von $\{\frac{1}{x},$ $\frac{x}{1+x}, \frac{1+x}{2+x}\}$, gegeben durch

$$-\frac{1}{x} + 2\frac{x}{1+x} + 6\frac{1+x}{2+x},$$

ist $\{x \text{ in } \mathbb{Q} : x \neq 0, x \neq -1, x \neq -2\}$.

Die Sigma Notation aus Abschnitt 6.2 ist nützlich, um allgemeine Linearkombinationen aufzuschreiben.

BEISPIEL 7.3. Die Linearkombination von $\left\{\frac{1}{x}, \cdots, \frac{1}{x^n}\right\}$ gegeben durch

$$\frac{2}{x} + \frac{4}{x^2} + \frac{8}{x^3} + \cdots + \frac{2^n}{x^n} = \sum_{i=1}^{n} \frac{2^i}{x^i},$$

hat den Definitionsbereich $\{x \text{ in } \mathbb{Q} : x \neq 0\}$.

Beachten Sie, dass Unklarheit über Linearkombinationen in der Hinsicht besteht, dass es generell möglich ist, eine Linearkombination von Funktionen auf zahlreiche unterschiedliche Weisen zu schreiben.

BEISPIEL 7.4. Eine Linearkombination der Funktionen $\{1 + x, 1 + x + x^2, x^2\}$ kann auf verschiedene Weisen geschrieben werden. Zum Beispiel:

$$2(1 + x) + (1 + x + x^2) + 3x^2 = (1 + x) + 2(1 + x + x^2) + 2x^2$$
$$= -(1 + x) + 4(1 + x + x^2) + 0x^2.$$

Manchmal möchten wir wissen, ob jede Linearkombination einer gegebenen Menge von Funktionen $\{f_1, f_2, \cdots, f_n\}$ nur auf einem Wege geschrieben werden kann, das heißt, ob sie **eindeutig** ist. Zum Beispiel wäre es wichtig zu wissen, dass ein Polynom der Form $a_0 + a_1 x + \cdots + a_n x^n$, welches ausschließlich eine Linearkombination der Monome ist, eine eindeutige Darstellung besitzt und keine weitere Linearkombination $\{1, x, \cdots, x^n\}$ existiert, die dasselbe Polynom ergibt.

Ob dies der Fall ist oder nicht, hängt von den Funktionen $\{f_1, \cdots, f_n\}$ ab. Nehmen wir an, dass zwei Linearkombinationen der Funktionen identisch sind, also

$$a_1 f_1(x) + \cdots + a_n f_n(x) = b_1 f_1(x) + \cdots + b_n f_n(x)$$

für alle x im Definitionsbereich. Wir können dies dann umschreiben als

$$(a_1 - b_1)f_1(x) + \cdots + (a_n - b_n)f_n(x) = 0 \qquad (7.1)$$

für alle x im Definitionsbereich. Wenn hieraus jetzt $a_1 = b_1, \cdots, a_n = b_n$ folgt, dann ist die Linearkombination eindeutig. Mit anderen Worten, falls sich aus der Bedingung, dass (7.1) für alle x im Definitionsbereich gilt, zwingend $a_1 - b_1 = \cdots = a_n - b_n = 0$ ergibt, dann ist jede Linearkombination von $f_1, \cdots, f_n$ eindeutig. Wir sagen, dass die Funktionen $\{f_1, \cdots, f_n\}$ in einem Definitionsbereich **linear unabhängig** sind, wenn die einzigen Konstanten, für die

$$c_1 f_1(x) + \cdots + c_n f_n(x) = 0$$

für alle x im Definitionsbereich gilt, durch $c_1 = \cdots = c_n = 0$ gegeben sind. Funktionen, die nicht linear unabhängig sind, heißen **linear abhängig**.

Satz 7.1 *Wenn die Funktionen $\{f_1, \cdots, f_n\}$ linear unabhängig sind, dann ist jede Linearkombination der Funktionen eindeutig.*

BEISPIEL 7.5.   Die Funktionen $\{1 + x, 1 + x + x^2, x^2\}$ sind linear abhängig, weil $1(1 + x) - 1(1 + x + x^2) + 1x^2 = 0$ für alle x ist.

BEISPIEL 7.6.   Die Funktionen $\{x, 1/x\}$ sind linear unabhängig. Nehmen wir an, dass es Konstanten c_1, c_2 gibt, so dass

$$c_1 x + c_2 \frac{1}{x} = 0$$

für alle $x \neq 0$ ist. Setzen wir speziell $x = 1$, so erhalten wir $c_1 + c_2 = 0$ oder $c_1 = -c_2$. Für $x = 2$ bekommen wir zusätzlich $2c_1 + 0, 5c_2 = 0$. Aber dies bedeutet $-2c_2 + 0, 5c_2 = -1, 5c_2 = 0$, und deshalb $c_2 = c_1 = 0$.

BEISPIEL 7.7.   Wir können mit Hilfe der vollständigen Induktion beweisen, dass die Monome linear unabhängig sind. Zuerst zeigen wir, dass $\{1\}$ linear unabhängig ist, was leicht ist, da $c_0 \times 1 = 0$ impliziert, dass $c_0 = 0$ ist. Jetzt nehmen wir an, dass $\{1, x, \cdots, x^{n-1}\}$ linear unabhängig, das heißt, wenn $a_0 \times 1 + a_1 x + \cdots + a_{n-1} x^{n-1} = 0$ für alle x ist, dann folgt $a_0 = a_1 = \cdots = a_{n-1} = 0$. Ist nun $c_0 \times 1 + c_1 x + \cdots + c_n x^n = 0$ für alle x, so folgt für $x = 0$ insbesondere $c_0 \times 1 + 0 + \cdots + 0 = 0$, oder $c_0 = 0$ und daher

$$c_0 \times 1 + c_1 x + \cdots + c_n x^n = c_1 x + \cdots + c_n x^n = 0.$$

Ausklammern von x liefert

$$c_1 x + \cdots + c_n x^n = x\big(c_1 + c_2 x + \cdots + c_n x^{n-1}\big) = 0$$

für alle x. Hieraus folgt nun unmittelbar

$$c_1 + c_2 x + \cdots + c_n x^{n-1} = 0$$

für alle x. Die Induktionsannahme liefert jetzt $c_1 = \cdots = c_n = 0$ und deshalb sind die Monome $\{1, \cdots, x^n\}$ linear unabhängig. Somit sind alle Monome linear unabhängig.

7.2   Die Multiplikation und die Division von Funktionen

Wir multiplizieren beliebige Funktionen, indem wir dasselbe Konzept gebrauchen, welches wir auch beim Multiplizieren von Polynomen benutzten. Wenn f_1 und f_2 zwei Funktionen sind, so definieren wir das Produkt $f_1 f_2$ durch

$$(f_1 f_2)(x) = f_1(x) f_2(x).$$

BEISPIEL 7.8. Die Funktion

$$f(x) = (x^2 - 3)^3 \left(x^6 - \frac{1}{x} - 3\right)$$

mit $D(f) = \{x \in \mathbb{Q} : x \neq 0\}$ ist das Produkt der Funktionen $f_1(x) = (x^2 - 3)^3$ und $f_2(x) = x^6 - 1/x - 3$. Die Funktion $f(x) = x^2 \, 2^x$ ist das Produkt von x^2 und 2^x.

Der Definitionsbereich des Produktes von zwei Funktionen ist die Schnittmenge der Definitionsbereiche der zwei Funktionen. Diese Definition steht im Einklang mit der Definition, die wir für die Polynome benutzt haben. Sie impliziert, dass wiederum die bekannten Kommutativ-, Assoziativ- und Distributivgesetze, wie in (6.5)–(6.7), gelten.

Völlig analog definieren wir für zwei gegebene Funktionen f_1 und f_2 die Quotientenfunktion f_1/f_2 durch

$$(f_1/f_2)(x) = \frac{f_1}{f_2}(x) = \frac{f_1(x)}{f_2(x)}$$

falls $f_2(x) \neq 0$ ist. In diesem Fall erfordert die Bestimmung des Definitionsbereichs einige zusätzliche Überlegungen. Es ist nicht nur notwendig sich zu vergewissern, dass beide Funktionen definiert sind, wir müssen zudem Nullen im Nenner vermeiden. Aus diesem Grund ist der Definitionsbereich des Quotienten f_1/f_2 zweier Funktionen die Schnittmenge der Definitionsbereiche der zwei Funktionen, ausgenommen derjenigen Punkte, in denen der Nenner f_2 Null ist.

BEISPIEL 7.9. Der Definitionsbereich von

$$\frac{1 + 1/(x+3)}{2x - 5}$$

ist die Schnittmenge von $\{x \text{ in } \mathbb{Q} : x \neq -3\}$ und $\{x \text{ in } \mathbb{Q}\}$, ausgenommen $x = 5/2$ oder $\{x \text{ in } \mathbb{Q} : x \neq -3, 5/2\}$.

Tatsächlich bringt die Bestimmung des Definitionsbereichs des Quotienten von zwei Funktionen eine versteckte Komplikation mit sich. Sicherlich müssen wir Punkte ausnehmen, in denen der Nenner Null und der Zähler ungleich Null ist. Jedoch ist die Situation, in der sowohl der Zähler als auch der Nenner in einem Punkt Null sind, weniger klar.

BEISPIEL 7.10. Betrachten wir den Quotienten

$$\frac{x - 1}{x - 1}$$

mit dem Definitionsbereich $\{x \text{ in } \mathbb{Q} : x \neq 1\}$. Da

$$x - 1 = 1 \times (x - 1) \tag{7.2}$$

für alle x ist, ist es natürlich die Polynome zu „dividieren", und wir erhalten:

$$\frac{x-1}{x-1} = 1. \tag{7.3}$$

Auf jeden Fall ist $\mathbb{Q}$ der Definitionsbereich der konstanten Funktion 1. Daher haben die linke und rechte Seite von (7.3) unterschiedliche Definitionsbereiche und daher müssen sie auch verschiedene Funktionen darstellen. Wir stellen die zwei Funktionen in Abbildung 7.1 graphisch dar.

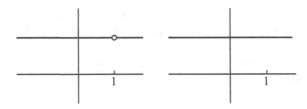

Abbildung 7.1: Darstellungen von $(x-1)/(x-1)$ auf der linken und 1 auf der rechten Seite.

Die zwei Funktionen stimmen in jedem Punkt überein, außer dem „fehlenden" Punkt $x = 1$.

Mit diesen Überlegungen können wir also nur behaupten, dass (7.3) für $\{x \text{ in } \mathbb{Q} : x \neq 1\}$ gilt. Andererseits ist (7.3) nur eine andere Möglichkeit, um (7.2) zu beschreiben, was wiederum für alle x gilt. Dieser Sachverhalt schafft ein wenig Verwirrung.

Wie gesagt ist der Quotient f_1/f_2 für alle Punkte der Schnittmenge der Definitionsbereiche von f_1 und f_2 definiert, ausgenommen der Punkte, in denen f_2 Null ist. Wenn es jedoch eine Funktion f gibt, so dass

$$f_1(x) = f_2(x)f(x)$$

für alle x in der Schnittmenge der Definitionsbereiche von f_1 und f_2 ist, dann vereinfachen wir die Notation und ersetzen f_1/f_2 durch f und versäumen dabei zu erwähnen, dass wir eigentlich die „fehlenden" Punkte, in denen f_2 Null ist, vermeiden sollten. In dieser Situation sagen wir, dass wir f_1 durch f_2 **dividiert** und dadurch f erhalten haben.

BEISPIEL 7.11. Da $x^2 - 2x - 3 = (x-3)(x+1)$ ist, schreiben wir

$$\frac{x^2 - 2x - 3}{x - 3} = x + 1.$$

Wir ersetzen hier also $(x^2 - 2x - 3)/(x-3)$, das für $\{x \text{ in } \mathbb{Q} : x \neq 3\}$ definiert ist, durch $x + 1$, was für alle x in $\mathbb{Q}$ definiert ist.

Beachten Sie die Tatsache, dass wir nicht automatisch den Quotienten von f_1 und f_2 durch eine in allen Punkten definierte Funktion ersetzen können, falls f_1 und f_2 gemeinsam in einem Punkt Null sind.

BEISPIEL 7.12. Betrachten wir die Funktionen

$$\frac{(x-1)^2}{x-1} \text{ und } \frac{x-1}{(x-1)^2},$$

welche beide für $\{x \text{ in } \mathbb{Q} : x \neq 1\}$ definiert sind. Normalerweise ersetzen wir die erste Funktion durch $x-1$, die für alle x definiert ist, allerdings ergibt die Division des zweiten Beispiels $1/(x-1)$, welche immer noch für $x = 1$ nicht definiert ist.

Im Allgemeinen kann es ein wenig Arbeit erfordern herauszufinden, ob eine Substitution durch Division möglich ist.

Wir werden diese Problematik ausführlich in Kapitel 35 behandeln.

7.3 Rationale Funktionen

Der Quotient f_1/f_2 von zwei Polynomen f_1 und f_2 wird eine **rationale Funktion** genannt. Es handelt sich hierbei um das Analogon zu einer rationalen Zahl.

BEISPIEL 7.13. Die Funktion $f(x) = 1/x$ ist eine rationale Funktion, definiert für $\{x \text{ in } \mathbb{Q} : x \neq 0\}$. Die Funktion

$$f(x) = \frac{(x^3 - 6x + 1)(x^{11} - 5x^6)}{(x^4 - 1)(x + 2)(x - 5)}$$

ist eine rationale Funktion, definiert für $\{x \text{ in } \mathbb{Q} : x \neq 1, -1, -2, 5\}$.

In einem Beispiel oben sahen wir, dass $x - 3$ ohne Rest $x^2 - 2x - 3$ teilt, da $x^2 - 2x - 3 = (x - 3)(x + 1)$. Es ist also

$$\frac{x^2 - 2x - 3}{x - 3} = x + 1.$$

Ebenso vereinfacht sich manchmal eine rationale Zahl p/q zu einer ganzen Zahl, mit anderen Worten q ist Teiler von p (also ohne einen Rest). Wir können mit Hilfe der schriftlichen Division ermitteln, ob dies der Fall ist. Es stellt sich heraus, dass eine Division auch für Polynome funktioniert. Hierzu erinnern wir uns daran, dass wir bei der schriftlichen Division die erste Ziffer des Nenners in jeder Stufe dem Rest anpassen. Wenn wir Polynome dividieren, schreiben wir sie als eine Linearkombination von Monomen. Wir beginnen mit dem Monom vom höchsten Grade und passen dann die Koeffizienten der Monome einen nach dem anderen an.

BEISPIEL 7.14.

Wir illustrieren die Division von Polynomen anhand von zwei Beispielen. In Abbildung 7.2 geben wir ein Beispiel, bei dem kein Rest übrig bleibt. Wir folgern daraus:

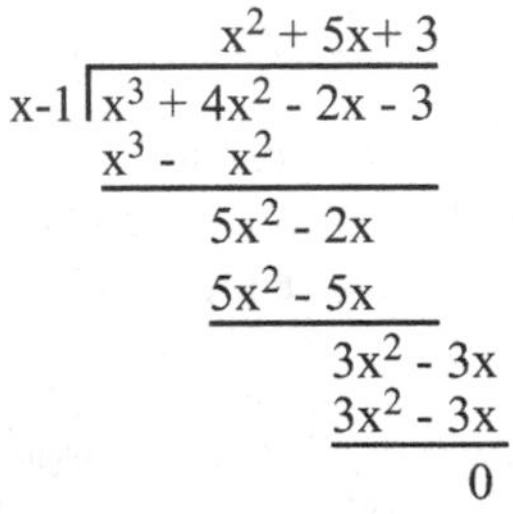

$$
\begin{array}{r}
x^2 + 5x + 3 \\
x-1\,\overline{)\,x^3 + 4x^2 - 2x - 3} \\
\underline{x^3 -\ \ x^2} \\
5x^2 - 2x \\
\underline{5x^2 - 5x} \\
3x^2 - 3x \\
\underline{3x^2 - 3x} \\
0
\end{array}
$$

Abbildung 7.2: Ein Beispiel einer Polynomdivision ohne Rest.

$$\frac{x^3 + 4x^2 - 2x + 3}{x - 1} = x^2 + 5x + 3.$$

In Abbildung 7.3 zeigen wir ein Beispiel, bei dem es einen Rest gibt, das heißt, wir führen die Division bis zu dem Punkt aus, an dem der restliche Zähler einen kleineren Grad als der Nenner besitzt. Beachten Sie bei diesem Beispiel, dass dem Zähler ein Term „fehlt". Daher füllen wir den fehlenden Term mit einem Nullkoeffizienten auf, um die Division zu vereinfachen. Wir kommen zum Schluss:

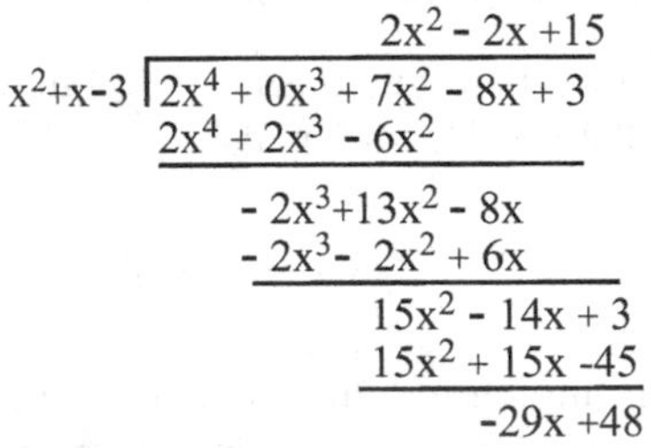

$$
\begin{array}{r}
2x^2 - 2x + 15 \\
x^2+x-3\,\overline{)\,2x^4 + 0x^3 + 7x^2 - 8x + 3} \\
\underline{2x^4 + 2x^3 - 6x^2} \\
-2x^3 + 13x^2 - 8x \\
\underline{-2x^3 - 2x^2 + 6x} \\
15x^2 - 14x + 3 \\
\underline{15x^2 + 15x - 45} \\
-29x + 48
\end{array}
$$

Abbildung 7.3: Ein Beispiel einer Polynomdivision mit Rest.

$$\frac{2x^4 + 7x^2 - 8x + 3}{x^2 + x - 3} = 2x^2 - 2x + 15 + \frac{-29x + 48}{x^2 + x - 3}.$$

7.4   Die Komposition von Funktionen

Für zwei gegebene Funktionen f_1 und f_2 können wir eine neue Funktion f definieren, indem wir zuerst f_1 an einer Stelle und anschließend f_2 am Ergebnis auswerten, das heißt:

$$f(x) = f_2(f_1(x)).$$

Wir nennen f die **Komposition** von f_2 und f_1 und schreiben $f = f_2 \circ f_1$,

$$(f_2 \circ f_1)(x) = f_2(f_1(x)).$$

Wir veranschaulichen diese Operation in Abbildung 7.4.

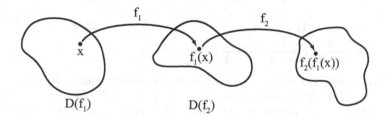

Abbildung 7.4: Darstellung der Komposition $f_2 \circ f_1$.

BEISPIEL 7.15.   Wenn $f_1(x) = x^2$ und $f_2(x) = x + 1$ sind, dann ist $f_1 \circ f_2(x) = f_1(f_2(x)) = (x+1)^2$, während $f_2 \circ f_1(x) = f_2(f_1(x)) = x^2 + 1$ ist.

Dieses Beispiel illustriert die allgemeine Tatsache, dass in der Regel $f_2 \circ f_1 \neq f_1 \circ f_2$ gilt.

Die Bestimmung des Definitionsbereichs der Komposition $f_2 \circ f_1$ kann kompliziert sein. Zunächst müssen wir, um $f_2(f_1(x))$ zu berechnen, uns versichern, dass x im Definitionsbereich von f_1 liegt, so dass $f_1(x)$ überhaupt definiert ist. Als nächstes wollen wir f_2 auf das Ergebnis anwenden; daher muss $f_1(x)$ einen Wert im Definitionsbereich von f_2 annehmen. Folglich ist der Definitionsbereich von $f_2 \circ f_1$ die Menge derjenigen Punkte x in $D(f_1)$, für die $f_1(x)$ in $D(f_2)$ ist.

BEISPIEL 7.16.   Es seien $f_1(x) = 3 + 1/x^2$ und $f_2(x) = 1/(x-4)$. Dann ist $D(f_1) = \{x \text{ in } \mathbb{Q} : x \neq 0\}$, während $D(f_2) = \{x \text{ in } \mathbb{Q} : x \neq 4\}$ ist. Um $f_2 \circ f_1$ zu berechnen, müssen wir daher alle Punkte vermeiden, für die $3 + 1/x^2 = 4$ oder $1/x^2 = 1$ und somit $x = 1$ oder $x = -1$ ist. Wir schließen daraus, dass $D(f_2 \circ f_1) = \{x \text{ in } \mathbb{Q} : x \neq 0, 1, -1\}$ ist.

Kapitel 7   Aufgaben

7.1. Bestimmen Sie die Definitionsbereiche der folgenden Funktionen:

(a) $3(x-4)^3 + 2x^2 + \dfrac{4x}{3x-1} + \dfrac{6}{(x-1)^2}$ (d) $\dfrac{(2x-3)\frac{2}{x}}{4x+6}$

(b) $2 + \dfrac{4}{x} - \dfrac{6x+4}{(x-2)(2x+1)}$ (e) $\dfrac{6x-1}{(2-3x)(4+x)}$

(c) $x^3\left(1 + \dfrac{1}{x}\right)$ (f) $\dfrac{4}{x+2} + \dfrac{6}{x^2+3x+2}$.

7.2. Schreiben Sie die folgenden Linearkombinationen unter Verwendung der Sigma Notation und bestimmen Sie den Definitionsbereich der jeweiligen Funktion:

(a) $2x(x-1) + 3x^2(x-1)^2 + 4x^3(x-1)^3 + \cdots + 100x^{101}(x-1)^{101}$

(b) $\dfrac{2}{x-1} + \dfrac{4}{x-2} + \dfrac{8}{x-3} + \cdots + \dfrac{8192}{x-13}$.

7.3. (a) Es sei $f(x) = ax + b$, wobei a und b Zahlen sind. Zeigen Sie, dass $f(x+y) = f(x) + f(y)$ genau dann für *alle* Zahlen x und y gilt, wenn $b = 0$ ist. (b) Es sei $g(x) = x^2$. Zeigen Sie, dass $g(x+y) \neq g(x) + g(y)$ ist, sofern x und y nicht ganz spezielle Werte annehmen.

7.4. Schreiben Sie die Funktion aus Beispiel 7.4 als eine Linearkombination auf zwei neue Arten.

7.5. Schreiben Sie die folgenden Linearkombinationen jeweils auf zwei neue Arten:

(a) $2x + 3 + 5(x+2)$

(b) $2x^2 + 4x^4 - 2(x^2 + x^4)$

(c) $\dfrac{1}{x} + \dfrac{2}{x-1} + \dfrac{3}{x(x-1)}$.

7.6. Zeigen Sie, dass die folgenden Funktionen linear abhängig sind oder beweisen Sie deren lineare Unabhängigkeit:

(a) $\{x+1, x-3\}$ (b) $\{x, 2x+1, 4\}$

(c) $\{2x-1, 3x, x^2+x\}$ (d) $\left\{\dfrac{1}{x}, \dfrac{1}{x-1}, \dfrac{1}{x(x-1)}\right\}$

(e) $\{4x+1, 6x^2-3, 2x^2+8x+2\}$ (f) $\left\{\dfrac{1}{x}, \dfrac{1}{x^2}, \dfrac{1}{x^3}\right\}$.

7.7. Beweisen Sie mit Hilfe vollständiger Induktion, dass die Funktionen $\left\{\dfrac{1}{x},\right.$ $\dfrac{1}{x^2}, \dfrac{1}{x^3}, \cdots\left.\right\}$ linear unabhängig sind.

7.8. Wenden Sie die Polynomdivision auf die folgenden rationalen Funktionen an, um zu zeigen, dass der Nenner den Zähler exakt teilt oder, wenn dies nicht der Fall ist, berechnen Sie den Rest:

$$\text{(a)} \ \frac{x^2 + 2x - 3}{x - 1} \qquad \text{(b)} \ \frac{2x^2 - 7x - 4}{2x + 1}$$

$$\text{(c)} \ \frac{4x^2 + 2x - 1}{x + 6} \qquad \text{(d)} \ \frac{x^3 + 3x^2 + 3x + 2}{x + 2}$$

$$\text{(e)} \ \frac{5x^3 + 6x^2 - 4}{2x^2 + 4x + 1} \qquad \text{(f)} \ \frac{x^4 - 4x^2 - 5x - 4}{x^2 + x + 1}$$

$$\text{(g)} \ \frac{x^8 - 1}{x^3 - 1} \qquad \text{(h)} \ \frac{x^n - 1}{x - 1}, \ n \text{ in } \mathbb{N}.$$

7.9. Beweisen Sie die Formel für die geometrische Summe in (3.3), indem Sie vollständige Induktion auf die Division des Ausdrucks anwenden:

$$\frac{p^{n+1} - 1}{p - 1}.$$

Hinweis: Ein weiterer Weg dieses zu beweisen, geht über die Gleichung $(1-p)(1+ p + p^2 + p^3 + \cdots + p^n) = 1 + p + p^2 + p^3 + \cdots + p^n - p - p^2 - p^3 - \cdots - p^n - p^{n+1}$. Beachten Sie, dass sich viele Terme in dieser letzten Summe gegenseitig aufheben.

7.10. Gegeben seien $f_1(x) = 3x - 5$, $f_2(x) = 2x^2 + 1$ und $f_3(x) = 4/x$. Schreiben Sie die Formeln für die folgenden Funktionen auf:

(a) $f_1 \circ f_2$ (b) $f_2 \circ f_3$ (c) $f_3 \circ f_1$ (d) $f_1 \circ f_2 \circ f_3$.

7.11. Zeigen Sie für $f_1(x) = 4x + 2$ und $f_2(x) = x/x^2$, dass $f_1 \circ f_2 \neq f_2 \circ f_1$ ist.

7.12. Es seien $f_1(x) = ax + b$ und $f_2(x) = cx + d$, wobei a, b, c und d rationale Zahlen sind. Finden Sie eine Bedingung an die Zahlen a, b, c und d, die $f_1 \circ f_2 = f_2 \circ f_1$ impliziert und geben Sie ein Beispiel an, das dieser Bedingung genügt.

7.13. Bestimmen Sie den Definitionsbereich von $f_2 \circ f_1$ für die folgenden Funktionen f_1 und f_2:

$$\text{(a)} \ f_1(x) = 4 - \frac{1}{x} \ \text{und} \ f_2(x) = \frac{1}{x^2}$$

$$\text{(b)} \ f_1(x) = \frac{1}{(x - 1)^2} - 4 \ \text{und} \ f_2(x) = \frac{x + 1}{x} \ .$$

8
Lipschitz-Stetigkeit

Erinnern wir uns, dass wenn wir Funktionen von rationalen Zahlen graphisch darstellen, wir einen Vertrauensvorschuß gewähren und annehmen, dass die Funktion nur sehr gleichmäßig zwischen den ausgewählten Punkten variiert. Tatsächlich ist aber ein grundlegendes Problem in der Infinitesimalrechnung, zu bestimmen, um wieviel sich eine Funktion bei einer veränderten Eingabe ändert. In diesem Kapitel untersuchen wir die Bedingungen, unter denen eine Funktion gleichmäßig variiert, ebenso wie wir die Vorstellung einer gleichmäßigen Variation präzisieren. Als einen ersten Schritt zum Verständnis gleichmäßigen Verhaltens führen wir eine Eigenschaft von Funktionen ein, bezeichnet als Stetigkeit, welche scharfe Veränderungen ausschließt.

Bis zu diesem Punkt haben wir Fakten über Zahlen und Funktionen gesammelt, die wir für die Analysis benötigen. Wir haben aber nicht viel Zeit für die *Praxis* der Analysis verwendet, das heißt für die Erstellung von Abschätzungen. Die Analysis ist von der Erstellung von Abschätzungen abhängig, und es ist notwendig, das Handwerk des Abschätzens zu erlernen, um Analysis zu betreiben. Wir beginnen, den Prozess der Erstellung von Abschätzungen in diesem Kapitel zu erklären. Ein Weg um das Erstellen von Abschätzungen zu erlernen ist, zuerst die Gedankengänge anderer Personen zu studieren und zu verstehen, und dann diese bei neuen Problemen anzuwenden.

8.1 Stetiges Verhalten und lineare Funktionen

Eine Funktion verhält sich **stetig**, oder ist **stetig**, wenn die Veränderung in ihren Werten klein gemacht werden kann, indem man ihre Argumente geringfügig ändert. Um diese Definition zu präzisieren, betrachten wir das Verhalten eines linearen Polynoms.[1] Der Wert eines konstanten Polynoms verändert sich nicht, wenn wir sein Argument verändern. Deshalb ist ein lineares Polynom das einfachste Beispiel. Ihren Graphen nach zu urteilen verhalten sich lineare Polynome sicherlich stetig.

Nehmen wir an, die lineare Funktion $y = mx + b$ ist gegeben, und wir erhalten $y_1 = mx_1 + b$ und $y_2 = mx_2 + b$ als Werte für zwei rationale Zahlen x_1 und x_2. Die Veränderung im Argument beträgt $|x_2 - x_1|$ und die entsprechende Veränderung im Wert der Funktion ist $|y_2 - y_1|$. Wir können eine Beziehung zwischen diesen berechnen:

$$|y_2 - y_1| = |(mx_2 + b) - (mx_1 + b)| = |m||x_2 - x_1|. \tag{8.1}$$

In anderen Worten, der absolute Betrag der Veränderung in den Funktionswerten ist proportional zum absoluten Wert der Veränderung im Argument mit der Proportionalitätskonstanten $|m|$. Insbesondere bedeutet dies, dass wir die Veränderung im Wert beliebig klein machen können, indem wir eine kleine Veränderung im Argument durchführen. Dieses passt sicherlich zu unserer Intuition, dass eine lineare Funktion stetig variiert.

BEISPIEL 8.1. $f(x) = 2x$ gibt die Gesamtanzahl von Kilometern für eine „hin und zurück-Fahrradtour" an, die einfach x Kilometer lang ist. Um eine bestimmte Tour insgesamt um 4 Kilometer zu verlängern, vergrößern wir die Distanz eines Weges x um $4/2 = 2$ Kilometer, während wir für die Verlängerung einer Tour um insgesamt $0,01$ Kilometer, die Distanz eines Weges x um $0,005$ Kilometer vergrößern.

Im Gegensatz dazu ist die Treppenfunktion (6.8) nicht stetig oder **unstetig** in 0. Wir erinnern uns an den Graphen von $I(t)$ in Abbildung 8.1. Wenn wir $t_1 < 0$ und $t_2 > 0$ wählen, dann ist $|I(t_2) - I(t_1)| = 1$, ungeachtet der Größe von $|t_2 - t_1|$. Funktionen wie die Treppenfunktion, welche sich bei kleinen Veränderungen im Argument unerwartet verändern, verursachen viele Probleme. Denken Sie daran, was mit elektronischen Geräten passieren würde, wenn sich die Spannung der Stromversorgung während eines Gewitters plötzlich erhöht.

Beachten Sie, dass die Steigung m der linearen Funktion $f(x) = mx + b$ bestimmt, um wieviel die Funktionswerte sich verändern, während das Argument x sich ändert. Je steiler die Linie, desto mehr verändert sich die

---

[1]Nebenbei bemerkt: Wir betrachten lineare Polynome, weil wir tatsächlich alles über sie wissen. Dies wird nicht das letzte Mal sein, dass wir eine Untersuchung komplizierter Funktionen auf das Verhalten linearer Polynome stützen!

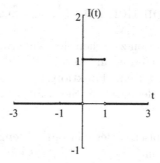

Abbildung 8.1: Graphische Darstellung der Treppenfunktion $I(t)$.

Funktion für eine bestimmte Änderung im Argument. Wir stellen dies in Abbildung 8.2 dar.

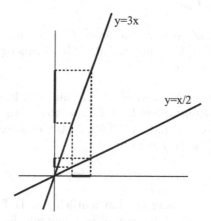

Abbildung 8.2: Der Wert der Funktionen, deren Graph durch diese zwei Geraden gegeben ist, verändert sich um einen unterschiedlichen Betrag für eine bestimmte Änderung im Argument.

BEISPIEL 8.2. Nehmen wir an, dass $f_1(x) = 4x + 1$, während $f_2(x) = 100x - 5$ ist. Um den Wert von $f_1(x)$ bei x um einen Betrag von $0,01$ zu erhöhen, ändern wir den Wert von x um $0,01/4 = 0,0025$. Andererseits, um den Wert von $f_2(x)$ in x um einen Betrag von $0,01$ zu ändern, verändern wir den Wert von x um $0,01/100 = 0,0001$.

8.2   Die Definition der Lipschitz-Stetigkeit

Die Idee ist nun, die Relation zwischen der Änderung im Wert einer linearen Funktion und der Änderung im Argument auf allgemeine Funktionen auszuweiten. Betrachten wir eine Funktion $f : I \to \mathbb{Q}$, die auf einer Menge I von rationalen Zahlen definiert ist. Sie nimmt rationale Werte $f(x)$ für jedes rationale x an.

BEISPIEL 8.3.   Ein typisches Beispiel einer Menge I ist ein rationales Intervall, das heißt $\{x \text{ in } \mathbb{Q} : a \leq x \leq b\}$ für einige rationale Zahlen a und b.

Im Allgemeinen, wenn x_1 und x_2 zwei Zahlen in I sind, dann ist $|x_2 - x_1|$ die Veränderung im Argument und $|f(x_2) - f(x_1)|$ die entsprechende Veränderung im Wert. Wir sagen, dass f **Lipschitz-stetig** ist mit der **Lipschitz-Konstanten** L auf I, wenn es eine nichtnegative Konstante L gibt, so dass

$$|f(x_1) - f(x_2)| \leq L|x_1 - x_2| \tag{8.2}$$

für alle x_1 und x_2 in I ist.

BEISPIEL 8.4.   Eine lineare Funktion $f(x) = mx + b$ ist mit der Lipschitz-Konstanten $L = |m|$ auf der Gesamtmenge der rationalen Zahlen $\mathbb{Q}$ Lipschitz-stetig .

BEISPIEL 8.5. Wir zeigen, dass $f(x) = x^2$ auf dem Intervall $I = [-2, 2]$ mit der Lipschitz-Konstanten $L = 4$ Lipschitz-stetig ist. Wir wählen zwei rationale Zahlen x_1 und x_2 in $[-2, 2]$. Die entsprechende Veränderung in den Funktionswerten ist

$$|f(x_2) - f(x_1)| = |x_2^2 - x_1^2|.$$

Das Ziel ist, diese Veränderung hinsichtlich der Differenz in den Argumenten $|x_2 - x_1|$ abzuschätzen. Wir benutzen die Darstellung von Produkten von Polynomen, welche wir in Kapitel 6 abgeleitet haben, und erhalten:

$$|f(x_2) - f(x_1)| = |x_2 + x_1| \, |x_2 - x_1|. \tag{8.3}$$

Zwar erhalten wir die gewünschte Differenz auf der rechten Seite, allerdings ist sie mit einem Faktor multipliziert, der von x_1 und x_2 abhängt. Im Gegensatz dazu hat die analoge Beziehung, siehe (8.1), für eine lineare Funktion einen konstanten Faktor, nämlich $|m|$. An diesem Punkt müssen wir die Tatsache benutzen, dass x_1 und x_2 im Intervall $[-2, 2]$ liegen. Dies bedeutet, dass aufgrund der Dreiecksungleichung

$$|x_2 + x_1| \leq |x_2| + |x_1| \leq 2 + 2 = 4$$

gilt. Wir schließen

$$|f(x_2) - f(x_1)| \leq 4|x_2 - x_1|$$

für alle x_1 und x_2 in $[-2, 2]$.

Wenn es nichts einer Lipschitz-Konstanten Vergleichbares gibt, dann kann die Funktion sich nicht stetig verhalten.

BEISPIEL 8.6. Die Treppenfunktion $I(t)$ ist *nicht* Lipschitz-stetig auf jedem Intervall, dass 0 enthält, zum Beispiel $[-0,5, 0,5]$. Wenn wir $t_1 < 0$ und $t_2 > 0$ in $[-0,5, 0,5]$ wählen, dann ist $I(t_1) = 0$ und $I(t_2) = 1$ und es existiert keine Konstante L, so dass

$$|I(t_2) - I(t_1)| = 1 \leq L|t_2 - t_1|$$

für alle derartigen t_1 und t_2. Und zwar deshalb, weil wir für jeden bestimmten Wert von L den Wert $L|t_2 - t_1|$ beliebig klein machen können, indem wir t_2 dicht bei t_1 wählen.

Das Konzept der Lipschitz-Stetigkeit mißt die Vorstellung von stetigem Verhalten, indem es die Lipschitz-Konstante L verwendet. Wenn L mäßig groß ist, dann ergeben kleine Veränderungen im Argument kleine Veränderungen im Wert der Funktion. Eine große Lipschitz-Konstante aber bedeutet, dass die Funktionswerte einer großen Veränderung unterworfen sein können, wenn die Argumente sich um einen kleinen Betrag verändern.

Wie auch immer, es ist wichtig zu beachten, dass es einen gewissen Betrag inhärenter Ungenauigkeit bei der Definition der Lipschitz-Stetigkeit (8.2) gibt, und wir müssen vorsichtig sein, Schlußfolgerungen zu ziehen, wenn eine Lipschitz-Konstante groß ist. Der Grund dafür ist, dass (8.2) lediglich eine *obere Abschätzung* dafür darstellt, um wieviel die Funktion sich ändert. Die tatsächliche Änderung kann viel kleiner sein, als die Lipschitz-Konstante angibt.[2]

BEISPIEL 8.7. Beispiel 8.5 zeigt, dass $f(x) = x^2$ auf $I = [-2, 2]$ mit der Lipschitz-Konstanten $L = 4$ Lipschitz-stetig ist. Sie ist außerdem auf I mit der Lipschitz-Konstanten $L = 121$ Lipschitz-stetig, da

$$|f(x_2) - f(x_1)| \leq 4|x_2 - x_1| \leq 121|x_2 - x_1|.$$

Der zweite Wert von L überschätzt die Veränderung von f aber bedeutend, wogegen der Wert $L = 4$ gerade noch richtig ist, wenn x nahe 2 ist, weil $2^2 - 1,9^2 = 0,39 = 3,9 \times (2 - 1,9)$ und $3,9 \approx 4$ ist.

---

[2]Aus diesem Grund vermeiden wir, über die Lipschitz-Konstante so zu sprechen, als ob sie eindeutig sei.

Um eine Lipschitz-Konstante zu bestimmen, müssen wir einige Abschätzungen anstellen; das Ergebnis kann signifikant in Abhängigkeit davon variieren, wie schwierig die Abschätzungen zu berechnen sind.

Beachten Sie, dass wenn wir das Intervall verändern, wir auch eine andere Lipschitz-Konstante L zu erhalten erwarten.

BEISPIEL 8.8. Wir zeigen, dass $f(x) = x^2$ auf dem Intervall $I = [2, 4]$ mit der Lipschitz-Konstanten $L = 8$ Lipschitz-stetig ist. Wir beginnen mit (8.3), für x_1 und x_2 in $[2, 4]$ erhalten wir

$$|x_2 + x_1| \leq |x_2| + |x_1| \leq 4 + 4 = 8$$

so dass

$$|f(x_2) - f(x_1)| \leq 8|x_2 - x_1|$$

für alle x_1 und x_2 in $[2, 4]$ ist.

Der Grund, weswegen die Lipschitz-Konstante im zweiten Beispiel größer ist, wird durch den Graphen (vgl. Abbildung 8.3) deutlich. Wir zeigen dort die Veränderung von f entsprechend den gleichen Veränderungen in x bei $x = 2$ und $x = 4$. Weil $f(x) = x^2$ bei $x = 4$ steiler ist, verändert sich f bei $x = 4$ mehr für eine bestimmte Veränderung im Argument.

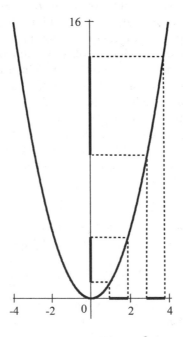

Abbildung 8.3: Die Veränderung in $f(x) = x^2$ für gleiche Veränderungen in x bei $x = 2$ und $x = 4$.

BEISPIEL 8.9. $f(x) = x^2$ ist Lipschitz-stetig für $I = [-8, 8]$ mit der Lipschitz-Konstanten $L = 16$ und für $I = [-400, 200]$ mit $L = 800$.

Die Definition der Lipschitz-Stetigkeit läßt sich auf Lipschitz zurückführen.[3] Sie ist nicht die allgemeinste Definition von Stetigkeit. Jedoch trifft man auf die Annahme der Lipschitz-Stetigkeit häufig bei mathematischen Modellen und der Analysis in den Naturwissenschaften und den Ingenieurwissenschaften. Darüber hinaus ermöglicht die Annahme der Lipschitz-Stetigkeit, konstruktive Beweise einiger grundlegender Resultate in der Analysis zu geben. Deshalb benutzen wir sie bis Kapitel 32, in dem wir andere Definitionen von Stetigkeit untersuchen werden.

8.3   Beschränkte Mengen von Zahlen

In allen Beispielen, in denen $f(x) = x^2$ vorkommt, verwenden wir die Tatsache, dass das zu betrachtende Intervall eine endliche Länge hat. Eine Menge rationaler Zahlen I ist **beschränkt** mit der Größe kleiner oder gleich $b - a$, wenn I im endlichen Intervall $[a, b]$ enthalten ist. Oftmals versuchen wir, für $[a, b]$ das kleinste Intervall mit dieser Eigenschaft zu wählen, in diesem Fall setzen wir $|I| = b - a$ als die **Größe** von I.[4] Jedes endliche Intervall $[a, b]$ ist mit $|[a, b]| = b - a$ beschränkt.

BEISPIEL 8.10. Die Menge der rationalen Zahlen $I = [-1, 500]$ ist mit $|I| = 501$ beschränkt, jedoch ist die Menge der geraden ganzen Zahlen nicht beschränkt.

Während lineare Funktionen auf der unbegrenzten Menge $\mathbb{Q}$ Lipschitz-stetig sind, sind nicht-lineare Funktionen normalerweise nur auf beschränkten Mengen Lipschitz-stetig.

BEISPIEL 8.11. Die Funktion $f(x) = x^2$ ist auf der Menge $\mathbb{Q}$ der rationalen Zahlen *nicht* Lipschitz-stetig. Dies resultiert aus (8.3), da $|x_1 + x_2|$ beliebig groß gewählt werden kann, indem x_1 und x_2 frei aus $\mathbb{Q}$ gewählt werden und es daher nicht möglich ist, eine Konstante L zu finden, so dass

$$|f(x_2) - f(x_1)| = |x_2 + x_1||x_2 - x_1| \leq L|x_2 - x_1|$$

für alle x_1 und x_2 in $\mathbb{Q}$ ist.

---

[3]Rudolf Otto Sigismund Lipschitz (1832–1903) arbeitete in Deutschland zuerst als Gymnasiallehrer und später als Universitätsprofessor. Lipschitz studierte Zahlentheorie, die Theorie der Besselfunktionen, Fourierreihen, Differenzialgleichungen, analytische Mechanik und die Potentialtheorie. Er benutzte die Lipschitz-Bedingung, um ein Ergebnis von Cauchy zur Existenz einer Lösung von gewöhnlichen Differenzialgleichungen zu verallgemeinern.

[4]Die Existenz eines solchen kleinsten Intervalls ist eine interessante Frage, die wir in Kapitel 32 behandeln.

8.4 Monome

Wir fahren mit der Untersuchung stetiger Funktionen fort und zeigen als nächstes, dass Monome auf beschränkten Intervallen Lipschitz-stetig sind, so wie wir das, ihren Graphen nach zu urteilen, erwarten.

BEISPIEL 8.12. Wir zeigen, dass die Funktion $f(x) = x^4$ auf $I = [-2, 2]$ mit der Lipschitz-Konstanten $L = 32$ Lipschitz-stetig ist. Wir wählen x_1 und x_2 in I und schätzen

$$|f(x_2) - f(x_1)| = |x_2^4 - x_1^4|$$

bezüglich $|x_2 - x_1|$.

Um dies zu tun, zeigen wir zuerst, dass

$$x_2^4 - x_1^4 = (x_2 - x_1)(x_2^3 + x_2^2 x_1 + x_2 x_1^2 + x_1^3)$$

ist, indem wir

$$(x_2 - x_1)(x_2^3 + x_2^2 x_1 + x_2 x_1^2 + x_1^3)$$
$$= x_2^4 + x_2^3 x_1 + x_2^2 x_1^2 + x_2 x_1^3 - x_2^3 x_1 - x_2^2 x_1^2 - x_2 x_1^3 - x_1^4$$

ausmultiplizieren, dann heben sich die Terme in der Mitte gegenseitig auf, und wir erhalten $x_2^4 - x_1^4$.

Dies bedeutet

$$|f(x_2) - f(x_1)| = |x_2^3 + x_2^2 x_1 + x_2 x_1^2 + x_1^3| \, |x_2 - x_1|.$$

Wir erhalten die gewünschte Differenz $|x_2 - x_1|$ auf der rechten Seite und müssen lediglich den Faktor $|x_2^3 + x_2^2 x_1 + x_2 x_1^2 + x_1^3|$ begrenzen. Mit der Dreiecksungleichung erhalten wir:

$$|x_2^3 + x_2^2 x_1 + x_2 x_1^2 + x_1^3| \leq |x_2|^3 + |x_2|^2 |x_1| + |x_2| |x_1|^2 + |x_1|^3.$$

Weil jetzt x_1 und x_2 in I sind, ist $|x_1| \leq 2$ und $|x_2| \leq 2$, deshalb ist:

$$|x_2^3 + x_2^2 x_1 + x_2 x_1^2 + x_1^3| \leq 2^3 + 2^2 2 + 2 2^2 + 2^3 = 32$$

und damit

$$|f(x_2) - f(x_1)| \leq 32 |x_2 - x_1|.$$

Erinnern wir uns, dass auf dem Intervall I eine Lipschitz-Konstante von $f(x) =. x^2$ $L = 4$ ist. Die Tatsache, dass eine Lipschitz-Konstante von x^4 größer ist als eine Konstante für x^2 auf $[-2, 2]$ ist nicht überraschend, betrachtet man die graphischen Darstellungen der zwei Funktionen, vgl. Abbildung 6.3.

Wir können dieselbe Technik benutzen, um zu zeigen, dass die Funktion $f(x) = x^m$ Lipschitz-stetig ist, wobei m eine natürliche Zahl ist.[5]

BEISPIEL 8.13. Die Funktion $f(x) = x^m$ ist auf jedem Intervall $I = [-a, a]$ Lipschitz-stetig, mit der Lipschitz-Konstanten $L = ma^{m-1}$, wobei a eine positive rationale Zahl ist. Für jedes gegebene x_1 und x_2 in I wollen wir

$$|f(x_2) - f(x_1)| = |x_2^m - x_1^m|$$

hinsichtlich $|x_2 - x_1|$ abschätzen. Wir können dies tun, indem wir die folgende Tatsache benutzen:

$$x_2^m - x_1^m = (x_2 - x_1)(x_2^{m-1} + x_2^{m-2}x_1 + \cdots + x_2 x_1^{m-2} + x_1^{m-1})$$
$$= (x_2 - x_1) \sum_{i=0}^{m-1} x_2^{m-1-i} x_1^i.$$

Wir zeigen dies, indem wir zunächst ausmultiplizieren:

$$(x_2 - x_1) \sum_{i=0}^{m-1} x_2^{m-1-i} x_1^i = \sum_{i=0}^{m-1} x_2^{m-i} x_1^i - \sum_{i=0}^{m-1} x_2^{m-1-i} x_1^{i+1}.$$

Wir sehen, dass sich sehr viele Terme in der Mitte der beiden Summen auf der rechten Seite gegenseitig aufheben und trennen den ersten Term aus der ersten Summe, sowie den letzten Term aus der zweiten Summe heraus,

$$(x_2 - x_1) \sum_{i=0}^{m-1} x_2^{m-1-i} x_1^i$$
$$= x_2^m + \sum_{i=1}^{m-1} x_2^{m-i} x_1^i - \sum_{i=0}^{m-2} x_2^{m-1-i} x_1^{i+1} - x_1^m,$$

verändern dann den Index in der zweiten Summe und erhalten

$$(x_2 - x_1) \sum_{i=0}^{m-1} x_2^{m-1-i} x_1^i$$
$$= x_2^m + \sum_{i=1}^{m-1} x_2^{m-i} x_1^i - \sum_{i=1}^{m-1} x_2^{m-i} x_1^i - x_1^m = x_2^m - x_1^m.$$

---

[5]Dies ist die erste wirklich schwierige Abschätzung, auf die wir treffen. Wenn wir ein schwieriges Stück Analysis lesen, müssen wir vermeiden, uns so sehr auf die Details zu konzentrieren, dass wir das Ziel der Analysis aus den Augen verlieren und wie wir es erreichen könnten.

Dies ist zwar langwierig, allerdings ist es eine gute Übung, die Details durchzugehen und sicherzustellen, dass dieses Argument korrekt ist.

Dies bedeutet

$$|f(x_2) - f(x_1)| = \left| \sum_{i=0}^{m-1} x_2^{m-1-i} x_1^i \right| |x_2 - x_1|.$$

Wir erhalten die gewünschte Differenz $|x_2 - x_1|$ auf der rechten Seite und müssen nur noch den Faktor

$$\left| \sum_{i=0}^{m-1} x_2^{m-1-i} x_1^i \right|.$$

beschränken, indem wir die Dreiecksungleichung

$$\left| \sum_{i=0}^{m-1} x_2^{m-1-i} x_1^i \right| \leq \sum_{i=0}^{m-1} |x_2|^{m-1-i} |x_1|^i$$

verwenden. Weil jetzt x_1 und x_2 in $[-a, a]$ sind, ist $|x_1| \leq a$ und $|x_2| \leq a$. Also ist

$$\left| \sum_{i=0}^{m-1} x_2^{m-1-i} x_1^i \right| \leq \sum_{i=0}^{m-1} a^{m-1-i} a^i = \sum_{i=0}^{m-1} a^{m-1} = m a^{m-1}$$

und damit

$$|f(x_2) - f(x_1)| \leq m a^{m-1} |x_2 - x_1|.$$

8.5 Linearkombinationen von Funktionen

Da wir jetzt gesehen haben, dass die Monome auf einem bestimmten Intervall Lipschitz-stetig sind, ist es ein kurzer Schritt zu zeigen, dass jedes Polynom auf einem bestimmten Intervall Lipschitz-stetig ist. Aber anstelle dies einfach für Polynome zu tun, zeigen wir, dass eine Linearkombination von Lipschitz-stetigen Funktionen Lipschitz-stetig ist.

Nehmen wir an, dass auf dem Intervall I die Funktion f_1 mit der Konstanten L_1 und die Funktion f_2 mit der Konstanten L_2 Lipschitz-stetig ist .[6] Dann ist $f_1 + f_2$ auf I mit der Konstanten $L_1 + L_2$ Lipschitz-stetig, denn wenn wir zwei Punkte x und y in I wählen, ergibt sich mit der Dreiecks-

---

[6]Voraussichtlich sind f_1 und f_2 auf den entsprechenden Intervallen I_1 und I_2 Lipschitz-stetig, und wir betrachten $I = I_1 \cap I_2$.

ungleichung

$$|(f_1 + f_2)(y) - (f_1 + f_2)(x)| = |(f_1(y) - f_1(x)) + (f_2(y) - f_2(x))|$$
$$\leq |f_1(y) - f_1(x)| + |f_2(y) - f_2(x)|$$
$$\leq L_1|y - x| + L_2|y - x|$$
$$= (L_1 + L_2)|y - x|.$$

Dasselbe Argument zeigt genauso, dass $f_2 - f_1$ mit der Konstanten $L_1 + L_2$ Lipschitz-stetig ist. Es ist sogar einfacher zu zeigen, dass wenn $f(x)$ auf einem Intervall I mit der Lipschitz-Konstanten L Lipschitz-stetig ist, auch $cf(x)$ auf I mit der Lipschitz-Konstanten $|c|L$ Lipschitz-stetig ist.

Mit diesen zwei Ergebnissen ist es ein kurzer Schritt, die Aussage auf jede Linearkombination von Lipschitz-stetigen Funktionen auszuweiten. Nehmen wir an, dass $f_1, \cdots, f_n$ auf I mit den entsprechenden Lipschitz-Konstanten $L_1, \cdots, L_n$ Lipschitz-stetig sind. Wir benutzen vollständige Induktion und beginnen, indem wir die Linearkombination von zwei Funktionen betrachten. Aus den obigen Ausführungen folgt, dass $c_1f_1 + c_2f_2$ mit der Konstanten $|c_1|L_1 + |c_2|L_2$ Lipschitz-stetig ist. Als nächstes nehmen wir für ein bestimmtes $i \leq n$ an, dass $c_1f_1 + \cdots + c_{i-1}f_{i-1}$ mit der Konstanten $|c_1|L_1 + \cdots + |c_{i-1}|L_{i-1}$ Lipschitz-stetig ist. Um das Ergebnis für i zu beweisen, schreiben wir

$$c_1f_1 + \cdots + c_if_i = (c_1f_1 + \cdots + c_{i-1}f_{i-1}) + c_nf_n.$$

Die Annahme für $(c_1f_1 + \cdots + c_{i-1}f_{i-1})$ bedeutet jedoch, dass wir $c_1f_1 + \cdots + c_if_i$ als die Summe von zwei Lipschitz-stetigen Funktionen geschrieben haben, nämlich $(c_1f_1 + \cdots + c_{i-1}f_{i-1})$ und c_nf_n. Das Ergebnis folgt aus dem Ergebnis für die Linearkombination von zwei Funktionen. Durch vollständige Induktion haben wir also folgenden Satz bewiesen:

Satz 8.1 *Nehmen wir an, dass $f_1, \cdots, f_n$ auf I mit den entsprechenden Lipschitz-Konstanten $L_1, \cdots, L_n$ Lipschitz-stetig sind. Dann ist die Linearkombination $c_1f_1 + \cdots + c_nf_n$ auf I mit der Lipschitz-Konstanten $|c_1|L_1 + \cdots + |c_n|L_n$ Lipschitz-stetig.*

Korollar 8.2 *Ein Polynom ist auf jedem beschränkten Intervall Lipschitz-stetig.*

BEISPIEL 8.14. Wir zeigen, dass die Funktion $f(x) = x^4 - 3x^2$ auf $I = [-2, 2]$ mit der Konstanten $L = 44$ Lipschitz-stetig ist. Für x_1 und x_2 in $[-2, 2]$ müssen wir abschätzen:

$$|f(x_2) - f(x_1)| = |(x_2^4 - 3x_2^2) - (x_1^4 - 3x_1^2)|$$
$$= |(x_2^4 - x_1^4) - (3x_2^2 - 3x_1^2)|$$
$$\leq |x_2^4 - x_1^4| + 3|x_2^2 - x_1^2|.$$

Beispiel 8.13 zeigt, dass x^4 auf I mit der Konstanten 32 Lipschitz-stetig ist, während x^2 auf $[-2, 2]$ mit der Konstanten 4 Lipschitz-stetig ist. Folglich

$$|f(x_2) - f(x_1)| \leq 32|x_2 - x_1| + 3 \times 4|x_2 - x_1| = 44|x_2 - x_1|.$$

8.6   Beschränkte Funktionen

Die Lipschitz-Stetigkeit hängt mit einer anderen wichtigen Eigenschaft einer Funktion zusammen, der Beschränktheit. Eine Funktion f ist auf einer Menge rationaler Zahlen I **beschränkt** , wenn es eine Konstante M gibt, so dass

$$|f(x)| \leq M \text{ für alle } x \text{ in } I$$

ist. Beachten Sie, dass in jedem Fall der Nachweis der Lipschitz-Stetigkeit (8.2) erfordert zu überprüfen, dass eine Funktion auf einem gegebenen Intervall beschränkt ist.

BEISPIEL 8.15. Um in Beispiel 8.5 zu zeigen, dass $f(x) = x^2$ auf $[-2, 2]$ Lipschitz-stetig ist, haben wir $|x_1 + x_2| \leq 4$ für x_1 und x_2 in $[-2, 2]$ bewiesen.

Es stellt sich heraus, dass eine Funktion, die auf einem beschränkten Definitionsbereich Lipschitz-stetig ist, automatisch auf diesem Definitionsbereich beschränkt ist. Um dies zu präzisieren, nehmen wir an, dass eine Funktion f mit der Lipschitz-Konstanten L auf einer beschränkten Menge I mit der Größe $|I|$ Lipschitz-stetig ist, und wir wählen einen Punkt y aus I. Dann gilt für jeden weiteren Punkt x aus I

$$|f(x) - f(y)| \leq L|x - y|.$$

Nun gilt $|x - y| \leq |I|$. Außerdem, da $|c + d| \leq |e|$ die Ungleichung $|c| \leq |d| + |e|$ für alle Zahlen c, d, e impliziert, erhalten wir

$$|f(x)| \leq |f(y)| + L|x - y| \leq |f(y)| + L|I|.$$

Auch wenn wir $|f(y)|$ nicht kennen, wissen wir, dass es endlich ist. Dies zeigt, dass $|f(x)|$ durch die Konstante $M = |f(y)| + L|I|$ für jedes x in I beschränkt ist und wir haben bewiesen:

Satz 8.3 *Eine Lipschitz-stetige Funktion auf einer beschränkten Menge I ist auf I beschränkt.*

BEISPIEL 8.16. In Beispiel 8.14 haben wir gezeigt, dass $f(x) = x^4 + 3x^2$ auf $[-2, 2]$ Lipschitz-stetig mit der Lipschitz-Konstanten $L = 44$ ist. Wir benutzen dieses Argument und stellen fest, dass

$$|f(x)| \leq |f(0)| + 44|x - 0| \leq 0 + 44 \times 2 = 88$$

für jedes x in $[-2,2]$ ist. Tatsächlich steigt x^4 für $0 \le x$, $|f(x)| \le$ $|f(2)| = 16$ für jedes x in $[-2,2]$ an. Deshalb ist die Abschätzung der Größe von $|f|$ mit Hilfe der Lipschitz-Konstanten 44 nicht sehr präzise.

Übrigens sind beschränkte Funktionen *nicht* unbedingt Lipschitz-stetig.

BEISPIEL 8.17. Die Treppenfunktion in Modell 6.8 ist eine beschränkte Funktion, die nicht Lipschitz-stetig auf einer beliebigen Menge I ist, die den Punkt 0 und Punkte nahe 0 enthält.

8.7 Produkte und Quotienten von Funktionen

Der nächste Schritt bei der Untersuchung, welche Funktionen Lipschitzstetig sind, ist das Produkt von zwei Lipschitz-stetigen Funktionen auf einem beschränkten Intervall I zu betrachten. Wir zeigen, dass auch das Produkt auf I Lipschitz-stetig ist. Präziser, wenn f_1 mit der Konstanten L_1 Lipschitz-stetig und f_2 mit der Konstanten L_2 auf einem beschränkten Intervall I Lipschitz-stetig ist, dann ist $f_1 f_2$ Lipschitz-stetig auf I. Wir wählen zwei Punkte x und y in I und schätzen ab, indem wir den alten Kniff, dieselbe Größe zu addieren und zu subtrahieren, gebrauchen:

$$|f_1(y)f_2(y) - f_1(x)f_2(x)|$$
$$= |f_1(y)f_2(y) - f_1(y)f_2(x) + f_1(y)f_2(x) - f_1(x)f_2(x)|$$
$$\le |f_1(y)f_2(y) - f_1(y)f_2(x)| + |f_1(y)f_2(x) - f_1(x)f_2(x)|$$
$$= |f_1(y)|\,|f_2(y) - f_2(x)| + |f_2(x)|\,|f_1(y) - f_1(x)|.$$

Satz 8.3 besagt, dass Lipschitz-stetige Funktionen beschränkt sind und impliziert, dass es eine Konstante M gibt, so dass $|f_1(y)| \le M$ und $|f_2(x)| \le M$ für $x, y \in I$ ist. Wir benutzen die Lipschitz-Stetigkeit von f_1 und f_2 in I und finden heraus:

$$|f_1(y)f_2(y) - f_1(x)f_2(x)| \le ML_1|y - x| + ML_2|y - x|$$
$$= M(L_1 + L_2)|y - x|.$$

Wir fassen dies wie folgt zusammen:

Satz 8.4 *Wenn f_1 und f_2 auf einem beschränkten Intervall I Lipschitzstetig sind, dann ist $f_1 f_2$ auf I Lipschitz-stetig.*

BEISPIEL 8.18. Die Funktion $f(x) = (x^2 + 5)^{10}$ ist auf der Menge $I = [-10, 10]$ Lipschitz-stetig, weil $x^2 + 5$ auf I Lipschitz-stetig ist und es deshalb auch $(x^2 + 5)^{10} = (x^2 + 5)(x^2 + 5) \cdots (x^2 + 5)$ aufgrund von Satz 8.4 ist.

Wir können dieses Ergebnis auf unbegrenzte Intervalle ausweiten, vorausgesetzt wir wissen, dass f_1 und f_2 beschränkt sowie zusätzlich Lipschitzstetig sind.

Wir fahren mit der Untersuchung fort und untersuchen den Quotienten von zwei Lipschitz-stetigen Funktionen. In diesem Fall, benötigen wir allerdings mehr Informationen über die Funktion im Nenner, als nur dass sie Lipschitz-stetig ist. Wir müssen auch wissen, dass sie nicht zu klein wird. Um dies zu verstehen, betrachten wir zuerst ein Beispiel.

BEISPIEL 8.19. Wir zeigen, dass $f(x) = 1/x^2$ auf dem Intervall $I = [1/2, 2]$ Lipschitz-stetig ist, mit der Lipschitz-Konstanten $L = 64$. Wir wählen zwei Punkte x_1 und x_2 in I aus und schätzen die Veränderung ab,

$$|f(x_2) - f(x_1)| = \left| \frac{1}{x_2^2} - \frac{1}{x_1^2} \right|$$

indem wir zuerst etwas Algebra anwenden:

$$\frac{1}{x_2^2} - \frac{1}{x_1^2} = \frac{x_1^2}{x_1^2 x_2^2} - \frac{x_2^2}{x_1^2 x_2^2} = \frac{x_1^2 - x_2^2}{x_1^2 x_2^2} = \frac{(x_1 + x_2)(x_1 - x_2)}{x_1^2 x_2^2}.$$

Dies bedeutet

$$|f(x_2) - f(x_1)| = \left| \frac{x_1 + x_2}{x_1^2 x_2^2} \right| |x_2 - x_1|.$$

Jetzt haben wir die ersehnte Differenz auf der rechten Seite und wir müssen nur noch den Faktor am Anfang beschränken. Der Zähler des Faktors ist derselbe wie in Beispiel 8.5 und deshalb ist

$$|x_1 + x_2| \leq 4.$$

Ebenso,

$$x_1 \geq \frac{1}{2} \text{ impliziert } \frac{1}{x_1} \leq 2 \text{ impliziert } \frac{1}{x_1^2} \leq 4$$

und ebenso $\frac{1}{x_2^2} \leq 4$. Also erhalten wir

$$|f(x_2) - f(x_1)| \leq 4 \times 4 \times 4 |x_2 - x_1| = 64|x_2 - x_1|.$$

Beachten Sie, dass wir die Tatsache gebrauchen, dass der Endpunkt auf der linken Seite des Intervalls I der Punkt $1/2$ ist. Je näher der linke Endpunkt an 0 liegt, desto größer muß die Lipschitz-Konstante sein. Tatsächlich ist $1/x^2$ auf $(0, 2]$ *nicht* Lipschitz-stetig.

Wir imitieren dieses Beispiel für den allgemeinen Fall f_1/f_2, indem wir annehmen, dass der Nenner f_2 **nach unten** mit einer positiven Konstanten **beschränkt** ist. Wir führen den Beweis des folgenden Satzes in der Aufgabe 8.16 durch.

Satz 8.5 *Nehmen wir an, dass f_1 und f_2 auf einer beschränkten Menge I mit den Konstanten L_1 und L_2 Lipschitz-stetig sind. Darüber hinaus nehmen wir an, dass es eine Konstante $m > 0$ gibt, so dass $|f_2(x)| \geq m$ für alle x in I ist. Dann ist f_1/f_2 auf I Lipschitz-stetig.*

BEISPIEL 8.20. Die Funktion $1/x^2$ genügt auf dem Intervall $(0, 2]$ nicht den Annahmen aus Satz 8.5 und ist deshalb auf diesem Intervall nicht Lipschitz-stetig.

8.8   Die Komposition von Funktionen

Wir beenden die Untersuchung der Lipschitz-Stetigkeit mit der Betrachtung der Komposition von Lipschitz-stetigen Funktionen. Tatsächlich ist dies einfacher als Produkte oder Verhältnisse von Funktionen. Die einzige Komplikation ist, dass wir beim Definitionsbereich und dem Bildbereich von Funktionen vorsichtig sein müssen. Betrachten wir die Komposition $f_2(f_1(x))$. Vermutlich müssen wir x auf ein Intervall begrenzen, für das f_1 Lipschitz-stetig ist, und wir müssen auch sicherstellen, dass die Werte von f_1 sich in einer Menge befinden, auf der f_2 Lipschitz-stetig ist.

Deshalb nehmen wir an, dass f_1 auf I_1 mit der Konstanten L_1 Lipschitz-stetig ist und dass f_2 auf I_2 mit der Konstanten L_2 Lipschitz-stetig ist. Wenn x und y Punkte in I_1 sind, dann erhalten wir, solange $f_1(x)$ und $f_1(y)$ in I_2 liegen:

$$|f_2(f_1(y)) - f_2(f_1(x))| \leq L_2|f_1(y) - f_1(x)| \leq L_1L_2|y - x|.$$

Wir fassen dies in folgendem Satz zusammen.

Satz 8.6 *Es sei f_1 auf einer Menge I_1 mit der Lipschitz-Konstanten L_1 Lipschitz-stetig, und f_2 auf I_2 mit der Lipschitz-Konstanten L_2 Lipschitz-stetig, so dass $f_1(I_1) \subset I_2$. Dann ist die Komposition $f_2 \circ f_1$ auf I_1 mit der Lipschitz-Konstanten L_1L_2 Lipschitz-stetig.*

BEISPIEL 8.21. Die Funktion $f(x) = (2x-1)^4$ ist auf jedem beschränkten Intervall Lipschitz-stetig, weil $f_1(x) = 2x - 1$ und $f_2(x) = x^4$ auf jedem beschränkten Intervall Lipschitz-stetig sind. Wenn wir das Intervall $[-0,5, 1,5]$ betrachten, dann ist $f_1(I) \subset [-2, 2]$. Aus Beispiel 8.12 wissen wir, dass x^4 auf $[-2, 2]$ mit der Lipschitz-Konstanten 32 Lipschitz-stetig ist, während 2 eine Lipschitz-Konstante von $2x - 1$ ist. Deshalb ist f auf $[-0,5, 1,5]$ mit der Konstanten 64 Lipschitz-stetig.

BEISPIEL 8.22. Die Funktion $1/(x^2 - 4)$ ist auf jedem abgeschlossenen Intervall, dass weder 2 noch -2 enthält, Lipschitz-stetig. Dieses folgt, da $f_1(x) = x^2 - 4$ auf jedem beschränkten Intervall Lipschitz-stetig ist, während $f_2(x) = 1/x$ auf jedem abgeschlossenen Intervall, dass nicht 0 enthält, Lipschitz-stetig ist. Um Null zu vermeiden, müssen wir $x^2 = 4$ oder $x = \pm 2$ meiden.

Kapitel 8 Aufgaben

8.1. Bestätigen Sie die Behauptungen aus Beispiel 8.9.

Überprüfen Sie *bei den Übungsaufgaben 8.2–8.7 die Definition der Lipschitz-Stetigkeit, um zu zeigen, dass die angegebenen Funktionen Lipschitzstetig sind.*

8.2. Zeigen Sie, dass $f(x) = x^2$ auf $[10, 13]$ Lipschitz-stetig ist.

8.3. Zeigen Sie, dass $f(x) = 4x - 2x^2$ auf $[-2, 2]$ Lipschitz-stetig ist.

8.4. Zeigen Sie, dass $f(x) = x^3$ auf $[-2, 2]$ Lipschitz-stetig ist.

8.5. Zeigen Sie, dass $f(x) = |x|$ auf $\mathbb{Q}$ Lipschitz-stetig ist.

8.6. Zeigen Sie, dass $f(x) = 1/x^2$ auf $[1, 2]$ Lipschitz-stetig ist.

8.7. Zeigen Sie, dass $f(x) = 1/(x^2 + 1)$ auf $[-2, 2]$ Lipschitz-stetig ist.

8.8. In Beispiel 8.12 haben wir gezeigt, dass x^4 auf $[-2, 2]$ mit der Lipschitz-Konstanten $L = 32$ Lipschitz-stetig ist. Erklären Sie, warum dies ein vernünftiger Wert für eine Lipschitz-Konstante ist.

Die Übungsaufgaben 8.9–8.12 behandeln Funktionen, für die die Verifizierung der Bedingung der Lipschitz-Stetigkeit entweder problematisch oder unmöglich ist.

8.9. Berechnen Sie eine Lipschitz-Konstante von $f(x) = 1/x$ auf den Intervallen (a) $[0, 1, 1]$, (b) $[0, 01, 1]$ und $[0, 001, 1]$.

8.10. Erklären Sie, warum $f(x) = 1/x$ nicht auf $(0, 1]$ Lipschitz-stetig ist.

8.11. (a) Erklären Sie, warum die Funktion

$$f(x) = \begin{cases} 1, & x < 0, \\ x^2, & x \geq 0, \end{cases}$$

auf $[-1, 1]$ *nicht* Lipschitz-stetig ist. (b) Ist f auf $[1, 4]$ Lipschitz-stetig?

8.12. Nehmen wir an, dass eine Lipschitz-Konstante L einer Funktion f gleich $L = 10^{100}$ ist. Diskutieren Sie die Stetigkeitseigenschaften von $f(x)$ und entscheiden Sie insbesondere, ob f aus dem Blickwinkel der Praxis stetig ist.

8.13. Nehmen wir an, dass f_1 mit einer Konstanten L_1 Lipschitz-stetig und f_2 mit einer Konstanten L_2 auf einer Menge I Lipschitz-stetig ist, und sei c eine Zahl. Zeigen Sie, dass $f_2 - f_1$ mit der Konstanten $L_1 + L_2$ auf I Lipschitz-stetig ist, sowie dass cf_1 mit der Konstanten $|c|L_1$ auf I Lipschitz-stetig ist.

8.14. Zeigen Sie, dass eine Lipschitz-Konstante eines Polynoms $f(x) = \sum_{i=0}^{n} a_i x^i$ auf dem Intervall $[-c, c]$ gegeben ist durch:

$$L = \sum_{i=1}^{n} |a_i| i c^{i-1} = |a_1| + 2c|a_2| + \cdots + nc^{n-1}|a_n|.$$

8.15. Erklären Sie, warum $f(x) = 1/x$ auf $\{x \text{ in } [-1, 1], \ x \neq 0\}$ nicht beschränkt ist.

8.16. Beweisen Sie Satz 8.5.

8.17. Benutzen Sie die Sätze in diesem Kapitel, um zu zeigen, dass die folgenden Funktionen auf den gegebenen Intervallen Lipschitz-stetig sind und berechnen Sie eine Lipschitz-Konstante – oder beweisen Sie, dass sie nicht Lipschitz-stetig sind:

(a) $f(x) = 2x^4 - 16x^2 + 5x$ auf $[-2, 2]$ (b) $\dfrac{1}{x^2 - 1}$ auf $\left[-\dfrac{1}{2}, \dfrac{1}{2}\right]$

(c) $\dfrac{1}{x^2 - 2x - 3}$ auf $[2, 3)$ (d) $\left(1 + \dfrac{1}{x}\right)^4$ auf $[1, 2]$.

8.18. Zeigen Sie, dass die Funktion

$$f(x) = \frac{1}{c_1 x + c_2(1 - x)}$$

mit $c_1 > 0$ und $c_2 > 0$ auf $[0, 1]$ Lipschitz-stetig ist.

9
Folgen und Grenzwerte

Wir halten jetzt die Werkzeuge in der Hand, kompliziertere Funktionen zu bilden und können jetzt auch kompliziertere Situationen modellieren. Dennoch, genauso wie beim einfachen Modell von der Abendsuppe, die Analyse von Modellen bedeutet fast immer eine Menge Arbeit. Tatsächlich können wir normalerweise ein Modell nicht hinsichtlich eines Wertes lösen, der konkret wie eine ganze Zahl niedergeschrieben werden kann. Im Allgemeinen ist das Beste was wir tun können, eine Lösung mit zunehmender Genauigkeit durch eine zunehmende Menge an Arbeit zu approximieren. Dieser trade-off kann mit Hilfe des Begriffs des Grenzwerts quantifiziert werden.

Die unendliche Dezimaldarstellung rationaler Zahlen, wie in Kapitel 4 besprochen, ist ein Beispiel eines Grenzwerts. Der Grenzwert ist das grundlegende Konzept der Analysis.[1]

---

[1] Der Grenzwert hat auch die bedenkliche Ehre, ein verwirrenderes Thema in der Analysis zu sein, und die Geschichte der Analysis war ein Kampf, um mit einigen ausweichenden Aspekten seiner Definition zurechtzukommen.

9.1 Die erste Begegnung mit Folgen und Grenzwerten

Wir beginnen mit der unendlichen Dezimaldarstellung von 10/9, die nach (4.6) geschrieben werden kann als

$$\frac{10}{9} = 1,11\cdots 11_n + \frac{1}{9}10^{-n}.$$

Wir schreiben diese Gleichung um und erhalten eine **Schätzung** für die Differenz zwischen $1,111\cdots 11_n$ und 10/9:

$$\left|\frac{10}{9} - 1,11\cdots 11_n\right| \leq 10^{-n}. \tag{9.1}$$

Wenn wir $1,11\cdots 11_n$ als eine Approximation von 10/9 betrachten, dann bedeutet (9.1), dass der **Fehler** $|10/9 - 1,11\cdots 11_n|$ beliebig klein gemacht werden kann, indem n groß gewählt wird. Wenn der Fehler kleiner als 10^{-9} sein soll, dann müssen wir einfach $n \geq 10$ wählen. Die Berechnung von $1,11\cdots 1_n$ erfordert mehr Arbeit, wenn n anwächst, dafür erhalten wir eine höhere Genauigkeit. Der Tausch von Arbeit gegen Genauigkeit steckt hinter der Idee des Grenzwertes.[2]

Das Konzept des Grenzwerts wird auf die Menge, bzw. **Folge**, von sukzessiven Approximationen $\{1,1,1,11,1,111,\cdots,1,1\cdots 1_n,\cdots\}$ angewendet. Der Name „Folge" deutet darauf hin, dass die Menge als von links nach rechts geordnet betrachtet wird. Im Allgemeinen ist eine Folge von Zahlen eine nichtendende, geordnete Liste von Zahlen $\{a_1, a_2, a_3, \cdots, a_n, \cdots\}$, genannt Elemente, wobei die Indexnotation benutzt wird, um die Elemente zu unterscheiden. Wir schreiben auch

$$\{a_1, a_2, a_3, \cdots, a_n, \cdots\} = \{a_n\}_{n=1}^{\infty}.$$

Das Symbol ∞ gibt an, dass die Liste unaufhörlich fortfährt, und zwar so, wie die natürlichen Zahlen $1, 2, 3, \ldots$ ewig fortfahren.

BEISPIEL 9.1. Die Folge von geraden natürlichen Zahlen kann geschrieben werden als:

$$\{2, 4, 6, \cdots\} = \{2n\}_{n=1}^{\infty}$$

und die ungeraden natürlichen Zahlen als

$$\{1, 3, 5, 7, \cdots\} = \{2n - 1\}_{n=1}^{\infty}.$$

---

[2]Eine Schätzung wie (9.1) gibt eine mengenbezogene Messung dafür an, wie viel Genauigkeit man für jede zusätzliche Investition an Arbeit erhalten kann. Deshalb sind solche Schätzungen nicht nur für Mathematiker, sondern auch für Ingenieure und Naturwissenschaftler nützlich.

Einige weitere Folgen:

$$\left\{1, \frac{1}{2^2}, \frac{1}{3^2}, \frac{1}{4^2}, \cdots\right\} = \left\{\frac{1}{n^2}\right\}_{n=1}^{\infty}$$

$$\left\{\frac{1}{3^2}, \frac{1}{4^2}, \cdots\right\} = \left\{\frac{1}{n^2}\right\}_{n=3}^{\infty}$$

$$\{1, 2, 4, 8, \cdots\} = \{2^i\}_{i=0}^{\infty}$$

$$\{-1, 1, -1, 1, -1 \cdots\} = \{(-1)^j\}_{j=1}^{\infty}$$

$$\{1, 1, 1, \cdots\} = \{1\}_{k=1}^{\infty}.$$

Beachten Sie, dass der Index einer Folge eine **Platzhaltervariable** ist, die wir so nennen können, wie wir mögen.

BEISPIEL 9.2.

$$\left\{n + n^2\right\}_{n=1}^{\infty} = \left\{j + j^2\right\}_{j=1}^{\infty} = \left\{\text{Frodo} + (\text{Frodo})^2\right\}_{\text{Frodo}=1}^{\infty}.$$

Wir können auch ihren Wert verändern, so dass die Folge mit einer anderen Zahl anfängt, indem wir ihre Koeffizienten umformulieren.

BEISPIEL 9.3.

$$\left\{1 + 1^2, 2 + 2^2, 3 + 3^2, \cdots\right\} = \left\{n + n^2\right\}_{n=1}^{\infty} = \left\{(j-2) + (j-2)^2\right\}_{j=3}^{\infty}.$$

Beachten Sie dazu auch die Aufgaben 9.1–9.3.

Die Folge $\{1, 11 \cdots 11_n\}_{n=1}^{\infty}$ hat die Eigenschaft, dass jede Zahl in der Folge eine bessere Approximation von $10/9$ als die vorhergehende Zahl darstellt, und während wir uns von links nach rechts bewegen, nähern sich die Zahlen dem Wert $10/9$ an. Im Gegensatz dazu hat ein einzelnes Element, auch eins mit vielen Zahlen wie $1, 1111111111111$, eine feste Genauigkeit. Wir sagen, dass die Folge $\{1, 11 \cdots 11_n\}_{n=1}^{\infty}$ gegen $10/9$ **konvergiert** und dass $10/9$ den **Grenzwert** der Folge $\{1, 11 \cdots 11_n\}_{n=1}^{\infty}$ darstellt, weil die Differenz zwischen $10/9$ und $1, 11 \cdots 11_n$ beliebig klein gemacht werden kann, indem der Index groß gewählt wird.

9.2   Die mathematische Definition des Grenzwerts

Die Schätzung aus (9.1) impliziert, dass $10/9$ auf jede festgelegte Genauigkeit approximiert werden kann, indem Elemente in der Folge mit einem ausreichend großen Index gewählt werden. Diese Beobachtung benutzen wir, um die Konvergenz einer allgemeinen Folge zu definieren. Wir erklären die Definition anhand eines Beispiels.

BEISPIEL 9.4. Um eine sechseckige Mutter mit einem Kopfdurchmesser von 2/3 anzuziehen oder zu lockern, muss ein Mechaniker einen etwas größeren Imbusschlüssel benutzen. Die Toleranz der Differenz zwischen den Größen der Mutter und des Imbusschlüssels hängt von der Festigkeit, dem Material der Schraube und des Schlüssels sowie anderen Bedingungen, wie zum Beispiel der Frage ab, ob das Schraubengewinde geschmiert ist und ob die Schraube rostig ist oder nicht. Wenn der Schlüssel zu groß ist, dann besteht die Gefahr, dass der Mutterkopf abgeschliffen wird, bevor die Schraube angezogen oder gelockert werden kann. Zwei Imbusschlüssel mit unterschiedlichen Toleranzen sind in Abbildung 9.1 gezeigt.

Abbildung 9.1: Zwei Imbusschlüssel mit unterschiedlichen Toleranzen.

Nehmen wir jetzt an, dass wir über eine unendliche Menge von Schlüsselsätzen der Größen $0,7$, $0,67$, $0,667$, $\cdots$ verfügen, die als eine Folge $\{0,66\cdots667_n\}_{n=1}^{\infty}$ dargestellt werden kann. Alle Schlüsselsätze sind größer als 2/3, allerdings nicht viel. In der Tat, in Aufgabe 9.5 bitten wir Sie zu zeigen, dass

$$\left| 0,66\cdots667_n - \frac{2}{3} \right| < 10^{-n}. \tag{9.2}$$

Selbstverständlich behauptet (9.2), dass $\{0,66\cdots67_n\}_{n=1}^{\infty}$ gegen den Grenzwert 2/3 konvergiert.

Was bedeutet dies hinsichtlich der praktischen Bedingungen für den Mechaniker? Für jede vorgegebene Toleranz der Größe kann sie in die Werkzeugkiste greifen und einen Schlüsselsatz herausnehmen, der den Kriterien entspricht. Die Genauigkeitstoleranz ist nicht Sache des Mechanikers, sondern wird von einem zweiten Beteiligten, wie einem Fahrradhersteller, festgelegt. Vielmehr muss der Mechaniker jede festgelegte Genauigkeit einhalten, um den Verfall von Garantieleistungen zu vermeiden. Die Kosten, in der Lage zu sein, jede festgelegte Toleranz einzuhalten, bestehen darin, eine teure Menge von Schlüsselsätzen auf Lager zu haben.

Im Allgemeinen sagen wir, dass eine Folge $\{a_n\}_{n=1}^{\infty}$ gegen einen Grenzwert A konvergiert, wenn es möglich ist, die Terme a_n beliebig nahe an A zu bringen, indem der Index n ausreichend groß gewählt wird. Mit anderen Worten, die Differenz $|a_n - A|$ kann so klein gemacht werden wie gewünscht, indem n groß gewählt wird. Wenn dies wahr ist, schreiben wir

$$\lim_{n \to \infty} a_n = A.$$

Es ist zweckmäßig, diese Definition in eine mathematische Notation zu übertragen. Aufgrund der Aussage können wir vermuten, dass es zwei beteiligte Mengen gibt: eine Schranke für die Größe von $|a_n - A|$ und eine entsprechende Zahl, die angibt, wie groß der Index sein muss, um die Schranke zu erreichen.

Bei den zwei bisher betrachteten Beispielen wurde die Relation zwischen der Größe von $|a_n - A|$ und n durch (9.1) und (9.2) gegeben, diese beiden garantieren, dass a_n mit A in wenigstens $n - 1$ Dezimalstellen übereinstimmt. Im Allgemeinen können wir aber nicht erwarten, jedes Mal, wenn n um 1 erhöht wird, eine ganze Ziffer an Genauigkeit zu erhalten. Deshalb muss die mathematische Definition der Konvergenz flexibler sein. Aus diesem Grund bestimmen wir die Größe von $|a_n - A|$, indem wir eine allgemeine Variable ϵ benutzen, statt die Zahl der übereinstimmenden Stellen zu bestimmen.[3] Die Schranke für $|a_n - A|$ sollte für alle ausreichend großen n erfüllt sein. Mit anderen Worten: Für ein bestimmtes ϵ sollte es eine Zahl N geben, so dass die Schranke für alle n größer als N erfüllt ist.[4]

Wir fügen dies zusammen und die mathematische Aussage, dass eine Folge gegen einen Grenzwert konvergiert, liest sich

$$\lim_{n \to \infty} a_n = A,$$

wenn es für jedes $\epsilon > 0$ eine Zahl $N > 0$ gibt, so dass

$$|a_n - A| \leq \epsilon \text{ für alle } n \geq N.$$

Wir betonen, dass der Wert N von ϵ abhängt, insbesondere erwarten wir, dass ein abnehmendes ϵ bedeutet, dass N anwächst.

---

[3]Traditionell werden ϵ und δ benutzt, um kleine Größen zu bezeichnen, obgleich nicht austauschbar. Wir denken uns δ als „Differenz" und ϵ als „Fehler", dies kann helfen, ihren Gebrauch klarzustellen.

[4]Was passiert, wenn die Schranke für lediglich einige n größer als N erfüllt ist? Wir behandeln diese Frage in Kapitel 32.

BEISPIEL 9.5. Wir überprüfen die Definition für $\{1,11\cdots11_n\}_{n=1}^{\infty}$. Wir wollen für ein[5] gegebenes $\epsilon > 0$ zeigen, dass es ein $N > 0$ gibt, so dass

$$\left|1,11\cdots11_n - \frac{10}{9}\right| \le \epsilon$$

für alle $n \ge N$. Nehmen wir an, dass ϵ die Deziamdarstellung

$$\epsilon = 0,000\cdots00p_m p_{m+1}\cdots$$

hat, wobei die erste Stelle von ϵ, die Nicht Null ist, p_m an der m-ten Stelle ist. Aufgrund von (9.1) ist dann, wenn wir $n \ge m$ wählen,

$$\left|1,11\cdots11_n - \frac{10}{9}\right| \le 10^{-n} = 0,00\cdots001 \le \epsilon.$$

Deshalb ist dann für jedes gegebene, beliebige $\epsilon > 0$, wenn wir $N = m$ wählen, wobei die erste Stelle ungleich Null von ϵ sich an der m-ten Stelle befindet, $|1,11\cdots11_n - 10/9| < \epsilon$ für $n \ge N$.

Als nächstes präsentieren wir zwei weniger vertraute Beispiele.

BEISPIEL 9.6. Wir zeigen, dass $\{1/n\}_{n=1}^{\infty}$ gegen 0 konvergiert, das heißt

$$\lim_{n\to\infty} \frac{1}{n} = 0.$$

Intuitiv ist dies offensichtlich, da $1/n$ so dicht wie gewünscht an 0 angenähert werden kann, indem n groß gewählt wird. Dies wird auch aus einer graphischen Darstellung der Elemente der Folge (vgl. Abbildung 5.5) ersichtlich. Um aber den nervigen Mathematiker zufrieden zu stellen, der ein $\epsilon > 0$ festlegt, zeigen wir, dass es ein $N > 0$ gibt, so dass

$$\left|\frac{1}{n} - 0\right| \le \epsilon$$

für alle $n \ge N$. In diesem Fall ist es nicht schwierig N zu bestimmen, da $n \ge 1/\epsilon$ impliziert, dass $1/n \le \epsilon$ ist. Aus diesem Grund ist für ein gegebenes, beliebiges $\epsilon > 0$, wenn $N = 1/\epsilon$,

$$\left|\frac{1}{n} - 0\right| = \frac{1}{n} \le \epsilon \tag{9.3}$$

für $n \ge N$. Beachten Sie, dass, N selbstverständlich größer wird, wenn ϵ abnimmt.

---

[5]Es ist oft hilfreich, diese Probleme anzugehen, indem man ihre Definition ausschreibt.

In Aufgabe 9.8 werden wir Sie bitten zu zeigen, dass

$$\lim_{n\to\infty} \frac{1}{n^p} = 0,$$

wobei p eine natürliche Zahl ist.

BEISPIEL 9.7. Wir zeigen:

$$\lim_{n\to\infty} \frac{1}{2^n} = 0.$$

Dieser Grenzwert wurde aufgrund der Betrachtung einer graphischen Darstellung der Elemente der Folge vorgeschlagen (vgl. Abbildung 5.5). Im Hinblick auf die Definition zeigen wir für ein gegebenes $\epsilon > 0$, dass es ein N gibt, so dass

$$\left| \frac{1}{2^n} - 0 \right| = \frac{1}{2^n} \leq \epsilon$$

für $n \geq N$. Sicherlich ist

$$2^4 = 16 \geq 10,$$

deshalb ist für eine gegebene, beliebige natürliche Zahl m

$$\frac{1}{2^{4m}} \leq \frac{1}{10^m}.$$

Wenn also ϵ die Dezimaldarstellung $\epsilon = 0,000\cdots 00 p_m p_{m+1}\cdots$ hat, wobei die erste Stelle von ϵ, die ungleich Null ist, p_m an der m-ten Stelle ist, dann gilt

$$\frac{1}{2^{4m}} \leq \frac{1}{10^m} \leq \epsilon.$$

Aus diesem Grund gilt für ein gegebenes, beliebiges $\epsilon > 0$ und $N = 4m$ (wobei die erste Stelle ungleich Null von ϵ sich an der m-ten Stelle befindet) die Abschätzung $|1/2^n - 0| < \epsilon$ für $n \geq N$.

Im Allgemeinen ist es möglich zu zeigen, dass

$$\lim_{n\to\infty} r^n = 0,$$

wenn $|r| < 1$ ist. Der Beweis verläuft analog dem Fall $r = 1/2$. Wir werden Sie in Aufgabe 9.9 bitten, den Fall $|r| < 1/2$ zu behandeln. Wir können leicht das allgemeine Ergebnis beweisen, nachdem wir in Kapitel 28 den Logarithmus eingeführt haben.

Wir fahren mit einem komplizierteren Beispiel fort.

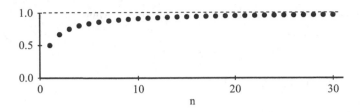

Abbildung 9.2: Die Elemente der Folge $\{n/(n+1)\}$.

BEISPIEL 9.8. Wir zeigen, dass der Grenzwert der Folge $\{\frac{n}{n+1}\}_{n=1}^{\infty} = \{\frac{1}{2}, \frac{2}{3}, \cdots\}$ gleich 1 ist, das heißt:

$$\lim_{n \to \infty} \frac{n}{n+1} = 1. \tag{9.4}$$

Diese Vermutung wird durch eine graphische Darstellung der Elemente (vgl. Abbildung 9.2) gestützt. Wir beginnen, indem wir die Differenz vereinfachen:

$$\left| 1 - \frac{n}{n+1} \right| = \left| \frac{n+1-n}{n+1} \right| = \frac{1}{n+1}.$$

Beachten Sie, dass dies intuitiv zeigt, dass $\frac{n}{n+1}$ beliebig dicht an 1 angenähert werden kann, indem n groß gewählt wird, und deshalb 1 der Grenzwert ist. Um die Definition zu überprüfen, nehmen wir an, dass $\epsilon > 0$ gegeben ist. Mit der obigen Gleichheit gilt

$$\left| 1 - \frac{n}{n+1} \right| = \frac{1}{n+1} \le \epsilon$$

vorausgesetzt, dass $n \ge 1/\epsilon - 1$. Gegeben ist $\epsilon > 0$, wenn $N \ge 1/\epsilon - 1$, dann gilt

$$\left| 1 - \frac{n}{n+1} \right| \le \epsilon$$

für $n \ge N$.

Wir schliessen mit einer wichtigen Beobachtung. Die bis hierhin präsentierten Beispiele konvergenter Folgen haben die Eigenschaft, dass die Elemente der Folge rational sind und dass der Grenzwert der Folge eine rationale Zahl ist. Dies ist wichtig, da bis jetzt die Arithmetik lediglich für rationale Zahlen definiert ist, und die Subtraktion in der Definition des Grenzwerts benutzt wird. In anderen Worten, *die bisher verwendete Definition des Grenzwerts macht nur Sinn, wenn die Folge aus rationalen Zahlen besteht und der Grenzwert der Folge eine rationale Zahl ist.*

Dies wirft die Frage auf: konvergiert eine konvergente Folge von rationalen Zahlen immer gegen eine rationale Zahl? Die kurze Antwort ist nein, und darin liegt ein Mysterium, das Generationen von Mathematikern verwirrte, indem Sie versuchten, ein rigoroses Fundament für die Analysis zu errichten. Wir werden in Kapitel 10 erklären, wie dies möglich sein kann. *In diesem Kapitel werden wir einfach annehmen, dass alle Folgen aus rationalen Zahlen bestehen, alle konvergenten Folgen gegen einen rationalen Grenzwert konvergieren und die Definitionsbereiche und Bildbereiche von allen Funktionen in $\mathbb{Q}$ enthalten sind.* Technisch bedeutet dies, dass die Diskussion in diesem Kapitel *nicht* auf alle rationalen Folgen, die konvergieren, anzuwenden ist. In Kapitel 11 zeigen wir, dass unsere Annahme beseitigt werden kann und die Ergebnisse dieses Kapitels auch für allgemeine Folgen von Zahlen gelten.

9.3 Etwas Hintergrund zur Definition des Grenzwerts

Leibniz und Newton[6] benutzten implizit die Idee des Grenzwerts in ihren Versionen der Infinitesimalrechnung. Insbesondere Newton formulierte eine Definition in Worten, die der modernen Definition nahe kommt. Allerdings drückten sie die Idee des Grenzwerts nicht mit Hilfe von quantitativen Begriffen aus. Dies setzte die frühen Versionen der Infinitesimalrechnung der Kritik hinsichtlich mangelnder Strenge aus. In der Folge wuchs unter den Mathematikern im Anschluss an Leibniz und Newton die Einsicht in die Notwendigkeit einer präziseren Definition des Grenzwerts. Cauchy[7] war

---

[6]Dem englischen Mathematiker Sir Isaac Newton (1643–1727) wird gemeinsam mit Leibniz die Entdeckung der Infinitesimalrechnung zugeschrieben. Der Umfang von Newtons' Errungenschaften in der Mathematik und der Physik werden wahrscheinlich niemals durch eine andere Person übertroffen werden. Bemerkenswerterweise machte er einige seiner wichtigsten wissenschaftlichen Entdeckungen, einschließlich der Zusammensetzung von weißem Licht, der Infinitesimalrechnung und seinem Gesetz der Gravitation, während er die Große Pest von 1644–45 zu Hause abwartete. Ein paar Jahre später wurde Newton *Lucasian* Professor an der Universität von Cambridge; eine Position, die er achtzehn produktive Jahre lang hielt. Obschon er in der wissenschaftlichen Politik aktiv war, tendierte Newton dazu, seine Ergebnisse erst viele Jahre nach ihrer Erlangung zu veröffentlichen, und dies dann nur auf Drängen seiner Kollegen. Newton neigte immer zu Depressionen und nervöser Reizbarkeit, und der Druck, seine berühmten *Principia* zu veröffentlichen, brachten ihn dazu, sich von der Forschung in der Physik und der Mathematik während seiner letzten vierzig Lebensjahre abzuwenden. Während dieser Zeit arbeitete Newton erfolgreich als Meister der Prägeanstalt und erwarb ein Vermögen. Er arbeitete auch in der Theologie und der Alchimie, produzierte aber wenig an das man sich erinnert.

[7]Augustin Louis Cauchy (1789–1857) wurde in Frankreich geboren und arbeitete dort. Cauchy war unglaublich produktiv, er veröffentlichte fast so viele Artikel wie Euler (789), während er fundamental wichtige Ergebnisse in nahezu allen Gebieten der Ma-

der erste, der die moderne Definition des Grenzwerts niederschrieb. Die Notation „lim" verdanken wir Weierstrass,[8] der auch eine Schlüsselfigur bei der Klärung der mathematischen Bedeutung des Grenzwerts war.

9.4   Divergente Folgen

Aus Gründen der Vergleichbarkeit ist es eine gute Idee, einige Folgen zu untersuchen, die nicht konvergieren, sondern **divergieren**. Es gibt viele Wege für eine Folge zu divergieren; betrachten Sie zum Beispiel die divergenten Folgen

$$\{-6, 2, -0, 4, -0, 7, 5, 6, 1, 2, 9, 9, -3, 0, 2, 1, 7, 28, 0, 3, -5, 4, \cdots\}, \quad (9.5)$$

$$\{(-1)^n\}_{n=1}^{\infty} = \{-1, 1, -1, 1, \cdots\}, \quad (9.6)$$

$$\{(-n)^n\}_{n=1}^{\infty} = \{-1, 4, -27, \cdots\}, \quad (9.7)$$

$$\{n^2\}_{n=1}^{\infty} = \{1, 4, 9, 16, \cdots\}. \quad (9.8)$$

In jedem Fall gibt es keine Zahl, der sich die Terme in der Folge annähern, wenn n zunimmt. Im Allgemeinen erwarten wir, dass wenn die Elemente einer Folge „willkürlich" niedergeschrieben werden, es wahrscheinlich ist, dass die Folge divergiert. Konvergente Folgen sind besondere Folgen.

Auch gibt es im Allgemeinen relativ wenig über eine divergierende Folge zu sagen. Wie auch immer, wir unterscheiden einen speziellen Fall der Divergenz. In den Elementen von (9.5) ist keine Struktur erkennbar, während die Elemente von (9.6) zwischen zwei Werten pendeln, allerdings nie einem Wert näher kommen. Die Elemente von (9.7) pendeln auch, werden

---

thematik erzielte, einschließlich der reelen und komplexen Analysis, der gewöhnlichen und partiellen Differenzialgleichungen, der Theorie der Matrizen, der Fouriertheorie, der Elastizität und der Theorie des Lichts. Cauchy machte sich Gedanken über die Grundlagen der Analysis und gab die ersten endgültigen Beweise einiger bekannter Ergebnisse in der Infinitesimalrechnung, einschließlich des ersten allgemeinen Existenzergebnisses für gewöhnliche Differenzialgleichungen, sowie des Mittelwertsatzes. Cauchy schrieb den ersten „ϵ-δ Beweis" nieder, indem er den Mittelwertsatz bewies. Cauchy war in politischer Hinsicht eine Person mit Prinzipien und seine Karriere schwankte mit den Veränderungen des politischen Klimas.

[8]Karl Theodor Wilhelm Weierstrass (1815–1897) startete seine Karriere als Gymnasiallehrer, bevor er mit einigen Artikeln in die mathematische Szene hereinplatzte und eine Professur an der Universität von Berlin erwarb. Weierstrass machte fundamentale Beiträge zu Bilinearformen, unendlichen Reihen und Produkten, der Theorie von Funktionen, der Variationsrechnung und den Grundlagen der reellen Analysis. Obwohl Weierstrass relativ wenige Artikel veröffentlichte, war er ein großartiger Dozent und seine Seminare und Kurse hatten einen großen Einfluß auf die Mathematik. Viel von dem modernen Anliegen vollständiger Strenge in der Analysis geht auf Weierstrass zurück. Weierstrass führte die Notation lim, | | ein, sowie die ϵ-δ Definitionen der Stetigkeit und des Grenzwerts einer Funktion. Weierstrass war auch der erste Mathematiker, der eine Frau bei einer Promotion förderte. Hierbei handelte es sich um die talentierte russische Mathematikerin Sofia Vasilyevna Kovalevskaya (1850–1891).

jetzt aber auch größer während der Index anwächst. Dagegen werden die Elemente von (9.8) mit steigendem Index einfach nur größer, was ein vorhersehbares Verhalten ist. Wir unterscheiden diesen Fall, indem wir sagen, dass eine Folge **gegen Unendlich divergiert** und schreiben

$$\lim_{n \to \infty} a_n = \infty,$$

wann immer die Terme ohne Schranke anwachsen, während der Index zunimmt. Mathematisch sagen wir, dass eine Folge gegen Unendlich divergiert, wenn für jedes gegebene positive M eine natürliche Zahl N existiert, so dass $a_n \geq M$ für $n \geq N$.

BEISPIEL 9.9. Wir zeigen, dass $\lim_{n \to \infty} n^2 = \infty$ ist, indem wir die Definition verifizieren. Für $n \geq 1$ gilt $n^2 \geq n$. Infolgedessen ist für jedes gegebene M

$$n^2 \geq n \geq M,$$

vorausgesetzt $n \geq M$. Wir setzen also $N = M$.

Analog sagen wir, dass die Folge gegen minus Unendlich divergiert und schreiben

$$\lim_{n \to \infty} a_n = -\infty,$$

wenn wir für jedes gegebene negative M eine natürliche Zahl N finden können, so dass $a_n \leq M$ für $n \geq N$.

9.5   Unendliche Reihen

Ein wichtiges Beispiel von Folgen wird durch Reihen oder unendliche Summen geliefert. Wir beginnen, indem wir uns an die geometrische Summe, die wir in Kapitel 3 diskutiert haben, erinnern.

BEISPIEL 9.10. Erinnern wir uns, dass die Summe

$$1 + r + r^2 + \cdots + r^n = \sum_{i=0}^{n} r^i$$

die **geometrische Summe** der Ordnung n mit dem Faktor r genannt wird. Um sowohl unendliche Dezimaldarstellungen als auch das Verhulst-Populations-Modell aus Abschnitt 4.4 zu verstehen, bestimmten wir den Wert dieser Summe, während wir mehr und mehr Terme hinzu nehmen. Setzen wir

$$s_n = \sum_{i=0}^{n} r^i,$$

dann ist dies dasselbe, wie die Konvergenz der Folge $\{s_n\}_{n=0}^{\infty}$ zu untersuchen.

Um diese Konvergenz zu untersuchen, benutzen wir die Formel

$$s_n = \sum_{i=0}^{n} r^i = \frac{1 - r^{n+1}}{1 - r},$$

die durch vollständige Induktion für jedes $r \neq 1$ bewiesen wurde. Wenn $|r| < 1$ ist, und wenn n dann zunimmt, nähert sich r^{n+1} dem Wert Null an. Daher ist es begründet zu vermuten, dass

$$\lim_{n \to \infty} s_n = \frac{1}{1 - r}$$

für $|r| < 1$ ist. Dies deutet auch die graphische Darstellung von s_n an, siehe Abbildung 9.3.

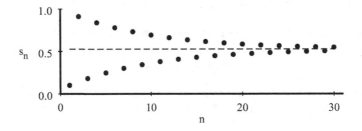

Abbildung 9.3: Die Elemente der partiellen Summe $\{s_n\}$ von geometrischen Reihen mit $r = -0,9$.

Wir bestätigen, dass dies wahr ist, indem wir die Definition des Grenzwerts gebrauchen. Wir zeigen, dass es für ein gegebenes $\epsilon > 0$ ein N gibt, so dass

$$\left| \frac{1 - r^{n+1}}{1 - r} - \frac{1}{1 - r} \right| = \left| \frac{r^{n+1}}{1 - r} \right| \leq \epsilon$$

für alle $n \geq N$. Dementsprechend zeigen wir, dass für ein gegebenes $\epsilon > 0$ ein $N > 0$ existiert, so dass

$$|r|^{n+1} \leq \epsilon |1 - r| \tag{9.9}$$

für $|r| < 1$. Allerdings ist $\epsilon|1 - r|$ eine festgesetzte Zahl, sobald ϵ spezifiziert ist, während $|r|^{N+1}$ so klein wie gewünscht gemacht werden kann, indem N ausreichend groß gewählt wird (wenn $|r| < 1$). Sicherlich gilt (9.9) für jedes $n \geq N$, sobald N bestimmt ist. Dies bestätigt die Definition der Konvergenz, obschon eher undeutlich. Nachdem wir den

Logarithmus in Kapitel 28 eingeführt haben, ist ein exaktes Verhältnis zwischen N und ϵ leicht zu bestimmen.

Auf diesen Ergebnissen fußend nennen wir den Grenzwert von $\{s_n\}_{n=0}^{\infty}$ die **geometrische Reihe** und schreiben

$$\lim_{n \to \infty} s_n = \sum_{i=0}^{\infty} r^i = 1 + r + r^2 + \cdots .$$

Da dieser Grenzwert für $|r| < 1$ definiert ist, sagen wir, dass die geometrische Reihe für $|r| < 1$ konvergiert und schreiben

$$1 + r + r^2 + \cdots = \frac{1}{1-r}. \tag{9.10}$$

Die Folge $\{s_n\}_{n=0}^{\infty}$ wird die Folge **der Partialsummen** der Reihe genannt.

Im Allgemeinen ist eine **unendliche Reihe**

$$\sum_{i=0}^{\infty} a_i = a_0 + a_1 + \cdots$$

definiert als der Grenzwert der Folge $\{s_n\}_{n=0}^{\infty}$ der Partialsummen

$$s_n = \sum_{i=0}^{n} a_i,$$

wenn der Grenzwert definiert ist. In diesem Fall sagen wir, dass die unendliche Reihe **konvergiert**.

Wenn die Folge der Partialsummen einer Reihe gegen Unendlich oder minus Unendlich divergiert, dann sagen wir, dass die Reihe gegen Unendlich oder minus Unendlich divergiert.

BEISPIEL 9.11. Die Reihe $\sum_{i=1}^{\infty} i = 1 + 2 + 3 + \cdots$ divergiert gegen Unendlich. Dies folgt, da die Partialsumme $s_n = \sum_{i=1}^{n} i$ die Ungleichung $s_n \geq n$ für alle n erfüllt. Aus diesem Grund wachsen die Partialsummen ohne Schranke an, während der Index zunimmt.

In diesem Buch wird unendlichen Reihen viel weniger Platz gegeben als normalerweise in Texten zur Infinitesimalrechnung und Analysis. Historisch waren unendliche Reihen ausschlaggebend für die Entwicklung der Analysis. Tatsächlich wurde ein Großteil der frühen Analysis, einschließlich Ableitungeformeln und der Integration und dem Nachweis der Existenz von Lösungen von Differenzialgleichungen, mit Hilfe von Eigenschaften von unendlichen Reihen begründet, und viele bedeutende Analysten arbeiteten über Eigenschaften unendlicher Reihen. Nichtsdestotrotz hat sich die Bedeutung unendlicher Reihen in der reellen Analysis (hierbei handelt es sich um die Analysis innerhalb der reellen Zahlen) in diesem Jahrhundert bedeutend verringert.[9]

Es gibt einen fundamentalen Unterschied zwischen der Glattheit von Funktionen, die wir in der reellen Analysis antreffen, und der die wir in der komplexen Analysis antreffen (der Analysis innerhalb der Menge der komplexen Zahlen). Die sogenannten analytischen Funktionen, die im Herzen der komplexen Analysis stehen, sind sehr glatt und aus diesem Grund eng mit den unendlichen Reihen verknüpft.[10] Aus diesem Grund verbleiben unendliche Reihen als ein zentrales Thema der komplexen Analysis. Wir glauben, dass der natürlichste Platz, etwas über unendliche Reihen zu lernen, ein Kursus zur komplexen Analysis ist, und verweisen zum Beispiel auf Ahlfors [1].

9.6   Grenzwerte sind eindeutig

In den nächsten Abschnitten werden wir einige nützliche Eigenschaften von konvergenten Folgen herausarbeiten. Die Folgen, die wir in diesem Buch untersuchen, sind normalerweise als eine Approximation an eine Größe, die wir berechnen wollen, konstruiert. Beispielsweise ist $\{1, 11 \cdots 1_n\}_{n=1}^{\infty}$ eine Folge von Approximationen an $10/9$. Die Eigenschaften, die wir in diesem Kapitel entwickelt haben, ermöglichen es, Approximationen von verschiedenen Größen zu kombinieren, um so eine Approximation von einer neuen Größe zu erhalten.

Wir beginnen mit der Beobachtung, dass der Grenzwert einer konvergenten Folge eindeutig ist. Es macht sicherlich Sinn, dass es für die Terme in einer konvergenten Folge unmöglich ist, gleichzeitig zwei verschiedenen Zahlen beliebig nahe zu kommen. In der Tat: nehmen wir an, dass eine Folge $\{a_n\}_{n=1}^{\infty}$ gegen zwei Zahlen A und B konvergiert. Um zu zeigen, dass A und B gleich sind, zeigen wir, dass die Distanz $|A - B|$ Null ist. Um diese Differenz abzuschätzen, benutzen wir eine Variante der Dreiecksungleichung (2.4), die sich liest:

$$|a - b| \leq |a - c| + |c - b| \quad \text{für alle } a, b, c. \tag{9.11}$$

Wir werden Sie in Aufgabe 9.14 bitten, dies zu beweisen. Wir benutzen (9.11) mit $a = A$, $b = B$ und $c = a_n$ und erhalten

$$|A - B| \leq |a_n - A| + |a_n - B|$$

---

[9]Dies ist ein Grund dafür, dass das Kapitel über unendliche Reihen in einem Standardbuch zur Infinitesimalrechnung eines der am wenigsten beliebten und am wenigsten motivierten Themen vom Standpunkt der Studenten aus ist.

[10]Die Verbindung zwischen der Glattheit von Funktionen und unendlichen Reihen wird weitergehend in Kapitel 37 diskutiert.

für jedes n. Da a_n gegen A konvergiert, können sowohl $|a_n - A|$, als auch $|a_n - B|$ kleiner als $|A - B|/4$ gemacht werden, indem n ausreichend groß gewählt wird. Dies bedeutet aber $|A - B| \leq |A - B|/2$, was nur gelten kann, wenn $|A - B| = 0$ ist.

Satz 9.1 *Eine Folge kann höchstens einen Grenzwert haben.*

Bei dieser Thematik bekommen wir ein wenig Schluckauf im Hinblick auf die Eindeutigkeit von unendlichen Dezimaldarstellungen. Zum Beispiel ist es einfach zu zeigen (Aufgabe 9.15), dass $\lim_{n \to \infty} 0,99 \cdots 99_n = 1$ ist. Dies bedeutet, dass die Zahl 1 zwei Dezimaldarstellungen hat, nämlich $1,000 \cdots = 0,9999 \cdots$. Deshalb müssen wir uns entscheiden, was wir meinen, wenn wir $a = b$ schreiben und a und b auf unterschiedliche Weise dargestellt sind.

Ein üblicher Ansatz ist, $a = b$ als die Aussage zu interpretieren, dass wir zeigen können, dass $|a - b|$ kleiner als jede positive Zahl ist. Dies entspricht, $a = 0$ zu schreiben, wenn wir zeigen können, dass $|a|$ kleiner als jede positive Zahl ist. Entsprechend, wenn $|a|$ größer als eine positive Zahl ist, dann schreiben wir $a \neq 0$. Mit dieser Definition können wir ohne Schwierigkeiten $0,999 \cdots = 1$ schreiben.[11] Ein weiterer Ansatz ist einfach, Dezimaldarstellungen zu vermeiden, die auf eine endlose Folge der Ziffer 9 enden und jede dieser Darstellung mit der äquivalenten Darstellung, die mit der Ziffer 0 endet, zu ersetzen. Demnach wird jedes Vorkommen $0,999 \cdots$ der Ziffer durch $1,000 \cdots = 1$ ersetzt.

9.7 Arithmetik mit den Folgen

Es stellt sich heraus, dass wenn wir Arithmetik auf konvergierenden Folgen ausführen, wir eine andere konvergierende Folge erhalten. Nehmen wir zum Beispiel an, dass $\{a_n\}_{n=1}^{\infty}$ gegen A konvergiert und dass $\{b_n\}_{n=1}^{\infty}$ gegen B konvergiert. Dann konvergiert $\{a_n + b_n\}_{n=1}^{\infty}$, d.h. die Folge, die wir durch die Addition der Terme jeder einzelnen Folge erhalten haben, gegen $A + B$. Da wir zu beweisen versuchen, dass $\{a_n + b_n\}_{n=1}^{\infty}$ gegen $A + B$ konvergiert, schätzen wir die Differenz $|(a_n + b_n) - (A + B)|$ ab. Die Ungleichung (9.11) impliziert

$$|(a_n + b_n) - (A + B)| = |(a_n - A) + (b_n - B)|$$
$$\leq |a_n - A| + |b_n - B|.$$

---

[11]Diese Interpretation könnte jedoch einen Konstruktivisten stören, da die Überprüfung von $a = b$ für ein beliebiges a und b nominell zu zeigen erfordert, dass $|a - b|$ kleiner als eine unendliche Anzahl von positiven Zahlen ist. Zu überprüfen, dass $|a - b|$ kleiner als jede endliche Anzahl von positiven Zahlen ist, kann das Problem nicht erledigen. Wir werden dies detaillierter in Kapitel 11 besprechen.

Da $|a_n - A|$ und $|b_n - B|$ so klein wie gewünscht gemacht werden können, indem n groß gewählt wird, kann $|(a_n + b_n) - (A + B)|$ so klein wie gewünscht gemacht werden, indem n groß gewählt wird.[12]

Ebenso konvergiert $\{a_n b_n\}_{n=1}^{\infty}$ gegen AB. Dies erfordert den häufigen, nützlichen Trick der Addition und Subtraktion derselben Größe. Wir haben

$$
\begin{aligned}
|(a_n b_n) - (AB)| &= |a_n b_n - a_n B + a_n B - AB| \\
&= |a_n(b_n - B) + B(a_n - A)| \\
&\leq |a_n||b_n - B| + |B||a_n - A|.
\end{aligned}
$$

Wir benötigen auch die Tatsache, dass die Zahlen $|a_n|$ für großes n kleiner als $|A| + 1$ sind. Dies folgt, da $|a_n - A|$ für großes n so klein wie gewünscht gemacht werden kann. Deshalb gilt für großes n:

$$
|(a_n b_n) - (AB)| \leq (|A| + 1)|b_n - B| + |B||a_n - A|.
$$

Jetzt können wir die Differenzen auf der rechten Seite beliebig klein machen, indem wir n groß wählen.

Die analogen Eigenschaften gelten für die Differenz und den Quotienten von zwei Folgen (Aufgaben 9.16 und 9.18). Wir fassen dies als Satz zusammen.

Satz 9.2 *Nehmen wir an, dass $\{a_n\}_{n=1}^{\infty}$ gegen A konvergiert, und dass $\{b_n\}_{n=1}^{\infty}$ gegen B konvergiert. Dann konvergiert $\{a_n + b_n\}_{n=1}^{\infty}$ gegen $A + B$, $\{a_n - b_n\}_{n=1}^{\infty}$ konvergiert gegen $A - B$, $\{a_n b_n\}_{n=1}^{\infty}$ konvergiert gegen AB, und wenn $b_n \neq 0$ für alle n und $B \neq 0$ ist, konvergiert $\{a_n/b_n\}_{n=1}^{\infty}$ gegen A/B.*

Wir sagen, dass eine Folge $\{a_n\}$ **beschränkt** ist, wenn es eine Konstante M gibt, so dass $|a_n| \leq M$ für alle Indizes n ist. Das vorhergehende Argument rechtfertigt auch den folgenden Satz. Wir werden Sie in Aufgabe 9.27 bitten, die Details auszuarbeiten .

Satz 9.3 *Eine konvergente Folge ist beschränkt.*

Diese Diskussion ist ein bißchen zäh, allerdings kann sie die Berechnung des Grenzwerts einer komplizierten Folge deutlich vereinfachen.

---

[12]Dieser Beweis bringt ein neues Niveau an Raffinesse in die Diskussion der Konvergenz ein. Wir haben nicht die formale Definition der Konvergenz zu einem Grenzwert mit ϵ und dem entsprechenden N aufgeschrieben. Stattdessen gebrauchen wir eine informelle Sprache bezogen auf die Herstellung von Größen „so klein wie gewünscht", indem wir Indizes „ausreichend groß" wählen. Sobald wir verstehen, wie man von der formalen Definition aus argumentiert, ist es praktisch, eine informelle Sprache zu benutzen. Allerdings stellen wir heraus, dass wir dies und die folgenden informellen Argumente abändern und die Definition der Konvergenz gebrauchen können. Wir stellen dies als Aufgabe 9.19.

BEISPIEL 9.12. Betrachten wir $\{2 + 3n^{-4} + (-1)^n n^{-1}\}_{n=1}^{\infty}$.

$$\lim_{n\to\infty} (2 + 3n^{-4} + (-1)^n n^{-1})$$

$$= \lim_{n\to\infty} 2 + 3 \lim_{n\to\infty} n^{-4} + \lim_{n\to\infty} (-1)^n n^{-4}$$

$$= 2 + 3 \times 0 + 0 = 2.$$

BEISPIEL 9.13. Wir berechnen den Grenzwert von

$$\left\{ 4\, \frac{1 + n^{-3}}{3 + n^{-2}} \right\}_{n=1}^{\infty}$$

indem wir Satz 9.2 benutzen und argumentieren

$$\lim_{n\to\infty} 4\, \frac{1 + n^{-3}}{3 + n^{-2}} = \lim_{n\to\infty} 4\, \frac{\lim_{n\to\infty}(1 + n^{-3})}{\lim_{n\to\infty}(3 + n^{-2})}$$

$$= 4\, \frac{\lim_{n\to\infty} 1 + \lim_{n\to\infty} n^{-3}}{\lim_{n\to\infty} 3 + \lim_{n\to\infty} n^{-2}}$$

$$= 4\, \frac{1 + 0}{3 + 0} = \frac{4}{3}.$$

Jeder Schritt der Berechnungen in den Beispielen 9.12 und 9.13 ist gerechtfertigt, da wir neue Grenzwerte erhalten, von denen jeder durch die Anwendung von Satz 9.2 definiert ist. Andererseits, wenn wir versuchen Satz 9.2 zu benutzen, um eine Folge zu manipulieren und wir Grenzwerte erhalten, die an einem Punkt undefiniert sind, dann sind die Berechnungen *nicht* durch Satz 9.2 begründbar.

BEISPIEL 9.14. Sicherlich gilt

$$\lim_{n\to\infty} \frac{1 + n}{n^2} = \lim_{n\to\infty} \left(\frac{1}{n^2} + \frac{1}{n} \right) = 0.$$

Andererseits, wenn wir versuchen, Satz 9.2 zu benutzen, um den Grenzwert folgendermaßen zu berechnen:

$$\lim_{n\to\infty} \frac{1 + n}{n^2}\, " = "\, \frac{\lim_{n\to\infty} 1 + n}{\lim_{n\to\infty} n^2},$$

so erhalten wir Blödsinn.

9.8   Funktionen und Folgen

Eine gängige Methode, eine komplizierte Folge zu erstellen, ist, eine Funktion auf jeden Term in der Folge anzuwenden und so eine neue Folge zu erzeugen.

BEISPIEL 9.15. Im Verhulst–Modell Modell 4.4 betrachten wir die Folge

$$\{P_n\}_{n=1}^{\infty} = \left\{ \frac{1}{\frac{1}{2^n}Q_0 + \frac{1}{K}\left(1 - \frac{1}{2^n}\right)} \right\}_{n=1}^{\infty}.$$

Die Folge $\{P_n\}$ wird erzeugt, indem die Funktion

$$f(x) = \frac{1}{Q_0 x + \frac{1}{K}(1 - x)}$$

auf die Terme der Folge $\left\{\frac{1}{2^n}\right\}$ angewendet wird.

BEISPIEL 9.16. In der Analyse des Modells vom matschigen Hof aus Kapitel 10, mussten wir unter anderem für eine spezielle Folge $\{a_n\}$ den Grenzwert

$$\lim_{n \to \infty} (a_n)^2$$

berechnen. Hier wenden wir $f(x) = x^2$ auf $\{a_n\}$ an.

Es ist deshalb notwendig, die Konvergenz von Folgen zu untersuchen, welche wir durch Anwendung einer Funktion auf eine konvergente Folge erhalten.

Übrigens gibt es normalerweise verschiedene Wege, eine gegebene Folge im Hinblick auf die Anwendung von Funktionen auf die Glieder einer einfacheren Folge zu zerlegen.

BEISPIEL 9.17. Betrachten wir

$$\lim_{n \to \infty} \left(n^{-2} + 3\right)^4. \tag{9.12}$$

Wir können $\{a_n\} = \left\{\frac{1}{n}\right\}$ und $f(x) = (x^2 + 3)^4$ wählen, so dass (9.12) geschrieben werden kann als

$$\lim_{n \to \infty} f(a_n) = \lim_{n \to \infty} \left((a_n)^2 + 3\right)^4.$$

Wir können auch $\{a_n\} = \left\{\frac{1}{n^2}\right\}$ und $f(x) = (x + 3)^4$ wählen, so dass (9.12) geschrieben werden kann als

$$\lim_{n \to \infty} f(a_n) = \lim_{n \to \infty} (a_n + 3)^4.$$

Eine weitere Möglichkeit ist $\{a_n\} = \left\{\frac{1}{n^2} + 3\right\}$ und $f(x) = x^4$, so dass (9.12) geschrieben werden kann als

$$\lim_{n \to \infty} f(a_n) = \lim_{n \to \infty} (a_n)^4.$$

In Aufgabe 9.4 finden Sie weitere Beispiele.

Die Idee hinter der Konvergenz ist zu zeigen, dass die Terme einer Folge sich dem Grenzwert nähern, während der Index zunimmt. Wenn wir eine Funktion auf eine Folge mit einem Grenzwert anwenden und die Funktion sich bei kleinen Veränderungen im Argument beliebig ändert, d.h. die Funktion nicht stetig ist, dann können wir wirklich nicht viel erwarten.

BEISPIEL 9.18. Die Folge

$$\left\{ -1, \frac{1}{2}, \frac{-1}{3}, \frac{1}{4}, \cdots \right\} = \left\{ \frac{(-1)^n}{n} \right\}$$

hat den Grenzwert

$$\lim_{n \to \infty} \left\{ \frac{(-1)^n}{n} \right\} = 0.$$

Allerdings divergiert die Folge, die wir durch Anwendung der Treppenfunktion $I(t)$ auf diese Folge erhalten:

$$\left\{ I(-1), I\left(\frac{1}{2}\right), I\left(\frac{-1}{3}\right), I\left(\frac{1}{4}\right), \cdots \right\} = \{0, 1, 0, 1, \cdots\}.$$

Mit anderen Worten, in solchen Situationen ist es nur dann sinnvoll zu versuchen, den Grenzwert zu berechnen, wenn die Funktion sich stetig verhält. Deshalb *nehmen wir an, dass die betrachtete Funktion Lipschitz-stetig ist.*

Nehmen wir an, dass $\{a_n\}$ gegen den Grenzwert A konvergiert, wobei alle a_n und A zu einer Menge I gehören, auf der f Lipschitz- stetig mit der Lipschitzkonstanten L ist. Wir definieren die Folge $\{b_n\}$ durch $b_n = f(a_n)$ und zeigen dass

$$\lim_{n \to \infty} b_n = f(A).$$

Tatsächlich folgt dies direkt aus den Definitionen des Grenzwerts und der Lipschitz-Stetigkeit. Wir möchten zeigen, dass $|b_n - f(A)|$ beliebig klein gemacht werden kann, indem n groß gewählt wird. Es gilt aber

$$|b_n - f(A)| = |f(a_n) - f(A)| \le L|a_n - A|,$$

da a_n und A in I sind. Wir können die rechte Seite also beliebig klein machen, indem wir n ausreichend groß wählen, da a_n gegen A konvergiert. Wir fassen zusammen:

Satz 9.4 *Es sei* $\{a_n\}$ *eine Folge mit* $\lim_{n \to \infty} a_n = A$ *und* f *eine Lipschitz-stetige Funktion auf einer Menge* I, *so dass* a_n *in* I *für alle* n *und* A *in* I *ist. Dann gilt*

$$\lim_{n \to \infty} f(a_n) = f\left(\lim_{n \to \infty} a_n \right). \tag{9.13}$$

BEISPIEL 9.19. Im Verhulst–Modell Modell 4.4 müssen wir

$$\lim_{n \to \infty} P_n = \lim_{n \to \infty} \frac{1}{\dfrac{1}{2^n} Q_0 + \dfrac{1}{K}\left(1 - \dfrac{1}{2^n}\right)}$$

berechnen. Wir erhalten die Folge $\{P_n\}$, indem wir die Funktion

$$f(x) = \frac{1}{Q_0 x + \frac{1}{K}(1-x)}$$

auf die Terme der Folge $\left\{\frac{1}{2^n}\right\}$ anwenden. In diesem Fall ist f auf jedem beschränkten Intervall, sagen wir $[0,1]$, Lipschitz-stetig. Da $1/2^n$ in $[0,1]$ für alle n ist, also $\lim_{n\to\infty} 1/2^n = 0$ ist, können wir leicht $\lim_{n\to\infty} P_n = f(0) = K$ berechnen.

BEISPIEL 9.20. Die Funktion $f(x) = x^2$ ist auf beschränkten Intervallen Lipschitz-stetig, deshalb ist, wenn $\{a_n\}$ gegen A konvergiert,

$$\lim_{n\to\infty} \left(a_n\right)^2 = A^2.$$

Wir können diese Regel auch bei der Berechnung von komplizierteren Beispielen anwenden.

BEISPIEL 9.21. Aufgrund von Korollar 8.2 und Satz 9.2 gilt

$$\lim_{n\to\infty} \left(\frac{3 + \frac{1}{n}}{4 + \frac{2}{n}}\right)^9 = \left(\lim_{n\to\infty} \frac{3 + \frac{1}{n}}{4 + \frac{2}{n}}\right)^9$$
$$= \left(\frac{\lim_{n\to\infty}(3 + \frac{1}{n})}{\lim_{n\to\infty}(4 + \frac{2}{n})}\right)^9$$
$$= \left(\frac{3}{4}\right)^9.$$

BEISPIEL 9.22. Aufgrund von Korollar 8.2 und Satz 9.2 gilt

$$\lim_{n\to\infty} \left((2^{-n})^7 + 14(2^{-n})^4 - 3(2^{-n}) + 2\right)$$
$$= 2 \times 0^7 + 14 \times 0^4 - 3 \times 0 + 2 = 2.$$

9.9   Folgen mit rationalen Elementen

Wir beenden die Diskussion der Berechnung von Grenzwerten von Folgen mit der Betrachtung von Folgen, bei denen die Elemente rationale Funktionen des Index sind. Solche Beispiele sind in der Modellierung gängig, und darüberhinaus gibt es einen Trick, der es ermöglicht, solche Folgen relativ leicht zu analysieren.

BEISPIEL 9.23. Betrachten wir

$$\left\{\frac{6n^2 + 2}{4n^2 - n + 1000}\right\}_{n=1}^{\infty}.$$

Bevor wir den Grenzwert berechnen, analysieren wir, was geschieht, wenn n groß wird. Der Term $6n^2$ im Zähler ist viel größer als 2, wenn n groß ist, und ebenso wird der Term $4n^2$ im Nenner viel größer als $-n + 1000$, wenn n groß ist. Deshalb vermuten wir, dass für großes n

$$\frac{6n^2 + 2}{4n^2 - n + 1000} \approx \frac{6n^2}{4n^2} = \frac{6}{4}.$$

Um zu sehen, dass dies eine gute Schätzung für den Grenzwert ist, benutzen wir einen Trick, um die Folge in eine für die Berechnung des Grenzwerts geeignetere Form zu bringen:

$$\lim_{n \to \infty} \frac{6n^2 + 2}{4n^2 - n + 1000} = \lim_{n \to \infty} \frac{(6n^2 + 2)n^{-2}}{(4n^2 - n + 1000)n^{-2}}$$

$$= \lim_{n \to \infty} \frac{6 + 2n^{-2}}{4 - n^{-1} + 1000n^{-2}}$$

$$= \frac{6}{4},$$

wobei wir die Berechnung wie gewöhnlich beenden.

Der Trick, „oben und unten" eines Quotienten mit einer Potenz zu multiplizieren, kann auch benutzt werden um herauszufinden, wann eine Folge gegen Null konvergiert oder gegen Unendlich divergiert.

BEISPIEL 9.24.

$$\lim_{n \to \infty} \frac{n^3 - 20n^2 + 1}{n^8 + 2n} = \lim_{n \to \infty} \frac{(n^3 - 20n^2 + 1)n^{-3}}{(n^8 + 2n)n^{-3}}$$

$$= \lim_{n \to \infty} \frac{1 - 20n^{-1} + n^{-3}}{n^5 + 2n^{-2}}.$$

Wir kommen zum Ergebnis, dass der Zähler gegen 1 konvergiert, während der Nenner ohne Beschränkung zunimmt. Deshalb gilt

$$\lim_{n \to \infty} \frac{n^3 - 20n^2 + 1}{n^8 + 2n} = 0.$$

BEISPIEL 9.25.

$$\lim_{n \to \infty} \frac{-n^6 + n + 10}{80n^4 + 7} = \lim_{n \to \infty} \frac{(-n^6 + n + 10)n^{-4}}{(80n^4 + 7)n^{-4}}$$

$$= \lim_{n \to \infty} \frac{-n^2 + n^{-3} + 10n^{-4}}{80 + 7n^{-4}}.$$

Wir folgern, dass der Zähler in negativer Richtung ohne Beschränkung anwächst, während der Nenner gegen 80 tendiert. Deshalb divergiert

$$\left\{ \frac{-n^6 + n + 10}{80n^4 + 7} \right\}_{n=1}^{\infty} \qquad \text{gegen } -\infty.$$

9.10   Die Infinitesimalrechnung und die Berechnung von Grenzwerten

In einem Standard-Kurs zur Infinitesimalrechnung entsteht leicht der Eindruck, dass es bei der Infinitesimalrechnung um die Berechnung von Grenzwerten geht. Sogar in diesem Buch über die Analysis präsentieren wir viele Beispiele und Aufgaben zur Berechnung von Grenzwerten. Allerdings *sind wir selten in der Lage, die Grenzwerte von Folgen zu berechnen, die bei mathematischen Modellierungen auftreten.* Die übliche Vorgehensweise (und das Beste was wir tun können) ist, zunächst zu bestimmen, ob eine Folge konvergiert und dann ein Element der Folge für einen Index zu berechnen, der so groß ist, so dass das Element eine vernünftige Approximation des Grenzwerts darstellt.[13]

9.11   Die Computer–Darstellung von rationalen Zahlen

Die Dezimaldarstellung $\pm p_m p_{m-1} \cdots p_1.q_1 q_2 \cdots q_n$ benutzt das Zahlensystem zur Basis 10, und konsequenterweise kann jede der Ziffern p_i und q_j einen der 10 Werte $0, 1, 2, ...9$ annehmen. Selbstverständlich ist es auch möglich, andere Basen als 10 zu verwenden. Die Babylonier zum Beispiel gebrauchten die Basis 60 und daher lagen ihre Ziffern zwischen 0 und 59. Der Computer arbeitet mit der Basis 2 und den zwei Ziffern 0 und 1. Eine Zahl zur Basis 2 hat die Form

$$\pm p_m 2^m + p_{m-1} 2^{m-1} + ... + p_2 2^2 + p_1 2 + q_1 2^{-1} + q_2 2^{-2}$$
$$+ ... + q_{n-1} 2^{n-1} + q_n 2^n,$$

das schreiben wir als

$$\pm p_{m-1}...p_1.q_1 q_2....q_n = p_m p_{m-1}...p_1 + 0.q_1 q_2....q_n,$$

wobei n und m natürliche Zahlen sind und jedes p_i und q_j den Wert 0 oder 1 annimmt. Zum Beispiel ist in der Darstellung zur Basis 2

$$11,101 = 1 \cdot 2^1 + 1 \cdot 2^0 + 1 \cdot 2^{-1} + 1 \cdot 2^{-3}.$$

Bei der Gleitpunktdarstellung im Rechner, der die üblichen 32 Bits gebraucht (**einfache Genauigkeit**) werden Zahlen in der Form

$$\pm r 2^N$$

---

[13]Womit das praktische Problem auftritt, einen Index zu bestimmen, der ausreichend groß ist, um eine gewünschte Genauigkeit zu erreichen.

dargestellt, wobei $0 \leq r < 1$ die **Mantisse** und der **Exponent** N eine ganze Zahl ist. Von den 32 Bits werden 23 Bits benutzt, um die Mantisse zu speichern, 8 werden benutzt, um den Exponenten zu speichern und letztlich wird 1 Bit benutzt, um das Vorzeichen zu speichern. $2^{10} \approx 10^{-3}$ ergibt 6 bis 7 Dezimalziffern für die Mantisse, während der Exponent N von -126 bis 127 reichen kann, so dass der absolute Wert einer auf dem Computer gespeicherten Zahl von ungefähr 10^{-40} bis 10^{40} reichen kann. Zahlen außerhalb dieses Bereiches können nicht von einem Computer, der 32 Bits benutzt, gespeichert werden. Einige Programmiersprachen gestatten die Verwendung von **doppelter Genauigkeit**, indem sie 64 Bits als Speicher benutzen: 11 Bits, um den Exponenten zu speichern, was einem Bereich von $-1022 \leq N \leq 1023$ entspricht und 52 Bits, um die Mantisse zu speichern, was ungefähr 15 Nachkommastellen ergibt.

Wir weisen darauf hin, dass die begrenzte Speicherkapazität eines Computers zwei Konsequenzen für die Speicherung von rationalen Zahlen hat. Die erste Konsequenz trat bei den ganzen Zahlen auf: es können nämlich nur rationale Zahlen innerhalb eines begrenzten Bereichs gespeichert werden. Die zweite Konsequenz ist subtiler, allerdings hat sie schwerwiegendere Konsequenzen. Hierbei handelt es sich um die Tatsache, dass nur eine endliche Anzahl von Ziffern gespeichert werden kann. Jede rationale Zahl, die mehr als diese endliche Anzahl von Ziffern in ihrer Dezimaldarstellung benötigt, was jede rationale Zahl mit einer unendlichen periodischen Darstellung einschließt, wird auf dem Computer mit einem Fehler gespeichert. So wird zum Beispiel $2/11$ als $0,1818181$ oder $0,1818182$ gespeichert, in Abhängigkeit davon, ob der Computer aufrundet oder nicht.

Die Einführung eines Fehlers an der 7. oder 15. Stelle einer einzelnen Zahl wäre nicht so schlimm würde Sie nicht die Tatsache bedingen, dass sich aufgrund solch einer **Aufrundung** Fehler akkumulieren, wenn arithmetische Operationen ausgeführt werden. Wenn zum Beispiel zwei Zahlen mit einem kleinen Fehler addiert werden, hat das Ergebnis einen etwas größeren möglichen Fehler.[14] Dies ist ein kompliziertes und trockenes Thema und wir werden keine weiteren Details besprechen. Allerdings zeigen wir an einem Beispiel mit divergenten Reihen, dass die Akkumulation von Fehlern einige überraschende Konsequenzen hat.

BEISPIEL 9.26. Wir beginnen, indem wir zeigen, dass die **harmonische Reihe**

$$\sum_{i=1}^{\infty} \frac{1}{i}$$

---

[14]Die Ansammlung von Fehlern wird üblicherweise bei naturwissenschaftlichen Experimenten angetroffen.

divergiert. Dies bedeutet, dass die Folge $\{s_n\}_{n=1}^{\infty}$ der Partialsummen

$$s_n = \sum_{i=1}^{n} \frac{1}{i}$$

divergiert. Um dies zu sehen, schreiben wir eine Partialsumme für ein großes n aus und gruppieren die Terme wie gezeigt:

$$1 + \overline{\frac{1}{2}} + \overline{\frac{1}{3} + \frac{1}{4}} + \overline{\frac{1}{5} + \frac{1}{6} + \frac{1}{7} + \frac{1}{8}} + \overline{\frac{1}{9} + \frac{1}{10} + \cdots + \frac{1}{15} + \frac{1}{16}}$$
$$+ \overline{\frac{1}{17} + \cdots + \frac{1}{32}} + \cdots$$

Die erste „Gruppe" ist $1/2$. Die zweite Gruppe ist

$$\frac{1}{3} + \frac{1}{4} \geq \frac{1}{4} + \frac{1}{4} = \frac{1}{2}.$$

Die dritte Gruppe ist

$$\frac{1}{5} + \frac{1}{6} + \frac{1}{7} + \frac{1}{8} \geq \frac{1}{8} + \frac{1}{8} + \frac{1}{8} + \frac{1}{8} = \frac{1}{2}.$$

Die vierte Gruppe

$$\frac{1}{9} + \frac{1}{10} + \frac{1}{11} + \frac{1}{12} + \frac{1}{13} + \frac{1}{14} + \frac{1}{15} + \frac{1}{16}$$

hat 8 Terme, die größer als $1/16$ sind, deshalb ergibt sie auch eine Summe, die größer als $8/16 = 1/2$ ist. Wir können auf diese Weise fortfahren, indem wir die nächsten 16 Terme betrachten, welche alle größer als $1/32$ sind, dann die nächsten 32 Terme, welche alle größer als $1/64$ sind, und so weiter. Mit jeder Gruppe erhalten wir einen Beitrag zur Gesamtsumme, der größer als $1/2$ ist.

Wenn wir n größer und größer wählen, können wir auf diesem Weg mehr und mehr Terme kombinieren und vergrößern die Summe jedes Mal um Zunahmen von $1/2$. Die Partialsummen werden deshalb einfach größer und größer während n zunimmt. Dies bedeutet, dass die Partialsummen gegen Unendlich divergieren.

Beachten Sie, dass aufgrund der arithmetischen Regeln die Partialsumme s_n dieselbe sein sollte, egal ob die Summe „vorwärts" berechnet wird,

$$s_n = 1 + \frac{1}{2} + \frac{1}{3} + \cdots \frac{1}{n-1} + \frac{1}{n},$$

oder „rückwärts"

$$s_n = \frac{1}{n} + \frac{1}{n-1} + \cdots + \frac{1}{3} + \frac{1}{2} + 1.$$

In Abbildung 9.4 listen wir verschiedene Partialsummen sowohl „vorwärts" als auch „rückwärts" auf, die durch den Gebrauch von FORTRAN mit einer Variablen einfacher Genauigkeit (ungefähr 7 Stellen) berechnet wurden. Merken Sie sich zwei Dinge von diesen Ergebnissen. Erstens, die Partialsummen s_n werden konstant, wenn n groß genug ist, obwohl sie in der Theorie weiter anwachsen sollten, wenn n zunimmt. Zweitens, die „vorwärts" und „rückwärts" berechneten Summen ergeben nicht denselben Wert! Dies sind alles Effekte der akkumulierten Fehler bei der Berechnung der Summen.

Kapitel 9 Aufgaben

Aufgaben 9.1–9.4 sollen die Index–Notation einüben.

9.1. Schreiben Sie die folgenden Folgen mit Hilfe der Index–Notation:

(a) $\{1, 3, 9, 27, \cdots\}$ (b) $\{16, 64, 256, \cdots\}$

(c) $\{1, -1, 1, -1, 1, \cdots\}$ (d) $\{4, 7, 10, 13, \cdots\}$

(e) $\{2, 5, 8, 11, \cdots\}$ (f) $\{125, 25, 5, 1, \dfrac{1}{5}, \dfrac{1}{25}, \dfrac{1}{125}, \cdots\}$.

9.2. Bestimmen Sie die Anzahl von verschiedenen Folgen in der folgenden Liste und identifizieren Sie gleiche Folgen:

(a) $\left\{\dfrac{4^{n/2}}{4+(-1)^n}\right\}_{n=1}^{\infty}$ (b) $\left\{\dfrac{2^n}{4+(-1)^n}\right\}_{n=1}^{\infty}$

(c) $\left\{\dfrac{2^{\mathrm{car}}}{4+(-1)^{\mathrm{car}}}\right\}_{\mathrm{car}=1}^{\infty}$ (d) $\left\{\dfrac{2^{n-1}}{4+(-1)^{n-1}}\right\}_{n=2}^{\infty}$

(e) $\left\{\dfrac{2^{n+2}}{4+(-1)^{n+2}}\right\}_{n=0}^{\infty}$ (f) $\left\{8\dfrac{2^n}{4+(-1)^{n+3}}\right\}_{n=-2}^{\infty}$.

9.3. Schreiben Sie die Folge $\left\{\dfrac{2+n^2}{9^n}\right\}_{n=1}^{\infty}$ so um, dass (a) sich der Index n von -4 bis ∞ erstreckt, (b) sich der Index n von 3 bis ∞ erstreckt und (c) sich der Index n von 2 bis $-\infty$ erstreckt.

n	vorwärts summiert	rückwärts summiert
10000	9,787612915039062	9,787604331970214
100000	12,090850830078120	12,090151786804200
1000000	14,357357978820800	14,392651557922360
10000000	15,403682708740240	16,686031341552740
100000000	15,403682708740240	18,807918548583980
1000000000	15,403682708740240	18,807918548583980

Abbildung 9.4: Vorwärts $(1+\frac{1}{2}+\cdots+\frac{1}{n})$ und rückwärts $(\frac{1}{n}+\frac{1}{n-1}+\cdots+\frac{1}{2}+1)$ berechnete harmonische Partialsummen für unterschiedliche n.

9.4. Schreiben Sie die folgenden Folgen auf drei verschiedene Arten um, indem Sie eine Funktion auf die Glieder einer einfacheren Folge anwenden:

(a) $\left\{\left(\dfrac{n^2+2}{n^2+1}\right)^3\right\}_{n=1}^{\infty}$ (b) $\left\{\left(n^2\right)^4 + \left(n^2\right)^2 + 1\right\}_{n=1}^{\infty}$.

Überprüfen Sie das Kriterium in der Definition der Konvergenz (oder der Divergenz), um die Aufgaben 9.5–9.10 zu bearbeiten.

9.5. Beweisen Sie (9.2).

9.6. Zeigen Sie, dass $\lim\limits_{n \to \infty} r^n = \infty$ für jedes r mit $|r| \geq 2$ ist.

9.7. Zeigen Sie, dass die folgenden Grenzwert-Formeln gelten:

$$\text{(a)} \ \lim_{n \to \infty} \frac{8}{3n + 1} = 0 \quad \text{(b)} \ \lim_{n \to \infty} \frac{4n + 3}{7n - 1} = \frac{4}{7} \quad \text{(c)} \ \lim_{n \to \infty} \frac{n^2}{n^2 + 1} = 1.$$

9.8. Beweisen Sie

$$\lim_{n \to \infty} \frac{1}{n^p} = 0,$$

wobei p eine beliebige natürliche Zahl ist.

9.9. Zeigen Sie, dass $\lim\limits_{n \to \infty} r^n = 0$ für ein beliebiges r mit $|r| \leq 1/2$ ist.

9.10. Zeigen Sie, dass gilt:

$$\text{(a)} \ \lim_{n \to \infty} -4n + 1 = -\infty \qquad \text{(b)} \ \lim_{n \to \infty} n^3 + n^2 = \infty.$$

Benutzen Sie die Aussagen über die geometrischen Reihen, um die Aufgaben 9.11–9.13 zu bearbeiten.

9.11. Finden Sie die Werte der Reihen

(a) $1 - 0,5 + 0,25 - 0,125 + \cdots$

(b) $3 + \dfrac{3}{4} + \dfrac{3}{16} + \cdots$

(c) $5^{-2} + 5^{-3} + 5^{-4} + \cdots$

9.12. Finden Sie Formeln für die Summen der folgenden Reihen, wobei Sie annehmen, dass $|r| < 1$ ist:

(a) $1 + r^2 + r^4 + \cdots$

(b) $1 - r + r^2 - r^3 + r^4 - r^5 + \cdots$

9.13. Ein klassisches Paradoxon, das von Zeno[15] aufgeworfen wurde, kann unter Verwendung der geometrischen Reihen gelöst werden. Nehmen wir an, dass Sie sich auf Ihrem Fahrrad in Paulding County befinden, 32 km entfernt von Ihrem Haus in Atlanta. Sie haben eine gebrochene Radspeiche, kein Essen mehr und Sie haben den letzten Rest Ihres Wassers ausgetrunken. Sie haben Ihr Geld vergessen und es beginnt zu regnen: die üblichen Aktivitäten, die beim Radfahren so viel Spaß machen. Während Sie nach Hause fahren, wie Sie das gewohnt sind, beginnen Sie darüber nachzudenken, wie weit Sie fahren müssen. Da kommt Ihnen

---

[15]Der griechische Philosoph Zeno ($\approx$490 v.Chr.) ist am besten für seine Paradoxe bekannt.

ein bedrückender Gedanke: Sie werden niemals zu Hause ankommen! Sie denken sich: Zunächst muss ich 16 km fahren, danach 8 km, dann 4 km, dann 2, dann 1, dann 1/2, dann 1/4, und so weiter. Scheinbar haben Sie immer noch einen kleinen Weg zu fahren, ganz gleich wie nah Sie sind, und Sie haben eine unendliche Anzahl von Distanzen zu addieren, um irgendwohin anzukommen! Einige der griechischen Philosophen wußten nicht, wie man den Grenzwert einer Folge interpretiert, so dass Ihnen diese Überlegung viel Sorge bereitete. Erklären Sie, indem Sie die Summenformel der geometrischen Reihen anwenden, warum hierin kein Paradoxon liegt.

Die Aufgaben 9.14–9.27 beschäftigen sich mit den theoretischen Ergebnissen über konvergierende und divergierende Folgen.

9.14. Zeigen Sie unter Verwendung von (2.4) und der Tatsache, dass $a - c + c - b = a - b$ ist, die Formel (9.11) gilt.

9.15. Zeigen Sie
$$\lim_{n \to \infty} 0,99 \cdots 99_n = 1,$$
wobei $0,99 \cdots 99_n$ n Dezimalstellen enthält, die alle gleich 9 sind.

9.16. Nehmen wir an, dass $\{a_n\}_{n=1}^{\infty}$ gegen A konvergiert und $\{b_n\}_{n=1}^{\infty}$ gegen B konvergiert. Zeigen Sie, dass dann $\{a_n - b_n\}_{n=1}^{\infty}$ gegen $A - B$ konvergiert.

9.17. Zeigen Sie, dass wenn $\lim_{n \to \infty} a_n = A$, für ein beliebiges konstantes c $\lim_{n \to \infty}(c + a_n) = c + A$ und $\lim_{n \to \infty}(c a_n) = cA$ ist.

9.18. Nehmen wir an, dass $\{a_n\}_{n=1}^{\infty}$ gegen A und $\{b_n\}_{n=1}^{\infty}$ gegen B konvergiert. Zeigen Sie, dass wenn $b_n \neq 0$ für alle n und $B \neq 0$, $\{a_n/b_n\}_{n=1}^{\infty}$ gegen A/B konvergiert. *Hinweis:* Schreiben Sie
$$\frac{a_n}{b_n} - \frac{A}{B} = \frac{a_n}{b_n} + \frac{a_n}{B} - \frac{a_n}{B} - \frac{A}{B},$$
und benutzen Sie die Tatsache, dass für ausreichend großes n die Ungleichung $|b_n| \geq B/2$ gilt. Versäumen Sie nicht zu begründen, warum diese Tatsache wahr ist!

9.19. Schreiben Sie die Beweise für Satz 9.2 um, indem Sie die formale Definition der Konvergenz verwenden.

9.20. Beweisen Sie Satz 9.3. *Hinweis:* Betrachten Sie das Argument für Satz 9.2.

9.21. Nehmen wir an, dass $\{a_n\}$ eine Folge ist, die gegen den Grenzwert A konvergiert. Beweisen Sie, dass $\{a_n^2\}$ gegen A^2 konvergiert, ohne dass Sie Satz 9.2 oder Satz 9.4 benutzen.

9.22. Nehmen wir an, dass $\{c_n\}$ eine Folge ist, so dass es Zahlen a und b mit $a \leq c_n \leq b$ für alle Indizes n gibt und dass $\{c_n\}$ gegen C konvergiert. Beweisen Sie $a \leq C \leq b$.

9.23. Nehmen wir an, dass es drei Folgen $\{a_n\}$, $\{b_n\}$ und $\{c_n\}$ gibt, so dass $a_n \leq c_n \leq b_n$ für alle Indizes n ist und dass sowohl $\{a_n\}$ als auch $\{b_n\}$ gegen den Grenzwert A konvergieren. Beweisen Sie, dass $\{c_n\}$ auch gegen A konvergiert.

9.24. Nehmen wir an, dass es zwei Folgen $\{a_n\}$ und $\{b_n\}$ mit $a_n \leq b_n$ für alle Indizes n gibt, und dass $\{a_n\}$ gegen ∞ divergiert. Beweisen Sie, dass $\{b_n\}$ gegen ∞ divergiert.

9.25. Nehmen wir an, dass es zwei Folgen $\{a_n\}$ und $\{b_n\}$ gibt, so dass $\{a_n\}$ gegen ∞ divergiert und $\{b_n\}$ beschränkt ist. Beweisen Sie dass $\{a_n + b_n\}$ gegen ∞ divergiert.

9.26. Erläutern Sie, warum jede der folgenden Behauptungen wahr ist, oder geben Sie ein Beispiel, dass zeigt, warum sie falsch ist.

(a) Wenn $\{a_n\}$ und $\{b_n\}$ divergierende Folgen sind, dann divergiert $\{a_n + b_n\}$.

(b) Wenn $\{a_n\}$ und $\{a_n + b_n\}$ beides konvergierende Folgen sind, dann konvergiert $\{b_n\}$.

(c) Wenn $\{a_n\}$ eine konvergierende Folge mit dem Grenzwert A ist, und $a_n > 0$ für alle n ist, dann ist $A > 0$.

9.27. Nehmen wir an, dass $\{a_n\}$ eine konvergente Folge mit dem Grenzwert A ist, so dass a_n und A sich alle in einer Menge I befinden, auf der die Funktion f Lipschitz-stetig mit der Konstanten L ist. Nehmen wir weiter an, dass $f(a_n)$ und $f(A)$ sich alle in einer Menge J befinden, auf der die Funktion g Lipschitz-stetig mit der Konstanten K ist. Beweisen Sie $\lim_{n\to\infty} g(f(a_n)) = g(f(A))$.

Benutzen Sie die theoretischen Ergebnisse über konvergierende Folgen, um die Grenzwerte in den Aufgaben 9.28–9.29 abzuschätzen.

9.28. Berechnen Sie die folgenden Grenzwerte:

(a) $\lim_{n\to\infty} \left(\dfrac{n+3}{2n+8} \right)^{37}$ (b) $\lim_{n\to\infty} \left(\dfrac{31}{n^2} + \dfrac{2}{n} + 7 \right)^4$

(c) $\lim_{n\to\infty} \dfrac{1}{\left(2 + \frac{1}{n}\right)^8}$ (d) $\lim_{n\to\infty} \left(\left(\left(\left(1 + \dfrac{2}{n}\right)^2 \right)^3 \right)^4 \right)^5$.

9.29. Berechnen Sie die Grenzwerte der folgenden Folgen $\{a_n\}_{n=1}^{\infty}$ oder zeigen Sie, dass sie divergieren:

(a) $a_n = 1 + \dfrac{7}{n}$

(b) $a_n = 4n^2 - 6n$

(c) $a_n = \dfrac{(-1)^n}{n^2}$

(d) $a_n = \dfrac{2n^2 + 9n + 3}{6n^2 + 2}$

(e) $a_n = \dfrac{(-1)^n n^2}{7n^2 + 1}$

(f) $a_n = \left(\dfrac{2}{3}\right)^n + 2$

(g) $a_n = \dfrac{(n-1)^2 - (n+1)^2}{n}$

(h) $a_n = \dfrac{1 - 5n^8}{4 + 51n^3 + 8n^8}$

(i) $a_n = \dfrac{2n^3 + n + 1}{6n^2 - 5}$

(j) $a_n = \dfrac{\left(\frac{7}{8}\right)^n - 1}{\left(\frac{7}{8}\right)^n + 1}$.

Bevor Sie die Aufgabe 9.30 bearbeiten, beachten Sie die Warnung aus Beispiel 9.14.

9.30. Berechnen Sie $\lim\limits_{n \to \infty} \left(\sqrt{n^2 + n} - n\right)$.

Hinweis: Multiplizieren Sie mit $\dfrac{\sqrt{n^2+n}+n}{\sqrt{n^2+n}+n}$ und vereinfachen Sie den Zähler.

9.31. Bestimmen Sie die Anzahl von benutzten Stellen, um rationale Zahlen in der von Ihnen gebrauchten Programmiersprache zu speichern, sowie ob die Sprache die Zahlen abschneidet oder rundet.

9.32. Die **Maschinenzahl** μ ist die kleinste positive Zahl μ, die in einem Computer gespeichert ist und $1 + \mu > 1$ genügt. Beachten Sie, dass μ nicht Null ist! Erklären Sie zum Beispiel die Tatsache, dass in einer Sprache mit einfacher Genauigkeit $1 + 0,00000000001 = 1$ ist. Schreiben Sie ein kleines Programm, dass eine Approximation von μ für Ihren Computer und Ihre Programmiersprache berechnet. *Hinweis:* $1 + 0,5 > 1$ gilt in jeder Programmiersprache auf jedem Computer. Auch $1 + 0,25 > 1$. Fahren Sie so fort...

10
Wir lösen das Modell vom matschigen Hof

Mit den grundlegenden Eigenschaften von Zahlen und Funktionen zur Hand können wir jetzt anspruchsvollere mathematische Modelle lösen. Wir beginnen, indem wir die Lösung des Modells vom matschigen Hof (vgl. Abschnitt 1.2) betrachten:

$$f(x) = x^2 - 2 = 0. \tag{10.1}$$

Erinnern wir uns, dass wir die ganzen Zahlen um die rationalen Zahlen erweitert haben, um das Modell von der Abendsuppe $15x = 10$ zu lösen und $x = 2/3$ erhalten zu können. Es stellt sich heraus, dass die Lösung von (10.1) keine rationale Zahl ist und dass wir die rationalen Zahlen um eine neue Menge von Zahlen, die irrationalen Zahlen, erweitern müssen, um (10.1) zu lösen.

Es mag gegen die Intuition verstossen, sich um die Lösung von (10.1) zu kümmern, da wir wissen, dass die Lösung $x = \sqrt{2}$ ist. Selbstverständlich ist dies per Definition wahr, allerdings verbleibt die Frage: Was ist $\sqrt{2}$? Einfach zu sagen, dass es die Lösung von (10.1) ist oder „diese Zahl" gleich 2 ist, wenn sie quadriert wird, ist ein Zirkelschluß und keine große Hilfe, wenn wir das gewellte Rohr kaufen gehen.

10.1 Rationale Zahlen sind einfach nicht genug

In Abschnitt 1.2 haben wir mit Hilfe einer Strategie von Versuch und Irrtum herausgefunden, dass $\sqrt{2} \approx 1,41$ ist. Aber die Berechnung ergibt $1,41^2 = 1,9881$ und wir sehen, dass $\sqrt{2}$ nicht exakt gleich $1,41$ ist.

Eine bessere Schätzung ist $1,414$, aber auch dann erhalten wir lediglich $1,414^2 = 1,999386$. Wir benutzen $MAPLE^{©}$, um die Dezimaldarstellung von $\sqrt{2}$ auf 415 Stellen zu berechnen:

$$x = 1,4142135623730950488016887242096980785696718753$$
$$7694807317667973799073247846210703885038753432$$
$$7641572735013846230912297024924836055850737212$$
$$6441214970999358314132226659275055927557999505$$
$$0115278206057147010955997160597027453459686201$$
$$4728517418640889198609552329230484308714321450$$
$$8397626036279952514079896872533965463318088296$$
$$4062061525835239505474575028775996172983557522$$
$$033753185701135437460340849884716038689997 0699,$$

allerdings finden wir nach erneutem Einsatz von $MAPLE^{©}$

$$x^2 = 1,999999999999999999999999999999999999999999999$$
$$9999999999999999999999999999999999999999999999$$
$$9999999999999999999999999999999999999999999999$$
$$9999999999999999999999999999999999999999999999$$
$$9999999999999999999999999999999999999999999999$$
$$9999999999999999999999999999999999999999999999$$
$$9999999999999999999999999999999999999999999999$$
$$9999999999999999999999999999999999999999999999$$
$$9999999999999999999999999999999999999999999999$$
$$9999999999986381037002790393547544921481567520$$
$$7193643367223922486271791890987870158099960232$$
$$6405972613126407604056912999503092957478318 88$$
$$5969500708874056058336501652271573809445593 32$$
$$0690045817264222173935969533242515158760233 60$$
$$4272994889141803598971038204956184812333321 62$$
$$5160160972831371230644994979436534796986297 76$$
$$6833340665770240318513306002427232125175273 04$$
$$3547767486660808998780793579777475964587708250$$
$$3170068870585486010.$$

Die Zahl $x = 1,4142 \cdots 699$ genügt der Gleichung $x^2 = 2$ mit großer Präzision, allerdings nicht exakt. Tatsächlich stellt sich heraus, dass unabhängig von der Anzahl an Stellen bei einer Schätzung mit einer endlichen Dezimaldarstellung wir niemals eine Zahl erhalten, die exakt 2 ergibt, wenn sie quadriert wird.

Wir zeigen durch einen Widerspruch, dass $\sqrt{2}$ keine rationale Zahl sein kann. Genauer gesagt zeigen wir, dass die Annahme, dass $\sqrt{2}$ eine rationale Zahl der Form p/q ist, wobei p und q natürliche Zahlen sind, zu einem Widerspruch bzw. logischer Unmöglichkeit führt.[1]

Um dies zu tun, benötigen wir einige Fakten über die natürlichen Zahlen. Ein **Teiler** einer natürlichen Zahl n ist eine natürliche Zahl p, durch die sich n teilen lässt, ohne einen Rest zu lassen. Die Zahlen 2 und 3 zum Beispiel sind beide Teiler von 6. Eine natürliche Zahl n hat immer die Teiler 1 und n, da $1 \times n = n$. Eine natürliche Zahl n wird eine **Primzahl** genannt, wenn die einzigen Teiler von n die Zahlen 1 und n sind. Einige der ersten Primzahlen sind $\{2, 3, 5, 7, 11, \cdots\}$. Die einzige gerade Primzahl ist 2.

Nehmen wir an, dass wir versuchen zwei Teiler $n = pq$ für die natürliche Zahl n zu finden.[2] Es gibt zwei Möglichkeiten:

- Die einzigen beiden Teiler sind 1 und n: d.h. n ist eine Primzahl;

- Es gibt zwei Teiler p und q, keiner von beiden ist gleich 1 oder n.

Im zweiten Fall ist $p \leq n/2$ und $q \leq n/2$, da der kleinste mögliche Teiler, der nicht gleich 1 ist, 2 ist.

Wir wiederholen dies jetzt, indem wir p und q getrennt faktorisieren. In jedem Fall ist die Zahl entweder eine Primzahl oder wir teilen sie in ein Produkt von kleineren natürlichen Zahlen. Dann fahren wir mit den kleineren Teilern fort. Irgendwann endet dieser der Prozess, da n endlich ist und die Teiler in jedem Schritt nicht größer als die Hälfte der Teiler des vorhergehenden Schrittes sind. Wenn der Prozess endet, haben wir n in ein Produkt von Primzahlen **faktorisiert**. Es stellt sich heraus, dass diese Faktorisierung eindeutig ist (bis auf die Reihenfolge der Faktoren).[3]

Eine Konsequenz der Faktorisierung in Primzahlen ist die folgende Tatsache. Nehmen wir an, dass 2 ein Teiler von n ist. Wenn $n = pq$ eine beliebige Faktorisierung von n ist, folgt daraus, dass mindestens einer der Teiler p und q den Teiler 2 besitzen muss.

Jetzt nehmen wir an, dass $\sqrt{2} = p/q$ ist, wobei alle gemeinsamen Teiler in den natürlichen Zahlen p und q ausdividiert worden sind. Wenn zum Beispiel p und q beide den Teiler 3 haben, dann ersetzen wir p durch $p/3$ und

---

[1]Konstruktivisten und Intuitionisten mögen Beweise durch Widerspruch nicht, da er schon an sich nicht konstruktiv ist. Ebenso meiden wir im Allgemeinen den Beweis durch Widerspruch, allerdings handelt es sich hier um ein schönes Argument und dies ist sicherlich eine Ausnahme wert. Von Zeit zu Zeit werden wir auch den Beweis durch Widerspruch benutzen, wenn ein alternativer Beweis zu schwerfällig ist.

[2]Es ist einfach, ein Programm zu schreiben, um alle Teiler einer gegebenen natürlichen Zahl n zu suchen, indem man systematisch durch alle natürlichen Zahlen bis n teilt (vgl. Aufgabe 10.2).

[3]Dies wurde zuerst von Gauß bewiesen.

q durch $q/3$, was den Quotienten p/q nicht verändert. Wir schreiben dies als $\sqrt{2}q = p$, wobei p und q keinen gemeinsamen Teiler haben, oder quadrieren beide Seiten: $2q^2 = p^2$. Aufgrund der gerade erwähnten Tatsache muß p den Teiler 2 enthalten, deshalb enthält p^2 zwei Teiler 2 und wir können $p = 2 \times \bar{p}$ mit einer natürlichen Zahl $\bar{p}$ schreiben. Auf diese Weise erhalten wir $2q^2 = 4 \times \bar{p}^2$, das heißt $q^2 = 2 \times \bar{p}^2$. Allerdings impliziert dasselbe Argument, dass q auch den Teiler 2 enthalten muss. Dies widerspricht der ursprünglichen Annahme, dass p und q keinen gemeinsamen Teiler haben, also führt die Annahme, dass $\sqrt{2}$ rational ist, zu einem Widerspruch und $\sqrt{2}$ kann keine rationale Zahl sein.[4]

10.2 Unendliche nicht-periodische Dezimaldarstellungen

Die Dezimaldarstellung einer beliebigen rationalen Zahl ist entweder endlich oder unendlich periodisch; und umgekehrt, jede Dezimaldarstellung, die endlich oder unendlich periodisch ist, stellt eine rationale Zahl dar. Es kann lange dauern, bis das periodische Muster in einer Dezimaldarstellung einer rationalen Zahl erscheint. Aber letztendlich wird es erscheinen, und sobald das Muster bestimmt ist, kennen wir die komplette Dezimaldarstellung einer rationalen Zahl in dem Sinne, dass wir nicht länger dividieren müssen, um die nachfolgenden Stellen zu bestimmen. Tatsächlich können wir den Wert für jede Stelle angeben. Zum Beispiel ist die 231ste Stelle von $10/9 = 1,111\cdots$ „1" und die 103ste Stelle von $0,56565656\cdots$ ist 5.

Allerdings gibt es keinen Grund zu denken, dass alle unendlichen Dezimaldarstellungen irgendwann anfangen, sich zu wiederholen. Zum Beispiel kann die Dezimaldarstellung von $\sqrt{2}$, wenn sie existiert, nicht endlich oder unendlich periodisch sein. Tatsache ist, dass es einfach ist (vgl. Aufgabe 10.6), unendliche nicht-periodische Dezimaldarstellungen wie

$$2,12112111211112111112\cdots,\tag{10.2}$$

niederzuschreiben, wobei die „$\cdots$" bedeuten: „Fahren Sie nach demselben Muster fort." Diese Dezimaldarstellung wiederholt sich offensichtlich niemals, deshalb kann sie nicht einer rationalen Zahl entsprechen. Wir nen-

---

[4]Dies ist eine Abwandlung des klassischen Beweises, der wahrscheinlich während des 5. Jahrhunderts v.Chr. um die Zeit herum entdeckt wurde, die die antike griechische Schule der Philosophie als den Niedergang der Phytagoräer bezeichnete. Die phytagoräische Philosophie drehte sich um das Erklären der Welt mit Hilfe von Eigenschaften von Zahlen. Eine ihrer grundsätzlichen Annahmen war, dass alle Zahlen als Quotient von natürlichen Zahlen berechnet werden konnten. Natürlich widerspricht die Irrationalität von $\sqrt{2}$ dieser Annahme. Andererseits, geometrisch scheint es, dass die Diagonale des Einheitsquadrats existieren muss. Man ist verleitet zu denken, dass dies zur wachsenden Bedeutung der Geometrie über die folgenden zwei Jahrhunderte beitrug.

nen eine unendliche nicht-periodische Dezimaldarstellung eine **irrationale Zahl**, weil sie keine rationale Zahl sein kann. Um Modelle mit irrationalen Lösungen zu lösen, müssen wir die Menge der rationalen Zahlen erweitern, um die irrationalen Zahlen einzuschließen.

Die irrationale Zahl (10.2) ist speziell, da es ein deutliches Muster in ihren Stellen gibt. Wir „kennen" die Dezimaldarstellung dieser Zahl ebenso, wie wir die unendliche Dezimaldarstellung einer rationalen Zahl kennen. Kurz gesagt, wir kennen alle beteiligten Stellen und können den Wert einer beliebigen Stelle angeben, die vorgegeben wird (vgl. Aufgabe 10.7). Im Allgemeinen können wir nicht so schöne Muster in den Stellen einer unendlichen nicht-periodischen Dezimaldarstellung erwarten. Insbesondere wären wir nicht in der Lage, überhaupt ein Muster zu erkennen, wenn wir die Stellen der Dezimaldarstellung von $\sqrt{2}$ untersuchen würden. Es ist beinahe, als ob die Ziffern „zufällig" auftauchen.

Der Knackpunkt des Versuchs, irrationale Zahlen zu verstehen, ist, dass wir jede Stelle einer irrationalen Zahl angeben müßten, um sie vollständig zu beschreiben. Dies ist praktisch unmöglich. In der realen Welt können wir nur eine endliche Anzahl von Stellen aufschreiben.

Wir kommen um diese Schwierigkeit herum, indem wir eine irrationale Zahl als den Grenzwert einer Folge von rationalen Zahlen betrachten. Wir können diese Folge benutzen, um die Stellen der irrationalen Zahl auf jede gewünschte Genauigkeit zu berechnen. Für jede irrationale Zahl bestimmen wir einen Algorithmus, der eine Folge von zunehmend genaueren rationalen Approximationen erzeugt. In anderen Worten, *wir schreiben niemals eine irrationale Zahl nieder, wir geben nur eine Methode an, um sie auf jede gewünschte Genauigkeit zu berechnen.*

10.3   Der Bisektionsalgorithmus für das Modell vom matschigen Hof

Um einen Algorithmus für die Berechnung einer irrationalen Zahl zu entwickeln, müssen wir einige Informationen über die Zahl besitzen.[5] In diesem Fall wissen wir, dass $\sqrt{2}$ der Gleichung (10.1) genügt, wenn sie existiert. Wir beschreiben einen Algorithmus, der eine Folge von rationalen Zahlen erzeugt, die (10.1) mit sukzessiv zunehmender Genauigkeit genügen. Der Algorithmus benutzt eine Strategie von Versuch und Irrtum, die prüft, ob eine gegebene rationale Zahl x der Bedingung $f(x) < 0$ oder $f(x) > 0$ genügt, das heißt, ob $x^2 < 2$ oder $x^2 > 2$ gilt. Der Algorithmus benutzt nur Berechnungen mit rationalen Zahlen, deshalb ist immer klar, wie er benutzt wird. Wie auch immer, da die vom Algorithmus erzeugten Zahlen rational sind, kann keine von ihnen jemals tatsächlich gleich $\sqrt{2}$ sein.

---

[5]Bezogen auf die Konstruktivismusdiskussion ist dies ist ein spitzfindiger Punkt.

Der Algorithmus produziert sogar zwei Folgen $\{x_i\}$ und $\{X_i\}$, die die Endpunkte der Intervalle $[x_i, X_i]$ sind, die $\sqrt{2}$ enthalten und kleiner werden, wenn i zunimmt. Wir beginnen mit der Anmerkung, dass $f(x) = x^2 - 2$ eine streng monoton wachsende Funktion für rationale Zahlen $x > 0$ ist; das heißt, $0 < x < y$ impliziert $f(x) < f(y)$. Dies folgt, weil $0 < x < y$ bedeutet, dass $x^2 < xy < y^2$ ist.

Nun gilt $f(1) < 0$, weil $1^2 < 2$ und $f(2) > 0$, da $2^2 > 2$. Deshalb ist $f(x) < 0$ für alle rationalen $0 < x \leq 1$ und $f(x) > 0$ für alle rationalen $x \geq 2$ (vgl. Abbildung 10.1). Daher suchen wir natürlich nach einer Lösung

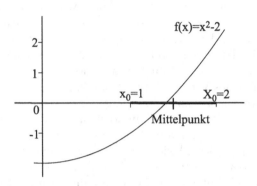

Abbildung 10.1: Das erste errechnete Intervall unter Verwendung des Bisektionalgorithmus'.

von (10.1) zwischen 1 und 2. Als ersten Schritt des Algorithmus setzen wir also $x_0 = 1$ und $X_0 = 2$, wie in Abbildung 10.1 gezeigt wird.

Als nächstes wählen wir einen Punkt zwischen $x_0 = 1$ und $X_0 = 2$ und überprüfen das Vorzeichen von f in diesem Punkt. Der Symmetrie halber wählen wir den Mittelpunkt $1,5 = (1+2)/2$ und finden $f(1,5) > 0$ (vgl. Abbildung 10.1). Da dies $f(x) > 0$ für rationale $x \geq 1.5$ bedeutet und wir wissen, dass $f(x) < 0$ für $x \leq 1$ ist, suchen wir selbstverständlich nach einer Lösung von (10.1) zwischen 1 and $1,5$. Wir setzen $x_1 = 1$ und $X_1 = 1,5$, wie in Abbildung 10.2 gezeigt wird.

Wir fahren mit diesem Prozess fort und überprüfen als nächstes den Mittelpunkt $1,25$ von $x_1 = 1$ und $X_1 = 1,5$ und finden heraus, dass $f(1,25) < 0$ ist, wie in Abbildung 10.2 gezeigt wird. Daher suchen wir natürlich nach einer Lösung von (10.1) zwischen $1,25$ und $1,5$ und setzen $x_2 = 1,25$ und $X_2 = 1,5$. Wir überprüfen dann das Vorzeichen von f im Mittelpunkt von x_2 und X_2, der $1,375$ ist, und finden $f(1,375) < 0$. Genauso wie vorhin suchen wir die Lösung von (10.1) zwischen $1,375$ und $1,5$.

Auf diesem Wege können wir so lange wie gewünscht fortfahren zu suchen, indem wir jedes Mal zwei rationale Zahlen bestimmen, die offensichtlich die Lösung von (10.1) „einfangen". Diese Methode wird **Bisek-**

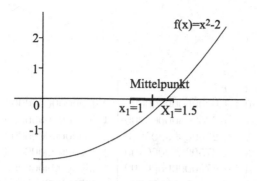

Abbildung 10.2: Das zweite errechnete Intervall unter Verwendung des Bisektionalgorithmus'.

tionalgorithmus genannt. Wir listen die Ausgabe für 20 Schritte einer $MATLAB^{©}$ m-Datei in Abbildung 10.3 auf, die diesen Algorithmus umsetzt.

10.4   Der Bisektionalgorithmus konvergiert

Wenn wir mit dieser Methode fortfahren, erzeugen wir zwei Folgen von rationalen Zahlen $\{x_i\}_{i=0}^{\infty}$ und $\{X_i\}_{i=0}^{\infty}$ mit der Eigenschaft

$$x_0 \leq x_1 \leq x_2 \leq \cdots \quad \text{und} \quad X_0 \geq X_1 \geq X_2 \geq \cdots$$

In anderen Worten: die Terme x_i nehmen entweder zu oder bleiben konstant, während X_i immer abnimmt oder gleich bleibt, wenn i zunimmt. Darüberhinaus wird per Konstruktion die Distanz zwischen X_i und x_i streng monoton kleiner, während i zunimmt. Tatsächlich ist

$$0 \leq X_i - x_i \leq 2^{-i} \quad \text{für } i = 0, 1, 2, \cdots \qquad (10.3)$$

d.h. die Differenz zwischen dem Wert x_i, für den $f(x_i) < 0$ ist und dem Wert X_i, für den $f(X_i) > 0$ ist, wird für jede Zunahme von i halbiert. Das bedeutet, dass während i zunimmt, *mehr und mehr Stellen in den Dezimaldarstellungen von x_i und X_i übereinstimmen*.

Die Schätzung (10.3) für die Differenz von $X_i - x_i$ impliziert auch, dass der Abstand der Glieder der Folge $\{x_i\}_{i=0}^{\infty}$ abnimmt, wenn der Index zunimmt. Dies folgt daraus, dass $x_i \leq x_j < X_j \leq X_i$ für $j > i$, deshalb impliziert (10.3)

$$|x_i - x_j| \leq |x_i - X_i| \leq 2^{-i} \quad \text{für } j \geq i. \qquad (10.4)$$

Wir stellen dies in Abbildung 10.4 dar. Wir bezeichnen eine Folge, in der der

i	x_i	X_i
0	1,00000000000000	2,00000000000000
1	1,00000000000000	1,50000000000000
2	1,25000000000000	1,50000000000000
3	1,37500000000000	1,50000000000000
4	1,37500000000000	1,43750000000000
5	1,40625000000000	1,43750000000000
⋮	⋮	⋮
10	1,41406250000000	1,41503906250000
⋮	⋮	⋮
15	1,41418457031250	1,41421508789062
⋮	⋮	⋮
20	1,41421318054199	1,41421413421631

Abbildung 10.3: 20 Schritte des Bisektionalgorithmus für die Berechnung einer approximativen Lösung von (10.1).

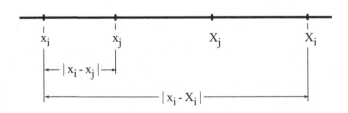

Abbildung 10.4: $|x_i - x_j| \leq |X_i - x_i|$.

Abstand der Glieder mit zunehmendem Index abnimmt, als eine **Cauchy-Folge**.

Insbesondere bedeutet dies, dass für $2^{-i} \leq 10^{-N-1}$ die ersten N Dezimalen von x_j mit den ersten N Dezimalen von x_i für $j \geq i$ übereinstimmen. Wir kommen zu dem Schluß, dass die Folge $\{x_i\}_{i=0}^{\infty}$ eine bestimmte Dezimaldarstellung festlegt. Um die ersten N Stellen dieser Darstellung zu erhalten, verwenden wir einfach die ersten N Stellen einer beliebigen Zahl x_j in der Folge mit $2^{-j} \leq 10^{-N-1}$, da (10.4) impliziert, dass alle diese x_j in den ersten N Stellen übereinstimmen.

Angesichts des Begriffs der Konvergenz ist es natürlich zu vermuten, dass die Folge $\{x_i\}_{i=0}^{\infty}$ gegen die Dezimaldarstellung, die durch ihre Elemente bestimmt wird, konvergiert. Allerdings darf diese Dezimaldarstellung nicht endlich oder unendlich periodisch sein. Tatsächlich glauben wir, dass sie $\sqrt{2}$ entspricht, in diesem Fall muss sie unendlich nicht-periodisch sein. Da diese Dezimaldarstellung keine rationale Zahl darstellt, ist die vorherige Definition der Konvergenz einer Folge von rationalen Zahlen, welche annimmt, dass die Folge gegen eine rationale Zahl konvergiert, nicht anwendbar. Tatsache ist, dass wir diese Definition in diesem Fall nicht einmal hinschreiben können, weil diese Definition einen Grenzwert benutzt, der noch nicht definiert ist! Wir schaffen dieses Dilemma aus dem Weg, indem wir einfach den Grenzwert $\lim_{i \to \infty} x_i$ von $\{x_i\}_{i=0}^{\infty}$ als die unendliche nicht-periodische Dezimaldarstellung *definieren*, die durch x_i bestimmt ist.

10.5   ... und der Grenzwert löst das Modell vom matschigen Hof

Eine neue Art von Zahlen und eine neue Art der Konvergenz zu definieren, wie wir das im letzten Abschnitt taten, ist einfach. Aber zu zeigen, dass die Definition verwendbar ist, ist ein bißchen schwieriger. Als wir die ganzen Zahlen erweiterten, um die rationalen Zahlen zu erhalten, mussten wir auch herausfinden, auf welche Weise man mit den rationalen Zahlen rechnet, so dass diese Rechnungen konsistent mit den uns bekannten Regeln für die ganzen Zahlen sind. Ebenso müssen wir, damit jene Definition verwendbar ist, herausfinden, wie man mit dieser neuen, durch den Bisektionalgorithmus erzeugten Zahl rechnet. Insbesondere sollte die Definition zur Schlussfolgerung führen, dass $\lim_{i \to \infty} x_i = \sqrt{2}$ ist! Mit Blick auf (10.1) bedeutet das

$$f(\lim_{i \to \infty} x_i) = 0.$$

Da wir bisher nur Funktionen von rationalen Zahlen definiert haben, müssen wir die vorhergehenden Definitionen erweitern, so dass $f(\lim_{i \to \infty} x_i)$ Sinn ergibt.

Eine Umgehung dieses Hindernisses eröffnet das Ergebnis in Satz 9.4, das besagt, dass für jede Lipschitz-stetige Funktion f, die auf einer Menge von rationalen Zahlen definiert ist,

$$f(\lim_{i \to \infty} x_i) = \lim_{i \to \infty} f(x_i)$$

gilt, wenn x_i rational für alle i ist und auch $\lim_{i \to \infty} x_i$ rational ist. In diesem Fall ist $f(x) = x^2 - 2$ sicherlich Lipschitz-stetig, allerdings ist $\lim_{i \to \infty} x_i$ irrational, so dass das Theorem nicht angewendet werde kann. Wir übergehen diese Schwierigkeit, indem wir

$$f(\lim_{i \to \infty} x_i) = \lim_{i \to \infty} f(x_i) \tag{10.5}$$

definieren, falls der zweite Grenzwert existiert. Da x_i für alle i rational ist, ist $f(x_i)$ immer definiert. Ferner ist auch $f(x_i)$ für alle i rational, deshalb ist $\{f(x_i)\}$ eine Folge von rationalen Zahlen, die unserer Ansicht nach gegen die rationale Zahl 0 konvergiert. Aus diesem Grund können wir die Definition der Konvergenz für rationale Folgen benutzen.

Dehalb müssen wir, um $\sqrt{2} = \lim_{i \to \infty} x_i$ zu zeigen, nachweisen, dass $\lim_{i \to \infty} f(x_i) = 0$ ist, und zwar unter Verwendung der üblichen Definition der Konvergenz einer rationalen Folge. Die rationalen Zahlen x_i und X_i liegen immer zwischen 0 und 2, außerdem haben wir in Beispiel 8.5 gesehen, dass x^2 auf den rationalen Zahlen zwischen 0 und 2 Lipschitz-stetig mit der Konstanten $L = 4$ ist. Deshalb impliziert (10.3), dass für jedes $i \geq 1$

$$|f(x_i) - f(X_i)| \leq 4|x_i - X_i| \leq 2^{-i}.$$

Da $f(x_i) < 0 < f(X_i)$ können wir die Betragzeichen entfernen und erhalten

$$f(X_i) - f(x_i) \leq 2^{-i}.$$

Allerdings ist $f(X_i)$ positiv und $f(x_i)$ negativ, was bedeutet, dass (vgl. Aufgabe 10.10)

$$|f(x_i)| \leq 2^{-i} \quad \text{und} \quad |f(X_i)| \leq 2^{-i}.$$

Nun sind $f(x_i)$ und $f(X_i)$ rational für alle i, deshalb ist es kein Problem, auf dem üblichen Weg die Grenzwerte zu ermitteln. Daher gilt

$$\lim_{i \to \infty} f(x_i) = 0 \quad \text{und} \quad \lim_{i \to \infty} f(X_i) = 0.$$

Diese Grenzwerte implizieren, dass sich x_i und X_i Lösungen von (10.1) nähern, wenn i zunimmt. Die Definition (10.5) impliziert deshalb, dass $f(\sqrt{2}) = 0$ und

$$\lim_{i \to \infty} x_i = \sqrt{2}$$

gilt, wie behauptet.

Kapitel 10   Aufgaben

10.1. Benutzen Sie die *evalf* Funktion in $MAPLE^{©}$, um $\sqrt{2}$ auf 1000 Stellen zu berechnen, quadrieren Sie dann das Ergebnis und vergleichen Sie es mit 2.

10.2. (a) Schreiben Sie ein $MATLAB^{©}$ Programm, dass eine bestimmte natürliche Zahl n testet, um herauszufinden, ob es eine Primzahl ist. *Hinweis:* Dividieren Sie n systematisch durch die kleineren natürlichen Zahlen von 2 bis $n/2$, um zu prüfen, ob es Teiler gibt. Erklären Sie, warum es ausreicht, bis $n/2$ zu prüfen. (b) Benutzen Sie dieses Programm, um ein $MATLAB^{©}$ Programm zu schreiben, dass alle Primzahlen herausfindet, die kleiner sind als eine bestimmte Zahl n. (c) Listen Sie alle Primzahlen kleiner als 1000 auf.

10.3. Faktorisieren Sie die folgenden ganzen Zahlen in ein Produkt von Primzahlen: (a) 60, (b) 96, (c) 112, (d) 129.

10.4. Finden Sie zwei natürliche Zahlen p und q, so dass pq den Teiler 4 enthält, aber weder p oder q den Teiler 4 enthält. Dies bedeutet, dass die Tatsache, das irgendeine natürliche Zahl m ein Teiler des Produktes $n = pq$ ist, nicht impliziert, dass m ein Teiler entweder von p oder q sein muß. Warum widerspricht dies nicht der Tatsache, dass wenn pq den Teiler 2 enthält, dann mindestens einer von p oder q den Teiler 2 enthält?

10.5. (a) Zeigen Sie, dass $\sqrt{3}$ (vgl. Aufgabe 1.6) irrational ist. *Hinweis:* Benutzen Sie eine mächtige mathematische Technik: Versuchen Sie, einen Beweis zu kopieren, den Sie bereits kennen. (b) Tun Sie dasselbe für $\sqrt{a}$, wobei a eine beliebige Primzahl ist.

10.6. Bestimmen Sie drei verschiedene irrationale Zahlen unter Verwendung der Ziffern 3 und 4.

10.7. Bestimmen Sie die 347ste Stelle von (10.2).

10.8. (a) Führen Sie 20 Schritte des Bisektionalgorithmus' zur Berechnung von $\sqrt{2}$ durch und beginnen Sie mit $x_0 = 1$ und $X_0 = 2$. (b) Berechnen Sie die Fehler $|x_i - \sqrt{2}|$ und ermitteln Sie, ob es ein Muster bei der Abnahme der Fehler gibt, während i zunimmt.

10.9. Zeigen Sie, dass $\sqrt{2} = \lim\limits_{i \to \infty} X_i$ ist, wobei $\{X_i\}_{i=0}^{\infty}$ die Folge ist, die durch den Bisektionalgorithmus erzeugt wird.

10.10. Zeigen Sie, dass wenn $a < 0$ und $b > 0$, die Ungleichung $b - a < c$ sowohl $|b| < c$, als auch $|a| < c$ impliziert.

11
Reelle Zahlen

Sich mit der Existenz von irrationalen Zahlen auf mathematisch korrektem Weg zu befassen, ist das Markenzeichen der modernen Analysis. Die Schwierigkeit bei irrationalen Zahlen ist, dass es generell unmöglich ist, die komplette Dezimaldarstellung einer irrationalen Zahl aufzuschreiben. Um zu verstehen, inwiefern diese Tatsache Probleme verursacht, betrachten wir die Addition von irrationalen Zahlen. Wir addieren zwei Zahlen mit endlichen Dezimaldarstellungen, indem wir mit der Stelle ganz rechts beginnen und uns nach links arbeiten. Wir addieren zwei beliebige rationale Zahlen, indem wir einen gemeinsamen Nenner finden. Allerdings funktioniert keine dieser Techniken für irrationale Zahlen.

Um solche Schwierigkeiten zu überwinden, entwickeln wir einen Weg, eine irrationale Zahl mit Hilfe der besser zu verstehenden rationalen Zahlen zu beschreiben. Erinnern Sie sich, dass wir in Kapitel 10 gezeigt haben, dass der Bisektionalgorithmus benutzt werden kann, um eine beliebige Anzahl von Stellen der irrationalen Zahl $\sqrt{2}$ anhand einer Folge von rationalen Zahlen zu berechnen. Da der Algorithmus die einzige konkrete Information ist, welche wir (bis jetzt) über $\sqrt{2}$ haben, ist es natürlich, das Symbol „$\sqrt{2}$" mit dem Algorithmus selber zu identifizieren.[1]

Die mathematische Definition irrationaler Zahlen, wie z.B. $\sqrt{2}$ liegt im Kern des Konstruktivismus–Streits. Die Verwendung einer konstruktiven Interpretation, bei der $\sqrt{2}$ ein Algorithmus ist, um die Dezimaldarstellung

---

[1]Natürlich ersetzen wir, wenn wir $\sqrt{2}$ in einer praktischen Berechnung benötigen, diese Zahl durch eine rationale Approximation.

der Lösung von $x^2 = 2$ auf jede gewünschte Genauigkeit zu berechnen, auch wenn sie eine gewisse gedankliche Größe besitzt, wirft die Notwendigkeit auf zu erklären, wie mit irrationalen Zahlen wie $\sqrt{2}$ gerechnet wird. Das Ziel dieses Kapitels ist zu erklären, wie mit irrationalen Zahlen, die mit Hilfe von Folgen rationaler Zahlen definiert werden, gerechnet wird.

11.1   Irrationale Zahlen

In Kapitel 10 definieren wir irrationale Zahlen als Zahlen mit unendlichen nicht-periodischen Dezimaldarstellungen. Es ist einfach, diese Zahlen niederzuschreiben, wie zum Beispiel

$$0,212112111211112\cdots,$$

welche wir als festgelegte Folge von rationalen Zahlen betrachten können:

$$\{0, 2, 0, 21, 0, 212, 0, 2121, 0, 21211, 0, 212112, \cdots\}.$$

Wir sahen auch, dass $\sqrt{2}$ irrational ist, obwohl die Stellen in ihrer Dezimaldarstellung nicht leicht zu beschreiben sind. In der Tat, momentan können wir nur die Dezimaldarstellung von $\sqrt{2}$ berechnen, indem wir den Bisektionalgorithmus für die Berechnung der Wurzel von $x^2 - 2 = 0$ benutzen. Dieser erzeugt eine Folge von rationalen Zahlen $\{x_i\}$, die die Stellen von $\sqrt{2}$ für $i \to \infty$ definiert.

Um diese Beispiele zu verallgemeinern, betrachten wir Folgen von rationalen Zahlen, welche eine eindeutige Dezimaldarstellung definieren. Wie auch immer, wir können uns nicht auf diese Dezimaldarstellung berufen, wie in der Definition des Grenzwerts, um solche Folgen zu charakterisieren. Der Grund ist, dass wir noch nicht herausgefunden haben, wie man mit Zahlen rechnet, deren Dezimaldarstellung unendlich nicht-periodisch ist. Das werden wir in diesem Kapitel tun.

Stattdessen gebrauchen wir eine Bedingung, die gewährleistet, dass eine Folge $\{x_i\}$ eine eindeutige Dezimaldarstellung definiert, welche die Darstellung aber nicht mit einbezieht. Wir nehmen an, dass $\{x_i\}$ eine **Cauchy–Folge** ist, was bedeutet, dass es für ein beliebiges $\epsilon > 0$ ein N gibt, so dass

$$|x_i - x_j| < \epsilon \text{ für } i, j > N.$$

Eine andere Möglichkeit, diese Bedingung zu beschreiben ist: Für ein gegebenes $\epsilon > 0$ gibt es ein N, so dass $i > N$

$$|x_{i+j} - x_i| < \epsilon$$

für alle $j > 0$ impliziert. Insbesondere können wir durch die Wahl von $\epsilon = 10^{-n-1}$ für eine beliebige natürliche Zahl n sicherstellen, dass die Elemente

x_i in den ersten n Stellen (für alle i ausreichend groß) übereinstimmen. In anderen Worten, $\{x_i\}$ definiert eine eindeutige Dezimaldarstellung.[2]

BEISPIEL 11.1. Betrachten wir eine rationale oder irrationale Zahl x mit der Dezimaldarstellung

$$x = \pm p_m \cdots p_0.q_1 q_2 q_3 \cdots,$$

deren Stellen irgendwie spezifiziert sind, so wie bei $0,2121121112\cdots$. In diesem Fall ist es sinnvoll, folgende Folge $\{x_i\}$ von rationalen Zahlen zu betrachten:

$$x_i = \pm p_m \cdots p_0.q_1 \cdots q_i.$$

Wir haben diese Folge erhalten, indem wir die Dezimaldarstellung von x abgeschnitten haben. Wenn x selbst eine endliche Dezimaldarstellung hat, dann sind die Elemente in $\{x_i\}$ ab einem bestimmten Index gleich x.

Mit dieser Wahl von $\{x_i\}$ kommen wir sofort zu der Schlußfolgerung, dass für alle i

$$|x_j - x_i| \leq 10^{-i} \text{ für } j \geq i.$$

BEISPIEL 11.2. In Kapitel 10 zeigen wir, dass der Bisektionalgorithmus zur Lösung von $x^2 - 2 = 0$ eine Cauchy–Folge von rationalen Zahlen $\{x_i\}$ erzeugt, die die eindeutige Dezimaldarstellung von $\sqrt{2}$ definiert. Wir erhalten ungefähr eine Stelle in der Dezimaldarstellung von $\sqrt{2}$ nach drei Schritten des Bisektionalgorithmus.

Für eine gegebene Cauchy–Folge von rationalen Zahlen $\{x_i\}$ **identifizieren** wir die durch $\{x_i\}$ definierte eindeutige Dezimaldarstellung x, ob endlich, unendlich periodisch oder unendlich nicht-periodisch, mit $\{x_i\}$ und schreiben $x \sim \{x_i\}$. Das Wort „identifizieren" und die Notation $\sim$ weisen darauf hin, dass etwas Raffiniertes vor sich geht. Gewiss würden wir gerne „$x = \lim_{i\to\infty} x_i$" schreiben, aber wir können dies noch nicht tun, da wir nicht definiert haben, was „$x =$" bedeutet, wenn x eine unendliche nicht-periodische Dezimaldarstellung hat![3]

Bevor wir dorthin gelangen, gibt es eine wichtige Frage zur Eindeutigkeit zu klären. Eine Cauchy–Folge von rationalen Zahlen definiert nämlich eine eindeutige Dezimaldarstellung. Eine beliebige, gegebene Dezimaldarstellung kann jedoch mit vielen unterschiedlichen Cauchy–Folgen von rationalen Zahlen identifiziert werden.

BEISPIEL 11.3. Wir können $0,212112111211112\cdots$ mit $\{0, 2, 0, 21, 0, 212$ identifizieren, $\cdots\}$, und mit $\{0, 212, 0, 212112, 0, 212112111, \cdots\}$, und mit ...

---

[2]Cantor bezeichnete solche Folgen als „Fundamentalfolgen."

[3]Natürlich, wenn x rational ist, bedeutet $x \sim \{x_i\}$ dann gerade, dass $x = \lim_{i\to\infty} x_i$ ist.

BEISPIEL 11.4. In den folgenden Abschnitten entwickeln wir mehrere andere Algorithmen für die Berechnung der Nullstelle von $x^2 - 2 = 0$. Diese Algorithmen erzeugen Cauchy–Folgen von rationalen Zahlen, welche mit $\sqrt{2}$ identifiziert werden, die aber nicht dieselbe sind wie die Folge, die durch den Bisektionalgorithmus erzeugt wird.

Wir möchten die Beziehung zwischen den Folgen, die mit derselben Dezimaldarstellung identifiziert werden, charakterisieren. Wir nehmen an, dass $\{x_i\}$ und $\{\tilde{x}_i\}$ zwei Cauchy–Folgen von rationalen Zahlen mit $x \sim \{x_i\}$ und $x \sim \{\tilde{x}_i\}$ sind. Zuerst folgt daraus, dass $\{x_i - \tilde{x}_i\}$ eine Cauchy–Folge von rationalen Zahlen ist. Die Dreiecksungleichung liefert

$$|(x_i - \tilde{x}_i) - (x_j - \tilde{x}_j)| \leq |x_i - x_j| + |\tilde{x}_i - \tilde{x}_j|.$$

Für ein gegebenes $\epsilon > 0$ gibt es Zahlen N und $\tilde{N}$, so dass $|x_i - x_j| < \epsilon/2$ für $i, j > N$ ist und ebenso $|\tilde{x}_i - \tilde{x}_j| < \epsilon/2$ für $i, j > \tilde{N}$. Es folgt, dass $|(x_i - \tilde{x}_i) - (x_j - \tilde{x}_j)| < \epsilon$ für $i, j > \max\{N, \tilde{N}\}$. Nun gibt es für ein beliebiges $n > 0$ ein N, so dass die ersten n Stellen rechts vom Dezimalpunkt in der Dezimaldarstellung von x_i mit den entsprechenden Stellen in der Darstellung von x für $i > N$ übereinstimmen. Ebenso gibt es ein $\tilde{N}$, so dass die ersten n Stellen rechts vom Dezimalpunkt in der Dezimaldarstellung von $\tilde{x}_i$ mit den entsprechenden Stellen von x für $i > \tilde{N}$ übereinstimmen. Deshalb gibt es für ein beliebiges $n > 0$ ein M, so dass $|x_i - \tilde{x}_i| < 10^{-n}$ für $i > M$. Wir kommen zu dem Schluss, dass $\{x_i - \tilde{x}_i\}$ gegen Null konvergiert, d.h. $\lim_{i \to \infty} x_i - \tilde{x}_i = 0$.[4]

Ebenso werden wir Sie in Aufgabe 11.1 bitten zu zeigen, dass wenn $\{x_i\}$ und $\{\tilde{x}_i\}$ Cauchy–Folgen rationaler Zahlen sind, so dass $\lim_{i \to \infty} x_i - \tilde{x}_i = 0$ ist, $\{x_i\}$ und $\{\tilde{x}_i\}$ mit derselben Dezimaldarstellung identifiziert werden können. Damit haben wir den folgenden Satz bewiesen:

Satz 11.1 *Nehmen wir an, dass $\{x_i\}$ und $\{\tilde{x}_i\}$ Cauchy–Folgen rationaler Zahlen sind. Dann werden $\{x_i\}$ und $\{\tilde{x}_i\}$ genau dann mit derselben Dezimaldarstellung identifiziert, wenn $\lim_{i \to \infty} x_i - \tilde{x}_i = 0$.*[5]

11.2 Arithmetik mit irrationalen Zahlen

Als nächstes definieren wir die wesentlichen arithmetischen Operationen für die irrationalen Zahlen. Um dies zu tun, benötigen wir einige grundsätzlichen Fakten zu den Cauchy–Folgen rationaler Zahlen.

---

[4] Beachten Sie, dass wir die Idee des Grenzwerts, den wir in Kapitel 9 definiert haben, benutzen können, da der Grenzwert 0 rational ist.

[5] Dieses Ergebnis ist in der Praxis wichtig, da es impliziert, dass es ohne Bedeutung ist, welche Cauchy–Folge von rationalen Zahlen, die mit einer bestimmten irrationalen Zahl identifiziert ist, benutzt wird, um Operationen mit der irrationalen Zahl im Grenzwert zu definieren.

Zunächst, wenn $\{x_i\}$ eine Cauchy–Folge von rationalen Zahlen ist, dann gibt es ein N, so dass $|x_j - x_i| < 1$ für $j \geq i > N$. Dies bedeutet

$$|x_j| \leq |x_{N+1}| + 1 \text{ für } j \geq N,$$

und deshalb

$$|x_i| \leq \max\{|x_1|, \cdots, |x_N|, |x_{N+1}| + 1\} \text{ für alle } i.$$

Wir schließen folgendes:

Satz 11.2 *Eine Cauchy–Folge rationaler Zahlen ist beschränkt.*

In Satz 9.2 zeigen wir, wie man mit den Grenzwerten rechnet. Die gleichen Arten von Regeln gelten für Cauchy–Folgen von rationalen Zahlen. Zum Beispiel zeigen wir, dass die Tatsache, dass $\{x_i\}$ und $\{y_i\}$ Cauchy–Folgen sind, bedeutet, dass $\{x_i + y_i\}$ eine Cauchy–Folge ist. Dazu benutzen wir einfach die Dreiecksungleichung:

$$|(x_i + y_i) - (x_j + y_j)| \leq |x_i - x_j| + |y_i - y_j|.$$

Jetzt können wir $|x_i - x_j|$ und $|y_i - y_j|$ so klein machen wie wir wollen, indem wir i und j groß wählen, ebenso läßt sich $|(x_i+y_i)-(x_j+y_j)|$ beliebig klein machen.[6] Ebenso zeigen wir, dass wenn $\{x_i\}$ und $\{y_i\}$ Cauchy–Folgen sind, auch $\{x_i y_i\}$ eine Cauchy–Folge ist. Wir schätzen unter Verwendung der üblichen Tricks und der Dreiecksungleichung ab:

$$\begin{aligned}
|x_i y_i - x_j y_j| &= |x_i y_i - x_i y_j + x_i y_j - x_j y_j| \\
&\leq |x_i y_i - x_i y_j| + |x_i y_j - x_j y_j| \\
&= |x_i| \, |y_i - y_j| + |y_j| \, |x_i - x_j|.
\end{aligned}$$

Satz 11.2 impliziert, dass die Zahlen $|x_i|$ und $|y_i|$ alle durch eine Konstante beschränkt sind. Wir nennen diese C und erhalten

$$|x_i y_i - x_j y_j| \leq C|y_i - y_j| + C|x_i - x_j|.$$

Wir können nun die rechte Seite klein machen, indem wir i und j groß wählen. Das zeigt, dass $\{x_i y_i\}$ eine Cauchy Folge ist.

In Aufgabe 11.4 werden wir Sie bitten, die Fälle der Subtraktion und der Division zu behandeln. Wir fassen dies in einem Satz zusammen.

Satz 11.3 *Es seien $\{x_i\}$ und $\{y_i\}$ Cauchy–Folgen von rationalen Zahlen. Dann sind auch $\{x_i + y_i\}$, $\{x_i - y_i\}$ und $\{x_i y_i\}$ Cauchy–Folgen von rationalen Zahlen. Wenn $y_i \neq 0$ für alle i und $\{y_i\}$ mit einer Zahl ungleich 0 identifiziert wird, dann ist auch $\{x_i/y_i\}$ eine Cauchy–Folge von rationalen Zahlen.*

---

[6]Im Wesentlichen ist dies dasselbe Argument, das wir zum Beweis von Satz 11.1 benutzt haben, welchen wir bis in letzte Detail durchgeführt hatten.

Es seien x und y irrationale Zahlen, die mit den entsprechenden Cauchy–Folgen von rationalen Zahlen $\{x_i\}$ und $\{y_i\}$ identifiziert sind. Betrachten wir jetzt die Definition von $x + y$. Wenn x und y endliche Dezimaldarstellungen haben, dann berechnen wir ihre Summe, indem wir Stelle für Stelle addieren, beginnend mit der ersten Stelle auf der rechten Seite, d.h. „am Ende". Wenn x und y irrational sind, dann gibt es kein „Ende", deshalb ist es nicht sofort klar, wie man die Summe berechnet. Allerdings gibt es kein Problem, die Summe $x_i + y_i$ zu berechnen. Außerdem ist $\{x_i + y_i\}$ eine Cauchy–Folge von rationalen Zahlen, die mit einer eindeutigen Dezimaldarstellung identifiziert ist. Also *definieren* wir $x + y$ als die eindeutige Dezimaldarstellung

$$x + y \sim \{x_i + y_i\}.$$

BEISPIEL 11.5. Wir addieren

$$x = \sqrt{2} = 1,4142135623730950488\cdots$$

und

$$y = \frac{1043}{439} = 2,3758542141230068337\cdots$$

indem wir in Abbildung 11.1 $x_i + y_i$ für $i \geq 1$ addieren.

i	x_i	y_i	$x_i + y_i$
1	1	2	3
2	1,4	2,3	3,7
3	1,41	2,37	3,78
4	1,414	2,375	3,789
5	1,4142	2,3758	3,7900
⋮	⋮	⋮	⋮
10	1,414213562	2,375854214	3,790067776
⋮	⋮	⋮	⋮
15	1,42421356237309	2,37585421412300	3,79006777649609
⋮	⋮	⋮	⋮

Abbildung 11.1: Die Berechnung der Dezimaldarstellung von $\sqrt{2}+1043/439$ unter Verwendung der abgeschnittenen Dezimalfolgen.

Wir definieren die anderen Operationen auf dieselbe Weise. Zum Beispiel *definieren* wir xy als die eindeutige Dezimaldarstellung, die mit der Cauchy–Folge $\{x_i y_i\}$ identifiziert ist:

$$xy \sim \{x_i y_i\},$$

und ähnlich die Division und die Subtraktion.

Mit diesen Definitionen können wir leicht zeigen, dass die üblichen Kommutativ-, Distributiv- und Assoziativ-Regeln für diese Operationen gelten. Beispielsweise ist die Addition kommutativ, da

$$x + y \sim \{x_i + y_i\} = \{y_i + x_i\} \sim y + x.$$

Beachten Sie, dass wir das Gleichheitszeichen = dahingehend definieren, dass die Zahlen auf beiden Seiten der Gleichung mit derselben Dezimaldarstellung identifiziert werden. Der Punkt ist, sobald wir x und y durch die Verwendung der *rationalen* Folgen $\{x_i\}$ und $\{y_i\}$ ersetzen, übernehmen wir dann die bekannten und geliebten Eigenschaften der rationalen Zahlen. Wir fassen dies in einem Satz zusammen. In Aufgabe 11.5 werden wir Sie bitten, den Beweis zu vervollständigen.

Satz 11.4 Arithmetische Eigenschaften von Zahlen *Mit den obigen Definitionen der arithmetischen Operationen gelten die folgenden Eigenschaften für alle rationalen und irrationalen Zahlen x, y und z:*

- $x + y$ *ist entweder rational oder irrational.*

- $x + y = y + x$.

- $x + (y + z) = (x + y) + z$.

- $x + 0 = 0 + x = x$ *und* 0 *ist die einzige Zahl mit dieser Eigenschaft.*

- *Es gibt eine eindeutige rationale oder irrational Zahl* $-x$, *so dass* $x + (-x) = (-x) + x = 0$.

- xy *ist entweder rational oder irrational.*

- $xy = yx$.

- $(xy)z = x(yz)$.

- $1 \cdot x = x \cdot 1 = x$ *und* 1 *ist die einzige Zahl mit dieser Eigenschaft.*

- *Wenn* x *nicht die rationale Zahl* 0 *ist, dann gibt es eindeutig eine rationale oder irrationale Zahl* x^{-1}, *so dass* $x \cdot x^{-1} = x^{-1} \cdot x = 1$.

- $x(y + z) = xy + xz$.

11.3   Ungleichungen für irrationale Zahlen

Wir benutzen denselben Ansatz, um Ungleichungen, die irrationale Zahlen einbeziehen, zu definieren. Allerdings müssen wir bei der Definition von Ungleichungen ein bißchen vorsichtig sein. Nehmen wir an, dass $\{x_i\}$ und

$\{y_i\}$ Cauchy–Folgen von rationalen Zahlen sind, so dass $x_i < y_i$ für alle i. Daraus folgt *nicht*, dass $\{x_i\}$ und $\{y_i\}$ verschiedenen Dezimaldarstellungen entsprechen.

BEISPIEL 11.6. Es sei $x_i = 0,999\cdots 9$ mit i Stellen, und $y_i = 1$ für alle i. Es gilt

$$x_i < y_i \text{ für alle } i, \qquad (11.1)$$

jedoch $1 \sim \{x_i\}$ und $1 \sim \{y_i\}$.

Das Problem ist, dass x_i sich y_i beliebig nähern kann, wenn i zunimmt.

Nehmen wir an, dass $\{x_i\}$ eine Cauchy–Folge von rationalen Zahlen ist, die mit der Dezimaldarstellung x identifiziert ist. Wenn es eine Konstante c gibt, so dass

$$x_i \le c < 0 \text{ für alle ausreichend großen} i,$$

dann sagen wir, dass $x < 0$ ist. Diese Bedingung bewahrt x_i davor, der 0 beliebig nahe zu kommen. Analog, wenn es eine Konstante c gibt, so dass

$$x_i \ge c > 0 \text{ für alle ausreichend großen } i,$$

dann sagen wir, dass $x > 0$ ist. Wenn keine dieser beiden Bedingungen gilt, dann ist $x = 0$.

Jetzt nehmen wir an, dass $\{x_i\}$ und $\{y_i\}$ Cauchy–Folgen von rationalen Zahlen sind, die mit den entsprechenden Dezimaldarstellungen x und y identifiziert sind. Wir sagen, dass $x < y$, wenn $x - y < 0$, $x = y$, wenn $x - y = 0$ und $x > y$, wenn $x - y > 0$ unter Verwendung der obigen Definitionen. Ähnlich definieren wir $x \le y$, wenn $x < y$ oder $x = y$ und so weiter.[7]

Es ist einfach zu überprüfen, dass diese Definitionen die Regeln erfüllen, deren Gültigkeit wir für Ungleichungen erwarten.

BEISPIEL 11.7. Zum Beispiel impliziert $x \le y$ die Ungleichung $-x \ge -y$, da $x_i \le y_i$ für alle i impliziert, dass $-x_i \ge -y_i$ für alle i ist. Außerdem impliziert $x \le y$ und $w \le z$, dass $x + w \le y + z$ ist, da $x_i \le y_i$ und $w_i \le z_i$ für alle i impliziert, dass $x_i + w_i \le w_i + z_i$ für alle i ist.

---

[7]Ein Konstruktivist könnte diese Definitionen mit der Begründung ablehnen, dass sie nicht für beliebige reelle Zahlen x und y durch endliche schrittweise Berechnungen überprüft werden können. Nehmen wir an, dass wir sie überprüfen und herausfinden, dass $x_i < y_i - c$ für $i = 1, 2, \cdots, N$ für irgendein großes N und irgendeine Konstante $c > 0$ ist. Wir können immer noch nicht $x < y$ schließen, da es sein kann, dass $x_i = y_i$ für $i > N$ ist. Praktisch gesprochen können wir natürlich nur die Definition für eine endliche Anzahl von Termen in den Folgen prüfen. Wie auch immer, Ungleichungen zu vermeiden wirft viele Komplikationen auf und in diesem Fall unterliegen wir dem Drang zur Selbsterhaltung.

Wir fassen diese ausschlaggebenden Eigenschaften in einem Satz zusammen, den wir Sie in Aufgabe 11.6 zu beweisen bitten.

Satz 11.5 Ordnungseigenschaften von Zahlen *Mit den obigen Definitionen der arithmetischen Operationen und Relationen* $<$, $=$ *und* $>$, *gelten die folgenden Eigenschaften für alle rationalen und irrationalen Zahlen* x, y *und* z:

- *Es gilt genau eine der Bedingungen* $x < y$, $x = y$ *oder* $x > y$.

- $x < y$ *und* $y < z$ *impliziert* $x < z$.

- $x < y$ *impliziert* $x + z < y + z$.

- $z > 0$ *und* $x < y$ *implizieren* $xz < yz$.

Diese Definitionen erlauben eine ordentliche Interpretation der Bedeutung von $\sim$. Wenn $\{x_i\}$ eine Cauchy–Folge von rationalen Zahlen und $x \sim \{x_i\}$ ist, dann schreiben wir $x = \lim_{i \to \infty} x_i$, da es für jedes vorgegebene $\epsilon > 0$ ein N gibt, so dass $|x - x_i| < \epsilon$ für $i > N$. Infolgedessen lassen wir die Verwendung von $\sim$ für den Rest dieses Buches fallen, und sprechen einfach über den Grenzwert einer Cauchy–Folge von rationalen Zahlen.

Sobald wir Ungleichungen für reelle Zahlen haben, können wir Intervalle mit reellen Endpunkten auf bekannte Weise definieren. Die Menge von reellen Zahlen x zwischen a und b, $\{x : a < x < b\}$, wird das **offene Intervall** zwischen a und b genannt und durch (a, b) bezeichnet, wobei a und b die **Endpunkte** des Intervalls genannt werden. Das **abgeschlossene Intervall** $[a, b]$ ist eine Menge $\{x : a \leq x \leq b\}$, welches seine Endpunkte enthält. Letztlich können wir ein **halb-geöffnetes Intervall** mit einem offenen und einem geschlossenen Ende haben, so wie $(a, b] = \{x : a < x \leq b\}$.

Es gibt auch „unendliche" Intervalle, so wie $(-\infty, a) = \{x : x < a\}$ und $[b, \infty) = \{x : b \leq x\}$.

11.4 Die reellen Zahlen

Im Rest dieses Buches diskutieren wir gleichzeitig rationale und irrationale Zahlen, deshalb ist es praktisch, eine Menge einzuführen, die beide Arten von Zahlen beinhaltet. Eine **reelle** Zahl ist eine beliebige rationale oder irrational Zahl und die Menge von reellen Zahlen $\mathbb{R}$ wird als die Menge aller rationalen und irrationalen Zahlen definiert. Da jede Dezimaldarstellung eine reelle Zahl definiert, könnten wir auch die Menge reeller Zahlen $\mathbb{R}$ als die Menge aller möglichen Dezimaldarstellungen definieren.

Diese Definition ist aus denselben Gründen umstritten wie die Definition von $\mathbb{Q}$ als die Menge aller rationalen Zahlen (vgl. Abschnitt 4.3). Die

Menge $\mathbb{R}$ enthält beliebig große Zahlen und darüberhinaus gibt es unendlich viele reelle Zahlen zwischen zwei beliebigen, unterschiedlichen reellen Zahlen. *Zusätzlich* haben wir noch keinen Algorithmus festgelegt, der die Stellen einer beliebigen reellen Zahl bestimmt. Idealerweise sollten wir jedes Mal, wenn eine irrationale Zahl in einer mathematischen Diskussion auftaucht, einen Algorithmus zur Berechnung ihrer Stellen bis zu einer beliebigen gewünschten Genauigkeit angeben. Allerdings erfordert im Allgemeinen die Entwicklung eines solchen Algorithmus einige Informationen über die besagte Zahl, wie zum Beispiel die Kenntnis, dass sie die Lösung einer Gleichung ist. Deshalb ist es nicht nur ziemlich mühsam, einen Algorithmus für jede auftauchende Zahl zu bestimmen, es ist auch beschwerlich, über eine allgemeine Zahl zu sprechen, da wir keinen Algorithmus haben, der alle irrationalen Zahlen berechnet. Aus dem Grund und um uns das Leben einfach zu machen, sprechen wir oft über eine allgemeine reelle Zahl, *ohne zu beschreiben, wie ihre Stellen berechnet werden.*[8]

11.5   Bitte, oh bitte, lass die reellen Zahlen genug sein

Es gibt eine letzte subtile Frage zur Konstruktion der reellen Zahlen, die noch in der Luft hängt. Wir haben einen langen Weg hinter uns, bis wir zu diesem Punkt gelangt sind. Wir haben mit den natürlichen Zahlen begonnen und schnell herausgefunden, dass die Anforderungen der gebräuchlichen Arithmetik die Erweiterung der natürlichen Zahlen zu den ganzen Zahlen und dann zu den rationalen Zahlen erforderten. Wir haben dann entdeckt, dass die Lösung von Modellen, die rationale Zahlen erfordern, und gewiss die rationalen Zahlen selbst normalerweise mit unendlichen Folgen von rationalen Zahlen verbunden sind. Konvergierende Folgen von rationalen Zahlen konvergieren allerdings nicht unbedingt gegen einen rationalen Grenzwert, und so haben wir die rationalen Zahlen um die irrationalen Zahlen erweitert.

An diesem Punkt ist es sicherlich begründet, inbrünstig zu hoffen, dass wir alle Zahlen konstruiert haben. In anderen Worten, wir stehen vor der Frage: Enthalten die reellen Zahlen alle Zahlen oder müssen wir die reellen Zahlen erweitern, um ein neues, noch größeres Zahlensystem zu erhalten? Wir zeigen jetzt, dass die reellen Zahlen ausreichend sind.[9]

---

[8]Und so irren wir weit entfernt vom Weg des Konstruktivismus umher.

[9]Zumindestens sind die reellen Zahlen ausreichend, wenn wir uns aus dem Bereich der komplexen Zahlen heraushalten. In diesem Buch ist kein Raum, die Notwendigkeit für die Erweiterung der reellen Zahlen anzuregen, um die komplexen Zahlen zu erhalten. Lassen Sie mich versichern, dass die Erweiterung der reellen Zahlen um die komplexen Zahlen viel einfacher ist als die Konstruktion der reellen Zahlen.

Die Definitionen der Arithmetik für die reellen Zahlen stellen sicher, dass das Ergebnis einer arithmetischen Kombination von reellen Zahlen wiederum eine reelle Zahl ist. Aber Folgen von reellen Zahlen stellen ein subtileres Problem dar. Wir müssen uns um Folgen von reellen Zahlen kümmern, da sie überall in der Analysis und in mathematischen Modellierungen auftauchen.

Unser spezielles Anliegen ist zu zeigen, dass eine Cauchy–Folge von *reellen* Zahlen gegen einen reellen Grenzwert konvergiert. Wenn eine Cauchy–Folge von reellen Zahlen nicht gegen einen reellen Grenzwert konvergiert, wären wir gezwungen, nach einer neuen, größeren Menge von Zahlen zu suchen. Hier benutzen wir dieselbe Definition der Konvergenz und der Cauchy–Folge, wie wir sie schon für Folgen von rationalen Zahlen benutzt haben. Eine Folge von reellen Zahlen $\{x_i\}$ **konvergiert** gegen x, wenn es für ein beliebiges $\epsilon > 0$ eine natürliche Zahl N gibt, so dass $|x_i - x| < \epsilon$ für $i > N$. Wenn dies gilt, schreiben wir $x = \lim_{i \to \infty} x_i$. Analog ist eine Folge von reellen Zahlen $\{x_i\}$ eine **Cauchy–Folge**, wenn es für ein beliebiges $\epsilon > 0$ ein N gibt, so dass $|x_i - x_j| < \epsilon$ für $i, j > N$.

Zu zeigen, dass eine Folge von reellen Zahlen — unter Verwendung der Definition — konvergiert, verläuft nicht anders als zu zeigen, dass eine Folge von rationalen Zahlen konvergiert und wir verweisen für Beispiele und Probleme zurück auf Kapitel 9. Um zu erläutern, wie man die Definition benutzt, um zu zeigen, dass eine Folge von reellen Zahlen eine Cauchy–Folge ist, erinnern wir uns an drei Beispiele aus Kapitel 9.

BEISPIEL 11.8.   In Beispiel 9.6 haben wir die Konvergenz der Folge $\{1/i\}_{i=1}^{\infty}$ analysiert. Um zu zeigen, dass dies eine Cauchy–Folge ist, berechnen wir

$$\left|\frac{1}{i} - \frac{1}{j}\right| = \left|\frac{j-i}{ij}\right| = \left|\frac{1}{i}\right| \left|\frac{j-i}{j}\right|.$$

Da $j \geq i \geq 1$, $j - i \leq j$, und deshalb

$$\left|\frac{j-i}{j}\right| \leq \frac{j}{j} = 1,$$

gilt also

$$\left|\frac{1}{i} - \frac{1}{j}\right| \leq \frac{1}{i}.$$

Mit anderen Worten, wenn wir N als die kleinste natürliche Zahl größer als $1/\epsilon$ wählen, dann ist die Bedingung in der Definition einer Cauchy–Folge erfüllt.

BEISPIEL 11.9.   In Beispiel 9.8 haben wir die Konvergenz der Folge $\{i/(i+1)\}_{i=1}^{\infty}$ untersucht. Um zu zeigen, dass dies eine Cauchy–Folge ist, berechnen wir

$$\left| \frac{i}{i+1} - \frac{j}{j+1} \right| = \left| \frac{(j+1)i - (i+1)j}{(i+1)(j+1)} \right| = \left| \frac{i-j}{(i+1)(j+1)} \right|$$
$$= \left| \frac{1}{i+1} \right| \left| \frac{j-i}{j+1} \right|.$$

Da $j \geq i \geq 1$, $j - i \leq j$, während $j + 1 \geq j$, also

$$\left| \frac{j-i}{j+1} \right| \leq \frac{j}{j} = 1$$

gilt

$$\left| \frac{i}{i+1} - \frac{j}{j+1} \right| \leq \frac{1}{i+1}.$$

Mit anderen Worten, wenn wir N als die kleinste natürliche Zahl größer als $1/\epsilon - 1$ wählen, dann ist die Bedingung in der Definition einer Cauchy–Folge erfüllt.

BEISPIEL 11.10. Erinnern wir uns, dass wir in Beispiel 9.10 zeigen, dass die geometrische Reihe für r,

$$1 + r + r^2 + r^3 + \cdots,$$

konvergiert, wenn die Folge der Partialsummen $\{s_n\}$,

$$s_n = 1 + r + r^2 + \cdots r^n = \frac{1 - r^{n+1}}{1-r},$$

konvergiert. Wir zeigen, dass die Folge von Partialsummen eine Cauchy–Folge ist, wenn $|r| < 1$. Für $m \geq n \geq 1$ berechnen wir

$$|s_n - s_m| = \left| \frac{1 - r^{n+1}}{1-r} - \frac{1 - r^{m+1}}{1-r} \right|$$
$$= \left| \frac{(1-r)(1 - r^{n+1}) - (1-r)(1 - r^{m+1})}{(1-r)^2} \right|$$
$$= \left| \frac{r^{n+1} + r^{n+2} - r^{m+1} - r^{m+2}}{(1-r)^2} \right|$$
$$= \left| \frac{r^{n+1}}{(1-r)^2} \right| \left| 1 + r - r^{m-n} - r^{m+1-n} \right|.$$

Da $m \geq n \geq 1$ und $|r| < 1$ gilt, $|r|^{m-n} < 1$ und $|r|^{m+1-n} < 1$. Deshalb

$$\left| 1 + r - r^{m-n} - r^{m+1-n} \right| \leq |1| + |r| + |r|^{m-n} + |r|^{m+1-n} \leq 4$$

und es gilt

$$|s_n - s_m| \leq \frac{4}{|1-r|^2} |r|^{n+1}.$$

Da jetzt $4/|1 - r|^2$ eine feste Zahl ist und da $|r| < 1$ ist, können wir $|r|^{n+1}$ so klein machen, wie wir möchten, indem wir n groß wählen. Also ist die Folge von Partialsummen eine Cauchy–Folge.

Wir kehren zu der Frage zurück, ob eine Cauchy–Folge von reellen Zahlen gegen eine reelle Zahl konvergieren muß oder nicht. Jedes Element x_i einer Cauchy–Folge von rellen Zahlen kann auf beliebige Genauigkeit durch eine Cauchy–Folge von rationalen Zahlen approximiert werden.[10] Wir müssen nun zwischen den Folgen für die unterschiedlichen Elemente unterscheiden, deshalb benutzen wir einen doppelten Index. Lassen wir $\{x_{ij}\}_{j=1}^{\infty} = \{x_{i1}, x_{i2}, x_{i3}, \cdots\}$ eine Cauchy–Folge von rationalen Zahlen bezeichnen, die gegen x_i konvergiert.

BEISPIEL 11.11. Wenn

$$x_i = 4,12112111211112\cdots,$$

dann ist

$$x_{i1} = 4,1$$
$$x_{i2} = 4,12$$
$$x_{i3} = 4,121$$
$$x_{i4} = 4,1211$$
$$\vdots \qquad \vdots$$

eine Möglichkeit, die Folge $\{x_{ij}\}$ zu bilden.

Wir haben jetzt viele Folgen, die wir in einer großen Tabelle anordnen können:

$$
\begin{array}{cccccccc}
x_{11} & x_{12} & x_{13} & x_{14} & x_{15} & \cdots & \rightarrow & x_1 \\
x_{21} & x_{22} & x_{23} & x_{24} & x_{25} & \cdots & \rightarrow & x_2 \\
x_{31} & x_{32} & x_{33} & x_{34} & x_{35} & \cdots & \rightarrow & x_3 \\
x_{41} & x_{42} & x_{43} & x_{44} & x_{45} & \cdots & \rightarrow & x_4 \\
\vdots & & & \ddots & & & & \vdots
\end{array}
$$

Da $\{x_i\}$ eine Cauchy–Folge ist, können wir $|x_i - x_j|$ so klein wie gewünscht machen, indem wir $j \geq i$ hinreichend groß wählen. Dies bedeutet insbesondere, dass $\{x_i\}$ eine eindeutige Dezimaldarstellung x definiert. Wir möchten zeigen, dass x der Grenzwert einer Cauchy–Folge von rationalen Zahlen ist. Um die Folge zu konstruieren, argumentieren wir folgendermaßen. Da $\{x_{1j}\}$ gegen x_1 konvergiert, ist

$$|x_1 - x_{1j}| < 10^{-1}$$

---

[10]Wir können in jedem Fall die Folge benutzen, die durch das Abschneiden der Dezimaldarstellung von x_i gebildet wurde.

für alle hinreichend großen j. Wir bezeichnen mit m_1 den kleinsten Index, so dass

$$|x_1 - x_{1m_1}| < 10^{-1}.$$

Ebenso bezeichnen wir mit m_2 den kleinsten Index, so dass

$$|x_2 - x_{2m_2}| < 10^{-2}.$$

Allgemein bezeichnen wir mit m_i den kleinsten Index (der immer endlich ist), so dass

$$|x_i - x_{im_i}| < 10^{-i}.$$

Wir behaupten, dass $\{x_{im_i}\}$ eine Cauchy–Folge von rationalen Zahlen ist, die gegen x konvergiert. Tatsächlich folgt dies aus der Definition. Zunächst führen wir die folgende Abschätzung durch:

$$\begin{aligned}
|x_{im_i} - x_{jm_j}| &= |x_{im_i} - x_i + x_i - x_j + x_j - x_{jm_j}| \\
&\leq |x_{im_i} - x_i| + |x_i - x_j| + |x_j - x_{jm_j}| \\
&\leq 10^{-i} + |x_i - x_j| + 10^{-j}.
\end{aligned}$$

Da $\{x_i\}$ eine Cauchy–Folge ist, gibt es zu gegebenem $\epsilon > 0$ ein N, so dass

$$10^{-i} \leq \epsilon/3, \quad |x_i - x_j| < \epsilon/3, \quad 10^{-j} < \epsilon/3,$$

und daher ist $|x_{im_i} - x_{jm_j}| < \epsilon$ für $i, j > N$. Also ist $\{x_{im_i}\}$ eine Cauchy–Folge. Per Konstruktion stimmen die ersten i Stellen rechts vom Dezimal–Komma in der Dezimaldarstellung von x_{im_i} mit den entsprechenden Stellen von x_i überein. Dies bedeutet aber, dass $\{x_{im_i}\}$ dieselbe Dezimaldarstellung wie $\{x_i\}$ definiert, was per Definition impliziert, dass

$$\lim_{i \to \infty} x_{im_i} = x.$$

Wenn andererseits $\{x_i\}$ eine Folge ist, die gegen einen Grenzwert x konvergiert, dann impliziert die Abschätzung

$$|x_i - x_j| \leq |x_i - x| + |x - x_j|$$

sofort, dass $\{x_i\}$ eine Cauchy–Folge ist. Wir fassen dies in dem folgenden Satz zusammen.

Satz 11.6 Cauchysches Konvergenzkriterium *Eine Cauchy–Folge von reellen Zahlen konvergiert gegen eine eindeutige reelle Zahl und jede konvergente Folge von reellen Zahlen ist eine Cauchy–Folge.*

Wir umschreiben dieses Ergebnis, indem wir sagen, dass die reellen Zahlen $\mathbb{R}$ **vollständig** sind.

Satz 11.6 und die vorhergehende Diskussion implizieren die folgende wichtige Beobachtung.

Satz 11.7 Dichtheit der rationalen Zahlen *Jede reelle Zahl kann durch eine Cauchy-Folge von rationalen Zahlen auf beliebige Genauigkeit approximiert werden.*

Wenn eine Zahl x rational ist, wählen wir schlicht die Folge mit den konstanten Werten $\{x\}$. Ist die Zahl irrational, dann können wir die Folge von abgeschnittenen Dezimaldarstellungen $\{x_n\}$ benutzen, wie in Beispiel 11.1. Wir umschreiben dieses Ergebnis, indem wir sagen, dass die rationalen Zahlen eine **dichte** Teilmenge der reellen Zahlen sind.[11]

Die Definitionen, die wir für die Konvergenz und die Cauchy-Folge für Folgen von reellen Zahlen gemacht haben, bedeuten, dass alle üblichen Eigenschaften, die für Folgen von rationalen Zahlen gelten, auf Folgen von reellen Zahlen übertragen werden können.

Insbesondere implizieren dieselben Argumente, die wir verwendet haben, um die Sätze 9.2, 11.2 und 11.3 zu zeigen, auch die folgenden Ergebnisse.

Satz 11.8 *Nehmen wir an, dass $\{x_n\}_{n=1}^{\infty}$ gegen x konvergiert und dass $\{y_n\}_{n=1}^{\infty}$ gegen y konvergiert. Dann konvergiert $\{x_n + y_n\}_{n=1}^{\infty}$ gegen $x + y$, $\{x_n - y_n\}_{n=1}^{\infty}$ konvergiert gegen $x - y$, $\{x_n y_n\}_{n=1}^{\infty}$ konvergiert gegen xy,*
und wenn $y_n \neq 0$ für alle n und $y \neq 0$ ist, konvergiert $\{x_n/y_n\}_{n=1}^{\infty}$ gegen x/y.

Satz 11.9 *Eine Cauchy-Folge von reellen Zahlen ist beschränkt.*

Satz 11.10 *Es seien $\{x_i\}$ und $\{y_i\}$ Cauchy-Folgen von reellen Zahlen. Dann sind auch $\{x_i + y_i\}$, $\{x_i - y_i\}$ und $\{x_i y_i\}$ Cauchy-Folgen von reellen Zahlen. Wenn $y_i \neq 0$ für alle i und $\lim_{i\to\infty} y_i \neq 0$ ist, dann ist auch $\{x_i/y_i\}$ eine Cauchy-Folge von reellen Zahlen.*

11.6   Ein wenig Geschichte der reellen Zahlen

Wir können das wichtigste Ergebnis dieses Kapitels in der folgenden Beschreibung der wesentlichen Eigenschaften der reellen Zahlen zusammenfassen.

Satz 11.11 Satz über die reellen Zahlen *Die reellen Zahlen sind vollständig und die rationalen Zahlen sind dicht in den reellen Zahlen.*

---

[11] Die Sätze 11.6 und 11.7 sind sowohl für die Praxis als auch für die Theorie wichtig. Wenn wir den Grenzwert einer Folge von reellen Zahlen unter Verwendung eines Computers berechnen wollen, stehen wir vor dem Problem, dass der Computer keine allgemeinen irrationalen Elemente speichern kann, die in der Folge vorkommen. Aber diese Sätze implizieren, dass wir eine Cauchy-Folge von reellen Zahlen mit einer Cauchy-Folge von rationalen Zahlen mit demselben Grenzwert ersetzen können. Dies bedeutet, dass wir den Grenzwert einer Folge von reellen Zahlen auf einem Computer, im Rahmen seiner Genauigkeit, approximieren können, auch wenn wir nicht alle genauen Elemente der Folge benutzt haben.

Es ist überraschend zu erfahren, dass die Konstruktion der reellen Zahlen der letzte Schritt im langen Kampf darum war, die Analysis und die Infinitesimalrechnung auf ein solides, mathematisches Fundament zu stellen. Im Nachhinein erscheint es offensichtlich, dass es schwierig sein würde, Vorstellungen wie dem Grenzwert, der der Analysis und der Infinitesimalrechnung zugrunde liegt, ohne ein vollständiges System von Zahlen wie den reellen, einen mathematischen Sinn zu geben. Andernfalls würden wir uns ständig mit konvergenten Folgen von Zahlen befassen, deren Grenzwerte nicht verstanden würden. Auf der anderen Seite verhalten sich die reellen Zahlen genauso wie die rationalen Zahlen, weshalb frühe Analytiker, die sich auf ihre Intuition verließen, die auf den Eigenschaften der rationalen Zahlen beruhte, keinem Widerspruch begegneten.

Wie dem auch sei, moderne Texte zur Analysis präsentieren immer die Konstruktion der reellen Zahlen, bevor sie sich tiefergehenden Themen in der Analysis zuwenden. Es gibt verschiedene mögliche Zugänge. Den Ansatz, den wir aufgegriffen haben, d.h. die Erweiterung der rationalen Zahlen um die irrationalen Zahlen, geht im Wesentlichen zurück auf Cantor, der die erste rigorose Theorie für die reellen Zahlen konstruierte.

Was als der klassische Ansatz für die Konstruktion der reellen Zahlen betrachtet werden kann, wurde zuerst von Hilbert[12] einige Zeit nach Cantors Arbeit favorisiert.

Wir würden beginnen, indem wir die Eigenschaften angeben, von denen wir erwarten, dass sie für ein System von reellen Zahlen als eine Menge von Axiomen gelten. Die erste Menge von Axiomen beschreibt wie die Zahlen, unter Verwendung von Arithmetik kombiniert werden müssen. Wir nehmen an, dass die Menge von Zahlen R zusammen mit den Operationen der Addition $+$ und der Multiplikation $\times = \cdot$ den in Satz 11.4 aufgelisteten Eigenschaften genügen. Diese werden die *Körperaxiome* genannt. Außerdem nehmen wir an, dass es eine ordnende Operation $<$ auf R gibt, die den Eigenschaften aus Satz 11.5 genügt, die *Ordnungsaxiome* genannt werden. Eine Menge von Zahlen R, die den Körper– und den Ordnungsaxiomen genügt, wird ein *geordneter Körper* genannt. Die rationalen Zahlen sind ein Beispiel eines geordneten Körpers.

---

[12]David Hilbert (1862–1943) war ein sehr einflußreicher deutscher Mathematiker, der auf vielen Gebieten grundlegende, wichtige Ergebnisse bewies, einschließlich der Algebra, algebraischer Zahlen, der Variationsrechnung, der Funktionalanalysis, Integralgleichungen und der mathematischen Physik. Hilbert schrieb an einigen einflußreichen Textbüchern mit, und er warf während einer berühmten Rede, die er beim Zweiten Internationalen Kongress der Mathematik hielt, 23 prominente mathematische Probleme auf, die als Hilbert's Probleme bekannt sind. Einige dieser sind noch immer ungelöst und treiben bis heute die mathematische Forschung an. Eine Lösung eines von Hilbert's Problemen wird als bedeutender Erfolg unter Mathematikern betrachtet. Hilbert versuchte eine widerspruchsfreie axiomatische und logische Beschreibung von Zahlen aufzustellen. Während er letztendlich erfolglos war, beeinflußten Hilberts Ansätze doch stark die Art und Weise, wie die moderne Mathematik dargestellt wird.

Schließlich nehmen wir an, dass die Menge R dem *Vollständigkeitsaxiom* genügt:

Jede nichtleere Menge von Zahlen in R, die nach oben beschränkt ist, hat eine kleinste obere Schranke in R.

Dieses Axiom ist notwendig, um sicherzustellen, dass das Zahlensystem R stetig in dem Sinne ist, dass es keine „Abstände" zwischen den Zahlen in R gibt. Das Vollständigkeitsaxiom ist die Eigenschaft, die die reellen Zahlen von den rationalen Zahlen unterscheidet.[13] Wir wissen, dass die rationalen Zahlen nicht *alle* Zahlen darstellen. Die Vollständigkeitseigenschaft stellt sicher, dass R alle Zahlen abdeckt.

Das klassische Existenzergebnis für die reellen Zahlen zeigt, dass die reellen Zahlen ein geordneter Körper sind und dass die rationalen Zahlen dicht in den reellen Zahlen sind. Dieses Ergebnis wird gewöhnlich bewiesen, indem man eine beliebige reelle Zahl durch rationale Zahlen unter Verwendung des Dedekindschen Schnitts[14] approximiert, welches auf der Idee basiert, dass jede Zahl die übrigen Zahlen in zwei Mengen teilt, jene kleiner und jene größer als die Zahl. Für eine Darstellung dieses Ansatzes verweisen wir auf Rudin [19].

Wie auch immer, wir entscheiden uns für die Einführung der irrationalen Zahlen — die Entwicklung ihrer elementaren Eigenschaften erfordert aber einige Arbeit. Wir mögen Cantors Ansatz, da er ein Beispiel für eine mächtige allgemeine Technik ist: wir approximieren nämlich eine unbekannte Größe mit bekannten Größen und zeigen dann, dass die unbekannte Größe wichtige Eigenschaften der Approximationen übernimmt. Dieser Ansatz wird mit großem Erfolg bei der Untersuchung von Funktionen, der Lösung von Nullstellenproblemen, der Lösung von Differenzialgleichungen, usw. benutzt. Tatsächlich können wir mit Fug und Recht behaupten, dass die moderne rechnerorientierte Wissenschaft philosophisch auf dieser Idee basiert. Viele wichtige mathematische Modelle in der Naturwissenschaft und den Ingenieurwissenschaften sind für die mathematische Analysis zu schwierig, und Informationen über Lösungen werden fast ausschließlich durch mit dem Computer erstellte Approximationen erhalten. Wir glauben, dass solche Approximationen wichtige Eigenschaften der Lösung mit guter Genauigkeit enthüllen, obwohl wir nur selten beweisen können, dass dies wahr ist.

---

[13]Es gibt viele Möglichkeiten, diese Eigenschaft zu formulieren.

[14]Benannt nach seinem Erfinder, dem deutschen Mathematiker Julius Wihelm Richard Dedekind (1831–1916). Zusammen mit einer Konstruktion der reellen Zahlen machte Dedekind wichtige Beiträge zur Untersuchung der vollständigen Induktion, der Definition von endlichen und unendlichen Mengen, sowie der algebraischen Zahlentheorie. Dedekind war auch ein sehr klarer Redner und Dozent und seine Ausdrucksweise hat die Art und Weise, wie moderne Mathematik niedergeschrieben ist, stark beeinflußt.

Kapitel 11 Aufgaben

11.1. Vervollständigen Sie den Beweis von Satz 11.1.

11.2. Es sei x der Grenzwert einer Folge von rationalen Zahlen $\{x_i\}$, wobei die ersten $i-1$ Dezimalstellen von x_i mit den ersten $i-1$ Dezimalstellen von $\sqrt{2}$ übereinstimmen. Die $i$te Dezimalstelle ist gleich 3 und der Rest der Dezimalstellen ist Null. Ist $x = \sqrt{2}$? Begründen Sie ihre Antwort.

Die Aufgaben 11.3–11.10 befassen sich mit Arithmetik und Ungleichungen für reelle Zahlen.

11.3. Beweisen Sie, dass wenn eine Cauchy–Folge von rationalen Zahlen $\{y_i\}$ mit einer Dezimaldarstellung y identifiziert wird, die nicht die rationale Zahl 0 ist, es eine Konstante $c > 0$ gibt, so dass $|y_i| \geq c$ für alle ausreichend großen i ist.

11.4. Es seien $\{x_i\}$ und $\{y_i\}$ Cauchy–Folgen von rationalen Zahlen. (a) Zeigen Sie, dass $\{x_i - y_i\}$ eine Cauchy–Folge von rationalen Zahlen ist. (b) Nehmen wir an, dass $y_i \neq 0$ für alle i ist, und dass $\{y_i\}$ mit einer Zahl ungleich 0 identifiziert wird. Beweisen Sie, dass $\{x_i/y_i\}$ eine Cauchy–Folge ist. *Hinweis:* Benutzen Sie Aufgabe 11.3.

11.5. Vervollständigen Sie den Beweis von Satz 11.4.

11.6. Beweisen Sie Satz 11.5. (b) Satz 11.5 ist ausreichend um zu folgern, dass die anderen üblichen Eigenschaften von Ungleichungen gelten. Beweisen Sie zum Beispiel, dass $x < y$ die Ungleichung $-x > -y$ impliziert.

11.7. Nehmen wir an, dass x und y zwei reelle Zahlen sind, und dass $\{x_i\}$ und $\{y_i\}$ die Folgen sind, die durch Abschneiden ihrer Dezimaldarstellungen erzeugt wurden. (a) Schätzen Sie $|(x+y) - (x_i+y_i)|$ ab. (b) Schätzen Sie $|xy - x_iy_i|$ ab. *Hinweis:* Erklären Sie, warum $|x_i| \leq |x| + 1$ für ausreichend großes i ist.

11.8. Es sei $x = 0{,}37373737\cdots$ und $y = \sqrt{2}$, und $\{x_i\}$ und $\{y_i\}$ sind die Folgen, die durch Abschneiden ihrer Dezimaldarstellungen erzeugt wurden. Berechnen Sie die ersten 10 Terme der Folgen, die $x + y$ und $y - x$ definieren und die ersten 5 Terme der Folgen, die xy und x/y definieren.

11.9. Es sei x der Grenzwert der Folge $\left\{ \dfrac{i}{i+1} \right\}$. Zeigen Sie $\dfrac{i}{i+1} < 1$ für alle i. Ist $x < 1$?

11.10. Wenn x und y reelle Zahlen sind und $\{y_i\}$ eine Folge ist, die gegen y konvergiert; zeigen Sie, dass $x < y$ die Ungleichung $x < y_i$ für alle ausreichend großen i impliziert.

Die Aufgaben 11.11–11.13 befassen sich mit Cauchy–Folgen von reellen Zahlen.

11.11. Zeigen Sie, dass die folgenden Folgen Cauchy–Folgen sind:

(a) $\left\{\dfrac{1}{(i+1)^2}\right\}$ (b) $\left\{4-\dfrac{1}{2^i}\right\}$ (c) $\left\{\dfrac{i}{3i+1}\right\}$.

11.12. Zeigen Sie, dass die Folge $\{i^2\}$ *keine* Cauchy–Folge ist.

11.13. Es sei $\{x_i\}$ die Folge von reellen Zahlen, die definiert wird durch:

$$x_1 = 0,373373337\cdots$$
$$x_2 = 0,337733377333377\cdots$$
$$x_3 = 0,333777333377733333777\cdots$$
$$x_4 = 0,333377773333377773333337777\cdots$$

$$\vdots$$

(a) Zeigen Sie, dass die Folge eine Cauchy–Folge ist und (b) bestimmen Sie $\lim\limits_{i\to\infty} x_i$. Dies zeigt, dass eine Folge von irrationalen Zahlen gegen eine rationale Zahl konvergieren kann.

11.14. Beweisen Sie die Sätze 11.8, 11.9 und 11.10.

Die Aufgaben 11.15 und 11.16 sind relativ schwierig.

11.15. Es sei $\{x_i\}$ eine wachsende Folge, $x_{i-1} \leq x_i$, welche nach oben beschränkt ist; d.h. es gibt eine Zahl c, so dass $x_i \leq c$ für alle i ist. Beweisen Sie, dass $\{x_i\}$ konvergiert. *Hinweis:* Benutzen Sie eine Variation des Arguments für die Konvergenz des Bisektionsalgorithmus.

11.16. Erklären Sie, warum es unendlich viele reelle Zahlen zwischen zwei beliebigen reellen Zahlen gibt, indem Sie einen systematischen Weg angeben, um sie niederzuschreiben.

12
Funktionen reeller Zahlen

Die Funktionen, die wir bislang untersucht haben, waren auf Mengen von rationalen Zahlen definiert. Da wir jetzt die reellen Zahlen konstruiert haben, ist es natürlich, Funktionen zu betrachten, die auf Mengen von reellen Zahlen definiert sind.

BEISPIEL 12.1. Die konstante Funktion $f(x) = \sqrt{2}$ hat für jedes rationale oder irrationale x den Definitionsbereich der reellen Zahlen und den Bildbereich einer irrationalen Zahl.

Sobald wir Funktionen von reellen Zahlen definiert und ihre Eigenschaften untersucht haben, können wir ohne Umweg zur Untersuchung von mathematischen Modellen und ihren Lösungen übergehen.

12.1 Funktionen einer reellen Variablen

Tatsächlich gibt es kein Problem, die Definitionen, die wir für Funktionen von rationalen Zahlen erstellt haben, auf Funktionen von reellen Zahlen auszudehnen. *Ideen, wie die Linearkombination, das Produkt und der Quotient von Funktionen, sind dieselben.* Ebenso definieren wir eine Funktion f auf einer Menge von reellen Zahlen I als **Lipschitz-stetig** , wenn es eine Konstante L gibt, so dass

$$|f(x_2) - f(x_1)| \leq L|x_2 - x_1| \text{ für alle } x_1, x_2 \text{ in } I.$$

Wir werden Sie in Aufgabe 12.1 bitten zu zeigen, dass die Eigenschaften Lipschitz-stetiger Funktionen, die die Sätze 8.1–8.6 beschreiben, auch für

Funktionen gelten, welche auf den reellen Zahlen definiert sind. Wir fassen dies in folgendem Satz zusammen.

Satz 12.1 *Seien f_1 und f_2 auf einer Menge von reellen Zahlen I Lipschitz-stetig. Dann sind $f_1 + f_2$ und $f_1 - f_2$ Lipschitz-stetig. Wenn der Definitionsbereich I beschränkt ist, dann sind f_1 und f_2 beschränkt und $f_1 f_2$ ist Lipschitz-stetig. Wenn I beschränkt ist und darüberhinaus $|f_2(x)| \geq m > 0$ für alle x in I ist, wobei m eine Konstante ist, dann ist f_1/f_2 Lipschitz-stetig.*

Wenn f_1 auf einer Menge von reellen Zahlen I_1 Lipschitz-stetig mit der Lipschitz-Konstanten L_1 ist, und f_2 auf einer Menge von reellen Zahlen I_2 Lipschitz-stetig mit der Lipschitz-Konstanten L_2 ist und $f_1(I_1) \subset I_2$, dann ist $f_2 \circ f_1$ auf I_1 Lipschitz-stetig mit der Lipschitz-Konstanten $L_1 L_2$.

12.2 Die Fortsetzung von Funktionen rationaler Zahlen

Wenn man bedenkt, dass (zumindestens theoretisch) Funktionen von reellen Zahlen sich wie erwartet verhalten, so stehen wir schließlich noch vor der Aufgabe, einige interessante Beispiele zu erstellen. Das hauptsächliche Ziel in diesem Kapitel ist zu zeigen, dass die Funktionen, die auf rationalen Zahlen definiert sind und die wir bis jetzt angetroffen haben, auf natürliche Art und Weise Funktionen entsprechen, die auf reellen Zahlen definiert sind. Wir meinen mit „natürlich", dass wichtige Eigenschaften einer Funktion von rationalen Zahlen, wie zum Beispiel die Lipschitz-Stetigkeit, auch für die entsprechende Funktion auf den reellen Zahlen gelten.

Die Beziehung zwischen Funktionen von rationalen und reellen Zahlen beruht auf derselben Idee wie die, (siehe Gleichung (10.5)) die wir benutzt haben, um zu zeigen, dass der Grenzwert des Bisektionsalgorithmus $\sqrt{2}$ ist. Für eine reelle Zahl x nämlich, die der Grenzwert einer Folge von rationalen Zahlen $\{x_i\}$ ist, definieren wir

$$f(x) = \lim_{i \to \infty} f(x_i). \tag{12.1}$$

Wir sagen, dass wir f von den rationalen Zahlen auf die reellen Zahlen **fortgesetzt haben**, und nennen f die **Fortsetzung** von f.[1]

BEISPIEL 12.2. Wir schätzen $f(x) = 0{,}4x^3 - x$ für $x = \sqrt{2}$ unter Verwendung der abgeschnittenen Dezimalfolge $\{x_i\}$ aus Abbildung 12.1 ab.

---

[1]Der Gebrauch derselben Notation für f und ihre Fortsetzung ist eine potentielle Irritationsquelle. Allerdings befassen wir uns nach diesem Kapitel nur noch mit den Fortsetzungen der gewöhnlichen Funktionen.

i	x_i	$0,4x_i^3 - x_i$
1	1	$-0,6$
2	$1,4$	$0,0976$
3	$1,41$	$0,1212884$
4	$1,414$	$0,1308583776$
5	$1,4142$	$0,1313383005152$
6	$1,41421$	$0,1313623002245844$
7	$1,414213$	$0,1313695002035846388$
8	$1,4142135$	$0,13137070020305452415$
9	$1,41421356$	$0,131370844203047931474064$
10	$1,414213562$	$0,1313708490030479221535281312$
$\vdots$	$\vdots$	$\vdots$

Abbildung 12.1: Die Berechnung der Dezimaldarstellung von $f(\sqrt{2})$ für $f(x) = 0,4x^3 - x$ unter Verwendung der abgeschnittenen Dezimalfolge.

Mit ein bißchen Nachdenken sehen wir ein, dass diese Definition nur Sinn ergibt, wenn f stetig ist, da sie von der Tatsache abhängt, dass kleine Veränderungen im Argument von f kleine Veränderungen im Wert von f erzeugen. Tatsächlich ist, wenn f auf einer Menge von rationalen Zahlen I Lipschitz-stetig ist, und $\{x_i\}$ eine Cauchy–Folge von rationalen Zahlen in I ist, auch $\{f(x_i)\}$ eine Cauchy–Folge, da

$$|f(x_i) - f(x_j)| \le L|x_i - x_j|$$

ist, und wir die rechte Seite beliebig klein machen können, indem wir i und j groß wählen. Das bedeutet, dass $\{f(x_i)\}$ gegen einen Grenzwert konvergiert und dass es Sinn macht, über $\lim_{i\to\infty} f(x_i)$ zu sprechen. In Aufgabe 12.2 werden wir Sie bitten zu zeigen, dass dies auch für Funktionen gilt, die auf Mengen von reellen Zahlen und Cauchy–Folgen von reellen Zahlen definiert sind. Wir fassen dies in folgendem Satz zusammen:

Satz 12.2 *Nehmen wir an, dass f auf einer Menge von reellen Zahlen I Lipschitz-stetig mit der Konstanten L ist, und dass $\{x_i\}$ eine Cauchy–Folge in I ist. Dann ist auch $\{f(x_i)\}$ eine Cauchy–Folge.*

BEISPIEL 12.3. Wir können jedes Polynom auf die reellen Zahlen fortsetzen, da ein Polynom auf jeder beschränkten Menge von rationalen Zahlen Lipschitz-stetig ist.

BEISPIEL 12.4. Das vorhergehende Beispiel bedeutet, dass wir $f(x) = x^n$ auf die reellen Zahlen für jede ganze Zahl n fortsetzen können. Wir können auch zeigen, dass $f(x) = x^{-n}$ auf jeder Menge von rationalen Zahlen (ungleich 0) Lipschitz-stetig ist. Deshalb kann $f(x) = x^n$ auf die reellen Zahlen fortgesetzt werden — wobei n eine beliebige ganze Zahl ist und unter der Voraussetzung, dass $x \neq 0$, falls $n < 0$.

BEISPIEL 12.5. Die Funktion $f(x) = |x|$ ist auf der Menge der rationalen Zahlen Lipschitz-stetig, also kann sie auch auf die reellen Zahlen fortgesetzt werden.

Es stellt sich heraus, dass wenn f auf einer Menge von rationalen Zahlen Lipschitz-stetig ist, ihre Fortsetzung auch, mit derselben Konstanten, Lipschitz-stetig ist. Nehmen wir an, dass f auf dem Intervall von rationalen Zahlen $I = (a, b)$ mit der Konstanten L Lipschitz-stetig ist. Nehmen wir weiterhin an, dass x und y zwei reelle Zahlen zwischen a und b sind, die die entsprechenden Grenzwerte von Cauchy–Folgen von rationalen Zahlen $\{x_i\}$ und $\{y_i\}$ sind. Es folgt, dass x_i und y_i für alle hinreichend großen i in (a, b) enthalten sind. Wir entfernen jeweils die endliche Anzahl von Elementen aus diesen Folgen, die nicht in (a, b) liegen, um Folgen zu erhalten, die gegen x und y konvergieren und vollständig in (a, b) liegen. Wir bezeichnen diese potentiellen neuen Folgen einfach wieder mit $\{x_i\}$ und $\{y_i\}$. Mit dieser Definition gilt jetzt

$$|f(x) - f(y)| = \left| \lim_{i \to \infty} (f(x_i) - f(y_i)) \right|.$$

Mit der Lipschitz-Annahme für f folgt weiter

$$|f(x) - f(y)| = \lim_{i \to \infty} |f(x_i) - f(y_i)|$$
$$\leq L \lim_{i \to \infty} |x_i - y_i|$$
$$\leq L|x - y|.$$

Dies zeigt, dass f wie behauptet Lipschitz-stetig ist. Wir werden Sie in Aufgabe 12.3 bitten, den Fall zu behandeln, dass beide Enden des Intervalls geschlossen oder eine reelle Zahl sind. Wir fassen das Ergebnis in folgendem Satz zusammen.

Satz 12.3 *Nehmen wir an, dass f auf einer Menge von rationalen Zahlen in (a, b) Lipschitz-stetig ist. Die Fortsetzung von f auf $[a, b]$ ist mit derselben Konstanten Lipschitz-stetig. Dasselbe gilt, wenn beide Enden des Intervalls geschlossen sind.*

BEISPIEL 12.6. In Anlehnung an die Beispiele 12.3, 12.4 und 12.5 sind Polynome $f(x) = x^n$ für ganze Zahlen n und $f(x) = |x|$ auf den entsprechenden Definitionsbereichen Lipschitz-stetig.

Übrigens, wenn f auf dem abgeschlossenen Intervall $[a, b]$ Lipschitz-stetig ist, dann ist sie auch auf dem offenen Intervall (a, b) Lipschitz-stetig. Aber selbst wenn f auf $[a, b]$ definiert und auf (a, b) Lipschitz-stetig ist, wäre es möglich, dass sie auf $[a, b]$ nicht Lipschitz-stetig ist, schließlich könnte sie in einem der Endpunkte a oder b unstetig sein.

12.3 Graphen von Funktionen einer reellen Variablen

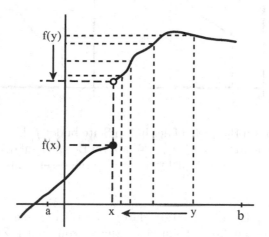

Abbildung 12.2: Eine Funktion f, die in x unstetig ist. Nähert sich y von rechts x an, so nähert sich $f(y)$ nicht gleichzeitig $f(x)$ an. Um f auf dem Intervall $[a, b]$ zu zeichnen, müssen wir den Stift in x anheben.

Reelle Intervalle stellen wir graphisch ebenso dar wie rationale Intervalle (vgl. Abschnitt 4.6).[2]

In der Praxis unterscheidet sich der Graph einer Funktion von reellen Zahlen nicht von dem Graphen einer Funktion von rationalen Zahlen. Wir stehen vor demselben Dilemma: wir können die Funktion nämlich nur auf einer endlichen Menge von rationalen Zahlen abschätzen. Dies bedeutet, dass wir uns entscheiden müssen, einen wie großen Bereich von Punkten wir benutzen wollen und wie „dicht" die zu benutzende Menge von Punkten sein soll. Wir zeichnen dann den Graphen und nehmen an, dass die Funktion glatt zwischen den Punkten variiert, für die wir die Funktion abgeschätzt haben. Dies bedeutet zum Beispiel, dass wir dieselben Graphen

---

[2]Auf jeden Fall ist es interessant, den Unterschied zwischen Intervallen von rationalen und reellen Zahlen zu betrachten. Theoretisch erscheinen Intervalle von rationalen Zahlen mit Punkten vollständig ausgefüllt zu sein, auch wenn sie das nicht sind, da alle irrationalen Zahlen ausgelassen sind, während Intervalle von reellen Zahlen mit Punkten vollständig ausgefüllt sind. In der Praxis kann der Computer selbstverständlich ausschließlich Intervalle von rationalen Zahlen zeichnen, und zwar nur Zahlen mit endlichen Dezimaldarstellungen. Zumindest zeichnet er genügend viele Punkte, so dass die Intervalle vollständig ausgefüllt erscheinen, deshalb können wir den Schein aufrechterhalten.

für polynomielle Funktionen erhalten, unabhängig davon, ob wir Polynome als Funktionen von rationalen Zahlen oder reellen Zahlen betrachten.

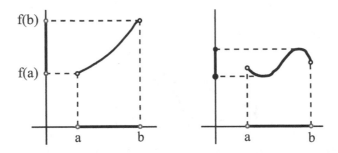

Abbildung 12.3: Im Beispiel auf der linken Seite bildet f das offene Intervall (a, b) in das offene Intervall $(f(a), f(b))$ ab. Im Beispiel auf der rechten Seite bildet f das offene Intervall (a, b) in das abgeschlossene Intervall ab.

Die Annahme, dass die Funktion glatt variiert, ist entscheidend. Nehmen wir an, dass eine Funktion f auf einer Menge von reellen Zahlen mit der Konstanten L Lipschitz-stetig ist, und wählen wir eine Zahl x in dieser Menge. Für jede andere reelle Zahl y in dieser Menge gilt dann $|f(y) - f(x)| \leq L|y - x|$. Wenn wir y in Richtung x verschieben, dann nähert sich der Wert von $f(y)$ dem Wert von $f(x)$ an. Mit anderen Worten, es können keine plötzlichen Sprünge in den Werten von f auftauchen, wenn man von einem Punkt x zu einem nahegelegenen übergeht. Dies deutet darauf hin, dass wenn f auf einem Intervall Lipschitz-stetig ist, wir ihren Graphen auf dem Intervall zeichnen können, ohne den Stift zu heben. Und umgekehrt, wenn der Wert von f im Punkt x einen plötzlichen Sprung macht, dann kann f nicht auf einem Intervall, das x enthält, Lipschitz-stetig sein. Wir veranschaulichen dies in Abbildung 12.2. Wenn der Wert einer Funktion f im Punkt x einen plötzlichen Sprung macht, benutzen wir ausgefüllte und offene Kreise, um die zwei „baumelnden" Enden des Graphen von f an der Stelle x zu bezeichnen, wobei der ausgefüllte Kreis den Wert von f in x bezeichnet.

Ein anderer Weg, sich dieses vorzustellen, ist, Funktionen als Abbildungen zu betrachten. Ein offenes Intervall kann in ein anderes offenes Intervall oder ein abgeschlossenes Intervall oder ein halb-offenes Intervall abgebildet werden, wie in Abbildung 12.3 dargestellt. Wenn die Funktion andererseits unstetig ist, muss das Bild eines Intervalls kein Intervall sein, wie in Abbildung 12.4 gezeigt.[3]

---

[3]Diese Beispiele suggerieren, dass das Bild eines reellen Intervalls unter einer Lipschitz-stetigen Funktion ein anderes reelles Intervall ist. Wir können dies zu einer äquivalenten Frage umformulieren: Nimmt das Bild eines Intervalls (a, b) unter einer

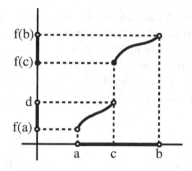

Abbildung 12.4: Eine unstetige Abbildung eines Intervalls (a, b). Das Bild von (a, b) ist die Vereinigung der disjunkten Intervalle $(f(a), d)$ und $[f(c), f(b))$.

12.4 Grenzwerte einer Funktion einer reellen Variablen

Wir haben bisher den Grenzwert einer Folge betrachtet, die wir erhalten haben, indem wir eine Funktion auf eine gegebene Folge von eindeutigen Zahlen angewendet haben. Jetzt haben wir Funktionen einer reellen Variable auf einem Intervall I definiert, und wir sind neugierig zu sehen, wie die Funktion sich verhält während die Argumente in dem Intervall gegen eine Zahl c streben. Wir sagen, dass f gegen einen Grenzwert L **konvergiert** während x sich c in I annähert und schreiben

$$\lim_{x \to c} f(x) = L,$$

wenn für jede Folge $\{x_n\}$ mit

$$x_n \text{ in } I \text{ für alle } n, \quad x_n \neq c \text{ für alle } n, \quad \lim_{n \to \infty} x_n = c, \qquad (12.2)$$

gilt, dass

$$\lim_{n \to \infty} f(x_n) = L$$

im üblichen Sinn von Folgen von Zahlen. Mit anderen Worten, f konvergiert gegen L, wenn $\{f(x_n)\}$ gegen L für jede Folge $\{x_n\}$ konvergiert, die gegen c konvergiert, aber *niemals tatsächlich den Wert c annimmt.*[4]

Die Tatsache, dass wir den Folgen nicht gestatten, tatsächlich den Punkt c zu erreichen, ist ein subtiler, aber wichtiger Punkt. Dadurch dass wir den

---

Lipschitz-stetigen Funktion jeden Wert zwischen $f(a)$ und $f(b)$ an? Wir beantworten diese Frage in Satz 13.2.

[4] Wenn I aus der Funktion heraus verstanden werden kann, wird es normalerweise in der Definition ausgelassen.

Grenzwert wie oben definieren, sind wir an dem Verhalten der Funktion f für den Fall interessiert, dass die Argumente gegen eine Zahl c streben, aber *nicht* unbedingt an dem Wert von f in c. Tatsächlich braucht f noch nicht einmal im Punkt c definiert zu sein und wenn sie dort definiert ist, braucht ihr Grenzwert nicht dergleiche zu sein wie ihr Wert in c. Wir veranschaulichen diese Fälle in Abbildung 12.5.[5]

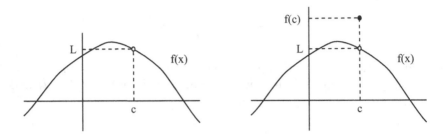

Abbildung 12.5: Beide der graphisch dargestellten Funktionen konvergieren gegen L, während $x \to c$. Die linke Funktion ist jedoch in c undefiniert und für die rechte Funktion gilt $f(c) \neq L$.

Beide in Abbildung 12.5 gezeigten Funktionen sind unstetig in c. Dies ist aber eine milde Form unstetigen Verhaltens, da die Funktionen wohldefinierte Grenzwerte in c haben. Die Situation für „stärker unstetige" Funktionen unterscheidet sich erheblich hiervon. Betrachten wir die Treppenfunktion $I(t)$, die in Abbildung 12.6 gezeigt wird. Diese Funktion hat weder in 0

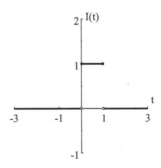

Abbildung 12.6: Graphische Darstellung der Treppenfunktion $I(t)$.

noch in 1 einen Grenzwert, da wir Folgen $\{t_i\}$ finden können, die entweder

---

[5]Analog gilt: Wenn wir den Grenzwert einer Folge $\lim_{i \to \infty} a_i$ wählen, nimmt der Index i niemals tatsächlich den Wert „∞" an.

gegen 0 oder gegen 1 konvergieren, für welche $\{I(t_i)\}$ gegen 1 oder gegen 0 oder sogar gar nicht konvergiert.

BEISPIEL 12.7. Betrachten wir zum Beispiel die Anwendung der Treppenfunktion $I(t)$ auf die Folgen $\{1/n\}$, $\{-1/n\}$ und $\{(-1)^n/n\}$ für $n \geq 1$. Im ersten Fall konvergiert $\{I(1/n)\}$ gegen 1 und im zweiten Fall konvergiert $\{I(-1/n)\}$ gegen -1. Im dritten Fall konvergiert $\{I((-1)^n/n)\} = \{-1, 1, -1, 1, \cdots\}$ nicht.

Mit dieser Definition erhalten wir sofort einige nützlichen Eigenschaften von Grenzwerten von Funktionen aus den Eigenschaften von Grenzwerten von Folgen von Zahlen. Wir werden Sie in Aufgabe 12.12 bitten, den folgenden Satz zu beweisen.

Satz 12.4 *Nehmen wir an, dass f und g auf einem Intervall I definiert sind, und dass*

$$\lim_{x \to c} f(x) = L, \quad \lim_{x \to c} g(x) = M$$

und c eine Zahl ist. Dann ist

$$\lim_{x \to c} (f(x) + cg(x)) = L + cM$$

und

$$\lim_{x \to c} f(x)g(x) = LM.$$

Falls $M \neq 0$, dann gilt außerdem

$$\lim_{x \to c} \frac{f(x)}{g(x)} = \frac{L}{M}.$$

Genau genommen müssen wir diese Definition des Grenzwerts einer Funktion für *jede* entsprechende Folge überprüfen, was es sicherlich schwierig macht, diese Definition in der Praxis anzuwenden. Dies motiviert, eine andere Formulierung der Definition zu suchen. Die grundsätzliche Idee ist, dass f in c gegen L konvergiert, wenn wir $f(x)$ beliebig dicht an L annähern können, indem wir x nahe bei c wählen. Wir können dies in mathematischen Begriffen folgendermaßen beschreiben: Für ein gegebenes $\epsilon > 0$ gibt es ein $\delta > 0$, so dass

$$|f(x) - L| < \epsilon \text{ für alle } x \neq c \text{ in } I \text{ mit } |x - c| < \delta.$$

Wir können mit einem trügerisch einfachen Argument zeigen, dass diese zwei Definitionen äquivalent sind. Nehmen wir an, dass die Bedingung der zweiten Definition gilt und sei $\{x_n\}$ eine Folge, die (12.2) genügt. Für ein beliebiges $\epsilon > 0$ gibt es ein $\delta > 0$, so dass $|f(x) - L| < \epsilon$ für x mit $0 < |x - c| < \delta$ ist. Außerdem gibt es ein N, so dass $|x_n - c| < \delta$ für $n \geq N$. Daher ist für $n \geq N$ $|f(x_n) - L| < \epsilon$. Also gilt die Bedingung der ersten

Definition. Nehmen wir jetzt an, dass die zweite Bedingung *nicht* gilt. Dann gibt es ein $\epsilon > 0$, so dass es für jedes n ein x_n mit $0 < |x_n - c| < 1/n$ gibt, aber $|f(x_n) - L| \geq \epsilon$. Allerdings konvergiert $\{x_n\}$ gegen c, während $\{f(x_n)\}$ nicht gegen L konvergiert; also kann die erste Definition auch nicht gelten.

Wir fassen dies in folgendem Satz zusammen.

Satz 12.5 Weierstraß'sches Konvergenzkriterium für eine Funktion *Sei f eine Funktion, die auf einem Intervall I definiert ist. Dann konvergiert $f(x)$ gegen eine Zahl L, während x sich c in I annähert genau dann, wenn es für jedes $\epsilon > 0$ ein $\delta > 0$ gibt, so dass $|f(x) - L| < \epsilon$ für alle x in I mit $0 < |x - c| < \delta$ ist.*

Wir haben eine Anzahl von Beispielen gezeigt und bewiesen, dass eine auf eine gegebene Folge angewandte Funktion zu einer konvergenten Folge führt. Wir beenden dieses Kapitel, indem wir ein Beispiel betrachten, in dem wir die alternative Formulierung überprüfen.

BEISPIEL 12.8. Wir zeigen, dass $f(x) = x^2$ gegen 1 konvergiert, wenn x sich 1 annähert. Wir wissen aus unserer vorhergehenden Diskussion, dass dies wahr ist, da x^2 auf einem Intervall, das 1 enthält, Lipschitz-stetig ist, und wenn $\{x_n\}$ eine beliebige gegen 1 konvergierende Folge ist, dann ist $\lim_{n\to\infty}(x_n)^2 = \left(\lim_{n\to\infty} x_n\right)^2 = 1^2 = 1$.

Um die alternative Formulierung zu überprüfen, nehmen wir an, dass $\epsilon > 0$ gegeben ist. Wir wollen zeigen, dass wir

$$|x^2 - 1| < \epsilon$$

erreichen können, indem wir x ausreichend nahe bei 1 wählen. Für x in $[0, 2]$ ist $x + 1 < 3$ und deshalb $|x^2 - 1| = |x + 1||x - 1| \leq 3|x - 1|$. Wenn wir also x in $[0, 2]$ beschränken, so dass $|x - 1| < \epsilon/3$, dann ist

$$|x^2 - 1| = |x - 1||x + 1| \leq |x - 1||x + 1| < \frac{\epsilon}{3}3 = \epsilon.$$

Dies bedeutet, dass die Bedingung der zweiten Definition mit $\delta = \epsilon/3$ gilt.

Kapitel 12 Aufgaben

12.1. Zeigen Sie, dass Satz 12.1 wahr ist.

12.2. Vervollständigen Sie den Beweis von Satz 12.2.

12.3. Vervollständigen Sie den Beweis von Satz 12.3. *Hinweis:* Es ist möglich, eine reelle Zahl x mit einer Folge von rationalen Zahlen $\{x_i\}$ zu approximieren, die $x_i \leq x$ oder $x_i \geq x$ für alle i genügen, und zwar durch Verwendung der Folge von abgeschnittenen Dezimaldarstellungen, die durch Auf- oder Abrunden entstehen.

12.4. Berechnen Sie die ersten 5 Terme der Folge, die den Wert der Funktion $f(x) = \dfrac{x}{x+2}$ in $x = \sqrt{2}$ definiert. *Hinweis:* Beachten Sie Abbildung 12.1 und benutzen Sie die *evalf* Funktion von *MAPLE*$^©$, um alle Stellen zu bestimmen.

12.5. Sei $\{x_i\}$ die Folge mit $x_i = 3 - \dfrac{2}{i}$ und $f(x) = x^2 - x$. Was ist der Grenzwert von der Folge $\{f(x_i)\}$?

12.6. Zeigen Sie, dass $|x|$ auf den reellen Zahlen $\mathbb{R}$ Lipschitz-stetig ist.

12.7. Konstruieren und zeichnen Sie eine Funktion, die auf $[0,1]$ definiert und auf $(0,1)$ Lipschitz-stetig ist, die aber nicht auf $[0,1]$ Lipschitz-stetig ist.

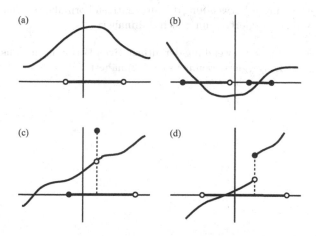

Abbildung 12.7: Graphische Darstellungen für Aufgabe 12.11.

12.8. Nehmen wir an, dass die zwei Folgen $\{x_i\}_{i=1}^{\infty}$ und $\{y_i\}_{i=1}^{\infty}$ denselben Grenzwert haben,

$$\lim_{i\to\infty} x_i = \lim_{i\to\infty} y_i = x,$$

und dass die Elemente x_i und y_i alle in einem Intervall I, das x enthält, liegen. Zeigen Sie: Wenn g auf I Lipschitz-stetig ist, gilt

$$\lim_{i \to \infty} g(x_i) = \lim_{i \to \infty} g(y_i).$$

Die Aufgaben 12.9–12.11 befassen sich mit dem graphischen Darstellen einer Funktion von einer reellen Variablen.

12.9. Erstellen Sie ein Intervall, dass alle Punkte $3 - 10^{-j}$ für $j \geq 0$ enthält, aber die 3 nicht enthält.

12.10. Stellen Sie unter Verwendung von $MATLAB^{©}$ oder $MAPLE^{©}$ die folgenden Funktionen graphisch dar: $y = 1 \times x$, $y = 1,4 \times x$, $y = 1,41 \times x$, $y = 1,414 \times x$, $y = 1,4142 \times x$, $y = 1,41421 \times x$. Verwenden Sie ihre Ergebnisse, um zu erklären, wie Sie die Funktion $y = \sqrt{2} \times x$ graphisch darstellen könnten.

12.11. Zeichnen Sie in die in Abbildung 12.7 gezeigten graphischen Darstellungen die Bilder der angegebenen Mengen von reellen Zahlen unter den angegebenen Funktionen.

Die Aufgaben 12.12–12.14 befassen sich mit den Grenzwerten einer Funktion von einer reellen Variablen.

12.12. Überprüfen Sie Satz 12.4.

12.13. Zeigen Sie unter Verwendung der alternativen Formulierung aus Satz 12.5, dass x^3 gegen 8 konvergiert, wenn x sich 2 annähert.

12.14. Zeigen Sie unter Verwendung der alternativen Formulierung aus Satz 12.5, dass $1/x$ gegen 1 konvergiert, wenn x sich 1 annähert.

13

Der Bisektionsalgorithmus

Wir wenden uns nun der Entwicklung einer allgemeinen Methode zu, um mathematische Modelle zu lösen. Es stellt sich heraus, dass der Bisektionsalgorithmus, den wir benutzt haben, um $\sqrt{2}$ zu approximieren, genauso gut dazu dienen kann, eine Nullstelle einer beliebigen Lipschitz-stetigen Funktion f in einem gegebenen Intervall $[a, b]$ zu approximieren. Voraussetzung ist, dass das Intervall $[a, b]$ die Eigenschaft hat, dass $f(a)$ das entgegengesetzte Vorzeichen von $f(b)$ aufweist. In diesem Kapitel werden wir beschreiben, wie man den Bisektionsalgorithmus benutzt, um ein allgemeines Nullstellenproblem zu lösen, und wir zeigen, dass er konvergiert. Als Anwendung werden wir mit seiner Hilfe ein schwieriges chemisches Modell lösen. Wir werden auch einige praktische Sachverhalte im Zusammenhang mit der Verwendung des Bisektionsalgorithmus diskutieren.

13.1   Der Bisektionsalgorithmus für allgemeine Nullstellenprobleme

Wir betrachten das Problem, für eine gegebene Funktion f eine Nullstelle $\bar{x}$ von

$$f(\bar{x}) = 0 \qquad (13.1)$$

in einem gegebenen Intervall $[a, b]$ zu berechnen. Wir nehmen an, dass f auf $[a, b]$ Lipschitz-stetig ist und dass $f(a)$ und $f(b)$ entgegengesetzte Vorzeichen haben.[1]

Genau wie beim Modell vom matschigen Hof erzeugt der Bisektionsalgorithmus zwei Folgen $\{x_i\}$ und $\{X_i\}$, die die Endpunkte von Intervallen $[x_i, X_i]$ sind, die eine Nullstelle $\bar{x}$ von (13.1) einschliessen und mit wachsendem i kleiner werden. Da $f(a)$ und $f(b)$ entgegengesetzte Vorzeichen besitzen, setzen wir $x_0 = a$ und $X_0 = b$.

Im ersten Schritt überprüfen wir das Vorzeichen von f im Mittelpunkt $\bar{x}_1 = (x_0 + X_0)/2$. Falls $f(\bar{x}_1) = 0$, so haben wir eine Nullstelle gefunden und beenden den Algorithmus. Ansonsten hat $f(\bar{x}_1)$ das entgegengesetzte Vorzeichen, also das von $f(x_0)$ oder $f(X_0)$. Wir setzen $x_1 = x_0$ und $X_1 = \bar{x}_1$, falls $f(x_0)$ und $f(\bar{x}_1)$ entgegengesetze Vorzeichen besitzen. Andernfalls setzen wir $x_1 = \bar{x}_1$ und $X_1 = x_1$.

Im zweiten Schritt vergleichen wir das Vorzeichen von $f(\bar{x}_2)$ im Mittelpunkt $\bar{x}_2 = (x_1 + X_1)/2$ mit den Vorzeichen von $f(x_1)$ und $f(X_1)$. Falls $f(\bar{x}_2) = 0$, beenden wir den Algorithmus, andernfalls definieren wir unter Verwendung der Punkte $\{x_1, \bar{x}_2, X_1\}$ das neue Intervall $[x_2, X_2]$ so, dass $f(x_2)$ und $f(X_2)$ entgegengesetzte Vorzeichen haben.

Wir fahren mit diesem Prozess fort und erzeugen eine Folge von Intervallen $[x_i, X_i]$, wobei jeweils $f(x_i)$ und $f(X_i)$ entgegengesetzte Vorzeichen aufweisen. Der Algorithmus kann folgendermaßen zusammengefasst werden.

Algorithmus 13.1 Bisektionsalgorithmus

1. Wir setzen die Anfangswerte $x_0 = a$ und $X_0 = b$, wobei $f(a)$ und $f(b)$ entgegengesetzte Vorzeichen besitzen.

2. Für zwei gegebene rationale Zahlen x_{i-1} und X_{i-1} mit der Eigenschaft, dass $f(x_{i-1})$ und $f(X_{i-1})$ entgegengesetzte Vorzeichen besitzen, setzen wir $\bar{x}_i = (x_{i-1} + X_{i-1})/2$.

   - Falls $f(\bar{x}_i) = 0$, beenden wir den Algorithmus.
   - Falls $f(\bar{x}_i)f(X_{i-1}) < 0$, so setzen wir $x_i = \bar{x}_i$ und $X_i = X_i$.
   - Falls $f(\bar{x}_i)f(x_{i-1}) < 0$, so setzen wir $x_i = x_i$ und $X_i = \bar{x}_i$.

3. Wir vergrößern i um 1 und gehen zurück zu Schritt 2.

---

[1]Ein effizienter Weg, dies in der Praxis zu überprüfen, ist nachzuweisen, dass $f(a)f(b) < 0$ ist.

13.2 Wir lösen das Modell des chemischen Gleichgewichts

In Abschnitt 4.5 haben wir das Modell

$$S\,(0,02 + 2S)^2 - 1,57 \cdot 10^{-9} = 0 \tag{13.2}$$

hergeleitet, das die Löslichkeit S von $Ba(IO_3)_2$ in einer $0,020$ mol/L Lösung von KIO_3 angibt. Wir benutzen nun den Bisektionsalgorithmus um (13.2) zu lösen.

Unglücklicherweise sind, wie erwähnt, die Nullstellen von (13.2) sehr klein, was es schwierig macht, die Funktion graphisch darzustellen und das Anfangsintervall $[a, b]$ zu bestimmen. Der Graph ist in Abbildung 13.1 dargestellt. Aus diesem Grund ändern wir zunächst den *Maßstab* des Problems

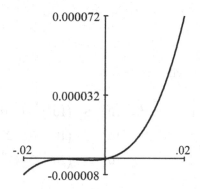

Abbildung 13.1: Eine graphische Darstellung der Funktion $S\,(0,02+2S)^2 - 1,57 \cdot 10^{-9}$ in Modell (13.2). Offensichtlich gibt es Nullstellen bei $-0,01$ und 0, aber es ist schwierig sie zu finden!

hin zu geeigneteren Variablen. Die Änderung des Maßstabs eines Problems, ist in der Praxis oft notwendig, um die Nullstellen einfacher zu finden. Wir ändern die Variablen bei diesem Problem aus demselben Grund, aus dem wir Kilometer in Meter umändern, wenn wir messen möchten, wie weit ein Baby in 5 Minuten krabbelt. Wir können die Distanz in beiden Einheiten messen, allerdings führt die Einheit Kilometer auf ungünstig kleine Ergebnisse, zumindestens wenn wir etwas angeben wollen.[2]

Zunächst multiplizieren wir beide Seiten von (13.2) mit 10^9 und erhalten

$$10^9 \cdot S\,(0,02 + 2S)^2 - 1,57 = 0.$$

---

[2]Unglücklicherweise gibt es keine wirkliche „Technik", um den Maßstab von Variablen zu ändern. Es erfordert einfach Übung und Erfahrung.

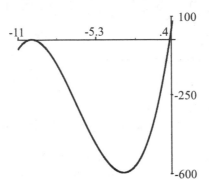

Abbildung 13.2: Eine graphische Darstellung der Funktion $f(x) = x(20 + 2x)^2 - 1,57$ in (13.3).

Als nächstes schreiben wir

$$10^9 \cdot S\,(0,02 + 2S)^2 = 10^3 \cdot S \cdot \left(10^3\right)^2 \cdot (0,02 + 2S)^2$$
$$= 10^3 \cdot S \cdot \left(10^3 \cdot (0,02 + 2S)\right)^2$$
$$= 10^3 \cdot S \cdot \left(20 + 2 \cdot 10^3 \cdot S\right)^2.$$

Ausgedrückt in der neuen Variablen $x = 10^3 S$, wollen wir die Nullstelle von

$$f(x) = x(20 + 2x)^2 - 1,57 = 0 \qquad (13.3)$$

finden. Wenn wir eine Nullstelle x von (13.3) finden, dann können wir den physikalischen Wert finden, indem wir $S = 10^{-3}x$ berechnen.

Diese neue Funktion, die in Abbildung 13.2 gezeigt ist, besitzt vernünftigere, größere Koeffizienten und die Nullstellen sind nicht annähernd so klein, wie bei der ursprünglichen Formulierung. Außerdem ist f ein Polynom und deshalb auf jedem beschränkten Intervall Lipschitz-stetig. Es scheint, dass f eine Nullstelle bei 0 hat, sowie eine weitere Nullstelle bei -10. Wir ignorieren aber die negative Nullstelle, falls sie existiert, da wir keine „negative" Löslichkeit haben können.

Da die positive Nullstelle von (13.3) in der Nähe der Null liegt, wählen wir $x_0 = -0,1$ and $X_0 = 0,1$ und wenden 20 Schritte des Algorithmus 13.1 an. Die Ergebnisse sind in Abbildung 13.3 gezeigt. Sie deuten darauf hin, dass die Nullstelle von (13.3) bei $x \approx 0,00392$ bzw. $S \approx 3,92 \cdot 10^{-6}$ liegt.

13.3   Der Bisektionsalgorithmus konvergiert

Um zu zeigen, dass der Bisektionsalgorithmus gegen eine Nullstelle von
(13.1) konvergiert, zeigen wir, dass die Folge $\{x_i\}$ eine Cauchy–Folge ist und
daher einen Grenzwert besitzt. Anschließend zeigen wir, dass ihr Grenzwert
eine Nullstelle ist.

Die Konvergenz des Algorithmus wird auf dieselbe Art nachgewiesen,
wie bei der Berechnung von $\sqrt{2}$. Im Schritt i ist f im Mittelpunkt $\bar{x}_i$
von x_{i-1} und X_{i-1} entweder Null und wir haben eine Nullstelle gefunden,
d.h. $f(\bar{x}_i) = 0$, oder $f(\bar{x}_i)$ hat entgegengesetztes Vorzeichen von entweder $f(x_{i-1})$ oder $f(X_{i-1})$. Wir erhalten dann ein neues Intervall $[x_i, X_i]$,
welches halb so groß ist wie das vorige. Nach i Schritten gilt

$$0 \leq X_i - x_i \leq 2^{-i}(X_0 - x_1) = 2^{-i}(b - a).$$

Wir argumentieren genauso wie bei der Berechnung von $\sqrt{2}$ und erhalten

$$|x_i - x_j| \leq 2^{-i}(b - a), \quad \text{falls } j \geq i. \tag{13.4}$$

Dies bedeutet, dass $\{x_i\}$ eine Cauchy–Folge ist und deshalb gegen eine
eindeutige reelle Zahl $\bar{x}$ konvergiert.

Um zu überprüfen, dass $\bar{x}$ eine Nullstelle von f ist, benutzen wir die
Definition

$$f(\bar{x}) = f(\lim_{i \to \infty} x_i) = \lim_{i \to \infty} f(x_i).$$

Dies ergibt Sinn, da f auf $[a, b]$ Lipschitz-stetig ist. Nehmen wir jetzt an,
dass $f(\bar{x})$ ungleich Null ist, zum Beispiel $f(\bar{x}) > 0$. Da f auf einem Intervall
um $\bar{x}$ herum Lipschitz-stetig ist, liegen die Werte von $f(x)$ nahe bei $f(\bar{x})$
für alle Punkte x nahe bei $\bar{x}$. Da $f(\bar{x}) > 0$ ist, bedeutet dies, dass $f(x) > 0$
für x nahe bei $\bar{x}$ ist.

Genauer gesagt: Wenn wir $\delta > 0$ hinreichend klein wählen, dann ist f
für alle Punkte im Intervall $(\bar{x} - \delta, \bar{x} + \delta)$ positiv (vgl. Abbildung 13.4).
Wenn wir i aber so wählen, dass $2^{-i} < \delta$, dann haben sowohl x_i als auch
X_i maximal den Abstand δ von $\bar{x}$. Dann aber sind $f(x_i)$ und $f(X_i)$ beide positiv (vgl. Abbildung 13.4). Dies widerspricht der Wahl von x_i und
X_i im Bisektionsalgorithmus, da $f(x_i)$ und $f(X_i)$ entgegengesetzte Vorzeichen besitzen müssen. Ein ähnliches Argument funktioniert für $f(\bar{x}) < 0$.
Deshalb gilt $f(\bar{x}) = 0$.

Wir fassen dies in folgendem Satz zusammen.

Satz 13.1 Satz von Bolzano *Wenn f auf einem Intervall $[a, b]$ Lipschitz-
stetig ist, und $f(a)$ und $f(b)$ entgegengesetzte Vorzeichen besitzen, dann hat
f mindestens eine Nullstelle in (a, b) und der Bisektionsalgorithmus, der*

i	x_i	X_i
0	-0,10000000000000	0,10000000000000
1	0,00000000000000	0,10000000000000
2	0,00000000000000	0,05000000000000
3	0,00000000000000	0,02500000000000
4	0,00000000000000	0,01250000000000
5	0,00000000000000	0,00625000000000
⋮	⋮	⋮
10	0,00390625000000	0,00410156250000
⋮	⋮	⋮
15	0,00391845703125	0,00392456054688
⋮	⋮	⋮
20	0,00392189025879	0,00392208099365

Abbildung 13.3: 20 Schritte des Bisektionsalgorithmus, angewendet auf (13.3) unter Verwendung von $x_0 = -0,1$ and $X_0 = 0,1$.

mit $x_0 = a$ und $X_0 = b$ beginnt, konvergiert gegen eine Nullstelle von f in (a, b).[3]

Wir benennen diesen Satz nach Bolzano,[4] der eine frühe Version bewies.

Eine Konsequenz von Bolzanos Satz ist der folgende wohlbekannte und wichtige Satz, den wir Sie in Aufgabe 13.9 zu beweisen bitten.

Satz 13.2 Der Zwischenwertsatz *Nehmen wir an, dass f auf einem Intervall $[a, b]$ Lipschitz-stetig ist. Dann gibt es für jedes d zwischen $f(a)$ und $f(b)$ mindestens einen Punkt c zwischen a und b, so dass $f(c) = d$ ist.*

---

[3] Es kann sehr wohl mehr als eine Nullstelle von f in (a, b) geben, und wenn es mehr als eine Nullstelle gibt, ist unklar, welche Nullstelle durch den Bisektionsalgorithmus gefunden wird.

[4] Bernard Placidus Johann Nepomuk Bolzano (1781–1848) lebte und arbeitete in der heutigen Tschechischen Republik. Zum römisch katholischen Priester geweiht, hielt er Positionen als Professor der Theologie und Philosophie inne, während er beachtliche Zeit der Mathematik widmete. Insbesondere kümmerte sich Bolzano um die Grundlagen der Mathematik. Er versuchte, die Analysis auf ein strengeres Fundament zu stellen, indem er die „infinitesimalen Größen" entfernte. Er untersuchte auch unendliche Mengen und die Unendlichkeit und ahnte wohl Cantor voraus. Bolzano gebrauchte eine moderne Definition der Stetigkeit einer Funktion und leitete sowohl seinen nach ihm benannten Satz, als auch den Zwischenwertsatz her. Sein Beweis war jedoch unvollständig, da ihm die rigorose Theorie der reellen Zahlen fehlte. Bolzano gebrauchte die Idee einer Cauchy–Folge auch einige Jahre vor Cauchy, obgleich Cauchy dies wahrscheinlich nicht wußte. Ein Großteil von Bolzanos Arbeit wurde niemals veröffentlicht, was den Einfluss seiner Ergebnisse verringerte.

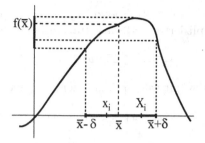

Abbildung 13.4: Wenn f Lipschitz-stetig und $f(\bar{x}) > 0$ ist, dann ist f positiv in allen Punkten nahe $\bar{x}$.

Bezüglich der Diskussion in Abschnitt 12.3 impliziert dieser Satz, dass das Bild eines Intervalls unter einer Lipschitz-stetigen Funktion wieder ein Intervall ist.

13.4 Wann man den Bisektionsalgorithmus beendet

Da wir jetzt wissen, dass $\{x_i\}_{i=0}^{\infty}$ gegen $\bar{x}$ konvergiert, wäre es nützlich zu wissen, wie schnell die Folge konvergiert. Mit anderen Worten, wir hätten gerne eine Abschätzung des Fehlers der Iteration

$$|x_i - \bar{x}| = \left| x_i - \lim_{j \to \infty} x_j \right| \qquad (13.5)$$

für jedes i. Erinnern Sie sich daran, dass wir $\bar{x}$ nicht kennen, deshalb können wir nicht einfach $|\bar{x} - x_i|$ berechnen! Es ist wichtig, über eine Abschätzung für (13.5) zu verfügen, zum Beispiel um zu wissen, wie viele Iterationen des Bisektionsalgorithmus ausgeführt werden müssen, um den Wert von $\bar{x}$ bis auf eine vorgegebene Genauigkeit zu bestimmen.

Die Differenz (13.5) kann beliebig klein gemacht werden, indem i groß genug gewählt wird, wir möchten aber über präzisere Informationen verfügen. Wenn $j \geq i$, dann stimmt x_j in einer größeren Anzahl von Dezimalstellen mit $\bar{x}$ überein als x_i. Deshalb liegt x_j für großes j viel näher an $\bar{x}$ als an x_i und $|x_i - x_j|$ ist eine gute Approximation von $|x_i - \bar{x}|$. Wir schätzen unter Verwendung der Dreiecksungleichung ab

$$|x_i - \bar{x}| = |(x_i - x_j) + (x_j - \bar{x})|$$
$$\leq |x_i - x_j| + |x_j - \bar{x}|.$$

Diese Ungleichung schätzt die Distanz zwischen x_i und $\bar{x}$ unter Verwendung der Distanz zwischen x_i und x_j und der Distanz zwischen x_j und $\bar{x}$ ab. Für ein beliebiges gegebenes $\epsilon > 0$ ist jetzt $|x_j - \bar{x}| \leq \epsilon$, wenn j hinreichend groß ist. Deshalb impliziert (13.4), dass für ein beliebiges $\epsilon > 0$

$$|x_i - \bar{x}| \leq 2^{-i}(b - a) + \epsilon.$$

Da ϵ beliebig klein gewählt werden kann, schlußfolgern wir

$$|x_i - \bar{x}| \leq 2^{-i}(b - a).$$

BEISPIEL 13.1. Da $2^{-10} \approx 10^{-3}$ ist, erhalten wir ungefähr 3 Dezimalstellen für 10 sukzessive Schritte des Bisektionsalgorithmus. Wir können diese vorhergesagte Zunahme an Genauigkeit zum Beispiel in den in Abbildung 10.3 und Abbildung 13.3 aufgelisteten Zahlen erkennen.

13.5   Potenzfunktionen

Da wir jetzt mit dem Bisektionsalgorithmus Nullstellen berechnen können, können wir a^r für eine beliebige positive reelle Zahl a und eine beliebige reelle Zahl r definieren. Bis jetzt haben wir nur a^r definiert, wenn r eine ganze Zahl ist.

Zuerst betrachten wir den Fall, dass r rational ist, d.h. $r = p/q$ für ganze Zahlen p und q. Für $a > 0$ definieren wir $a^{p/q}$ als die positive Nullstelle von

$$f(x) = x^q - a^p = 0. \tag{13.6}$$

Solch eine Nullstelle existiert nach dem Mittelwertsatz, da a^p eine feste positive Zahl ist, so dass $x^q > a^p$ für alle hinreichend großen x und ebenso $x^q < a^p$ für $x = 0$ ist. Wenn wir $x_0 = 0$ definieren und X_0 hinreichend groß wählen, dann konvergiert der Bisektionsalgorithmus, auf $[x_0, X_0]$ gestartet gegen einer Nullstelle von (13.6).

BEISPIEL 13.2. Erinnern wir uns, dass wir $2^{1/2} = \sqrt{2}$ als die Nullstelle von $f(x) = x^2 - 2^1$ definiert haben und den Wert errechnet haben, indem wir den Bisektionsalgorithmus angewendet haben, mit dem Intervall $[1, 2]$ als Startwert, wobei $f(1) < 0$ und $f(2) > 0$ war.

Unter Verwendung dieser Definition ist es möglich zu zeigen, dass die Eigenschaften von Exponenten, wie zum Beispiel $a^r a^s = a^{r+s}$, $a^{-r} = 1/a^r$ und $(a^r)^s = a^{rs}$, die für ganzzahlige Exponenten gelten, auch für die rationalen Exponenten gelten. Es ist jedoch schwierig, dies zum jetzigen Zeitpunkt zu tun, während es nach Einführung der Definition des Logarithmus leicht fällt. Deshalb verschieben wir den Beweis dieser Eigenschaften auf das Kapitel 28.

Auf die Diskussion über die reellen Zahlen aufbauend, wird a^r für eine reelle Zahl r definiert, indem man den Grenzwert von a^{r_i} für $i \to \infty$ dafür wählt, wobei r_i die abgeschnittene Dezimaldarstellung von r mit i Dezimalstellen darstellt. Um jedoch zu zeigen, dass dies Sinn ergibt, müssen wir zeigen, dass a^r in r Lipschitz-stetig ist, und unter Verwendung dieser Definition ist dies nicht einfach. So verschieben wir ein weiteres Mal die Diskussion dieser Definition, bis wir den Logarithmus kennengelernt haben, der alles viel einfacher macht.

Mit der Fähigkeit, den Wert von a^r für eine beliebige nicht-negative Zahl a und eine gegebene reelle Zahl r zu berechnen, ist es natürlich, die **Potenzfunktion** mit der Potenz r als

$$x^r,$$

zu definieren, wobei x eine nicht-negative reelle Zahl ist. Hier betrachten wir r als eine feste reelle Zahl. Und wieder verschieben wir die Diskussion der Details, bis wir den Logarithmus benutzen können. Allerdings ist es möglich zu zeigen, dass x^r auf beschränkten Intervallen (für $r \geq 1$), sowie auf reellen Intervallen $[a, b]$ mit $a > 0$ für $0 \leq r < 1$ Lipschitz-stetig ist. In Abbildung 13.5 zeigen wir graphische Darstellungen von x^r für diese beiden Fälle.

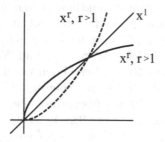

Abbildung 13.5: Graphische Darstellungen von x^r für $r < 1$, $r = 1$ und $r > 1$.

BEISPIEL 13.3. Wir überprüfen, dass $x^{1/2} = \sqrt{x}$ auf einem beliebigen beschränkten Intervall $[a, b]$ mit $a > 1$ Lipschitz-stetig ist. Die Eigenschaften von Exponenten implizieren

$$\left(x^{1/2} - y^{1/2}\right)\left(x^{1/2} + y^{1/2}\right) = \left((x^{1/2})^2 - (y^{1/2})^2\right) = x - y;$$

deshalb gilt

$$\left|x^{1/2} - y^{1/2}\right| = \frac{x - y}{\left|x^{1/2} - y^{1/2}\right|} \leq \frac{1}{2a^{1/2}}|x - y|,$$

vorausgesetzt, dass $x \geq a > 0$ und $y \geq a > 0$. Deshalb ist die Lipschitz-Konstante von $\sqrt{x}$ auf $[a,b]$ der Wert $1/2\sqrt{a}$. Wenn a kleiner wird, wird die Konstante größer. Wenn wir den Graphen von x^r für $r < 1$ in Abbildung 13.5 untersuchen, sehen wir, dass wenn x nahe 0 liegt, die Funktion große Veränderungen im Wert für kleine Veränderungen im Argument erfährt.

13.6   Die Berechnung von Nullstellen mit dem Dekasektionsalgorithmus

Es stellt sich heraus, dass es viele verschiedene Wege gibt, eine Nullstelle von einer Funktion zu berechnen. Die Wahl der Methode hängt vom Sachverhalt des Problems ab, das wir lösen müssen.

Um darzustellen, wie eine andere Methode funktionieren kann, beschreiben wir eine Abwandlung des Bisektionsalgorithmus, genannt der „Dekasektionsalgorithmus". Genauso wie der Bisektionsalgorithmus erzeugt der Dekasektionsalgorithmus eine Folge von Zahlen $\{x_i\}_{i=0}^{\infty}$, die gegen eine Nullstelle $\bar{x}$ konvergiert. Beim Dekasektionsalgorithmus gibt es jedoch eine enge Verbindung zwischen dem Index i von x_i und der Anzahl von Dezimalstellen, die x_i und $\bar{x}$ gemeinsam haben.

Der Dekasektionsalgorithmus funktioniert genauso wie der Bisektionsalgorithmus, mit der Ausnahme, dass bei jedem Schritt das gegenwärtige Intervall in 10 Teilintervalle anstelle von 2 unterteilt wird. Wir beginnen genauso wie zuvor, indem wir $x_0 = a$ und $X_0 = b$ wählen, so dass $f(x_0)f(X_0)) < 0$ ist. Als nächstes berechnen wir den Wert von f in neun Punkten mit gleichen Abständen zwischen x_0 und X_0. Genauer gesagt, wir setzen $\delta_0 = (X_0 - x_0)/10$ und überprüfen die Vorzeichen von f in den Punkten $x_0, x_0+\delta_0, x_0+2\delta_0, \cdots, x_0+9\delta_0, x_0+10\delta_0 = X_0$. Es muss zwei aufeinander folgende Punkte geben, bei denen f entgegengesetzte Vorzeichen aufweist, deshalb setzen wir x_1 und X_1 als die zwei aufeinander folgenden Punkte, für die $f(x_1)f(X_1) < 0$ gilt.

Wir fahren jetzt mit dem Algorithmus fort, indem wir f in neun Punkten mit gleichen Abständen, $x_1+\delta_1, x_1+2\delta_1, \cdots, x_1+9\delta_1$ mit $\delta_1 = (X_1-x_1)/10$, auswerten. Wir wählen zwei aufeinanderfolgende Zahlen x_2 und X_2 aus den Zahlen $x_1, x_1 + \delta_1, x_1 + 2\delta_1, \cdots, x_1 + 9\delta_1, X_1$ mit $f(x_2)f(X_2) < 0$. Wir fahren mit der Berechnung von $[x_3, X_3]$ usw. fort.

Nach Konstruktion gilt

$$|x_i - X_i| \leq 10^{-i}(b - a)$$

und mit demselben Argument, das wir für den Bisektionsalgorithmus verwendet haben, folgern wir

$$\lim_{i\to\infty} x_i = \bar{x} \quad \text{und} \quad \lim_{i\to\infty} X_i = \bar{x}; \qquad (13.7)$$

und außerdem

$$|x_i - \bar{x}| \leq 10^{-i}(b - a).$$

Wir erhalten also ungefähr eine Stelle an Genauigkeit für jeden Schritt des Dekasektionsalgorithmus.

In Abbildung 13.6 sind die ersten 14 Schritte dieses Algorithmus, angewendet auf $f(x) = x^2 - 2$ und beginnend auf $[1, 2]$, dargestellt.

i	x_i	X_i
0	1,00000000000000	2,00000000000000
1	1,40000000000000	1,50000000000000
2	1,41000000000000	1,42000000000000
3	1,41400000000000	1,41500000000000
4	1,41420000000000	1,41430000000000
⋮	⋮	⋮
9	1,41421356200000	1,41421356300000
⋮	⋮	⋮
14	1,41421356237309	1,41421356237310

Abbildung 13.6: 14 Schritte des Dekasektionsalgorithmus, angewendet auf $f(x) = x^2 - 2$ und ausgeführt durch eine $MATLAB^{©}$ m-Datei.

Sobald wir mehr als eine Methode für die Berechnung einer Nullstelle einer Funktion haben, liegt es nahe zu fragen, welche Methode die „beste" ist. Selbstverständlich müssen wir entscheiden, was wir mit der „besten" meinen. Für dieses Problem könnte „beste" zum Beispiel „die genaueste" oder die „billigste" bedeuten.

Bei diesem Problem jedoch ist die Genauigkeit offensichtlich kein Thema, da sowohl der Dekasektions- als auch der Bisektionsalgorithmus ausgeführt werden können, bis wir 16 Stellen, oder wieviele Stellen auch immer in der Gleitpunkt—Darstellung benutzt werden, erhalten. Deshalb vergleichen wir die Methoden anhand der Berechnungszeit, die wir benötigen, um eine bestimmte Genauigkeit zu erreichen. Diese Berechnungszeit wird oft die **Kosten** der Berechnung genannt, ein Überbleibsel aus den Tagen, als die CPU–Zeit tatsächlich pro Sekunde erworben wurde.

Die Kosten, die mit einem dieser Algorithmen verbunden sind, können bestimmt werden, indem man die Kosten pro Iteration ermittelt und sie dann mit der Gesamtanzahl von Iterationen, die man benötigt, um die gewünschte Genauigkeit zu erhalten, multipliziert. In einem Schritt des Bisektionsalgorithmus muss der Computer den Mittelpunkt zwischen zwei Punkten berechnen, die Funktion f an diesem Punkt auswerten und den Wert vorübergehend speichern, das Vorzeichen des Funktionswerts überprüfen und dann die neuen Iterierten x_i und X_i speichern. Wir nehmen an, dass die Zeit, die der Computer benötigt, um jede dieser Operationen auszuführen, gemessen werden kann und wir definieren

$$C_m = \text{Die Kosten für die Berechnung des Mittelpunktes}$$
$$C_f = \text{Die Kosten für die Auswertung von } f \text{ an einem Punkt}$$
$$C_\pm = \text{Die Kosten für die Überprüfung des Vorzeichens einer Variablen}$$
$$C_s = \text{Die Kosten der Speicherung einer Variablen.}$$

Die Gesamtkosten eines Schritts des Bisektionsalgorithmus betragen

$$C_m + C_f + C_\pm + 4C_s,$$

und die Kosten nach N_b Schritten belaufen sich auf

$$N_b(C_m + C_f + C_\pm + 4C_s). \tag{13.8}$$

Ein Schritt des Dekasektionsalgorithmus hat wesentlich höhere Kosten, da es 9 zu überprüfende Zwischenpunkte gibt. Die Gesamtkosten nach N_d Schritten des Dekasektionsalgorithmus belaufen sich auf

$$N_d(9C_m + 9C_f + 9C_\pm + 20C_s). \tag{13.9}$$

Andererseits nimmt die Differenz $|x_i - \bar{x}|$ mit einem Faktor von $1/10$ in jedem Schritt des Dekasektionsalgorithmus ab, im Vergleich zu einem Faktor von $1/2$ in jedem Schritt des Bisektionsalgorithmus. Da $1/2^3 > 1/10 > 1/2^4$ ist, bedeutet dies, dass der Bisektionsalgorithmus zwischen 3 und 4 mal so viele Schritte benötigt wie der Dekasektionsalgorithmus, um die anfängliche Größe $|x_0 - \bar{x}|$ um einen gegebenen Faktor zu verringern. Deshalb ist $N_b \approx 4N_d$. Dies führt zu Kosten des Bisektionsalgorithmus in Höhe von

$$4N_d(C_m + C_f + C_\pm + 4C_s) = N_d(4C_m + 4C_f + 4C_\pm + 16C_s)$$

verglichen mit (13.9). Dies bedeutet, dass die Verwendung des Bisektionsalgorithmus billiger ist, als die des Dekasektionsalgorithmus.

Kapitel 13 Aufgaben

13.1.

Implementieren Sie Algorithmus 13.1, um eine Nullstelle einer allgemeinen Funktion f herauszufinden. Testen Sie ihr Programm, indem Sie eine Nullstelle von $f(x) = x^2 - 2$ berechnen; beginnen Sie mit dem Intervall $[1, 2]$ und vergleichen Sie ihre Ergebnisse mit Abbildung 10.3.

Die Aufgaben 13.2–13.5 benutzen den Bisektionsalgorithmus, um eine Modellgleichung zu lösen. Das Programm aus Aufgabe 13.1 wird hier von Nutzen sein.

13.2. Im Modell für die Löslichkeit von $Ba(IO_3)_2$ nehmen wir an, dass K_{sp} für $Ba(IO_3)_2$ der Wert $1,8 \cdot 10^{-5}$ ist. Bestimmen Sie die Löslichkeit S auf 10 Dezimalstellen genau.

13.3. Bestimmen Sie im Modell für die Löslichkeit von $Ba(IO_3)_2$ die Löslichkeit von $Ba(IO_3)_2$ in einer $0,037$ mol/L Lösung von KIO_3 auf 10 Dezimalstellen genau.

13.4. Die Leistung P, die in eine Last R eines einfachen Klasse A–Verstärkers mit Ausgangswiderstand Q und Ausgangsspannung E eingespeist wird, ist

$$P = \frac{E^2 R}{(Q + R)^2}.$$

Bestimmen Sie alle möglichen Lösungen R für $P = 1$, $Q = 3$ und $E = 4$ auf 10 Dezimalstellen genau.

13.5. Das Van der Waals–Modell für ein Mol eines idealen Gases, einschließlich den Effekten der Größe der Moleküle und den Anziehungskräften, ist

$$\left(P + \frac{a}{V^2}\right)(V - b) = RT,$$

wobei P der Druck, V das Volumen des Gases, T die Temperatur, R die universelle Gas–Konstante, a eine Konstante, die von der Größe der Moleküle und den Anziehungskräften abhängig ist, und b eine Konstante ist, die von dem Volumen aller Moleküle in einem Mol abhängt. Bestimmen Sie alle möglichen Volumen V des Gases für $P = 2$, $T = 15$, $R = 3$, $a = 50$ und $b = 0,011$ auf 10 Dezimalstellen.

Die Aufgaben 13.6–13.8 behandeln die Genauigkeit des Bisektionsalgorithmus. Das Programm aus Aufgabe 13.1 kann hier wieder nutzbringend verwendet werden.

13.6. (a) Führen Sie 30 Schritte des Bisektionsalgorithmus aus, angewendet auf $f(x) = x^2 - 2$ und beginnen Sie mit (1) $x_0 = 1$ und $X_0 = 2$; (2) $x_0 = 0$ und $X_0 = 2$; (3) $x_0 = 1$ und $X_0 = 3$ und (4) $x_0 = 1$ und $X_0 = 20$. Vergleichen Sie die Fehler $|x_i - \sqrt{2}|$ der Ergebnisse bei jedem Schritt und erklären Sie die beobachtete Differenz in der Genauigkeit.

(b) Unter Verwendung der Ergebnisse aus (a), stellen Sie (1) $|X_i - x_i|$ in Abhängigkeit von i; (2) $|x_i - x_{i-1}|$ in Abhängigkeit von i und (3) $|f(x_i)|$ in Abhängigkeit von i graphisch dar. Bestimmen Sie für jeden Fall, ob die graphisch dargestellte Größe mit einem Faktor von 1/2 nach jedem Schritt abnimmt.

13.7. Stellen Sie die Ergebnisse von 40 Schritten des Bisektionsalgorithmus, angewendet auf $f(x) = x^2 - 2$ unter Verwendung von $x_0 = 1$ und $X_0 = 2$, dar. Beschreiben Sie alles, was Sie bei den letzten 10 Werten von x_i und X_i bemerken und erklären Sie, was Sie erkennen. *Hinweis:* Beachten Sie die Gleitpunktdarstellung auf dem Computer, den Sie benutzen.

13.8. Wenden Sie den Bisektionsalgorithmus auf die Funktion

$$f(x) = \begin{cases} x^2 - 1, & x < 0 \\ x + 1, & x \geq 0 \end{cases}$$

an und beginnen Sie mit $x_0 = -0,5$ und $X_0 = 1$. Erklären Sie die Ergebnisse.

Die Aufgaben 13.9 und 13.10 befassen sich mit dem Zwischenwertsatz.

13.9. Zeigen Sie, dass Satz 13.2 wahr ist.

13.10. Wandeln Sie Algorithmus 13.1 ab, so dass Sie ein Programm zu erhalten, das einen Punkt c mit $f(c) = d$ berechnet, wobei d eine beliebige Zahl zwischen $f(a)$ und $f(b)$ und f auf $[a, b]$ Lipschitz-stetig ist. Testen Sie es, indem Sie den Punkt herausfinden, an dem $f(x) = x^3$ gleich 9 ist. Beachten Sie, dass $f(2) = 8$ und $f(3) = 27$ ist.

Aufgabe 13.11 behandelt die Potenzfunktion. Bevor Sie dieses Problem angehen, sehen Sie noch einmal Beispiel 13.3 durch.

13.11. (a) Beweisen Sie, dass $x^{1/3}$ auf jedem beschränkten Intervall $[a, b]$ mit $a > 0$ Lipschitz-stetig ist. (b) Beweisen Sie, dass $x^{3/2}$ auf jedem beschränkten Intervall $[a, b]$ mit $a \geq 0$ Lipschitz-stetig ist.

Die Aufgaben 13.12 und 13.13 befassen sich mit Abwandlungen des Bisektionsalgorithmus.

13.12. (a) Schreiben Sie einen Algorithmus für den Dekasektionsalgorithmus in einer ähnlichen Form nieder, wie den Algorithmus 13.1. (b) Programmieren Sie den Algorithmus und berechnen Sie dann $\sqrt{2}$ auf 15 Stellen. (c) Zeigen Sie, dass (13.7) gilt. (d) Zeigen Sie, dass (13.9) gültig ist.

13.13. (a) Entwickeln Sie einen Trisektionsalgorithmus, um eine Nullstelle von $f(\bar{x}) = 0$ zu berechnen. (b) Implementieren Sie den Algorithmus. (c) Berechnen Sie $\sqrt{2}$ auf 15 Stellen. (c) Zeigen Sie, dass die Endpunkte, die vom Algorithmus erzeugt wurden, eine Cauchy–Folge bilden. (d) Zeigen Sie, dass der Grenzwert der Folge $\bar{x}$ ist; (e) Schätzen Sie $|x_i - \bar{x}|$ ab. (e) Berechnen Sie die Kosten des Algorithmus und vergleichen Sie ihn mit den Kosten des Bisektions- und des Dekasektionsalgorithmus.

14
Inverse Funktionen

Unsere Fähigkeit, allgemeine Nullstellenprobleme zu lösen, bietet überraschend viele Vorteile. Als spezielle Anwendung untersuchen wir den Prozess des „Rückgängigmachens" einer gegebenen Funktion. Damit meinen wir, die Wirkung einer Funktion rückgängig zu machen, um einen gegebenen Wert zurück zu dem zugehörigen Argument zu verfolgen. Dies wird die Invertierung einer Funktion genannt und die Funktion, die die Wirkung einer gegebenen Funktion rückgängig macht, wird ihre inverse Funktion genannt. Die inverse Funktion zu einer gegebenen Funktion zu finden, verallgemeinert die Fragestellung, ein Nullstellenproblem für die Funktion zu lösen. Das Konzept der inversen Funktion ist sehr leistungsfähig, und wir benutzen die Idee von inversen Funktionen, um einige spezielle Funktionen herzuleiten, wie Wurzelfunktionen und später Exponentialfunktionen und die inversen Winkelfunktionen.

Wir untersuchen inverse Funktionen auf zwei Arten. Zunächst führen wir eine „geometrische" Untersuchung durch, die auf Graphen basiert. Nachdem wir anhand der graphischen Darstellung herausgefunden haben, was geschieht, beginnen wir von vorne und leiten die Ergebnisse noch einmal analytisch her. Die analytische Untersuchung ist in allgemeineren Zusammenhängen anwendbar, deshalb ist sie nützlicher.

14.1   Eine geometrische Untersuchung

In Abbildung 14.1 erinnern wir uns an die Idee, dass eine Funktion einen
Eingabepunkt x zu einem Ausgabepunkt $y = f(x)$ „sendet". Genauer ge-

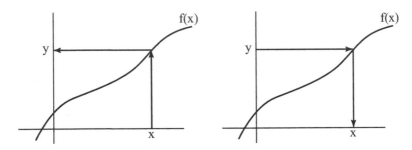

Abbildung 14.1: (Links) Eine Funktion sendet den Punkt x zum Punkt
y. (Rechts) Um die inverse Funktion zu berechnen, beginnen wir mit dem
Wert y und verfolgen ihn zurück, um das entsprechende Argument x zu
bestimmen.

sagt, ausgehend vom Punkt x auf der x–Achse verfolgen wir eine vertikale
Gerade bis dahin, wo sie den Graphen von f schneidet und folgen dann einer horizontalen Gerade hinüber zur y–Achse. Wir sagen, dass y das **Bild**
von x ist.

Das Konzept der **inverse Funktion** ist, diesen Prozess rückgängig zu
machen, mit dem Wert y zu beginnen und das zugehörige Argument x
zu bestimmen. Graphisch können wir uns vorstellen, einer horizontalen
Geraden hinüber von y zum Graphen von f zu folgen und dann einer
vertikalen Gerade hinunter zu x, wie auf der rechten Seite in Abbildung 14.1
dargestellt. Die Funktion, die dieses tut, wird die inverse Funktion von f
genannt und mit f^{-1} bezeichnet. Wir betonen, dass

$$f^{-1} \neq (f)^{-1} = \frac{1}{f}.$$

Um den Graphen einer inversen Funktion im normalen Koordinatensystem mit horizontal verlaufenden Eingaben zu erhalten, können wir unsere
Köpfe nach rechts neigen, so dass die y–Achse horizontal erscheint. Wir
erhalten den Graphen, der links in Abbildung 14.2 gezeigt ist. Das Problem ist jetzt, dass die übliche Bedeutung von rechts und links vertauscht
worden ist, wobei die linke Seite die positiven Zahlen und die rechte die
negativen Zahlen anzeigt. Um dies zu korrigieren, müssen wir die rechte
und linke Seite vertauschen, wie links in Abbildung 14.2 gezeigt wird. Die
sich ergebende Kurve ist der Graph der inversen Funktion.

Betrachten wir jetzt das Bild, das wir durch die Spiegelung des Graphen der Funktion an der Geraden $y = x$ erhalten, wie in Abbildung 14.3

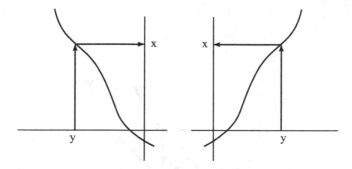

Abbildung 14.2: Um den Graphen der inversen Funktion zu erhalten, neigen wir zuerst unsere Köpfe nach rechts, so dass die y–Achse horizontal erscheint, wie im Graphen auf der linken Seite angegeben. Um die gewöhnliche Ausrichtung der positiven Zahlen auf der rechten Seite zu erhalten, müssen wir die rechte und linke Seite des Graphen vertauschen, wie rechts gezeigt wird.

dargestellt. Beachten Sie, dass wir y und x vertauschen, um die Achsen anzupassen.

   Die Frage ist, wann erhalten wir eine Funktion, wenn wir diese Spiegelung durchführen? Erinnern wir uns, dass ein Graph eine Funktion darstellt, wenn er den **Test der vertikalen Geraden** besteht, der besagt, dass jede vertikale Gerade den Graphen höchstens in einem Punkt schneiden darf. Wir veranschaulichen dies in Abbildung 14.4. Deshalb muß der gespiegelte Graph den Test der vertikalen Geraden bestehen. In den ursprünglichen Koordinaten entsprechen die vertikalen Geraden horizontalen Geraden. So erhalten wir den **Test der horizontalen Geraden**, der aussagt, dass eine Funktion eine inverse Funktion besitzt, wenn eine horizontale Gerade ihren Graphen höchstens in einem Punkt schneidet. Wir veranschaulichen dies in Abbildung 14.5.

BEISPIEL 14.1. Der Definitionsbereich von $f(x) = x^3$ ist $\mathbb{R}$. Der Graph läßt vermuten, dass x^3 den Test der horizontalen Geraden besteht. Wir können dies beweisen, indem wir darlegen, dass wenn $x_1 < x_2$ ist, $x_1^3 = x_1 \times x_1 \times x_1 < x_2^3 = x_2 \times x_2 \times x_2$ gilt. Deshalb hat x^3 eine inverse Funktion, die wir mit $f^{-1}(x) = \sqrt[3]{x}$ bezeichnen und die auch auf $\mathbb{R}$ definiert ist. Wir erhalten

$$f(f^{-1}(x)) = (\sqrt[3]{x})^3 = x$$
$$f^{-1}(f(x)) = \sqrt[3]{x^3} = x$$

für alle x.

   Wann besteht eine Funktion den Test der horizontalen Geraden? In Abbildung 14.5 zeigen wir auf der linken Seite eine Funktion, die scheitert

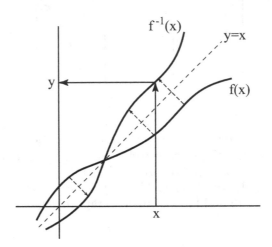

Abbildung 14.3: Um den Graphen der inversen Funktion f^{-1} zu erhalten, spiegeln wir den Graphen der Funktion f an der Geraden $y = x$.

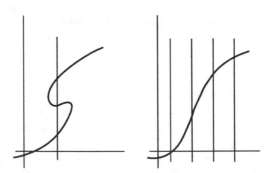

Abbildung 14.4: Veranschaulichung des Tests der vertikalen Geraden. Der linke Graph scheitert und stellt keine Funktion dar. Der rechte Graph besteht den Test.

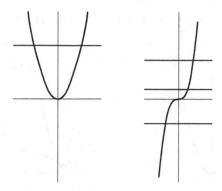

Abbildung 14.5: Darstellung des Tests der horizontalen Geraden. Der linke Graph scheitert und hat keine Inverse. Der rechte Graph besteht und hat eine Inverse.

und rechts eine, die den Test besteht. Der Unterschied zwischen diesen zwei Graphen ist, dass die linke Funktion zuerst im Wert fällt und dann steigt, während die rechte Funktion mit wachsendem x kontinuierlich steigt. Eine Funktion wird **monoton** genannt, wenn sie entweder kontinuierlich im Wert steigt oder fällt.[1]

BEISPIEL 14.2. Jede Gerade, die nicht horizontal ist, ist monoton.

BEISPIEL 14.3. Der Definitionsbereich von $f(x) = x^2$ sind die reellen Zahlen, allerdings fällt diese Funktion für $x < 0$ und für $x > 0$ steigt sie; deshalb scheitert sie am Test der horizontalen Geraden und hat keine Inverse.

Geometrisch haben wir bewiesen:

Satz 14.1 Satz über die inverse Funktion *Eine Funktion hat genau dann eine inverse, wenn sie monoton ist. Wenn eine Funktion eine Inverse hat, erhält man den Graph der inversen Funktion durch die Spiegelung des Graphen der Funktion an der Geraden $y = x$.*

Eine Funktion, die eine Inverse besitzt, heißt **invertierbar**.

Beachten Sie, dass wir oft ein „Stück" eines Graphen wählen können, um eine invertierbare Funktion zu erhalten. Wir nennen die sich ergebende Funktion eine **Einschränkung** der ursprünglichen Funktion.

BEISPIEL 14.4. Indem wir einen Teil des Graphen der Funktion wählen, die links in Abbildung 14.5 graphisch dargestellt ist, erhalten wir eine

---

[1]Einige Autoren nennen eine Funktion, die kontinuierlich im Wert steigt oder fällt **streng monoton**, während eine monotone Funktion lediglich entweder nicht-steigend oder nicht-fallend im Wert ist.

invertierbare Funktion (vgl. Abbildung 14.6). Beachten Sie, dass wir

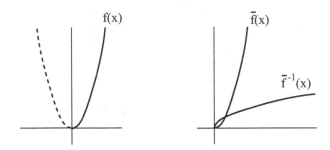

Abbildung 14.6: Wir wählen die rechte Hälfte des Graphen der Funktion, die links in Abbildung 14.5 graphisch dargestellt wird und erhalten eine invertierbare Funktion $\bar{f}$. Wir stellen rechts $\bar{f}$ und $\bar{f}^{-1}$ graphisch dar.

auch den linken Teil der Funktion wählen können, um eine invertierbare Funktion zu erhalten.

BEISPIEL 14.5. Die Funktion $f(x) = x^2$ ist auf $x \geq 0$ monoton und hat daher eine Inverse, welche $f^{-1}(x) = \sqrt{x}$ ist.

14.2   Eine analytische Untersuchung

Bewaffnet mit einem geometrischen Verständnis diskutieren wir jetzt das Thema inverser Funktionen unter Verwendung der Analysis. Ein Grund für die Wahl eines anderen Ansatzes ist, dass, wenn wir Funktionen mit mehreren Variablen untersuchen, es schwierig ist, ein brauchbares geometrisches Bild zu erhalten.

Wir beginnen mit der Definition. Die Funktionen f und g sind zueinander **inverse Funktionen**, wenn:

1. Für jedes x im Definitionsbereich von g liegt $g(x)$ im Definitionsbereich von f und es gilt $f(g(x)) = x$.

2. Für jedes x im Definitionsbereich von f liegt $f(x)$ im Definitionsbereich von g und es gilt $g(f(x)) = x$.

In diesem Fall schreiben wir $g = f^{-1}$ und $f = g^{-1}$.

Wir können in dieser Definition die Idee erkennen, dass g die Wirkung von f rückgängig macht und umgekehrt. Allerdings müssen wir vorsichtig sein. Um $f(g(x))$ abzuschätzen, müssen wir zum Beispiel annehmen, dass $g(x)$ ein Wert im Definitionsbereich von f ist.

BEISPIEL 14.6. Der Definitionsbereich von $f(x) = 2x - 1$ ist $\mathbb{R}$. Die inverse Funktion ist $f^{-1}(x) = \frac{1}{2}(x+1)$, welche auch auf $\mathbb{R}$ definiert ist. Deshalb gibt es kein Problem $f(f^{-1}(x))$ oder $f^{-1}(f(x))$ für alle x zu berechnen. Wir erhalten

$$f(f^{-1}(x)) = 2f^{-1}(x) - 1 = 2 \times \frac{1}{2}(x+1) - 1 = x$$

$$f^{-1}(f(x)) = \frac{1}{2}(f(x) + 1) = \frac{1}{2}(2x + 1 - 1) = x.$$

BEISPIEL 14.7. Der Definitionsbereich von $f(x) = 1/(x-1)$ sind die reellen Zahlen $x \neq 1$. Die inverse Funktion ist $f^{-1}(x) = 1 + 1/x$, welche auf den reellen Zahlen $x \neq 0$ definiert ist. Um $f(f^{-1}(x))$ zu berechnen, müssen wir sicherstellen, dass $f^{-1}(x) \neq 1$ für jedes Argument x ist. Allerdings ist $1 + 1/x \neq 1$ für jedes x, deshalb ist das in Ordnung. Ebenso müssen wir, um $f^{-1}(f(x))$ zu berechnen, sicherstellen, dass $f(x) \neq 0$ ist. Es gilt aber $1/(x-1) \neq 0$ für alle x. Deshalb können wir ohne Bedenken folgende Rechnungen durchführen:

$$f(f^{-1}(x)) = \frac{1}{1 + 1/x - 1} = x, \quad x \neq 0$$

$$f^{-1}(f(x)) = 1 + \frac{1}{1/(x-1)} = x, \quad x \neq 1.$$

Wie berechnen wir eine inverse Funktion? Das Analogon zur Spiegelung des Graphen einer Funktion an der Geraden $y = x$ ist, die Variablen y und x in der Gleichung $y = f(x)$ zu vertauschen, um so $x = f(y)$ zu erhalten und anschließend zu versuchen, nach y aufzulösen.

BEISPIEL 14.8. Für eine gegebene Funktion $f(x) = 2x - 1$ schreiben wir $y = 2x - 1$. Wir vertauschen y und x, dies ergibt $x = 2y - 1$, was letztlich zu $f^{-1}(x) = y = \frac{1}{2}(x+1)$ führt. Diese Berechnungen sind für alle x in $\mathbb{R}$ gültig.

BEISPIEL 14.9. Tatsächlich ist die inverse Funktion von $f(x) = mx + b$, $m \neq 0$, die Funktion $f^{-1}(x) = \frac{1}{m}(x - b)$.

BEISPIEL 14.10. Für eine gegebene Funktion $f(x) = 1/(x-1)$ schreiben wir $y = 1/(x-1)$. Wir vertauschen y und x, dies ergibt $x = 1/(y-1)$, was letztlich zu $f^{-1}(x) = y = 1 + 1/x$ führt. Diese Berechnungen sind für alle reellen $x \neq 0$ und $x \neq 1$ gültig.

Beachten Sie, dass nicht garantiert ist, dass dieses Verfahren funktioniert.

BEISPIEL 14.11. Für eine gegebene Funktion $f(x) = x^2$ schreiben wir $y = x^2$. Wir vertauschen y und x, dies ergibt $x = y^2$. Wenn wir jetzt versuchen, nach y aufzulösen, erhalten wir $y = \pm\sqrt{x}$; mit anderen Worten, es gibt zwei mögliche Werte von y für jedes gültige Argument x. Dies spiegelt die Tatsache wieder, dass $f(x) = x^2$ keine inverse Funktion besitzt, da ihr Graph den Test der horizontalen Geraden nicht besteht. Tatsächlich ist dies die Funktion, die links in Abbildung 14.5 graphisch dargestellt ist.

Wann besitzt eine Funktion eine Inverse? Nehmen wir an, dass f auf dem Intervall $[a, b]$ definiert und Lipschitz-stetig ist und

$$\alpha = f(a) \text{ und } \beta = f(b).$$

Wir veranschaulichen dies in Abbildung 14.7.

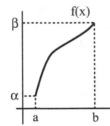 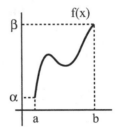

Abbildung 14.7: Zwei Beispiele von Funktionen auf $[a, b]$.

Nach dem Mittelwertsatz nimmt f jeden Wert zwischen α und β mindestens einmal in (a, b) an. f kann aber auch in mehr als einem Punkt einen bestimmten Wert annehmen, einschließlich α und β, wie rechts in Abbildung 14.7 gezeigt wird. In diesem Fall hat f keine inverse Funktion.

Wir sagen, dass eine Funktion auf einem Intervall $[a, b]$ **eineindeutig** ist, wenn jeder Wert von f, der auf $[a, b]$ angenommen wird, in genau einem Punkt angenommen wird. Entsprechend ist f eineindeutig, wenn für zwei beliebige Punkte $x_1 \neq x_2$ in $[a, b]$ $f(x_1) \neq f(x_2)$ gilt. Sicherlich ist eine Funktion auf einem Intervall genau dann eineindeutig, wenn sie auf diesem Intervall den Test der horizontalen Geraden besteht. Die Funktion links in Abbildung 14.7 ist eineindeutig, während die rechte Funktion dies nicht ist. Deshalb hat *eine Funktion eine Inverse, wenn sie eineindeutig ist.*

Wann ist eine Funktion eineindeutig? Nehmen wir an, dass $\alpha < \beta$ und f auf $[a, b]$ streng steigend ist, was bedeutet, dass $x_1 < x_2$ impliziert, dass $f(x_1) < f(x_2)$ gilt. Dies impliziert, dass f auf $[a, b]$ eineindeutig ist und jeden Wert zwischen α und β in genau einem Punkt annimmt. Deshalb hat f in diesem Fall eine inverse Funktion. Dasselbe ist wahr, wenn $\alpha > \beta$ und f streng fallend ist, deshalb schließen wir wie vorhin, dass f genau dann eine Inverse auf einem Intervall hat, wenn sie auf dem Intervall monoton ist. Wenn y eine beliebige Zahl zwischen α und β ist, dann gibt es genau eine

Zahl x mit $f(x) = y$. Die Definition von f^{-1} ist schlicht: Es ist diejenige Funktion, welche $f^{-1}(y) = x$ bestimmt.

Aber diese Definition ist dahingehend unbefriedigend, dass sie nicht besagt, wie man den Wert von x für ein gegebenes y herausfindet. Mit anderen Worten, zu wissen, dass eine Funktion auf einem Intervall eine inverse Funktion besitzt, ist nicht dasselbe, wie eine Formel für die inverse Funktion angeben zu können. Tatsächlich kann man gewöhnlich keine explizite Formel für die inverse Funktion angeben.

Wie also berechnen wir die inverse Funktion einer gegebenen Funktion, wenn es keine explizite Formel für die Inverse gibt? Wir benutzen den Bisektionsalgorithmus . Nehmen wir an, dass $\alpha = f(a) < \beta = f(b)$ und f monoton wachsend ist. Für jeden Wert y in (α, β) ist die Funktion $f(x) - y$ Lipschitz-stetig und $f(a) - y = \alpha - y < 0$, während $f(b) - y = \beta - y > 0$. Deshalb konvergiert der Bisektionsalgorithmus, der auf $f - y$ angewendet wird und mit dem Intervall $[a, b]$ gestartet wird, gegen eine Nullstelle x von $f(x) - y = 0$. Die Nullstelle ist eindeutig, da f wachsend ist. Auf diese Weise können wir den Wert von $f^{-1}(y)$ in jedem Punkt y in (α, β) berechnen. Dieselbe Methode funktioniert, falls $\alpha > \beta$ und f monoton fallend ist.[2]

Übrigens ist es eine gute Übung zu zeigen, dass f^{-1} monoton wachsend oder fallend ist, wenn f monoton wachsend oder fallend ist.

Wir fassen diese Diskussion wie folgt zusammen:

Satz 14.2 Der Satz über die inverse Funktion *Sei f eine Lipschitz-stetige, monoton wachsende oder fallende Funktion auf $[a, b]$ mit $\alpha = f(a)$ und $\beta = f(b)$. Dann hat f eine monoton wachsende oder fallende inverse Funktion, die auf $[\alpha, \beta]$ definiert ist. Für jedes x in (α, β) kann der Wert von $f^{-1}(x)$ berechnet werden, indem der Bisektionsalgorithmus angewendet wird, um die Nullstelle y von $f(y) - x = 0$ zu berechnen, wobei man mit dem Intervall $[a, b]$ beginnt.*

BEISPIEL 14.12. Wir können den Satz über die inverse Funktion benutzen, um die **Wurzelfunktion** $x^{1/n}$ für eine natürliche Zahl n zu definieren.

Wenn n ungerade ist, dann ist $f(x) = x^n$ eine monoton steigende Funktion und daher auf jedem Intervall invertierbar. Wir definieren die Funktion $x^{1/n}$ als die Inverse von f,

$$x^{1/n} = f^{-1}(x), \text{ wobei } f(x) = x^n.$$

Der Graph von f deutet darauf hin, dass der Definitionsbereich und der Bildbereich von $x^{1/n}$ die Menge aller reellen Zahlen sind, und dass außerdem $x^{1/n}$ eine monoton steigende Funktion ist.

---

[2]Beachten Sie, dass wir gewöhnlich f^{-1} als eine Funktion von x (nicht von y) schreiben. Wenn wir dies tun möchten, dann lassen wir x einen beliebigen Wert in (α, β) bezeichnen und berechnen dann die Nullstelle y von $f(y) - x = 0$.

Wenn n gerade ist, dann ist $f(x) = x^n$ nicht monoton. Jedoch können wir $f(x) = x^n$ auf den Definitionsbereich $x \geq 0$ beschränken und erhalten dann eine steigende Funktion. Der Bildbereich von f enthält alle nicht-negativen reellen Zahlen. Erneut definieren wir die Funktion $x^{1/n}$ als die Inverse von f,

$$x^{1/n} = f^{-1}(x), \text{ wobei } f(x) = x^n \text{ für } x \geq 0.$$

Auch in diesem Fall deutet der Graph von f darauf hin, dass der Definitionsbereich und der Bildbereich von $x^{1/n}$ alle nicht-negativen reellen Zahlen sind und dass $x^{1/n}$ eine monoton steigende Funktion ist.

Mit dieser Funktion können wir die **Potenzfunktion** $f(x) = x^{p/q}$ für jede ganze Zahl p und natürliche Zahl q als die Hintereinanderausführung

$$f(x) = \left(x^{1/q}\right)^p$$

definieren. Wir können überprüfen, dass alle für die Exponenten erwarteten Eigenschaften gelten, indem wir die Eigenschaften für ganzzahlige Exponenten verwenden.

Kapitel 14 Aufgaben

14.1. In der Internetausgabe der Gelben Seiten kann man den Namen einer Firma eingeben und erhält dann die Telefonnummer der Firma. Dies definiert eine Funktion auf der Menge von Firmennamen in der Menge von Telefonnummern. Beschreiben Sie die zugehörige inverse Funktion.

14.2. Eine Meinungsumfrage ist eine Funktion, die die Menge der Teilnehmer an der Umfrage auf ihre Antworten in einer gegebenen Menge möglicher Antworten abbildet. Ist diese Funktion im Allgemeinen invertierbar?

14.3. Erstellen Sie für jede der folgenden Funktionen entweder eine grobe Skizze der inversen Funktion oder erklären Sie, warum sie keine Inverse hat.

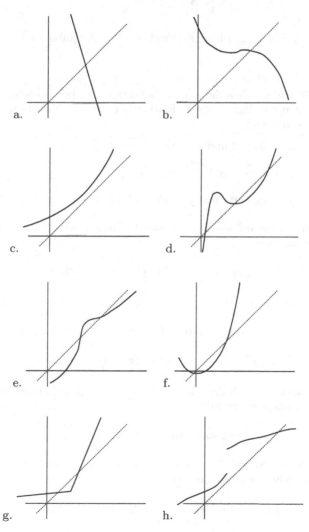

14.4. Durch Beschränkung des Definitionsbereichs der in Abbildung 14.8 dargestellten Funktion erhalten Sie drei verschiedene invertierbare Funktionen. Stellen Sie die zugehörigen inversen Funktionen graphisch dar.

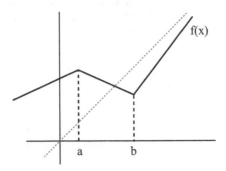

Abbildung 14.8: Die Funktion für Aufgabe 14.4.

14.5. Bestätigen Sie, dass die folgenden Funktionen die angegebenen Inversen besitzen. Achten Sie darauf, die Definitionsbereiche der Funktionen und ihrer Inversen zu bestimmen!

(a) $f(x) = 3x - 2$ und $f^{-1}(x) = \dfrac{x+2}{3}$.

(b) $f(x) = \dfrac{x}{x-1}$ und $f^{-1}(x) = \dfrac{x}{x-1}$.

(c) $f(x) = (x-4)^5$ und $f^{-1}(x) = x^{1/5} + 4$.

14.6. Berechnen Sie auf den angegebenen Definitionsbereichen die Inversen der folgenden Funktionen:

(a) $f(x) = 3x - 1$, alle x (b) $f(x) = x^{1/5}$, alle x

(c) $f(x) = -x^4$, $x \geq 0$ (d) $f(x) = (x+1)/(x-1)$, $x > 1$

(e) $f(x) = (1 - x^3)/x^3$, $x > 0$ (f) $f(x) = (2 + \sqrt{x})^3$, $x > 0$

(g) $f(x) = (1 - x^3)^{-1}$, $x > 1$ (h) $f(x) = (x-2)(x-3)$, $2 \leq x \leq 3$.

14.7. Entscheiden Sie, ob die Funktion $f(x) = x^8$ auf den angegebenen Definitionsbereichen eineindeutig ist:

(a) alle x (b) $x \geq 0$ (c) $x < -4$.

14.8. Entscheiden Sie, ob die Funktion $f(x) = x^2 + x - 1$ auf den angegebenen Definitionsbereichen eineindeutig ist:

(a) alle x (b) $x \geq -1/2$ (c) $x \leq -1/2$.

14.9. Bestimmen Sie für die unten aufgeführten Funktionen ein Intervall, auf dem die Funktion eineindeutig ist und geben Sie die inverse Funktion auf diesem Intervall an:

$$\text{(a) } f(x) = (x+1)^2 \quad \text{(b) } (x-4)(x+5) \quad \text{(c) } x^3 + x.$$

14.10. Beweisen Sie geometrisch und analytisch, dass wenn f monoton steigend oder fallend ist, ihre Inverse auch monoton steigend oder fallend ist.

14.11. Beweisen Sie unter Verwendung der Definition der Wurzelfunktion aus Beispiel 14.12, dass $(x^{1/n})^{1/m} = x^{1/(nm)}$ für alle natürlichen Zahlen n und m sowie nicht-negative reelle Zahlen x. Verwenden Sie dazu die entsprechende Eigenschaft $(x^n)^m = x^{nm}$, die für natürliche Exponenten gilt.

14.12. Schreiben Sie für eine gegebene, auf dem Intervall $[a, b]$ monotone, Lipschitz-stetige Funktion f eine $MATLAB^{©}$ –Funktion, die den Wert der inversen Funktion in jedem Punkt y in (α, β) berechnet, wobei $[\alpha, \beta] = f([a, b])$.

15
Fixpunkte und kontrahierende Abbildungen

In der Praxis ist nicht nur die Berechnung einer Nullstelle einer gegebenen Funktion wichtig, sondern auch, wie schnell wir die Nullstelle berechnen können. Wenn wir einen Approximationsalgorithmus anwenden, der die Nullstelle als Grenzwert berechnet, dann wird die „Geschwindigkeit" hauptsächlich dadurch bestimmt, wieviele Iterationen der Algorithmus benötigt, um eine Nullstelle auf eine bestimmte Genauigkeit zu berechnen und wieviel Zeit jede Iteration der Berechnung in Anspruch nimmt. Insbesondere ist der Bisektionsalgorithmus ein zuverlässiger Weg, um eine Nullstelle zu berechnen, allerdings ist er in der Praxis langsam, da er viele Iterationen erfordert, um eine hohe Genauigkeit zu erreichen.[1] Deshalb müssen wir immer noch einen besseren Weg finden, um Nullstellenprobleme zu lösen.

In diesem Kapitel untersuchen wir neue Wege, um Nullstellenprobleme zu lösen, teilweise motiviert durch den Bedarf nach schnelleren Methoden. Auf der Suche nach alternativen Ansätzen formulieren wir das Nullstellenproblem in eine neue Form um, die Fixpunktproblem genannt wird. Für eine gegebene Funktion g ist das **Fixpunktproblem** für g, dasjenige $\bar{x}$ zu finden, so dass

$$g(\bar{x}) = \bar{x}. \tag{15.1}$$

---

[1] Im Gegensatz zum Fehler des Bisektionsalgorithmus nimmt der Fehler des Dekasektionsalgorithmus schneller pro Iteration ab, allerdings beansprucht dieser viel mehr Zeit pro Iteration, so dass er insgesamt nicht schneller ist.

Graphisch ist ein Fixpunkt $\bar{x}$ von g gegeben durch den Schnittpunkt der Geraden $y = x$ mit der Kurve $y = g(x)$ (vgl. Abbildung 15.1). Es stellt

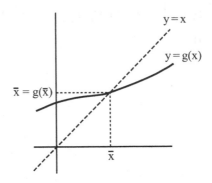

Abbildung 15.1: Veranschaulichung eines Fixpunkts $g(\bar{x}) = \bar{x}$.

sich heraus, dass die Modellierung eines Sachverhalts oftmals eher auf ein Fixpunktproblem hinausläuft, als auf ein Nullstellenproblem. Es ist daher naheliegend, die Lösung von Fixpunktproblemen zu untersuchen. Genauso wie bei Nullstellenproblemen sind wir selten in der Lage, die Lösung eines Fixpunktproblems exakt zu berechnen, deshalb werden wir einen Algorithmus entwickeln, der es gestattet, die Lösung auf jede gewünschte Genauigkeit zu berechnen.

Um zu erklären, auf welche Weise Fixpunktprobleme beim Modellierungsprozess auftauchen, betrachten wir zunächst zwei Modelle.

15.1 Das Modell vom Verkauf von Glückwunschkarten

Wir modellieren die finanzielle Situation einer Vertreterin für Glückwunschkarten, die die folgenden Preisabsprachen mit einer Glückwunschkarten–Firma getroffen hat.[2] Für jede Lieferung von Karten zahlt sie eine pauschale Liefergebühr von €25, und obendrein zahlt sie für den Verkauf von Glückwunschkarten im Wert von x, wobei x in Einheiten von €100 gemessen wird, eine zusätzliche Gebühr von 25% an die Firma. Mathematisch ausgedrückt zahlt sie für den Verkauf von x hundert von Euro

$$g(x) = \frac{1}{4} + \frac{1}{4}x, \tag{15.2}$$

---

[2]Fixpunktprobleme sind für mathematische Modellierungen in der Ökonomie unerlässlich.

wobei der Wert von g auch in Einheiten von €100 angegeben wird. Das Problem des *Modells vom Verkauf von Glückwunschkarten* ist, die Gewinnschwelle herauszufinden, d.h. die Menge an Verkäufen $\bar{x}$, bei der das eingenommene Geld exakt das ausgegebene ausgleicht. Natürlich erwartet sie, dass sie mit jedem zusätzlichen Verkauf über dieser Schwelle einen Gewinn realisiert.

Wir können uns dieses Problem vorstellen, indem wir zwei Geraden wie in Abbildung 15.2 zeichnen. Die erste Gerade $y = x$ stellt die Menge an eingenommenem Geld nach x Verkäufen dar. Bei diesem Problem messen wir die Verkäufe in Einheiten von Euro, somit ergibt sich einfach $y = x$ für diese Kurve. Die zweite Gerade $y = \frac{1}{4}x + \frac{1}{4}$ stellt die Menge an Geld dar, die der Glückwunschkarten–Firma gezahlt werden muss. Aufgrund der anfänglichen Pauschalgebühr von €25 startet der Verkäufer mit einem Verlust. Mit wachsender Anzahl von Verkäufen erreicht sie dann die Gewinnschwelle $\bar{x}$ und letztendlich beginnt sie, einen Gewinn zu erwirtschaften. Die Abbildung zeigt, dass die Gewinnschwelle ein Fixpunkt von g ist.

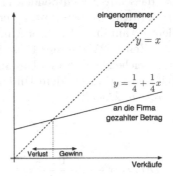

Abbildung 15.2: Darstellung der Bestimmung der Gewinnschwelle für den Verkauf von Glückwunschkarten. Verkäufe oberhalb der Gewinnschwelle $\bar{x}$ ergeben einen Gewinn für den Vertreter, Verkäufe unterhalb dieses Punktes bedeuten einen Verlust.

In diesem Beispiel ist es einfach, den Fixpunkt $\bar{x}$ zu finden. Wir bestimmen den Schnittpunkt der zwei in Abbildung 15.2 gezeichneten Geraden, indem wir ihre Formeln gleichsetzen:

$$\bar{x} = g(\bar{x}) = \frac{1}{4}\bar{x} + \frac{1}{4},$$

was $\bar{x} = 1/3$ ergibt.

15.2 Das Freizeit–Modell

Das zweite Beispiel ist anspruchsvoller und führt auf ein komplizierteres Fixpunktproblem.

Bei dem Versuch, sein Leben zu ordnen, versucht Ihr Mitbewohner, das optimale Gleichgewicht zwischen Arbeit und Spaß herauszufinden, indem er ein Modell für seine Freizeit konstruiert.[3] Einige Aktivitäten, wie zu studieren und halbtags in der Cafeteria zu arbeiten, kann er nicht vermeiden und die Zeit, die für diese Aktivitäten aufgewendet wird, muss eingeplant werden. Was angepasst werden kann ist die Zeit, die Ihr Mitbewohner mit selbstbestimmten Aktivitäten, wie schlafen, essen, in Clubs gehen und so weiter, verbringt. Das Problem ist zu bestimmen, wieviel Freizeit t er benötigt, um glücklich zu sein.

Bei dem Zusammenrechnen der Zeit, die er mit selbstbestimmten Aktivitäten verbringt, schätzt Ihr Mitbewohner, dass er mindestens 6 Stunden pro Tag für Essen und Schlafen benötigt. Er entschließt sich, dass er die Hälfte seiner Freizeit $t/2$ vollständig mit Vergnügungen verbringen sollte. Schließlich stellt er fest, dass mit abnehmender Freizeit, die Zeit, die er benötigt, um etwas zu tun, drastisch zunimmt, da er reizbar und müde ist. Er modelliert dies, indem er annimt, dass der Umfang an aufgrund von Müdigkeit verschwendeter Zeit $0,25/t$ seiner Freizeit t beträgt. Um einen zufriedenen Zustand zu erreichen, sollte der Umfang an Zeit, den er mit selbstbestimmten Aktivitäten verbringt, dem Umfang an Freizeit entsprechen, d.h. er muss das *Freizeit-Modell*

$$D(t) = 6 + \frac{t}{2} + \frac{0,25}{t} = t \qquad (15.3)$$

lösen, das einfach dasjenige Fixpunktproblem für die Funktion $D(t)$ ist, die die mit selbstbestimmten Aktivitäten verbrachte Zeit angibt. In Abbildung 15.3 ist D und ihr Fixpunkt dargestellt.

Die Gleichung (15.3) für den Fixpunkt $\bar{t}$ zu lösen, ist nicht einfach, da die Lösung irrational ist. Wir müssen einen Algorithmus konstruieren, um die Lösung zu approximieren. Auf jeden Fall stellen wir fest, dass die Lösung in der Nähe von $t = 12$ liegt; um also wirklich glücklich zu sein, sollte Ihr Mitbewohner ungefähr 12 Stunden mit Hausarbeit, 8 Stunden mit Schlafen und Essen und 4 Stunden mit Vergnügungen verbringen.

---

[3]Natürlich ist jeder, der auf Mathematik zurückgreift, um herauszufinden wie man Spaß hat, ohnehin ein hoffnungsloser Fall, aber lassen Sie uns das ignorieren. Schließlich sind wir Mathematiker.

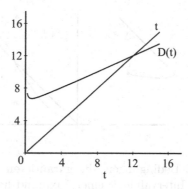

Abbildung 15.3: Graphische Darstellung des Fixpunktproblems für die Optimierung der Freizeit ihres Mitbewohners.

15.3   Fixpunktprobleme und Nullstellenprobleme

Wie gesagt, Fixpunktprobleme und Nullstellenprobleme sind eng miteinander verwandt. Insbesondere kann ein Fixpunktproblem in ein Nullstellenproblem umgeschrieben werden und umgekehrt.

BEISPIEL 15.1. Wenn wir

$$f(x) = g(x) - x$$

definieren, dann ist genau dann

$$f(x) = 0, \quad \text{wenn} \quad g(x) = x.$$

Mit dieser Definition, d.h. sofern wir eine Nullstelle von f finden, so dass $f(\bar{x}) = 0$ ist, dann haben wir auch einen Fixpunkt von g, $g(\bar{x}) = \bar{x}$, gefunden.

Beachten Sie, dass wir im Allgemeinen ein Fixpunktproblem auf viele verschiedenen Arten in ein Nullstellenproblem umschreiben können.

BEISPIEL 15.2. Das Fixpunktproblem

$$g(x) = x^3 - 4x^2 + 2 = x$$

kann in folgendes Nullstellenproblem umgeschrieben werden:

$$x^3 - 4x^2 - x + 2 = 0$$
$$5(x^3 - 4x^2 - x + 2) = 0$$
$$x^2 - 4x + \frac{2}{x} - 1 = 0.$$

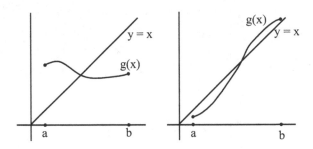

Abbildung 15.4: Zwei Bedingungen, die garantieren, dass eine Lipschitz-stetige Funktion g im Intervall $[a, b]$ einen Fixpunkt hat. Zum einen $g(a) > a$ und $g(b) < b$; zum anderen $g(a) < a$ und $g(b) > b$.

Dasselbe trifft für die Beschreibung von Nullstellenproblemen als Fixpunktprobleme zu.

BEISPIEL 15.3. Das Nullstellenproblem

$$f(x) = x^4 - 2x^3 + x - 1 = 0$$

entspricht den Fixpunktproblemen

$$x = -x^4 + 2x^3 + 1$$
$$x = \frac{2x^3 - x + 1}{x^3}$$
$$x = x^5 - 2x^4 + x^2.$$

Diese Diskussion schlägt einen Weg vor, ein Fixpunktproblem $g(x) = x$ zu lösen: Wir schreiben es nämlich in ein Nullstellenproblem $f(x) = 0$ um und wenden dann den Bisektionsalgorithmus an. Wir wissen, dass dies funktioniert, vorausgesetzt, wir finden ein Intervall $[a, b]$, so dass $f(a)$ und $f(b)$ entgegengesetzte Vorzeichen haben und f auf $[a, b]$ Lipschitz-stetig ist. Ob diese Eigenschaften zutreffen, hängt davon ab, wie wir das Fixpunktproblem in ein Nullstellenproblem umschreiben.

BEISPIEL 15.4. Wenn g auf einem Intervall $[a, b]$ Lipschitz-stetig ist und wir $f(x) = g(x) - x$ wählen, dann ist auch f auf $[a, b]$ Lipschitz-stetig. Die Bedingung $f(a) < 0$ bedeutet, dass $g(a) < a$ und $f(a) > 0$ bedeutet, dass $g(a) > a$. Daher wird g garantiert einen Fixpunkt im Intervall $[a, b]$ haben, vorausgesetzt, dass entweder $g(a) > a$ und $g(b) < b$ oder $g(a) < a$ und $g(b) > b$. Wir stellen diese zwei Möglichkeiten in Abbildung 15.4 dar. Beachten Sie, dass wenn g auf dem Intervall $[a, b]$ nicht stetig ist, diese Bedingungen nicht garantieren, dass g einen Fixpunkt in $[a, b]$ hat (vgl. Abbildung 15.5). Ferner kann g einen Fixpunkt in einem Intervall

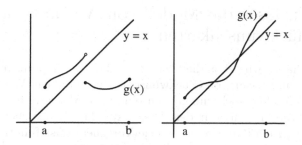

Abbildung 15.5: In der linken Abbildung ist g auf $[a, b]$ nicht stetig und hat konsequenterweise keinen Fixpunkt auf [a,b], auch wenn $g(a) > a$ und $g(b) < b$ ist. In der rechten Abbildung hat g zwei Fixpunkte auf $[a, b]$, auch wenn $g(a) > a$ und $g(b) > b$ ist und g auf $[a, b]$ Lipschitz-stetig ist.

$[a, b]$ haben, auch wenn diese Bedingungen nicht erfüllt sind, wie in Abbildung 15.5 gezeigt wird.

Sicherlich ist es möglich, ein Fixpunktproblem in ein „schlechtes" Nullstellenproblem umzuformen.

BEISPIEL 15.5. Wir können das Fixpunktproblem $g(x) = x$ in das Nullstellenproblem $f(x) = 0$ umschreiben, indem wir $f(x) = (g(x)-x)^2$ definieren. f ist sicherlich Lipschitz-stetig, wenn g Lipschitz-stetig ist, allerdings können wir keineswegs Punkte a und b finden, in denen f entgegengesetzte Vorzeichen aufweist, da f immer nicht-negativ ist.

Um also den Bisektionsalgorithmus anwenden zu können, um ein Fixpunktproblem für g zu lösen, helfen wir uns, indem wir das Fixpunktproblem in ein Nullstellenproblem $f(x) = 0$ so umformen, dass f auf einem Intervall $[a, b]$ Lipschitz-stetig ist und $f(a)$ und $f(b)$ entgegengesetzte Vorzeichen aufweisen.

BEISPIEL 15.6. Für das Fixpunktproblem $\frac{1}{4}x + \frac{1}{4} = x$ im Modell vom Verkauf von Glückwunschkarten setzen wir $f(x) = \frac{1}{4}x + \frac{1}{4} - x = -\frac{3}{4}x + \frac{1}{4}$. Dann ist $f(0) = 1/4$, $f(1) = -1/2$ und f ist auf $[0, 1]$ Lipschitz-stetig. Der Bisektionsalgorithmus, mit $x_0 = 0$ und $X_0 = 1$ gestartet, konvergiert gegen die Nullstelle $1/3$.

BEISPIEL 15.7. Für das Fixpunktproblem $6 + t/2 + 0,5/t = t$ im Freizeit–Modell setzen wir

$$f(t) = \frac{6 + t/2 + 0,5/t}{t} - 1 = \frac{6}{t} + \frac{0,5}{t^2} - \frac{1}{2}.$$

Dann ist $f(1) = 6$, $f(15) = -0,0977\cdots$ und f ist auf $[1, 15]$ Lipschitz-stetig. Der Bisektionsalgorithmus, mit $x_0 = 1$ und $X_0 = 15$ gestartet, konvergiert gegen die Nullstelle $12,0415229868\cdots$.

15.4   Wir lösen das Modell vom Verkauf von Glückwunschkarten

Tatsächlich haben wir schon die Lösung $\bar{x} = 1/3$ des Fixpunktproblems für das Modell vom Verkauf von Glückwunschkarten gefunden. Wir betrachten dieses Problem aber noch einmal, um eine neue Methode für die Lösung von Fixpunktproblemen zu finden. Den Fixpunkt schon vorher zu kennen, vereinfacht es, zu erklären, wie die neue Vorgehensweise funktioniert.

In Abbildung 15.6 stellen wir die Funktion $g(x) = \frac{1}{4}x + \frac{1}{4}$ graphisch dar, welche im Modell vom Verkauf von Glückwunschkarten zusammen mit $y = x$ und dem Fixpunkt $\bar{x}$ benutzt wurde. Wir stellen auch den Wert

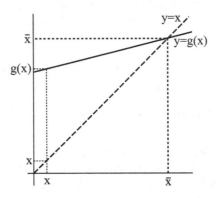

Abbildung 15.6: Der Wert von $g(x)$ liegt näher an $\bar{x}$ als an x.

von $g(x)$ für einen weiteren Punkt x graphisch dar. Wir wählen $x < \bar{x}$, da der Verkauf im Modell bei Null beginnt und dann ansteigt. Die graphische Darstellung zeigt, dass $g(x)$ näher an $\bar{x}$ ist als an x, d.h.

$$|g(x) - \bar{x}| < |x - \bar{x}|.$$

In der Tat können wir die Differenz unter Verwendung von $\bar{x} = 1/3$ genau berechnen:

$$|g(x) - \bar{x}| = \left| \frac{1}{4}x + \frac{1}{4} - \frac{1}{3} \right| = \left| \frac{1}{4} \left(x - \frac{1}{3} \right) \right| = \frac{1}{4}|x - \bar{x}|.$$

Also beträgt die Distanz von $g(x)$ zu $\bar{x}$ genau 1/4 der Distanz von $\bar{x}$ als von x.

Allerdings zeigt dasselbe Argument, dass wenn wir g auf $g(x)$ anwenden, d.h. $g(y)$ berechnen, wobei $y = g(x)$, die Distanz von diesem Wert zu $\bar{x}$ dann 1/4 der Distanz von $g(x)$ zu $\bar{x}$ beträgt und 1/16 der Distanz von x zu $\bar{x}$. Mit anderen Worten

$$|g(g(x)) - \bar{x}| = \frac{1}{4}|g(x) - \bar{x}| = \frac{1}{16}|x - \bar{x}|$$

wobei wir $g(y)$ (mit $y = g(x)$) als $g(g(x))$ schreiben. Wir veranschaulichen dies in Abbildung 15.7. Analog: Wenn wir g auf $g(g(x))$ anwenden, um

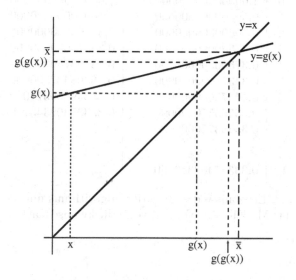

Abbildung 15.7: Die Distanz von $g(g(x))$ zu $\bar{x}$ beträgt $1/4$ der Distanz von $g(x)$ zu $\bar{x}$ und $1/16$ der Distanz von x zu $\bar{x}$.

$g(g(g(x)))$ zu erhalten, liegt dieser Wert mit einem Faktor von $1/4 \times 1/16 = 1/64$ näher an $\bar{x}$ als an x. Dies deutet darauf hin, dass wir den Fixpunkt einfach approximieren können, indem wir einen anfänglichen Punkt $x \geq 0$ wählen und dann kontinuierlich g wiederholt anwenden. Dieses Vorgehen wird die **Fixpunktiteration** für $g(x)$ genannt.

In Abbildung 15.8 sind sieben Schritte der Fixpunktiteration dargestellt. Ebenfalls dargestellt sind die Werte X_i des Bisektionsalgorithmus, angewandt auf das entsprechende Nullstellenproblem $f(x) = -\frac{3}{4}x + \frac{1}{4}$, wobei wir mit dem Intervall $[0, 1]$ beginnen. Die Zahlen deuten darauf hin, dass der Fehler der Fixpunktiteration mit einem Faktor von $1/4$ in jeder Iteration abnimmt, im Gegensatz zum Fehler des Bisektionsalgorithmus, welcher mit einem Faktor von $1/2$ abnimmt. Da beide Methoden außerdem eine Funktionsabschätzung und eine Speicherung pro Iteration benötigen, der Bisektionsalgorithmus aber eine zusätzliche Überprüfung des Vorzeichens benötigt, kostet die Fixpunktiteration weniger pro Iteration. Offensichtlich ist die Fixpunktiteration also für dieses Problem „schneller" als der Bisektionsalgorithmus.

Die Angaben aus Abbildung 15.8 deuten darauf hin, dass die durch die Fixpunktiteration erzeugte Folge gegen den Fixpunkt konvergiert. Wir können beweisen, dass dies in diesem Beispiel wahr ist, indem wir eine explizite Formel für die Elemente der Folge berechnen. Wir beginnen mit dem

i	Bisektionsalgorithmus X_i	Fixpunktiteration x_i
0	1,00000000000000	1,0000000000000
1	0,50000000000000	0,50000000000000
2	0,50000000000000	0,37500000000000
3	0,37500000000000	0,34375000000000
4	0,37500000000000	0,33593750000000
5	0,34375000000000	0,33398437500000
6	0,34375000000000	0,33349609375000
7	0,33593750000000	0,33337402343750
8	0,33593750000000	
⋮	⋮	
13	0,33337402343750	

Abbildung 15.8: Ergebnisse des Bisektionsalgorithmus und der Fixpunktiteration für das Modell vom Verkauf von Glückwunschkarten.

ersten Element

$$x_1 = \frac{1}{4}x_0 + \frac{1}{4},$$

und fahren dann fort

$$x_2 = \frac{1}{4}x_1 + \frac{1}{4} = \frac{1}{4}\left(\frac{1}{4}x_0 + \frac{1}{4}\right) + \frac{1}{4} = \frac{1}{4^2}x_0 + \frac{1}{4^2} + \frac{1}{4}.$$

Ebenso finden wir

$$x_3 = \frac{1}{4^3}x_0 + \frac{1}{4^3} + \frac{1}{4^2} + \frac{1}{4}$$

und nach n Schritten

$$x_n = \frac{1}{4^n}x_0 + \sum_{i=1}^{n} \frac{1}{4^i}. \tag{15.4}$$

Der erste Term auf der rechten Seite von (15.4), $x_0/4^n$, konvergiert gegen 0, wenn n gegen unendlich geht. Der zweite Term ist gleich

$$\sum_{i=1}^{n} \frac{1}{4^i} = \frac{1}{4} \times \sum_{i=0}^{n-1} \frac{1}{4^i} = \frac{1}{4} \times \frac{1 - \frac{1}{4^n}}{1 - \frac{1}{4}} = \frac{1 - \frac{1}{4^n}}{3},$$

wobei wir die Formel für die geometrische Summe verwendet haben. Daher konvergiert der zweite Term gegen den Fixpunkt $1/3$ für $n \to \infty$.

15.5   Die Fixpunktiteration

Für ein allgemeines Fixpunktproblem

$$g(x) = x,$$

lautet die Fixpunktiteration einfach:

Algorithmus 15.1 Fixpunktiteration Wir wählen x_0 und setzen

$$x_i = g(x_{i-1}) \text{ für } i = 1, 2, 3, \cdots . \tag{15.5}$$

Zu zeigen, dass der Algorithmus gegen einen Fixpunkt von g konvergiert und den Fehler bei jeder Iteration abzuschätzen, sind schwierigere Aufgaben. Bevor wir diese angehen, betrachten wir einige Beispiele.

BEISPIEL 15.8. Wir wenden die Fixpunktiteration an, um das Freizeit–Modell mit $g(t) = 6 + t/2 + 0, 5/t$ zu lösen. Wir beginnen mit $t = 1$ und stellen die Ergebnisse in Abbildung 15.9 dar. Offensichtlich konvergiert

i	x_i
0	1
1	6,75
2	9,41203703703704
3	10,7325802499499
4	11,3895836847879
5	11,7167417228215
⋮	⋮
10	12,0315491941695
⋮	⋮
15	12,0412166444154
⋮	⋮
20	12,0415135775222

Abbildung 15.9: Ergebnisse der Fixpunktiteration, angewendet auf das Freizeit–Modell.

die Iteration in diesem Beispiel gegen den Fixpunkt.

BEISPIEL 15.9. Bei der Berechnung der Löslichkeit von $Ba(IO_3)_2$ in Abschnitt 4.5 haben wir unter Verwendung des Bisektionsalgorithmus das Nullstellenproblem (13.3)

$$x(20 + 2x)^2 - 1, 57 = 0$$

gelöst und die Ergebnisse in Abbildung 13.3 dargestellt. In diesem Beispiel benutzen wir die Fixpunktiteration, um das entsprechende Fixpunktproblem

$$g(x) = \frac{1, 57}{(20 + 2x)^2} = x \tag{15.6}$$

zu lösen. Wir wissen, dass g auf jedem Intervall, das nicht $x = 10$ enthält, Lipschitz-stetig ist (und wir wissen auch, dass der Fixpunkt/die Nullstelle nahe an 0 liegt). Wir fangen mit der Iteration bei $x_0 = 1$ an und stellen die Ergebnisse in Abbildung 15.10 dar. Die Iteration scheint

i	x_i
0	1,00000000000000
1	0,00484567901235
2	0,00392880662465
3	0,00392808593169
4	0,00392808536527
5	0,00392808536483

Abbildung 15.10: Ergebnisse der Fixpunktiteration, angewendet auf (15.6).

in diesem Fall sehr schnell zu konvergieren.

Allerdings konvergiert die Fixpunktiteration oftmals auch nicht.

BEISPIEL 15.10. Der Fixpunkt von

$$g(x) = x^2 + x = x \tag{15.7}$$

ist $\bar{x} = 0$, wie man leicht berechnet. Es stellt sich jedoch heraus, dass die Fixpunktiteration für jeden anfänglichen Wert $x_0 \neq 0$ divergiert. Wir stellen die Ergebnisse der Fixpunktiteration in Abbildung 15.11 dar, beginnend mit $x_0 = 0, 1$.

15.6   Zur Konvergenz der Fixpunktiteration

In diesem Abschnitt untersuchen wir die Konvergenz der Fixpunktiteration. Die Untersuchung beginnt mit der Beobachtung, dass die Fixpunktiteration für das Modell vom Verkauf von Glückwunschkarten konvergiert, da die Steigung von $g(x) = \frac{1}{4}x + \frac{1}{4}$ 1/4 < 1 ist. Dies erzeugt einen Faktor von 1/4 im Fehler nach jeder Iteration und zwingt die rechte Seite von (15.4), einen Grenzwert zu haben, wenn n gegen Unendlich geht. Wir erinnern uns, dass die Steigung einer linearen Funktion dasselbe ist, wie ihre Lipschitz-Konstante und können sagen, dass dieses Beispiel funktionierte, da die Lipschitz-Konstante von g die Zahl $L = 1/4 < 1$ ist.

Im Gegensatz dazu konvergiert das Analogon von (15.4) nicht, wenn die Lipschitz-Konstante oder Steigung von g größer als 1 ist.

BEISPIEL 15.11. Wir stellen dies in Abbildung 15.12 graphisch unter Verwendung der Funktion $g(x) = 2x + \frac{1}{4}$ dar. Der Unterschied zwischen

i	x_i
0	$0,1$
1	$0,11$
2	$0,1221$
3	$0,13700841$
4	$0,155779714410728$
5	$0,180047033832616$
6	$0,212463968224539$
7	$0,257604906018257$
8	$0,323965193622933$
9	$0,428918640302077$
10	$0,612889840300659$
11	$0,988523796644427$
12	$1,96570309317674$
13	$5,82969174370134$
14	$39,8149975702809$
15	$1625,04902909176$
16	$2642409,39598115$

Abbildung 15.11: Ergebnisse der Fixpunktiteration, angewendet auf $g(x) = x^2 + x$.

sukzessiven Iterationen nimmt mit jeder Iteration zu und die Fixpunktiteration konvergiert nicht. Aus der graphischen Darstellung wird deutlich, dass es keinen positiven Fixpunkt gibt. Andererseits konvergiert die Fixpunktiteration, wenn sie auf eine beliebige lineare Funktion mit der Lipschitz-Konstanten $L < 1$ angewendet wird. Wir stellen die Konvergenz für $g(x) = \frac{3}{4}x + \frac{1}{4}$ in Abbildung 15.12 dar. Wir denken über (15.4) nach — der Grund ist einfach, dass die geometrische Summe für L konvergiert, wenn $L < 1$ ist.

Kehren wir zum allgemeinen Fall zurück. Wir suchen nach Bedingungen an g, die garantieren, dass die Fixpunktiteration gegen einen Fixpunkt von g konvergiert. Bezogen auf die bisherigen Beispiele ist natürlich anzunehmen, dass g mit der Konstanten $L < 1$ Lipschitz-stetig sein muss. Wir müssen jetzt allerdings vorsichtig sein, da lineare Funktionen auf der gesamten Menge der reellen Zahlen $\mathbb{R}$ Lipschitz-stetig sind, die meisten Funktionen jedoch nicht. Polynome vom Grad größer als 1 sind zum Beispiel auf beschränkten Mengen Lipschitz-stetig, aber nicht auf ganz $\mathbb{R}$. Deshalb nehmen wir an, dass es ein Intervall $[a, b]$ gibt, so dass g auf $[a, b]$ mit der Lipschitz-Konstanten $L < 1$ Lipschitz-stetig ist.

Diese Annahme beinhaltet eine Komplikation. Wenn wir über die Analyse des Modells vom Verkauf von Glückwunschkarten nachdenken, könnten wir vermuten, dass wir die Lipschitz-Bedingung an g benutzen müssen,

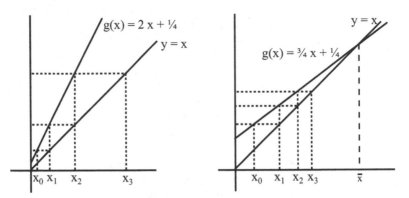

Abbildung 15.12: Links zeichnen wir die ersten drei Fixpunktiterationen für $g(x) = 2x + \frac{1}{4}$ ein. Die Iterationen steigen ohne Beschränkung an, während die Iteration voranschreitet. Rechts zeichnen wir die ersten drei Fixpunktiterationen für $g(x) = \frac{3}{4}x + \frac{1}{4}$ ein. Die Iteration konvergiert in diesem Fall gegen den Fixpunkt.

ausgewertet in den iterierten $\{x_i\}$, die durch die Fixpunktiteration erzeugt wurden. Um dies zu tun, müssen alle x_i im Intervall $[a, b]$ liegen, auf dem g Lipschitz-stetig ist. Leider ist es nicht so einfach, diese Bedingung für alle i zu überprüfen. Da jedes x_i durch die Auswertung von $g(x_{i-1})$ erzeugt wird, ist ein Weg diese Schwierigkeit zu umgehen, anzunehmen, dass wenn x in $[a, b]$ liegt, auch $g(x)$ in $[a, b]$ liegt. Mit anderen Worten, das Bild von $[a, b]$ unter der Abbildung g ist in $[a, b]$ enthalten. Dies impliziert durch vollständige Induktion, dass solange x_0 in $[a, b]$ liegt, auch $x_i = g(x_{i-1})$ für jedes i in $[a, b]$ liegt.

Wir fassen zusammen und sagen, dass g eine **kontrahierende Abbildung** auf dem Intervall $[a, b]$ ist, wenn x in $[a, b]$ impliziert, dass $g(x)$ in $[a, b]$ liegt und wenn g auf $[a, b]$ mit der Lipschitz-Konstanten $L < 1$ Lipschitz-stetig ist. Es stellt sich heraus, dass die Fixpunktiteration für eine kontrahierende Abbildung immer gegen einen eindeutigen Fixpunkt von g in $[a, b]$ konvergiert.

Der erste Schritt ist zu zeigen, dass die durch die Fixpunktiteration erzeugte Folge $\{x_i\}$ eine Cauchy–Folge ist und deshalb gegen eine reelle Zahl $\bar{x}$ konvergiert. Wir müssen zeigen, dass die Differenz $x_i - x_j$ beliebig klein gemacht werden kann, indem $j \geq i$ beide hinreichend groß gewählt werden. Wir beginnen indem wir zeigen, dass die Differenz $x_i - x_{i+1}$ beliebig klein gemacht werden kann. Wir subtrahieren die Gleichung $x_i = g(x_{i-1})$ von $x_{i+1} = g(x_i)$ und erhalten

$$x_{i+1} - x_i = g(x_i) - g(x_{i-1}).$$

Da x_{i-1} und x_i nach Annahme beide in $[a, b]$ liegen, können wir die Lipschitz-Stetigkeit von g benutzen, um zu schließen, dass

$$|x_{i+1} - x_i| \le L|x_i - x_{i-1}|. \qquad (15.8)$$

Dies besagt, dass die Differenz zwischen x_i und x_{i+1} nicht größer als der Faktor L mal der vorherigen Differenz zwischen x_{i-1} und x_i sein kann. Auf diese Weise erhalten wir eine Abnahme im Laufe der Iteration. Wir können dasselbe Argument benutzen, um

$$|x_i - x_{i-1}| \le L|x_{i-1} - x_{i-2}|$$

zu zeigen, deshalb gilt

$$|x_{i+1} - x_i| \le L^2|x_{i-1} - x_{i-2}|.$$

Mit Hilfe vollständiger Induktion schließen wir

$$|x_{i+1} - x_i| \le L^i|x_1 - x_0|. \qquad (15.9)$$

Da $L < 1$ ist, impliziert dies, dass $|x_{i+1} - x_i|$ so klein wie gewünscht gemacht werden kann, indem wir i hinreichend groß wählen.

Um zu zeigen, dass $\{x_i\}$ eine Cauchy–Folge ist, müssen wir zeigen, dass dasselbe für $|x_i - x_j|$ für jedes $j \ge i$ gilt. Wir nehmen an, dass $j > i$ ist und erhalten

$$|x_i - x_j| = |x_i - x_{i+1} + x_{i+1} - x_{i+2} + x_{i+2} - \cdots + x_{j-1} - x_j|.$$

Dann benutzen wir die Dreiecksungleichung

$$|x_i - x_j| \le |x_i - x_{i+1}| + |x_{i+1} - x_{i+2}| + \cdots + |x_{j-1} - x_j|$$
$$= \sum_{k=i}^{j-1} |x_k - x_{k+1}|.$$

Jetzt wenden wir auf jeden Term in der Summe (15.9) an und erhalten

$$|x_i - x_j| \le \sum_{k=i}^{j-1} L^k |x_1 - x_0| = |x_1 - x_0| \sum_{k=i}^{j-1} L^k.$$

Nun ist

$$\sum_{k=i}^{j-1} L^k = L^i(1 + L + L^2 + \cdots + L^{j-i-1}) = L^i \frac{1 - L^{j-i}}{1 - L}$$

mit der Formel für die geometrische Summe für L. Da $L < 1$ ist, ist $1 - L^{j-i} \le 1$ und deshalb

$$|x_i - x_j| \le \frac{L^i}{1 - L} |x_1 - x_0|.$$

Da $L < 1$ ist, nähert sich L^i Null an, wenn i wächst und wir können die Differenz $|x_i - x_j|$ mit $j \geq i$ so klein machen, wie wir möchten, indem wir i hinreichend groß wählen. Mit anderen Worten, $\{x_i\}$ ist eine Cauchy–Folge und konvergiert deshalb gegen eine reelle Zahl $\bar{x}$.

Der zweite Schritt ist zu zeigen, dass der Grenzwert $\bar{x}$ ein Fixpunkt von g ist. Erinnern wir uns, dass nach Definition

$$g(\bar{x}) = \lim_{i \to \infty} g(x_i).$$

Nun gilt aufgrund der Definition der Fixpunktiteration

$$\lim_{i \to \infty} g(x_i) = \lim_{i \to \infty} x_{i+1} = \lim_{i \to \infty} x_i = \bar{x}$$

und wie gewünscht $g(\bar{x}) = \bar{x}$.

Im letzten Schritt zeigen wir, dass g höchstens einen Fixpunkt in $[a, b]$ haben kann, deshalb besteht kein Zweifel darüber, welchen Fixpunkt die Fixpunktiteration approximiert. Nehmen wir an, dass $\bar{x}$ und $\tilde{x}$ Fixpunkte von g in $[a, b]$ sind, d.h.

$$g(\bar{x}) = \bar{x} \text{ und } g(\tilde{x}) = \tilde{x}.$$

Durch Subtraktion und Anwendung der Lipschitz-Annahme für g erhalten wir

$$|\bar{x} - \tilde{x}| = |g(\bar{x}) - g(\tilde{x})| \leq L|\bar{x} - \tilde{x}|.$$

$L < 1$ ist nur möglich, wenn $\bar{x} - \tilde{x} = 0$ ist.

Wir fassen diese Diskussion als Satz zusammen.

Satz 15.1 Banachscher Fixpunktsatz   *Wenn g auf einem Intervall $[a, b]$ eine kontrahierende Abbildung ist, dann konvergiert die Fixpunktiteration, beginnend mit einem beliebigen Punkt x_0 in $[a, b]$, gegen den eindeutigen Fixpunkt $\bar{x}$ von g in $[a, b]$.*

Der Satz ist nach Banach[4] benannt, der dieses Ergebnis zuerst bewies, indem er die Methode sukzessiver Approximation für Differenzialgleichungen verallgemeinerte. Wir präsentieren eine allgemeinere Version dieses Satzes in Kapitel 40 und diskutieren dort die Beziehung zur Methode sukzessiver Approximation.

Meistens ist der schwierige Teil bei der Anwendung dieses Satzes, ein geeignetes Intervall zu finden. Wir schließen mit einigen Beispielen, die

---

[4]Der polnische Mathematiker Stefan Banach (1892–1945) entwickelte die erste systematische Theorie der Funktionalanalysis. Ebenso veröffentlichte er Beiträge zur Integration, zur Maßtheorie, zu orthogonalen Reihen, zur Theorie von Reihen und zu topologischen Vektorräumen. Banach's Name taucht im Zusammenhang mit verschiedenen fundamentalen Sätzen auf, in normierten linearen Räumen ebenso wie in Banachräumen. Banach war eine beliebte, lebhafte und charmante Person und arbeitete oft in Cafes, Bars und Restaurants.

unterschiedliche Möglichkeiten zeigen und kehren zu diesem Thema in Kapitel 31 zurück.

BEISPIEL 15.12. Im Modell vom Verkauf von Glückwunschkarten ist $g(x) = \frac{1}{4}x + \frac{1}{4}$ auf $\mathbb{R}$ Lipschitz-stetig, also können wir jedes Intervall $[a, b]$ wählen und den Satz anwenden. Dies bedeutet, dass es nur eine Lösung in $\mathbb{R}$ gibt.

BEISPIEL 15.13. Im Freizeit–Modell können wir zeigen, dass (Aufgabe 15.17) auf dem Intervall $[a, b]$ mit $a > 0$, die Funktion $D(t) = 6 + t/2 + 0,25/t$ die Lipschitz-Konstante

$$L = \frac{1}{2} + \frac{0,25}{a^2}$$

besitzt. Solange $a > 1/\sqrt{2} \approx 0,7072$, können wir den Satz auf $[a, b]$ dann anwenden, um Konvergenz zu garantieren. In der Praxis konvergiert die Fixpunktiteration auf jedem Intervall $[a, b]$ mit $a > 0$.

BEISPIEL 15.14. Um die Löslichkeit von $Ba(IO_3)_2$ zu berechnen, lösen wir das Fixpunktproblem (15.6)

$$g(x) = \frac{1,57}{(20 + 2x)^2} = x.$$

Es ist möglich zu zeigen (Aufgabe 15.18), dass g auf $[a, b]$ mit $a \geq 0$ und $b \leq 9,07$ mit einer Lipschitz-Konstanten $L < 1$ Lipschitz-stetig ist und der Satz anwendbar ist. In der Praxis konvergiert die Fixpunktiteration für jedes $x_0 \neq 10$.

BEISPIEL 15.15. In Beispiel 15.10 haben wir die Fixpunktiteration für $g(x) = x^2 + x = x$ mit $x_0 = 0,1$ getestet und sie konvergierte nicht. Die Lipschitz-Konstante von g ist auf jedem Intervall $[a, b]$ mit $a > 0$ $L = 1 + 2a > 1$, deshalb können wir den Satz nicht benutzen.

BEISPIEL 15.16. Wir können zeigen (Aufgabe 15.19), dass $g(x) = x^4/(10 - x)^2$ auf $[-1, 1]$ mit $L = 0,053$ Lipschitz-stetig ist und der Satz impliziert, dass die Fixpunktiteration gegen $\bar{x} = 0$ für jedes x_0 in $[-1, 1]$ konvergiert. Andererseits ist die Lipschitz-Konstante von g auf $[-9,9, 9,9]$ ungefähr 20×10^6 und die Fixpunktiteration divergiert schnell für $x_0 = 9,9$.

15.7   Konvergenzraten

Erinnern wir uns, dass eine Motivation für die Betrachtung der Fixpunktiteration war, einen schnelleren Weg herauszufinden, um Nullstellenprobleme zu lösen. Dies ist ein guter Zeitpunkt um zu diskutieren, was mit „wie schnell eine Iteration konvergiert" gemeint ist und einen Weg vorzuschlagen, die Geschwindigkeiten zu vergleichen, mit denen die verschiedenen Iterationen konvergieren.

Wir wissen, dass der Fehler des Bisektionsalgorithmus mit einem Faktor von mindestens $1/2$ bei jeder Iteration abnimmt. Für einen Vergleich benötigen wir eine Abschätzung der Abnahme des Fehlers $|x_i - \bar{x}|$ der Fixpunktiteration in jeder Iteration. Da $\bar{x} = g(\bar{x})$ gilt

$$|x_i - \bar{x}| = |g(x_{i-1}) - g(\bar{x})| \le L|x_{i-1} - \bar{x}|. \qquad (15.10)$$

Dies bedeutet, dass der Fehler mit einem Faktor von *mindestens* $L < 1$ während jeder Iteration abnimmt. Insbesondere konvergiert die Fixpunktiteration schneller als der Bisektionsalgorithmus, wenn $L < 1/2$ ist und zwar in dem Sinne, dass der Fehler im Allgemeinen um einen größeren Betrag in jeder Iteration abnimmt.

Außerdem können wir (15.10) in eine Abschätzung des Fehlers nach n Schritten verwandeln, indem wir vollständige Induktion benutzen, um zu schließen, dass

$$|x_n - \bar{x}| \le L^n |x_0 - \bar{x}| \le L^n |b - a|. \qquad (15.11)$$

Unter Verwendung von (15.11) können wir entscheiden, wieviele Iterationen benötigt werden, um eine bestimmte Genauigkeit von x_n zu gewährleisten.

Diese Diskussion ist mit Unsicherheiten behaftet, da sie von *Abschätzungen* der Iterationsfehler abhängt. Es ist möglich, dass der Fehler der Fixpunktiteration tatsächlich genau mit einem Faktor L abnimmt. Dies ist zum Beispiel für das Modell vom Verkauf von Glückwunschkarten wahr, bei dem der Fehler in jeder Iteration mit einem Faktor von $L = 1/4$ abnimmt. Wenn der Fehler einer iterativen Methode in jeder Iteration genau mit einem konstanten Faktor L abnimmt, dann nennen wir dies **lineare Konvergenz** und sagen, dass die Iteration mit **linearer Geschwindigkeit** und dem **Konvergenzfaktor** L konvergiert. Die Fixpunktiteration, angewendet auf eine beliebige lineare Funktion $g(x)$ mit der Lipschitz-Konstanten $L < 1$, konvergiert linear mit dem Konvergenzfaktor L. Wenn zwei Iterationen linear konvergieren, können wir die Geschwindigkeit vergleichen, mit der die Iterationen konvergieren, indem wir die Größe des Konvergenzfaktors vergleichen.

BEISPIEL 15.17.   Die Fixpunktiteration konvergiert für die Funktion $g(x) = \frac{1}{9}x + \frac{3}{4}$ schneller als für $g(x) = \frac{1}{5}x + 2$. Die Ergebnisse sind in Abbildung 15.13 dargestellt. Für $\frac{1}{9}x + \frac{3}{4}$ erreicht die Iteration innerhalb von 15 Iterationen 15 Stellen an Genauigkeit, während die Iteration für $\frac{1}{5}x + 2$ lediglich 14 Stellen an Genauigkeit nach 20 Iterationen erreicht hat.

Es ist möglich, dass ein Iterationsverfahren schneller als linear konvergiert. Wir erklären dies anhand eines Beispiels.

i	x_i für $\frac{1}{9}x + \frac{3}{4}$	x_i für $\frac{1}{5}x + 2$
0	1,00000000000000	1,00000000000000
1	0,86111111111111	2,20000000000000
2	0,84567901234568	2,44000000000000
3	0,84396433470508	2,48800000000000
4	0,84377381496723	2,49760000000000
5	0,84375264610747	2,49952000000000
⋮	⋮	⋮
10	0,84375000004481	2,49999984640000
⋮	⋮	⋮
15	0,84375000000000	2,49999999995085
⋮	⋮	⋮
20	0,84375000000000	2,49999999999998

Abbildung 15.13: Ergebnisse der Fixpunktiterationen für $\frac{1}{9}x + \frac{3}{4}$ und $\frac{1}{5}x + 2$.

i	x_i für $\frac{1}{2}x$	x_i für $\frac{1}{2}x^2$
0	0,50000000000000	0,50000000000000
1	0,25000000000000	0,25000000000000
2	0,12500000000000	0,06250000000000
3	0,06250000000000	0,00390625000000
4	0,03125000000000	0,00001525878906
5	0,01562500000000	0,00000000023283
6	0,00781250000000	0,00000000000000

Abbildung 15.14: Ergebnisse der Fixpunktiterationen für $\frac{1}{2}x$ und $\frac{1}{2}x^2$.

BEISPIEL 15.18. Die Funktionen $\frac{1}{2}x$ und $\frac{1}{2}x^2$ sind beide auf $[-1/2, 1/2]$ mit der Lipschitz-Konstanten $L = 1/2$ Lipschitz-stetig. Die Abschätzung (15.10) deutet darauf hin, dass bei beiden die Fixpunktiteration für $\bar{x} = 0$ mit derselben Rate konvergieren sollte. Wir zeigen die Ergebnisse in Abbildung 15.14.

Es ist offensichtlich, dass die Fixpunktiteration für $\frac{1}{2}x^2$ viel schneller konvergiert, sie erreicht 15 Stellen an Genauigkeit nach 7 Iterationen.

Um zu erklären, wie dies geschehen kann, untersuchen wir die Formel (15.10) für die spezielle Funktion $g(x) = \frac{1}{2}x^2$. Ebenso berechnen wir für den Fixpunkt $\bar{x} = 0$

$$x_i - 0 = g(x_{i-1}) - g(0) = \frac{1}{2}x_{i-1}^2 - \frac{1}{2}0^2 = \frac{1}{2}(x_{i-1} + 0)(x_{i-1} - 0)$$

also

$$|x_i - 0| = \frac{1}{2}|x_{i-1}|\,|x_{i-1} - 0|.$$

Dies besagt, dass der Fehler der Fixpunktiteration für $\frac{1}{2}x^2$ *genau* mit einem Faktor von $\frac{1}{2}|x_{i-1}|$ während der i-ten Iteration abnimmt. Mit anderen Worten

für $i = 1$ ist der Faktor $\frac{1}{2}|x_0|$
,

für $i = 2$ ist der Faktor $\frac{1}{2}|x_1|$
,

für $i = 3$ ist der Faktor $\frac{1}{2}|x_2|$,

und so weiter. Dies wird **quadratische Konvergenz** genannt. Im Gegensatz zum Fall der linearen Konvergenz, bei der der Fehler bei jeder Iteration mit einem festen Faktor abnimmt, hängt der Faktor, um den der Fehler bei quadratischer Konvergenz abnimmt, von den Werten der Iterierten ab.

Betrachten wir, was passiert, wenn wir die Iteration durchführen und die Iterierten x_{i-1} sich der Null annähern. Der Faktor, um den der Fehler bei jedem Schritt abnimmt, wird mit zunehmendem i kleiner! Mit anderen Worten, je näher die Iterierten an die Null gelangen, desto schneller nähern sie sich der Null. Die Abschätzung in (15.10) *überschätzt* den Fehler der Fixpunktiteration für $\frac{1}{2}x^2$ gewaltig, da sie den Fehler behandelt, als ob er in jeder Iteration um einen festen Faktor abnimmt. Deshalb kann sie nicht verwendet werden, um die quadratische Konvergenz für diese Funktion genau vorherzusagen. Für eine Funktion g erzählt der erste Teil von (15.10) dieselbe Geschichte:

$$|x_i - \bar{x}| = |g(x_{i-1}) - g(\bar{x})|.$$

Der Fehler von x_i wird durch die Veränderung in g bestimmt, die auftritt, wenn man von $\bar{x}$ zu der vorhergehenden Iterierten x_{i-1} übergeht. Diese Veränderung kann von x_{i-1} abhängen und wenn sie es tut, dann konvergiert die Fixpunktiteration nicht linear.

Eine natürliche Frage ist nun, ob es immer möglich ist, ein Fixpunktproblem derart zu beschreiben, dass wir eine quadratische Konvergenz erhalten. Es stellt sich heraus, dass es oft möglich ist und wir diskutieren diese Frage erneut in Kapitel 31. Fürs Erste geben wir ein weiteres Beispiel, das quadratische Konvergenz aufweist.

BEISPIEL 15.19.   Der Bisektionsalgorithmus für die Berechnung der Nullstelle von $f(x) = x^2 - 2$ konvergiert linear mit dem Konvergenzfaktor $1/2$. Wir können dieses Problem alternativ als das Fixpunktproblem

$$g(x) = \frac{1}{x} + \frac{x}{2} = x \tag{15.12}$$

beschreiben. Es ist leicht zu überprüfen, dass der Punkt $\bar{x}$ genau dann ein Fixpunkt für g ist, wenn er eine Nullstelle von f ist. Wir behaupten, dass die Fixpunktiteration für g quadratisch konvergiert. Das Ergebnis ist in Abbildung 15.15 dargestellt. Es sind nur 5 Iterationen erforderlich,

i	x_i
0	1,00000000000000
1	1,50000000000000
2	1,41666666666667
3	1,41421568627451
4	1,41421356237469
5	1,41421356237310
6	1,41421356237310

Abbildung 15.15: Die Fixpunktiteration für (15.12).

um eine Genauigkeit von 15 Stellen zu erreichen.

Um zu zeigen, dass die Konvergenz in der Tat quadratisch ist, führen wir dieselben Rechnungen wie in (15.10) durch:

$$
\begin{aligned}
|x_i - \sqrt{2}| &= |g(x_{i-1}) - g(\sqrt{2})| \\
&= \left| \frac{x_{i-1}}{2} + \frac{1}{x_{i-1}} - \left(\frac{\sqrt{2}}{2} + \frac{1}{\sqrt{2}} \right) \right| \\
&= \left| \frac{x_{i-1}^2 + 2}{2x_{i-1}} - \sqrt{2} \right|.
\end{aligned}
$$

Jetzt finden wir einen gemeinsamen Nenner für die Brüche auf der rechten Seite und benutzen dann die Tatsache, dass

$$
(x_{i-1} - \sqrt{2})^2 = x_{i-1}^2 - 2\sqrt{2}x_{i-1} + 2.
$$

Wir erhalten

$$
|x_i - \sqrt{2}| = \frac{(x_{i-1} - \sqrt{2})^2}{2x_{i-1}}. \tag{15.13}
$$

Dies besagt, dass solange x_{i-1} nicht nahe Null ist (und da x_i gegen $\sqrt{2}$ konvergiert, ist das für große i wahr), der Fehler von x_i das Quadrat des Fehlers von x_{i-1} ist. Wenn der Fehler von x_{i-1} kleiner als eins ist, wird der Fehler von x_i viel kleiner als eins sein. Das ist charakteristisch für quadratische Konvergenz.

Kapitel 15   Aufgaben

15.1. Ein Vertreter, der an der Haustür Staubsauger verkauft, hat eine Verkaufskonzession mit dem folgenden Zahlungsplan. Für jede Lieferung Staubsauger bezahlt der Vertreter eine Gebühr von €100 und dann einen prozentualen Anteil an den Verkäufen, der in Einheiten von Hundert Euro gemessen wird und der mit der Zahl der Verkäufe ansteigt. Für x Verkäufe beträgt der prozentuale Anteil $20x\%$. Zeigen Sie, dass dieses Modell ein Fixpunktproblem darstellt und erstellen Sie eine graphische Darstellung des Problems, das die Lage des Fixpunkts wiedergibt.

15.2. Schreiben Sie die beiden folgenden Fixpunktprobleme auf drei verschiedene Arten in ein Nullstellenproblem um:

$$\text{(a) } \frac{x^3 - 1}{x + 2} = x \qquad \text{(b) } x^5 - x^3 + 4 = x \ .$$

15.3. Schreiben Sie die folgenden beiden Nullstellenprobleme auf drei verschiedene Arten in Fixpunktprobleme um:

$$\text{(a) } 7x^5 - 4x^3 + 2 = 0 \qquad \text{(b) } x^3 - \frac{2}{x} = 0 \ .$$

15.4. Falls möglich, finden Sie für beide in Beispiel 15.2 konstruierten Nullstellenprobleme geeignete Intervalle für die Anwendung des Bisektionsalgorithmus. Ein geeignetes Intervall ist eines, auf dem die Funktion Lipschitz-stetig ist und ihr Vorzeichen ändert.

15.5. (a) Falls möglich, finden Sie für jedes der drei in Aufgabe 15.2(a) konstruierten Nullstellenprobleme geeignete Intervalle für die Anwendung des Bisektionsalgorithmus. (b) Tun Sie dasselbe für die Probleme in Aufgabe 15.2(b). Ein geeignetes Intervall ist eins, auf dem die Funktion Lipschitz-stetig ist und ihr Vorzeichen ändert.

15.6. (a) Zeichnen Sie eine auf dem Intervall $[0, 1]$ Lipschitz-stetige Funktion g, die drei Fixpunkte besitzt, so dass $g(0) > 0$ und $g(1) < 1$. (b) Zeichnen Sie eine auf dem Intervall $[0, 1]$ Lipschitz-stetige Funktion g, die drei Fixpunkte besitzt, so dass $g(0) > 0$ und $g(1) > 1$ ist.

15.7. Weisen Sie nach, dass die Formel (15.4) wahr ist.

Bearbeiten Sie die Aufgaben 15.8–15.10, indem Sie eine explizite Formel analog zu (15.4) konstruieren.

15.8. (a) Finden Sie eine explizite Formel für die $n$te Iterierte x_n der Fixpunktiteration für die Funktion $g(x) = 2x + \frac{1}{4}$. (b) Beweisen Sie, dass x_n gegen ∞ divergiert, während n gegen ∞ geht.

15.9. (a) Finden Sie eine explizite Formel für die $n$te Iterierte x_n der Fixpunktiteration für die Funktion $g(x) = \frac{3}{4}x + \frac{1}{4}$. (b) Beweisen Sie, dass x_n konvergiert, während n gegen ∞ geht und berechnen Sie den Grenzwert.

15.10. (a) Finden Sie eine explizite Formel für die $n$te Iterierte x_n der Fixpunktiteration für die Funktion $g(x) = mx + b$. (b) Beweisen Sie, dass x_n konvergiert, wenn n gegen ∞ geht. Setzen Sie voraus, dass $L = |m| < 1$. Berechnen Sie den Grenzwert.

15.11. Schreiben Sie ein Programm, dass Algorithmus 15.1 implementiert. Das Programm soll die Iteration auf drei Arten abbrechen können: (1) wenn die Anzahl der Iterationen größer als eine vom Benutzer vorgegebene Zahl ist, (2) wenn die Differenz zwischen den sukzessiven Iterierten $|x_i - x_{i-1}|$ kleiner als eine vom Benutzer vorgegebene Toleranz ist und (3) unter Benutzung von Abschätzung (15.11). Testen Sie das Programm, indem Sie die Ergebnisse in Abbildung 15.13 reproduzieren.

Die Aufgaben 15.12–15.15 umfassen die Lösung eines Fixpunktproblems mit dem Rechner. Verwenden Sie das Programm aus Aufgabe 15.11.

15.12. Nehmen wir für Abschnitt 4.5 an, dass K_{sp} für Ba(IO$_3$)$_2$ gleich $1,8 \times 10^{-5}$ ist. Finden Sie unter Verwendung der Fixpunktiteration die Löslichkeit S auf 10 Dezimalstellen genau, nachdem Sie das Problem in ein geeignetes Fixpunktproblem umgeformt haben. *Hinweis:* $1,8 \times 10^{-5} = 18 \times 10^{-6}$ und $10^{-6} = 10^{-2} \times 10^{-4}$.

15.13. Bestimmen Sie für Abschnitt 4.5 unter Verwendung der Fixpunktiteration die Löslichkeit von Ba(IO$_3$)$_2$ in einer $0,037$ mol/L Lösung von KIO$_3$ auf 10 Dezimalstellen, nachdem Sie das Problem in ein geeignetes Fixpunktproblem umgeformt haben.

15.14. Der Strom P, der in eine Last R eines einfachen Klasse-A Verstärkers mit dem Leitungswiderstand Q und der Ausgangsspannung E eingespeist wird, ist

$$P = \frac{E^2 R}{(Q + R)^2}.$$

Finden Sie unter Verwendung der Fixpunktiteration alle möglichen Lösungen R für $P = 1$, $Q = 3$ und $E = 4$ auf 10 Dezimalstellen, nachdem Sie das Problem als ein Fixpunktproblem beschrieben haben.

15.15. Das Van der Waal's Modell für ein Mol eines idealen Gases einschließlich den Auswirkungen der Größe der Moleküle und den sich gegenseitig anziehenden Kräften ist:

$$\left(P + \frac{a}{V^2}\right)(V - b) = RT,$$

wobei P der Druck, V das Volumen des Gases, T die Temperatur und R die ideale Gaskonstante ist; a stellt eine Konstante in Abhängigkeit von der Größe der Moleküle und den anziehenden Kräften dar und b ist eine Konstante, die vom Volumen aller Moleküle in einem Mol abhängt. Finden Sie unter Verwendung der Fixpunktiteration alle möglichen Volumina V des Gases für $P = 2$, $T = 15$, $R = 3$, $a = 50$ und $b = 0,011$ auf 10 Dezimalstellen, nachdem Sie das Problem in ein Fixpunktproblem umgeformt haben.

Die Aufgaben 15.16–15.21 befassen sich mit der Konvergenz der Fixpunktiteration.

15.16. Zeichnen Sie eine Lipschitz-stetige Funktion g, die *nicht* die Eigenschaft hat, dass falls x in $[0, 1]$ liegt, auch $g(x)$ in $[0, 1]$ liegt.

15.17. Weisen Sie die Details aus Beispiel 15.13 nach.

15.18. Weisen Sie die Details aus Beispiel 15.14 nach.

15.19. Weisen Sie die Details aus Beispiel 15.16 nach.

15.20. (a) Falls möglich, finden Sie für jedes der drei in Beispiel 15.3 konstruierten Fixpunktprobleme geeignete Intervalle für die Anwendung der Fixpunktiteration. (b) Falls möglich, finden Sie für jedes der drei in Aufgabe 15.3(a) konstruierten Fixpunktprobleme geeignete Intervalle für die Anwendung der Fixpunktiteration. (c) Falls möglich, finden Sie für jedes der drei in Aufgabe 15.3(b) konstruierten Fixpunktprobleme geeignete Intervalle für die Anwendung der Fixpunktiteration. Ein geeignetes Intervall ist jeweils eins, auf dem die Funktion eine kontrahierende Abbildung ist.

15.21. Wenden Sie Satz 15.1 auf die Funktion $g(x) = 1/(1+x^2)$ an, um zu zeigen, dass die Fixpunktiteration auf einem beliebigen Intervall $[a, b]$ konvergiert.

Die Aufgaben 15.22–15.26 befassen sich mit der
Konvergenzrate der Fixpunktiteration.

15.22. Gegeben seien die folgenden Ergebnisse der Fixpunktiteration für eine Funktion $g(x)$:

i	x_i
0	14,00000000000000
1	14,25000000000000
2	14,46875000000000
3	14,66015625000000
4	14,82763671875000
5	14,97418212890625

Berechnen Sie die Lipschitz-Konstante L von g. *Hinweis:* Beachten Sie (15.9).

15.23. Gegeben seien die folgenden Ergebnisse einer Fixpunktiteration für eine Funktion $g(x)$:

i	x_i
0	0,50000000000000
1	0,70710678118655
2	0,84089641525371
3	0,91700404320467
4	0,95760328069857
5	0,97857206208770

Entscheiden Sie, ob die Konvergenz linear ist oder nicht.

15.24. (a) Zeigen Sie, dass $g(x) = \frac{2}{3}x^3$ auf $[-1/2, 1/2]$ mit der Lipschitz-Konstanten $L = 1/2$ Lipschitz-stetig ist. (b) Benutzen Sie das Programm aus Aufgabe 15.11 um 6 Iterierte der Fixpunktiteration durchzuführen. Beginnen Sie mit $x_0 = 0{,}5$ und vergleichen Sie Ihre Ergebnisse mit den Ergebnissen aus Abbildung 15.14. (c) Zeigen Sie, dass der Fehler von x_i ungefähr die Kubikzahl des Fehlers von x_{i-1} für jedes i ist.

15.25. Weisen Sie nach, dass (15.13) wahr ist.

15.26. (a) Zeigen Sie, dass das Nullstellenproblem $f(x) = x^2 + x - 6$ als das Fixpunktproblem $g(x) = x$ mit $g(x) = \dfrac{6}{x+1}$ beschrieben werden kann. Zeigen Sie, dass der Fehler von x_i linear bis zum Fixpunkt $\bar{x} = 2$ abnimmt, während die Fixpunktiteration gegen 2 konvergiert und schätzen Sie den Konvergenzfaktor für x_i nahe bei 2 ab. (b) Zeigen Sie, dass das Nullstellenproblem $f(x) = x^2 + x - 6$ als das Fixpunktproblem $g(x) = x$ mit $g(x) = \dfrac{x^2 + 6}{2x + 1}$ beschrieben werden kann. Zeigen Sie, dass der Fehler von x_i mit einer quadratischen Rate zum Fixpunkt $\bar{x} = 2$ abnimmt, während die Fixpunktiteration gegen 2 konvergiert.

15.27. Die **Regula Falsi Methode** ist eine Variation des Bisektionsalgorithmus' für die Berechnung einer Nullstelle von $f(x) = 0$. Für $i \geq 1$ nehmen wir an, dass $f(x_{i-1})$ und $f(x_i)$ entgegengesetzte Vorzeichen besitzen und definieren x_{i+1} als den Punkt, an dem die Gerade durch $(x_{i-1}, f(x_{i-1}))$ und $(x_i, f(x_i))$ die x-Achse schneidet. Schreiben Sie diese Methode als Fixpunktiteration, indem Sie ein geeignetes $g(x)$ angeben und den entsprechenden Konvergenzfaktor abschätzen.

Teil II

Differenzial- und Integralrechnung

16

Die Linearisierung einer Funktion in einem Punkt

Bis zu diesem Punkt haben wir uns mit mathematischen Modellen beschäftigt, deren Lösungen *Zahlen* sind. Die nächste Etappe ist, anspruchsvollere Modelle zu betrachten[1], deren Lösungen *Funktionen* sind. Um dies zu tun, müssen wir Funktionen ausführlicher untersuchen. In diesem Kapitel beginnen wir mit der Differenzialrechnung.

Eines der wichtigsten Werkzeuge für die Untersuchung des Verhaltens einer nichtlinearen Funktion ist, die Funktion mit einer linearen Funktion zu approximieren. Die Motivation dafür ist, dass lineare Funktionen gut verstanden werden, nichtlineare Funktionen hingegen nicht. In diesem Kapitel wird erklärt, wie man eine genaue lineare Approximation einer glatten Funktion berechnet.

16.1 Die Ungenauigkeit der Lipschitz-Stetigkeit

Die lineare Approximation einer Funktion basiert auf einer Verallgemeinerung der Idee der Lipschitz-Stetigkeit. Erinnern wir uns, dass gemäß der Definition der Lipschitz-Stetigkeit sich der Wert einer linearen Funktion ändert, wenn sich das Argument ändert. Wenn $f(x) = mx + b$ für Konstanten m und b, dann gilt für zwei beliebige Punkte x und $\bar{x}$

$$|f(\bar{x}) - f(x)| = |m| \, |\bar{x} - x|,$$

---

[1] Zum Beispiel Differenzialgleichungen.

und die Lipschitz-Konstante von f ist $|m|$. Beachten Sie, dass dies für *jedes* $\bar{x}$ und x gilt (vgl. Abbildung 16.1). Die Idee der Lipschitz-Stetigkeit ist,

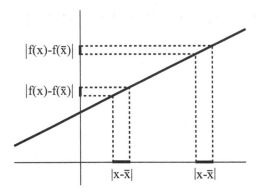

Abbildung 16.1: Die Veränderung im Wert einer linearen Funktion ist für eine bestimmte Veränderung $|\bar{x} - x|$ im Argument dieselbe, ungeachtet der Werte von x und $\bar{x}$.

diese Bedingung auf allgemeine, nichtlineare Funktionen anzuwenden, um zu messen, um wieviel sich der Wert bei einer kleinen Veränderung im Argument verändert.

Die Definition der Lipschitz-Stetigkeit von f auf einem Intervall I lautet: Es gibt eine Konstante L, so dass

$$|f(x) - f(\bar{x})| \leq L|x - \bar{x}|$$

für alle x und $\bar{x}$ in I. Dies bedeutet, dass der Wert von $f(x)$ in dem Sektor liegt, der durch die zwei Geraden

$$y = f(\bar{x}) \pm L(x - \bar{x})$$

durch den Punkt $(\bar{x}, f(\bar{x}))$ geformt wird (vgl. Abbildung 16.2). Die Abbildung zeigt, dass Lipschitz-Stetigkeit ein eher ungenauer Weg sein kann, um zu beschreiben, wie eine Funktion sich verändert. Die Funktion kann in der durch die Lipschitz-Bedingung bestimmte Region fast beliebig „herumschlängeln".

Tatsächlich hängt bei den meisten nichtlinearen Funktionen die Veränderung im Wert für eine bestimmte Veränderung im Argument von den Werten des Arguments ab.

BEISPIEL 16.1. Abbildung 16.3 zeigt deutlich, dass die Veränderung im Wert von $f(x) = x^2$ vom Wert des Arguments abhängt. Der Grund ist einfach, dass $f(x) = x^2$ in ihrer „Steilheit" variiert, während x wächst. Wir können ihre Lipschitz-Konstante mit Hilfe der Gleichung

$$|\bar{x}^2 - x^2| = |x + \bar{x}|\,|\bar{x} - x|$$

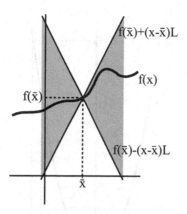

Abbildung 16.2: Die Lipschitz-Bedingung bedeutet, dass der Wert von $f(x)$ zwischen den Geraden $y = f(\bar{x}) \pm L(x - \bar{x})$ „eingeschlossen" ist.

berechnen. Der Faktor $|\bar{x}+x|$ ist umso größer, je größer $\bar{x}$ und x sind. Die Lipschitz-Konstante von $f(x) = x^2$ auf dem Intervall $[0,2]$ ist deshalb $L = 4$.

Zu zeigen, dass eine Funktion Lipschitz-stetig ist, impliziert also auch, dass kleine Veränderungen im Argument kleine Veränderungen im Wert bewirken. Diese Veränderung wird aber ungenau gemessen, da die Lipschitz-Konstante durch die größtmögliche Veränderung in einem bestimmten Intervall bestimmt ist. Wenn wir Veränderungen im Argument bei Punkten betrachten, die entfernt von der größten Veränderung liegen, dann ist die entsprechende Veränderung im Wert kleiner, als durch die Lipschitz-Bedingung vorhergesagt.

BEISPIEL 16.2. Wir berechnen die Veränderung in x^2 von $x = 1,9$ bis $x = 2$ und erhalten $2^2 - 1,9^2 = 0,39$, während die Lipschitz-Bedingung $4(2 - 1,9) = 0,4$ ergibt, was nicht weit entfernt ist. Betrachten wir jedoch die Veränderung von $x = 0$ bis $x = 0,1$, dann erhalten wir $0,1^2 - 0^2 = 0,01$. Dies ist viel kleiner als die durch die Lipschitz-Bedingung vorhergesagte Veränderung von $0,4$.

Um die Veränderung im Wert für eine nichtlineare Funktion genauer zu messen, können wir das Intervall, auf dem die Lipschitz-Konstante bestimmt wird, verkleinern.

BEISPIEL 16.3. Falls wir daran interessiert sind, wie sich $f(x) = x^2$ für x in der Nähe von 1 verändert, können wir das Intervall $[0{,}75, 1{,}25]$ anstelle von $[0, 2]$ betrachten (vgl. Abbildung 16.4). Die Lipschitz-Konstante von x^2 auf $[0{,}75, 1{,}25]$ ist $L = 2,5$. Der Graph zeigt, dass sich eine geringere Abweichung in der Veränderung $|f(\bar{x}) - f(x)|$ für eine bestimmte

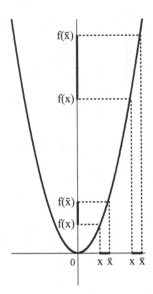

Abbildung 16.3: Die Veränderung im Wert von $f(x) = x^2$ ist, entsprechend einer bestimmten Veränderung $|\bar{x} - x|$ im Argument, größer, wenn $\bar{x}$ und x größer sind.

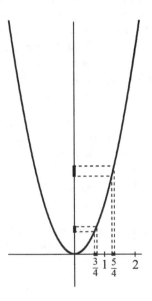

Abbildung 16.4: Für $f(x) = x^2$ ist die Lipschitz-Konstante genauer, wenn wir das Intervall verkleinern.

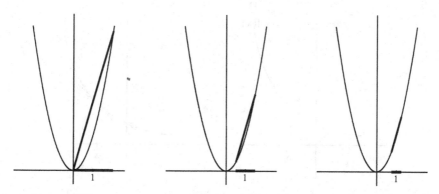

Abbildung 16.5: Von links nach rechts vergleichen wir $f(x) = x^2$ mit linearen Funktionen auf schrumpfenden Intervallen. Wenn wir das Intervall für den Vergleich verkleinern, erscheint der Graph von x^2 eher wie eine Gerade.

Veränderung $|\bar{x} - x|$ ergibt, wenn x und $\bar{x}$ auf das Intervall $[0{,}75, 1{,}25]$ beschränkt sind (im Vergleich zu $[0, 2]$).

Mit anderen Worten, der Graph von $f(x) = x^2$ erscheint auf kleineren Intervallen „eher" wie der einer linearen Funktion. Abbildung 16.5 zeigt, dass die Krümmung im Graphen von x^2 auf kleineren Intervallen weniger wahrnehmbar ist. Die Idee der Lipschitz-Stetigkeit basiert darauf, wie sich lineare Funktionen ändern. Je mehr also eine Funktion einer linearen Funktion ähnelt, desto genauer bestimmt die Lipschitz-Bedingung die Veränderung in den Funktionswerten.

16.2   Die Linearisierung in einem Punkt

Wir konstruieren jetzt eine lineare Approximation für eine nichtlineare Funktion und verwenden dabei die Idee, dass eine glatte Funktion auf einem kleinen Intervall einer Geraden „ähnelt". Zunächst konstruieren wir eine lineare Funktion, die eine gute Approximation einer nichtlinearen Lipschitzstetigen Funktion f in der Nähe eines bestimmten Punktes $\bar{x}$ darstellt. Im Allgemeinen gibt es viele Geraden, die nahe bei einer gegebenen Funktion f in einem Punkt liegen, siehe Abbildung 16.6. Die Frage ist, ob eine der vielen möglichen ungefähren Geraden eine besonders gute Wahl darstellt oder nicht.

Wir nehmen an, dass der Wert von $f(\bar{x})$ bekannt ist. Dann ist es natürlich, Geraden zu betrachten, die durch den Punkt $(\bar{x}, f(\bar{x}))$ verlaufen. Man sagt, dass solche Geraden f in $\bar{x}$ **interpolieren**. Alle solche Geraden lassen sich durch die Gleichung

$$y = f(\bar{x}) + m(x - \bar{x}) \tag{16.1}$$

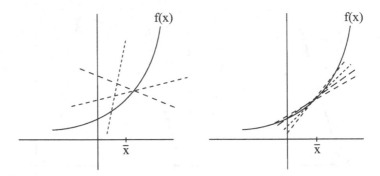

Abbildung 16.6: Einige schlechte lineare „Approximationen" für die Funktion f bei $\bar{x}$ werden links gezeigt und einige gute rechts.

darstellen. Dabei bezeichnet m die Steigung. In Abbildung 16.7 werden mehrere Beispiele gezeigt.

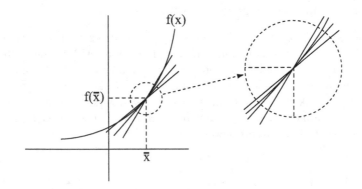

Abbildung 16.7: Lineare Approximationen einer Funktion, die durch den Punkt $(\bar{x}, f(\bar{x}))$ verläuft. Wir konzentrieren uns auf die Region rechts in der Nähe von $(\bar{x}, f(\bar{x}))$.

Selbst bei erfüllter Interpolationsbedingung gibt es immer noch viele Möglichkeiten. Um eine gute Approximation zu finden, betrachten wir, wie $f(x)$ sich verändert, während x sich von $\bar{x}$ entfernt. Wenn wir die drei in Abbildung 16.7 eingezeichneten Geraden bei $(\bar{x}, f(\bar{x}))$ untersuchen, stellen wir fest, dass zwei der Geraden sich nicht auf dieselbe Weise verändern wie $f(x)$ bei $\bar{x}$. Eine Gerade verändert sich schneller und die andere verändert sich langsamer. Die Gerade in der Mitte verändert sich andererseits mehr oder weniger wie f für x nahe an $\bar{x}$. Diese Gerade gilt als **Tangente** an den Graphen von f im Punkt $\bar{x}$. Die graphische Darstellung deutet darauf hin, dass f sehr der Tangentengerade in $\bar{x}$ für x bei $\bar{x}$ ähnelt.

Deshalb versuchen wir die Steigung m so zu wählen, dass der Graph von $f(\bar{x}) + m(x - \bar{x})$ f tangiert. Um zu sehen, wie man dies durchführt, betrachten wir den Fehler der Approximation

$$Fehler = f(x) - \big(f(\bar{x}) + m(x - \bar{x})\big). \qquad (16.2)$$

Selbstverständlich versuchen wir m so zu wählen, dass der *Fehler* relativ klein ist. Sowohl die Funktion f, als auch ihre Approximation $f(\bar{x}) + m(x - \bar{x})$ haben denselben Wert $f(\bar{x})$ in $\bar{x}$. Für x nahe an $\bar{x}$ stellen wir uns $m(x - \bar{x})$ als eine kleine Korrektur zum Wert von $f(\bar{x})$ vor. Ebenso, wenn wir (16.2) umschreiben zu

$$f(x) = f(\bar{x}) + m(x - \bar{x}) + Fehler,$$

dann können wir uns den *Fehler* als eine Korrektur zum Wert von $f(\bar{x}) + m(x - \bar{x})$ vorstellen. Die lineare Approximation $f(\bar{x}) + m(x - \bar{x})$ stellt eine gute Approximation dar, wenn die Korrektur, welche durch den *Fehler* festgelegt wird, verglichen mit der Korrektur $m(x - \bar{x})$ klein ist.

Um dies zu präzisieren, erinnern wir uns, dass wenn $|x - \bar{x}| < 1$ und $n \geq 2$ ist,

$$|x - \bar{x}|^n < |x - \bar{x}|$$

gilt. Tatsächlich ist $|x - \bar{x}|^n$ viel kleiner als $|x - \bar{x}|$, wenn $|x - \bar{x}|$ klein ist. $0,1^2 = 0,01$ ist zum Beispiel, verglichen mit $0,1$, ziemlich klein. Wenn deshalb die Steigung m so gewählt wird, dass der *Fehler* ungefähr proportional zu $|x - \bar{x}|^n$ für ein $n \geq 2$ ist, dann ist der *Fehler* für x nahe bei $\bar{x}$ relativ klein.[2]

Jetzt sind wir in der Lage, die lineare Approximation einer Funktion zu definieren. Die Funktion f wird **stark differenzierbar** in $\bar{x}$ genannt, wenn es ein offenes Intervall $I_{\bar{x}}$ gibt, so dass $\bar{x}$, eine Zahl $f'(\bar{x})$ und eine Konstante $\mathcal{K}_{\bar{x}}$ existieren, so dass

$$\big|f(x) - \big(f(\bar{x}) + f'(\bar{x})(x - \bar{x})\big)\big| \leq (x - \bar{x})^2 \mathcal{K}_{\bar{x}} \text{ für alle } x \text{ in } I_{\bar{x}}. \qquad (16.3)$$

Die Approximation $f(\bar{x}) + f'(\bar{x})(x - \bar{x})$ wird die **Linearisierung** von f im Punkt $\bar{x}$ genannt, während die Steigung der Linearisierung $f'(\bar{x})$ die **Ableitung** von f in $\bar{x}$ genannt wird. Die Linearisierung $f(\bar{x}) + f'(\bar{x})(x - \bar{x})$ wird auch die **Tangentengerade** an f in $\bar{x}$ genannt. Beachten Sie in (16.1) $f'(\bar{x}) = m$.[3] Beachten Sie weiterhin, dass der Fehlerterm sowohl von $\bar{x}$, als auch von x abhängt.

BEISPIEL 16.4. Um die Linearisierung von x^2 bei $\bar{x} = 1$ zu konstruieren, berechnen wir Zahlen m und $\mathcal{K}_1$, so dass

$$|x^2 - (1 + m(x - 1))| \leq (x - 1)^2 \mathcal{K}_1 \qquad (16.4)$$

---

[2]Eigentlich benötigen wir nur $n > 1$ für den Fehler, um relativ klein für x ausreichend nahe an $\bar{x}$ zu sein. Wie auch immer, sich mit einer gebrochenen Potenz $1 < n < 2$ zu befassen ist schwieriger und $n \geq 2$ leistet uns die meiste Zeit gute Dienste.

[3]Wir benutzen $f'(\bar{x})$, um die Steigung der Linearisierung zu bezeichnen, auch wenn es ein komplizierteres Symbol als m ist, da dies später nützlich ist.

für x in der Nähe von 1. Es gilt $x^2 - (1 + m(x - 1)) = x^2 - 1 - m(x - 1)$.
Da $x^2 - 1 = (x - 1)(x + 1)$, erhalten wir

$$x^2 - (1 + m(x - 1)) = (x - 1)(x + 1) - m(x - 1) = (x - 1)(x + 1 - m).$$

Um (16.4) zu erfüllen, bzw. äquivalent

$$|x - 1|\,|x + 1 - m| \le (x - 1)^2 \mathcal{K}_1$$

für *alle* x in der Nähe von 1, müssen wir m und $\mathcal{K}_1$ so wählen, dass

$$|x + 1 - m| \le |x - 1|\mathcal{K}_1.$$

Die rechte Seite geht gegen Null für $x \to 1$: Daher muss die linke Seite
auch gegen Null gehen. Dies bedeutet aber $m = 2$. Da $|x + 1 - 2| =$
$|x - 1|$ ist, schließen wir, dass (16.4) mit $m = 2$ und $\mathcal{K}_1 = 1$ gilt. Die
Linearisierung von $f(x) = x^2$ in $\bar{x} = 1$ ist also $1 + 2(x - 1)$. Die Ableitung
von f in $\bar{x} = 1$ ist $f'(1) = 2$. Wir vergleichen einige Werte von x^2 mit
$1 + 2(x - 1)$ und stellen die Funktionen in Abbildung 16.8 graphisch
dar.

x	$f(x)$	$f(\bar{x}) + f'(\bar{x})(x - \bar{x})$	Fehler
0,7	0,49	0,4	0,09
0,8	0,64	0,6	0,04
0,9	0,81	0,8	0,01
1,0	1,0	1,0	0,0
1,1	1,21	1,2	0,01
1,2	1,44	1,4	0,04
1,3	1,69	1,6	0,09

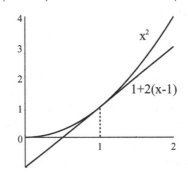

Abbildung 16.8: Einige Werte der Linearisierung $1 + 2(x - 1)$ von x^2 in
$\bar{x} = 1$, sowie die Graphen der Funktionen.

Zur Veranschaulichung betrachten wir ein Beispiel einer Funktion, die
keine Linearisierung in einem Punkt besitzt.

BEISPIEL 16.5. Die Lipschitz-stetige Funktion $f(x) = |x|$ besitzt keine Linearisierung in $\bar{x} = 0$. Intuitiv wird dies aus dem Graphen ersichtlich, da die „scharfe Ecke" im Graphen von $|x|$ bei 0 bedeutet, dass es keinen Weg gibt, eine eindeutige gute lineare Approximation einzuzeichnen (vgl. Abbildung 16.9). Wenn wir versuchen, die Definition der Linearisierung anzuwenden, geraten wir sofort in Schwierigkeiten. Für alle $x > 0$ gilt $|x| = 0 + x + 0 = |\bar{x}| + x + Fehler$. Aber für $x < 0$ gilt $|x| = 0 - x + 0$. Daher gibt es keine *eindeutige* Zahl $f'(0)$, für die $|x| = 0 + f'(0)x + Fehler$ für *alle* x in der Nähe von 0 ist.

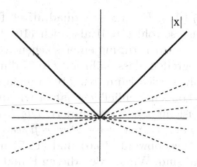

Abbildung 16.9: Es gibt keine eindeutige gute lineare Approximation von $|x|$ bei $\bar{x} = 0$.

16.3   Ein systematischer Ansatz

Die Berechnung der Linearisierung und die Abschätzung ihres Fehlers kann schwierig sein. Wenn eine Funktion allerdings stark differenzierbar ist, dann gibt es prinzipiell einen systematischen Weg, um zuerst die Ableitung zu bestimmen und um anschließend den Fehler abzuschätzen, auch wenn dieser Weg nicht immer praktikabel ist. Bevor wir weitere Beispiele betrachten, beschreiben wir diese Methode zunächst abstrakt. Betrachten wir eine Lipschitz-stetige Funktion $E_{\bar{x}}$ von x in einem offenen Intervall I, das $\bar{x}$ enthält und nehmen wir an, dass

$$E_{\bar{x}}(x) \leq (x - \bar{x})^2 \mathcal{K}_{\bar{x}} \tag{16.5}$$

für alle x in I, wobei $\mathcal{K}_{\bar{x}}$ eine Konstante ist. Momentan können wir uns $E_{\bar{x}}$ als den Fehler der linearen Approximation vorstellen, d.h.

$$E_{\bar{x}}(x) = |f(x) - \big(f(\bar{x}) + f'(\bar{x})(x - \bar{x})\big)|;$$

allerdings gelten die folgenden Ausführungen auch allgemein. Es folgt aus (16.5), dass

$$\lim_{x \to \bar{x}} E_{\bar{x}}(x) = E_{\bar{x}}(\bar{x}) = 0. \tag{16.6}$$

Zusätzlich folgt, dass

$$\lim_{x \to \bar{x}} \frac{E_{\bar{x}}(x)}{|x - \bar{x}|} = 0, \tag{16.7}$$

da

$$\left| \frac{E_{\bar{x}}(x)}{|x - \bar{x}|} \right| \leq |x - \bar{x}| |\mathcal{K}_{\bar{x}}|$$

für alle $x \neq \bar{x}$ in I.

Die Aussage (16.5) (dass $E_{\bar{x}}$ in $x - \bar{x}$ quadratisch für x nahe bei $\bar{x}$ ist) bedeutet deshalb, dass sowohl (16.6) als auch (16.7) gelten. Dies liefert genaue Kriterien für die Überprüfung einer solchen Aussage.[4]

Es ist wichtig zu begreifen, dass während (16.6) durch Substitution von $x = \bar{x}$ in $E_{\bar{x}}$ überprüft werden kann, wir (16.7) nicht durch einfache Substitution überprüfen können. Schließlich haben wir durch $x - \bar{x}$ dividiert und dieser Ausdruck ist für $x = \bar{x}$ undefiniert. *Die Bedingung (16.7) muss durch die Berechnung eines Grenzwerts überprüft werden.* Außerdem ist es wichtig zu beachten, dass obwohl (16.6) und (16.7) notwendig für (16.5), aber *nicht* hinreichend sind. Wir werden diesen Punkt später ausführlicher diskutieren.

Beachten Sie, dass wir diese Ideen bei der Berechnung der Linearisierung von x^2 in 1 tatsächlich verwenden. Wir betrachten jetzt einige weitere Beispiele.

BEISPIEL 16.6. Wir bestimmen die Linearisierung von $f(x) = x^3$ in $\bar{x} = 2$. Um dies zu tun, berechnen wir m und $\mathcal{K}_2$, so dass

$$\left| x^3 - \left(2^3 + m(x - 2) \right) \right| \leq (x - 2)^2 \mathcal{K}_2$$

für x in der Nähe von 2. Es wird sich herausstellen, dass es besser ist, $2^3 = 8$ noch nicht zu vereinfachen. Wir rechnen unter Verwendung der Gleichung

$$a^3 - b^3 = (a - b)(a^2 + ab + b^2)$$

und erhalten

$$\left| x^3 - \left(2^3 + m(x - 2) \right) \right| = \left| x^3 - 2^3 - m(x - 2) \right|$$
$$= \left| (x - 2)(x^2 + 2x + 4) - m(x - 2) \right|$$
$$= |x - 2| \, |x^2 + 2x + 4 - m|.$$

---

[4]Jemandem, der schon Erfahrung mit der üblichen Definition der Ableitung hat, wird die Herleitung der Linearisierung einer Funktion bekannt vorkommen. Zu zeigen, dass eine Funktion stark differenzierbar ist, erfordert jedoch mehr Arbeit,

da wir zusätzlich zur Berechnung der Linearisierung den Fehler der Linearisierung abschätzen müssen.

Wir schließen, dass

$$\lim_{x \to 2} \left| x^3 - \left(2^3 + m(x - 2) \right) \right| = 0,$$

wie gefordert, für ein beliebiges m. Wir benötigen auch

$$\lim_{x \to 2} \frac{\left| x^3 - \left(2^3 + m(x - 2) \right) \right|}{|x - 2|} = \lim_{x \to 2} \left| x^2 + 2x + 4 - m \right| = 0,$$

was $m = 12$ erzwingt. Die Linearisierung ist also $8 + 12(x - 2)$.

Um den Fehler abzuschätzen, rechnen wir

$$
\begin{aligned}
\left| x^3 - \left(2^3 + 12(x - 2) \right) \right| &= \left| x^3 - 2^3 - 12(x - 2) \right| \\
&= \left| (x - 2)(x^2 + 2x + 4) - 12(x - 2) \right| \\
&= |x - 2| \, |x^2 + 2x - 8| = |x - 2| \, |x - 2| \, |x + 4| \\
&= |x - 2|^2 |x + 4|.
\end{aligned}
$$

Auf jedem endlichen Intervall I_2 der Länge $|I_2|$, das 2 enthält, gilt $|x + 4| \le |I_2| + 6$. Deshalb gilt für ein solches Intervall

$$\left| x^3 - \left(2^3 + m(x - 2) \right) \right| \le (x - 2)^2 (|I_2| + 6)$$

für x in I_2. Wir schließen, dass x^3 bei 2 stark differenzierbar ist.[5]

Wir vergleichen einige Werte von x^3 mit $8 + 12(x - 2)$ und zeigen die Linearisierung in Abbildung 16.10.

BEISPIEL 16.7. Um die Linearisierung von $f(x) = 1/x$ in $\bar{x} = 1$ zu bestimmen, berechnen wir Zahlen m und $\mathcal{K}_1$, so dass

$$\left| \frac{1}{x} - \left(1 + m(x - 1) \right) \right| \le (x - 1)^2 \mathcal{K}_1 \tag{16.8}$$

für x in der Nähe von 1. Wir berechnen zunächst m und schätzen dann $\mathcal{K}_1$ ab. Die Strategie der Analyse ist, Faktoren von $|x - 1|$ im Ausdruck auf der linken Seite von (16.8) zu finden. Es gilt

$$
\begin{aligned}
\left| \frac{1}{x} - \left(1 + m(x - 1) \right) \right| &= \left| \frac{1}{x} - 1 - m(x - 1) \right| \\
&= \left| \frac{1 - x}{x} - m(x - 1) \right| \\
&= |1 - x| \left| \frac{1}{x} + m \right|.
\end{aligned}
$$

---

[5]Beachten Sie, dass ein Großteil der Arbeit bei der Abschätzung des Fehlers die gleiche ist, um die Ableitung zu berechnen.

x	$f(x)$	$f(2) + f'(2)(x-2)$	Fehler
1,7	4,913	4,4	0,513
1,8	5,832	5,6	0,232
1,9	6,859	6,8	0,059
2,0	8,0	8,0	0,0
2,1	9,261	9,2	0,061
2,2	10,648	10,4	0,248
2,3	12,167	11,6	0,567

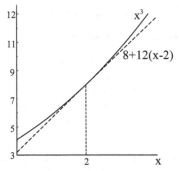

Abbildung 16.10: Einige Werte der Linearisierung $8 + 12(x-2)$ von x^3 in $\bar{x} = 2$ und die Graphen der Funktionen.

Wir schließen, dass

$$\lim_{x \to 1} \left| \frac{1}{x} - (1 + m(x-1)) \right| = 0$$

für jedes m, wie in (16.6) verlangt. Damit (16.7) gilt, möchten wir

$$\lim_{x \to 1} \frac{\left| \frac{1}{x} - (1 + m(x-1)) \right|}{|x-1|} = \lim_{x \to 1} \frac{|1-x| \left| \frac{1}{x} + m \right|}{|x-1|} = \lim_{x \to 1} \left| \frac{1}{x} + m \right| = 0$$

erreichen. Wir schließen, dass $m = -1$, d.h. $f'(1) = -1$ und die Linearisierung ist $1 - (x-1)$. Um zu zeigen, dass f stark differenzierbar ist, müssen wir zeigen, dass

$$\left| \frac{1}{x} - (1 - (x-1)) \right| \le (x-1)^2 \mathcal{K}_1$$

für x in der Nähe von 1. Wir manipulieren den Term auf der linken Seite, um zwei Faktoren mit $x-1$ zu erhalten:

$$\left| \frac{1}{x} - (1 - (x-1)) \right| = \left| \frac{x-1}{x} + (x-1) \right| = |x-1| \left| \frac{1}{x} - 1 \right| = \frac{|x-1|^2}{|x|}.$$

Dies ergibt das gewünschte Ergebnis, vorausgesetzt, wir können die Größe des Faktors $1/|x|$ für x in der Nähe von 1 beschränken. Bei diesem Problem müssen wir sorgfältig ein Intervall I_1 auswählen, um die gewünschte Beschränkung zu erhalten, da der Faktor $1/|x|$ im Fehler beliebig groß wird, wenn x sich Null annähert. Da wir zeigen wollen, dass die Linearisierung für x in der Nähe von 1 genau ist, wählen wir einfach ein beliebiges Intervall I_1, dass 1 enthält, aber von 0 weg beschränkt ist. Das Intervall $I_1 = (0,5, 2)$ ist zum Beispiel eine passende Wahl. Dann ist $1/|x| \le 2$ für x in I_1 und wir schließen, dass

$$\left| \frac{1}{x} - (1 - (x-1)) \right| \le (x-1)^2 \, 2$$

für x in I_1. Also ist $1/x$ stark differenzierbar in 1.

In Abbildung 16.11 vergleichen wir einige Werte von $1/x$ mit $1-(x-1)$ und stellen die Linearisierung graphisch dar.

16.4   Die starke Differenzierbarkeit und die Glattheit

Beispiel 16.5 zeigt, dass ein gewisses Maß an Glattheit über die Lipschitz-Stetigkeit hinaus für eine Funktion erforderlich ist, um stark differenzierbar zu sein. Wir beginnen in diesem Abschnitt damit, diesen Sachverhalt ausführlich zu untersuchen.

Hier zeigen wir die intuitiv einleuchtende Tatsache, dass der Graph einer Funktion f, die in einem Punkt $\bar{x}$ stark differenzierbar ist, keinen Sprung oder Unstetigkeit in $\bar{x}$ haben kann. Aus der Definition folgt die Existenz eines offenen Intervalles $I_{\bar{x}}$ und von Konstanten $f'(\bar{x})$ und $\mathcal{K}_{\bar{x}}$, so dass für alle x in $I_{\bar{x}}$

$$|f(x) - (f(\bar{x}) + f'(\bar{x})(x - \bar{x}))| \le |x - \bar{x}|^2 \mathcal{K}_{\bar{x}}.$$

Dies bedeutet aber

$$
\begin{aligned}
|f(x) - f(\bar{x})| &\le |f'(\bar{x})||x - \bar{x}| + \mathcal{K}_{\bar{x}}|x - \bar{x}|^2 \\
&\le (|f'(\bar{x})| + \mathcal{K}_{\bar{x}}|I_{\bar{x}}|)|x - \bar{x}| \\
&= L|x - \bar{x}|,
\end{aligned}
$$

wobei wir angenommen haben, dass $I_{\bar{x}}$ endlich ist. Im Wesentlichen sagt dies, dass f „in einem Punkt" Lipschitz-stetig ist, in dem sie stark differenzierbar ist.[6] Wir fassen als Satz zusammen:

---

[6]Die Anführungszeichen sind notwendig, da wir Lipschitz-Stetigkeit in einem Punkt nicht definieren!

x	$f(x)$	$f(\bar{x}) + f'(\bar{x})(x - \bar{x})$	Fehler
0,7	1,428571$\cdots$	1,3	$\approx 0,1286$
0,8	1,25	1,2	0,05
0,9	1,111111$\cdots$	1,1	$\approx 0,01111$
1,0	1,0	1,0	0,0
1,1	0,909090$\cdots$	0,9	$\approx 0,00909$
1,2	0,833333$\cdots$	0,8	$\approx 0,03333$
1,3	0,769230$\cdots$	0,7	$\approx 0,06923$

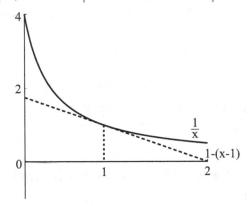

Abbildung 16.11: Einige Werte der Linearisierung $1 - (x - 1)$ von $1/x$ in $\bar{x} = 1$ sowie die Graphen der Funktionen.

Satz 16.1 *Wenn f in $\bar{x}$ stark differenzierbar ist, dann gibt es ein offenes Intervall I, dass $\bar{x}$ enthält und eine Konstante L, so dass*

$$|f(x) - f(\bar{x})| \leq L|x - \bar{x}| \text{ für alle } x \text{ in } I.$$

Kapitel 16 Aufgaben

16.1. Vergleichen Sie für $f(x) = 1/x$ die Lipschitz-Konstanten auf den Intervallen $[0{,}01, 0{,}1]$ und $[1, 2]$. Erläutern Sie den Grund für den Unterschied anhand eines Graphen.

16.2. Vergleichen Sie für $f(x) = x^3$ die Lipschitz-Konstanten auf $[0, 2]$ und $[0{,}9, 1{,}1]$. Erläutern Sie den Unterschied anhand eines Graphen.

16.3. Benutzen Sie ein Lineal, um für die in Abbildung 16.12 gezeigte Funktion lineare Approximationen in den angedeuteten Punkten einzuzeichnen.

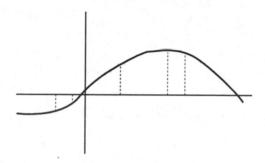

Abbildung 16.12: Abbildung für Aufgabe 16.3.

16.4. Berechnen Sie für die folgenden Funktionen die Linearisierungen in den angegebenen Punkten.

(a) $f(x) = 4x$ in $\bar{x} = 1$ (b) $f(x) = x^2$ in $\bar{x} = 0$

(c) $f(x) = x^2$ in $\bar{x} = 2$ (d) $f(x) = 1/x$ in $\bar{x} = 2$

(e) $f(x) = x^3$ in $\bar{x} = 1$ (f) $f(x) = 1/x^2$ in $\bar{x} = 1$

(g) $f(x) = x + x^2$ in $\bar{x} = 1$ (h) $f(x) = x^4$ in $\bar{x} = 1$.

16.5. (a) Erstellen Sie eine Tabelle, die die Werte der Funktionen, die Werte der Linearisierungen und die Werte der Fehlerfunktionen in den Punkten $1{,}7$, $1{,}8$, $1{,}9$, $2{,}0$, $2{,}1$, $2{,}2$ und $2{,}3$ für die Funktionen $f_1(x) = x^2$ und $f_2(x) = x^3$ darstellt. Die Linearisierungen werden in $\bar{x} = 2$ bestimmt. Benutzen Sie einen Graphen, um zu erklären, weshalb der Fehler der Linearisierung für die meisten x in der Nähe von $\bar{x}$ für x^3 größer ist als der Fehler der Linearisierung für x^2. (b) Würden Sie erwarten, dass dies für $\bar{x} = 0$ wahr ist? Erstellen Sie eine Tabelle, die ihre Antwort bestätigt oder widerlegt.

16.6. Von welcher der folgenden Approximationen würden Sie schlechtere Approximationseigenschaften auf dem Intervall $[0{,}1, 0{,}3]$ erwarten: Der Linearisierung von $1/x$ in $\bar{x} = 0{,}2$ oder der Linearisierung von $1/x^2$ in $\bar{x} = 0{,}2$? Warum?

17

Wir analysieren das Verhalten eines Populations–Modells

Um die Mächtigkeit der Linearisierung als Werkzeug für die Analysis zu veranschaulichen, benutzen wir jetzt die Linearisierung, um das Verhalten eines komplizierten Populations–Modells für eine bestimmte Art von Insekten zu analysieren. Dieses Modell umfasst alle Insektenpopulationsmodelle, die wir bisher betrachtet haben.

17.1   Ein allgemeines Populations–Modell

Wir nehmen an, dass es eine einzige Paarungszeit während des Sommers gibt, wobei die Erwachsenen, die sich in einem Sommer paaren, vor dem nächsten Sommer sterben. Es bezeichne P_n die Population der Erwachsenen zu Beginn der $n$ten Paarungszeit und wir nehmen an, dass jeder Erwachsene im Durchschnitt R Nachkommen produziert, welche überleben, um sich im nächsten Jahr zu paaren. Es gilt also

$$P_n = RP_{n-1}.$$

Im einfachsten Fall ist R konstant und vollständige Induktion zeigt, dass

$$P_n = R^n P_0,$$

wobei P_0 die anfängliche Population bezeichnet, die in einem Anfangsjahr gegeben ist. In diesem Fall können wir das Verhalten von P_n leicht bestimmen. Wenn $0 < R < 1$ ist, dann nimmt P_n stetig mit wachsendem n gegen

0 ab, und die Insektenpopulation stirbt aus. Wenn $R > 1$ ist, dann nimmt P_n mit wachsendem n stetig zu. Wenn $R = 1$ ist, dann bleiben $P_n = P_{n-1}$ und P_n konstant, die Population erneuert sich also einfach.

Unsere Annahme, dass R eine Konstante ist, ist allerdings in den meisten Fällen zu simpel. Üblicherweise variiert R mit der Population. Wenn die Population groß ist, dann herrscht starke Konkurrenz um die verfügbaren Ressourcen und R tendiert dazu, klein zu sein. Wenn die Population klein ist, dann ist auch R klein, da die Weibchen zum Beispiel Schwierigkeiten haben können, Partner zu finden. Andererseits muss es, damit die Population überlebt, einen Bereich von Populationen P mit $R(P) > 1$ geben. Um ein realistischeres Modell zu erstellen, müssen wir eine Funktion R benutzen, die kleiner als 1 für kleine und große P und größer als 1 ist, wenn P weder klein noch groß ist. Es gibt viele solche Funktionen und wir stellen eine Möglichkeit in Abbildung 17.1 dar. Es ist wichtig zu beachten, dass das

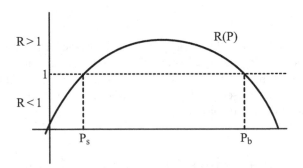

Abbildung 17.1: Eine mögliche Wachstumsratenfunktion R. $R(P_s) = R(P_b) = 1$, $R(P) < 1$ für $P < P_s$ und $P > P_b$ sowie $R(P) > 1$ für $P_s < P < P_b$.

Modell die *qualitativen* Eigenschaften des Koeffizienten R beschreibt und *keine* genaue Formel angibt. Es gibt viele Varianten für R, die dieselben qualitativen Eigenschaften ergeben.

Beachten Sie, dass die Lösung von (17.1) im Allgemeinen *nicht* $P_n = R^n P_0$ ist. Sie ist um einiges komplizierter und, da abhängig von R, sind wir unter Umständen nicht in der Lage, eine Formel für die Lösung anzugeben. Deshalb müssen wir clever sein, wenn wir analysieren, wie sich die Population verhält.

17.2   Gleichgewichtspunkte und Stabilität

Wir verwenden nun die Linearisierung, um das Verhalten der Population zu analysieren und gehen dazu von der Beziehung

$$P_n = R(P_{n-1})P_{n-1} \qquad (17.1)$$

aus, wobei es sich bei R um eine Funktion, wie die in Abbildung 17.1 eingezeichnete, handelt.

Die erste Beobachtung ist, dass die Populationen P_s und P_b, die $R(P_s) = R(P_b) = 1$ genügen, eine Sonderstellung einnehmen. Wenn zum Beispiel $P_{n-1} = P_b$ für ein $n - 1$, dann ist $P_n = R(P_{n-1})P_{n-1} = 1 \times P_b = P_b$. Auch $P_{n+1} = P_b$, $P_{n+2} = P_b$ und so weiter. Wenn also die Population den Wert P_b erreicht, dann behält sie diesen Wert auch für die nachfolgenden Generationen. Analog: Wenn $P_{n-1} = P_s$, dann ist $P_i = P_s$ für alle $i \geq n$. Wir nennen diese Populationen **Gleichgewichtspunkte** der Iteration (17.1).

Allerdings unterscheidet sich das Verhalten des Populationsmodells in den zwei Gleichgewichtspunkten P_s und P_b. Wenn $P_{n-1} > P_b$, dann gilt $R(P_{n-1}) < 1$, also $P_n < P_{n-1}$. Wenn die Population also größer als P_b ist, dann nimmt sie in der nächsten Generation ab. Gilt andererseits $P_{n-1} < P_b$, dann ist $R(P_{n-1}) > 1$, also $P_n > P_{n-1}$. Wenn also die Population kleiner als P_b ist, dann nimmt sie in der nächsten Generation zu. Kurzum, die Population strebt gegen den Wert P_b. Wir sagen, dass P_b ein **stabiler** Gleichgewichtspunkt der Iteration (17.1) ist. Auf dieselbe Weise können wir zeigen, dass die Population dazu tendiert, sich vom Wert P_s *zu entfernen* und wir nennen P_s einen **instabilen** Gleichgewichtspunkt der Iteration (17.1). Insbesondere tendiert die Gattung zum Aussterben, wenn die Population kleiner als P_s wird.

Da die Population gegen P_b strebt, würden wir gerne mehr Informationen darüber erhalten, wie sie sich verhält, wenn sie dies tut. Schwankt die Population zum Beispiel im Wert um P_b herum oder nimmt sie stetig zu oder ab ? Wir nehmen an, dass R in P_b stark differenzierbar ist, also gibt es eine Konstante $\mathcal{K}_{P_b}$, so dass

$$R(P) = R(P_b) + R'(P_b)(P - P_b) + (P - P_b)^2 \mathcal{K}_{P_b}(P)$$
$$= 1 + R'(P_b)(P - P_b) + (P - P_b)^2 \mathcal{K}_{P_b}(P).$$

Übrigens deutet Abbildung 17.1 darauf hin, dass $R'(P_b) < 0$ ist. Für P nahe bei P_b benutzen wir die Approximation[1]

$$R(P) \approx 1 + R'(P_b)(P - P_b).$$

---

[1]Die Analyse in diesem Kapitel kann unter Verwendung der Definition der starken Differenzierbarkeit und dem Mitführen der Fehler präzisiert werden. Dies zu tun erschwert jedoch das Lesen, also stellen wir dies als Aufgabe 17.6.

Mit anderen Worten, wir ersetzen die Funktion R durch ihre Linearisierung in P_b für P nahe bei P_b. Wir substituieren dies in (17.1) und erhalten

$$P_n \approx (1 + R'(P_b)(P_{n-1} - P_b))P_{n-1}.$$

Durch die Verwendung der Linearisierung haben wir also Fortschritte gemacht, da wir den möglicherweise komplizierten Faktor $R(P_{n-1})$ durch den linearen Faktor $(1 + R'(P_b)(P_{n-1} - P_b))$ ersetzt haben.

Wir sind daran interessiert, wie sich P verhältnismäßig zu P_b verändert, also stellen wir die Gleichungen so um, dass die Differenzen $P_n - P_b$ und $P_{n-1} - P_b$ auftauchen:

$$\begin{aligned}
P_n - P_b &\approx (1 + R'(P_b)(P_{n-1} - P_b))P_{n-1} - P_b \\
&\approx P_{n-1} - P_b + R'(P_b)(P_{n-1} - P_b)(P_{n-1} - P_b + P_b) \\
&\approx P_{n-1} - P_b + R'(P_b)P_b(P_{n-1} - P_b) + R'(P_b)(P_{n-1} - P_b)^2.
\end{aligned}$$

Bei der ursprünglichen Approximation ließen wir den Term $(P_{n-1} - P_b)^2$ $\mathcal{K}_{P_b}$ fallen, welcher zumindest quadratisch in $P_{n-1} - P_b$ ist. Deshalb vernachlässigen wir auch hier den quadratischen Term rechts oben und erhalten

$$P_n - P_b \approx (1 + R'(P_b)P_b)(P_{n-1} - P_b).$$

Dies ist jetzt ein wirklicher Fortschritt, da der Faktor $(1 + R'(P_b)P_b)$ konstant ist! Um die Dinge weiter zu vereinfachen, erinnern wir uns, dass $R'(P_b) < 0$, setzen

$$C = -R'(P_b)P_b > 0$$

und erhalten

$$P_n - P_b \approx (1 - C)(P_{n-1} - P_b). \tag{17.2}$$

Basierend auf der vorherigen Diskussion treten nun drei Fälle auf:

- Wenn $0 < C < 1$, dann ist $|P_n - P_b| < |P_{n-1} - P_b|$, während $P_n - P_b$ dasselbe Vorzeichen wie $P_{n-1} - P_b$ aufweist. Dies bedeutet, dass P_n stetig gegen den Wert P_b zu- oder abnimmt, in Abhängigkeit davon, ob die Population oberhalb oder unterhalb von P_b beginnt. $0 < C < 1$ bedeutet

$$0 < -R'(P_b) < \frac{1}{P_b}.$$

- Wenn $1 < C < 2$, dann ist $|P_n - P_b| \leq |P_{n-1} - P_b|$, allerdings hat $P_n - P_b$ das entgegengesetzte Vorzeichen von $P_{n-1} - P_b$. Dies bedeutet, dass die Population gegen P_b strebt, wobei sie dabei hin- und herschwankt: Wenn die Population einer Generation größer als P_b ist, dann ist die Population der nächsten Generation kleiner als P_b. $1 < C < 2$ bedeutet

$$\frac{1}{P_b} < -R'(P_b) < \frac{2}{P_b}.$$

- Wenn $C > 2$ oder $C < 0$, dann entfernt sich die Population von P_b.

Es ist wichtig zu beachten, dass diese Schlußfolgerungen auf der Annahme basieren, dass sich die Population P_n nahe bei P_b befindet. Wenn sich die Population zu weit von P_b entfernt, dann ist die Approximation (17.2) nicht gültig und diese Schlußfolgerungen sind nicht mehr gültig.

BEISPIEL 17.1. Um zu demonstrieren, dass diese Vorhersagen tatsächlich beschreiben, was geschieht, berechnen wir einige Generationen, die der Populationsratenfunktion

$$R(P) = 1 - c(P - 100)(P - 1000) \qquad (17.3)$$

entsprechen und die die in Abbildung 17.1 gezeichnete Gestalt für $c > 0$ hat. Für diese Funktion ist $P_s = 100$ und $P_b = 1000$. Es ist unkompliziert nachzuweisen, dass wir von der Population erwarten, stetig gegen P_b abzunehmen, wenn

$$0 < c < \frac{1}{900000}, \qquad (17.4)$$

und sie sich P_b oszillierend annähert, wenn

$$\frac{1}{900000} < c < \frac{1}{450000}. \qquad (17.5)$$

Wir stellen beide Fälle in Abbildung 17.2 graphisch dar und beginnen in beiden Fällen mit zwei anfänglichen Populationen.

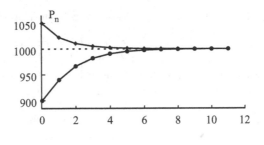

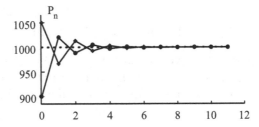

Abbildung 17.2: Elf Generationen des Populationsmodells (17.1) unter Verwendung der Populationsratenfunktion (17.3). In der oberen graphischen Darstellung benutzen wir $c = 1/18000000$ und in der unteren Darstellung verwenden wir $c = 1/600000$.

Kapitel 17   Aufgaben

17.1. Weisen Sie nach, dass (17.4) und (17.5) für die Populationsratenfunktion (17.3) erfüllt sind.

17.2. Vollziehen Sie die in Abbildung 17.2 gezeigten Berechnungen nach.

17.3. Betrachten Sie das Populationsmodell (17.1), wobei R der in Abbildung 17.3 eingezeichneten Funktion ähnlich ist. (a) Erklären Sie, warum dieses Modell drei Gleichgewichtspunkte hat: P_s, P_c und P_b. (b) Diskutieren Sie das Verhalten der Population in der Nähe der drei Punkte P_s, P_c und P_b. Entfernen sich zum Beispiel die Populationen von diesen Punkten und in welche Richtung?

17.4. Betrachten Sie das Populationsmodell (17.1) mit der Populationsratenfunktion

$$R(P) = \frac{5}{1 + P/P_c},$$

wobei $P_c > 0$ eine Konstante ist.

(a) Zeigen Sie, dass P_c ein stabiler Gleichgewichtspunkt ist.

(b) Verwenden Sie die Ableitung von R, um das Verhalten von P für Populationen in der Nähe von P_c zu diskutieren. Finden Sie Bereiche für die

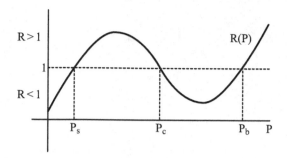

Abbildung 17.3: Eine Populationsratenfunktion mit drei Gleichgewichtspunkten.

Populationen, in denen die Population stetig gegen P_c zu- oder abnimmt und Bereiche, in denen sie hin- und herschwankt, während sie sich P_c nähert.

(c) Setzen Sie $P_c = 100$ und führen Sie einige Iterationen durch, die ihre Schlußfolgerungen veranschaulichen.

17.5. Betrachten Sie das Populationsmodell (17.1) mit der Populationsratenfunktion

$$R(P) = \frac{1}{1 + P^2}.$$

Diskutieren Sie das Verhalten der Population während der Iteration.

17.6. Führen Sie die Analyse dieses Kapitels unter Verwendung der Definition der starken Differenzierbarkeit durch und führen Sie die Fehlerterme mit. *Hinweis:* Für $p \geq 2$ gilt $(x - \bar{x})^p \leq (x - \bar{x})^2$ für alle x hinreichend nahe bei $\bar{x}$. Verwenden Sie diese Tatsache, um ihre Rechnungen zu vereinfachen.

18

Interpretationen der Ableitung

Bevor wir mit der Untersuchung der Linearisierung fortfahren, stellen wir zunächst zwei wichtige Interpretationen der Ableitung vor. Die erste ist eine geometrische und mit der Idee der Tangentengeraden an eine Kurve verwandt. Die zweite bezieht die Raten, mit denen die Größen sich verändern, mit ein. Beide sind im Hinblick auf Modellierungen wichtig.

In diesem Kapitel ändert sich die Gewichtung ein wenig. Beachten Sie, dass die Bestimmung der Linearisierung einer Funktion in einem Punkt $\bar{x}$ lediglich erfordert, die Ableitung der Funktion in diesem Punkt zu kennen. Der einzige Zweck der anschließenden Abschätzung des Fehlers ist zu zeigen, dass der Fehler für x in der Nähe von $\bar{x}$ klein ist. Wir konzentrieren uns daher auf die Berechnung der Ableitung einer Funktion. In Kapitel 20 zeigen wir, dass die Ableitung mehrere angenehme Eigenschaften hat, die insbesondere implizieren, dass der Fehler der Linearisierung von zahlreichen Funktionen klein ist, sobald wir gezeigt haben, dass er für einige relativ einfache Funktionen klein ist.

18.1 Ein geometrisches Bild

Erinnern wir uns, dass wir beim Berechnungsverfahren für die Ableitung einer Funktion f in $\bar{x}$ die Terme „angleichen", die dieselbe Ordnung in $x - \bar{x}$ haben, indem wir $f(\bar{x})$ von beiden Seiten von (16.3) subtrahieren und durch $x - \bar{x}$ dividieren. Wir erhalten

$$\left| \frac{f(x) - f(\bar{x})}{x - \bar{x}} - f'(\bar{x}) \right| \leq |x - \bar{x}| \mathcal{K}_{\bar{x}}.$$

An diesem Punkt wenden wir auf den linken Ausdruck etwas Algebra an, um den ärgerlichen Faktor $x - \bar{x}$ im Nenner „aufzuheben". Danach nehmen wir den Grenzwert für $x \to \bar{x}$, der Fehlerterm fällt weg und wir finden heraus, dass wenn f in $\bar{x}$ stark differenzierbar ist, dann gilt

$$f'(\bar{x}) = \lim_{x \to \bar{x}} \frac{f(x) - f(\bar{x})}{x - \bar{x}}. \tag{18.1}$$

Selbstverständlich müssen wir beweisen, dass dieser Grenzwert existiert, um die Ableitung zu berechnen.

Für x in der Nähe von $\bar{x}$ schließen wir

$$f'(\bar{x}) \approx \frac{f(x) - f(\bar{x})}{x - \bar{x}}.$$

Die rechte Größe kann als die Steigung der **Sekantengeraden** interpretiert werden, die die Punkte $(\bar{x}, f(\bar{x}))$ und $(x, f(x))$ in der graphischen Darstellung von f (vgl. Abbildung 18.1) verbindet.

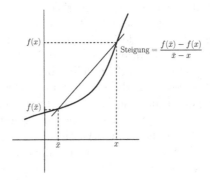

Abbildung 18.1: Die Sekantengerade, die $(\bar{x}, f(\bar{x}))$ und $(x, f(x))$ verbindet.

Erinnern wir uns, dass $f'(\bar{x})$ die Steigung der Tangentengeraden an f in $\bar{x}$ ist oder die Linearisierung von f in $\bar{x}$. Die Gleichung (18.1) besagt, dass die Steigung der Sekantengeraden zwischen $(\bar{x}, f(\bar{x}))$ und einem beliebigen Punkt $(x, f(x))$ sich der Steigung der Tangentengeraden annähert, wenn x gegen $\bar{x}$ strebt. Wir veranschaulichen dies in Abbildung 18.2.

Wir kehren den Gedankengang um und sagen, dass eine Funktion f in einem Punkt $\bar{x}$ **differenzierbar** ist, wenn f auf einem offenen Intervall $I_{\bar{x}}$, das $\bar{x}$ enthält, definiert ist und wenn (18.1) gilt, d.h.

$$f'(\bar{x}) = \lim_{x \to \bar{x}} \frac{f(x) - f(\bar{x})}{x - \bar{x}}$$

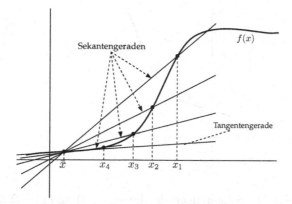

Abbildung 18.2: Eine Folge von Sekantengeraden, die sich der Tangentengeraden in $\bar{x}$ nähern.

existiert.[1]

BEISPIEL 18.1. Wir berechnen die Ableitung von $f(x) = x^2$ in $\bar{x}$, indem wir den Grenzwert der Steigungen der Sekantengeraden bilden. Wir wissen bereits, dass dies durchführbar ist, da $f(x) = x^2$ in jedem Punkt stark differenzierbar ist. Wir berechnen

$$f'(\bar{x}) = \lim_{x \to \bar{x}} \frac{x^2 - \bar{x}^2}{x - \bar{x}} = \lim_{x \to \bar{x}} \frac{(x - \bar{x})(x + \bar{x})}{x - \bar{x}} = \lim_{x \to \bar{x}} (x + \bar{x}) = 2\bar{x}.$$

Für $\bar{x} = 1$ erhalten wir $f'(1) = 2$.

Beachten Sie, dass dieses Beispiel ganz genau dieselben Berechnungen verwendet, die wir benutzt haben, um die Linearisierung von f zu berechnen. Für die geometrische Sichtweise haben wir einfach die Berechnung neu verpackt.[2]

Der Grenzwert aus (18.1) wird oftmals noch auf eine andere Weise geschrieben. Wir ersetzen x durch $\bar{x} + \Delta x$, wobei Δx eine kleine Veränderung von $\bar{x}$ darstellt (vgl. Abbildung 18.3). Da $\Delta x = (\bar{x} + \Delta x) - \bar{x}$, wird der vorherige Grenzwert für $x \to \bar{x}$ durch einen Grenzwert für $\Delta x \to 0$ ersetzt und wir erhalten

$$f'(\bar{x}) = \lim_{\Delta x \to 0} \frac{f(\bar{x} + \Delta x) - f(\bar{x})}{\Delta x}. \tag{18.2}$$

---

[1] Diese Definition wurde zuerst von Bolzano angegeben und auch von Cauchy verwendet.

[2] Es ist eine nützliche Übung, zu Kapitel 16 zurückzukehren und alle Linearisierungen unter Verwendung der neuen Formulierung noch einmal zu berechnen.

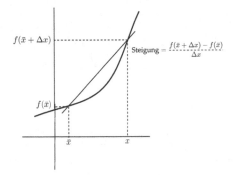

Abbildung 18.3: Die Sekantengerade, die $(\bar{x}, f(\bar{x}))$ und $(\bar{x}+\Delta x, f(\bar{x}+\Delta x))$ verbindet.

BEISPIEL 18.2. Wir berechnen, mittels der neuen Notation, die Ableitung von $f(x) = x^2$ in x, indem wir den Grenzwert der Steigungen der Sekantengeraden bilden. Jetzt rechnen wir

$$f'(\bar{x}) = \lim_{\Delta x \to 0} \frac{(\bar{x} + \Delta x)^2 - \bar{x}^2}{\Delta x}$$

$$= \lim_{\Delta x \to 0} \frac{\bar{x}^2 + 2\bar{x}\Delta x + \Delta x^2 - \bar{x}^2}{\Delta x} = \lim_{\Delta x \to 0} \frac{2\bar{x}\Delta x + \Delta x^2}{\Delta x}$$

$$= \lim_{\Delta x \to 0} (2\bar{x} + \Delta x) = 2x.$$

Wir führen diese neue Formulierung ein, da sie zur geläufigsten und gewiss zur leistungsfähigsten Notation für die Ableitung motiviert. Da Δx die „Veränderung" in der Variablen x darstellt, liegt es nahe, die entsprechende Veränderung der Funktion f durch

$$\Delta f = f(\bar{x} + \Delta x) - f(\bar{x})$$

zu definieren. Das Verhältnis

$$\frac{\Delta f}{\Delta x},$$

welches die Steigung der Sekantengeraden durch $(x + \Delta x, f(x + \Delta x))$ und $(x, f(x))$ angibt, kann als die Veränderung in f, die durch die Veränderung in x erzeugt wird, interpretiert werden und die Ableitung ist

$$f'(\bar{x}) = \lim_{\Delta x \to 0} \frac{\Delta f}{\Delta x}.$$

Diese Notation für die Ableitung spiegelt den Grenzwertprozess wider. Wir schreiben

$$f'(\bar{x}) = Df(\bar{x}) = \frac{df}{dx}.$$

Es ist gebräuchlich (besonders in der Physik) df als die **infinitesimale** Veränderung in f entsprechend einer infinitesimalen Veränderung dx im Argument x zu interpretieren. Allerdings bedeuten diese Worte lediglich, dass die Ableitung berechnet wird, indem man den Grenzwert in (18.2) bestimmt. Für $y = f(x)$ schreiben wir auch y' für die Ableitung, d.h.

$$y' = \frac{dy}{dx} = f'(x).$$

18.2 Änderungsraten

In den mathematischen Modellen vieler physikalischer Situationen spielen die Raten eine Rolle, mit denen sich eine Größe, wie zum Beispiel eine Masse oder eine Distanz, verändert, wenn sich eine andere Größe, wie zum Beispiel die Zeit oder Position, verändert.

BEISPIEL 18.3. Ein Modell des Benzinverbrauchs eines Autos berücksichtigt die Änderungsrate der Position des Wagens abhängig von der Zeit, da das Auto auf einen zunehmend größeren Luftwiderstand trifft, wenn es sich schneller bewegt.

Eine Änderungsrate wird durch ein Verhältnis bestimmt. Wenn wir zum Beispiel eine Vorstellung davon erhalten wollen, wie schnell sich ein Objekt bewegt, dann berechnen wir das Verhältnis der zurückgelegten Entfernung zur vergangenen Zeit. Präziser, nehmen wir an, dass das Objekt auf einer geraden Strecke fährt und an der Position s_1 sich zur Zeit t_1 und später zur Zeit t_2 an der Position s_2 befindet. Dann ist seine durchschnittliche Geschwindigkeit oder durchschnittliche Änderungsrate

$$\frac{s_2 - s_1}{t_2 - t_1}.$$

BEISPIEL 18.4. Wenn ein Wagen 45 Kilometer in einer 3/4 Stunde gefahren ist, dann war seine durchschnittliche Geschwindigkeit 60 km/h. Sicherlich aber ist die durchschnittliche Geschwindigkeit eine eher simple Beschreibung dafür, wie das Auto sich bewegt. Um 45 Kilometer in einer 3/4 Stunde zu fahren, kann es für 15 Minuten stillstehen und dann mit 90 km/h für 30 Minuten fahren, anstatt mit einer konstanten Geschwindigkeit von 60 km/h für 45 Minuten zu fahren.

Wenn die Position des Objektes durch eine Funktion $s(t)$ zum Zeitpunkt t gegeben ist, dann ist die **durchschnittliche Änderungsrate** des Objekts von t bis zu einem nahegelegenen Zeitpunkt $t + \Delta t$

$$\frac{s(t + \Delta t) - s(t)}{\Delta t}.$$

Gemäß Abschnitt 18.1 ist dies einfach die Steigung der Sekantengeraden durch $s(t)$, die $(t, s(t))$ und $(t + \Delta t, s(t + \Delta t))$ verbindet.

Die durchschnittliche Änderungsrate bietet lediglich eine grobe Beschreibung davon, wie schnell sich s ändert, wenn sich t ändert. Wir erhalten eine genauere Vorstellung, indem wir die Länge des Intervalls $(t, t + \Delta t)$ schrumpfen lassen. Wenn s in t differenzierbar ist, definieren wir die **unmittelbare Änderungsrate** oder **Geschwindigkeit** des Objektes zum Zeitpunkt t als

$$v(t) = s'(t) = \frac{ds}{dt} = \lim_{\Delta t \to 0} \frac{s(t + \Delta t) - s(t)}{\Delta t}. \tag{18.3}$$

BEISPIEL 18.5. Wenn die Position eines Objektes durch $s(t) = t^2$ gegeben ist, dann beträgt seine Geschwindigkeit $v(t) = s'(t) = 2t$.

BEISPIEL 18.6. Nehmen wir an, dass jemand ein Auto auf einer geraden Strecke fährt und seine Position zur Zeit t, die vom Anfangspunkt bei $t = 0$ gemessen wird, $s(t) = 3 \times (2t - t^2)$ Kilometer ist, wobei t in Stunden gemessen wird und die positive Richtung für s nach rechts weist. Wir werden später zeigen, dass seine Geschwindigkeit $s'(t) = 6 - 6t = 6(1 - t)$ km/h beträgt. Da die Ableitung für $0 \le t < 1$ positiv ist (was bedeutet, dass die Tangentengeraden an $s(t)$ positive Steigungen für $0 \le t < 1$ haben) bewegt sich der Wagen bis $t = 1$ nach rechts. Genau zum Zeitpunkt $t - 1$ stoppt der Wagen. Für $t > 1$ beginnt der Wagen sich wieder nach links zu bewegen, da die Steigungen der Tangenten negativ sind. Wir veranschaulichen dies in Abbildung 18.4.

BEISPIEL 18.7. Jemand wirft einen Ball mit 3 Meter/Sekunde gerade nach oben. Wenn sie den Ball bei einer Höhe von $6, 2$ Meter fallenlassen, schätzen Sie die Höhe des Balles $0, 4$ Sekunden später ab.

Höhe bei $t = 0, 4 \approx$ Höhe bei $t = 0 +$ Geschwindigkeit bei $t = 0 \times (0, 4 - 0)$

$$\approx 6, 2 + 3 \times 0, 4 = 7, 4$$

18.3 Differenzierbarkeit und starke Differenzierbarkeit

Es ist wichtig zu verstehen, dass Differenzierbarkeit und starke Differenzierbarkeit nicht äquivalent sind. Eine Funktion, die stark differenzierbar ist, ist automatisch differenzierbar. Tatsächlich berechnen wir den Grenzwert (18.1), der im Verlauf der Berechnung der Linearisierung einer Funktion die Ableitung bestimmt. Allerdings impliziert Differenzierbarkeit nicht starke Differenzierbarkeit. Starke Differenzierbarkeit erfordert, dass der Grenzwertprozess in (18.1) *mindestens* linear konvergiert, da

$$\left| \frac{f(x) - f(\bar{x})}{x - \bar{x}} - f'(\bar{x}) \right| \le |x - \bar{x}| \mathcal{K}_{\bar{x}}$$

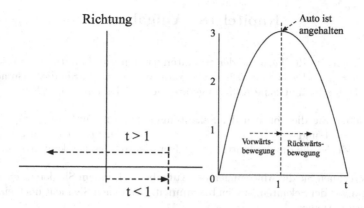

Abbildung 18.4: Illustration der Bewegung eines Wagens, der sich auf einer geraden Strecke zurück und vorwärts bewegt. Links ist die Position des Wagens gezeigt, sowie wie er sich bewegt. Rechts zeichnen wir seine Position in Abhängigkeit der Zeit. Die Ableitung der Position ist für $0 \leq t < 1$ positiv, also bewegt sich der Wagen während dieses Zeitraums nach rechts. Bei $t = 1$ hält er an und dann geht es für $t > 1$ nach links. Bei $t = 1$ ist die Geschwindigkeit Null und die Tangentengerade ist deshalb horizontal.

für eine Konstante $\mathcal{K}_{\bar{x}}$. Differenzierbarkeit impliziert lediglich, dass die linke Größe gegen Null geht für $x \to \bar{x}$, spezifiziert aber keine Rate.

Ist der Unterschied wichtig? Nun, ja und nein. Er spielt für Funktionen, auf die wir bis jetzt getroffen sind, keine Rolle und tatsächlich sind nahezu alle Funktionen, die wir niederschreiben, überall auch stark differenzierbar, wo sie differenzierbar sind. Aber es gibt Ausnahmen und es ist wichtig, diese zu verstehen, wenn sie auftauchen. Deshalb kehren wir zu dieser Diskussion in Kapitel 32 zurück.

Kapitel 18 Aufgaben

18.1. Geben Sie die Formeln der Sekantengeraden zur Funktion $f(x) = x^2$ zwischen $\bar{x} = 1$ und $x = 4$, $x = 2$, $x = 1,5$ an, und zeichnen Sie diese Geraden. Was ist die durchschnittliche Änderungsrate dieser Sekantengeraden?

18.2. Geben Sie die Formeln der Sekantengeraden zur Funktion $f(x) = 1/x$ zwischen $\bar{x} = 1$ und $x = 0,25$, $x = 0,5$, $x = 0,75$ an, und zeichnen Sie diese Geraden. Was ist die durchschnittliche Änderungsrate dieser Sekantengeraden?

18.3. Berechnen Sie die Ableitungen für Aufgabe 16.4, indem Sie den Grenzwert der Steigungen der Sekantengeraden bestimmen. Berechnen Sie nicht noch einmal die Fehlerfunktionen.

18.4. Beschreiben Sie drei verschiedene Situationen aus Ihrem Leben, in denen eine Änderungsrate beteiligt ist.

18.5. Ein Wagen fährt mit 35 km/h für 30 Minuten, mit 65 km/h für 60 Minuten und dann mit 35 km/h für 30 Minuten. Wie groß ist seine durchschnittliche Änderungsrate in Minuten in den Intervallen $[0, 30]$, $[0, 60]$, $[0, 90]$ und $[0, 120]$?

18.6. Ein Radfahrer fährt 15 Kilometer in 1 Stunde. Finden Sie drei unterschiedliche Fahrschemata heraus, die zu dieser durchschnittlichen Änderungsrate führen. *Hinweis:* Selbstverständlich ist eines, dass der Radfahrer mit konstanten 15 km/h fährt.

18.7. Überprüfen Sie die Berechnungen in Beispiel 18.6.

18.8. Jemand fährt auf einem Einrad auf einer geraden Strecke, so dass seine Distanz von einem Beobachter (in Metern) zur Zeit t $s(t) = t^5$ beträgt. Wie groß ist seine Geschwindigkeit bei $t = 1$ und $t = 2$?

18.9. Ein Polizist benutzt eine Radarpistole, um die Geschwindigkeit eines Wagens herauszufinden, welcher 0,1 km entfernt ist und 80 km/h schnell fährt. Die Radarpistole benötigt 0,25 Sekunden, um die Geschwindigkeit zu bestimmen. Was ist der ungefähre Standort des Wagens zu diesem Zeitpunkt? Welche Faktoren könnten die Genauigkeit Ihrer Antwort beeinflussen?

19
Differenzierbarkeit auf Intervallen

Bisher haben wir die Linearisierung einer Funktion in einem Punkt definiert. Im Allgemeinen sind wir jedoch am Verhalten einer Funktion auf einem Intervall interessiert. In diesem Fall benötigen wir die Linearisierung einer Funktion in jedem Punkt im Intervall. Wir sagen, dass eine Funktion auf einem Intervall stark differenzierbar ist, wenn die Funktion in jedem Punkt im Intervall stark differenzierbar ist. In diesem Kapitel untersuchen wir die Konsequenzen dieser Definition.

19.1 Starke Differenzierbarkeit auf Intervallen

Genauer gesagt ist eine Funktion f auf einem offenen Intervall I **stark differenzierbar,** wenn f in jedem $\bar{x}$ in I stark differenzierbar ist. Mit anderen Worten: Es gibt für jedes $\bar{x}$ in I ein offenes Intervall $I_{\bar{x}}$, eine Zahl $f'(\bar{x})$ und eine Konstante $\mathcal{K}_{\bar{x}}$, so dass

$$\left| f(x) - \left(f(\bar{x}) + f'(\bar{x})(x - \bar{x}) \right) \right| \leq (x - \bar{x})^2 \mathcal{K}_{\bar{x}} \qquad (19.1)$$

für x in $I_{\bar{x}}$.

Wenn eine Funktion f auf einem offenen Intervall I stark differenzierbar ist, dann ist jeder Punkt $\bar{x}$ in I mit der Steigung $f'(\bar{x})$ der Linearisierung von f in $\bar{x}$ verknüpft. Deshalb ordnen wir einer Funktion f, die auf einem offenen Intervall I stark differenzierbar ist, eine neue Funktion $f'(\bar{x})$ für $\bar{x}$ in I zu, die die Steigung der Linearisierung in $\bar{x}$ angibt. Da $\bar{x}$ in I variiert, benennen wir es einfach zu x um und definieren die **Ableitung** f' von f als die Funktion, welche die Steigung $f'(x)$ der Linearisierung von f in jedem Punkt x in I angibt. Diese Notation geht auf Lagrange zurück.[1]

Wir benutzen auch die Symbole $D(f) = Df = f'$, um die Ableitung zu bezeichnen, eine Notation, die von Johann Bernoulli stammt,[2] der, zusammen mit seinem älteren Bruder Jacob Bernoulli,[3] der erste Mathematiker war, der Leibnitz Ergebnisse in der Infinitesimalrechnung verstand und benutzte.

BEISPIEL 19.1. Für eine konstante Funktion $f(x) = c$, wobei c eine reelle Zahl darstellt, erhalten wir

$$f'(x) = 0$$

für alle reellen Zahlen x. Dies resultiert aus der Tatsache, dass

$$f(x) - f(\bar{x}) = c - c = 0$$

für beliebige x und $\bar{x}$, und deshalb (19.1) mit $f'(\bar{x}) = 0$ und $\mathcal{K}_{\bar{x}} \equiv 0$ erfüllt ist.

BEISPIEL 19.2. Wenn $f(x) = ax + b$, wobei a und b reelle Zahlen sind, dann gilt

$$f'(x) = a$$

---

[1] Joseph-Louis Lagrange (1736–1813) wird sowohl von der französischen, als auch von der italienischen Schule als einer der ihren beansprucht. Lagrange steuerte wesentlich zu den Grundlagen der Variationsrechnung und der Theorie der Dynamik bei. Auch führte er wichtige Untersuchungen in der Astronomie, den Differenzialgleichungen, der Fluiddynamik, der Zahlentheorie, der Wahrscheinlichkeit, der Stabilität des Sonnensystems und der Akkustik durch. Er gewann regelmäßig Preise für seine Arbeit. Lagrange befasste sich mit den Grundlagen der Infinitesimalrechnung und schrieb zwei Lehrbücher, in denen er den Gebrauch von Grenzwerten zu vermeiden suchte, indem er unendliche Reihen verwendete. Interessanterweise ist Lagranges Ansatz zur Ableitung eng verwandt mit der Definition der Linearisierung in diesem Buch. Lagrange spezifizierte als erster einen allgemeinen Mittelwertsatz und entdeckte die Formel für den Rest eines Taylorpolynoms, die seinen Namen trägt.

[2] Der Schweizer Mathematiker Johann Bernoulli (1667–1748) arbeitete in Frankreich und den Niederlanden, bevor er letztendlich in die Schweiz zurückkehrte. Johann Bernoulli machte wesentliche Fortschritte bei elementaren Formeln aus der Infinitesimalrechnung und der Mechanik, er baute auf Leibnitz Ergebnissen auf. Indirekt ist sein Vermächtnis auch durch die Vorträge bekannt, die er vor dem französischen Mathematiker L'Hôpital hielt, der danach das erste Lehrbuch zur Infinitesimalrechnung veröffentlichte. Vgl. Sie hierzu Kapitel 35. Johann Bernoulli führte den Gebrauch von δ ein, um eine kleine Quantität zu bezeichnen.

[3] Der Schweizer Mathematiker Jacob Bernoulli (1654–1705) reiste und studierte in den Niederlanden und in England, bevor er in die Schweiz zurückkehrte, um zu lehren. Jacob Bernoulli machte vor allem wichtige Beiträge zu den Grundlagen der Wahrscheinlichkeitstheorie und zur Algebra, der Variationsrechnung, unendlichen Reihen und der Mechanik. Er machte auch wesentliche Fortschritte in der Infinitesimalrechnung, wobei er auf die Arbeit von Leibnitz aufbaute. Er verwendete als erster die Notation des Integrals im Rahmen der Integrationsrechnung und entwickelte die Methode der Trennung der Variablen.

für alle x, da
$$f(x) - f(\bar{x}) = a(x - \bar{x})$$
für alle x und $\bar{x}$, also (19.1) mit $f'(\bar{x}) = a$ und $\mathcal{K}_{\bar{x}} \equiv 0$ erfüllt ist.

Mit anderen Worten, die Ableitung einer linearen Funktion ist konstant und eine lineare Funktion besitzt *dieselbe* Linearisierung in jedem Punkt.

BEISPIEL 19.3. Als nächstes berechnen wir die Ableitung von $f(x) = x^2$. Wir suchen $f'(\bar{x})$ und $\mathcal{K}_{\bar{x}}$, so dass

$$\left| x^2 - \left(\bar{x}^2 + f'(\bar{x})\,(x - \bar{x}) \right) \right| \le (x - \bar{x})^2 \mathcal{K}_{\bar{x}} \qquad (19.2)$$

für x nahe bei $\bar{x}$. Es ist

$$
\begin{aligned}
\left| x^2 - \left(\bar{x}^2 + f'(\bar{x})\,(x - \bar{x}) \right) \right| &= \left| x^2 - \bar{x}^2 - f'(\bar{x})\,(x - \bar{x}) \right| \\
&= \left| (x - \bar{x})(x + \bar{x}) - f'(\bar{x})\,(x - \bar{x}) \right| \\
&= |x - \bar{x}||x + \bar{x} - f'(\bar{x})|.
\end{aligned}
$$

Wir schließen, dass $\lim_{x \to \bar{x}} \left| x^2 - \left(\bar{x}^2 + f'(\bar{x})\,(x - \bar{x}) \right) \right| = 0$. Wir benötigen weiterhin die Eigenschaft

$$\lim_{x \to \bar{x}} |x + \bar{x} - f'(\bar{x})| = 0,$$

was $f'(\bar{x}) = 2\bar{x}$ erzwingt. Die Linearisierung ist also $\bar{x}^2 + 2\bar{x}(x - \bar{x})$. Wir schätzen den Fehler ab

$$\left| x^2 - \left(\bar{x}^2 + 2\bar{x}(x - \bar{x}) \right) \right| = |x - \bar{x}||x + \bar{x} - 2\bar{x}| = |x - \bar{x}|^2,$$

also gilt (19.2) mit $\mathcal{K}_{\bar{x}} = 1$ für jedes x.

Es gilt also
$$f'(x) = 2x$$
für jedes x. Abbildung 19.1 veranschaulicht die beiden Funktionen.

BEISPIEL 19.4. Als nächstes berechnen wir die Ableitung von $f(x) = 1/x$ für $x \ne 0$. Wir suchen $f'(\bar{x})$ und $\mathcal{K}_{\bar{x}}$, so dass

$$\left| \frac{1}{x} - \left(\frac{1}{\bar{x}} + f'(\bar{x})\,(x - \bar{x}) \right) \right| \le (x - \bar{x})^2 \mathcal{K}_{\bar{x}}$$

für x bei $\bar{x}$. Sicherlich muss $\bar{x}, x \ne 0$ gelten. Da $\bar{x} \ne 0$, können wir immer ein kleines offenes Intervall $I_{\bar{x}}$ finden, so dass 0 nicht in $I_{\bar{x}}$ enthalten ist. Wir könnten zum Beispiel $I_{\bar{x}} = (\bar{x}/2, 2\bar{x})$ benutzen, wenn $\bar{x} > 0$. Dann beschränken wir x auf $I_{\bar{x}}$. Beachten Sie, dass die maximale Länge von $I_{\bar{x}}$ von $\bar{x}$ abhängt!

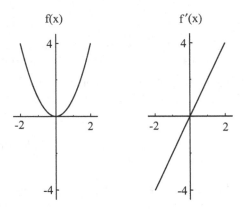

Abbildung 19.1: $f(x) = x^2$ und $f'(x) = 2x$.

Wir berechnen

$$\left| \frac{1}{x} - \frac{1}{\bar{x}} - f'(\bar{x})\,(x - \bar{x}) \right| = \left| \frac{\bar{x} - x}{\bar{x}x} - f'(\bar{x})\,(x - \bar{x}) \right|$$

$$= |x - \bar{x}| \left| \frac{1}{\bar{x}x} + f'(\bar{x}) \right|.$$

Es gilt also $\lim_{x \to \bar{x}} \left| \frac{1}{x} - \left(\frac{1}{\bar{x}} + f'(\bar{x})\,(x - \bar{x}) \right) \right| = 0$. Wir möchten weiterhin, dass

$$\lim_{x \to \bar{x}} \left| \frac{1}{\bar{x}x} + f'(\bar{x}) \right| = 0$$

gilt, was erzwingt, dass

$$f'(\bar{x}) = \frac{-1}{\bar{x}^2}.$$

Die Linearisierung in $\bar{x}$ ist also

$$\frac{1}{\bar{x}} + \frac{-1}{\bar{x}^2}(x - \bar{x}).$$

Als nächstes schätzen wir den Fehler ab:

$$\left| \frac{1}{x} - \frac{1}{\bar{x}} - \frac{-1}{\bar{x}^2}\,(x - \bar{x}) \right| = \left| \frac{\bar{x} - x}{\bar{x}x} + \frac{x - \bar{x}}{\bar{x}^2} \right| = |x - \bar{x}| \left| \frac{1}{\bar{x}x} - \frac{1}{\bar{x}^2} \right|$$

$$= |x - \bar{x}| \left| \frac{\bar{x} - x}{\bar{x}^2 x} \right| = \frac{|\bar{x} - x|^2}{|\bar{x}^2 x|}.$$

Es gibt eine Konstante $\mathcal{K}_{\bar{x}}$ auf $I_{\bar{x}}$, so dass $1/|x\bar{x}^2| \leq \mathcal{K}_{\bar{x}}$. Wir schließen, dass $1/x$ in $\bar{x} \neq 0$ stark differenzierbar ist.

Die Ableitung von $1/x$ ist

$$f'(x) = \frac{-1}{x^2}$$

für jedes $x \neq 0$. Wir veranschaulichen dies in Abbildung 19.2.

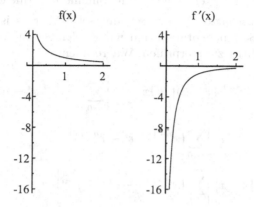

Abbildung 19.2: $f(x) = 1/x$ und $f'(x) = -1/x^2$.

BEISPIEL 19.5. Wir berechnen die Ableitung des Monoms $f(x) = x^n$, $n \geq 1$, unter Verwendung der Faktorisierung

$$x^n - \bar{x}^n = (x - \bar{x})\left(x^{n-1} + x^{n-2}\bar{x} + x^{n-3}\bar{x}^2 + \cdots + x\bar{x}^{n-2} + \bar{x}^{n-1}\right)$$

$$= (x - \bar{x}) \sum_{i=0}^{n-1} x^{n-1-i}\,\bar{x}^i.$$

Dies ist gleichbedeutend mit

$$\frac{x^n - \bar{x}^n}{x - \bar{x}} = \sum_{i=0}^{n-1} x^{n-1-i}\,\bar{x}^i. \tag{19.3}$$

Wir suchen nun $f'(\bar{x})$ und $\mathcal{K}_{\bar{x}}$, so dass

$$|x^n - (\bar{x}^n + f'(\bar{x})\,(x - \bar{x}))| \leq (x - \bar{x})^2 \mathcal{K}_{\bar{x}}$$

für x in der Nähe von $\bar{x}$ ist. Wir subtrahieren und erhalten

$$|x^n - \bar{x}^n - f'(\bar{x})\,(x - \bar{x})| = \left|(x - \bar{x}) \sum_{i=0}^{n-1} x^{n-1-i}\,\bar{x}^i - f'(\bar{x})\,(x - \bar{x})\right|$$

$$= |x - \bar{x}| \left|\sum_{i=0}^{n-1} x^{n-1-i}\,\bar{x}^i - f'(\bar{x})\right|.$$

Also gilt $\lim_{x \to \bar{x}} |x^n - (\bar{x}^n + f'(\bar{x})(x - \bar{x}))| = 0$. Wir möchten weiterhin, dass

$$\lim_{x \to \bar{x}} \left| \sum_{i=0}^{n-1} x^{n-1-i} \, \bar{x}^i - f'(\bar{x}) \right| = 0$$

gilt, was $f'(\bar{x}) = n\bar{x}^{n-1}$ erzwingt, da die Summe n Terme enthält.

Den Fehler abzuschätzen ist ein Schlamassel.[4] Aber es ist eine gute Übung für die Summennotation und wir werden Sie in Aufgabe 19.2 bitten, jeden Schritt zu überprüfen. Wir rechnen

$$\left| x^n - \bar{x}^n - n\bar{x}^{n-1}(x - \bar{x}) \right| = |x - \bar{x}| \left| \sum_{i=0}^{n-1} x^{n-1-i} \, \bar{x}^i - n\bar{x}^{n-1} \right|$$

$$= |x - \bar{x}| \left| \sum_{i=0}^{n-1} \left(x^{n-1-i} \, \bar{x}^i - \bar{x}^{n-1} \right) \right|$$

$$= |x - \bar{x}| \left| \sum_{i=0}^{n-1} \left(x^{n-1-i} - \bar{x}^{n-1-i} \right) \bar{x}^i \right|$$

$$= |x - \bar{x}| \left| \sum_{i=0}^{n-2} \left(x^{n-1-i} - \bar{x}^{n-1-i} \right) \bar{x}^i \right|$$

$$= |x - \bar{x}| \left| \sum_{i=0}^{n-2} \left(\left(\sum_{j=0}^{n-1-i-1} x^{n-1-i-j} \, \bar{x}^j \right) (x - \bar{x}) \right) \bar{x}^i \right|$$

$$= |x - \bar{x}|^2 \left| \sum_{i=0}^{n-2} \sum_{j=0}^{n-1-i-1} x^{n-1-i-j} \, \bar{x}^{j+i} \right|.$$

(19.4)

Wir wählen ein beliebiges endliches offenes Intervall $I_{\bar{x}}$, das $\bar{x}$ enthält, und können aus der Abschätzung

$$\left| \sum_{i=0}^{n-2} \sum_{j=0}^{n-1-i-1} x^{n-1-i-j} \, \bar{x}^{j+i} \right| \leq \left| \sum_{i=0}^{n-2} \sum_{j=0}^{n-1-i-1} |I_{\bar{x}}|^{n-1-i-j} \, |I_{\bar{x}}|^{j+i} \right| = \mathcal{K}_{\bar{x}}$$

schließen, dass

$$\left| x^n - \bar{x}^n - n\bar{x}^{n-1}(x - \bar{x}) \right| \leq |x - \bar{x}|^2 \mathcal{K}_{\bar{x}}$$

für x in $I_{\bar{x}}$. Deshalb ist x^n für alle x stark differenzierbar und

$$f'(x) = nx^{n-1}$$

für jedes x.

---

[4]Wir führen die Berechnung dennoch durch: Geteiltes Leid ist halbes Leid.

19.2   Gleichmäßige starke Differenzierbarkeit

Beachten Sie, dass in der Definition (19.1) der Ableitung einer Funktion f auf einem offenen Intervall I das Intervall $I_{\bar{x}}$ und die Konstante $K_{\bar{x}}$ im Allgemeinen von $\bar{x}$ abhängen.

BEISPIEL 19.6. Diese Beobachtung ist beim Ableiten von $1/x$ wichtig (vgl. Beispiel 19.4). Wir müssen die Länge von $I_{\bar{x}}$ beschränken, die von der Distanz zwischen $\bar{x}$ und 0 abhängt, und außerdem wird der Faktor, mit dem der Term $(x-\bar{x})^2$ bei der Fehlerabschätzung multipliziert wird,

$$(x - \bar{x})^2 \, \frac{1}{\bar{x}^2 \, x}$$

größer, wenn sich $\bar{x}$ und x der Null annähern.

In vielen Situationen ist es jedoch möglich, *dasselbe* Intervall $I_{\bar{x}}$ für alle $\bar{x}$ in I zu wählen, $I_{\bar{x}} = I$, und darüberhinaus dieselbe Konstante $K_{\bar{x}} = K$ für alle $\bar{x}$ im Intervall I. In einer solchen Situation sagen wir, dass f auf dem Intervall I gleichmäßig stark differenzierbar ist. Präziser, f ist auf einem offenen Intervall **gleichmäßig stark differenzierbar,** wenn es eine Konstante K gibt, so dass für jedes $\bar{x}$ in I

$$\left| f(x) - \big(f(\bar{x}) + f'(\bar{x})(x - \bar{x}) \big) \right| \le (x - \bar{x})^2 K$$

für x in I.

BEISPIEL 19.7. Die Funktion $ax + b$ ist auf einem beliebigen Intervall I gleichmäßig stark differenzierbar, da $K_{\bar{x}} = 0$ für jedes $\bar{x}$ und x.

BEISPIEL 19.8. Die Funktion x^2 ist auf einem beliebigen Intervall I einschließlich $(-\infty, \infty)$ gleichmäßig stark differenzierbar, da $K_{\bar{x}} = 1$ für jedes $\bar{x}$ und x. Damit ist klar, dass gleichmäßige starke Differenzierbarkeit auf einem Intervall nicht Lipschitz-Stetigkeit auf dem Intervall impliziert.

BEISPIEL 19.9. Das Monom x^n, $n \ge 3$, ist auf jedem beschränkten Intervall gleichmäßig stark differenzierbar. Das Monom x^n, $n \ge 3$, ist jedoch nicht auf $(0, \infty)$ oder jedem anderen unendlichen Intervall gleichmäßig stark differenzierbar.

BEISPIEL 19.10. Die Funktion x^{-1} ist auf jedem Intervall, welches von 0 entfernt beschränkt ist, gleichmäßig stark differenzierbar, allerdings nicht auf einem Intervall, das 0 als einen Endpunkt enthält.

19.3   Gleichmäßige starke Differenzierbarkeit und Glattheit

Gleichmäßige starke Differenzierbarkeit auf einem Intervall überträgt eine Menge Glattheitseigenschaften auf eine Funktion.

Zuerst zeigen wir, dass die Ableitung $f'(x)$ einer Funktion $f(x)$, die auf einem Intervall I der Länge $|I| > 0$ gleichmäßig stark differenzierbar ist, auf I Lipschitz-stetig ist. Wir wählen zwei Punkte x, y in I, dann gilt nach Voraussetzung

$$|f(y) - (f(x) + f'(x)(y - x))| \le |y - x|^2 \mathcal{K}$$
$$|f(x) - (f(y) + f'(y)(x - y))| \le |x - y|^2 \mathcal{K}$$

für eine Konstante $\mathcal{K}$. Wir schätzen ab:

$$\begin{aligned}
|(f'(y) - f'(x))(x - y)| &= |f'(x)(y - x) + f'(y)(x - y)| \\
&= |(f(y) + f(x)) - (f(x) + f(y)) + f'(x)(y - x) + f'(y)(x - y)| \\
&= |f(y) - (f(x) + f'(x)(y - x)) + f(x) - (f(y) + f'(y)(x - y))| \\
&\le |y - x|^2 (\mathcal{K} + \mathcal{K}).
\end{aligned}$$

Für alle $x \ne y$ schließen wir daraus

$$|f'(y) - f'(x)| \le 2\mathcal{K}|y - x|. \tag{19.5}$$

Da (19.5) auch wahr ist, wenn $x = y$ (da beide Seiten gleich Null sind), schließen wir, dass die Behauptung wahr ist.

Unter Verwendung dieses Ergebnisses können wir auch zeigen, dass die Funktion f auf einem beschränkten Intervall I Lipschitz-stetig ist, wenn sie auf I gleichmäßig stark differenzierbar ist. Dies resultiert aus der Tatsache, dass f' auf I Lipschitz-stetig und daher durch eine Konstante beschränkt ist, d.h. $|f'(x)| \le M$ für x in I. Wenn jetzt x und y in I sind, dann folgt aus der Definition der gleichmäßigen starken Differenzierbarkeit, dass es eine Konstante $\mathcal{K}$ gibt, so dass

$$|f(y) - (f(x) + f'(x)(y - x))| \le |y - x|^2 \mathcal{K}.$$

Dies bedeutet

$$\begin{aligned}
|f(y) - f(x)| &\le |f'(x)||y - x| + \mathcal{K}|y - x|^2 \\
&\le (M + \mathcal{K}|I|)|y - x| \\
&= L|y - x|
\end{aligned}$$

für alle x, y in I mit der Lipschitz-Konstanten $L = M + \mathcal{K}|I|$.

Wir können dieses Ergebnis verbessern, indem wir zeigen, dass wenn f gleichmäßig stark differenzierbar und $|f'|$ durch M beschränkt ist, die

Funktion f tatsächlich mit der Konstanten M Lipschitz-stetig ist. Wir haben oben nicht genau dieses Ergebnis erhalten, da wir dort eine größere Lipschitz-Konstante $L = M + \mathcal{K}|I|$ erhalten haben.

Gegeben sei $|I| > \delta > 0$. Wenn x und y auf ein Teilintervall I_δ von I der Länge δ beschränkt sind, dann impliziert die obige Diskussion

$$|f(x) - f(y)| \leq (L + K\delta)|x - y|.$$

Indem wir δ klein wählen, können wir $L + K\delta$ der Konstanten L beliebig nahe bringen. Das einzige Problem ist, dass x und y möglicherweise nicht in einem Intervall I_δ mit einem kleinen δ liegen.

Nehmen wir an, dass x und y in I gegeben sind. Wir wählen Punkte $\{x_0, x_1, \cdots, x_N\}$, so dass $x = x_0 < x_1 < \cdots < x_N = y$ und $x_i - x_{i-1} \leq \delta$. Mit der Dreiecksungleichung folgt

$$|f(x) - f(y)| = |\sum_{i=1}^{N}(f(x_i) - f(x_{i-1})| \leq \sum_{i=1}^{N}|f(x_i) - f(x_{i-1})|$$

$$\leq (L + K\delta) \sum_{i=1}^{N}|x_i - x_{i-1}|$$

$$= (L + K\delta)|x - y|.$$

Da diese Ungleichung für jedes $\delta > 0$ gilt, schließen wir

$$|f(x) - f(y)| \leq L|x - y|, \quad \text{für } x, y \text{ in } I.$$

Wir fassen dies in einem nützlichen Satz zusammen:

Satz 19.1 *Wenn f auf einem Intervall I gleichmäßig stark differenzierbar ist, dann sind f und f' auf I Lipschitz-stetig. Gilt zusätzlich $|f'(x)| \leq M$ für alle x in I, dann ist f mit der Konstanten M Lipschitz-stetig.*[5]

19.4 Geschlossene Intervalle und einseitige Linearisierung

Wir sagen, dass eine Funktion auf einem offenen Intervall stark differenzierbar ist, wenn sie in jedem Punkt im Intervall stark differenzierbar ist. Um diese Definition auf ein abgeschlossenes Intervall zu erweitern, benötigen wir eine neue Idee.[6] Wir können die Problematik anhand von drei Beispielen verstehen. Die Funktion x^2 ist auf dem Intervall $(0,1)$ differenzierbar.

---

[5]Dieses Ergebnis gilt im Allgemeinen *nicht* für Funktionen, die auf einem Intervall lediglich stark differenzierbar sind. Dies wird in Kapitel 32 weitergehend diskutiert.

[6]Dieser Abschnitt ist eher technisch und kann beim ersten Lesen übersprungen werden, falls unsere Behauptung, dass Differenzierbarkeit auf abgeschlossene Intervalle erweitert werden kann, einleuchtend klingt.

Außerdem können wir auch die Ableitung bei $x = 0$ definieren, indem wir beachten, dass sie auch auf dem Intervall $(-1, 1)$ mit 0 in der Mitte differenzierbar ist. Bei der Treppenfunktion (6.8) liegen die Dinge anders. Diese ist sicherlich auf jedem der Intervalle $(-\infty, 0)$, $(0, 1)$ und $(1, \infty)$ mit den entsprechenden konstanten Funktionen 0, 1 und 0 als Linearisierungen differenzierbar, allerdings haben wir aufgrund der Unstetigkeit Schwierigkeiten, eine aussagekräftige Linearisierung in $x = 0$ oder $x = 1$ zu definieren. Schließlich ist x^{-1} auf den Intervallen $(-\infty, 0)$ und $(0, \infty)$ differenzierbar, doch können wir keine Linearisierung in $x = 0$ definieren, da dort noch nicht einmal die Funktion definiert ist.

Wir bewältigen diese Schwierigkeiten mit Hilfe der Idee der einseitigen Linearisierung, die eng verwandt ist mit der Idee des einseitigen Grenzwerts. Ein einseitiger Grenzwert ist wie ein gewöhnlicher Grenzwert, allerdings beschränken wir die Betrachtung auf eine Seite des relevaten Punktes. Der rechtsseitige Grenzwert von f in x, $f(x^+)$, ist definiert als

$$f(x^+) = \lim_{z \downarrow x} f(z) = \lim_{z \to x,\, z > x} f(z).$$

Ebenso ist der linksseitige Grenzwert von f in x, $f(x^-)$, definiert als

$$f(x^-) = \lim_{z \uparrow x} f(z) = \lim_{z \to x,\, z < x} f(z).$$

BEISPIEL 19.11. Betrachten wir die Treppenfunktion $I(x)$, die durch (6.8) definiert ist, sowie $J(x) = xI(x)$ (vgl. Abbildung 19.3). Man

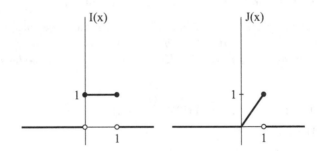

Abbildung 19.3: $I(x)$ und $J(x) = xI(x)$.

sieht, dass $I(0^-) = \lim_{z \uparrow 0} I(z) = \lim_{z \uparrow 0} 0 = 0$, während $I(0^+) = \lim_{z \downarrow 0} I(z) = \lim_{z \downarrow 0} 1 = 1$. Beachten Sie, dass wir $I(0) = 1$ definieren, was in diesem Fall gleich $I(0^+)$, aber nicht gleich $I(0^-)$ ist. Ebenso gilt $J(0^-) = \lim_{z \uparrow 0} J(z) = \lim_{z \uparrow 0} 0 = 0$, während $J(0^+) = \lim_{z \downarrow 0} J(z) = \lim_{z \downarrow 0} z = 0$.

Eine einseitige Linearisierung einer Funktion $f(x)$ in einem Punkt $\bar{x}$ ist eine Linearisierung, die eine gute Approximation von f für x auf einer

Seite von $\bar{x}$ ist, d.h. entweder für $x > \bar{x}$ oder $x < \bar{x}$. Um diese Bedingung genau zu definieren, müssen wir die Möglichkeit berücksichtigen, dass $f(x)$ in $\bar{x}$ unstetig sein kann. Betrachten wir zum Beispiel die Treppenfunktion $I(x)$ in 0. Eine lineare Approximation links von 0 sollte den Wert 0 in 0 haben, während eine lineare Approximation rechts den Wert 1 in 0 haben sollte. Eine unstetige Funktion kann aber nur einen Wert in jedem Punkt haben und in diesem Fall gilt $I(0) = 1$. Daher können wir eine lineare Approximation rechts von 0 definieren, aber nicht links.

Wir sagen, dass $f(x)$ in $\bar{x}$ **stark rechtsseitig differenzierbar** ist, wenn es ein Intervall $[\bar{x}, b)$, eine Zahl $f'(\bar{x}^+)$ und eine Konstante $\mathcal{K}_{\bar{x}}$ gibt, so dass

$$\left| f(x) - \big(f(\bar{x}) + f'(\bar{x}^+)(x - \bar{x})\big) \right| \leq (x - \bar{x})^2 \mathcal{K}_{\bar{x}} \quad \text{für alle } \bar{x} \leq x < b.$$
(19.6)

Beachten Sie, dass $f(\bar{x})$ gleich $\lim_{x \downarrow \bar{x}} f(x)$ sein muss. Wir nennen $f(\bar{x}) + f'(\bar{x}^+)(x - \bar{x})$ die **rechtsseitige Linearisierung** von f in $\bar{x}$ und $f'(\bar{x}^+)$ die **rechtsseitige Ableitung** oder die **Ableitung von rechts** von f in $\bar{x}$. Die Funktion $f(x)$ ist in $\bar{x}$ **stark linksseitig differenzierbar** , wenn es ein Intervall $(a, \bar{x}]$, eine Zahl $f'(\bar{x}^-)$ und eine Konstante $\mathcal{K}_{\bar{x}}$ gibt, so dass

$$\left| f(x) - \big(f(\bar{x}) + f'(\bar{x}^-)(x - \bar{x})\big) \right| \leq (x - \bar{x})^2 \mathcal{K}_{\bar{x}}(x) \quad \text{für alle } a < x \leq \bar{x}.$$
(19.7)

Beachten Sie wiederum, dass $f(\bar{x})$ gleich $\lim_{x \uparrow \bar{x}} f(x)$ sein muss. Wir nennen $f(\bar{x}) + f'(\bar{x}^-)(x - \bar{x})$ die **linksseitige Linearisierung** von f in $\bar{x}$ und $f'(\bar{x}^-)$ die **linksseitige Ableitung** oder die **Ableitung von links** von f in $\bar{x}$.

Wenn $f(x)$ in $\bar{x}$ stark rechtsseitig differenzierbar ist, gibt es nach Satz 16.1 ein Intervall I und eine Konstante L, so dass $|f(x) - f(\bar{x})| \leq L|x - \bar{x}|$ für alle $x \geq \bar{x}$ in I. Ebenso gibt es, wenn $f(x)$ in $\bar{x}$ stark linksseitig differenzierbar ist, ein Intervall I und eine Konstante L, so dass $|f(x) - f(\bar{x})| \leq L|x - \bar{x}|$ für alle $x \leq \bar{x}$ in I.

BEISPIEL 19.12. Die Treppenfunktion (6.8) hat eine rechtsseitige Linearisierung in 0, nämlich 1, aber keine linksseitige Linearisierung.

BEISPIEL 19.13. Die rechtsseitige Linearisierung von x^2 in $x = 0$ ist $0 + 0(x - 0) = 0$ und die linksseitige Linearisierung von x^2 in $x = 0$ ist $0 + 0(x - 0) = 0$. Die rechtsseitige und die linksseitige Ableitung sind beide 0. In diesem Fall sind die rechts- und linksseitigen Linearisierungen in 0 gleich, wenn die Funktionen in ersichtlicher Weise über 0 hinaus erweitert werden.

BEISPIEL 19.14. Die Funktion $|x|$ ist in jedem Punkt $x \neq 0$ stark differenzierbar. Dies ist leicht zu erkennen, da $|x| = x$, wenn $x > 0$ und $|x| = -x$, wenn $x < 0$, außerdem können wir x und $-x$ ableiten. Natürlich gibt es ein Problem für $x = 0$, wegen der „Ecke" im Graphen von $|x|$. Die rechtsseitige Linearisierung von $|x|$ in 0 ist jedoch $0 + 1(x - 0) = x$ und die linksseitige Linearisierung ist $0 - 1(x - 0) = -x$.

Dieses Beispiel zeigt, dass Lipschitz-Stetigkeit nicht impliziert, dass eine Funktion stark differenzierbar ist.

BEISPIEL 19.15. Die Funktion $1/x$ hat in 0 weder eine links- noch eine rechtsseitige Linearisierung.

Beachten Sie, dass aus diesen Definitionen folgt, dass eine Funktion in einem Punkt $\bar{x}$ genau dann stark differenzierbar ist, wenn sie in $\bar{x}$ stark rechtsseitig und stark linksseitig differenzierbar ist und darüberhinaus die rechtsseitigen und linksseitigen Linearisierungen von f in $\bar{x}$ gleich sind, wenn diese Funktionen über $\bar{x}$ hinaus erweitert werden. Diese Erweiterungen der rechtsseitigen und der linksseitigen Linearisierungen sind gleich, wenn die rechts- und linksseitigen Ableitungen gleich sind. Wir fassen zusammen:

Satz 19.2 *Eine Funktion ist in einem Punkt $\bar{x}$ genau dann stark differenzierbar, wenn sie in $\bar{x}$ stark rechts- und linksseitig differenzierbar ist und die rechtsseitigen und linksseitigen Ableitungen gleich sind.*

Jetzt können wir Differenzierbarkeit auf abgeschlossenen Intervallen definieren. Eine Funktion f ist auf einem Intervall $[a, b)$ stark differenzierbar, wenn sie auf (a, b) stark differenzierbar ist und sie in a stark rechtsseitig differenzierbar ist. Eine Funktion f ist auf einem Intervall $(a, b]$ stark differenzierbar, wenn sie auf (a, b) stark differenzierbar ist und sie in b stark linksseitig differenzierbar ist. Eine Funktion f ist auf einem Intervall $[a, b]$ der Länge $b - a > 0$ stark differenzierbar, wenn sie auf (a, b) stark differenzierbar, in a stark rechtsseitig differenzierbar und in b stark linksseitig differenzierbar ist.

BEISPIEL 19.16. Die Funktion x^2 ist auf jedem offenen oder abgeschlossenen Intervall stark differenzierbar.

BEISPIEL 19.17. Die Funktion $|x|$ ist auf $[0, \infty)$ und $(-\infty, 0]$ stark differenzierbar. Sie ist aber nicht auf einem offenen Intervall, das 0 enthält, stark differenzierbar.

BEISPIEL 19.18. Die Treppenfunktion (6.8) ist auf den Intervallen $(-\infty, 0)$, $[0, 1]$ und $(1, \infty)$ stark differenzierbar.

19.5 Differenzierbarkeit auf Intervallen

Wir können alle Erweiterungen der starken Differenzierbarkeit auf die Differenzierbarkeit übertragen. Wir sagen, dass eine Funktion auf einem offenen Intervall I **differenzierbar** ist, wenn sie in jedem Punkt in I differenzierbar ist. In diesem Fall definieren wir die **Ableitung** $f'(x)$ von $f(x)$ als die Funktion, die die Ableitung von $f(x)$ in jedem Punkt x in I angibt.

Wir definieren rechtsseitige und linksseitige Differenzierbarkeit einer Funktion f in einem Punkt $\bar{x}$, indem wir erneut einseitige Grenzwerte verwenden. Wir sagen, dass f in $\bar{x}$ rechtsseitig differenzierbar ist, wenn sie auf einem kleinen Intervall $[\bar{x}, b)$ definiert ist und wenn

$$f'(\bar{x}^+) = \lim_{\Delta x \downarrow 0} \frac{f(\bar{x} + \Delta x) - f(\bar{x})}{\Delta x}$$

definiert ist. Mit $\Delta x \downarrow 0$ meinen wir, dass der Grenzwert für $\Delta x \to 0$ mit $\Delta x > 0$ gebildet werden soll. Ebenso sagen wir, dass f in $\bar{x}$ linksseitig differenzierbar ist, wenn sie auf einem kleinen Intervall $(a, \bar{x}]$ definiert ist und wenn

$$f'(\bar{x}^-) = \lim_{\Delta x \uparrow 0} \frac{f(\bar{x} + \Delta x) - f(\bar{x})}{\Delta x}$$

definiert ist, wobei $\Delta x \uparrow 0$ bedeutet, den Grenzwert für $\Delta x \to 0$ mit $\Delta x < 0$ zu bilden. Wir nennen die sich ergebenden Grenzwerte die rechtsseitigen und linksseitigen Ableitungen von f in $\bar{x}$. Der folgende Satz ist leicht zu beweisen.

Satz 19.3 *Eine Funktion f ist genau dann in Punkt x differenzierbar, wenn sie in x rechtsseitig und linksseitig differenzierbar ist und die rechtsseitigen und linksseitigen Ableitungen gleich sind.*

Mit diesen Definitionen können wir Differenzierbarkeit auf unterschiedlichen Intervallen definieren. Zum Beispiel ist f auf $[a, b]$ differenzierbar, wenn sie auf (a, b) differenzierbar, in a rechtsseitig differenzierbar und in b linksseitig differenzierbar ist.

BEISPIEL 19.19. Betrachten wir die Funktion $J(x) = xI(x)$, die in Abbildung 19.3 graphisch dargestellt ist. $J(x)$ ist sicherlich auf $(\infty, 0)$, $(0, 1)$ und $(1, \infty)$ differenzierbar, da es auf diesen Intervallen jeweils gleich 0, x und 0 ist. Da J in $x = 1$ nicht stetig ist, ist sie dort sicherlich nicht differenzierbar. Sie hat jedoch eine linksseitige Ableitung in 1, da

$$\lim_{\Delta x \uparrow 0} \frac{J(1 + \Delta x) - J(1)}{\Delta x} = \lim_{\Delta x \uparrow 0} \frac{1 + \Delta x - 1}{\Delta x} = 1.$$

Kapitel 19 Aufgaben

19.1. Verifizieren Sie die Einzelheiten in Beispiel 19.1 und Beispiel 19.2.

19.2. Verifizieren Sie die Einzelheiten in (19.4).

19.3. Berechnen Sie die Linearisierungen der folgenden Funktionen in einem Punkt $\bar{x}$ in den angegebenen Mengen:

(a) $f(x) = 7x$ auf $\mathbb{R}$ (b) $f(x) = 1/x^2$ auf $(0, \infty)$

(c) $f(x) = 2x^3$ auf $\mathbb{R}$ (d) $f(x) = 2x^2 - 5x$ auf $\mathbb{R}$

(e) $f(x) = 1/(1 + x)$ auf $(-1, \infty)$ (f) $f(x) = (x + 2)^2$ auf $\mathbb{R}$.

Die Aufgaben 19.4–19.6 befassen sich mit gleichmäßiger starker Differenzierbarkeit.

19.4. Verifizieren Sie den Beweis aus Beispiel 19.9.

19.5. Verifizieren Sie die Behauptung in Beispiel 19.10.

19.6. Beweisen Sie, dass wenn f und g auf einem Intervall I gleichmäßig stark differenzierbar sind, es dann auch $f + g$, fg und $f(g(x))$ sind.

Die Aufgaben 19.7–19.10 beschäftigen sich mit einseitiger Differenzierbarkeit.

19.7. Verifizieren Sie die Behauptung in Beispiel 19.12.

19.8. Verifizieren Sie die Behauptung in Beispiel 19.13.

19.9. Verifizieren Sie die Behauptung in Beispiel 19.14.

19.10. Diskutieren Sie die Eigenschaften starker Differenzierbarkeit für die Funktion $J(x) = xI(x)$, die in Abbildung 19.3 graphisch dargestellt ist. Finden Sie dazu Intervalle, auf denen die Funktion stark differenzierbar ist. Falls Sie in einem Punkt nicht stark differenzierbar ist, geben Sie an, ob Sie rechtsseitig oder linksseitig oder von beiden Seiten stark differenzierbar ist. Wiederholen Sie diese Untersuchung für $K(x) = x^2 I(x)$.

Die Aufgaben 19.11–19.13 beschäftigen sich mit der Differenzierbarkeit auf Intervallen.

19.11. Definieren Sie

$$f(x) = \begin{cases} x^2, & x \leq 1, \\ 2 - x^2, & x > 1. \end{cases}$$

(a) Ist $f(x)$ in $x < 1$, $x > 1$, $x = 1$ differenzierbar? (b) Wie lautet die Ableitung von $f(x)$ in $x < 1$? In $x > 1$? (b) Berechnen Sie in $x = 1$ die rechts- und linksseitigen Ableitungen.

19.12. Zeichnen Sie eine Funktion, die auf $[0,4]$ stückweise differenzierbar ist, die aber in den Punkten 1, 2 und 3 nicht differenzierbar ist.

19.13. Diskutieren Sie mit Hilfe einer graphischen Darstellung die Differenzierbarkeit der Funktion $f(x) = 1/(1-x)$.

20
Nützliche Eigenschaften der Ableitung

Wie wir gesehen haben, ist die Berechnung der Ableitung und der Linearisierung einer Funktion anhand der Definitionen langwierig. Glücklicherweise besitzt die Ableitung einige Eigenschaften, die helfen können, die Berechnungen zu vereinfachen und diese wollen wir in diesem Kapitel untersuchen. Bedauerlicherweise führt die Prüfung dieser Eigenschaften auf einige der hässlichsten Abschätzungen des Buches. Alles Lohnende hat eben seinen Preis. Trotzdem ist es nützlich, die Argumentation durchzugehen und zu versuchen, jeden Schritt zu verstehen. In der Analysis wird immer wieder dieselbe Idee benutzt: *Schreiben Sie eine gegebene Größe in Form von Differenzen von Größen um, die abgeschätzt werden können.*[1]

20.1   Linearkombinationen von Funktionen

Zuerst betrachten wir die Ableitung einer Funktion, die Linearkombination von zwei Funktionen mit bekannten Ableitungen ist. Nehmen wir an, dass $h = f + g$, wobei f und g in $\bar{x}$ differenzierbar sind. Dies bedeutet, dass f und g auf einem Intervall $I_{\bar{x}}$ definiert sind (genau genommen gibt es unterschiedliche Intervalle für f und g, wir wählen aber $I_{\bar{x}}$ als die Schnittmenge dieser zwei Intervalle). Damit ist auch h auf $I_{\bar{x}}$ definiert und daher

---

[1] Es ist u.U. nützlich, zu Kapitel 8 zurückzukehren und die Methoden nochmals durchzusehen, die verwendet wurden, um Eigenschaften für Lipschitz-stetige Funktionen herzuleiten.

differenzierbar, wenn

$$h'(\bar{x}) = \lim_{x \to \bar{x}} \frac{h(x) - h(\bar{x})}{x - \bar{x}}$$

existiert. Allerdings gilt nach Voraussetzung

$$\lim_{x \to \bar{x}} \frac{h(x) - h(\bar{x})}{x - \bar{x}} = \lim_{x \to \bar{x}} \frac{f(x) + g(x) - (f(\bar{x}) + g(\bar{x}))}{x - \bar{x}}$$
$$= \lim_{x \to \bar{x}} \frac{f(x) - f(\bar{x})}{x - \bar{x}} + \lim_{x \to \bar{x}} \frac{g(x) - g(\bar{x})}{x - \bar{x}}$$
$$= f'(\bar{x}) + g'(\bar{x}).$$

Folglich gilt

$$h'(\bar{x}) = f'(\bar{x}) + g'(\bar{x}). \tag{20.1}$$

Um zu zeigen, dass h in $\bar{x}$ stark differenzierbar ist, schätzen wir ab:

$$|h(x) - (h(\bar{x}) + h'(\bar{x})(x - \bar{x}))|$$
$$= |f(x) + g(x) - (f(\bar{x}) + g(\bar{x}) + (f'(\bar{x}) + g'(\bar{x}))(x - \bar{x})|$$
$$\leq |f(x) - (f(\bar{x}) + f'(\bar{x})(x - \bar{x}))| + |g(x) - (g(\bar{x}) + g'(\bar{x})(x - \bar{x}))|$$
$$\leq (\mathcal{K}_f + \mathcal{K}_g)|x - \bar{x}|^2,$$

für zwei Konstanten $\mathcal{K}_f$ und $\mathcal{K}_g$.

In Aufgabe 20.1 werden wir Sie bitten, den Fall cf für eine Konstante c auf dieselbe Weise zu behandeln. Wir fassen zusammen:

Satz 20.1 Linearität der Ableitung *Nehmen wir an, dass f und g in $\bar{x}$ differenzierbar sind und c eine Konstante ist. Dann sind $f + g$ und cf in $\bar{x}$ differenzierbar und es gilt*

$$D(f(\bar{x}) + g(\bar{x})) = Df(\bar{x}) + Dg(\bar{x}), \tag{20.2}$$

sowie

$$D(cf(\bar{x})) = cDf(\bar{x}). \tag{20.3}$$

Wenn f und g in $\bar{x}$ stark differenzierbar sind, dann ist es auch $f + g$ und cf.

BEISPIEL 20.1. Für alle $x \neq 0$ gilt

$$\frac{d}{dx}\left(2x^3 + 4x^5 + \frac{7}{x}\right) = 6x^2 + 20x^4 - \frac{7}{x^2}.$$

BEISPIEL 20.2. Unter Verwendung dieses Satzes und der Ableitung des Monoms, $Dx^i = ix^{i-1}$, können wir die Ableitung von

$$f(x) = a_0 + a_1 x + a_2 x^2 + \cdots + a_n x^n = \sum_{i=0}^{n} a_i x^i$$

für alle x bestimmen, sie lautet

$$f'(x) = a_1 + 2a_2 x^2 + \cdots + n a_n x^{n-1} = \sum_{i=1}^{n} i a_i x^{i-1}.$$

20.2   Produkte von Funktionen

Als nächstes betrachten wir das Produkt von zwei differenzierbaren Funktionen $h = fg$. Wenn f und g auf einem Intervall $I_{\bar{x}}$ definiert sind, dann auch h. Um die Formel für die Ableitung von h herzuleiten, schätzen wir zunächst ab:

$$|f(x)g(x) - (f(\bar{x})g(\bar{x}) + h'(\bar{\omega})(x - \bar{x}))|$$
$$= |f(x)g(x) - f(\bar{x})g(\bar{x}) - h'(\bar{x})(x - \bar{x})|.$$

Wir fügen die linearen Approximationen von f und g ein, multiplizieren aus und erhalten

$$|f(x)g(x) - (f(\bar{x})g(\bar{x}) + h'(\bar{x})(x - \bar{x}))|$$
$$\approx |(f(\bar{x}) + f'(\bar{x})(x - \bar{x}))(g(\bar{x}) + g'(\bar{x})(x - \bar{x}))$$
$$- f(\bar{x})g(\bar{x}) - h'(\bar{x})(x - \bar{x})|$$
$$= |g(\bar{x})f'(\bar{x})(x - \bar{x}) + f(\bar{x})g'(\bar{x})(x - \bar{x})$$
$$+ f'(\bar{x})g'(\bar{x})(x - \bar{x})^2 - h'(\bar{x})(x - \bar{x})|.$$

Schließlich vernachlässigen wir den Term, der quadratisch in $(x - \bar{x})$ ist, da er kleiner als die anderen Terme ist, wenn x in der Nähe von $\bar{x}$ liegt. Wir erhalten

$$|f(x)g(x) - (f(\bar{x})g(\bar{x}) + h'(\bar{x})(x - \bar{x}))|$$
$$\approx |g(\bar{x})f'(\bar{x})(x - \bar{x}) + f(\bar{x})g'(\bar{x})(x - \bar{x}) - h'(\bar{x})(x - \bar{x})|.$$

Mit Hilfe von (16.7) schließen wir, dass $h'(\bar{x}) = f(\bar{x})g'(\bar{x}) + f'(\bar{x})g(\bar{x})$.

Bewaffnet mit der Formel für h' weisen wir jetzt nach, dass

$$h'(\bar{x}) = \lim_{x \to \bar{x}} \frac{f(x)g(x) - f(\bar{x})g(\bar{x})}{x - \bar{x}}$$

definiert ist. Mit Hilfe der Formel für die Ableitung berechnen wir

$$\lim_{x \to \bar{x}} \frac{f(x)g(x) - f(\bar{x})g(\bar{x})}{x - \bar{x}}$$
$$= \lim_{x \to \bar{x}} \frac{f(x)g(x) - f(\bar{x})g(x) + f(\bar{x})g(x) - f(\bar{x})g(\bar{x})}{x - \bar{x}}.$$

Wir addieren und subtrahieren $f(\bar{x})g(x)$ im Zähler, da dann die Eigenschaften von Grenzwerten implizieren, dass, wie erwartet,

$$
\begin{aligned}
\lim_{x \to \bar{x}} &\frac{f(x)g(x) - f(\bar{x})g(\bar{x})}{x - \bar{x}} \\
&= \lim_{x \to \bar{x}} g(x)\frac{f(x) - f(\bar{x})}{x - \bar{x}} + \lim_{x \to \bar{x}} f(\bar{x})\frac{g(x) - g(\bar{x})}{x - \bar{x}} \\
&= f'(\bar{x})g(\bar{x}) + f(\bar{x})g'(\bar{x}).
\end{aligned}
$$

Um zu zeigen, dass $h = fg$ stark differenzierbar ist, schätzen wir den Fehler der Linearisierung

$$
\begin{aligned}
&|f(x)g(x) - (f(\bar{x})g(\bar{x}) + (f'(\bar{x})g(\bar{x}) + f(\bar{x})g'(\bar{x}))(x - \bar{x})| \\
&= |f(x)g(x) - f(\bar{x})g(\bar{x}) - f'(\bar{x})g(\bar{x})(x - \bar{x}) - f(\bar{x})g'(\bar{x})(x - \bar{x})|
\end{aligned}
$$

unter Verwendung der Fehlerabschätzungen für die Linearisierungen von f und g ab. Wir addieren und subtrahieren die Terme und erhalten die Fehler

$$
\begin{aligned}
&|f(x)g(x) - (f(\bar{x})g(\bar{x}) + (f'(\bar{x})g(\bar{x}) + f(\bar{x})g'(\bar{x}))(x - \bar{x})| \\
&= |f(x)g(\bar{x}) - f(\bar{x})g(\bar{x}) - f'(\bar{x})g(\bar{x})(x - \bar{x}) \\
&\quad + f(x)g(x) - f(x)g(\bar{x}) - f(x)g'(\bar{x})(x - \bar{x}) \\
&\quad + f(x)g'(\bar{x})(x - \bar{x}) - f(\bar{x})g'(\bar{x})(x - \bar{x})|.
\end{aligned}
$$

Jetzt beginnen wir abzuschätzen:

$$
\begin{aligned}
&|f(x)g(x) - (f(\bar{x})g(\bar{x}) + (f'(\bar{x})g(\bar{x}) + f(\bar{x})g'(\bar{x}))(x - \bar{x})| \\
&\leq |f(x) - f(\bar{x}) - f'(\bar{x})(x - \bar{x})|\,|g(\bar{x})| \\
&\quad + |f(x)|\,|g(x) - g(\bar{x}) - g'(\bar{x})(x - \bar{x})| \\
&\quad + |f(x) - f(\bar{x})|\,|g'(\bar{x})(x - \bar{x})| \\
&\leq (x - \bar{x})^2|g(\bar{x})|\mathcal{K}_f + (x - \bar{x})^2 M_f\mathcal{K}_g + (x - \bar{x})^2|g'(\bar{x})|L_f \\
&= (x - \bar{x})^2(|g(\bar{x})|\mathcal{K}_f + M_f\mathcal{K}_g + |g'(\bar{x})|L_f),
\end{aligned}
$$

wobei L_f die Lipschitz-Konstante von f, M_f eine Schranke für $|f|$ für x in $I_{\bar{x}}$ ist und $\mathcal{K}_f$ und $\mathcal{K}_g$ Konstanten sind, die durch die Annahme bestimmt sind, dass f und g in $\bar{x}$ stark differenzierbar sind. Dies beweist, dass fg stark differenzierbar ist.

Wir fassen zusammmen:

Satz 20.2 Die Produktregel *Wenn f und g in $\bar{x}$ differenzierbar sind, dann ist fg in $\bar{x}$ differenzierbar und es gilt*

$$
D(f(\bar{x})g(\bar{x})) = f(\bar{x})Dg(\bar{x}) + Df(\bar{x})g(\bar{x}). \tag{20.4}
$$

Wenn f und g in $\bar{x}$ stark differenzierbar sind, dann auch fg.

BEISPIEL 20.3.

$$D\left((10 + 3x^2 - x^6)(x - 7x^4)\right)$$
$$= (10 + 3x^2 - x^6)(1 - 28x^3) + (6x - 6x^5)(x - 7x^4).$$

Wir schreiben die Produktregel oft in der Form

$$(fg)' = fg' + f'g.$$

20.3   Die Komposition von Funktionen

Als nächstes betrachten wir die Komposition $z = h = f \circ g(x)$ von zwei differenzierbaren Funktionen $y = g(x)$ und $z = f(y)$. Wir nehmen an, dass g in einem Punkt $\bar{x}$ mit dem zugehörigen Intervall $I_{\bar{x}}$, und f in $\bar{y} = g(\bar{x})$ mit dem zugehörigen Intervall $I_{\bar{y}}$ differenzierbar ist. Falls notwendig verkleinern wir das Intervall $I_{\bar{x}}$ um sicherzustellen, dass $g(x)$ in $I_{\bar{y}}$ liegt für alle x in $I_{\bar{x}}$. Wir können dies tun, da Satz 16.1 impliziert, dass g auf $I_{\bar{x}}$ stetig ist (vgl. Aufgabe 20.2).

Um die Formel für die Ableitung von h herzuleiten, schätzen wir zunächst mittels Approximation ab:

$$f(y) \approx f(\bar{y}) + f'(\bar{y})(y - \bar{y}).$$

Wir ersetzen $y = g(x)$ und $\bar{y} = g(\bar{x})$ und unter Verwendung der Approximation

$$y - \bar{y} = g(x) - g(\bar{x}) \approx g'(\bar{x})(x - \bar{x})$$

erhalten wir

$$f(g(x)) \approx f(g(\bar{x})) + f'(g(\bar{x}))g'(\bar{x})(x - \bar{x}).$$

Wir schließen daraus $h'(\bar{x}) = f'(g(\bar{x}))g'(\bar{x})$.

Wir verwenden diese Formel, um zu beweisen, dass

$$h'(\bar{x}) = \lim_{x \to \bar{x}} \frac{f(g(x)) - f(g(\bar{x}))}{x - \bar{x}}$$

definiert ist. Dies deutet darauf hin, dass wir

$$\lim_{x \to \bar{x}} \frac{f(g(x)) - f(g(\bar{x}))}{x - \bar{x}} = \lim_{x \to \bar{x}} \frac{f(g(x)) - f(g(\bar{x}))}{g(x) - g(\bar{x})} \frac{g(x) - g(\bar{x})}{x - \bar{x}}$$

so umschreiben, dass Satz 16.1 offensichtlich folgendes impliziert:

$$h'(\bar{x}) = \lim_{g(x) \to g(\bar{x})} \frac{f(g(x)) - f(g(\bar{x}))}{g(x) - g(\bar{x})} \lim_{x \to \bar{x}} \frac{g(x) - g(\bar{x})}{x - \bar{x}} = f'(g(\bar{x}))g'(\bar{x}).$$

Die einzige Schwierigkeit bei dieser Argumentation ist, dass $g(x) - g(\bar{x})$ in einem Punkt Null sein könnte; in diesem Fall können wir so nicht rechnen. Um dieses Problem zu umgehen, müssen wir ein kleines Spielchen spielen.

Wir erinnern uns an die Notation $\Delta y = y - \bar{y}$ und definieren

$$\epsilon_f(\Delta y) = \begin{cases} \frac{f(y)-f(\bar{y})}{\Delta y} - f'(\bar{y}), & \Delta y \neq 0, \\ 0, & \Delta y = 0. \end{cases}$$

Beachten Sie, dass

$$\lim_{\Delta y \to 0} \epsilon_f(\Delta y) = \epsilon_f(0) = 0$$

aufgrund der Annahme, dass f in $\bar{y}$ differenzierbar ist. Wir erhalten also

$$f(y) - f(\bar{y}) = (f'(y) + \epsilon_f(\Delta y))\Delta y$$

für *alle* $\Delta y \geq 0$. Auf dieselbe Weise definieren wir

$$\epsilon_g(\Delta x) = \begin{cases} \frac{g(x)-g(\bar{x})}{\Delta x} - g'(\bar{x}), & \Delta x \neq 0, \\ 0, & \Delta x = 0, \end{cases}$$

also ist

$$g(x) - g(\bar{x}) = (g'(x) + \epsilon_g(\Delta x))\Delta x$$

für alle $\Delta x \geq 0$. Mit $y = g(x)$ berechnen wir jetzt

$$\frac{f(g(x)) - f(g(\bar{x}))}{\Delta x} = (f'(g(x)) + \epsilon_f(g(x) - g(\bar{x})))\frac{g(x) - g(\bar{x})}{\Delta x}$$
$$= (f'(g(x)) + \epsilon_f(g(x) - g(\bar{x})))(g'(x) + \epsilon_g(\Delta x)).$$

Wir schließen:

$$\lim_{\Delta x \to 0} \frac{f(g(x)) - f(g(\bar{x}))}{\Delta x} = f'(g(\bar{x}))g'(\bar{x}).$$

Um die starke Differenzierbarkeit nachzuweisen, schätzen wir den Fehler der Linearisierung von $f \circ g$ in $\bar{x}$ ab, indem wir zuerst einen Term so addieren und subtrahieren, dass er einen Ausdruck ergibt, der den Fehler der Linearisierung von $f(g(x))$ um $g(\bar{x})$ herum angibt:

$$|f(g(x))-(f(g(\bar{x})) + f'(g(\bar{x}))g'(\bar{x})(x - \bar{x})|$$
$$= |f(g(x)) - f(g(\bar{x})) - f'(g(\bar{x}))(g(x) - g(\bar{x}))$$
$$+ f'(g(\bar{x}))(g(x) - g(\bar{x})) - f'(g(\bar{x}))g'(\bar{x})(x - \bar{x})|.$$

Jetzt schätzen wir ab:

$$|f(g(x))-(f(g(\bar{x})) + f'(g(\bar{x}))g'(\bar{x})(x - \bar{x})|$$
$$\leq |f(g(x) - f(g(\bar{x})) - f'(g(\bar{x}))(g(x) - g(\bar{x}))|$$
$$+ |f'(g(\bar{x}))(g(x) - g(\bar{x}) - g'(\bar{x})(x - \bar{x})|$$
$$\leq |g(x) - g(\bar{x})|^2 \mathcal{K}_f + |x - \bar{x}|^2 \mathcal{K}_g |f'(g(\bar{x}))|$$
$$\leq (x - \bar{x})^2 (L_g^2 \mathcal{K}_f + \mathcal{K}_g |f'(g(\bar{x}))|),$$

für Konstanten $\mathcal{K}_f$ und $\mathcal{K}_g$, die durch die starke Differenzierbarkeit von f und g bestimmt sind, sowie L_g, die Konstante, die durch Satz 16.1 bestimmt ist.

Satz 20.3 Die Kettenregel *Nehmen wir an, dass g in $\bar{x}$ und f in $\bar{y} = g(\bar{x})$ differenzierbar ist. Dann ist die zusammengesetzte Funktion $f \circ g$ in $\bar{x}$ differenzierbar und es gilt*

$$D(f(g(\bar{x}))) = Df(g(\bar{x}))Dg(\bar{x}).$$

Wenn g in $\bar{x}$ und f in $\bar{y} = g(\bar{x})$ stark differenzierbar ist, dann ist $f \circ g$ in $\bar{x}$ stark differenzierbar.[2]

BEISPIEL 20.4. Sei $f(x) = x^5$ und $g(x) = 9 - 8x$. Dann ist $Df(x) = 5x^4$ und $Dg(x) = -8$, also

$$D(f(g(x))) = Df(g(x))Dg(x) = 5(g(x))^4 Dg(x) = 5(9 - 8x)^4 \times -8.$$

Wir schreiben die Kettenregel oft in der Form:

$$(f(g(x)))' = f'(g(x))g'(x);$$

und mit $y = g(x)$ und $z = f(y)$ ist

$$\frac{dz}{dx} = \frac{dz}{dy}\frac{dy}{dx}.$$

Die letzte Gleichung ist sehr suggestiv, da sie anzudeuten scheint, dass wir die infinitesimalen Veränderungen dy aus dem Nenner und Zähler in den zwei rechten Faktoren „kürzen". Selbstverständlich ist eine solche Kürzung schlichtweg bedeutungslos! Trotzdem kann sie dazu dienen, die Kettenregel einfacher zu behalten.

BEISPIEL 20.5. Wir berechnen die folgenden Ableitungen

$$\frac{d}{dx}\left(7x^3 + 4x + 6\right)^{18} = 18\left(7x^3 + 4x + 6\right)^{17}\frac{d}{dx}\left(7x^3 + 4x + 6\right)$$

$$= 18\left(7x^3 + 4x + 6\right)^{17}(21x^2 + 4)$$

indem wir $g(x) = 7x^3 + 4x + 6$ und $f(y) = y^{18}$ bestimmen.

BEISPIEL 20.6. Die Kettenregel kann auch rekursiv verwendet werden:

$$\frac{d}{dx}((((1 - x)^2 + 1)^3 + 2)^4 + 3)^5$$

$$= 5((((1 - x)^2 + 1)^3 + 2)^4 + 3)^4 \times 4(((1 - x)^2 + 1)^3 + 2)^3$$

$$\times 3((1 - x)^2 + 1)^2 \times 2(1 - x) \times -1.$$

---

[2]Es ist nützlich, die Kettenregel in Worte zu fassen. Wir berechnen die Ableitung einer zusammengesetzten Funktion $f(g(x))$, indem wir die Ableitung der äußeren Funktion f bestimmen, die innere $g(x)$ unverändert lassen und dann mit der Ableitung der inneren Funktion multiplizieren.

20.4   Quotienten von Funktionen

Wir können die Kettenregel auch verwenden, um Quotienten von Funktionen zu behandeln. Betrachten wir zuerst den Kehrwert einer Funktion.

BEISPIEL 20.7. Aus Beispiel 19.4 folgt, dass

$$D\frac{1}{f} = D((f)^{-1}) = \frac{-1}{(f)^2}Df = \frac{-Df}{f^2}$$

falls f differenzierbar ist und $f \neq 0$.

BEISPIEL 20.8. Wir verwenden Beispiel 20.7 und die Kettenregel und erhalten die Formel für $n \geq 1$:

$$Dx^{-n} = D\left(\frac{1}{x^n}\right) = \frac{-1}{(x^n)^2}Dx^n$$

$$= \frac{-1}{x^{2n}} \times nx^{n-1}$$

$$= -nx^{-n-1}.$$

Die Kettenregel kann auch benutzt werden, um den folgenden Satz zu beweisen:

Satz 20.4 Die Quotientenregel   *Nehmen wir an, dass f und g in $\bar{x}$ differenzierbar sind und dass $g(\bar{x}) \neq 0$. Dann gilt*

$$D\left(\frac{f(\bar{x})}{g(\bar{x})}\right) = \frac{Df(\bar{x})g(\bar{x}) - f(\bar{x})Dg(\bar{x})}{g(\bar{x})^2}.$$

Wenn f und g in $\bar{x}$ stark differenzierbar sind und $g(\bar{x}) \neq 0$, dann ist f/g in $\bar{x}$ stark differenzierbar.

Oft schreiben wir dies als

$$\left(\frac{f}{g}\right)' = \frac{f'g - fg'}{g^2}.$$

BEISPIEL 20.9.

$$\frac{d}{dx}\left(\frac{3x+4}{x^2-1}\right) = \frac{3 \times (x^2-1) - (3x+4) \times 2x}{(x^2-1)^2}.$$

BEISPIEL 20.10.

$$\frac{d}{dx}\left(\frac{x^3+x}{(8-x)^6}\right)^9$$

$$= 9\left(\frac{x^3+x}{(8-x)^6}\right)^8 \frac{d}{dx}\left(\frac{x^3+x}{(8-x)^6}\right)$$

$$= 9\left(\frac{x^3+x}{(8-x)^6}\right)^8 \frac{(8-x)^6\frac{d}{dx}(x^3+x) - (x^3+x)\frac{d}{dx}(8-x)^6}{\left((8-x)^6\right)^2}$$

$$= 9\left(\frac{x^3+x}{(8-x)^6}\right)^8 \frac{(8-x)^6(3x^2+1) - (x^3+x)6(8-x)^5 \times -1}{(8-x)^{12}}.$$

20.5 Ableitungen von Ableitungen: Sturz in die Verzweiflung

Wir setzen nun die Diskussion über die Glattheitseigenschaften von Ableitungen fort. Es liegt auf der Hand, Situationen zu betrachten, in denen die Ableitung selbst differenzierbar ist. Die Ableitung der Ableitung beschreibt, wie schnell sich die Änderungsrate einer Funktion verändert. Die Ableitung der Ableitung einer Funktion f wird die **zweite Ableitung** von f genannt und bezeichnet mit:

$$f'' = D^2 f = \frac{d^2 f}{dx^2}.$$

BEISPIEL 20.11. Für $f(x) = x^2$ ist $f'(x) = 2x$ und $f''(x) = 2$.

BEISPIEL 20.12. Für $f(x) = 1/x$ ist $f'(x) = -1/x^2$ und $f''(x) = 2/x^3$.

Ableitungen zweiten Grades sind insbesondere von Bedeutung bei Modellierungen. Die Ableitung der Geschwindigkeit wird die **Beschleunigung** genannt. Die Geschwindigkeit gibt an, wie schnell sich die Position eines Objektes mit der Zeit verändert und die Beschleunigung gibt an, wie schnell ein Objekt in Bezug auf die Zeit schneller oder langsamer wird.

Wenn die zweite Ableitung einer Funktion differenzierbar ist, dann können wir eine dritte Ableitung berechnen. Im Allgemeinen definieren wir die $n$te Ableitung von f rekursiv. Die $n$te Ableitung wird konstruiert, indem man die Ableitung der $n-1$ten Ableitung wählt, die konstruiert wird, indem man die Ableitung der $n-2$ten Ableitung wählt und so weiter. Wir bezeichnen dies mit

$$f^{(n)} = D^n f = \frac{d^n f}{dx^n}.$$

Beachten Sie, dass es zu umständlich ist $'$ zu verwenden, um Ableitungen höherer Ordnung zu bezeichnen, also benutzen wir stattdessen (n) mit Klammern. Beachten Sie, dass $f^{(n)}(x) \neq (f(x))^n$.

BEISPIEL 20.13. Für $f(x) = x^4$ ist $Df(x) = 4x^3$, $D^2f(x) = 12x^2$, $D^3f(x) = 24x$, $D^4f(x) = 24$ und $D^5f(x) \equiv 0$.

BEISPIEL 20.14. Die $n + 1$te Ableitung eines Polynoms vom Grade n ist Null.

BEISPIEL 20.15. Für $f(x) = 1/x$ ist

$$f(x) = x^{-1}$$
$$Df(x) = -1 \times x^{-2}$$
$$D^2f(x) = 2 \times x^{-3}$$
$$D^3f(x) = -6 \times x^{-4}$$
$$\vdots$$
$$D^nf(x) = (-1)^n \times 1 \times 2 \times 3 \times \cdots \times nx^{-n-1}$$
$$= (-1)^n n! x^{-n-1}.$$

Kapitel 20 Aufgaben

20.1. Zeigen Sie, dass $D(cf) = cDf$ für eine beliebige differenzierbare Funktion f und eine Konstante c. Diskutieren Sie auch die starke Differenzierbarkeit.

20.2. Nehmen wir an, dass g auf einem offenen Intervall $I_{\bar{x}}$, das einen Punkt $\bar{x}$ enthält, Lipschitz-stetig ist. Bezeichne $I_{\bar{y}}$ ein beliebiges offenes Intervall, das $\bar{y} = g(\bar{x})$ enthält. Beweisen Sie, dass es möglich ist, ein neues Intervall I zu finden, das in $I_{\bar{x}}$ enthalten ist, so dass g in $I_{\bar{y}}$ für alle x in I liegt.

20.3. Beweisen Sie die Quotientenregel in Satz 20.4, indem Sie zuerst die Kettenregel und dann unmittelbar eine Argumentation verwenden, die ähnlich der bei der Produktregel verwendeten ist.

20.4. Berechnen Sie die Ableitungen der folgenden Funktionen, *ohne* die Definition zu verwenden. Geben Sie für jeden Fall notwendige Beschränkungen für den Definitionsbereich an.

(a) $7x^{13} + \dfrac{14}{x^8}$

(b) $(1 + 9x)^5 + (2x^5 + 1)^4$

(c) $(-1 + x^{-4})^{-6}$

(d) $\dfrac{4}{1 + x}$

(e) $\dfrac{x}{x^2 + 3}$

(f) $\dfrac{2x - 2}{1 + 6x}$

(g) $\left(2x - (4 - 7x)^3\right)^{10}$

(h) $(((2 - x^2)^3 + 2)^{-1} - x)^9$

(i) $\cfrac{1}{1 + \cfrac{1}{2 + \cfrac{1}{3 + \cfrac{1}{4 + 2x}}}}$

(j) $\dfrac{(1 + 7x - 81x^2)^5}{(1 + \frac{4}{x})^7}$

(k) $1 + x^2 + x^4 + \cdots + x^{100}$

(l) $\displaystyle\sum_{i=0}^{n} ix^i$.

20.5. Berechnen Sie die zweiten Ableitungen von

(a) $9x^3 - \dfrac{4}{x}$

(b) $(1 + 4x^5)^3$

(c) $\dfrac{1}{1 - x}$

(d) $\displaystyle\sum_{i=0}^{n} ix^i$.

20.6. Berechnen Sie die dritten Ableitungen von (a) $x^5 - 78x^2$ und (b) $1/x$.

20.7. Zeigen Sie, dass die $n$te Ableitung von x^n Null ist und verwenden Sie dies, um Beispiel 20.14 zu erklären.

20.8. Berechnen Sie die $n$te Ableitung von (a) $1/x^2$, (b) $1/(1 + 2x)$ und (c) $x/(1 - x)$.

21
Der Mittelwertsatz

Bisher haben wir herausgefunden, dass die Tangentengerade an eine Funktion in einem Punkt interpretiert werden kann als der Grenzwert von Sekantengeraden der Funktion. In diesem Kapitel erforschen wir die umgekehrte Beziehung: Nämlich, wie eine gegebene Sekantengerade in Beziehung zu Tangentengeraden an eine Funktion steht. Dabei schneiden wir das grundlegende Thema der Beziehung zwischen dem *globalen* Verhalten einer Funktion über einem Intervall, zum Beispiel gegeben durch eine Sekantengerade über dem Intervall, und dem *lokalen* Verhalten der Funktion an, das durch die Tangentengerade in jedem Punkt gegeben ist. Das Ergebnis, das wir erhalten, ist der berühmte Mittelwertsatz. Während der Mittelwertsatz selten für praktische Zwecke eingesetzt wird, ist er *sehr* nützlich, um alle möglichen interessanten und nützlichen Fakten über Funktionen zu beweisen. Wir schließen dieses Kapitel mit einer einfachen Anwendung und präsentieren viele weitere in den folgenden Kapiteln.

Der Mittelwertsatz ist eine einfache Beobachtung. Betrachten wir zum Beispiel die Sekantengerade einer Funktion f zwischen zwei Punkten $(a, f(a))$ und $(b, f(b))$, wie in Abbildung 21.1 dargestellt. Wenn der Graph von f glatt ist, gibt es immer mindestens einen Punkt c in $[a, b]$, in dem die Tangentengerade an f parallel zur Sekantengerade ist. Unsere Intuition legt nahe, dass, damit der Graph von f sich krümmen kann, um die Punkte $(a, f(a))$ und $(b, f(b))$ zu verbinden, es mindestens einen Punkt geben muss, in dem er „parallel" zur Sekantengerade wird. Präziser:

Satz 21.1 Der Mittelwertsatz *Nehmen wir an, dass f auf einem Intervall $[a, b]$ gleichmäßig stark differenzierbar ist. Dann gibt es mindestens*

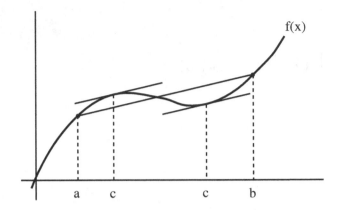

Abbildung 21.1: Illustration des Mittelwertsatzes. Die Tangentengeraden an die Funktion in den Punkten, die mit c gekennzeichnet sind, sind beide parallel zu der Sekantengeraden durch $(a, f(a))$ und $(b, f(b)$.

einen Punkt c in $[a, b]$, so dass

$$\frac{f(b) - f(a)}{b - a} = f'(c). \qquad (21.1)$$

Beachten Sie, dass es eventuell mehr als einen solchen Punkt c geben kann (vgl. Abbildung 21.1).

Eine andere Möglichkeit, die Beziehung (21.1) zu notieren ist, dass wenn f auf $[a, b]$ gleichmäßig stark differenzierbar ist, es einen Punkt c in $[a, b]$ gibt, so dass

$$f(b) = f(a) + f'(c)(b - a).$$

Dies bedeutet, dass der Mittelwertsatz eine direkte Anwendung bei der Approximation von Funktionen hat. Wir untersuchen dies ausführlicher in den Kapiteln 37 und 38.

Manchmal können wir den Punkt c direkt finden.

BEISPIEL 21.1. Für $f(x) = x^2$ auf $[1, 4]$ erhalten wir:

$$\frac{f(4) - f(1)}{4 - 1} = \frac{15}{3} = 5.$$

Da $f'(x) = 2x$, lösen wir die Gleichung $2c = 5$ nach c auf und erhalten $c = 2, 5$.

Meistens allerdings kann c nur mit Hilfe eines iterativen Algorithmus approximiert werden. Deshalb schließt der erste Beweis des Mittelwertsatzes die Konstruktion eines Algorithmus zur Approximation des Punktes c ein, der auf dem Bisektionsalgorithmus beruht. Obwohl die einzelnen Schritte einfach sind, ist der Beweis ziemlich lang.[1]

Tatsächlich ist für die Art und Weise wie der Mittelwertsatz am häufigsten benutzt wird, nur die Existenz des Punktes c wichtig, nicht sein Wert. Wir präsentieren einen nicht–konstruktiven Beweis in Kapitel 32.

21.1   Ein konstruktiver Beweis

Wir beginnen, indem wir die Dinge ein bißchen vereinfachen. Die Gleichung der Sekantengerade durch die Punkte $(a, f(a))$ und $(b, f(b))$ ist:

$$\frac{f(b) - f(a)}{b - a}(x - a) + f(a);$$

und der Abstand zwischen der Sekantengerade und dem Wert von $f(x)$ ist:

$$g(x) = \frac{f(b) - f(a)}{b - a}(x - a) + f(a) - f(x).$$

Wir veranschaulichen dies in Abbildung 21.2.

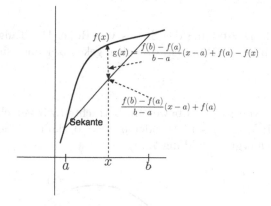

Abbildung 21.2: Die Formeln für die Sekantengerade an f und der Abstand zwischen der Sekantengerade und dem Graphen von f.

Selbstverständlich gilt $g(a) = g(b) = 0$. Nehmen wir jetzt an, dass wir ein c in $[a, b]$ mit $g'(c) = 0$ finden. Dies bedeutet

$$g'(c) = \frac{f(b) - f(a)}{b - a} - f'(c) = 0$$

---

[1] Der beste Weg, den Beweis zu erlernen ist, ihn auf dem Computer zu implementieren.

oder

$$f'(c) = \frac{f(b) - f(a)}{b - a}.$$

Mit anderen Worten, der Mittelwertsatz 21.1 folgt aus:

Satz 21.2 Der Satz von Rolle   *Wenn g auf einem Intervall [a, b]*
gleichmäßig stark differenzierbar ist und $g(a) = g(b) = 0$, dann gibt es
einen Punkt c in [a, b], so dass $g'(c) = 0$.

Dieser Satz, benannt nach dem Mathematiker Rolle,[2] besagt, dass es mindestens einen Punkt in [a, b] geben muß, an dem g eine horizontale Tangente
besitzt, wenn $g(a) = g(b) = 0$. Wir veranschaulichen dies in Abbildung 21.3.

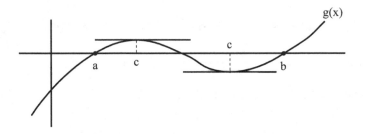

Abbildung 21.3: Darstellung des Satzes von Rolle. Die Tangentengeraden
an die Funktion in den Punkten, die mit c gekennzeichnet sind, sind beide
horizontal.

Um den Satz von Rolle zu beweisen, betrachten wir verschiedene Fälle.
    Erster Fall: Wenn $g'(a) = 0$ oder $g'(b) = 0$, dann wählen wir einfach
$c = a$ oder $c = b$ (vgl. Abbildung 21.4).

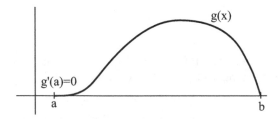

Abbildung 21.4: Der Fall $g'(a) = 0$.

---

[2]Michel Rolle (1652–1719) war ein französischer Mathematiker, der über Algebra,
Geometrie und der Zahlentheorie arbeitete. Er gab eine rein algebraische Form seines
namensgleichen Satzes an, bewies ihn aber nicht.

Deshalb müssen wir nun nur noch die Fälle betrachten, in denen $g'(a) \neq 0$ und $g'(b) \neq 0$ gilt.

Zweiter Fall: Als nächstes nehmen wir an, dass $g'(a)$ und $g'(b)$ entgegengesetzte Vorzeichen besitzen (vgl. Abbildung 21.5). Nach Satz 19.1 ist

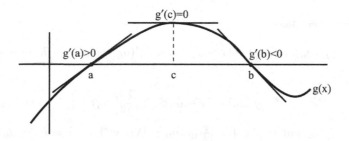

Abbildung 21.5: Der Fall $g'(a) > 0$ und $g'(b) < 0$.

g' auf $[a, b]$ Lipschitz-stetig und deshalb impliziert der Zwischenwertsatz 13.2, dass es ein c in $[a, b]$ gibt, so dass $g'(c) = 0$. Darüberhinaus können wir c berechnen, indem wir den Bisektionsalgorithmus auf g' anwenden und mit dem Intervall $[a, b]$ beginnen. Wir werden Sie in Aufgabe 21.3 bitten, zu erklären wie.

Dritter Fall: Im letzten Fall nehmen wir an, dass $g'(a)$ und $g'(b)$ dasselbe Vorzeichen besitzen. Dieser Fall ist komplizierter. Wir können annehmen, dass $g'(a) > 0$ und $g'(b) > 0$, wie zum Beispiel in Abbildung 21.3 dargestellt. Andernfalls ersetzen wir g durch $-g$.

Wir setzen $a_0 = a$ und $b_0 = b$. Im ersten Schritt zeigen wir unter Verwendung des Zwischenwertsatzes (vgl. Abbildung 21.6), dass es einen Punkt c_0 in (a_0, b_0) gibt, so dass $g(c_0) = 0$. Um dies zu tun, zeigen wir zuerst, dass es zwei Punkte $\tilde{a}_0 < \tilde{b}_0$ in $[a_0, b_0]$ gibt, so dass g unterschiedliche Vorzeichen in diesen Punkten besitzt. Tatsächlich gilt $g(\tilde{a}_0) > 0$ für alle $\tilde{a}_0$ nahe bei a_0 mit $\tilde{a}_0 > a_0$, und ebenso ist $g(\tilde{b}_0) < 0$ für alle $\tilde{b}_0$ nahe bei b_0 mit $\tilde{b}_0 < b_0$. Abbildung 21.6 läßt erkennen, dass dies wahr ist:

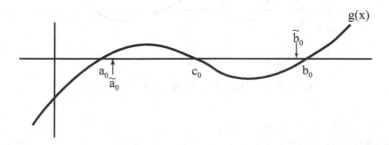

Abbildung 21.6: Die Wahl von $\tilde{a}_0$ und $\tilde{b}_0$.

Wir können dies beweisen, indem wir die Definition der Ableitung verwenden. Da g gleichmäßig stark differenzierbar ist, gibt es eine Konstante $\mathcal{K}$, so dass für $x > a_0$ nahe bei a_0:

$$|g(x) - (g(a_0) + g'(a_0)(x - a_0))| = |g(x) - g'(a_0)(x - a_0)| \leq (x - a_0)^2 \mathcal{K}.$$

Dies impliziert, dass

$$g(x) \geq g'(a_0)(x - a_0) - (x - a_0)^2 \mathcal{K} = (g'(a_0) - (x - a_0)\mathcal{K})(x - a_0).$$

Nun gilt

$$g'(a_0) - (x - a_0)\mathcal{K} \geq \frac{1}{2}g'(a_0) \tag{21.2}$$

für alle $x \geq a_0$ mit $|x - a_0| \leq \frac{1}{2\mathcal{K}}|g'(a_0)|$. Wir wählen $x = \tilde{a}_0 > a_0$ hinreichend nahe bei a_0, so dass

$$g(\tilde{a}_0) \geq (g'(a_0) - (\tilde{a}_0 - a_0)\mathcal{K})(\tilde{a}_0 - a_0) \geq \frac{1}{2}g'(a_0)(\tilde{a}_0 - a_0) > 0.$$

Der Beweis, dass $\tilde{b}_0$ existiert, ist sehr ähnlich (vgl. Aufgabe 21.5).

Daraus folgt, dass es einen Punkt c_0 mit $a_0 < \tilde{a}_0 < c_0 < \tilde{b}_0 < b_0$ gibt, so dass $g(c_0) = 0$, wie behauptet. Darüberhinaus können wir, um c_0 zu berechnen, den Bisektionsalgorithmus für g verwenden und mit $[\tilde{a}_0, \tilde{b}_0]$ beginnen.

Es gibt jetzt drei Möglichkeiten. Wenn $g'(c_0) = 0$, dann setzen wir $c = c_0$ und der Satz ist bewiesen.

Wenn $g'(c_0) < 0$, dann können wir den Bisektionsalgorithmus für g' verwenden, um einen Punkt c in $[a_0, c_0]$ mit $g'(c) = 0$ zu berechnen. Tatsächlich können wir auch einen weiteren solchen Punkt c in $[c_0, b_0]$ berechnen! Die Situation ist in Abbildung 21.6 dargestellt.

Im dritten Fall, der komplizierter ist, ist $g'(c_0) > 0$. Wir stellen dies in Abbildung 21.7 dar. Wir definieren ein neues Intervall $[a_1, b_1]$, indem wir

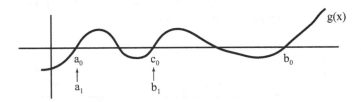

Abbildung 21.7: Die Wahl von a_1 und b_1.

$a_1 = a_0$ und $b_1 = c_0$ setzen, wenn $c_0 - a_0 \leq b_0 - c_0$, d.h., wenn c_0 näher an a_0 ist; andernfalls setzen wir $a_1 = c_0$ und $b_1 = b_0$. Wir erhalten schließlich das Intervall $[a_1, b_1]$, das in $[a_0, b_0]$ enthalten ist, so dass $|b_1 - a_1| \leq \frac{1}{2}|b_0 - a_0|$ mit den Eigenschaften, dass $g(a_1) = g(b_1) = 0$, $g'(a_1) > 0$ und $g'(b_1) > 0$.

Wir wiederholen jetzt die Argumentation und wählen Punkte $\tilde{a}_1 > a_1$ und $\tilde{b}_1 < b_1$ mit $g(\tilde{a}_1) > 0$ und $g(\tilde{b}_1) < 0$. Dann verwenden wir den Bisektionsalgorithmus für g, um c_1 in $[\tilde{a}_1, \tilde{b}_1]$ mit $g(c_1) = 0$ zu berechnen. Wiederum, wenn $g'(c_1) = 0$, dann beenden wir die Konstruktion mit $c = c_1$. Falls $g'(c_1) < 0$, können wir den Punkt c berechnen, indem wir den Bisektionsalgorithmus für g' auf dem Intervall $[a_1, c_1]$ anwenden. Andernfalls definieren wir ein neues Intervall $[a_2, b_2]$ mit $|b_2 - a_2| \leq 2^{-2}|b_0 - a_0|$, $g(a_2) = g(b_2) = 0$, $g'(a_2) > 0$ und $g'(b_2) > 0$, das in $[a_0, b_0]$ enthalten ist.

Auf diese Weise fortfahrend berechnen wir eine Folge von Intervallen $[a_i, b_i]$ mit $[a_i, b_i] \subset [a_{i-1}, b_{i-1}] \subset [a_0, b_0]$ für $i \geq 1$ und $[a_0, b_0]$ mit $|b_i - a_i| \leq 2^{-i}|b_0 - a_0|$, $g(a_i) = g(b_i) = 0$, $g'(a_i) > 0$ und $g'(b_i) > 0$ zusammen mit einer Folge von Punkten c_i in (a_i, b_i), so dass $g(c_i) = 0$. Wir beenden die Iteration, wenn $g'(c_i) = 0$, dann setzen wir $c = c_i$, oder wenn $g'(c_i) < 0$ ist, in diesem Fall berechnen wir mit Hilfe des Bisektionsalgorithmus für g' den Punkt c in $[a_i, c_i]$. Falls diese zwei Bedingungen niemals erfüllt sind, dann erhalten wir, genauso wie beim Bisektionsalgorithmus, zwei Cauchy-Folgen $\{a_i\}$ und $\{b_i\}$, die gegen denselben Grenzwert in $[a, b]$ konvergieren. Wir behaupten, dass dieser Grenzwert c ist. Mit anderen Worten, wenn

$$c = \lim_{i \to \infty} a_i = \lim_{i \to \infty} b_i,$$

dann gilt $g'(c) = 0$.

Wir beweisen dies, indem wir zeigen, dass $g'(c) \neq 0$ der Konstruktion der Folgen $\{a_i\}$ und $\{b_i\}$ widerspricht. Wir beginnen mit der Beobachtung, dass, da g mit der Konstanten L Lipschitz-stetig ist, für ein beliebiges i gilt:

$$|g(c)| = |g(c) - g(a_i)| \leq L|c - a_i|,$$

was $g(c) = 0$ impliziert, da $|c - a_i| \to 0$.

Nehmen wir zuerst $g'(c) < 0$ an. Da g' Lipschitz-stetig ist, gibt es ein $\delta > 0$, so dass $g'(x) < 0$ für alle x mit $|x - c| < \delta$. Erinnern Sie sich daran, dass wir ein ähnliches Ergebnis verwendeten (vgl. Abbildung 13.4), um zu zeigen, dass der Bisektionsalgorithmus konvergiert. Aber für i hinreichend groß gilt $|a_i - c| < \delta$, während nach Konstruktion $g'(a_i) > 0$. Daher ist $g'(c) < 0$ unmöglich.

Nehmen wir als nächstes $g'(c) > 0$ an. Dies stellt sich als komplizierter heraus, also beschreiben wir die Idee des Beweises, bevor wir die Details angeben. Da $g'(c) > 0$, muss der Graph von $g(x)$ ansteigen, während sich x von links nach rechts dem Wert von c nähert (vgl. Abbildung 21.8). Dies bedeutet aber, dass $g(x) > 0$ für alle $x > c$ hinreichend nahe an c. Jetzt erhalten wir einen Widerspruch, da $g(x) < 0$ für alle $x < b_i$ nahe bei b_i und wir können b_i beliebig an c annähern, indem wir i groß wählen.

Um diese Argumentation zu präzisieren, verwenden wir die Tatsache, dass für x nahe bei c,

$$|g(x) - (g(c) + g'(c)(x - c))| = |g(x) - g'(c)(x - c)| \leq (x - c)^2 \mathcal{K},$$

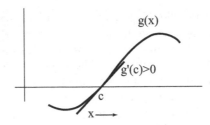

Abbildung 21.8: Für $g'(c) > 0$ wächst $g(x)$, während sich x von links nach rechts c nähert.

was

$$g(x) \geq g'(c)(x - c) - (x - c)^2 \mathcal{K} = (g'(c) - (x - c)\mathcal{K})(x - c)$$

impliziert.

Wie oben gibt es, da $g'(c) > 0$, ein δ, so dass für alle x mit $|x - c| \leq \delta$

$$g'(c) - (x - c)\mathcal{K} \geq \frac{1}{2}g'(c). \qquad (21.3)$$

Jetzt wählen wir i so, dass $[a_i, b_i]$ in $[c - \delta, c + \delta]$ enthalten ist und setzen

$$\tilde{\delta} = \text{ der kleinere Wert von } |c - a_i|/2 \text{ und } |c - b_i|/2$$

und definieren die Menge

$$J = \{x \text{ in } [a_i, b_i], \text{ aber nicht in } [c - \tilde{\delta}, c + \tilde{\delta}]\}.$$

Wir veranschaulichen diese Definitionen in Abbildung 21.9. Mit dieser Wahl

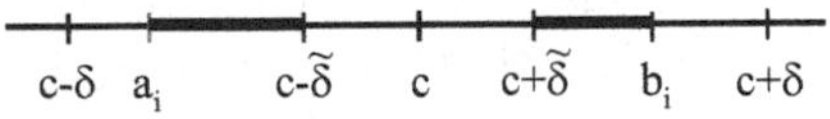

$$
\begin{array}{cccccccc}
\text{c-}\delta & \text{a}_i & & \text{c-}\tilde{\delta} & \text{c} & \text{c+}\tilde{\delta} & \text{b}_i & \text{c+}\delta
\end{array}
$$

Abbildung 21.9: Die Definitionen von $\tilde{\delta}$ und J. J ist durch die dicken Linienabschnitte gekennzeichnet.

und (21.3) erhalten wir für jedes x in J:

$$g(x) > (g'(c) + (x - c)\mathcal{K})(x - c) \geq \frac{1}{2}g'(c) \times \tilde{\delta} > 0.$$

Dies ergibt aber einen Widerspruch, da $g(x) < 0$ für alle $x < b_i$ hinreichend nahe bei b_i gilt. Daher ist auch $g'(c) > 0$ unmöglich und deshalb gilt $g'(c) = 0$.

21.2   Eine Anwendung auf die Monotonie

Als eine Anwendung des Mittelwertsatzes zeigen wir, dass eine Funktion, deren Ableitung dasselbe Vorzeichen auf einem Intervall besitzt, entweder monoton steigend oder fallend ist. Intuitiv ist dies offensichtlich und es folgt einfach aus dem Mittelwertsatz.

Nehmen wir an, dass f auf einem Intervall I gleichmäßig stark differenzierbar ist und dass $f'(x) > 0$ für alle x in I. Wir möchten zeigen, dass $x_1 < x_2$ die Ungleichung $f(x_1) < f(x_2)$ für jedes x_1 und x_2 in I impliziert. Betrachten wir die Differenz $f(x_2) - f(x_1)$. Der Mittelwertsatz besagt, dass es ein c zwischen x_1 und x_2 gibt, so dass

$$f(x_2) - f(x_1) = f'(c)(x_2 - x_1) > 0.$$

Der Fall $f'(x) < 0$ für alle x in I wird analog behandelt (vgl. Aufgabe 21.7). Wir haben bewiesen:

Satz 21.3 *Nehmen wir an, dass f auf einem Intervall I gleichmäßig stark differenzierbar ist. Wenn $f'(x) > 0$ für alle x in I, dann ist f auf I monoton steigend. Wenn $f'(x) < 0$ für alle x in I, dann ist f auf I monoton fallend.*

Kapitel 21   Aufgaben

Bearbeiten Sie die Aufgaben 21.1 und 21.2, indem Sie eine Gleichung aufstellen und direkt lösen.

21.1. Finden Sie den Punkt c, der durch den Mittelwertsatz für die Funktion $f(x) = x^2 - 2x$ auf dem Intervall $[1,3]$ gegeben ist und erstellen Sie eine graphische Darstellung, die den Satz für dieses Beispiel veranschaulicht.

21.2. Finden Sie den Punkt c, der durch den Mittelwertsatz für die Funktion $f(x) = 6/(1+x)$ auf dem Intervall $[0,1]$ gegeben ist und erstellen Sie eine graphische Darstellung, die den Satz für dieses Beispiel veranschaulicht.

21.3. Erläutern Sie, wie man den Bisektionsalgorithmus verwendet, um den Punkt c im zweiten Fall des Beweises des Satzes von Rolle zu berechnen.

21.4. Erklären Sie, warum (21.2) und (21.3) wahr sind.

21.5. Beweisen Sie, dass der Punkt $\tilde{b}_0$ existiert, der im Beweis des Satzes von Rolle verwendet wurde.

21.6. (a) Schreiben Sie einen Algorithmus, der den Beweis des Satzes von Rolle für die Bestimmung des Punktes c implementiert. (b) Implementieren Sie diesen Algorithmus in einem Programm, dass den Punkt c berechnet, der durch den Mittelwertsatz gegeben wird. (c) Finden Sie die Punkte c für $f(x) = x^3 - 4x^2 + 3x$ auf $[0,3]$ und $f(x) = x/(1+x)$ auf $[0,1]$.

21.7. Beweisen Sie die Behauptung über monoton fallende Funktionen aus Satz 21.3.

21.8. Verwenden Sie den Mittelwertsatz, um einen einfachen Beweis des zweiten Teils von Satz 19.1 zu geben.

22

Ableitungen von inversen Funktionen

Als eine Anwendung des Mittelwertsatzes untersuchen wir die Stetigkeit und Differenzierbarkeit der inversen Funktion zu einer gegebenen Funktion, die Lipschitz-stetig oder differenzierbar ist. Es ist eine gute Idee, Kapitel 14 Revue passieren zu lassen.

22.1 Die Lipschitz-Stetigkeit einer inversen Funktion

Wir beginnen mit der Frage, ob eine gegebene Lipschitz-stetige Funktion f, die eine Inverse besitzt, immer eine *Lipschitz-stetige* inverse Funktion f^{-1} besitzt.

Die kurze Antwort ist nein!

BEISPIEL 22.1. Betrachten wir $f(x) = x^3$ mit $f^{-1}(x) = \sqrt[3]{x} = x^{1/3}$. x^3 ist auf jedem Intervall, das den Ursprung enthält, Lipschitz-stetig, z.B. $[-1, 1]$. Allerdings ist $x^{1/3}$ nicht auf jedem Intervall, das den Ursprung enthält, Lipschitz-stetig. Dazu nehmen wir an, dass es eine Konstante L gibt, so dass

$$|x^{1/3} - y^{1/3}| \leq L|x - y|$$

für alle x und y in $[0, 1]$. Die Identität

$$x^3 - y^3 = (x - y)(x^2 + xy + y^2)$$

bedeutet, dass

$$x - y = (x^{1/3} - y^{1/3})(x^{2/3} + x^{1/3}y^{1/3} + y^{2/3}).$$

Also muss L der Abschätzung

$$L \geq \frac{|x^{1/3} - y^{1/3}|}{|x - y|} = \frac{1}{|x^{2/3} + x^{1/3}y^{1/3} + y^{2/3}|}$$

genügen. Wir können aber die rechte Seite dieser Ungleichung beliebig groß machen, indem wir x und y nahe Null wählen. Also kann ein solches L nicht existieren.

Die Problematik bei x^3 ist, dass diese Funktion bei $x = 0$ flach ist (vgl. Sie den rechten Graphen in Abbildung 14.5). Das bedeutet, dass der Graph von $\sqrt[3]{x}$ bei $x = 0$ steil ist. Tatsächlich ist er so steil, dass $\sqrt[3]{x}$ dort nicht Lipschitz-stetig sein kann! Die Lipschitz-Stetigkeit bestimmt, um wieviel sich eine Funktion auf einem Intervall ändern kann, aber nicht, wie wenig sich eine Funktion ändern kann.

Um in den Griff zu bekommen, wie wenig sich eine Funktion ändert, können wir den Mittelwertsatz benutzen. Wir nehmen an, dass f auf dem Intervall $[a, b]$ gleichmäßig stark differenzierbar ist und darüberhinaus, dass f auf $[a, b]$ monoton wachsend ist, so dass f auf $[a, b]$ eine Inverse besitzt, die auf $[\alpha, \beta]$ mit $\alpha = f(a) < \beta = f(b)$ definiert ist. Gegeben seien zwei Punkte x_1 und x_2 in (α, β) und wir möchten $|f^{-1}(x_1) - f^{-1}(x_2)|$ im Hinblick auf $|x_1 - x_2|$ abschätzen. Seien $y_1 = f^{-1}(x_1)$ und $y_2 = f^{-1}(x_2)$ so, dass

$$|x_1 - x_2| = |f(y_1) - f(y_2)|.$$

Nach dem Mittelwertsatz existiert ein c zwischen y_1 und y_2, so dass

$$|f(y_1) - f(y_2)| = |f'(c)||y_1 - y_2|.$$

Das bedeutet, dass

$$|x_1 - x_2| = |f'(c)||f^{-1}(x_1) - f^{-1}(x_2)|.$$

Wir drehen dies herum und erhalten

$$|f^{-1}(x_1) - f^{-1}(x_2)| = \frac{1}{|f'(c)|}|x_1 - x_2|,$$

vorausgesetzt $f'(c) \neq 0$. Sicherlich hängt die Lipschitz-Konstante für f^{-1} von der Größe von $1/|f'(c)|$ ab.

Da die Lipschitz-Bedingung für f^{-1} für alle x_1 und x_2 im Intervall (α, β) gelten soll, könnte c möglicherweise jeden Wert in $[a, b]$ annehmen. Deshalb nehmen wir an, dass es eine Konstante d gibt mit

$$|f'(x)| \geq d > 0 \text{ für alle } x \text{ in } [a, b].$$

Unter dieser Annahme schließen wir, dass

$$|f^{-1}(x_1) - f^{-1}(x_2)| \leq L|x_1 - x_2|$$

für alle x_1 und x_2 in (α, β), wobei $L = 1/d$. Natürlich funktioniert dasselbe Argument auch, wenn f monoton fallend ist.

Beachten Sie, dass die Bedingung $|f'(x)| \geq d > 0$ für alle x in $[a, b]$ bedeutet, dass entweder $f'(x) \geq d > 0$ für

alle x oder $f'(x) < -d < 0$ für alle x gilt. Dies besagt, dass f auf dem Intervall $[a, b]$ entweder streng wachsend oder streng fallend ist. Wir fassen dies in einem Satz zusammen:

Satz 22.1 *Wenn f auf $[a, b]$ gleichmäßig stark differenzierbar ist, $[\alpha, \beta] = f([a, b])$, und wenn es eine Konstante d gibt, so dass $|f'(x)| \geq d > 0$ für alle x in $[a, b]$, dann hat f eine Lipschitz-stetige inverse Funktion, die auf $[\alpha, \beta]$ mit der Lipschitz-Konstanten $1/d$ definiert ist.*

BEISPIEL 22.2. $f(x) = x^3$ ist auf jedem Intervall, das den Ursprung enthält, streng steigend, es gilt jedoch $f'(0) = 0$. Also gibt es kein $d > 0$ mit $|f'(x)| \geq d$ für alle x in einem Intervall, das den Ursprung enthält. Glücklicherweise findet der Satz keine Anwendung!

22.2   Die Differenzierbarkeit einer inversen Funktion

Es gibt zwei natürliche Fragen, die sich aus den Annahmen dieses letzten Satzes ergeben. Wir haben angenommen, dass f gleichmäßig stark differenzierbar ist: Folgt daraus, dass f^{-1} differenzierbar ist? Wenn die Funktion f^{-1} differenzierbar ist, was ist dann ihre Ableitung?

Wir führen zunächst eine geometrische Untersuchung durch. Wenn f glatt genug ist, um eine Linearisierung in jedem Punkt zu besitzen, dann ist auch die Spiegelung des Graphen von f an der Geraden $y = x$ hinreichend glatt, um eine Linearisierung in jedem Punkt zu besitzen. Das einzige Problem ist eventuell, dass f' Null ist in einem Punkt, in dem die Linearisierung horizontal verläuft. Denn dann hat die Spiegelung des Graphen von f eine Linearisierung, die vertikal im entsprechenden gespiegelten Punkt ist und damit ist die Ableitung der Inversen in diesem Punkt undefiniert. Die Annahme, dass $|f'(x)| \geq d > 0$ für alle x in $[a, b]$, verhindert dies. Wir schließen, dass auch f^{-1} differenzierbar ist.

Wir können auch den Wert von Df^{-1} in jedem Punkt berechnen, sobald wir erkannt haben, dass die Linearisierung von f in jedem Punkt und die Linearisierung von f^{-1} in den entsprechenden gespiegelten Punkten selbst Spiegelungen voneinander an der Geraden $y = x$ sind. Wir stellen dies in Abbildung 22.1 dar. Das bedeutet, dass die zwei Linearisierungen zueinan-

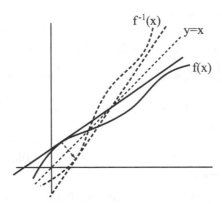

Abbildung 22.1: Die Linearisierung von f in einem Punkt und die Linearisierung von f^{-1} im entsprechenden gespiegelten Punkt sind Spiegelungen voneinander an der Geraden $y = x$.

der inverse Funktionen sind, und laut Beispiel 14.9, sind die Steigungen der zwei Geraden reziprok. Mit anderen Worten, wenn $y_0 = f(x_0)$, dann ist

$$\frac{df}{dx}(x_0) = \frac{1}{\dfrac{df^{-1}}{dx}(y_0)} \quad \text{oder} \quad Df(x_0) = \frac{1}{Df^{-1}(y_0)}. \tag{22.1}$$

BEISPIEL 22.3. Wenn $f(x) = x^3$, dann $f(2) = 8$. Deshalb ist

$$Df^{-1}(8) = \frac{1}{Df(2)} = \frac{1}{3 \times 2^2} = \frac{1}{12}.$$

Wir können (22.1) auch herleiten, indem wir ein analytisches Argument verwenden. Nehmen wir an, dass f auf $[a, b]$ gleichmäßig stark differenzierbar ist und dass $|f'(x)| \geq d > 0$ für alle x in $[a, b]$. Nach Definition gibt es eine Konstante $\mathcal{K}$, so dass

$$|f(x) - (f(\bar{x}) + f'(\bar{x})(x - \bar{x}))| \leq (x - \bar{x})^2 \mathcal{K} \tag{22.2}$$

für alle $x, \bar{x}$ in $[a, b]$. Sei jetzt

$$y = f(x) \text{ oder } x = f^{-1}(y)$$
$$\bar{y} = f(\bar{x}) \text{ oder } \bar{x} = f^{-1}(\bar{y}).$$

Eingesetzt in (22.2) ergibt das

$$|y - (\bar{y} + f'(\bar{x})(f^{-1}(y) - f^{-1}(\bar{y})))| \leq (f^{-1}(y) - f^{-1}(\bar{y}))^2 \mathcal{K}.$$

Wir dividieren beide Seiten durch $f'(\bar{x})$ und erhalten

$$|\frac{1}{f'(\bar{x})}(y - \bar{y}) - (f^{-1}(y) - f^{-1}(\bar{y}))| \le (f^{-1}(y) - f^{-1}(\bar{y}))^2 \frac{\mathcal{K}}{|f'(\bar{x})|}.$$

Wir ordnen um und benutzen die Annahmen und Satz 22.1 und erhalten

$$|f^{-1}(y) - (f^{-1}(\bar{y})) + \frac{1}{f'(\bar{x})}(y - \bar{y}))|$$

$$\le (f^{-1}(y) - f^{-1}(\bar{y}))^2 \frac{\mathcal{K}}{|f'(\bar{x})|} \le (y - \bar{y})^2 \frac{\mathcal{K}}{d^3}.$$

Da dies für jedes y und $\bar{y}$ in $[\alpha, \beta]$ gilt, schließen wir:

Satz 22.2 *Wenn f auf $[a, b]$ gleichmäßig stark differenzierbar ist, $[\alpha, \beta] = f([a, b])$, und wenn es eine Konstante d gibt, so dass $|f'(x)| \ge d > 0$ für alle x in $[a, b]$, dann hat f eine gleichmäßig stark differenzierbare inverse Funktion, die auf $[\alpha, \beta]$ definiert ist. Wenn $\bar{y} = f(\bar{x})$ für $\bar{x}$ in $[a, b]$, dann $Df^{-1}(\bar{y}) = 1/Df(\bar{x})$.*

BEISPIEL 22.4. Wir können Satz 22.2 verwenden, um die Ableitung von $x^{1/n}$ für eine natürliche Zahl n zu berechnen. Sei $f(x) = x^n$, dann ist $f^{-1}(x) = x^{1/n}$ laut Beispiel 14.12. Wenn $y_0 = x_0^n$ oder $x_0 = y_0^{1/n}$, dann

$$Df^{-1}(y_0) = \frac{1}{Df(x_0)} = \frac{1}{nx_0^{n-1}} = \frac{x_0}{nx_0^n} = \frac{y_0^{1/n}}{ny_0} = \frac{1}{n}y_0^{1/n-1}.$$

Dies ist nichts anderes als die gewöhnliche Potenzregel für Ableitungen!

Unter Verwendung der Kettenregel können wir die Formel

$$Dx^r = rx^{r-1}$$

auf rationale Zahlen r erweitern.

BEISPIEL 22.5.

$$D(2x - 1)^{5/7} = \frac{5}{7}(2x - 1)^{-2/7} \times 2.$$

Kapitel 22   Aufgaben

22.1. Beweisen Sie, dass $y = x^{1/2}$ auf $[0,1]$ nicht Lipschitz-stetig ist.

22.2. Nehmen wir an, dass f auf $[a,b]$ Lipschitz-stetig und monoton ist, und dass es darüberhinaus eine Konstante $l > 0$ gibt, so dass

$$|f(x) - f(y)| \geq l|x - y|$$

für alle x und y in $[a,b]$. (Beachten Sie die Richtung der Ungleichung!) Falls $[\alpha,\beta] = f([a,b])$, beweisen Sie, dass f auf $[\alpha,\beta]$ eine Lipschitz-stetige Inverse hat und berechnen Sie ihre Lipschitz-Konstante.

22.3. Beweisen Sie, dass die Tatsache, dass f auf einem Intervall $[a,b]$ streng wachsend ist, nicht impliziert, dass es eine Konstante d gibt, so dass $|f'(x)| \geq d > 0$ für alle x in $[a,b]$. *Hinweis:* Betrachten Sie $f(x) = x^3$ auf $[-1,1]$.

22.4. Es seien f und g streng monotone Funktionen mit $f(2) = 7$ und $f'(2) = -1$. Berechnen Sie $g'(7)$.

22.5. (a) Beweisen Sie, dass die Funktion $f(x) = x^3 + 2x$ streng wachsend ist, so dass sie eine inverse Funktion besitzt, die für alle x definiert ist. (b) Berechnen Sie $Df^{-1}(12)$ unter der Annahme, dass $f(2) = 12$.

22.6. (a) Beweisen Sie, dass die Funktion $f(x) = 1 - 3x^3 - x^5$ streng fallend ist, so dass sie eine inverse Funktion besitzt, die für alle x definiert ist. (b) Berechnen Sie $Df^{-1}(-3)$ unter der Annahme, dass $f(1) = -3$.

22.7. (a) Beweisen Sie, dass $f(x) = x^2 - x + 1$ für $x > 1/2$ streng wachsend ist, so dass sie eine inverse Funktion besitzt, die für alle $x > 1/2$ definiert ist. (b) Berechnen Sie $Df^{-1}(3)$.

22.8. (a) Beweisen Sie, dass $f(x) = x^3 - 9x$ für $-\sqrt{3} < x < \sqrt{3}$ streng fallend ist, so dass sie eine inverse Funktion besitzt, die für $-\sqrt{3} < x < \sqrt{3}$ definiert ist. (b) Berechnen Sie $Df^{-1}(0)$.

22.9. Berechnen Sie die Ableitungen der folgenden Funktionen:

(a) $f(x) = (x+1)^{1/2}$ (b) $f(x) = (x^{1/3} - 3)^4$ (c) $f(x) = x^{-3/4}$.

22.10. Beweisen Sie, dass wenn f auf einem Intervall, das einen Punkt x_0 enthält, gleichmäßig stark differenzierbar ist und wenn $f'(x_0) \neq 0$, es dann ein Intervall gibt, das x_0 enthält, auf dem f eineindeutig ist.

23
Modellierung mit Differenzialgleichungen

In der bisherigen Diskussion über Ableitungen wurde die Approximation einer Funktion durch die Linearisierung betont. Dieses ist eine der zwei hauptsächlichen Anwendungen für die Ableitung. Die andere wesentliche Anwendung ist die mathematische Modellierung in Form von Differenzialgleichungen. Eine **Differenzialgleichung** beschreibt eine Funktion, genannt Lösung, indem sie eine Beziehung zwischen den Ableitungen der Lösung und der physikalischen Welt spezifiziert. Differenzialgleichungen tauchen in allen Gebieten der Naturwissenschaft und der Ingenieurwissenschaft auf und sehr viel Zeit und Energie wird verwendet zu versuchen, ihre Lösungen zu analysieren und zu berechnen. In diesem Kapitel führen wir in die Thematik des Formulierens, des Analysierens und des Lösens von Differenzialgleichungen ein.

Wir beginnen, indem wir Ihnen einige Modelle präsentieren, um so die Diskussion zu konkretisieren. Das erste Modell ist Newtons Bewegungsgesetz, das ein Objekt beschreibt, das sich auf einer geraden Linie unter dem Einfluß einer Kraft bewegt. Dies ist wahrscheinlich das Kernmodell der Physik und einer von Newtons hauptsächlichen Beweggründen, die Infinitesimalrechnung zu erfinden. Wir wenden Newtons Gesetz an, um die Bewegung einer Masse, die mit einer Feder verbunden ist, zu modellieren. Anschließend beschreiben wir Einsteins Bewegungsgesetz, welches eine moderne Version von Newtons Gesetz darstellt. Danach führen wir eine allgemeine Sprache zur Beschreibung von Differenzialgleichungen ein und machen einige Beobachtungen zur Existenz und Eindeutigkeit von Lösungen. Wir schließen, indem wir diese Ideen in die Lösung von Galileos Modell für ein fallendes Objekt einfließen lassen.

Wir fahren mit der Diskussion über die Modellierung mit Differenzialgleichungen in Kapitel 39 fort, nachdem wir die Integration als ein wichtiges Werkzeug zur Lösung von Differenzialgleichungen in den folgenden Kapiteln entwickelt haben.

23.1   Newtons Bewegungsgesetz

Newtons Bewegungsgesetz ist einer der Eckpfeiler der Newton'schen Physik, das viele Phänomene der Welt, in der wir leben, akkurat beschreibt. Es stellt eine Beziehung zwischen der Masse und der Beschleunigung eines Objektes und den Kräften her, die auf das Objekt einwirken.

> Die Beschleunigung a eines Objektes der Masse m, das sich auf einer geraden Linie bewegt, und auf das eine Kraft F wirkt, genügt der Gleichung

$$ma = F. \tag{23.1}$$

Bezeichnet $s(t)$ die Position des Objektes zum Zeitpunkt t bezüglich einer anfänglichen Startposition $s_0 = s(0)$, dann wird (23.1) zu

$$m\frac{d^2s}{dt^2} = F \text{ oder } ms'' = F. \tag{23.2}$$

Dies ist ein Beispiel für eine Differenzialgleichung. Die Differenzialgleichung zu lösen bedeutet, eine Funktion s zu finden, die der Gleichung (23.2) zu jeder Zeit in einem vorgegebenen Intervall genügt.

BEISPIEL 23.1.   Indem wir zweimal differenzieren, können wir zeigen, dass $s(t) = 1/(1+t)$ eine Lösung der Differenzialgleichung

$$ms'' = 2ms^3$$

ist. Diese Gleichung entspricht (23.2) mit $F = 2ms^3$ für alle $t > -1$.

Differenzialgleichungen können oft auf unterschiedliche Weise geschrieben werden. Wenn zum Beispiel $v = s'$ die Geschwindigkeit des Objektes bezeichnet, dann kann (23.2) als eine Differenzialgleichung für v geschrieben werden:

$$\frac{dv}{dt} = F \text{ oder } v' = F. \tag{23.3}$$

Ein Modell der Bewegung eines Objektes in einem bestimmten physikalischen Umfeld erfordert, Newtons Gesetz (23.2) mit einer Darstellung der Kräfte zu kombinieren, die in diesem System wirken.

BEISPIEL 23.2. Galileos[1] Gesetz besagt:

> Ein frei fallendes Objekt, das heißt ein Objekt, auf das außer
> der Schwerkraft keine andere Kraft einwirkt, erfährt immer
> dieselbe Beschleunigung, ungeachtet seiner Masse, Position
> oder der Zeit.

Mit anderen Worten, die Beschleunigung eines frei fallenden Objektes
ist konstant.

Nehmen wir an, dass das Objekt sich vertikal bewegt. Es bezeichne $s(t)$
die Höhe des Objektes zum Zeitpunkt t, beginnend bei einer anfänglichen Höhe $s(0) = s_0$, wobei die positive Richtung einer Aufwärtsbewegung und die negative Richtung einer Abwärtsbewegung entspricht
(vgl. Abbildung 23.1). In diesem Koordinatensystem entspricht eine po-

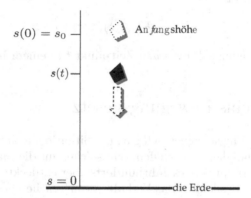

Abbildung 23.1: Das Koordinatensystem beschreibt die Position eines frei
fallenden Objektes mit der anfänglichen Höhe $s(0) = s_0$.

sitive Geschwindigkeit $v = s' > 0$ einer Aufwärtsbewegung des Objektes, während eine negative Geschwindigkeit bedeutet, dass das Objekt
fällt. Die **Massenanziehungskraft** W eines Objektes ist der absolute
Wert der Kraft, die auf das Objekt einwirkt und darauf zielt, es zum
Fallen zu bringen. Da die Erdanziehungskraft darauf zielt, das Objekt
nach unten zu bewegen, nimmt in diesem Koordinatensystem Newtons
Gesetz folgende Form an:

$$ms'' = -W.$$

---

[1]Galileo Galilei (1564–1642) war ein italienischer Mathematiker und Wissenschaftler.
Wahrscheinlich ist Galileo am bekanntesten aufgrund seiner Beiträge zur Astronomie
und der Mechanik. Allerdings verwendete er auch ein den Funktionen ähnliches Konzept
und befasste sich mit unendlichen Summen.

Normalerweise wird dies umgeschrieben, indem man annimmt[2], dass es eine Konstante g gibt, so dass

$$W = mg,$$

was auf

$$s'' = -g \tag{23.4}$$

führt. Die Konstante g wird die **Erdbeschleunigung** genannt und hat den Wert von $\approx 9,8 \text{ m/sec}^2$.

Im Allgemeinen kann die Kraft, die auf das Objekt einwirkt, von der Zeit t, der Position s, der Geschwindigkeit s' und von physikalischen Eigenschaften, wie zum Beispiel der Masse m und der Größe des Objektes abhängen. Die Kraft könnte zum Beispiel eine Funktion der Form $F = F(t, s, s', m)$ sein, so dass (23.2) zu

$$ms''(t) = F(t, s(t), s'(t), m) \tag{23.5}$$

wird. Diese Gleichung soll für *jeden* Zeitpunkt t in einem Intervall gelten.

23.2   Einsteins Bewegungsgesetz

Die Newton'sche Physik eignet sich gut, um Situationen zu beschreiben, die geringe Geschwindigkeiten betreffen, wie solche, auf die man im täglichen Leben trifft. Zu Anfang dieses Jahrhunderts aber entdeckte Einstein[3], dass die Newton'sche Physik nicht das Verhalten von Teilchen beschrieb, die sich mit hohen Geschwindigkeiten bewegen. In Einsteins spezieller Relativitätstheorie lautet die Differenzialgleichung, die die Bewegung eines Teilchens modelliert, das sich auf einer geraden Linie mit der Geschwindigkeit v unter dem Einfluß einer Kraft F bewegt:

$$m_0 \frac{d}{dt} \frac{v}{\sqrt{1 - v^2/c^2}} = F, \tag{23.6}$$

wobei m_0 die Masse des Teilchens im Ruhezustand und $c \approx 3 \times 10^8$ m/s die Geschwindigkeit des Lichtes im Vakuum ist. Diese Differenzialgleichung ist um einiges komplizierter als Newtons Gesetz (23.3).[4] Im Allgemeinen ist (23.6) so kompliziert, dass wir beinahe niemals eine Lösung in Form einer expliziten Funktion niederschreiben können.

---

[2]Eine gültige Annahme in der Nähe der Erdoberfläche.

[3]Selbstverständlich war der berühmte Albert Einstein (1879–1955) ein Physiker. Er nutzte aber für seine Forschung die aktuellste Mathematik und stand in engem Kontakt mit führenden Mathematikern während seiner aktivsten Forschungszeit.

[4]Unter anderem kommt die $\sqrt{}$ vor, die wir noch nicht differenziert haben.

23.3 Zur Darstellung von Differenzialgleichungen

Sobald wir mehr über Differenzialgleichungen lernen, beginnen wir, Muster zwischen unterschiedlichen Problemen und ihren Lösungen zu entdecken. Diese Art von Information ist wichtig, um Wege zu finden, Lösungen zu berechnen und ihre Eigenschaften zu analysieren. Es gibt sehr viele Begriffe und Sprachregelungen, die mit Differenzialgleichungen verknüpft sind und die helfen, die unterschiedlichen Probleme anhand ihrer Form und dem Verhalten ihrer Lösungen zu klassifizieren.

Eine Möglichkeit, Differenzialgleichungen zu klassifizieren, ist durch ihre **Ordnung** gegeben, die die höchste Ableitung bezeichnet, die in der Gleichung auftaucht.

BEISPIEL 23.3. Die Ordnung von

$$y^{(4)} - 45(y^{(3)})^{10} = \frac{1}{y+1}$$

ist 4, während die Ordnung von

$$\left(y^{(2)}\right)^5 = y$$

2 ist. Newtons Gesetz ist 2. Ordnung bezüglich der Ortskoordinate, jedoch 1. Ordnung bezüglich der Geschwindigkeit.

Im Allgemeinen erwarten wir, dass die Dinge mit steigender Ordnung komplizierter werden.

Differenzialgleichungen werden auch danach klassifiziert, in welcher Form die unbekannte Variable in der Gleichung auftaucht. Eine Differenzialgleichung n−ter Ordnung wird **linear** genannt , wenn sie in der Form

$$a_n(x)\frac{d^n y}{dx^n} + a_{n-1}(x)\frac{d^{n-1}y}{dx^{n-1}} + \cdots + a_1(x)\frac{dy}{dx} + a_0(x)y = f(x) \qquad (23.7)$$

geschrieben werden kann, d.h., wenn sie eine lineare Funktion der unbekannten Variablen und ihren Ableitungen ist; andernfalls wird sie **nichtlinear** genannt.

BEISPIEL 23.4. Die Differenzialgleichung

$$x^7 u'' + 2u' + 4u = \frac{1}{x}$$

ist linear und zweiter Ordnung, während

$$y\frac{dy}{dx} = x^3$$

nichtlinear und erster Ordnung ist. Auch die Differenzialgleichungen in Beispiel 23.3 sind nichtlinear. Newtons Gesetz kann linear oder nichtlinear sein, abhängig von der Kraft F. Das Hook'sche Federmodell ist linear. Einsteins Gesetz ist nichtlinear.

Im Allgemeinen ist zu erwarten, dass nichtlineare Differenzial-gleichungen zusätzliche Schwierigkeiten aufwerfen.

Übrigens, wenn wir eine Differenzialgleichung in der Form (23.7) schreiben, nehmen wir implizit an, dass auf dem Intervall, auf dem wir die Differenzialgleichung lösen wollen, $a_n(x) \neq 0$ gilt. Wenn auf dem Lösungsintervall in einigen Punkten $a_n(x) = 0$ gilt, heißt die Differenzialgleichung **entartet**. Im Allgemeinen wird eine Differenzialgleichung als entartet bezeichnet, wenn sich die Ordnung des Problems in einem Punkt bzw. in einigen Punkten ändert.

Entartete Probleme sind besonders schwierig.

In diesem Buch konzentrieren wir uns — mit einigen Ausnahmen — auf Differenzialgleichungen erster Ordnung. Die allgemeinste Differenzialgleichung erster Ordnung hat die Form

$$G(y', y, x) = 0$$

für eine Funktion G.

Gleichungen erster Ordnung werden danach klassifiziert, ob sie auf die Form

$$h(y(x))y'(x) = g(x)$$

für gewisse Funktionen h und g gebracht werden können; in diesem Fall werden sie **separabel** genannt. Falls nicht, werden sie **nicht-separabel** genannt.

BEISPIEL 23.5. Die folgenden Probleme sind separabel:

$$y' - y = 0 \to \frac{y'}{y} = 1$$

$$y' = 4x^2 y^3 \to \frac{y'}{y^3} = 4x^2$$

$$(y')^3 = 2x^3/(1+y) \to (1+y)^{1/3} y' = 2^{1/3} x,$$

während

$$(y')^2 + y - x = 0$$

$$y' + (y')^3 = 1$$

$$y' - y = x$$

alle nicht-separabel sind.

Es gibt eine allgemeine Technik, um separable Gleichungen prinzipiell zu lösen, die in Kapitel 39 beschrieben wird.

Im Allgemeinen sind nicht-separable Differenzialgleichungen schwieriger zu lösen.

23.4   Lösungen von Differenzialgleichungen

Es lohnt sich, den Unterschied zwischen dem Lösen von Differenzialgleichungen und algebraischen Gleichungen noch einmal aufzuzeigen. Eine Lösung einer algebraischen Gleichung, wie dem Modell vom matschigen Hof oder dem Modell der Abendsuppe, ist eine einzelne Zahl $\bar{x}$. Eine **Lösung** einer Differenzialgleichung ist eine Funktion, die der Differenzialgleichung in *allen* Punkten in einem gegebenen Intervall genügt.

BEISPIEL 23.6.   Durch Differenzieren können wir nachweisen,

dass $s(t) = t^3 - 2t + 4$ $s'(t) = 3t^2 - 2$ für alle t genügt.

BEISPIEL 23.7.   Durch Differenzieren können wir nachweisen, dass $f(x) = 6x^2$ der Beziehung $f'(x) = 2f(x)/x$ für alle $x > 0$ und alle $x < 0$ genügt, denn beim Nachrechnen erhalten wir $f'(x) = 12x = 2 \times 6x^2/x$.

BEISPIEL 23.8.   Durch Differenzieren können wir nachweisen, dass $y(x) = x^3/3$ der Gleichung $\left(y''(x)\right)^2 - 9y(x) = 5x^3$ für alle x genügt. Dies folgt, da $\left(y''(x)\right)^2 - 9y(x) = \left(2x\right)^3 - 3x^3 = 5x^3$.

Beachten Sie, dass eine Funktion *nicht* unbedingt eine Lösung einer Differenzialgleichung darstellt, nur da sie der Differenzialgleichung in einem einzelnen Punkt genügt.

BEISPIEL 23.9.   Die Funktion $y = 2x^2 - 4$ genügt der Differenzialgleichung $y' = 2(x - 1)^2$ nicht, da $y' = 4x - 4$ nicht in allen Punkten in einem Intervall gleich $2(x - 1)^2$ ist. Beachten Sie, dass $y'(x)$ die Differenzialgleichung in einzelnen Punkten wie $x = 1$ erfüllt.

Wir rücken dies in rechte Licht: Es gibt viele verschiedene Funktionen, die dieselbe Ableitung in einem einzelnen Punkt besitzen, wie in Abbildung 23.2 dargestellt. Aus diesem Grund *sollte zu einer Differenzialgleichung immer ein Definitionsbereich angegeben sein, auf dem die Lösung berechnet werden soll.* Falls ein Definitionsbereich nicht festgelegt ist, dann geht man davon aus, dass die Lösungsformel auf der gesamten reellen Achse gültig ist.

In diesem Buch betrachten wir zwei Ansätze für die Untersuchung von Differenzialgleichungen. Der erste Ansatz ist einfach, die Lösung zu raten. Für einige bestimmte Arten von Differenzialgleichungen ist es möglich, die Technik des Ratens von Lösungen ziemlich ausgefeilt und systematisch zu gestalten. Tatsächlich konzentriert sich ein altmodischeres Lehrbuch zur Infinitesimalrechnung darauf, die Kunst des Ratens bis zu einem hohen Niveau zu entwickeln. Wir tun dies hier nicht. Zum einen haben es symbolische Programme wie *MAPLE*© überflüssig gemacht. Zum anderen ist es Tatsache, dass die meisten Differenzialgleichungen, die in den Ingenieurwissenschaften und den Naturwissenschaften auftauchen, nicht durch Raten gelöst werden können.

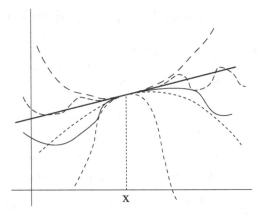

Abbildung 23.2: Jede dieser Funktionen hat dieselbe Ableitung im Punkt x, es kann aber nicht jede die Differenzialgleichung (23.8) auf einem Intervall, das x enthält, lösen.

Aus diesem Grund konzentrieren wir uns darauf, Algorithmen zu entwickeln, die die Approximation einer gegebenen Lösung auf jede gewünschte Genauigkeit erlauben und darauf Techniken der Analysis zu entwickeln, die Informationen über eine Lösung bereitstellen, ohne eine Formel für die Lösung zu kennen. Dieser Ansatz ist gänzlich analog dem Ansatz, den wir für die Untersuchung von Wurzel- und Fixpunktproblemen verwendet haben.

Wie auch immer, die Untersuchung von Differenzialgleichungen ist ein viel aufwendigeres und komplizierteres Thema als die Untersuchung von Gleichungen, deren Lösungen Zahlen sind. Die Tatsache, dass die Lösungen Funktionen sind, gibt der Sache ein ganz anderes Gesicht. Aus diesem Grund können wir in diesem Buch mit der Untersuchung von Differenzialgleichungen lediglich beginnen. Wir tun dies, indem wir eine Reihe von spezifischen Problemen betrachten, die die fundamentalen Ideen veranschaulichen. Ein Fahrplan der Probleme, die wir betrachten, sieht folgendermaßen aus:

Art des Problems	Kapitel
$y'' = \text{konstant}$	23
$y'(x) = f(x)$	24–27, 34
$y'(x) = c/x$	28
$y'(x) = cy(x)$	29
$y''(x) = cy(x)$	30
$y'(x) = f(y(x), x)$	39–41

Die Probleme sind mehr oder weniger nach zunehmendem Schwierigkeitsgrad angeordnet.

In den nächsten Kapiteln konzentrieren wir uns auf die einfachste Differenzialgleichung, die separable, lineare Differenzialgleichung erster Ordnung:

$$y'(x) = f(x). \tag{23.8}$$

Die Gleichung (23.8) legt die Steigung der Tangentengeraden für die Lösung $y(x)$ in jedem Punkt x in einem Intervall fest. Nachdem wir erörtert haben, wie man Lösungen für einige spezifische Probleme rät, wenden wir uns der Entwicklung der Integrationstheorie zu, die eine allgemeine, konstruktive Methode ist, um (23.8) zu lösen. Es stellt sich heraus, dass Integration ein fundamentales Werkzeug für die Lösung und Analyse aller Differenzialgleichungen ist und die folgenden Abschnitte machen intensiv Gebrauch von der Integration.

23.5 Eindeutigkeit von Lösungen

Bisher hat sich die Diskussion auf die Existenz von Lösungen konzentriert, aber es gibt ein weiteres Thema von praktischer Bedeutung, nämlich die **Eindeutigkeit** von Lösungen. Mit Eindeutigkeit meinen wir, dass es nur eine Lösung einer gegebenen Gleichung geben soll. Dies ist wünschenswert, denn falls es mehr als eine Lösung gibt, dann müssen wir entscheiden, welche Lösung die korrekte Beschreibung der Situation ist, die modelliert wird. Die Möglichkeit mehrer Lösungen kann leicht zu einer falschen Aussage und zu einem nicht-physikalischen Verhalten eines Modells führen.[5] Im Fall mehrer Lösungen müssen wir zusätzliche Informationen über die physikalische Situation benutzen, um die „physikalisch aussagekräftige" Lösung auszuwählen. Zusätzlich müssen wir bei der Konstruktion von Approximationen an eine Lösung sicherstellen, dass die richtige Lösung approximiert wird.

BEISPIEL 23.10. Das Modell von der Abendsuppe hat eine eindeutige Lösung im Gegensatz zum Modell vom matschigen Hof, $x^2 = 2$, das die Lösungen $x = \pm\sqrt{2}$ besitzt. Mit anderen Worten, mathematisch sind $x = \sqrt{2}$ und $x = -\sqrt{2}$ gültige Lösungen der Modellgleichung. Allgemein gilt, dass nichtlineare Probleme mehrere Lösungen haben. Im Modell vom matschigen Hof schließen wir einfach $x = -\sqrt{2}$ aus, weil es physikalisch gesehen bedeutungslos ist, da ein Hof keine negative Diagonale besitzen kann. Wenn wir den Bisektionsalgorithmus verwenden, um die Lösung zu berechnen, müssen wir mit einem Intervall beginnen, das die positive Wurzel und nicht die negative enthält. Der Bisektionsalgorithmus konvergiert genauso gut gegen $-\sqrt{2}$, wie gegen $\sqrt{2}$, wenn man ihm die Gelegenheit dazu gibt.

---

[5] Die Strömungslehre, die Lehre der Physik von Flüssigkeiten, ist berüchtigt für dieses Problem.

Die Diskussion über die Eindeutigkeit von Lösungen von Differenzialgleichungen wird durch die Tatsache kompliziert, dass Differenzieren Informationen über Funktionen zerstört. Dies ist schlicht die Beobachtung, dass wenn der Graph einer Funktion durch eine vertikale Verschiebung aus dem Graphen einer zweiten Funktion erzeugt werden kann, die zwei Funktionen dieselbe Ableitung in jedem Punkt besitzen. Wir veranschaulichen dies in Abbildung 23.3. Deshalb müssen wir oft, wenn wir versuchen, eine

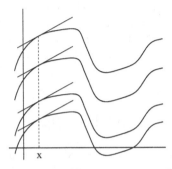

Abbildung 23.3: Jede dieser Funktionen besitzt dieselbe Ableitung in jedem Punkt x.

Funktion zu entdecken, die einer Differenzialgleichung genügt, zusätzliche Informationen angeben, um eine bestimmte Lösung auszuwählen.

Nehmen wir zum Beispiel an, dass $y = F(x)$ eine Lösung von (23.8) ist, $y' = f(x)$; d.h. wir nehmen an, dass $F(x)$ der Gleichung $F'(x) = f(x)$ auf einem Intervall genügt. Dann genügt auch jede Funktion der Form

$$y = F(x) + C$$

für eine Konstante C der Differenzialgleichung. Wenn wir einen Wert von y in einem Punkt angeben, dann können wir den Wert der Konstanten ermitteln. Wenn wir zum Beispiel festlegen, dass die Lösung von (23.8) den Wert y_0 im Punkt x_0 hat, dann können wir C bestimmen, indem wir

$$y_0 = F(x_0) + C$$

nach C auflösen.

BEISPIEL 23.11. $y = x^2$ genügt $y' = 2x$, ebenso $y = x^2 + 1$, $y = x^2 - 6$ und so weiter. Die einzige Lösung der Form $y = x^2 + C$ der Differenzialgleichung, die $y(0) = 1$ genügt, ist $y = x^2 + 1$.

Wir nehmen Bezug auf Abbildung 23.3: Wenn wir einen Wert der Lösung in einem Punkt angeben, können wir auswählen, welcher der verschobenen Graphen der Differenzialgleichung genügt.

BEISPIEL 23.12. Jede Funktion der Form $y = x^4/12 + C_1 x + C_2$ mit Konstanten C_1 und C_2 genügt der Differenzialgleichung

$$y'' = x^2.$$

Um eine eindeutige Lösung dieser Form festzulegen, können wir den Wert von y und/oder einiger ihrer Ableitungen in einem oder mehreren Punkten festlegen. Wenn wir zum Beispiel festlegen, dass $y(0) = 1$ und $y'(0) = 2$, erhalten wir die Gleichungen

$$y(0) = 0 + 0 + C_2 = 1,$$
$$y'(0) = 0 + C_1 = 2,$$

bzw. $C_2 = 1$ und $C_1 = 2$. Wenn wir festlegen, dass $y(0) = 1$ und $y(1) = 2$, erhalten wir

$$y(0) = 0 + 0 + C_2 = 1$$
$$y(1) = 1/12 + C_1 + C_2 = 2,$$

was $C_2 = 1$ und $C_1 = 11/12$ ergibt.

Der Ausdruck „Eindeutigkeit", wie er auf Lösungen von Differenzialgleichungen angewandt wird, hat deshalb in Abhängigkeit vom Kontext etwas unterschiedliche Bedeutungen. Wenn lediglich die Differenzialgleichung gegeben ist, dann bedeutet das Vorhandensein einer eindeutigen Lösung, dass die Lösung bis auf einige Konstanten eindeutig ist, welche bestimmt werden können, indem Informationen über die Lösung spezifiziert werden. Wenn die Differenzialgleichung und zusätzliche Daten gegeben sind, dann bedeutet eine eindeutige Lösung, dass es höchstens eine Funktion geben kann, die sowohl der Differenzialgleichung, als auch den zusätzlichen Daten genügen kann.

Der Nachweis der Eindeutigkeit kann oft schwierig sein. Tatsächlich kann es vorkommen, dass nichtlineare Differenzialgleichungen, ebenso wie algebraische Modelle, überhaupt keine eindeutige Lösung besitzen.

BEISPIEL 23.13. Die Funktionen $y(t) = 0$ für alle $t \geq 0$ und

$$y(t) = \begin{cases} 0, & 0 \leq t \leq a, \\ \dfrac{(t-a)^2}{4}, & t \geq a, \end{cases}$$

für jedes $a \geq 0$ genügen alle der Differenzialgleichung und den Daten

$$\begin{cases} y' = \sqrt{y}, & 0 \leq t, \\ y(0) = 0. \end{cases}$$

In dieser Situation müssen wir zusätzliche Informationen aus dem Modell verwenden, um die sinnvolle Lösung zu bestimmen.

Auf der anderen Seite ist es relativ einfach, Eindeutigkeit für die einfachste Differenzialgleichung (23.8) nachzuweisen. Wir können die Eindeutigkeit einer Lösung von (23.8) auf zwei äquivalente Weisen interpretieren:

- Wenn $y(x)$ der Gleichung (23.8) für alle x in einem Intervall genügt, dann besitzt jede andere Lösung die Form $y(x) + C$ mit einer Konstanten C.

- Es kann höchstens eine Funktion $y(x)$ geben, die (23.8) und einer zusätzlichen Bedingung $y(x_0) = y_0$ für einen Punkt x_0 im Intervall der Lösung und einen Wert y_0 genügt.

Der Satz, den wir beweisen werden, lautet:

Satz 23.1 *Wenn f auf einem Intervall I Lipschitz-stetig ist, dann gibt es auf I höchstens eine gleichmäßige, streng differenzierbare Lösung von* (23.8).[6]

Wir benutzen den Mittelwertsatz 21.1, um Satz 23.1 zu beweisen. Nehmen wir an, dass $y = F(x)$ und $y = G(x)$ zwei gleichmäßig streng differenzierbare Lösungen von $y' = f(x)$ auf dem Intervall I sind. Dies bedeutet, dass

$$F'(x) = G'(x) = f(x) \text{ für alle } x \text{ in } I,$$

und wir möchten beweisen, dass es eine Konstante C gibt, so dass $F(x) = G(x) + C$ für alle x in I ist.

Wenn wir die Funktion $E(x) = F(x) - G(x)$ definieren, dann genügt $y = E(x)$ der Differenzialgleichung $y' = 0$ für alle x in I und darüberhinaus ist sie auf I gleichmäßig streng differenzierbar. Wir möchten zeigen, dass $E(x)$ auf I konstant ist. Wir wählen zwei Punkte x_1 und x_2 in $[a, b]$. Nach dem Mittelwertsatz gibt es einen Punkt c zwischen x_1 und x_2, so dass

$$E(x_2) - E(x_1) = E'(c)(x_2 - x_1).$$

Allerdings ist $E'(c) = 0$ für ein jedes solches c, so dass $E(x_2) = E(x_1)$ für jedes x_1 und x_2 ist. Mit anderen Worten, E ist konstant.[7]

BEISPIEL 23.14. Die einzige Lösung der Differenzialgleichung $y' = 2x$ aus Beispiel 23.11 ist $y = x^2 + C$ mit einer Konstanten C.

---

[6] Übrigens besagt dieser Satz *nicht*, dass es eine Lösung gibt, lediglich, dass es höchstens eine Lösung gibt.

[7] Im Wesentlichen besagt dieser Beweis, dass (23.8) eine eindeutige Lösung hat, da die einzige Funktion mit einer Ableitung, die überall Null ist, die konstante Funktion ist.

23.6 Wir lösen Galileos Modell eines frei fallenden Objektes

Wir runden die Ideen dieses Kapitels ab, indem wir Galileos Modell eines frei fallenden Körpers lösen (23.4). Wir beginnen, indem wir (23.4) in eine Differenzialgleichung erster Ordnung für die Geschwindigkeit umschreiben:

$$v' = -g. \tag{23.9}$$

Dies ist einfacher, da nur eine statt zwei Ableitungen vorkommt.

Es stellt sich heraus, dass eine Lösung von (23.9) ziemlich einfach gefunden werden kann. Da lineare Funktionen konstante Ableitungen besitzen, können wir raten, dass eine lineare Funktion

$$v = ct + b \tag{23.10}$$

eine Lösung von (23.9) ist, wobei c und b Konstanten sind. Durch Substitution finden wir sofort heraus, dass $v' = c = -g$ und $v(t) = -gt + b$. Wir können den Wert von b nicht mit Hilfe der Differenzialgleichung (23.9) bestimmen, da die Ableitung einer Konstanten Null ergibt. Um eine bestimmte Lösung auszuwählen, nehmen wir an, dass die anfängliche Geschwindigkeit zum Zeitpunkt $t = 0$, $v(0) = v_0$ gegeben ist. Nach Einsetzen von $t = 0$ und $a = -g$ in (23.10) ergibt sich $b = v_0$ und

$$v = -gt + v_0, \tag{23.11}$$

wobei g und v_0 Konstanten sind, ist eine Lösung der Differenzialgleichung (23.9). Erinnern wir uns, dass Satz 23.1 impliziert, dass (23.11) die einzige Lösung der Differenzialgleichung (23.9) ist, die der **Anfangsbedingung** $v(0) = v_0$ genügt. Selbstverständlich müssen wir diese kennen, um vorherzusagen, wie das Objekt fällt.

Wir kehren zum Modell (23.4) zurück: Es bleibt die Differenzialgleichung

$$s' = -gt + v_0 \tag{23.12}$$

für Konstanten g und v_0 zu lösen. Wir erinnern uns, dass $(t^2)' = 2t$ und dass $(cf(t))' = cf'(t)$; also ist es natürlich anzunehmen, dass eine Lösung von (23.12) eine quadratische Funktion

$$s(t) = dt^2 + et + f$$

für Konstanten d, e und f ist. Ableiten und Einsetzen in (23.12) ergibt für alle t

$$2dt + e = -gt + v_0,$$

was bedeutet, dass $d = -g/2$ und $e = v_0$. Genauso wie beim vorherigen Problem können wir den Wert von f nicht aus der Differenzialgleichung bestimmen. Wenn wir jedoch eine anfängliche Höhe $s(0) = s_0$ festlegen, erhalten wir, dass $f = s_0$ und

$$s(t) = -\frac{g}{2}t^2 + v_0 t + s_0 \qquad (23.13)$$

ist eine Lösung von (23.4) mit einer Anfangsgeschwindigkeit v_0 bei $t = 0$ und einer anfänglichen Höhe von s_0. Außerdem impliziert Satz 23.1 erneut, dass dies die eindeutige Lösung ist.

Jetzt können wir die Position und Geschwindigkeit des fallenden Objektes wie gewünscht bestimmen.

BEISPIEL 23.15. Wenn die anfängliche Höhe des Objektes 15 m beträgt und es aus der Ruhelage fallengelassen wird, welche Höhe hat das Objekt zum Zeitpunkt $t = 0,5$ s? Wir erhalten:

$$s(3) = -\frac{9,8}{2}(0,5)^2 + 0 \times 0,5 + 15 = 13,775\,m.$$

Falls es zunächst mit 2 m/s hochgeworfen wird, beträgt die Höhe zum Zeitpunkt $t = 0,5$

$$s(3) = -\frac{9,8}{2}(0,5)^2 + 2 \times 0,5 + 15 = 14,775\,m.$$

Falls es zunächst mit 2 m/s nach unten geworfen wird, beträgt die Höhe bei $t = 0,5$:

$$s(3) = -\frac{9,8}{2}(0,5)^2 - 2 \times 0,5 + 15 = 12,775\,m.$$

BEISPIEL 23.16. Ein Objekt wird aus der Ruhelage fallengelassen und trifft den Erdboden nach $t = 5$ s. Aus welcher anfänglichen Höhe wurde das Objekt fallengelassen? Es gilt

$$s(5) = 0 = -\frac{9,8}{2}5^2 + 0 \times 5 + s_0,$$

also ist $s_0 = 122,5$ m.

Kapitel 23   Aufgaben

Die Aufgaben 23.1–23.2 befassen sich mit Modellierungen unter Verwendung von Newtons Bewegungsgesetz.

23.1. Ein Fahrradfahrer nimmt eine Kraft infolge des Windwiderstandes wahr, die proportional zum Quadrat der Geschwindigkeit ist und eine Kraft infolge der Reibung der Räder, die proportional zum Gewicht des Fahrrads und des Fahrers ist. Formulieren Sie eine Differenzialgleichung, die die Bewegung eines Fahrradfahrers modelliert, der die Küste mit einer anfänglichen Geschwindigkeit v_0 entlangfährt.

23.2. Allein gelassen treibt ein Holzwürfel mit 1 cm Kantenlänge in einem Wasserbehälter; eine Seite ist parallel zur Wasseroberfläche und 2/3 des Würfels sind untergetaucht. Auf den Würfel wirkt eine Aufwärtskraft, die der Menge des Wassers entspricht, die er verdrängt. Formulieren Sie eine Differenzialgleichung, die die Bewegung des Würfels modelliert, wenn er in die vertikale Richtung gestört wird.

Die Aufgaben 23.3–23.5 befassen sich mit der Klassifizierung von Differenzialgleichungen.

23.3. Geben Sie die Ordnungen der folgenden Differenzialgleichungen an:

(a) $(y^{(5)} - 2yy^{(2)})^3 = y' + x^2$ (b) $y'' + 45(y')^4 = x/(1+x)$
(c) $yy'y'' = 2$ (d) $(y^{(3)})^5 + (y^{(5)})^3 = y$.

23.4. Geben Sie an, ob die folgenden Differenzialgleichungen linear oder nichtlinear sind:

(a) $y^{(5)} - 2xy^{(2)} = y' + x^2$ (b) $y'' + 45(y')^4 = x$
(c) $xy'' + x^2y' + x^3y = 2$ (d) $y' = x(1+y)$
(e) $y^{(4)} + (1+y)y' = x$ (f) $y' = x + x^2 - 2x^3y$.

23.5. Entscheiden Sie, ob die folgenden Differenzialgleichungen separabel oder nicht-separabel sind:

(a) $y' + xy = 4x^2$ (b) $y' = x^2y^3$
(c) $y' + xy = y$ (d) $(1+x)yy' = (2+y)(1-x)$
(e) $(y' + y^{1/3})^3 = xy$ (f) $y' - 1 = y^2$.

Die Aufgaben 23.6–23.11 befassen sich mit der Existenz und der Eindeutigkeit von Lösungen von Differenzialgleichungen.

23.6. Bestimmen Sie, ob die angegebenen Funktionen den angegebenen Differenzialgleichungen auf einem Intervall genügen.

  (a) $y = x^2 - x$ und $y'' = 3$

  (b) $y = 1/(x+1)$ und $y''' = -6y^4$

  (c) $y = x^2 + 1/x$ und $(yx - 1)y' = 2x^4 - x$

(d) $y = x^4/4 + 4x^2$ und $y'' + y' = 2x^2 - x$

(e) $y = \dfrac{1}{12}x^4 - x^2$ und $\left(\dfrac{d^3y}{dx^3}\right)^2 + 4y = \dfrac{1}{3}x^4$

(f) $y = 6x^3 + 4x$ und $y'' - y' + y = 4x$

(g) $y = \dfrac{1}{x^2 + 1}$ und $y' = -2xy^2$.

23.7. (a) Weisen Sie nach, dass eine Funktion der Form $y = 2x^2 + C$ mit konstantem C der Gleichung $y' = 4x$ für alle x genügt. (b) Bestimmen Sie die Lösung, die $y(0) = 1$ genügt. (c) Bestimmen Sie die Lösung, die $y(2) = 3$ genügt.

23.8. (a) Weisen Sie nach, dass eine Funktion der Form $y = x^3/3 + C_1 x + C_0$ mit konstanten C_1 und C_0 der Gleichung $y^{(3)} + y^{(2)} = 2 + 2x$ für alle x genügt. (b) Bestimmen Sie die Lösung, die $y(0) = 1$ und $y'(0) = 2$ genügt. (c) Bestimmen Sie die Lösung, die $y(0) = 3$ und $y(1) = 1$ genügt.

23.9. Weisen Sie nach, dass jede Funktion der Form

$$y = \frac{x^5}{5!} + C_4 x^4 + C_3 x^3 + C_2 x^2 + C_1 x + C_0$$

mit konstanten $C_0, \cdots, C_5$ der Gleichung $y^{(5)} = 1$ für alle x genügt.

23.10. Überprüfen Sie die Behauptungen in Beispiel 23.13.

23.11. Weisen Sie nach, dass beide Funktionen $y = x^2$ und $y = -x^2$ der Differenzialgleichung $(y')^2 = 4x^2$ und den Daten $y(0) = 0$ genügen.

Die Aufgaben 23.12–23.15 befassen sich mit Galileos Modell eines frei fallenden Objektes.

23.12. Ein Wagen fährt mit konstanter Beschleunigung von 30 km/h². Wie schnell fährt es nach 2 Stunden, wenn es aus dem Stand losfährt?

23.13. Ein Objekt wird aus einer Höhe von 120 Metern hoch in die Luft mit 2,5 Meter/Sekunde geworfen. (a) Wie hoch ist das Objekt nach 1 Sekunde? (b) Wann trifft das Objekt auf den Erdboden?

23.14. Ein Objekt wird aus einer Höhe von 95 Metern abwärts geworfen und berührt den Erdboden nach 4 Sekunden. Wie schnell wurde es abwärts geworfen?

23.15. Ein Ball wird vom Erdboden mit 20 Metern/Sekunde hoch geworfen. Welche maximale Höhe erreicht der Ball?

Aufgabe 23.16 ist ein relativ schwieriges Modellierungsproblem, das insofern realistisch ist, als dass es mit Daten beginnt, die in einem Laborexperiment gemessen wurden.

23.16. Das Ziel dieser Aufgabe ist, eine Differenzialgleichung zu formulieren, die beschreibt, wieviel eines bestimmten Medikaments, das in der Blutbahn vorhanden ist, mit voranschreitender Zeit in den Körper aufgenommen wurde. Eine Menge eines Medikaments wurde in die Blutbahn eines Kaninchens gespritzt und dann die verbleibende Konzentration des Medikaments in Mikrogramm pro Milliliter ($\mu g/mL$) aus Blutproben gemessen, die periodisch entnommen wurden. Dies ergibt die folgenden Ergebnisse:

Zeit (Sek.)	Konzentration des Medikaments ($\mu g/mL$)
3,00	1,639
3,05	1,613
3,10	1,587
3,15	1,563
3,20	1,538
3,25	1,515
3,30	1,493
3,35	1,471
3,40	1,449
3,45	1,429
3,50	1,408

Wir nehmen an, dass das Medikament intravenös mit einer konstanten Rate von r $\mu g/mL$/Sek.

gegeben wird. Formulieren Sie eine Differenzialgleichung, die die Menge des Medikaments in der Blutbahn modelliert. *Hinweis:* Verwenden Sie die oben angegebenen Daten, um eine Modellierungsannahme darüber zu finden, wie schnell der Körper das Medikament aufgenommen hat. Um dies zu tun, berechnen Sie durchschnittliche Änderungsraten zu den verschiedenen Zeiten. Nehmen Sie an, dass die Änderungsrate aufgrund der Aufnahme proportional zu einer Potenz der Medikamentenmenge im Blut ist und verwenden Sie Logarithmen und eine lineare Kleinste-Quadrate-Approximation, um den Exponenten und die Proportionalitätskonstante aus den durchschnittlichen Änderungsraten zu bestimmen.

24
Unbestimmte Integration

In diesem Kapitel betrachten wir die Lösung von linearen, separablen Gleichungen erster Ordnung,

$$y'(x) = f(x), \tag{24.1}$$

für die wir explizite Lösungen finden können, d.h. in Form einer Formel, die bekannte Funktionen beinhaltet. Wir nennen das Verfahren des Ratens einer eindeutigen Lösung von (24.1) **unbestimmte Integration** und eine Lösung y wird eine **Stammfunktion** von f genannt.

Die Lösung von Differenzialgleichungen teilt viele Eigenschaften mit der Lösung von algebraischen Modellen. Erinnern wir uns, dass es zwei Arten von algebraischen Modellen gibt. Die erste Art, wie das Modell von der Abendsuppe (1.1), besitzt rationale Lösungen, die unter Verwendung einer endlichen Anzahl von Rechenoperationen berechenbar sind. Im Gegensatz dazu besitzt die zweite Art, wie das Modell vom matschigen Hof, irrationale Lösungen, die nur unter Verwendung eines iterativen Algorithmus approximiert werden können. Die Tatsache, dass die meisten algebraischen Modelle in die zweite Kategorie fallen, bildete die Motivation für einen Großteil der folgenden Kapitel über Folgen, Konvergenz, reelle Zahlen, Fixpunktiterationen und so weiter, in denen wir uns bemüht haben, systematische Methoden für die Approximation von Lösungen zu entwickeln.

Ähnlich verläuft es bei den Differenzialgleichungen. Es gibt einige Aufgaben, für die wir durch simples Raten der richtigen Antwort explizite Lösungen bestimmen können. Tatsächlich können wir das Raten zu einem ziemlich raffinierten und systematischen Instrument machen und in diesem Kapitel entwickeln wir einige Ideen, die uns dabei weiterhelfen. Unglücklicherweise gibt es relativ wenige Differenzialgleichungen, für die wir explizite Lösungen raten können. Also müssen wir für die überwiegende Mehrheit von Differenzialgleichungen, die in den Naturwissenschaften und den Ingenieurwissenschaften auftauchen, auf konstruktive Algorithmen zur Approximation von Lösungen zurückgreifen. Wir beginnen in Kapitel 25, uns auf die Entwicklung konstruktiver Techniken zur Approximation von Lösungen zu konzentrieren.

24.1   Unbestimmte Integration

Wir entwickeln jetzt die allgemeine Methode des Ratens der Lösung von (24.1). Die Idee ist, Stammfunktionen für einige elementare, einfache Aufgaben zu berechnen und dann Wege zu entwickeln, diese „Sammlung" von Lösungen zu benutzen, um kompliziertere Aufgaben zu lösen. Wir erhalten die elementaren Stammfunktionen einfach, indem wir eine Funktion F wählen und differenzieren, um $f = F'$ zu bekommen. Da die Stammfunktion einer gegebenen Funktion eindeutig ist, schließen wir, dass jede Stammfunktion von f als $F+C$ mit einer Konstanten C geschrieben werden kann.

BEISPIEL 24.1. Erstens folgt aus

$$\frac{d}{dx}(x^2) = 2x,$$

dass jede Stammfunktion von $y' = 2x$ die Form $y = x^2 + C$ mit einer Konstanten C hat. Zweitens bedeutet

$$\frac{d}{dx}(x^{-1}) = -x^{-2},$$

dass jede Stammfunktion von $y' = -x^{-2}$ die Form $y = x^{-1} + C$ mit einer Konstanten C hat.

Tatsächlich führt dieses Argument sofort auf die allgemeine Regel. Da

$$\frac{d}{dx}\frac{x^{m+1}}{m+1} = x^m, \qquad m \neq -1,$$

ist jede Stammfunktion von $y' = x^m$ $y = x^{m+1}/(m+1) + C$ für $m \neq -1$.

24.2   Das unbestimmte Integral

An diesem Punkt benötigen wir eine gut geeignete Schreibweise für die Stammfunktion einer gegebenen Funktion. Wir benutzen die Notation, die von Leibniz erfunden wurde. Der Grund für diese Schreibweise wird deutlicher, wenn wir konstruktive Methoden zur Berechnung von Stammfunktionen untersuchen.

Gegeben sei eine Funktion f, wir verwenden

$$\int f(x)\,dx$$

um *alle* Stammfunktionen von f zu bezeichnen. Wir nennen $\int f(x)\,dx$ auch das **unbestimmte Integral** oder das **Integral** von f. Das Verfahren, eine Stammfunktion einer Funktion f zu berechnen, wird das Integrieren von f genannt, oder einfach **Integration**. Wenn f eine Stammfunktion besitzt, sagen wir, dass f **integrierbar** ist.

BEISPIEL 24.2. Aufgrund von Beispiel 24.1 schließen wir, dass

$$\int 2x\,dx = x^2 + C$$
$$\int -x^{-2}\,dx = x^{-1} + C$$

mit Konstanten C gilt.

Durch Extrapolation aus diesen Beispielen erhalten wir auch die allgemeine Regel

$$\int x^m\,dx = \frac{x^{m+1}}{m+1} + C, \quad m \neq -1, \tag{24.2}$$

mit einer Konstanten C. Diese **Potenzregel** ist der erste Eintrag in die Sammlung von Integrationsformeln, die wir mental mit uns herumtragen.

Da die Stammfunktion von y' die Funktion $y + C$ mit einer beliebigen Konstanten C ist, erhalten wir die schöne Formel

$$\int y'(x)\,dx = \int \frac{dy(x)}{dx}\,dx = y(x) + C. \tag{24.3}$$

Dies motiviert den Namen „Stammfunktion".

Im Integral von f wird $\int$ das **Integralzeichen** und x die **Integrationsvariable** genannt. Der **Integrand** ist f. Beachten Sie, dass die Integrationsvariable in dem Sinne eine Platzhaltervariable ist, dass der Gebrauch eines anderen Namens einfach der Umbenennung der unabhängigen Variablen entspricht.

BEISPIEL 24.3.

$$\int 2z\,dz = z^2 + C$$
$$\int -r^{-2}\,dr = r^{-1} + C$$

mit Konstanten C.

Diese Umbenennung ändert die Stammfunktion nicht.

24.3   Fortgeschrittenes Rätselraten

Im verbleibenden Teil dieses Kapitels zeigen wir, wie man einige bekannte Integrationsformeln wie (24.2) wirksam zu einer Technik zur Berechnung von Integralen von komplizierteren Funktionen einsetzt. Dazu leiten wir Eigenschaften des Integrals ab, die auf Eigenschaften der Ableitung beruhen.

Zunächst gilt, wenn f und g differenzierbar sind und c eine Konstante ist, $D(cf) = cDf$ und $D(f + g) = Df + Dg$. Wir schließen daraus den folgenden Satz:

Satz 24.1 Die Linearität der Integration   *Wenn f und g auf einem gemeinsamen Intervall integrierbare Funktionen sind und c_1 und c_2 konstant sind, dann gilt*

$$\int (c_1 f + c_2 g)(x)\, dx = \int (c_1 f(x) + c_2 g(x))\, dx$$

$$= c_1 \int f(x)\, dx + c_2 \int g(x)\, dx. \quad (24.4)$$

Dies ist bei der Berechnung einiger komplizierter Integrale sehr nützlich.

BEISPIEL 24.4.

$$\int 5s^{10}\, ds = 5 \int s^{10}\, ds = \frac{5}{11}s^{11} + C$$

$$\int (x^2 - 8x)\, dx = \int x^2\, dx - 8 \int x\, dx = \frac{x^3}{3} - 4x^2 + C$$

$$\int (t - \frac{1}{t^2})\, dt = \int t\, dt - \int \frac{1}{t^{-2}}\, dt = \frac{t^2}{2} + \frac{1}{t} + C.$$

Natürlich können wir immer die Antwort überprüfen:

$$\frac{d}{dx}\left(\frac{x^3}{3} - 4x^2 + C\right) = x^2 - 8x.$$

Beachten Sie, dass die Konstanten C nicht eindeutig ist. Es liegt nahe zu denken, dass wir zwei oder mehrere Konstanten in einigen dieser Beispiele benötigen. Wenn wir zum Beispiel die Integrale

$$\int (x^2 - 8x)\, dx = \int x^2\, dx - 8 \int x\, dx$$

berechnen, erhalten wir offenbar

$$\frac{x^3}{3} + C_1 - 4x^2 + C_2$$

mit Konstanten C_1 und C_2. Allerdings summieren wir diese Konstanten einfach, um $C = C_1 + C_2$ zu erhalten. Immer, wenn eine Summe von Konstanten auftaucht, die sich aus verschiedenen Integralen ergeben, benennen wir einfach die Summe zu einer neuen Konstanten C um.

BEISPIEL 24.5. Wir können sogar ein abstraktes Beispiel behandeln. Wenn $a_0, \cdots, a_n$ Konstante sind, dann ist

$$\int (a_0 + a_1 x + a_2 x^2 + \cdots a_n x^n)\, dx$$

$$= a_0 x + \frac{a_1}{2} x^2 + \frac{a_{n+1}}{n+1} x^n + C,$$

bzw. unter Verwendung der Σ Notation:

$$\int \left(\sum_{i=0}^{n} a_i x^i \right) dx = \sum_{i=0}^{n} \frac{a_i}{i+1} x^{i+1} + C.$$

Mit anderen Worten, die Kombination von Potenzregel und Linearitätseigenschaft (24.4) erlaubt uns, jedes Polynom zu integrieren.

24.4   Die Substitutionsmethode

Wir haben gesehen, wie uns die Linearitätseigenschaften der Ableitung ermöglichen, kompliziertere Integrale zu berechnen. In diesem Abschnitt zeigen wir, wie man die Kettenregel der Ableitung verwendet, um Integrale zu berechnen. Erinnern wir uns, dass die Kettenregel besagt, dass wenn g und u differenzierbare Funktionen sind,

$$\frac{d}{dx} g(u(x)) = g'(u(x)) u'(x).$$

Aus (24.3) schließen wir sofort, dass

$$\int g'(u(x)) u'(x)\, dx = g(u(x)) + C \qquad (24.5)$$

mit einer Konstanten C. Dies wird die **Substitutionsmethode** genannt.

BEISPIEL 24.6. Betrachten wir

$$\int (x^2 + 1)^{10}\, 2x\, dx.$$

Wir setzen $g'(u) = u^{10}$ und $u(x) = x^2 + 1$; also $u'(x) = 2x$ und das Integral hat genau die Form

$$\int (x^2 + 1)^{10}\, 2x\, dx = \int g'(u(x)) u'(x)\, dx.$$

Wir wissen, dass

$$g'(u) = u^{10} \rightarrow g(u) = \frac{u^{11}}{11} + C;$$

also schließen wir aus (24.5), dass

$$\int (x^2 + 1)^{10}\, dx = g(u) + C = \frac{u^{11}}{11} + C = \frac{(x^2 + 1)^{11}}{11} + C.$$

Zur Probe:

$$\frac{d}{dx}\left(\frac{(x^2 + 1)^{11}}{11} + C \right) = (x^2 + 1)^{10} \times 2x.$$

Beachten Sie, dass wir typischerweise ein Integral auf mehrere unterschiedliche Weisen berechnen können. In diesem Fall könnten wir $(x^2 + 1)^{10}$ ausmultiplizieren und die Kniffe aus dem vorhergehenden Abschnitt benutzen. Dies würde jedoch viel mehr Zeit und Aufwand in Anspruch nehmen.

Die Substitutionsmethode, oder kurz Substitution, ist das leistungsfähigste Instrument zur Berechnung von Integralen. Um es effektiv einzusetzen, erfordert es jedoch viel Praxis, so dass Muster leicht erkannt werden können. Im Allgemeinen ist die Idee, eine Funktion g' zu wählen, von der wir wissen, wie sie integriert wird.

Beispiel 24.7. Betrachten wir

$$\int \frac{3s^2 + 1}{(s^3 + s)^2}\, ds.$$

Wir können

$$g'(u) = \frac{1}{u^2} \rightarrow g(u) = \int g'(u)\, du = \frac{-1}{u} + C$$
$$u(s) = s^3 + s \rightarrow u'(s) = 3s^2 + 1$$

so wählen, dass das Integral die notwendige Form für (24.5) besitzt, d.h.,

$$\int \frac{3s^2 + 1}{(s^3 + s)^2}\, ds = \int \frac{1}{(s^3 + s)^2} (3s^2 + 1)\, ds = \int g'(u(s))u'(s)\, ds.$$

Wir schließen, dass

$$\int \frac{3s^2 + 1}{(s^3 + s)^2}\, ds = g(u) + C = \frac{-1}{u} + C = \frac{-1}{x^3 + x} + C.$$

Beachten Sie, dass wir die Substitution mit den Linearitätseigenschaften des Integrals kombinieren können.

BEISPIEL 24.8. Betrachten wir

$$\int \frac{\left(x^{-2} - 4\right)^4}{x^3}\, dx.$$

Um die Substitution zu verwenden, ist es verlockend

$$g'(u) = u^4 \rightarrow g(u) = \int g'(u)\, du = \frac{u^5}{5} + C$$
$$u(x) = x^{-2} - 4 \rightarrow u'(x) = -2x^{-3}$$

zu wählen. Das Problem ist, dass u' nicht vollständig im Integral

$$\int \frac{\left(x^{-2} - 4\right)^4}{x^3}\, dx = \int \left(x^{-2} - 4\right)^4 x^{-3}\, dx$$

auftaucht, da wir keinen Faktor -2 haben. Andererseits gilt $\int cf(x)\, dx = c\int f(x)\, dx$ für jedes *konstante* c. Also können wir

$$\int \left(x^{-2} - 4\right)^4 x^{-3}\, dx = \frac{-1}{2} \times -2 \times \int \left(x^{-2} - 4\right)^4 x^{-3}\, dx$$

$$= \frac{-1}{2} \int \left(x^{-2} - 4\right)^4 \times -2x^{-3}\, dx$$

$$= \frac{-1}{2} \int g'(u(x))u'(x)\, dx$$

schreiben und schließen, dass

$$\int \frac{\left(x^{-2} - 4\right)^4}{x^3}\, dx = \frac{-1}{2} \times \frac{\left(x^{-2} - 4\right)^5}{5} + C = \frac{-1}{10}\left(x^{-2} - 4\right)^5 + C.$$

Denken Sie daran, dass man konstante Faktoren aus dem Integral „herausziehen" (bzw. „hineinziehen") kann, dass dies mit Funktionen aber nicht zulässig ist.

24.5   Die Sprache der Differenziale

Die oben beschriebene Verwendung der Substitution ist ein bißchen unangenehm, da die Notation schwerfällig ist. Um es einfacher zu machen, können wir mit Hilfe der Sprache der Differenziale, die auf Leibniz zurückgeht, die Notation verbessern. Für eine differenzierbare Funktion u definieren wir das **Differenzial** du von u als

$$du = u'\, dx.$$

Das Differenzial der Funktion x ist natürlich nichts anderes als dx.

BEISPIEL 24.9. Wenn $u(x) = (x^4 - x^3 + 3)^9$, dann

$$du = 9(x^4 - x^3 + 3)^8 (4x^3 - 3x^2)\, dx.$$

Außerdem gilt

$$d(4 - x^3)^2 = 2(4 - x^3) \times -3x^2\, dx.$$

Es ist verlockend zu denken, dass wir diese Schreibweise erhalten, indem wir beide Seiten von

$$\frac{du}{dx} = u'$$

mit dx multiplizieren und dann dx auf der linken Seite kürzen. Natürlich können wir dies nicht wirklich tun; das dx im Nenner der Ableitung gehört nicht zu einem Bruch. Es gibt nur die Variable an, nach der wir ableiten. Nichtsdestotrotz ist es nützlich, sich Differenziale als Quantitäten vorzustellen, die unter Verwendung von einfacher Arithmetik manipuliert werden können.

Wir definieren die arithmetischen Operationen für Differenziale so, dass sie mit den Eigenschaften der Ableitung im Einklang stehen. Wenn zum Beispiel u und v differenzierbar sind, dann $(u + v)' = u' + v'$. Daher definieren wir

$$d(u + v) = du + dv.$$

Ebenso gilt für eine Konstante c

$$d(cu) = c\, du.$$

Mit diesen Eigenschaften impliziert die Produktregel, dass

$$d(uv) = (uv)'dx = (uv' + vu')\, dx = u\, dv + v\, du.$$

In der Sprache der Differenziale liest sich die Kettenregel, die auf $g \circ u$ angewendet wird, wobei g und u differenzierbar sind, als:

$$dg \circ u = g'(u)u'\, dx = g'(u)\, du.$$

Die letzte Gleichung hängt mit der Substitution zusammen.

BEISPIEL 24.10. Betrachten wir noch einmal

$$\int \frac{3s^2 + 1}{(s^3 + s)^2}\, ds.$$

Erinnern wir uns, dass wir

$$g'(u) = \frac{1}{u^2} \text{ und } u(s) = s^3 + s \to du = (3s^2 + 1)\, ds$$

wählten. Wir benutzen Differenziale und erhalten

$$\int \frac{3s^2 + 1}{(s^3 + s)^2}\, ds = \int \frac{1}{u^2}\, du = \frac{-1}{u} + C = \frac{-1}{x^3 + x} + C.$$

BEISPIEL 24.11. Betrachten wir noch einmal

$$\int \frac{\left(x^{-2} - 4\right)^4}{x^3}\, dx.$$

Wir wählen
$$g'(u) = u^4 \text{ und } u(x) = x^{-2} - 4.$$

Da $du = -2x^{-3}\, dx$, erhalten wir

$$\int \left(x^{-2} - 4\right)^4 x^{-3}\, dx = \frac{-1}{2} \int \left(x^{-2} - 4\right)^4 \times -2x^{-3}\, dx$$

$$= \frac{-1}{2} \int u^4\, du = \frac{-1}{2} \times \frac{u^5}{5} + C$$

$$= \frac{-1}{10}(x^{-2} - 4)^5 + C.$$

Bemerken Sie, dass die Differenzialschreibweise verdeutlicht, dass wir den Namen der Integrationsvariablen beliebig ändern können, ohne die Ergebnisse zu beinflussen. Mit anderen Worten,

$$\int g(u)\, du = \int g(s)\, ds = \int g(x)\, dx,$$

und so weiter. Aus diesem Grund nennen wir die Integrationsvariable eine Platzhaltervariable.

Wir können ziemlich komplizierte Integrale mit Hilfe der Methode der Substitution behandeln.

BEISPIEL 24.12. Betrachten wir

$$\int (2x^7 - 4x^3)\left((x^4 - 2)^2 + 3\right)^7 dx.$$

Wir setzen
$$g'(u) = u^7 \text{ und } u = (x^4 - 2)^2 + 3$$

und erhalten

$$\int (2x^7 - 4x^3)\left((x^4 - 2)^2 + 3\right)^7 dx$$

$$= \frac{1}{4} \int \left((x^4 - 2)^2 + 3\right)^7 \times 2(x^4 - 2) \times 4x^3\, dx$$

$$= \frac{1}{4} \int u^7\, du.$$

Deshalb gilt

$$\int (2x^7 - 4x^3)\left((x^4 - 2)^2 + 3\right)^7 dx = \frac{\left((x^4 - 2)^2 + 3\right)^8}{32} + C.$$

24.6   Die Methode der partiellen Integration

Die letzte Methode, die wir untersuchen, beruht auf der Produktregel. Wenn u und v differenzierbare Funktionen sind, dann gilt

$$(uv)' = uv' + u'v,$$

was sofort

$$\int u(x)v'(x)\,dx + \int u'(x)v(x)\,dx = \int (u(x)v(x))'\,dx = u(x)v(x)$$

ergibt. Normalerweise wird dies zur **Formel der partiellen Integration**

$$\int u(x)v'(x)\,dx = u(x)v(x) - \int u'(x)v(x)\,dx \qquad (24.6)$$

umgeschrieben. Wir benutzen Differenziale und erhalten

$$\int u\,dv = uv - \int v\,du. \qquad (24.7)$$

BEISPIEL 24.13.   Wir berechnen das Integral:

$$\int (x^2 + 4)^7\,x^3\,dx.$$

Der Versuch, die Substitutionsmethode anzuwenden, führt nicht weiter. Wenn wir zum Beispiel $u = x^2 + 4$ setzen, dann erhalten wir $du = 2x\,dx$. Allerdings befindet sich noch ein Faktor x^3 im Integrand, nicht x, und wir können keine Funktionen aus dem Integral „herausziehen".

Andererseits weist dieser erfolglose Versuch aber den Weg zum Gebrauch der partiellen Integration. Wir stellen fest, dass wir $(x^2 + 4)^7 x$ integrieren können und schreiben das Integral als

$$\int x^2\,(x^2 + 4)^7\,x\,dx.$$

Jetzt wählen wir

$$u = x^2 \qquad dv = (x^2 + 4)^7 x\,dx$$

$$du = 2x\,dx \qquad v = \frac{1}{2}\frac{(x^2 + 4)^8}{8}.$$

Beachten Sie, dass wir keine Konstante in der Stammfunktion von dv berücksichtigen, da die Konstante nach dem letzten Integral in die Formel der partiellen Integration hinzugefügt wird. Jetzt impliziert (24.7), dass

$$\int (x^2+4)^7\, x^3\, dx = uv - \int v\, du$$

$$= x^2 \times \frac{1}{2}\frac{(x^2+4)^8}{8} - \int \frac{1}{2}\frac{(x^2+4)^8}{8} 2x\, dx$$

$$= \frac{1}{16}x^2(x^2+4)^8 - \frac{1}{8}\int (x^2+4)^8 x\, dx.$$

Wir behandeln das letzte Integral mit Hilfe der Substitution mit $u = x^2+8$ und erhalten

$$\int (x^2+4)^7\, x^3\, dx = \frac{1}{16}x^2(x^2+4)^8 - \frac{1}{144}(x^2+4)^9 + C,$$

wobei $144 = 8 \times 2 \times 9$.

24.7 Bestimmte Integrale

Da das Integral von f alle Stammfunktionen von f repräsentiert, nennen wir es auch die **allgemeine Lösung** der Differenzialgleichung (24.1). Manchmal möchten wir aber die Stammfunktion einer gegebenen Funktion f berechnen, die nicht nur (24.1) genügt, sondern zusätzlich einen bestimmten Wert in einem bestimmten Punkt annimmt. Eine Lösung der Differenzialgleichung (24.1), die einen bestimmten Wert in einem bestimmten Punkt annimmt, wird auch eine **bestimmte Lösung** der Differenzialgleichung genannt.

Erinnern wir uns, dass wir

$$\begin{cases} y'(x) = f(x), \\ y(a) = y_a, \end{cases}$$

lösen, wobei y_a der Wert ist, den wir für y im Punkt a festgelegt haben, indem wir zuerst eine beliebige Stammfunktion von f gefunden haben, sagen wir F, also $F' = f$, und dann die Tatsache benutzen, dass jede weitere Stammfunktion von f, einschließlich der gewünschten, als $y = F + C$ mit einer Konstanten C geschrieben werden kann. Wir setzen dies ein und lösen

$$y(a) = y_a = F(a) + C$$

nach C auf und erhalten $y = F + (y_a - F(a))$.

BEISPIEL 24.14. Wir lösen

$$\begin{cases} y' = 2x, \\ y(0) = 4, \end{cases}$$

indem wir zuerst beachten, dass $y = \int 2x\,dx = x^2 + C$ die Stammfunktion ist und dann $4 = 0^2 + C$ nach C auflösen, um $y = x^2 + 4$ zu erhalten.

Beachten Sie, dass das Auflösen nach C insbesondere dann einfach ist, wenn die zu berechnende Stammfunktion F die Eigenschaft $F(a) = 0$ besitzt. Dann gilt $C + F(a) = C = y_a$ und

$$y = F + y_a.$$

Wir wandeln die Integralschreibweise ab, um diese bestimmte Stammfunktion zu bezeichnen. Das **bestimmte Integral**

$$\int_a^x f(s)\,ds$$

bezeichnet die Stammfunktion von f, die bei $x = a$ den Wert Null hat. Es gilt nämlich:

$$F(x) = \int_a^x f(s)\,ds \text{ genau dann, wenn } F'(x) = f(x) \text{ und } F(a) = 0.$$

Diese Notation geht auf Fourier[1] zurück.

BEISPIEL 24.15.

$$\int_0^x 2s\,ds = x^2$$

$$\int_1^x 2s\,ds = x^2 - 1$$

$$\int_2^x 2s\,ds = x^2 - 4$$

Wenn F eine beliebige Stammfunktion von f ist, dann ist $F(x) - F(a)$ die Stammfunktion von f, die in a Null ist. Wir schließen daher, dass

$$F(x) - F(a) = \int_a^x f(s)\,ds,$$

---

[1] Der französische Mathematiker Jean Baptiste Joseph Fourier (1768–1830) hatte eine interessante und abwechslungsreiche Karriere. Er wurde nicht nur als einer der führenden Mathematiker seiner Generation betrachtet, sondern er war auch ein politischer Verwalter, der von Napoleon hoch geschätzt wurde. Fourier ist am besten für seine Theorie der Wärme bekannt, die die trigonometrische Reihe verwendet, die jetzt die Fourierreihe genannt wird. Andererseits war Fouriers Analysis manchmal nicht völlig rigoros und deshalb umstritten. Dennoch bedeutete seine Arbeit einen wichtigen Fortschritt im Hinblick auf die letztendlich rigorose Behandlung von Funktionen und unendlichen Reihen.

wenn F eine Stammfunktion von f ist. Insbesondere gilt

$$y(x) - y(a) = \int_a^x y'(x)\,dx. \tag{24.8}$$

BEISPIEL 24.16. Wir berechnen die Höhe eines Teilchens zum Zeitpunkt t, das aus einer anfänglichen Höhe von 37 m mit einer anfänglichen Geschwindigkeit von 0 m/s herunterfällt. In diesen Variablen wird (24.8) zu:

$$s(t) - s(0) = \int_0^t s'(r)\,dr,$$

also ist mit (23.12)

$$s(t) - s(0) = \int_0^t (-gr)\,dr = -g\frac{t^2}{2},$$

oder

$$s(t) = 37 - 4,9t^2.$$

Der tiefgestellte Index am Integralzeichen, hier a, wird die **untere Grenze** des Integrals genannt und bezeichnet den Punkt, in dem die Stammfunktion Null ist. Der obere Index am Integralzeichen, hier x, wird die **obere Grenze** des Integrals genannt und bezeichnet die unabhängige Variable, die für die Stammfunktion verwendet wird. Gelegentlich benötigen wir eigentlich den Wert der Stammfunktion nur in einem Punkt und dann werden wir diesen Punkt für x einsetzen.

BEISPIEL 24.17.

$$\int_{-1}^{3} x^3\,dx = \frac{3^4}{4} - \frac{(-1)^4}{4} = 20.$$

Wenn wir die Substitution verwenden, um ein bestimmtes Integral auszurechnen, müssen wir auch die Grenzen ändern.

BEISPIEL 24.18. Um

$$\int_1^x (2s^3 + 6s)^4 (s^2 + 1)\,ds$$

zu berechnen, benutzen wir die Substitution

$$u = 2s^3 + 6s \rightarrow du = (6s^2 + 6)\,ds = 6(s^2 + 1)\,ds.$$

Damit können wir das Integral berechnen, allerdings sind die Grenzen für die Integrationsvariable s nicht dieselben wie die für die Variable *u*. Wir müssen also auch die Grenzen ändern. Dies ist aber einfach. Da $u = 2s^3 + 6s$, erhalten wir für $s = 1$ den Wert $u = 2 + 6 = 8$ und für $s = x$ ergibt sich $u = 2x^3 + 6x$. Also

$$\int_1^x (2s^3 + 6s)^4 (s^2 + 1)\, ds = \frac{1}{6} \int_8^{2x^3 + 6x} u^4\, du$$

$$= \frac{1}{6}\left(\frac{(2x^3 + 6x)^5}{5} - \frac{8^5}{5} \right).$$

Kapitel 24   Aufgaben

24.1. Berechnen Sie die folgenden Stammfunktionen:

(a) $\int x^3\,dx$

(b) $\int \dfrac{1}{s^3}\,ds$

(c) $\int t^{1256}\,dt$

(d) $\int 7u^5\,du$

(e) $\int (2r^{-99} - 4r^9)\,dr$

(f) $\int \left(\dfrac{74}{5x^{23}} + \dfrac{3}{x^6} + x^{61} \right) dx$

(g) $\int (x - 5)(x^3 - 2x^2)\,dx$

(f) $\int \left(\dfrac{4}{x^2} - x \right) \dfrac{1}{x^3}\,dx$.

24.2. Gegeben sei $u(x) = 2x^4 - x^2$ und $v(x) = x^{-3}$, berechnen Sie

(a) du (b) dv (c) $d(uv)$ (d) $d(u(v(x)))$.

24.3. Berechnen Sie die folgenden Integrale:

(a) $\int (x^3 - 2)^8\, 3x^2\,dx$

(b) $\int \dfrac{4s^3 + 2}{(s^4 + 2s)^3}\,ds$

(c) $\int (6r^2 + 1)^8\, r\,dr$

(d) $\int \dfrac{1}{u^9} \left(\dfrac{1}{u^8} + 4 \right)^{13} du$

(e) $\int (t - t^{-3})(t^2 + t^{-2})^{11}\,dt$

(f) $\int \dfrac{7x^6 + x^2}{(3x^7 + x^3)^{14}}\,dx$

(g) $\int \left((4x - 3)^8 - 6 \right)^9 (4x - 3)^7\,dx$

(f) $\int \dfrac{1}{x^2}\, \dfrac{\left(\frac{1}{x} + 4 \right)^2}{\left(\left(\frac{1}{x} + 4 \right)^3 + 92 \right)^5}\,dx$.

24.4. Berechnen Sie die folgenden Integrale:

(a) $\int (3 - 2x)^{23}\, x\,dx$

(b) $\int (x^3 + 4)^{19}\, x^5\,dx$

(c) $\int \dfrac{x^3}{(3x^2 + 1)^3}\,dx$.

24.5. Berechnen Sie die folgenden bestimmten Integrale:

(a) $\displaystyle\int_0^x s^3\,ds$ (b) $\displaystyle\int_2^x s^3\,ds$ (c) $\displaystyle\int_{-1}^x s^3\,ds$.

24.6. Berechnen Sie die folgenden bestimmten Integrale:

(a) $\displaystyle\int_3^x \dfrac{u^2}{(u^3 + 1)^8}\,du$ (b) $\displaystyle\int_4^7 (3t^2 - 1)\,(3t^3 - 3t)^4\,dt$

(c) $\displaystyle\int_0^t (2 + x)^{81}\,dx$ (d) $\displaystyle\int_x^1 s^3\,ds$.

25
Integration

Die Technik des Ratens der Lösung einer linearen, separablen Gleichung erster Ordnung (24.1),

$$y'(x) = f(x),$$

die in Kapitel 24 besprochen wurde, funktioniert nur bei einer begrenzten Anzahl von Beispielen. Die meisten Differenzialgleichungen, die in den Naturwissenschaften und Ingenieurswissenschaften auftauchen, besitzen Lösungen, die so kompliziert sind, dass sie jedem Versuch trotzen, sie in Form von Kombinationen bekannter Funktionen auszudrücken.

BEISPIEL 25.1. Ein einfaches Beispiel ist

$$\int \frac{dm}{m},$$

das bei der Modellierung der Bewegung einer Rakete auftritt. Erinnern wir uns an die Ableitungsformeln aus Kapitel 20: Wir kennen bisher noch keine Funktion, deren Ableitung x^{-1} ist. Es stellt sich heraus, dass man dazu eine neue Funktion benötigt, die Logarithmus genannt wird. Diese spezielle Fragestellung wird in Kapitel 28 behandelt.

Als wir auf algebraische Modelle getroffen sind, die nicht mit einfacher Arithmetik gelöst werden konnten, haben wir Approximationsmethoden wie den Bisektionsalgorithmus und die Fixpunktiteration entwickelt, um mit Hilfe des Computers die Lösung zu approximieren. Aus demselben Grund entwickeln wir jetzt eine Methode, um Approximationen der Lösung von (24.1) zu berechnen. Diese Methode ist tatsächlich sehr allgemein und wird in Kapitel 41 verwendet, um eine nichtlineare Differenzialgleichung zu lösen.

Die Approximationsmethode ergibt Werte einer bestimmten Lösung an bestimmten Punkten. Um diese Methode zu benutzen, müssen wir deshalb eine bestimmte Lösung spezifizieren, die approximiert wird. Willkürlich wählen wir, die Lösung von

$$\begin{cases} y'(x) = f(x), & x_0 < x, \\ y(x_0) = 0, \end{cases} \tag{25.1}$$

zu approximieren.

Man erhält aus einem approximierten Wert der Lösung von (25.1) in einem Punkt x den entsprechenden approximierten Wert der Lösung von

$$\begin{cases} y'(x) = f(x), & x_0 < x, \\ y(x_0) = y_0 \end{cases} \tag{25.2}$$

in x, indem man einfach y_0 zum approximierten Wert der Lösung von (25.1) addiert. Problem (25.2) wird ein **Anfangswertproblem** für y genannt.

BEISPIEL 25.2. Um die Lösung von

$$\begin{cases} y' = 12x^3 - 4x, \\ y(1) = 0, \end{cases}$$

zu erhalten, berechnen wir zuerst die Stammfunktion

$$y = \int (12x^3 - 4x)\, dx = 3x^4 - 2x^2 + C,$$

und lösen dann

$$y(1) = 0 = 3 - 2 + C \rightarrow C = -1,$$

so dass wir $y(x) = 3x^4 - 2x^2 - 1$ erhalten.

Die Lösung von

$$\begin{cases} y' = 12x^3 - 4x, \\ y(1) = 4, \end{cases}$$

ist einfach

$$y = 3x^4 - 2x^2 - 1 \, + \, 4 = 3x^4 - 2x^2 + 3.$$

Beachten Sie, dass wir noch nicht wissen, ob die Lösung von (25.1) existiert, nur, dass sie eindeutig ist, falls sie existiert. Also müssen wir zusammen mit der Approximation von Werten der Lösung auch zeigen, dass sie überhaupt existiert. Wir sind demselben Problem begegnet, als wir Nullstellen- und Fixpunktprobleme gelöst haben.

25.1   Ein einfacher Fall

Bevor wir das Approximationsverfahren für (25.1) notieren, betrachten wir zuerst einen Fall, von dem wir wissen, dass eine Lösung existiert. Und zwar nehmen wir an, dass f konstant ist. Die Lösung von (25.1) ist dann:

$$y = f \times (x - x_0).$$

Es ist interessant, die Lösung anhand eines Graphen zu interpretieren, wie in Abbildung 25.1. Die Abbildung deutet darauf hin, dass $y(x)$ die Fläche

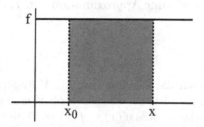

Abbildung 25.1: Die Lösung y von (25.1) mit konstantem f ergibt die Fläche unterhalb f von x_0 bis x.

unterhalb des Graphen von f von x_0 bis x angibt.[1]

25.2   Ein erster Versuch zur Approximation

Die Idee ist die allgemeine Funktion f, für die wir nicht wissen, ob sie eine Stammfunktion besitzt, durch eine Approximation von f zu ersetzen, für die eine Stammfunktion berechnet werden kann. Wir können zum Beispiel versuchen, f durch eine Konstante zu ersetzen, die nahe an f liegt. Dazu könnten wir beispielsweise den Wert $f(x_0)$ von f bei x_0 wählen (vgl. Abbildung 25.2). Dies wird die konstante **Interpolierende** von f genannt, die f in x_0 interpoliert.[2] Zweifellos können wir das Problem

$$\begin{cases} Y' = f(x_0), \\ Y(x_0) = 0, \end{cases}$$

lösen, da die Lösung einfach

$$Y(x) = f(x_0) \times (x - x_0)$$

---

[1] Diese Beobachtung stellt die Grundlage für verschiedene interessante Anwendungen der Integration dar, die in Kapitel 27 besprochen werden.

[2] Die Interpolation wird ausführlich in in Kapitel 38 besprochen.

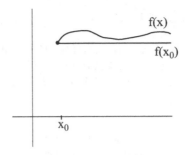

Abbildung 25.2: Die konstante Approximation von f, die f in x_0 **interpoliert** .

ist.

Beachten Sie, dass wir die Variable von y in Y ändern, um zu kennzeichnen, dass Y nicht gleich y ist. Die Frage ist, ob Y eine gute Approximation von y darstellt. Wir wissen, dass $y'(x) = f(x)$ zu lösen bedeutet, eine Kurve y mit der Eigenschaft zu finden, dass die Linearisierung von y die Steigung $f(x)$ in jedem Punkt x besitzt. Jetzt ist Y eine lineare Funktion, die die Steigung $f(x_0)$ besitzt und durch den Punkt $(x_0, y(x_0)) = (x_0, 0)$ verläuft. Mit anderen Worten, Y ist eine Gerade, die dieselbe Steigung besitzt wie die Linearisierung von y in x_0 (falls sie existiert) und mit y in x_0 übereinstimmt. Dies bedeutet aber einfach, dass Y die Linearisierung von y in x_0 *ist*, falls sie existiert (vgl. Abbildung 25.3).

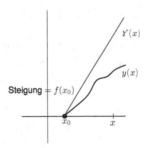

Abbildung 25.3: Y ist die Linearisierung von y in x_0, falls sie existiert.

BEISPIEL 25.3. Für $f(x) = 3x^2$ mit $x_0 = 1$ berechnen wir $y(x) = x^3 - 1$, sowie $Y(x) = 3(x - 1)$.

Wir erwarten daher, dass $Y(x)$ eine gute Approximation an $y(x)$ (falls sie existiert) für x nahe bei x_0 darstellt. Andererseits erwarten wir nicht, dass $Y(x)$ eine gute Approximation von $y(x)$ für solche x darstellt, die weit entfernt sind von x_0, wie in Abbildung 25.3 dargestellt.

25.3 Wir approximieren die Lösung auf einem großen Intervall

Wir haben einen vernünftigen Weg konstruiert, um die unbekannte Funktion y nahe bei x_0 zu approximieren. Wir erwarten aber nicht, dass die Approximation $Y(x)$ präzise für x in einem relativ großen Intervall ist. Um diese Schwierigkeit zu bewältigen, teilen wir ein großes Intervall $[a, b]$ in eine Anzahl kleiner Teile auf und wenden dann die Approximationseigenschaften der Linearisierung auf diesen kleinen Teilen an.

Nehmen wir an, dass wir (25.1) für x in einem Intervall $[a, b]$ lösen möchten. Wir erzeugen ein **Gitter** von gleichmäßig verteilten Punkten $\{x_{N,i}\}$ in $[a, b]$, indem wir

$$\Delta x_N = (b - a)/2^N \text{ für } N \text{ in } \mathbb{N}$$

setzen und

$$x_{N,i} = a + i \times \Delta x_N, \quad i = 0, 1, \cdots, 2^N$$

definieren (vgl. Abbildung 25.4). Beachten Sie insbesondere, dass $x_{N,0} = a$ und $x_{N,2^N} = b$; außerdem sei die Gitterweite Δx_N gegeben, so dass wir N bestimmen können. Der Grund, die Zahl 2^N zu verwenden, um die

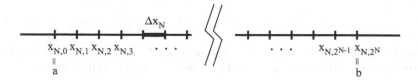

Abbildung 25.4: Ein Gitter für $[a, b]$.

Anzahl von Punkten im Gitter zu definieren, ist die Tatsache, dass falls $M > N$ zwei natürliche Zahlen sind, dann ist jeder Knoten im 2^N-Gitter automatisch ein Knoten im 2^M-Gitter (vgl. Abbildung 25.5). Solche Gitter werden **geschachtelt** genannt. Die Verwendung von geschachtelten Gittern macht es viel einfacher, Approximationen auf unterschiedlichen Gittern zu vergleichen, was wir im folgenden tun müssen.[3]

Wir konstruieren die Approximation Y_N auf dem Gitter mit $2^N + 1$ Punkten „Intervall für Intervall." Wir ersetzen zunächst auf $[x_{N,0}, x_{N,1}]$ $f(x)$ durch die konstante Interpolierende $f(x_{N,0})$ (vgl. Abbildung 25.6), lösen

$$\begin{cases} Y'_N = f(x_{N,0}), & x_{N,0} \leq x \leq x_{N,1}, \\ Y_N(x_{N,0}) = 0, \end{cases}$$

---

[3]Allgemeine Gitter werden in Kapitel 34 betrachtet.

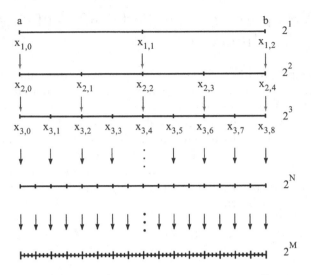

Abbildung 25.5: Per Konstruktion ist das Gitter für 2^N in das Gitter für 2^M geschachtelt, wenn $M \geq N$.

und erhalten

$$Y_N(x) = f(x_{N,0}) \times (x - x_{N,0}) \text{ für } x_{N,0} \leq x \leq x_{N,1}.$$

Hier stellen wir uns $[x_{N,0}, x_{N,1}]$ als hinreichend klein vor, so dass Y eine gute Approximation von y sein sollte, falls y existiert. Wir setzen

$$Y_{N,1} = Y_N(x_{N,1}) = f(x_{N,0})(x_{N,1} - x_{N,0}) = f(x_{N,0})\Delta x_N$$

als den „Knotenwert" von Y_N im Knoten $x_{N,1}$.

Auf dem nächsten Intervall $[x_{N,1}, x_{N,2}]$ approximieren wir f durch die konstante Interpolierende $f(x_{N,1})$ (vgl. Abbildung 25.6). Idealerweise würden wir $Y' = f(x_{N,1})$ mit dem anfänglichen Wert $y(x_{N,1})$ lösen. Damit wäre Y_N die Linearisierung von y in $x_{N,1}$, wenn wir wüssten, dass y existiert (vgl. Abbildung 25.7). Unglücklicherweise müssten wir y kennen, um diesen Wert zu erhalten. Da der einzige Wert, über den wir in $x_{N,1}$ verfügen, $Y_N(x_{N,1}) = Y_{N,1}$ ist, berechnen wir Y auf $[x_{N,1}, x_{N,2}]$, indem wir

$$\begin{cases} Y_N' = f(x_{N,1}) & x_{N,1} \leq x \leq x_{N,2} \\ Y_N(x_{N,1}) = Y_{N,1} \end{cases}$$

lösen und erhalten

$$Y_N(x) = Y_{N,1} + f(x_{N,1}) \times (x - x_{N,1}) \text{ für } x_{N,1.} \leq x \leq x_{N,2}$$

Die Funktion Y_N ist in Abbildung 25.7 dargestellt. Die graphische Darstel-

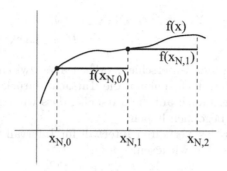

Abbildung 25.6: Die stückweise konstante Interpolierende von f.

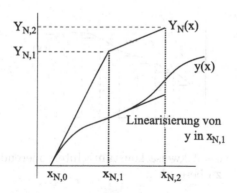

Abbildung 25.7: Die Berechnung von Y_N auf den Intervallen $[x_{N,0}, x_{N,1}]$ und $[x_{N,1}, x_{N,2}]$. Beachten Sie, dass Y_N parallel zur Linearisierung von y in x_1 auf $[x_{N,1}, x_{N,2}]$ ist, falls y existiert.

lung deutet darauf hin, dass Y_N eine stetige Funktion ist, die auf jedem der Intervalle $[x_{N,0}, x_{N,1}]$ und $[x_{N,1}, x_{N,2}]$ linear ist; d.h. Y_N ist stückweise linear. Wir definieren den nächsten Knotenwert als

$$Y_{N,2} = Y_N(x_{N,2}) = Y_{N,1} + f(x_{N,1})(x_{N,2} - x_{N,1})$$
$$= f(x_{N,0})\Delta x_N + f(x_{N,1})\Delta x_N.$$

Beachten Sie, dass der Unterschied, oder Fehler zwischen Y und y auf dem zweiten Intervall nicht nur auf die Tatsache zurückzuführen ist, dass Y linear ist, sondern auch auf die Tatsache, dass wir mit dem „falschen" Anfangswert $Y_{N,1}$ begonnen haben.

Jetzt führen wir das Verfahren Intervall für Intervall fort. Gegeben sei der Knotenwert $Y_{N,n-1}$, wir lösen:

$$\begin{cases} Y'_N = f(x_{N,n-1}), & x_{N,n-1} \le x \le x_{N,n}, \\ Y_N(x_{N,n-1}) = Y_{N,n-1}, \end{cases} \qquad (25.3)$$

und erhalten

$$Y_N(x) = Y_{N,n-1} + f(x_{N,n-1}) \times (x - x_{N,n-1})$$

für $x_{N,n-1} \le x \le x_{N,n}$. Berechnen wir Y_N auf diese Weise, dann haben wir die Funktion f durch eine **stückweise konstante** Interpolierende ersetzt, wie in Abbildung 25.8. Dieser definiert eine stetige, stückweise lineare

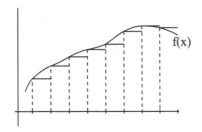

Abbildung 25.8: Die stückweise konstante Interpolierende von f, die benutzt wird, um Y_N zu berechnen.

Funktion $Y_N(x)$, wie die, die in Abbildung 25.9 gezeigt wird. Wenn wir am Ende beginnen, ergibt sich der Wert von $Y_N(x)$ für x in $[x_{n-1}, x_n]$ zu:

$$\begin{aligned} Y_N(x) &= Y_{N,n-1} + f(x_{N,n-1})(x - x_{N,n-1}) \\ &= Y_{N,n-2} + f(x_{N,n-2})\Delta x_N + f(x_{N,n-1})(x - x_{N,n-1}) \\ &= Y_{N,n-3} + f(x_{N,n-3})\Delta x_N + f(x_{N,n-2})\Delta x_N \\ &\qquad + f(x_{N,n-1})(x - x_{N,n-1}), \end{aligned}$$

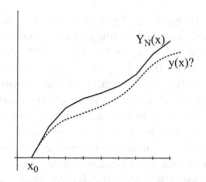

Abbildung 25.9: Die stetige, stückweise lineare Funktion Y_N.

Mit Hilfe vollständiger Induktion schließen wir, dass für $x_{N,n-1} \leq x < x_{N,n}$,

$$Y_N(x) = \sum_{i=1}^{n-1} f(x_{N,i-1})\Delta x_N + f(x_{N,n-1})(x - x_{N,n-1}). \qquad (25.4)$$

Ebenso ergibt sich der Knotenwert von Y_N in $x_{N,n}$ zu:

$$Y_{N,n} = Y_N(x_{N,n}) = \sum_{i=1}^{n} f(x_{N,i-1})\Delta x_N. \qquad (25.5)$$

BEISPIEL 25.4. Für $f(x) = x$ auf $[0,1]$ erhalten wir $\Delta x_N = 1/2^N$, $x_{N,i} = i/2^N$, und auf $[x_{N,i-1}, x_{N,i})$ wird $f(x)$ ersetzt durch:

$$f(x_{N,i-1}) = \frac{i-1}{2^N}.$$

Dies bedeutet, dass

$$Y_N(x_{N,i}) = Y_N(x_{N,i-1}) + \frac{i-1}{2^N} \times \frac{1}{2^N}$$

und per vollständiger Induktion

$$Y_N(x_{N,n}) = \sum_{i=1}^{n} \frac{i-1}{2^{2N}} = \frac{1}{2^{2N}} \frac{n(n-1)}{2}.$$

Insbesondere gilt

$$Y_N(1) = Y_N(x_{N,2^N}) = \frac{1}{2^{2N}} \frac{2^N(2^N-1)}{2} = \frac{1}{2} - \frac{1}{2^{N+1}}.$$

Nachdem wir nun die Funktion Y_N konstruiert haben, bestimmen wir als nächstes, ob sie die unbekannte Lösung y approximiert, falls sie existiert. Es leuchtet ein, dass es mehr Arbeit kostet, Y_N zu berechnen, wenn N wächst, also hoffen wir vermutlich, dass Y_N eine bessere Approximation an y darstellt, wenn N wächst. Bei algebraischen Nullstellenproblemen zeigen wir, dass der Bisektionsalgorithmus und die Fixpunktiteration Approximationen einer Nullstelle erzeugen, indem wir zeigen, dass die erzeugten Folgen gegen eine Nullstelle konvergieren. Jetzt haben wir eine Folge von *Funktionen* $\{Y_N(x)\}_{N=1}^\infty$ konstruiert und wir müssen zeigen, dass diese Folge von Funktionen gegen die Lösung $y(x)$ konvergiert.

Die Schwierigkeit, wenn wir über die Konvergenz von Y_N gegen y sprechen, ist, dass wir nicht wissen, ob y überhaupt existiert. Erinnern Sie sich, dass dasselbe Problem auftrat, als wir algebraische Nullstellenprobleme gelöst haben. In dieser Situation haben wir die Idee einer Cauchy–Folge eingeführt, um die Benutzung des Grenzwerts einer Folge zu vermeiden, wenn wir überprüfen, ob eine Folge konvergiert oder nicht. Wir führen dasselbe hier durch.

25.4   Gleichmäßige Cauchy–Folgen von Funktionen

Bevor wir zeigen, dass $\{Y_N(x)\}$ gegen die Lösung y konvergiert, leiten wir einige grundlegende Tatsachen über Folgen von Funktionen her. Eine Folge von Funktionen $\{f_n(x)\}_{n=1}^\infty$ ist eine Menge von Funktionen, die in bestimmter Art und Weise vom Index n abhängt. Einige Beispiele sind:

$$\{x^n\}_{n=1}^\infty = \{x, x^2, x^3, \cdots\}$$
$$\{nx^3\}_{n=1}^\infty = \{x^3, 2x^3, 3x^3, \cdots\}$$
$$\left\{\left(1 + \frac{1}{n}\right)x^3 + 5x - 3\right\}_{n=1}^\infty = \left\{2x^3 + 5x - 3, \frac{3}{2}x^3 + 5x - 3, \frac{5}{2}x^3 + 5x - 3\right\}$$
$$\{2 + x\}_{n=1}^\infty = \{2 + x, 2 + x, 2 + x, \cdots\}$$
$$\{5 - 1/n^2\}_{n=1}^\infty = \{4, 4,75, 4,888\cdots, \cdots\}.$$

Glücklicherweise besitzt $\{Y_N(x)\}$ einige spezielle Eigenschaften, die den Nachweis der

Konvergenz relativ einfach machen, und wir konzentrieren uns in diesem Kapitel auf Folgen, die diese Eigenschaften besitzen.[4] Eine Folge von Funktionen $\{f_n(x)\}_{n=1}^\infty$ **konvergiert gleichmäßig** gegen eine Funktion $f(x)$ auf einem Intervall I, wenn es für jedes $\epsilon > 0$ ein N gibt, so dass für alle x in I gilt:

$$|f_n(x) - f(x)| < \epsilon \text{ für } n \geq N. \tag{25.6}$$

---

[4] Allgemeinere Folgen werden in Kapitel 33 behandelt.

In diesem Fall schreiben wir

$$\lim_{n \to \infty} f_n(x) = f(x).$$

BEISPIEL 25.5. $\left\{ \left(1 + \frac{1}{n}\right)x^3 + 5x - 3 \right\}_{n=1}^{\infty}$ konvergiert gleichmäßig auf einem beliebigen Intervall $[a, b]$ gegen $x^3 + 5x - 3$, da

$$\left| \left(1 + \frac{1}{n}\right)x^3 + 5x - 3 - (x^3 + 5x - 3) \right| = \frac{1}{n}|x|^3 \le \frac{1}{n}M^3,$$

wobei $M = \max\{|a|, |b|\}$. Deshalb gilt für jedes $\epsilon > 0$:

$$\left| \left(1 + \frac{1}{n}\right)x^3 + 5x - 3 - (x^3 + 5x - 3) \right| \le \epsilon$$

für alle $n \ge N = M^3/\epsilon$.

BEISPIEL 25.6. $\{x^n\}_{n=1}^{\infty}$ konvergiert gleichmäßig auf einem beliebigen Intervall $I = [-a, a]$ mit $0 < a < 1$ gegen die Nullfunktion $f(x) = 0$, da für jedes $\epsilon > 0$

$$|x^n - 0| \le a^n \le \epsilon$$

für alle hinreichend großen n.

Das Kennzeichen „gleichmäßig" verweist auf die Tatsache, dass die Werte von $\{f_n(x)\}$ gegen den entsprechenden Wert $f(x)$ mit derselben Rate für alle x im Intervall I konvergieren. Es ist möglich, ungleichmäßige Konvergenz vorzufinden und natürlich konvergieren nicht alle Folgen. Eine Folge, die nicht konvergiert, heißt **divergierend**.

BEISPIEL 25.7. $\{nx^3\}_{n=1}^{\infty}$ konvergiert für $x = 0$ gegen 0, aber divergiert für jedes $x \ne 0$.

BEISPIEL 25.8. $\{x^n\}_{n=1}^{\infty}$ konvergiert für jedes x in $I = (0, 1)$ gegen 0, allerdings ist die Konvergenz nicht gleichmäßig, da wir für jedes n Werte von x finden können, für die x^n beliebig nahe an 1 ist.

Wenn I Punkte beinhaltet, deren Betrag größer als 1 ist, dann divergiert die Folge.

Mit diesen Definitionen ist es einfach zu beweisen, dass gleichmäßig konvergente Folgen einige wichtige Eigenschaften mit konvergenten Folgen teilen. Wir werden Sie in Aufgabe 25.10 bitten, den folgenden Satz zu beweisen.

Satz 25.1 *Nehmen wir an, dass $\{f_n(x)\}$ und $\{g_n(x)\}$ gleichmäßig konvergierende Folgen auf $[a, b]$ sind, die jeweils gegen f und g konvergieren, und c sei eine Konstante. Dann*

- *konvergiert $\{f_n + g_n\}$ auf $[a, b]$ gleichmäßig gegen $f + g$.*

- *konvergiert $\{cf_n\}$ auf $[a, b]$ gleichmäßig gegen cf.*

Wenn außerdem die Folgen $\{f_n\}$ und $\{g_n\}$ gleichmäßig beschränkt sind, d.h. es eine Konstante M gibt, so dass für alle n und x in $[a, b]$, $|f_n(x)| \leq M$ und $|g_n(x)| \leq M$ gilt, dann

- *konvergiert $\{f_n g_n\}$ gleichmäßig auf $[a, b]$ gegen fg.*

Wenn außerdem die Folgen $\{f_n\}$ und $\{g_n\}$ gleichmäßig beschränkt sind und es eine Konstante C gibt, so dass $|g_n(x)| \geq C > 0$ für alle x in $[a, b]$ und n, dann[5]

- *konvergiert $\{f_n/g_n\}$ gleichmäßig auf $[a, b]$ gegen f/g.*

BEISPIEL 25.9. Die Folge $\{f_n(x)\} = \{x + 1/n\}$ auf $(-\infty, \infty)$ zeigt, dass wir die Annahme über gleichmäßige Beschränktheit benötigen, wenn wir uns mit Produkten und Quotienten von Folgen befassen. In Aufgabe 25.11 werden wir Sie bitten zu zeigen, dass f_n für x in $(-\infty, \infty)$ gleichmäßig gegen x konvergiert, aber dass f_n^2 für x in $(-\infty, \infty)$ nicht gleichmäßig gegen x^2 konvergiert.

Wie erwähnt, Cauchy–Folgen sind nützlich, wenn der Grenzwert unbekannt ist. Eine Folge von Funktionen $\{f_n(x)\}_{n=1}^{\infty}$ ist auf einem Intervall I eine **gleichmäßige Cauchy–Folge**, wenn es für jedes $\epsilon > 0$ ein N gibt, so dass für alle x in I,

$$|f_n(x) - f_m(x)| \leq \epsilon \text{ für } m \geq n \geq N. \tag{25.7}$$

BEISPIEL 25.10. $\left\{\frac{1}{n}x^2 + 3x - 1\right\}_{n=1}^{\infty}$ ist auf jedem beschränkten Intervall eine gleichmäßige Cauchy–Folge, da für $m \geq n$

$$\left|(\frac{1}{n}x^2 + 3x - 1) - (\frac{1}{m}x^2 + 3x - 1)\right| = (\frac{1}{n} - \frac{1}{m})|x|^2$$

$$= \frac{m-n}{mn}|x|^2$$

$$\leq \frac{1}{n}|x|^2,$$

also kann die Differenz beliebig klein gemacht werden, indem man n groß wählt, vorausgesetzt, dass $|x|$ durch eine Konstante beschränkt ist.

BEISPIEL 25.11. $\{x^n\}_{n=1}^{\infty}$ ist auf einem beliebigen Intervall $I = [-a, a]$ mit $0 < a < 1$ eine gleichmäßige Cauchy–Folge, da

$$|x^m - x^n| = |x|^n |x^{m-n} - 1| \leq 2a^n \text{ für } m \geq n,$$

---

[5]In Worten: $\{g_n\}$ ist gleichmäßig auf I von Null entfernt beschränkt.

und die Differenz kann beliebig klein gemacht werden, indem man n groß wählt.

BEISPIEL 25.12. $\{nx^3\}_{n=1}^{\infty}$ ist auf keinem Intervall — ausgenommen dem Punkt 0 — eine gleichmäßige Cauchy–Folge und $\{x^n\}_{n=1}^{\infty}$ ist auf keinem Intervall, das Punkte vom Betrag größer oder gleich 1 enthält, eine gleichmäßige Cauchy–Folge.

Mit diesen Definitionen konvergiert eine gleichmäßige Cauchy–Folge von Funktionen auf einem Intervall I gegen eine Funktion auf I. Dies folgt, da für jedes x in I die Folge von *Zahlen* $\{f_n(x)\}$ eine Cauchy–Folge ist und deshalb nach Satz 11.6 einen Grenzwert hat. Wir definieren die eindeutige Grenzfunktion $f(x)$ auf I, indem wir setzen:

$$f(x) = \lim_{n\to\infty} f_n(x) \text{ für jedes } x \text{ in } I.$$

Diese Konvergenz wird punktweise für jedes x definiert, allerdings implizieren die obigen Definitionen, dass die Folge von Funktionen $\{f_n\}$ ebenso gleichmäßig gegen f konvergiert. Wir fassen dies in einem Satz zusammen, den wir Sie in Aufgabe 25.13 zu beweisen bitten.

Satz 25.2 Gleichmäßiges Cauchy–Kriterium für Folgen von Funktionen *Auf einem Intervall I konvergiert eine gleichmäßige Cauchy–Folge von Funktionen gleichmäßig gegen eine eindeutige Grenzfunktion auf I. Umgekehrt ist eine gleichmäßige konvergente Folge von Funktionen eine gleichmäßige Cauchy–Folge.*

Eine wichtige Aufgabe ist zu bestimmen, welche Eigenschaften einer gleichmäßigen Cauchy–Folge von Funktionen $\{f_n(x)\}$ vom Grenzwert $f(x)$ geerbt werden. Um zu zeigen, dass insbesondere die Integration funktioniert, möchten wir Bedingungen finden, die garantieren, dass der Grenzwert Lipschitz-stetig ist, wenn die Funktionen in der Folge Lipschitz-stetig sind.[6]

Eine Folge von Funktionen $\{f_n(x)\}$ ist auf einem Intervall I **gleichmäßig Lipschitz-stetig** , wenn es eine Konstante L gibt, so dass

$$|f_n(x) - f_n(y)| \leq L|x - y| \text{ für alle } n \text{ und } x, y \text{ in } I.$$

BEISPIEL 25.13. Wir können Satz 19.1 und den Mittelwertsatz benutzen, um zu zeigen, dass $\{f_n(x)\}_{n=1}^{\infty} = \left\{\left(1 + \frac{1}{n}\right)x^3 + 5x - 3\right\}_{n=1}^{\infty}$ auf jedem beschränkten Intervall gleichmäßig Lipschitz-stetig ist. Erstens sind die Funktionen auf jedem beschränkten Intervall I gleichmäßig

---

[6]Wir werden die Vererbung anderer Eigenschaften in Kapitel 33 behandeln.

stark differenzierbar, also gibt es nach dem Mittelwertsatz für jedes n und x, y in I, ein c zwischen x und y mit

$$|f_n(x) - f_n(y)| = |f_n'(c)||x - y|.$$

Allerdings ist

$$|f_n'(x)| = \left|3\big(1 + \frac{1}{n}\big)x^2 + 5\right| \le 6|x|^2 + 5,$$

unabhängig von n. Daher gibt es eine Konstante L, die nur von I abhängt, so dass $|f_n(x) - f_n(y)| \le L|x - y|$ für alle n und x, y in I.

Nehmen wir jetzt an, dass die gleichmäßige Cauchy–Folge $\{f_n(x)\}$ mit dem Grenzwert $f(x)$ auf einem Intervall I gleichmäßig Lipschitz-stetig ist. Wir möchten zeigen, dass auch $f(x)$ Lipschitz-stetig ist, also wählen wir zwei Punkte x und y in I und rechnen unter Verwendung der alten Tricks:

$$\begin{aligned} |f(x) - f(y)| &= |f(x) - f_n(x) + f_n(x) - f_n(y) + f_n(y) - f(y)| \\ &\le |f(x) - f_n(x)| + |f_n(x) - f_n(y)| + |f_n(y) - f(y)|. \end{aligned} \quad (25.8)$$

Der entscheidende Punkt dieser Beweisführung ist, den Term $|f_n(x) - f_n(y)|$ in der Mitte zu erhalten, da die Folge Lipschitz-stetig ist. Daher gibt es eine Konstante L, so dass

$$|f_n(x) - f_n(y)| \le L|x - y| \text{ für alle } x, y \text{ in } I \text{ und } n.$$

Für die restlichen Terme auf der rechten Seite von (25.8) gibt es zu jedem $\epsilon > 0$ ein N, so dass

$$|f(x) - f_n(x)| \le \epsilon \text{ und } |f(y) - f_n(y)| \le \epsilon \text{ für alle } x, y \text{ in } I \text{ und } n \ge N.$$

Wir verwenden dies in (25.8) und erhalten:

$$|f(x) - f(y)| \le 2\epsilon + L|x - y| \text{ für alle } x, y \text{ in } I.$$

Allerdings kann $\epsilon > 0$ beliebig klein gemacht werden, also bedeutet dies, dass

$$|f(x) - f(y)| \le L|x - y| \text{ für alle } x, y \text{ in } I.$$

Wir fassen zusammen:

Satz 25.3 *Auf einem Intervall I konvergiert eine gleichmäßige Cauchy–Folge von gleichmäßig Lipschitz-stetigen Funktionen gegen eine Lipschitz-stetige Funktion auf I mit derselben Lipschitz-Konstanten.*

25.5   Die Konvergenz der Integrationsapproximation

Um zu zeigen, dass die Folge von Funktionen $\{Y_N\}$ konvergiert, weisen wir nach, dass $\{Y_N\}$ eine gleichmäßige Cauchy–Folge ist, wenn die Funktion f Lipschitz-stetig ist.[7] Zudem zeigen wir, dass $\{Y_N\}$ gleichmäßig Lipschitz-stetig ist, also ist der Grenzwert auch eine Lipschitz-stetige Funktion.

Wir nehmen an, dass f auf $[a, b]$ mit der Lipschitz-Konstanten L Lipschitz-stetig ist. Wir zeigen, dass es für jedes gegebene $\epsilon > 0$ ein $\tilde{N}$ gibt, so dass für alle x in $[a, b]$:

$$|Y_N(x) - Y_M(x)| \le \epsilon \text{ für } M \ge N \ge \tilde{N}.$$

Die Hauptschwierigkeit ist, sich durch die Notation zu arbeiten, die benötigt wird, um Funktionen auf verschiedenen Gittern zu vergleichen. Wir wählen $M \ge N$ und stellen die zwei zugehörigen Gitter in Abbildung 25.10 dar. Zuerst schätzen wir $|Y_N(x) - Y_M(x)|$ mit $x = x_{N,n}$ für ein n ab, indem wir

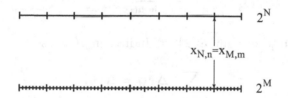

Abbildung 25.10: Die Gitter, die $M \ge N$ entsprechen.

die Formel (25.5) verwenden. Wir erhalten

$$Y_N(x_{N,n}) = \sum_{i=1}^{n} f(x_{N,i-1}) \Delta x_N$$

Da die Gitter geschachtelt sind, gilt $x_{N,n} = x_{M,m}$ für ein m, daher

$$Y_M(x_{N,n}) = Y_M(x_{M,m}) = \sum_{j=1}^{m} f(x_{M,j-1}) \Delta x_M.$$

Um diese zwei Werte zu vergleichen, schreiben wir die Summen für jeden in die gleiche Form um. Dies ist möglich, indem wir die Tatsache verwenden, dass die Addition der passenden Anzahl von Δx_M genau Δx_N ergibt. Diese Anzahl ist

$$2^{M-N} = \frac{\frac{b-a}{2^N}}{\frac{b-a}{2^M}}.$$

---

[7]Dies bedeutet, dass wir $Y_N(x)$ als eine Approximation des Grenzwerts betrachten können.

Um davon Gebrauch zu machen, definieren wir $\mu(i)$ als die Menge von Indizes j, so dass $[x_{M,j-1}, x_{M,j}]$ in $[x_{N,i-1}, x_{N,i}]$ enthalten ist (vgl. Abbildung 25.11). Wir können dann

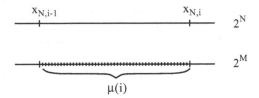

Abbildung 25.11: Die Definition von $\mu(i)$.

$$Y_M(x_{N,n}) = \sum_{i=1}^{n} \sum_{j \text{ in } \mu(i)} f(x_{M,j-1}) \Delta x_M$$

schreiben. Für jedes i gibt es 2^{M-N} Indizes in $\mu(i)$, also

$$\sum_{j \text{ in } \mu(i)} \Delta x_M = \Delta x_N,$$

und wir können auch

$$Y_N(x_{N,n}) = \sum_{i=1}^{n} f(x_{N,i-1}) \Delta x_N = \sum_{i=1}^{n} \sum_{j \text{ in } \mu(i)} f(x_{N,i-1}) \Delta x_M$$

schreiben.

Wir schätzen jetzt ab:

$$|Y_M(x_{N,n}) - Y_N(x_{N,n})| = \left| \sum_{i=1}^{n} \sum_{j \text{ in } \mu(i)} (f(x_{M,j-1}) - f(x_{N,i-1})) \Delta x_M \right|$$

$$\leq \sum_{i=1}^{n} \sum_{j \text{ in } \mu(i)} |f(x_{M,j-1}) - f(x_{N,i-1})| \Delta x_M.$$

Da $|x_{M,j-1} - x_{N,i-1}| \leq \Delta x_N$ für j in $\mu(i)$ ist und f Lipschitz-stetig ist, erhalten wir:

$$|f(x_{M,j-1}) - f(x_{N,i-1})| \leq L|x_{M,j-1} - x_{N,i-1}| \leq L\Delta x_N.$$

Wir schließen, dass

$$
\begin{aligned}
|Y_M(x_{N,n}) - Y_N(x_{N,n})| &\le \sum_{i=1}^{n} \sum_{j \text{ in } \mu(i)} L\Delta x_N \Delta x_M \\
&= \sum_{i=1}^{n} L(\Delta x_N)^2 \\
&= (x_{N,n} - x_{N,0})L\Delta x_N.
\end{aligned}
\tag{25.9}
$$

Sicherlich impliziert diese Abschätzung, dass die Differenz zwischen $Y_N(x)$ und $Y_M(x)$ an den Knoten $x_{N,n}$ beliebig klein gemacht werden kann.

Wir müssen nachweisen, dass ein ähnliches Ergebnis für jedes x in $[a,b]$ gilt. Wir wählen x in $[a,b]$ und wählen n und m so, dass $x_{N,n-1} \le x \le x_{N,n}$, $x_{M,m-1} \le x \le x_{M,m}$ und wählen auch $\tilde{m}$ so, dass $x_{M,\tilde{m}-1} = x_{N,n-1}$. Diese Definitionen sind in Abbildung 25.12 illustriert. Mit (25.4) folgt

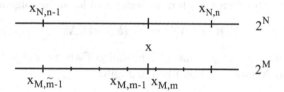

Abbildung 25.12: Die Wahl der Knoten in der Umgebung von x.

$$
\begin{aligned}
Y_N(x) &= Y_N(x_{N,n-1}) + (x - x_{N,n-1})f(x_{N,n-1}), \\
Y_M(x) &= Y_M(x_{M,m-1}) + (x - x_{M,m-1})f(x_{M,m-1}).
\end{aligned}
$$

Unter Verwendung von vollständiger Induktion wie oben, können wir die zweite Gleichung als

$$
Y_M(x) = Y_M(x_{M,\tilde{m}-1}) + \sum_{i=\tilde{m}}^{m-1} f(x_{M,i-1})\Delta x_M
$$
$$
+ (x - x_{M,m-1})f(x_{M,m-1}) \tag{25.10}
$$

schreiben. Wir können auch

$$
x - x_{N,n-1} = \sum_{i=\tilde{m}}^{m-1} \Delta x_M + (x - x_{M,m-1})
$$

schreiben und deshalb ist

$$
Y_N(x) = Y_N(x_{N,n-1}) + \sum_{i=\tilde{m}}^{m-1} f(x_{N,n-1})\Delta x_M
$$
$$
+ (x - x_{M,m-1})f(x_{N,n-1}). \tag{25.11}
$$

Jetzt subtrahieren wir (25.11) von (25.10) und schätzen ab:

$$|Y_M(x) - Y_N(x)| \leq |Y_M(x_{M,\tilde{m}-1}) - Y_N(x_{N,n-1})|$$
$$+ \sum_{i=\tilde{m}}^{m-1} |f(x_{M,i-1}) - f(x_{N,n-1})| \Delta x_M$$
$$+ (x - x_{M,m-1})|f(x_{M,m-1}) - f(x_{N,n-1})|.$$

Unter Verwendung der Lipschitz–Stetigkeit von f und (25.9) erhalten wir

$$|Y_M(x) - Y_N(x)| \leq L(x_{N,n-1} - x_{N,0})\Delta x_N$$
$$+ \sum_{i=\tilde{m}}^{m-1} L\Delta x_N \Delta x_M + (x - x_{M,m-1})L\Delta x_N$$
$$= (x - x_{N,0})L\Delta x_N.$$

Mit anderen Worten, wir erhalten für jedes x in $[a, b]$ die folgende Schranke:

$$|Y_M(x) - Y_N(x)| \leq (b-a)L\Delta x_N. \tag{25.12}$$

Dies impliziert, dass $\{Y_N\}$ eine gleichmäßige Cauchy–Folge ist, da es für jedes $\epsilon > 0$ ein $\tilde{N}$ gibt, so dass für alle x gilt:

$$|Y_M(x) - Y_N(x)| \leq \epsilon \text{ für } M \geq N \geq \tilde{N}.$$

Dabei wählen wir $\tilde{N}$ so, dass

$$(b-a)L\Delta x_N = (b-a)^2 L/2^{\tilde{N}} \leq \epsilon.$$

Wir schließen, dass es eine Funktion gibt, die wir $y(x)$ nennen, so dass

$$\lim_{N\to\infty} Y_N(x) = y(x) \tag{25.13}$$

gleichmäßig für x in $[a, b]$ gilt. In Aufgabe 25.18 werden wir Sie bitten zu zeigen, dass $\{Y_N(x)\}$ eine gleichmäßige Lipschitz-stetige Folge ist, indem Sie dieselbe Art von Argumenten benutzen, die wir benutzt haben, um zu zeigen, dass $\{Y_N(x)\}$ konvergiert. Damit impliziert Satz 25.3, dass $y(x)$ Lipschitz-stetig ist.

BEISPIEL 25.14. In Beispiel 25.4 haben wir

$$Y_N(1) = \frac{1}{2} - \frac{1}{2^{N+1}}$$

berechnet; also folgt:

$$\lim_{N\to\infty} Y_N(1) = \frac{1}{2}.$$

Die Lösung von $y' = x$, $y(0) = 0$, ist $y = x^2/2$ und deshalb ist $y(1) = 1/2$.

25.6   Der Grenzwert löst die Differenzialgleichung

Wir wissen, dass $\{Y_N\}$ gleichmäßig gegen eine Lipschitz-stetige Funktion $y(x)$ konvergiert, wir müssen aber noch zeigen, dass dieser Grenzwert tatsächlich die Differenzialgleichung (25.1) löst. Eigentlich müssen wir auch zeigen, dass y eine Ableitung besitzt. Dies ist nicht offensichtlich, da die Funktion $Y_N(x)$ infolge der „Ecken" in den Knoten $\{x_{N,j}\}$ sicherlich keine Ableitung in jedem Punkt in $[a, b]$ besitzt. Andererseits wird man intuitiv vermuten, dass mit wachsender Anzahl von Punkten im Gitter der Änderungswinkel in diesen Ecken kleiner werden könnte und der Grenzwert glatt sein könnte.

Um zu zeigen, dass y in jedem $\bar{x}$ in $[a, b]$ stark differenzierbar mit Ableitung $f(\bar{x})$ ist, zeigen wir, dass es eine Konstante $\mathcal{K}$ gibt, so dass für jedes $\bar{x}$ in $[a, b]$ [8]

$$|y(x) - (y(\bar{x}) + f(\bar{x})(x - \bar{x}))| \leq \mathcal{K}|x - \bar{x}|^2 \text{ für alle } x \text{ in } I. \quad (25.14)$$

Dies impliziert, dass y in jedem $\bar{x}$ differenzierbar ist und dass $y'(\bar{x}) = f(\bar{x})$.

Wir beginnen, indem wir $Y_N(x) - Y_N(\bar{x})$ für x und $\bar{x}$ in $[a, b]$ abschätzen. Wir nehmen zuerst an, dass $x > \bar{x}$. Wir wählen für jedes N eine Zahl m_N so, dass $x_{N,m_N-1} < \bar{x} \leq x_{N,m_N}$, und eine Zahl n_N so, dass $x_{N,n_N-1} < x \leq x_{N,n_N}$ (vgl. Abbildung 25.13). Mit dieser Wahl folgt, dass

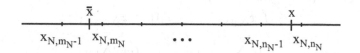

Abbildung 25.13: Die Wahl von m_N und n_N.

$$x - \bar{x} = (x - x_{N,n_N-1}) + \sum_{j=m_N}^{n_N-1} \Delta x_N - (\bar{x} - x_{N,m_N-1}), \quad (25.15)$$

und

$$\lim_{N\to\infty} x_{N,m_N-1} = \lim_{N\to\infty} x_{N,m_N} = \bar{x} \text{ und } \lim_{N\to\infty} x_{N,n_N-1} = \lim_{N\to\infty} x_{N,n_N} = x.$$
$$(25.16)$$

Außerdem verwenden wir (25.4), damit folgt

$$Y_N(\bar{x}) = Y_N(x_{N,m_N-1}) + f(x_{N,m_N-1})(\bar{x} - x_{N,m_N-1}),$$

---

[8]Mit der offensichtlichen einseitigen Interpretation, falls $\bar{x} = a$ oder b.

sowie

$$Y_N(x) = Y_N(x_{N,m_N-1}) + \sum_{j=m_N}^{n_N-1} f(x_{N,j-1})\Delta x_N$$
$$+ f(x_{N,n_N-1})(x - x_{N,n_N-1}). \quad (25.17)$$

Subtraktion ergibt:

$$Y_N(x) - Y_N(\bar{x}) = f(x_{N,n_N-1})(x - x_{N,n_N-1}) + \sum_{j=m_N}^{n_N-1} f(x_{N,j-1})\Delta x_N$$
$$- f(x_{N,m_N-1})(\bar{x} - x_{N,m_N-1}).$$

Unter Verwendung von (25.15) können wir dies umschreiben zu:

$$Y_N(x) - Y_N(\bar{x}) = f(\bar{x})(x - \bar{x})$$
$$+ (f(x_{N,n_N-1}) - f(\bar{x}))(x - x_{N,n_N-1})$$
$$+ \sum_{j=m_N}^{n_N-1} (f(x_{N,j-1}) - f(\bar{x}))\Delta x_N$$
$$- (f(x_{N,m_N-1}) - f(\bar{x}))(\bar{x} - x_{N,m_N-1}). \quad (25.18)$$

Zum Schluß schätzen wir ab:

$$|Y_N(x) - Y_N(\bar{x}) - f(\bar{x})(x - \bar{x})|$$
$$\leq |f(x_{N,n_N-1}) - f(\bar{x})|\,|x - x_{N,n_N-1}|$$
$$+ \sum_{j=m_N}^{n_N-1} |f(x_{N,j-1}) - f(\bar{x})|\Delta x_N$$
$$+ |f(x_{N,m_N-1}) - f(\bar{x})|\,|\bar{x} - x_{N,m_N-1}|. \quad (25.19)$$

Dies sieht wie ein großes Durcheinander aus, aber wenn wir die Lipschitz-Stetigkeit von f verwenden und die Tatsache, dass alle Punkte x in (25.18) sich in $[x_{N,m_N-1}, x_{N,n_N}]$ befinden, vereinfacht es sich zu:

$$|Y_N(x) - Y_N(\bar{x}) - f(\bar{x})(x - \bar{x})| \leq 3L|x_{N,n_N} - x_{N,m_N-1}|^2. \quad (25.20)$$

Zum Beispiel gilt

$$|f(x_{N,n_N-1}) - f(\bar{x})|\,|x - x_{N,n_N-1}| \leq L|x_{N,n_N} - x_{N,m_N-1}|^2.$$

Wir gehen auf beiden Seiten zum Grenzwert für $N \to \infty$ über und schließen, dass

$$|y(x) - y(\bar{x}) - f(\bar{x})(x - \bar{x})| \leq 3L|x - \bar{x}|^2$$

für $x > \bar{x}$ in $[a, b]$. Es ist einfach, die Fälle $\bar{x} > x$ und $\bar{x} = a$ oder b auf dieselbe Weise zu behandeln. Daher gilt (25.14).

25.7   Der Fundamentalsatz der Differential- und Integralrechnung

Wir fassen diese Ergebnisse der bisherigen Analysis zu einem wichtigen Satz zusammen, der zuerst von Cauchy bewiesen wurde.

Satz 25.4 Fundamentalsatz der Differential- und Integralrechnung
Wenn f eine auf $[a, b]$ Lipschitz-stetige Funktion mit der Lipschitz-Konstaniten L ist, dann gibt es eine eindeutige Lösung $y(x)$ von

$$\begin{cases} y'(x) = f(x), & a \le x \le b, \\ y(a) = 0. \end{cases}$$

Außerdem konvergiert die Folge $\{Y_n\}$ mit

$$Y_N(x) = \sum_{i=1}^{n-1} f(x_{N,i-1})\Delta x_N + f(x_{N,n-1})(x - x_{N,n-1}),$$

wobei $\Delta x_N = (b-a)/2^N$ für eine natürliche Zahl N, $x_{N,i} = a + i \times \Delta x_N$ für $i = 0, 1, \cdots, 2^N$, und $x_{N,n-1} < x \le x_{N,n}$, gleichmäßig auf $[a, b]$ gegen y. Für jedes N ist der Fehler durch

$$|y(x) - Y_N(x)| \le (b - a)L\Delta x_N \tag{25.21}$$

beschränkt.

Wir können dieses Ergebnis auf eine andere Weise darstellen, indem wir die Notation für bestimmte Integrale verwenden. Nach Definition gilt:

$$y(x) = \int_a^x f(s)\,ds.$$

Wir wählen der Einfachheit halber $x = b$,

$$y(b) = \int_a^b f(x)\,dx.$$

Außerdem gilt

$$Y_N(b) = Y_N(x_{N,2^N}) = \sum_{i=1}^{2^N} f(x_{N,i-1})\Delta x_N.$$

Wir erhalten also den

Satz 25.5 Fundamentalsatz der Differential- und Integralrechnung
Wenn f eine auf $[a, b]$ Lipschitz-stetige Funktion mit der Lipschitz-Konstanten L ist, dann existiert

$$\int_a^b f(x)\,dx$$

und es gilt

$$\left| \int_a^b f(x)\,dx - \sum_{i=1}^{2^N} f(x_{N,i-1})\Delta x_N \right| \le (b-a)L\Delta x_N,$$

wobei $\Delta x_N = (b-a)/2^N$ für eine natürliche Zahl N und $x_{N,i} = a+i\times\Delta x_N$ für $i = 0, 1, \cdots, 2^N$.

Dieser Satz liefert die Motivation für die Notation, die wir für das Integral benutzen. Da $N \to \infty$ äquivalent ist zu $\Delta x_N \to 0$, können wir *formal*

$$\,, \lim_{\Delta x \to 0} \sum f(x_i)\Delta x = \int f(x)\,dx \text{``}$$

schreiben, also im Grenzwert $\sum \to \int$ und $\Delta x \to dx$.

Die Theorie zur Integration, die in diesem Kapitel beschrieben wurde, ist eine Vereinfachung der allgemeinen Theorie, die zuerst von Cauchy vorgeschlagen wurde und später von Riemann[9] systematisiert und verallgemeinert wurde. Cauchys Ziel war zu beweisen, dass Integration für stetige Integranden wohl-definiert ist. Riemann kehrte die Frage um: Gegeben sei dieses Verfahren zur Definition der Integration, zu finden ist eine allgemeine Klasse von Funktionen, für die sie funktioniert. Eine Summe der Form

$$\sum_{i=1}^{2^N} f(x_{N,i-1})\Delta x_N$$

wird **Riemannsche Summe** genannt.

---

[9]Der deutsche Mathematiker Georg Friedrich Bernhard Riemann (1826–1866) war einer der originärsten und kreativsten Denker in der Mathematik. Riemann stützte sich stark auf intuitive Argumente, die manchmal nicht vollständig richtig waren, dennoch hatten seine Entdeckungen einen starken Einfluß auf die Mathematik und die Physik. Seine bedeutendsten Errungenschaften lagen in der Theorie der abelschen Funktionen, der komplexen Analysis, dem Elektromagnetismus, der Geometrie, der Zahlentheorie, der Theorie der Integration und der Topologie. Sein Name erinnert an das Riemann–Integral, die Riemannschen Flächen und die Riemann Zeta–Funktion. Die Untersuchung der Konvergenz von Fourierreihen führte ihn zur Definition einer rigorosen Theorie der Integration.

Kapitel 25   Aufgaben

25.1. Nehmen wir an, dass $f(x)$ auf einem Intervall, das x_0 enthält, eine stetige differenzierbare Funktion ist. Benutzen Sie den Mittelwertsatz, um die folgende Fehlerabschätzung für den Fehler der konstanten Interpolierenden von f zu beweisen:

$$|f(x) - f(x_0)| \leq \max_{[x_0,x]} |f'|\, |x - x_0|$$

Die Aufgaben 25.2–25.6 befassen sich mit der Konstruktion von Approximationsmethoden zur Integration.

25.2. Konstruieren Sie Formeln für den Wert von $x_{N,i}$ für i zwischen 0 und 2^N und (a) $[a, b] = [0, 1]$, sowie (b) $[a, b] = [3, 7]$.

25.3. Markieren Sie im Intervall $[a, b]$ die Gitterpunkte, die $\Delta x_N = (b - a)/3^N$ für $N = 1, 2, 3, 4$ entsprechen.

25.4. Skizzieren Sie die Approximation $Y_N(x)$ der in Abbildung 25.14 dargestellten Funktion für das dort angegebene Gitter.

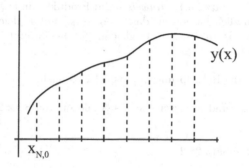

Abbildung 25.14: Graphische Darstellung für Aufgabe 25.4.

25.5. Berechnen Sie $Y_2(x)$ und zeichnen Sie dann $Y_2(x)$ zusammen mit $y(x)$ für (a) $f(x) = x$, (b) $f(x) = x^2$ und (c) $f(x) = x^3$ auf $[0, 1]$.

25.6. Berechnen Sie eine Formel für $Y_N(1)$ für (a) $f(x) = 2x$, (b) $f(x) = x^2$ und (c) $f(x) = x^3$ auf $[0, 1]$.

In den Aufgaben 25.7–25.13 werden gleichmäßige Cauchy–Folgen von Funktionen behandelt.

25.7. Schreiben Sie fünf unterschiedliche Folgen von Funktionen nieder.

25.8. Benutzen Sie die Definition, um ein Intervall zu bestimmen, auf dem die folgenden Folgen konvergieren bzw. erklären Sie, warum Sie für alle x divergieren:

(a) $x^3 - \left(2 + \frac{1}{n^2}\right)x^2 - 3$ (b) $(3n + 1)x - 2$

(c) $(x - 3)^n$ (d) $4^n + x^2$

(e) $x^n/2^n$ (f) $(nx + 3)/(n + 2)$

(g) $x^n + x^2 + 2$ (h) $\left(\frac{1}{2}\right)^n - 5x$.

25.9. Benutzen Sie die Definition, um ein Intervall zu bestimmen, auf dem die folgenden Folgen Cauchy–Folgen sind bzw. erklären Sie, warum sie für kein x eine Cauchy–Folge sind:

(a) $x^2 - \left(1 + \frac{2}{n}\right)x + 4$ (b) $(2n - 3)x^2 + 5$

(c) $(x - 2)^n$ (d) $2^n + 4x$

(e) $x^n/3^n$ (f) $(nx - 1)/(n + 2)$

(g) $x^n + x + 1$ (h) $\left(\frac{1}{5}\right)^n + 2x$.

25.10. Beweisen Sie Satz 25.1. *Hinweis:* Um Produkte und Quotienten zu behandeln, ist es nützlich zu zeigen, dass wenn $\{f_n\}$ auf I gleichmäßig gegen f konvergiert und $\{f_n\}$ auf I durch M gleichmäßig beschränkt ist, auch f auf I durch M beschränkt ist.

25.11. Weisen Sie die Behauptung in Beispiel 25.9 nach.

25.12. Formulieren und beweisen Sie das Analogon von Satz 25.1 für Cauchy–Folgen.

25.13. Beweisen Sie Satz 25.2.

In den Aufgaben 25.14–25.25 bitten wir Sie, Details des Beweises zur Konvergenz des approximativen Integrals zu überprüfen.

25.14. Konstruieren Sie eine Formel, die die Werte in dem gemeinsamen Knoten $x_{N,n} = x_{M,m}$ in den geschachtelten Gittern für $M \geq N$ in Beziehung setzt.

25.15. Beweisen Sie (25.9).

25.16. Beweisen Sie (25.10).

25.17. Beweisen Sie (25.11).

25.18. Beweisen Sie, dass $\{Y_N(x)\}$ eine Folge von gleichmäßig Lipschitz-stetigen Funktionen mit der Lipschitz-Konstanten ist, die durch den maximalen Wert von f auf $[a, b]$ gegeben ist.

25.19. Beweisen Sie, dass (25.15) wahr ist.

25.20. Beweisen Sie, dass (25.16) wahr ist.

25.21. Zeigen Sie, dass (25.17) gültig ist.

25.22. Zeigen Sie, dass (25.18) gültig ist.

25.23. Zeigen Sie, dass (25.19) (25.20) impliziert.

25.24. Leiten Sie das Analogon zu (25.20) für den Fall $\bar{x} > x$ her.

25.25. Beweisen Sie (25.21).

25.26. Schreiben Sie ein Programm, dass eine benutzerdefinierte Funktion $f(x)$ verwendet und $Y_N(x)$ in einem beliebigen Punkt x im benutzerdefinierten Intervall $[a, b]$ für eine benutzerdefinierte Anzahl von Gitterpunkten 2^N und benutzerdefinierte Interpolationspunkte (die linken oder rechten Endpunkte oder die Mittelpunkte der Intervalle), sowie eine Schranke für den Fehler berechnet. Testen Sie ihr Programm mit $y = x$ und vergleichen Sie es mit den obigen Ergebnissen. Lassen Sie dann das Programm laufen, um $\int_1^x t^{-1}\,dt$ in $x = 2$ und $x = 3$ für $N = 4, 8, 16, 32, 64$ zu berechnen. Vergleichen Sie die Ergebnisse jeweils mit $\ln(2)$ und $\ln(3)$. Vergleichen Sie die Genauigkeit bei Verwendung der Interpolierenden der Mittelpunkte mit der Interpolierenden der Endpunkte.

26

Eigenschaften des Integrals

In Kapitel 24 haben wir einige Eigenschaften des Integrals hergeleitet, indem wir die Eigenschaften der Ableitung verwendet haben. In diesem kurzen Kapitel leiten wir einige wichtige Eigenschaften des bestimmten Integrals her, indem wir Eigenschaften der Riemann–Summen benutzen und zum Grenzwert übergehen, d.h.

$$\int_a^b f(x)\,dx = \lim_{N \to \infty} \sum f(x_{N,i})\Delta x_N.$$

26.1   Linearität

Um die Idee zu veranschaulichen, beginnen wir mit einer Eigenschaft, die wir bereits hergeleitet haben. Erinnern wir uns, dass wenn f und g Lipschitz-stetige Funktionen und c eine Konstante ist, gilt:

$$\int (f(x) + cg(x))\,dx = \int f(x)\,dx + c\int g(x)\,dx.$$

Diese Eigenschaft entspricht genau den Linearitätseigenschaften der Ableitung. Die entsprechende Eigenschaft für bestimmte Integrale, nämlich

$$\int_a^b (f(x) + cg(x))\,dx = \int_a^b f(x)\,dx + c\int_a^b g(x)\,dx, \qquad (26.1)$$

folgt aus den Eigenschaften des Grenzwerts einer Folge. Wenn zum Beispiel $\{a_n\}$ und $\{b_n\}$ konvergente Folgen sind, dann gilt $\lim_n(a_n + cb_n) =$

$\lim_n a_n + c \lim_n b_n$. Wenn $\{x_{N,i}\}$ Knoten in einem Gitter sind, dann gilt

$$\sum_{i=1}^{2^N}(f(x_{N,i}) + cg(x_{N,i}))\Delta x_N = \sum_{i=1}^{2^N} f(x_{N,i})\Delta x_N + c\sum_{i=1}^{2^N} g(x_{N,i})\Delta x_N.$$

Der Übergang zum Grenzwert ergibt (26.1).

BEISPIEL 26.1. Wir können direkt

$$\int_1^2 (3x^2 + 4x)\,dx = (x^3 + 2x^2)\big|_{x=1}^{x=2} = 16 - 3 = 13$$

berechnen, oder wir berechnen:

$$\int_1^2 x^2\,dx = \frac{x^3}{3}\bigg|_{x=1}^{x=2} = \frac{8}{3} - \frac{1}{3} = \frac{7}{3}$$

und ebenso

$$\int_1^2 x\,dx = \frac{x^2}{2}\bigg|_{x=1}^{x=2} = \frac{4}{2} - \frac{1}{1} = \frac{3}{2}$$

und addieren dann

$$3 \times \frac{7}{3} + 4 \times \frac{3}{2} = 13.$$

26.2 Monotonie

Gelegentlich kommt es vor, dass wir die Größe der Lösungen der Differenzialgleichungen $y_1'(x) = f(x)$ und $y_2'(x) = g(x)$ vergleichen müssen; sagen wir, wenn $f(x) \le g(x)$ für alle x in $[a, b]$. Intuitiv bedeutet dies, dass die Steigung der Linearisierung von y_1 in jedem Punkt x immer kleiner als die Steigung der Linearisierung von y_2 ist; daher kann $y_1(x)$ mit wachsendem x nicht so schnell wie $y_2(x)$ wachsen. Gilt $y_1(a) = y_2(a)$, dann muss $y_1(x)$ kleiner als $y_2(x)$ für $x \ge a$ sein. Wir veranschaulichen dies in Abbildung 26.1.

In Integralnotation werden wir den folgenden Satz beweisen:

Satz 26.1 Monotonie der Integration *Sind f und g auf $[a, b]$ Lipschitzstetige Funktionen, und gilt $f(x) \le g(x)$ für alle $a \le x \le b$, dann gilt:*

$$\int_a^b f(x)\,dx \le \int_a^b g(x)\,dx. \tag{26.2}$$

Dies folgt aus den Eigenschaften des Grenzwerts einer Folge. Wenn $\{x_{N,i}\}$ die Knoten in einem Gitter sind, dann gilt

$$f(x_{N,i}) \le g(x_{N,i})$$

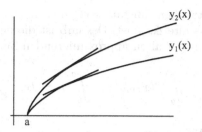

Abbildung 26.1: Die Ableitung von y_1 ist in jedem Punkt x kleiner als die Ableitung von y_2.

für alle i und deshalb

$$\sum_{i=1}^{2^N} f(x_{N,i})\Delta x_N \le \sum_{i=1}^{2^N} g(x_{N,i})\Delta x_N.$$

Der Übergang zum Grenzwert für $N \to \infty$ beweist die Behauptung.

BEISPIEL 26.2. Da $x^2 \le x$ für $0 \le x \le 1$, gilt

$$\int_0^1 x^2\, dx \le \int_0^1 x\, dx.$$

Wir können einfach überprüfen, dass

$$\int_0^1 x^2\, dx = \frac{1}{3} < \int_0^1 x\, dx = \frac{1}{2}.$$

26.3   Wir spielen mit den Grenzen

Bisher haben wir das Lösen der Differenzialgleichung $y'(x) = f(x)$ behandelt, indem wir festgelegt haben, dass $y = 0$ in einem Punkt a ist und dann die Lösung für $a \le x \le b$ berechnet haben. Dies ist aber eine willkürliche Wahl. Es ist ebenso gut möglich, festzulegen, dass $y(b) = 0$ und dann für $b \ge x \ge a$ zu lösen, wofür wir natürlich

$$\int_b^a f(x)\, dx$$

schreiben. Um dieses Integral approximativ zu berechnen, konstruieren wir — wie zuvor — für $[a,b]$ ein Gitter, mit der Ausnahme, dass jetzt $x_{N,0} = b$, $x_{N,2^N} = a$ und $\Delta x_N = (a-b)/2^N$. Der einzige Unterschied in der approximierenden Summe ist jedoch, dass wir die Knoten von rechts nach links umnummeriert haben, anstatt von links nach rechts und dass das neue Δx_N minus das alte Δx_N ist. Deshalb ist die neue approximierende Summe einfach minus der alten approximierenden Summe. Dies bedeutet aber, dass

$$\int_a^b f(x)\, dx = -\int_b^a f(x)\, dx. \tag{26.3}$$

BEISPIEL 26.3. Wir können

$$\int_1^3 3x^2\, dx = x^3\Big|_{x=1}^{x=3} = 27 - 1 = 26$$

berechnen, wobei

$$\int_3^1 3x^2\, dx = x^3\Big|_{x=3}^{x=1} = 1 - 27 = -26,$$

wie vorhergesagt.

Wir approximieren den Wert von

$$\int_a^b f(x)\, dx,$$

indem wir ein Gitter auf $[a, b]$ definieren und dann die entsprechende Integrationsapproximation berechnen. Wenn c ein Punkt zwischen a und b ist, können wir das Integral auch approximieren, indem wir Gitter auf $[a, c]$ und $[c, b]$ definieren, die Integrationsapproximationen für jedes Gitter berechnen und dann die zwei Ergebnisse addieren. Mit anderen Worten, für $a \le c \le b$ gilt

$$\int_a^b f(x)\, dx = \int_a^c f(x)\, dx + \int_c^b f(x)\, dx. \tag{26.4}$$

Die Formel läßt sich auf beliebige a, b und c verallgemeinern.

BEISPIEL 26.4. Wir können

$$\int_1^5 6x\, dx = 3x^2\Big|_{x=1}^{x=5} = 75 - 3 = 72$$

berechnen, indem wir die zwei Integrale

$$\int_1^3 6x\, dx = 3x^2\Big|_{x=1}^{x=3} = 27 - 3 = 24$$

und

$$\int_3^5 6x\, dx = 3x^2\Big|_{x=3}^{x=5} = 75 - 27 = 48$$

berechnen und dann die Ergebnisse addieren.

Wir können (26.4) als die Aussage interpretieren, dass der Wert $y(b)$ der Lösung der Differenzialgleichung $y'(x) = f(x)$ mit $y(a) = 0$ berechnet werden kann, indem wir zuerst bis $x = c$ lösen, um $y(c)$ in einem Zwischenpunkt c zu erhalten und dann mit diesem Wert bei $x = c$ beginnen und die Integration bis b fortsetzen.

26.4   Mehr über bestimmte und unbestimmte Integrale

Erinnern wir uns, dass die allgemeine Lösung von $y'(x) = f(x)$,

$$y(x) = \int f(x)\, dx,$$

berechnet werden kann, indem man eine Konstante C zu einer beliebigen Stammfunktion von f addiert. Insbesondere bedeutet dies, dass die allgemeine Lösung auch als

$$y(x) = \int_a^x f(s)\, ds + C,$$

geschrieben werden kann, wobei C eine unbestimmte Konstante ist.

Eine Konsequenz dieser Beziehung zwischen dem unbestimmten und dem bestimmten Integral ist eine weitere Möglichkeit, den Fundamentalsatz der Differential- und Integralrechnung zu formulieren:

Satz 26.2 Fundamentalsatz der Differential- und Integralrechnung
Ist f eine auf $[a, b]$ Lipschitz-stetige Funktion, dann definiert

$$\int_a^x f(s)\, ds$$

eine differenzierbare Funktion für $a < x \leq b$ und es gilt

$$\frac{d}{dx} \int_a^x f(s)\, ds = f(x). \tag{26.5}$$

BEISPIEL 26.5.   Mit Hilfe von Satz 26.2 berechnen wir

$$\frac{d}{dx} \int_1^x 3s^2\, ds = 3x^2.$$

Wir können die Rechnung auch folgendermaßen durchführen:

$$\frac{d}{dx} \int_1^x 3s^2\, ds = \frac{d}{dx}\left(s^3\big|_{s=1}^{s=x}\right) = \frac{d}{dx}\left(x^3 - 1\right) = 3x^2.$$

Kapitel 26 Aufgaben

26.1. Beweisen Sie (26.1), indem Sie annehmen, dass F eine Stammfunktion von f und G eine Stammfunktion von g ist und Sie das bestimmte Integral unter Verwendung von F und G umschreiben.

26.2. Berechnen Sie die folgenden Integrale direkt und indem Sie (26.1) benutzen:

$$\text{(a)} \int_1^2 (4x^2 - 8x)\, dx \quad \text{(b)} \int_0^1 (4x + 6x^2 - 1)\, dx.$$

26.3. Zeichnen Sie einen Graphen, der die Tatsache veranschaulicht, dass es für eine Funktion $y_1(x)$ möglich ist, kleiner als eine andere Funktion $y_2(x)$ in jedem x zu sein, wobei $y_1(a) = y_2(a)$, auch wenn die Ableitung von y_1 größer als die Ableitung von y_2 ist.

26.4. Da die Funktion $x^2/(1 + x^2)$ auf jedem beschränkten Intervall Lipschitzstetig ist, ist

$$\int_0^1 \frac{x^2}{x^2 + 1}\, dx$$

definiert, auch wenn wir das Integral nicht berechnen können. Beweisen Sie, dass dieses Integral kleiner oder gleich eins ist.

26.5. Beweisen Sie, dass

$$\int_1^b (1 + x^2)^{100}\, dx \le \int_1^b (1 + x^3)^{100}\, dx$$

für alle $b \ge 1$ (ohne die Integrale zu berechnen!).

26.6. Berechnen Sie die folgenden Integrale direkt und indem Sie (26.3) benutzen:

$$\text{(a)} \int_2^1 12x^3\, dx \quad \text{(b)} \int_0^{-1} 2x\, dx.$$

26.7. Berechnen Sie $\int_0^4 2x^3\, dx$ direkt und indem Sie (26.4) mit $c = 1$ verwenden.

26.8. Berechnen Sie $\int_0^2 2x\, dx$ direkt und indem Sie (26.4) mit $c = -1$ verwenden.

26.9. Erklären Sie, wie Satz 26.2 aus Satz 25.4 folgt.

26.10. Berechnen Sie die folgenden Ableitungen unter Verwendung von Satz 26.2:

$$\text{(a)} \frac{d}{dx} \int_1^x (4s + 1)\, ds \quad \text{(b)} \frac{d}{dx} \int_0^{2x} 3s^2\, ds.$$

Beachten Sie, dass (b) etwas Nachdenken erfodert!

27
Anwendungsmöglichkeiten des Integrals

Erinnern wir uns daran, dass die Ableitung als Teil der Linearisierung einer Funktion eingeführt wurde; die Ableitung selbst aber besitzt eine geometrische Interpretation, und zwar als Grenzwert der Steigungen von Sekantengeraden, die wichtig bei Modellierungen ist. Die Situation bei der Integration ist ähnlich. Wir haben die Integration als eine Methode zur Lösung der einfachsten Differenzialgleichung eingeführt. Die Integration aber besitzt auch eine geometrische Interpretation, die für eine Vielzahl von Anwendungen wichtig ist. Tatsächlich wurde die Integration — lange bevor die Ableitung entwickelt wurde — ursprünglich von griechischen Mathematikern entwickelt und zwar auf ihrer geometrischen Interpretation beruhend. Auch heute noch wird die Integration in modernen Lehrbüchern zur Infinitesimalrechnung normalerweise anhand ihrer geometrischen Interpretation eingeführt.

In diesem Kapitel besprechen wir diese Interpretation und zwei Anwendungsmöglichkeiten. Geometrisch gesehen ist die Integration eine Methode zur Berechnung von Größen wie der Länge, der Fläche und dem Volumen, als der Grenzwert von approximierenden Summen „kleiner" Größen. Tatsächlich hat Archimedes[1] genau auf diese Weise die Integration verwendet, um die Fläche des Einheitskreises, die π ist, zu approximieren. Bei seiner „Ausschöpfungsmethode" approximierte Archimedes die Fläche des

---

[1] Archimedes von Sizilien (287–212 v.Chr.) wird als einer der größten Mathematiker und Ingenieure aller Zeiten betrachtet. Seine „Ausschöpfungsmethode" war für die spätere Entwicklung der Infinitesimalrechnung sehr wichtig, da frühe Versionen stark von unendlichen Reihen abhingen.

Kreises durch die Flächen von regulären Polygonen, die aus geraden Kanten zusammengesetzt sind, die gerade eben den Einheitskreis umfassen. Wir veranschaulichen dies in Abbildung 27.1. Die Polygone der Ausschöpfungs-

4 Seiten   8 Seiten   16 Seiten

Abbildung 27.1: Darstellung der Ausschöpfungsmethode. Die Flächen der Polygone sind jeweils 4, 3,313708498985 und 3,182597878075, während $\pi \approx 3,14159265359$. Die schwarzen Regionen repräsentieren den Fehler der Approximationen an den Kreis.

methode setzen sich aus Dreiecken zusammen und die Fläche des Bildes ergibt sich als die Summe der Flächen der Dreiecke. Mit zunehmender Anzahl von Seiten des Polygons wächst auch die Anzahl der Dreiecke, während die Flächen der Dreiecke abnehmen (vgl. Abbildung 27.2). Daher können

4 Seiten   8 Seiten   16 Seiten

Abbildung 27.2: Die Polygone der Ausschöpfungsmethode setzen sich aus einer zunehmenden Anzahl von kleinen und kleineren Dreiecken zusammen.

die Approximationen an die Fläche des Einheitskreises als Summen einer wachsenden Anzahl von immer kleineren Termen geschrieben werden.

27.1   Die Fläche unter einer Kurve

Wir benutzen eine Technik ähnlich der Ausschöpfungsmethode von Archimedes, um die Fläche unterhalb der Kurve einer Lipschitz-stetigen Funktion f auf einem beschränkten Intervall $[a, b]$ zu definieren und diese Fläche mit beliebiger Genauigkeit zu approximieren. Es stellt sich heraus, dass dies einfach das Integral von f über $[a, b]$ ist.

Von der Geometrie her haben wir keine Schwierigkeiten zu glauben, dass das Konzept der Fläche unter einer Kurve sinnvoll ist (vgl. Abbildung 27.3). Zunächst wissen wir aber noch nicht, ob die Fläche mathematisch wohl-

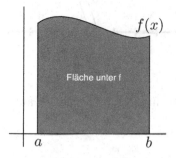

Abbildung 27.3: Die Fläche unter der Kurve von f.

definiert ist. Dies ähnelt der Situation für $\sqrt{2}$. Geometrisch haben wir $\sqrt{2}$ als die Länge der Diagonalen eines Quadrats mit der Seitenlänge 1 definiert, wir waren aber so lange unzufrieden, bis wir eine Methode gefunden hatten, um $\sqrt{2}$ auf beliebige Genauigkeit zu berechnen und wir haben diese Methode benutzt, um eine analytische Definition von $\sqrt{2}$ anzugeben.

Wenn $f(x) = c$ konstant ist, läßt sich die Fläche unter f von a nach b problemlos genau definieren (vgl. Abbildung 27.4). Das Problem im allge-

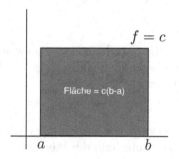

Abbildung 27.4: Die Fläche unter der Kurve einer konstanten Funktion f.

meinen Fall ist, dass f gekrümmt sein könnte. Erinnern wir uns, dass wir dasselbe Problem behandelt haben, indem wir das Integral unter Verwendung der Idee definiert haben, dass auf hinreichend kleinen Intervallen eine kurvenförmige Funktion „flach" aussieht.

Zu einer präzisen Formulierung: Wir wählen ein **Gitter** von Punkten $\{x_{N,i}\}$ mit gleichem Abstand in $[a, b]$, indem wir $\Delta x_N = (b - a)/2^N$ für eine natürliche Zahl N und $x_{N,i} = a + i \times \Delta x_N$ für $i = 0, 1, \cdots, 2^N$ setzen. Beachten Sie insbesondere, dass $x_{N,0} = a$ und $x_{N,2^N} = b$ (vgl. Abbildung 27.5). Wir berechnen die Fläche unterhalb von f approximativ, indem wir die Flächen der Rechtecke summieren, die durch die stückwei-

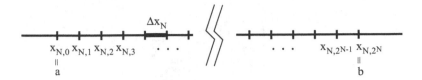

Abbildung 27.5: Ein Gitter auf $[a, b]$.

se konstante Interpolierende von f auf dem Gitter gegeben sind, das wir gerade konstruiert haben (vgl. Abbildung 27.6).

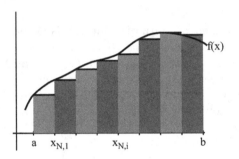

Abbildung 27.6: Die Fläche unterhalb der stückweise konstanten Interpolierenden von f. Wir wechseln die Schattierung, um Beiträge benachbarter Rechtecke zu unterscheiden.

Die Fläche des Rechtecks auf dem Intervall $[x_{N,i-1}, x_{N,i}]$ ist $f(x_{N,i-1})\Delta x_N$ und deshalb ist die Fläche unterhalb der stückweise konstanten Interpolierenden von f:

$$\sum_{i=1}^{2^N} f(x_{N,i-1})\Delta x_N.$$

Der Fundamentalsatz der Differential- und Integralrechnung impliziert, dass diese Summe mit wachsender Anzahl von Intervallen (d.h. für $N \to \infty$) gegen einen eindeutigen Grenzwert konvergiert, und zwar gegen das Integral von f. Mit anderen Worten,

$$\lim_{N \to \infty} \sum_{i=1}^{2^N} f(x_{N,i-1})\Delta x_N = \int_a^b f(x)\,dx. \tag{27.1}$$

Also *definieren* wir diesen Grenzwert $\int_a^b f(x)\,dx$, als die **Fläche unterhalb der Kurve** f **von** a **bis** b.[2]

BEISPIEL 27.1.   Die Fläche unterhalb x^2 von -1 bis 1 ist $\int_{-1}^1 x^2\,dx = x^3/3|_{-1}^1 = 2/3$.

Diese Definition verträgt sich mit den Fällen, in denen wir unter Verwendung geometrischer Identitäten die Fläche berechnen können, z.B. wenn f konstant oder linear ist.

BEISPIEL 27.2.   Die Fläche unterhalb x von 0 bis 1 ist $\int_0^1 x\,dx = x^2/2|_0^1 = 1/2$. Dies stimmt mit der Fläche des Dreiecks mit den Ecken $(0,0)$, $(1,0)$ und $(1,1)$ überein, die durch die Formel für die Fläche eines Dreiecks als Hälfte der Basis mal der Höhe gegeben ist.

In Situationen, in denen f nicht exakt integriert werden kann, können wir die Fläche unterhalb von f auf jede gewünschte Genauigkeit approximieren, indem wir die Summe in (27.1) für ein hinreichend großes N berechnen.

Beachten Sie, dass diese Definition der Fläche eine Besonderheit aufweist, die nicht mit unserer Intuition übereinstimmt. Sie kann nämlich auch sehr wohl negativ sein.

BEISPIEL 27.3.   Die Fläche unterhalb der Kurve $y = -x^2$ auf $[1,2]$ ist $\int_1^2 -x^2\,dx = -x^3/3|_1^2 = -7/3$.

Der Grund hierfür ist, dass die „Höhe" der Rechtecke in der Summe in (27.1) negativ oder positiv sein kann, in Abhängigkeit vom Vorzeichen von f. Im Allgemeinen sollten wir erwarten, dass f auf einem Teil von $[a,b]$ positiv und auf dem restlichen negativ ist (vgl. Abbildung 27.7). Deshalb

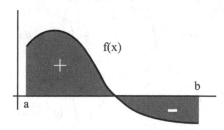

Abbildung 27.7: Eine Funktion, die Regionen sowohl „positiver" als auch „negativer" Fläche unter ihrem Graphen besitzt.

nennen wir $\int_a^b f(x)\,dx$ manchmal die **Nettofläche unterhalb der Kurve** f **von** a **bis** b.

---

[2]Dieser Ansatz zur Definition geometrischer Größen, wie der Fläche unterhalb einer Kurve und der Länge einer Kurve, als Integrale von Funktionen stammt von Cauchy.

Wenn wir die aufsummierte Gesamtfläche zwischen f und der x-Achse erhalten möchten, ohne dass sich bestimmte Terme gegeneinander aufheben, können wir $\int_a^b |f(x)|\,dx$ berechnen. Wir nennen dies die **absolute Fläche unterhalb** f **von** a **bis** b. Der Absolutbetrag hat den Effekt, die negativen Teile von f an der x-Achse zu spiegeln. Dies führt zu einer Funktion, die überall nichtnegativ ist (vgl. Abbildung 27.8).

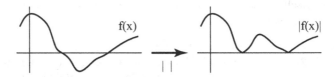

Abbildung 27.8: Die Wirkung des Absolutbetrags von f.

BEISPIEL 27.4. Die absolute Fläche unterhalb der Kurve $y = -x^2$ auf $[1, 2]$ ist $\int_1^2 |-x^2|\,dx = \int_1^2 x^2\,dx = x^3/3|_1^2 = 7/3$.

BEISPIEL 27.5. Um die absolute Fläche unterhalb von $f(x) = x^3 - 3x^2 + 2x = x(x-1)(x-2)$ von $x = 0$ bis $x = 3$ zu berechnen, beachten wir zunächst, dass $f(x)$ für $0 < x < 1$ positiv, für $1 < x < 2$ negativ und für $2 < x < 3$ positiv ist. Beachten Sie, dass diese Bereiche durch die Nullstellen von f begrenzt sind. Da f Lipschitz-stetig ist, muss es immer einen Punkt geben, in dem f zwischen den Bereichen Null ist, auf denen f das Vorzeichen ändert. Es gilt daher

$$\int_0^3 |f(x)|\,dx = \int_0^1 |f(x)|\,dx + \int_1^2 |f(x)|\,dx + \int_2^3 |f(x)|\,dx$$

$$= \int_0^1 f(x)\,dx - \int_1^2 f(x)\,dx + \int_2^3 f(x)\,dx$$

$$= \int_0^1 (x^3 - 3x^2 + 2x)\,dx - \int_1^2 (x^3 - 3x^2 + 2x)\,dx$$

$$+ \int_2^3 (x^3 - 3x^2 + 2x)\,dx$$

$$= (\frac{x^4}{4} - x^3 + x^2)|_0^1 - (\frac{x^4}{4} - x^3 + x^2)|_1^2 + (\frac{x^4}{4} - x^3 + x^2)|_2^3$$

$$= \frac{1}{4} - \left(-\frac{1}{4}\right) + \frac{9}{4} = \frac{11}{4}.$$

Auf dieser Diskussion fußend definieren wir die **Fläche zwischen den Kurven** f **und** g **von** a **bis** b als

$$\int_a^b (f(x) - g(x))\,dx$$

(vgl. Abbildung 27.9). Wir definieren die **absolute Fläche zwischen** f

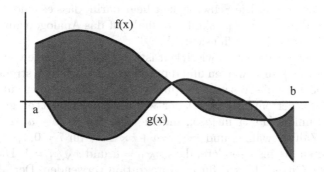

Abbildung 27.9: Die Fläche zwischen den Kurven f und g.

und g von a bis b als

$$\int_a^b |f(x) - g(x)| \, dx.$$

BEISPIEL 27.6. Wir berechnen die absolute Fläche zwischen den Kurven $8 - x^2$ und x^2. Wenn das Intervall nicht angegeben ist, wählen wir standardmäßig das Intervall, das durch die Schnittpunkte der zwei Kurven definiert ist. Hier gilt $8 - x^2 = x^2$ bei $x^2 = 4$ oder $x = -2$ und 2. Da $8 - x^2 \geq x^2$ auf $[-2, 2]$, berechnen wir:

$$\int_{-2}^2 (8 - x^2 - x^2) \, dx = \left(8x - \frac{2}{3}x^3\right)\big|_{-2}^2 = \frac{64}{3}.$$

27.2   Der Mittelwert einer Funktion

Als eine weitere Anwendung der Idee, dass die Integration eine Summe kleiner Größen darstellt, betrachten wir das Problem, den Mittelwert einer Funktion zu definieren.

Der **Mittelwert** $\bar{f}$ einer Menge von N Zahlen $\{f_1, f_2, \cdots, f_N\}$ wird als

$$\bar{f} = \frac{f_1 + f_2 + \cdots + f_N}{N} = f_1 \frac{1}{N} + f_2 \frac{1}{N} + \cdots + f_N \frac{1}{N}.$$

definiert. Der Mittelwert ist eine wichtige Größe in der Statistik, wie jeder Student weiß, der schon einmal anhand einer Verteilung benotet worden ist.

Wir können uns die N Zahlen $\{f_1, f_2, \cdots f_N\}$ als die N Werte einer Funktion f mit dem Definitionsbereich $\{1, 2, \cdots, N\}$ vorstellen. Also haben wir den Mittelwert einer Funktion mit einem diskreten Definitionsbereich definiert. Wir möchten diese Idee auf Funktionen $f(x)$ einer reellen Variablen x auf $[a, b]$ erweitern. Die Schwierigkeit liegt darin, dass es eine unendliche Anzahl von Punkten x in $[a, b]$ gibt, deshalb ist das Analogon zur Summierung der Werte nicht so offensichtlich.

Ein Ausweg aus dieser Schwierigkeit ist, f auf einer Menge von N Punkten $\{x_1, \cdots, x_N\}$ auszuwerten und dann N gegen Unendlich streben zu lassen. Wir möchten die Auswertungspunkte mehr oder weniger gut über das Intervall $[a, b]$ verteilt wählen. Daher wählen wir ein **Gitter** gleichmäßig verteilter Punkte $\{x_{N,i}\}$ in $[a, b]$, indem wir $\Delta x_N = (b - a)/2^N$ für eine natürliche Zahl N wählen und $x_{N,i} = a + i \times \Delta x_N$ für $i = 0, 1, \cdots, 2^N$ setzen. Beachten Sie insbesondere, dass $x_{N,0} = a$ und $x_{N,2^N} = b$. Dies ist das gewöhnliche Gitter, das wir für die Integration verwenden. Der Mittelwert der Werte von f in den Knoten des Gitters ist deshalb:

$$\sum_{i=1}^{2^N} f(x_{N,i-1}) \frac{1}{N}.$$

Aus der Definition von Δx_N folgt:

$$\sum_{i=1}^{2^N} f(x_{N,i-1}) \frac{1}{N} = \frac{1}{b - a} \sum_{i=1}^{2^N} f(x_{N,i-1}) \frac{b - a}{N} = \frac{1}{b - a} \sum_{i=1}^{2^N} f(x_{N,i-1}) \Delta x_N.$$

Da die rechte Größe gegen einen eindeutigen Grenzwert strebt, nämlich gegen das Integral von f für $N \to \infty$, definieren wir den **Mittelwert** von f auf $[a, b]$ als

$$\bar{f} = \frac{1}{b - a} \int_a^b f(x) \, dx.$$

BEISPIEL 27.7. Der Mittelwert von $f(x) = x^3$ auf $[0, 2]$ ist

$$\frac{1}{2} \int_0^2 x^3 \, dx = \frac{16}{8} = 2.$$

BEISPIEL 27.8. Der Mittelwert von $f(x) = x$ auf $[-1, 1]$ ist

$$\frac{1}{2} \int_{-1}^1 x \, dx = \frac{1}{2} \frac{x^2}{2} \Big|_{-1}^1 = 0.$$

Erinnern wir uns, dass wir gelegentlich einige der Zahlen mehr „gewichten" möchten als die anderen, wenn wir einen Mittelwert berechnen. Wir nennen die Zahlen $\{\omega_1, \omega_2, \cdots, \omega_N\}$ eine Menge von **Gewichten**, wenn sie nichtnegativ sind und $\omega_1 + \omega_2 + \cdots + \omega_N = N$ gilt. In diesem Fall definieren wir den **gewichteten Mittelwert** von $\{f_1, f_2, \cdots, f_N\}$ als

$$\bar{f} = f_1 \frac{\omega_1}{N} + f_2 \frac{\omega_2}{N} + \cdots + f_N \frac{\omega_N}{N}.$$

Um dies auf Funktionen von reellen Variablen zu verallgemeinern, nennen wir eine Lipschitz-stetige Funktion $\omega(x)$ eine **normalisierte Gewichts-funktion** oder **Gewichtsfunktion**, wenn $\omega(x) \geq 0$ für alle x in $[a, b]$ und $\int_a^b \omega(x)\,dx = b - a$ gilt. Wir definieren den **gewichteten Mittelwert** von f auf $[a, b]$ in Bezug auf ω als:

$$\bar{f} = \frac{1}{b - a} \int_a^b f(x)\omega(x)\,dx.$$

BEISPIEL 27.9. Die Mittelwerte von $f(x) = 2 - x$ auf $[0, 1]$ in Bezug auf die Gewichte 1 und $2x$ sind:

$$\frac{1}{1} \int_0^1 (2 - x)\,dx = \frac{3}{2} \text{ und } \frac{1}{1} \int_0^1 (2 - x)\,2x\,dx = \frac{4}{3}.$$

Manchmal ist es unbequem, ω so zu wählen, dass $\int_a^b \omega(x)\,dx = b - a$ gilt. Wenn wir lediglich annehmen, dass $\int_a^b \omega(x)\,dx > 0$ gilt, dann definieren wir den **gewichteten Mittelwert** von f als

$$\bar{f} = \frac{\int_a^b f(x)\omega(x)\,dx}{\int_a^b \omega(x)\,dx}$$

BEISPIEL 27.10. Der Mittelwert von $f(x) = 2 - x$ auf $[0, 1]$ in Bezug auf x ist

$$\frac{\int_0^1 (2 - x)\,x\,dx}{\int_0^1 x\,dx} = \frac{2/3}{1/2} = \frac{4}{3}.$$

Kapitel 27 Aufgaben

27.1. Verifizieren Sie die Formel für die Hälfte der Länge einer Seite eines n-seitigen, regelmäßigen Polygons in Abbildung 27.10 und benutzen Sie die Formel, um Approximationen für π unter Verwendung von $n = 4, 8, 16, 32$ Seiten zu berechnen.

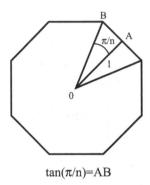

tan(π/n)=AB

Abbildung 27.10: Archimedes' Berechnung der Fläche des Polygons mit n Seiten.

27.2. Berechnen Sie die Fläche und die absolute Fläche der folgenden Funktionen auf den angegebenen Intervallen:

(a) $f(x) = x - 2$ auf $[-1, 4]$

(b) $f(x) = x(x-2)(x+3)$ auf $[-4, 4]$.

27.3. Berechnen Sie die Fläche und die absolute Fläche zwischen den Kurven $f(x) = 2x^3$ und $g(x) = x^2 + 4x - 3$.

27.4. Berechnen Sie die Mittelwerte von $f(x) = x + x^2$ auf $[0, 2]$ in Bezug auf 1, x und x^2.

27.5. Beweisen Sie, dass $\overline{|f|} \le |\bar{f}|$ für eine beliebige Lipschitz-stetige Funktion gilt.

27.6. Nehmen Sie an, dass ω_1 und ω_2 zwei Gewichtsfunktionen auf $[a, b]$ sind. Nehmen Sie weiter an, dass der Mittelwert einer Funktion f in Bezug auf ω_1 kleiner oder gleich ihrem Mittelwert bezüglich ω_2 ist. Folgt daraus, dass $\omega_1(x) \le \omega_2(x)$ für alle x in $[a, b]$? Folgt daraus, dass $\int_a^b \omega_1(x)\, dx \le \int_a^b \omega_2(x)\, dx$? Liefern Sie zur Beantwortung dieser Fragen entweder einen Beweis oder ein Gegenbeispiel. Wiederholen Sie die Fragen, nehmen Sie aber jetzt an, dass der Mittelwert von f in Bezug auf ω_1 kleiner als der Mittelwert in Bezug auf ω_2 für *alle* Lipschitz-stetigen Funktionen ist.

27.7. Beweisen Sie, dass der Mittelwert von f auf $[a, b]$ in Bezug auf 1

$$\min_{[a,b]} f \leq \bar{f} \leq \max_{[a,b]} f$$

genügt, vorausgesetzt, dass die min $-$ und max $-$ Werte wohldefiniert sind. Gilt das Ergebnis für beliebige Gewichtsfunktionen?

28
Raketenantriebe und der Logarithmus

In den nächsten drei Kapiteln analysieren und lösen wir drei wichtige Differenzialgleichungen, die wiederholt bei mathematischen Modellierungen auftauchen. In allen Fällen ist zur Lösung der Gleichung die Definition einer „neuen" Funktion erforderlich, d.h. die Lösung ist nicht in der Menge der rationalen Funktionen enthalten. Diese neuen Funktionen sind grundlegend für die Analysis.

Die erste Gleichung ist $y'(x) = 1/x$ und ihre Lösung wird der Logarithmus genannt. Tatsächlich wurde der Logarithmus von Napier[1] im siebzehnten Jahrhundert als eine Methode zur Vereinfachung komplizierter Berechnungen erfunden und diese Funktion wurde sofort zu einem wesentlichen Instrument in den Natur- und den Ingenieurwissenschaften. Der Rechenschieber, der das Standardrechengerät vor dem elektronischen Rechner war, basiert auf dem Logarithmus. Die Einführung des Rechners hat allerdings die Notwendigkeit vermindert, Logarithmen zu benutzen und Studenten der Ingenieurwissenschaften davor bewahrt, sich eine Tabelle mit Logarithmuswerten merken und lernen zu müssen, wie man einen Rechenschieber verwendet. Nichtsdestotrotz ist der Logarithmus noch in vielen Situationen ein nützliches Instrument für Berechnungen und bleibt für die Modellierung wichtig.

---

[1] John Napier (1550–1617) war ein wohlhabender schottischer Landbesitzer, der Mathematik als Hobby studierte.

28.1   Ein Modell eines Raketenantriebs

Der Satz von der Erhaltung des Impulses besagt:

> Wenn die Summe der äußeren Kräfte, die auf ein System von Teilchen einwirken, Null ist, dann bleibt der Gesamtimpuls des Systems konstant.

Wir wenden dieses Gesetz an, um eine Differenzialgleichung zu erhalten, die die Beschleunigung einer Rakete in Abhängigkeit ihrer Masse, der Rate, mit der Treibstoff verbraucht wird, sowie der Rate, mit der die Gase, die vom verbrannten Treibstoff stammen, ausgestossen werden, beschreibt. Wir nehmen an, dass die Rakete sich im Weltraum weit genug entfernt von Planeten befindet, so dass die Wirkung der Schwerkraft ignoriert werden kann.[2]

Wenn das Triebwerk der Rakete gezündet wird, schießen die Abgase des verbrannten Treibstoffs mit hoher Geschwindigkeit rückwärts und die Rakete bewegt sich vorwärts, um so den Impuls des Gases auszugleichen (vgl. Abbildung 28.1). Wenn wir äußere Kräfte vernachlässigen, sollte der Gesamtimpuls der Abgase+der Rakete Null bleiben.

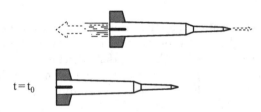

$t=t_0$

Abbildung 28.1: Ein Modell eines Raketenantriebs.

Es bezeichne $m(t)$ die Masse der Rakete und $v(t)$ ihre Geschwindigkeit zum Zeitpunkt t. Wir nehmen an, dass die Abgase mit konstanter Geschwindigkeit u ausgestossen werden, was in der Praxis approximativ richtig ist. Wir leiten eine Differenzialgleichung für v her, indem wir die Veränderungen betrachten, die im Raketenabgassystem ab einem Zeitpunkt t, größer als ein Anfangszeitpunkt t_0, bis zu einem späteren Zeitpunkt $s \geq t$ auftreten, und zwar aus der Perspektive eines Beobachters, der die Rakete aus einer feststehenden Position betrachtet. Wir nehmen an, dass die Masse m und die Geschwindigkeit v stark differenzierbare Funktionen für $t \geq t_0$ bleiben.

Die Veränderung des Impulses, die mit dem ausgestoßenen Gas verbunden ist, ist gleich der Masse des ausgestoßenen Gases mal der Geschwin-

---

[2]Eine Rakete, die von der Erdoberfläche abhebt, wird durch die Erdanziehungskraft und die Reibung beeinflusst, die von der Atmosphäre erzeugt wird. Deshalb ist die Gleichung, die einen Raketenstart beschreibt, komplizierter.

digkeit des Gases. Mit dem Satz von der Erhaltung der Masse muss die Masse des Gases gleich der Veränderung der Masse der Rakete sein, die $m(t) - m(s)$ beträgt.[3] Die Geschwindigkeit des Gases ist die Summe der Geschwindigkeit des Gases relativ zur Rakete und der Geschwindigkeit der Rakete relativ zum Beobachter, $u + v$. Daher beträgt die Veränderung des Impulses des ausgestoßenen Gases:

$$(m(t) - m(s))(u + v(s)).$$

Die Veränderung des Impulses der Rakete ist einfach:

$$m(s)v(s) - m(t)v(t).$$

Die Erhaltung des Impulses impliziert daher, dass

$$(m(t) - m(s))(u + v(s)) + m(s)v(s) - m(t)v(t) = 0.$$

Wir dividieren durch $s - t$ und nehmen an, dass $s > t$, dies ergibt:

$$-(u + v(s))\frac{m(s) - m(t)}{s - t} + \frac{m(s)v(s) - m(t)v(t)}{s - t} = 0.$$

Unter der Annahme starker Differenzierbarkeit schließen wir für $s \downarrow t$, dass v und m der Gleichung

$$-(u + v(t))m'(t) + \frac{d(m(t)v(t))}{dt} = 0$$

genügen. Mit der Produktregel ergibt sich

$$
\begin{aligned}
-(u + v(t))m'(t) &+ \frac{d(m(t)v(t))}{dt} \\
&= -um'(t) - v(t)m'(t) + m(t)v'(t) + m'(t)v(t) \\
&= -um'(t) + m(t)v'(t).
\end{aligned}
$$

Unter der Annahme, dass $m(t) > 0$, erhalten wir also

$$\frac{v'(t)}{u} = \frac{m'(t)}{m(t)} \quad \text{für } t \geq t_0. \tag{28.1}$$

Um eine bestimmte Lösung festzulegen, wird (28.1) um eine Anfangsbedingung ergänzt:

$$v(t_0) = v_0, \quad m(t_0) = m_0 > 0. \tag{28.2}$$

Gleichung (28.1) kann auf verschiedene Weise benutzt werden, um Informationen über einen Raketenflug zu bestimmen.

---

[3]Beachten Sie, dass $m(t) > m(s)$.

BEISPIEL 28.1. Um eine Beschleunigung von $5g$ zu erhalten, während der Treibstoff mit 2000 m/s (ein typischer Wert) ausgestoßen wird, muss der Treibstoff so verbraucht werden, dass

$$\frac{m'(t)}{m(t)} = -0,0025$$

gilt. Eine Lösung dieser Gleichung gibt an, wie lange eine Rakete mit einer gegebenen Anfangsmasse eine Beschleunigung von $5g$ aufrecht erhalten kann.

Wir können (28.2) benutzen, um zu schließen, dass es eine Lösung gibt, so lange $m(t) > 0$ gilt. Der Fundamentalsatz der Differenzial- und Integralrechnung impliziert, dass

$$\frac{1}{u}(v(t) - v_0) = \int_{t_0}^{t} \frac{m'(s)}{m(s)} \, ds, \tag{28.3}$$

vorausgesetzt, dass das rechte Integral existiert. Aber m'/m ist eine Lipschitz-stetige Funktion, solange es eine Konstante $c > 0$ gibt, so dass $m(t) \geq c > 0$. Da $m_0 > 0$, gibt es ein $c > 0$, so dass dies für ein Zeitintervall gilt, das bei t_0 beginnt — wenn nicht sogar für alle Zeiten. Daher existiert das Integral, solange $m(t) > 0$ gilt; außerdem definiert es eine stark differenzierbare Funktion, bei der es sich natürlich um v handelt.

Wir können Substitution benutzen, um (28.3) in eine besser handhabbare Form umzuschreiben. Wir definieren $x(t) = m(t)$, so dass $dx = m' \, dt$ und

$$\frac{1}{u}(v(t) - v_0) = \int_{m_0}^{m(t)} \frac{dx}{x}. \tag{28.4}$$

Dies motiviert, das Integral

$$\int \frac{dx}{x} = \int x^{-1} \, dx$$

zu untersuchen. Beachten Sie, dass der Integrand sich *nicht* mit Hilfe der Formeln zur Ableitung von Potenzen von x aus Kapitel 20 behandeln läßt. In gewisser Hinsicht ist x^{-1} ein spezieller Fall. Tatsächlich müssen wir eine neue Funktion definieren, die sich als der Logarithmus herausstellt. Dies ist eine vollständig neue Situation. Bisher haben wir uns mit Integralen von Funktionen befasst, die neue Funktionen ergeben, die explizit niedergeschrieben werden können. Jetzt sehen wir uns mit einem Integral konfrontiert, das definiert ist, für das wir aber nicht die sich ergebende Funktion kennen.

28.2   Definition und Graph des Logarithmus

Die **natürliche Logarithmusfunktion**, die kurz der **Logarithmus** genannt und als $y = \log(x)$ geschrieben wird, ist definiert als

$$\log(x) = \int_1^x \frac{1}{s}\, ds. \tag{28.5}$$

Entsprechend ist log die eindeutige Lösung der Differenzialgleichung

$$\begin{cases} y'(x) = 1/x, \\ y(1) = 0. \end{cases} \tag{28.6}$$

Wir wissen, dass das Integral definiert ist, aber wir können keine Standardformeln benutzen, um es auszuwerten. Wir wissen jedoch, dass der Logarithmus für $x > 0$ stark differenzierbar ist.

Wir können Riemannsche–Summen benutzen, um Werte von log in jedem gewünschten Punkt zu approximieren. [4] Andererseits würden wir auch gerne allgemeine Informationen über die Funktion ermitteln. Es wird sich herausstellen, dass eine überraschende Menge an Informationen aufgrund der Tatsache bestimmt werden kann, dass log der Differenzialgleichung (28.6) genügt.

Da zum Beispiel $1/s > 1/x$ auf dem Intervall $[1, x]$ gilt, folgt aus der Monotonieeigenschaft der Integration, dass für $x > 1$,

$$\log(x) = \int_1^x \frac{1}{s}\, ds \geq \int_1^x \frac{1}{x}\, ds = \frac{1}{x}(x - 1) = 1 - \frac{1}{x},$$

woraus folgt, dass $\log(x) > 0$.[5] Für $x < 1$ gilt

$$\log(x) = \int_1^x \frac{1}{s}\, ds = -\int_x^1 \frac{1}{s}\, ds,$$

deshalb zeigt dasselbe Argument, dass $\log(x) < 0$ in diesem Fall. Wir fassen zusammen:

$$\begin{cases} \log(x) > 0, & 1 < x, \\ \log(1) = 0, \\ \log(x) < 0, & 0 < x < 1. \end{cases} \tag{28.7}$$

---

[4] Die effiziente und genaue Approximation von Funktionen wie log ist ein interessantes und schwieriges Thema, das wir hier nicht hinreichend detailliert besprechen können, so dass es sich lohnte. Wir lassen diese Frage als Rätsel stehen: Was genau tut ein Rechner, wenn Sie die log oder jede andere Funktionstaste drücken?

[5] Beachten Sie, dass die Integrationsvariable bei diesen Integralen s ist und dass x wie jede andere Konstante behandelt wird, wenn wir das Integral berechnen.

Wir können auch viel über die Gestalt des Graphen von log herausfinden. Zum Beispiel gilt

$$\frac{d}{dx} \log(x) = \frac{1}{x} > 0;$$

daher ist log eine monoton steigende Funktion, d.h.,

$$x_1 < x_2 \text{ impliziert } \log(x_1) < \log(x_2). \tag{28.8}$$

Um noch ein wenig tiefer einzusteigen: Die zweite Ableitung von log ist

$$\frac{d^2}{dx^2} \log(x) = \frac{d}{dx} \frac{1}{x} = \frac{-1}{x^2} < 0.$$

Die zweite Ableitung ist negativ, das bedeutet, dass die erste Ableitung eine monoton fallende Funktion ist.[6] Dies bedeutet, dass zwar log eine steigende Funktion ist, sie aber mit einer stetig fallenden Rate steigt!

Wir schließen, indem wir eine graphische Darstellung von log in Abbildung 28.2 präsentieren.

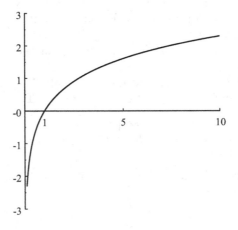

Abbildung 28.2: Eine graphische Darstellung des Logarithmus log.

28.3   Zwei wichtige Eigenschaften des Logarithmus

Für eine Konstante a impliziert die Kettenregel, dass

$$\frac{d}{dx} \log(ax) = \frac{1}{ax} a = \frac{1}{x} = \frac{d}{dx} \log(x),$$

---

[6]Selbstverständlich kann man dies auch erkennen, wenn man $1/x$ zeichnet.

oder anders formuliert

$$\frac{d}{dx}(\log(ax) - \log(x)) = 0$$

für alle x. Also ist $\log(ax) - \log(x)$ eine Konstante. Wir setzen $x = 1$, dies ergibt

$$\log(ax) - \log(x) = \log(a \times 1) - 0 = \log(a).$$

Wir benennen a in y um und erhalten eine **Funktionalgleichung** für log:

$$\log(xy) = \log(x) + \log(y), \tag{28.9}$$

die für alle $y, x > 0$ gilt. Diese Gleichung ist der Grund dafür, dass der Logarithmus für einige Arten von Berechnungen so nützlich ist.

Eine Konsequenz ist eine weitere Funktionalgleichung. Wir setzen $x = x^{n-1}$ und benutzen (28.9) zweimal, dann ergibt sich:

$$\begin{aligned}
\log(x^n) &= \log(x) + \log(x^{n-1}) \\
&= \log(x) + \log(x \times x^{n-2}) \\
&= \log(x) + \log(x) + \log(x^{n-2}) \\
&= 2\log(x) + \log(x^{n-2}).
\end{aligned}$$

Mit Hilfe vollständiger Induktion ergibt sich

$$\log(x^n) = n\log(x) \tag{28.10}$$

für alle $x > 0$ und positiven ganzen Zahlen n. Wenn n eine negative ganze Zahl ist, setzen wir $m = -n$, dann ist m eine positive ganze Zahl, und verwenden (28.9) und (28.10). Wir erhalten

$$\log(x^n) = \log(x^{-m}) = \log\left(\frac{1}{x^m}\right) = 0 - \log(x^m)$$
$$= -m\log(x) = n\log(x).$$

Da $x = (x^{1/n})^n$, impliziert (28.10)

$$\log(x) = \log\left((x^{1/n})^n\right) = n\log(x^{1/n})$$

bzw., aufgelöst,

$$\log(x^{1/n}) = \frac{1}{n}\log(x).$$

Wir fügen all dies zusammen und erhalten für zwei ganze Zahlen p und q

$$\log(x^{p/q}) = \log\left((x^{1/q})^p\right) = p\log(x^{1/q}) = \frac{p}{q}\log(x);$$

oder anders formuliert

$$\log(x^r) = r\log(x) \tag{28.11}$$

für alle $x > 0$ und rationale Zahlen r.

BEISPIEL 28.2.   Da $\log(2) \approx 0,693$ und $\log(3) \approx 1,10$, können wir abschätzen, dass

$$\log(12) = \log(2^2 \times 3) = 2\log(2) + \log(3) \approx 2,49.$$

BEISPIEL 28.3.   Da $\log(a) = 2$ und $\log(b) = -0,1$, können wir

$$\log\left(\frac{a^3}{b^2}\right) = 3\log(a) - 2\log(b) = 6 + 0,2 = 6,2$$

berechnen.

28.4   Irrationale Exponenten

Eine Konsequenz der Funktionalgleichung (28.10) ist

$$\lim_{x \to 0^-} \log(x) = -\infty \text{ und } \lim_{x \to \infty} \log(x) = \infty.$$

Um zum Beispiel den zweiten Grenzwert zu beweisen, benutzen wir die Tatsache, dass $\log(2) > 0$. Dann wird

$$\log(2^n) = n\log(2)$$

beliebig groß, wenn n hinreichend groß gewählt wird. Der erste Grenzwert folgt aus der Tatsache, dass $\log(x^{-1}) = -\log(x)$.

Nach dem Zwischenwertsatz bedeutet dies, dass $\log$ jeden Wert zwischen $-\infty$ und ∞ annimmt. Mit anderen Worten, für eine gegebene Zahl a gibt es eine Zahl x, so dass $\log(x) = a$. Außerdem ist x eindeutig, da $\log$ streng steigend ist und nicht denselben Wert in zwei verschiedenen Punkten annehmen kann.

Die Verwendung des Logarithmus erleichtert es, b^a für irrationale Werte von a und $b > 0$ oder $b \geq 0$ zu definieren. Zum Beispiel könnten wir $3^{\sqrt{2}}$ berechnen. Die Definition beruht auf (28.11). Für jedes $b > 0$ und jede reelle Zahl a wird die Zahl b^a als die eindeutige Zahl *definiert*, deren natürlicher Logarithmus $a\log(b)$ ist.[7] Mit anderen Worten, b^a ist die eindeutige Zahl, so dass

$$\log(b^a) = a\log(b). \tag{28.12}$$

Für $b = 0$ und $a > 0$ definieren wir $b^a = 0$. Wir wissen, dass (28.12) aufgrund der vorangegangenen Diskussion definiert wurde. Mit dieser Definition gelten alle Standardeigenschaften von Exponenten. Für alle reellen

---

[7]Es ist wichtig zu beachten, dass (28.11) impliziert, dass diese Definition mit dem Wert für x^n zusammenfällt, der früher für ganze Zahlen n definiert wurde.

a_1 und a_2 und positiven reellen b_1 und b_2 gilt:

$$1^a = 1, \ b_1^{a_1+a_2} = b_1^{a_1} b_1^{a_2}, \ b_1^{a_1-a_2} = \frac{b_1^{a_1}}{b_2^{a_2}}, \ (b_1^{a_1})^{a_2} = b_1^{a_1 a_2}, \ (b_1 b_2)^{a_1} = b_1^{a_1} b_2^{a_1}.$$

$$(28.13)$$

In allen Fällen gilt die Eigenschaft, da beide Seiten der Gleichung denselben Logarithmus besitzen.

BEISPIEL 28.4. Um die letzte Eigenschaft in (28.13) zu verifizieren, beachten wir zunächst, dass per Definition $(b_1 b_2)^{a_1}$ die eindeutige Zahl ist, so dass $\log((b_1 b_2)^{a_1}) = a_1 \log(b_1 b_2)$. Dann folgt aber aus (28.9), dass $\log((b_1 b_2)^{a_1}) = a_1 \log(b_1) + a_1 \log(b_2)$, was per Definition $\log((b_1 b_2)^{a_1}) = \log(b_1^{a_1}) + \log(b_2^{a_1})$ nach sich zieht. Die erneute Verwendung von (28.9) ergibt das gewünschte $\log((b_1 b_2)^{a_1}) = \log(b_1^{a_1} b_2^{a_1})$. Wir werden Sie in Aufgabe 28.10 bitten, die anderen Gleichungen zu verifizieren.

28.5   Potenzfunktionen

Da wir b^a eindeutig für jedes $b > 0$ und reelle a und für $b = 0$ und $a > 0$ definiert haben, sind wir in der Lage, die Potenzfunktion $f(x) = x^a$ für jedes reelle a zu definieren. Der Wert von x^a ist eindeutig bestimmt durch

$$\log(x^a) = a \log(x),$$

für $x > 0$ (und ist Null, wenn $x = 0$ und $a > 0$). Der Definitionsbereich von x^a ist die Menge der positiven reellen Zahlen für jedes a bzw. die Menge der nichtnegativen reellen Zahlen für jedes reelle $a > 0$.

Aus dieser Definition folgt, dass x^a für $x > 0$ stark differenzierbar ist, und man kann die Ableitung von x^a berechnen, indem man beide Seiten in (28.12) differenziert,

$$\frac{d}{dx} \log(x^a) = \frac{d}{dx} a \log(x),$$

oder die Kettenregel benutzt,

$$\frac{1}{x^a} \frac{d}{dx}(x^a) = a \frac{1}{x}.$$

Nach Umstellung erhalten wir

$$\frac{d}{dx}(x^a) = a x^{a-1},$$

dabei handelt es sich um dieselbe Potenzregel, die für rationale Potenzen gilt!

BEISPIEL 28.5.

$$\frac{d}{dx}x^{\sqrt{2}} = \sqrt{2}\,x^{\sqrt{2}-1}.$$

Für $a > 0$ ist es schwieriger zu bestimmen, ob x^a in $x = 0$ stark differenzierbar ist. Für eine beliebige ganze Zahl a ist x^a in 0 stark differenzierbar. Deshalb betrachten wir zunächst den Fall $0 < a < 1$. Dann gilt für $x > 0$

$$\frac{d}{dx}x^{\alpha} = \alpha x^{\alpha-1} = \frac{\alpha}{x^{1-\alpha}},$$

wobei $1 - \alpha > 0$. Daher ist

$$\lim_{x\downarrow 0}\frac{d}{dx}x^{\alpha}$$

nicht definiert. Wir schließen, dass x^a in $x = 0$ für $0 < \alpha < 1$ *nicht* differenzierbar ist. Als nächstes betrachten wir $\alpha > 1$. Dann ist $D(x^{\alpha}) = \alpha x^{\alpha-1}$ in 0 definiert und $\lim_{x\downarrow 0}\alpha x^{\alpha} = 0$, also ist x^{α} in $x = 0$ differenzierbar. Wenn wir aber versuchen, die Bedingungen der Definition starker Differenzierbarkeit nachzuweisen, erhalten wir

$$|x^{\alpha} - (0^{\alpha} + \alpha 0^{\alpha-1}(x - 0))| = |x|^{\alpha}$$

für alle $x > 0$. Sicherlich gilt $|x|^{\alpha} \le |x|^2 \mathcal{K}$ für eine Konstante $\mathcal{K}$ und $x > 0$ nur für $\alpha \ge 2$. Daher schließen wir, dass für $\alpha > 0$

x^{α} nicht differenzierbar in 0 ist, wenn $0 < \alpha < 1$,

x^{α} differenzierbar, aber nicht stark differenzierbar in 0 ist, wenn $1 < \alpha < 2$,

x^{α} stark differenzierbar in 0 ist, wenn $\alpha = 1$ und $\alpha \ge 2$.

Wir erhalten ebenfalls für $\alpha \ne 1$ die Integrationsformel

$$\int x^{\alpha}\,dx = \frac{x^{\alpha+1}}{\alpha+1} + C.$$

28.6   Wechsel der Basis

Es seien x und b positive Zahlen mit $b \ne 1$. Die klassische Definition des Logarithmus von x zur Basis b ist die Zahl y, so dass $x = b^y$. Wir schreiben dies als $y = \log_b(x)$.

BEISPIEL 28.6.

$$\log_3(27) = 3,\ \log_2\!\left(\frac{1}{64}\right) = -6,\ \log_{10}(100) = 2.$$

Ohne Verwendung der Infinitesimalrechnung ist es schwierig zu zeigen, dass diese Definition sinnvoll ist. Andererseits stellen wir fest, dass falls die klassische Definition gilt, die Gleichungen $\log(x) = y\log(b)$ bzw. $y = \log(x)/\log(b)$ gelten. Selbstverständlich können wir umgekehrt schließen, dass $\log_b(x)$ wohldefiniert ist und außerdem, dass

$$\log_b(x) = \frac{\log(x)}{\log(b)}. \tag{28.14}$$

Wir können eine eindeutige Zahl e mit der Eigenschaft definieren, dass $\log(e) = 1$ gilt, und damit erhalten wir $\log(x) = \log_e(x)$.[8] Insbesondere bedeutet dies, dass

$$\log(e^x) = x \text{ für alle } x \text{ und } e^{\log(x)} = x \text{ für } x > 0. \tag{28.15}$$

In Aufgabe 28.13 bitten wir Sie, die folgenden Eigenschaften von $\log_b(x)$ zu beweisen:

$$\log_b(1) = 0, \ \log_b(xy) = \log_b(x) + \log_b(y),$$
$$\log_b(a^x) = x\log_b(a), \ \log_b(b^x) = x. \tag{28.16}$$

BEISPIEL 28.7. Um nachzuweisen, dass $\log_b(a^x) = x\log_b(a)$, formen wir zu $\log(x)$ um:

$$\log_b(a^x) = \frac{\log(a^x)}{\log(b)} = \frac{x\log(a)}{\log(b)} = x\frac{\log(a)}{\log(b)} = x\log_b(a).$$

Letztendlich impliziert (28.14), dass

$$\frac{d}{dx}\log_b(x) = \frac{1}{\log(b)x}. \tag{28.17}$$

28.7 Wir lösen das Modell des Raketenantriebs

Aus (28.4) schließen wir, dass die Geschwindigkeit der Rakete durch

$$\frac{1}{u}(v(t) - v_0) = \log(m(t)) - \log(m_0)$$

gegeben ist, bzw.

$$v(t) = v_0 + u\log\left(\frac{m(t)}{m_0}\right).$$

---

[8]Es ist üblich, die Funktion $\log_e(x) = \log(x)$ mit $\ln(x)$ und die Funktion $\log_{10}(x)$ mit $\log(x)$ zu bezeichnen.

Da $m(t) < m_0$ und $u < 0$ und außerdem $m(t)$ gegen Null abnimmt, während der Treibstoff verbrannt wird, wächst $v(t)$ mit wachsendem t vom Anfangswert v_0 an.

BEISPIEL 28.8. Wir fahren mit Beispiel 28.1 fort; um eine Beschleunigung von $5g$ zu erhalten, während der verbrannte Treibstoff mit einer Geschwindigkeit von 2000 m/s ausgestoßen wird, müssen wir den Treibstoff so verbrauchen, dass

$$\log\left(\frac{m(t)}{m_0}\right) = -0,0025t$$

gilt. Um m zu bestimmen, müssen wir die Inverse der Logarithmusfunktion bestimmen, was wir im nächsten Kapitel tun werden.

28.8 Ableitungen und Integrale, in denen der Logarithmus vorkommt

Wir schließen das Kapitel ab, indem wir einige Ableitungen und Integrale besprechen, in denen der Logarithmus vorkommt.

Nach der Kettenregel gilt für eine differenzierbare Funktion u

$$\frac{d}{dx}\log(u(x)) = \frac{u'(x)}{u(x)}.$$

BEISPIEL 28.9.
$$\frac{d}{dx}\log(x^2 + x) = \frac{2x + 1}{x^2 + x}.$$

Tatsächlich können wir $\log(|u|)$ für jede differenzierbare Funktion u ableiten, *die niemals Null wird*. Wenn u niemals Null wird, dann gilt entweder $u(x) > 0$ für alle x, in diesem Fall gilt

$$\frac{d}{dx}\log(|u(x)|) = \frac{d}{dx}\log(u(x)) = \frac{u'(x)}{u(x)},$$

oder es gilt $u(x) < 0$ für alle x, so dass $-u(x) > 0$ und

$$\frac{d}{dx}\log(|u(x)|) = \frac{d}{dx}\log(-u(x)) = \frac{-u'(x)}{-u(x)} = \frac{u'(x)}{u(x)}.$$

Wir setzen diese Ergebnisse zusammen und erhalten

$$\frac{d}{dx}\log(|u(x)|) = \frac{u'(x)}{u(x)}. \tag{28.18}$$

Wenn also u niemals Null wird, gilt

$$\int \frac{u'(x)}{u(x)} \, dx = \log(|u(x)|) + C. \qquad (28.19)$$

BEISPIEL 28.10.

$$\int \frac{1}{x-1} \, dx = \log |x-1| + C.$$

BEISPIEL 28.11.

$$\int \frac{x}{x^2-1} \, dx = \frac{1}{2} \int \frac{2x}{x^2-1} \, dx = \frac{1}{2} \log |x^2 - 1| + C.$$

BEISPIEL 28.12. Um das folgende Integral zu berechnen, beachten wir, dass $1/x$ auf $[-2, -1]$ niemals Null wird, daher gilt

$$\int_{-2}^{-1} \frac{1}{x} \, dx = \log |x| \, \big|_{x=-2}^{x=-1} = \log |-1| - \log |-2| = -\log(2).$$

In diesem Beispiel benötigen wir die Vorzeichen der Beträge!

Kapitel 28 Aufgaben

28.1. Formulieren Sie ein Modell einer Rakete, die von der Erdoberfläche startet. Das Modell soll die Erdanziehungskraft berücksichtigen, nicht aber den Windwiderstand.

28.2. Zeigen Sie, dass $\log(x) \leq x$ für alle $x \geq 1$ gilt. *Hinweis:* Zeigen Sie zuerst, dass $1/x \leq 1$ für $x \geq 1$.

28.3. Beweisen Sie, dass $\log(1 + x) < x$ für $x > 0$. *Hinweis:* Zeigen Sie zuerst, dass $(1 + x)^{-1} < 1$ für $x > 0$.

28.4. Zeigen Sie, ohne die Verwendung eines Rechners, dass $\log(2) \geq 1/2$. *Hinweis:* Wenden Sie den Mittelwertsatz auf $\log(x)$ auf dem Intervall $[1, 2]$ an.

28.5. Nehmen wir an, dass wir eine neue Funktion definieren, die lug genannt wird, und zwar durch:
$$\text{lug}(x) = \int_2^x \frac{1}{s}\, ds.$$
Finden Sie eine Gleichung, die $\text{lug}(x)$ mit $\log(x)$ für alle x in Verbindung bringt.

28.6. (a) Zeigen Sie für $0 < x_1 < x_2$, dass
$$\log(x_2) - \log(x_1) = \int_{x_1}^{x_2} \frac{1}{s}\, ds.$$

(b) Benutzen Sie dies, um zu zeigen, dass log monoton steigend ist. *Hinweis:* Auf $[x_1, x_2]$ gilt $1/s \geq 1/x_2$.

28.7. Fertigen Sie grobe Skizzen der folgenden Funktionen an, nachdem Sie ihren Definitionsbereich und ihren Bildbereich bestimmt haben:

(a) $\log(x - 2)$ (b) $\log(1 + x^2)$ (c) $-\log(x) + 1$.

28.8. Schätzen Sie mit $\log(2) \approx 0{,}693$, $\log(3) \approx 1{,}10$ und $\log(5) \approx 1{,}61$ die folgenden Größen ab:

(a) 250 (b) $6e^2$ (c) $10/3$.

28.9. Schätzen Sie mit $\log(a) = -1$, $\log(b) = 2$ und $\log(c) = 0{,}4$ die folgenden Größen ab:

(a) ab^2/c (b) a^b (c) ea/b .

28.10. Verifizieren Sie die Eigenschaften (28.13).

28.11. Berechnen Sie die folgenden Ableitungen:

(a) x^e (b) $(x^{\sqrt{3}} - x)^3$ (c) $(x^2 + x)^{\sqrt{10}}$.

28.12. Vereinfachen Sie folgende Ausdrücke:

(a) $\log_5(25)$ (b) $\log_{25}(5)$ (c) $\log_{27}\left(\frac{1}{3}\right)$ (d) $\log_4(2^{1/3})$

(e) $\log_{z^3}(z^{12})$ (f) $\log_{v^2+1}(v^4 + 2v^2 + 1)$ (g) $3^{3\log_3(8)}$ (h) $u^{\log_{u^2}(25)}$.

28.13. Verifizieren Sie die Eigenschaften (28.16).

28.14. Differenzieren Sie die folgenden Funktionen:

(a) $y = \log(|x^2 - x|)$ (b) $y = \log(\log(x))$ (c) $y = \log_3(9 - x)$.

28.15. Berechnen Sie die folgenden Integrale:

(a) $\displaystyle\int \frac{1}{x+1}\,dx$ (b) $\displaystyle\int_{-1}^{0} \frac{1}{2 - 4x}\,dx$ (c) $\displaystyle\int_{-3}^{-2} \frac{x^2}{x^3 + 1}\,dx$

(d) $\displaystyle\int \frac{2x - x^3}{4x^2 - x^4}\,dx$ (e) $\displaystyle\int \frac{1}{\sqrt{x}(1 + \sqrt{x})}\,dx$ (f) $\displaystyle\int \frac{(\log(2x) - 4)^2}{x}\,dx$.

29

Die konstante relative Änderungsrate und die Exponentialfunktion

Wir setzen die Untersuchung von drei wichtigen Differenzialgleichungen fort; die zweite Aufgabe, die wir betrachten, ist $y'(x) = cy(x)$, mit einer Konstanten c. Die Lösung führt auf die Exponentialfunktion.

Man kann die Bedeutung der Exponentialfunktion für die Analysis und die mathematische Modellierung kaum überschätzen.[1] Exponentialfunktionen treten überall in der Mathematik der Naturwissenschaften und der Ingenieurwissenschaften auf. Außerdem ist es möglich, sowohl den Logarithmus als auch die trigonometrischen Funktionen unter Verwendung der Exponentialfunktion herzuleiten.[2]

29.1 Modelle, in denen eine konstante relative Änderungsrate vorkommt

Es gibt viele Modelle, für die es natürlicher ist, die relative Änderungsrate statt der Änderungsrate selbst zu betrachten. Die **relative Änderung** einer Größe, deren Wert sich ändert, wird als die Änderung dividiert durch

---

[1] Der Autor erinnert sich an eine Abschlußprüfung, die sein Lehrer Lipman Bers zur Infinitesimalrechnung stellte und die ausschließlich aus der Frage bestand: „ Schreiben Sie alles über die Exponentialfunktion auf, was Sie wissen."

[2] Die Beziehung der Exponentialfunktion zum Logarithmus und den trigonometrischen Funktionen ist ein Standardthema in der komplexen Analysis.

den Wert der Größe definiert. Man erhält die prozentuale Änderung, indem man die relative Änderung mit 100 multipliziert.

Wenn die Größe durch $P(t)$ für den Wert der Variablen t gegeben ist, dann beträgt die relative Änderung in P von t bis $t + \Delta t$:

$$\frac{P(t + \Delta t) - P(t)}{P(t)}.$$

Die **relative Änderungsrate** wird deshalb natürlicherweise als

$$\frac{\frac{P(t+\Delta t)-P(t)}{P(t)}}{(t + \Delta t) - t} = \frac{\frac{P(t+\Delta t)-P(t)}{P(t)}}{\Delta t} = \frac{1}{P(t)} \frac{P(t + \Delta t) - P(t)}{\Delta t}$$

definiert.

Es gibt viele Situationen, in denen die relative Änderungsrate konstant ist, d.h. es gibt eine Konstante k, so dass

$$\frac{1}{P(t)} \frac{P(t + \Delta t) - P(t)}{\Delta t} = k$$

bzw.

$$\frac{P(t + \Delta t) - P(t)}{\Delta t} = kP(t). \tag{29.1}$$

Beachten Sie, dass wir eine konstante relative Änderungsrate so interpretieren können, dass wir sagen, dass die Änderungsrate einer Größe proportional zu dieser Größe ist.

Für eine differenzierbare Funktion P erhalten wir, wenn $t + \Delta t$ sich t nähert, d.h. für $\Delta t \to 0$, eine Differenzialgleichung, die eine konstante relative Änderungsrate modelliert:

$$P'(t) = kP(t). \tag{29.2}$$

Viele physikalische Situationen werden durch (29.2) modelliert. Dazu zählen

- Einkünfte aus Zinseszins,

- Newtons Gesetz der Abkühlung, das den Temperaturunterschied zwischen einem Objekt und dem umgebenden Medium bestimmt,

- Der radioaktive Zerfall,

- Populationswachstum.

Im folgenden beschreiben wir ein Modell des Wachstums einer biologischen Population.

BEISPIEL 29.1. Modelle von biologischen Populationen beginnen normalerweise mit diskreten Gleichungen, da die Populationsgröße eine

ganze Zahl ist und deshalb um ganzzahlige Änderungen zu- oder abnimmt, wobei wir die Änderungen in diskreten Zeitpunkten messen.
Zum Beispiel haben wir bereits in Modell 3.4 eine Insektenpopulation
modelliert und dafür die Variable P_n verwendet, die die Population im
Jahr n bezeichnete und auf der Gleichung $P_n = RP_{n-1}$ beruhte, die P_n
in Bezug zur Population des vorhergehenden Jahres brachte. Diese Art
von Modell wird ein **diskretes** Modell genannt.

Dennoch ist es häufig bequemer, die Population mit Hilfe einer Differenzialgleichung zu modellieren. Zum einen könnte es sein, dass sich die
Population nicht völlig synchron verhält, so dass es keinen natürlichen
Zeitpunkt gibt, zu dem man die Population messen sollte. Dies gilt zum
Beispiel für menschliche Populationen. Zum anderen könnte die Population sehr groß sein, so dass die Änderungen der Population relativ
klein sind, d.h. „fast" unendlich klein. Zum Beispiel liegt die Anzahl
von Zellen auf einer typischen Petrischale in der Größenordnung von
Millionen und eine Veränderung in der Population um eine einzige Zel-
le ist praktisch nicht nachzuweisen. Der letzte und nicht unwichtigste
Punkt ist, dass wir über zahlreiche Instrumente der Infinitesimalrechnung verfügen, um glatte differenzierbare Funktionen zu behandeln, die
aber nicht auf Funktionen anwendbar sind, die sich um diskrete Beträge
verändern!

Wenn die Population für eine diskrete Menge an Zeitpunkten $t_0 < t_1 <
t_2 < \cdots$ jeweils durch $P_0, P_1, P_2, \cdots$ gegeben ist, modellieren wir die
Population durch eine differenzierbare Funktion P mit $P(t_n) \approx P_n$ für
alle n. Wir bestimmen P als die Lösung einer Differenzialgleichung,
die konstruiert wurde, um die Merkmale einer bestimmten Spezies und
einer Menge von Umgebungsbedingungen zu modellieren. Wir nennen
P ein **kontinuierliches** Modell.

Die kontinuierliche Version des Standardmodells von Malthus[3] für sich
reproduzierende Populationen — in Abwesenheit von Wettbewerb um
die Ressourcen und von Feinden — besagt, dass die Rate, mit der sich
die Population fortpflanzt, proportional zur Population ist. Diese Formulierung wird genau durch die Gleichung (29.2) erfasst. Die Konstante
k wird die **intrinsische Wachstumsrate** genannt. Die Differenzialgleichung (29.2) wird normalerweise um die Anfangspopulation $P(0)$
ergänzt, um so eine eindeutige Funktion P festzulegen.

---

[3]Thomas Malthus (1766–1834) war ein englischer Volkswirt und Geistlicher.

29.2   Die Exponentialfunktion

Es stellt sich heraus, dass die Lösung von (29.2) existiert; sie läßt sich jedoch nicht durch eine Formel angegeben, in der nur einfache Funktionen
wie Polynome vorkommen. Stattdessen müssen wir ihre Eigenschaften indirekt herausfinden und ihre Werte beispielsweise durch die Approximation
der Lösung von (29.2) berechnen. Wir beginnen, indem wir die Exponentialfunktion als die zum Logarithmus inverse Funktion definieren und dann
die Eigenschaften des Logarithmus benutzen, um zu zeigen, dass die Exponentialfunktion (29.2) löst, sowie weitere Eigenschaften nachzuweisen.

Erinnern wir uns an die Tatsache, dass $\log_e(x) = \log(x)$, wobei e die
eindeutige Zahl ist, so dass $\log(e) = 1$ (28.15) impliziert,

$$\log(e^x) = x \text{ für alle } x \text{ und } e^{\log(x)} = x \text{ für alle } x > 0.$$

Dies sind genau die Beziehungen, die für die Funktion log und ihre Inverse
gelten sollten. Erinnern wir uns, dass

$$\frac{d}{dx}\log(x) = \frac{1}{x} > 0 \text{ für alle } x > 0.$$

Konsequenterweise ist log auf den positiven reellen Zahlen eine monoton
steigende Funktion. Der Satz über die inverse Funktion impliziert, dass
$\log(x)$ für $x > 0$ eine stark differenzierbare inverse Funktion besitzt. Wir
definieren die **Exponentialfunktion** exp als die zu log inverse Funktion,
d.h.

$$\exp(x) = \log^{-1}(x).$$

Wegen (28.15) gilt

$$\exp(x) = e^x,$$

wobei e die eindeutige Zahl ist, so dass $\log(e) = 1$.

Wir können verschiedene Eigenschaften von exp unter Verwendung der
Eigenschaften von log herleiten. Wir zeigen zunächst die graphische Darstellung von exp in Abbildung 29.1. Die Funktion exp ist offensichtlich
monoton steigend. Der Definitionsbereich von exp ist $\mathbb{R}$, während der Bildbereich alle positiven reellen Zahlen erfasst. Also gilt

$$\lim_{x \to \infty} \exp(x) = \infty \text{ und } \lim_{x \to -\infty} \exp(x) = 0.$$

Um die Ableitung von exp zu berechnen sei $x = \log(y)$, also $y = \exp(x)$.
Der Satz Satz 22.2 über die inverse Funktion impliziert, dass

$$\frac{d}{dx}\exp(x) = \frac{1}{\dfrac{d\log(y)}{dy}} = \frac{1}{\dfrac{1}{y}} = y = \exp(x).$$

Kurz,

$$\frac{d}{dx}\exp(x) = \exp(x) \text{ oder } \frac{d}{dx}e^x = e^x. \tag{29.3}$$

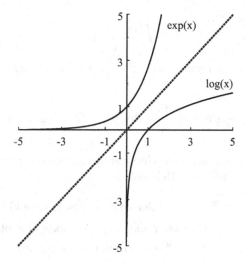

Abbildung 29.1: exp ist die Inverse von log.

Die Exponentialfunktion stimmt also mit ihrer eigenen Ableitung überein!
Die Kettenregel impliziert sofort, dass

$$\frac{d}{dx}\exp(u(x)) = \exp(u(x))u'(x)$$

$$\frac{d}{dx}e^{u(x)} = e^{u(x)}u'(x),$$

und deshalb

$$\int e^{u(x)}u'(x)\,dx = e^{u(x)} + C.$$

In der Schreibweise der Differenziale haben wir

$$de^u = e^u\,du \text{ und } \int e^u\,du = e^u + C.$$

BEISPIEL 29.2.
$$\frac{d}{dx}e^{x^3} = e^{x^3}3x^2.$$

BEISPIEL 29.3.
$$\frac{d}{dx}(x - 2e^{4x})^9 = 9(x - 2e^{4x})^8\left(1 - 2e^{4x} \times 4\right).$$

BEISPIEL 29.4.
$$\int e^{3x}\,dx = \frac{1}{3}\int e^{3x}3\,dx = \frac{1}{3}\int e^u\,du = \frac{1}{3}e^u + C = \frac{1}{3}e^{3x} + C.$$

BEISPIEL 29.5. Um

$$\int \frac{e^x}{1 + e^x}\, dx$$

zu berechnen, setzen wir $u = 1 + e^x$, also ist $du = e^x\, dx$ und das Integral wird zu

$$\int \frac{e^x}{1 + e^x}\, dx = \int \frac{du}{u} = \log(u) + C = \log(1 + e^x) + C.$$

Erinnern wir uns, dass wir vorhin Eigenschaften der Exponentialfunktion hergeleitet haben, wie zum Beispiel:

$$e^{-x} = 1/e^x \text{ oder } \exp(-x) = 1/\exp(x)$$
$$e^{x+y} = e^x e^y \text{ oder } \exp(x + y) = \exp(x)\exp(y)$$
$$(e^x)^y = e^{xy} \text{ oder } (\exp(x))^y = \exp(xy).$$

29.3   Die Lösung des Modells für eine konstante relative Änderungsrate

Wir kehren zu der Modellaufgabe (29.2) zurück und zeigen, dass

$$y = y_0 e^{kx}$$

die eindeutige Lösung der Differenzialgleichung ist, die eine konstante relative Änderungsrate

$$\begin{cases} y'(x) = ky(x), & 0 \le x, \\ y(0) = y_0 \end{cases} \qquad (29.4)$$

beschreibt.

Tatsächlich läßt sich durch Ableiten sofort nachweisen, dass y der Differenzialgleichung genügt. Wir müssen aber noch zeigen, dass es keine andere Lösung gibt. Beachten Sie, dass (29.4) sich von der Aufgabe $y'(x) = f(x)$ unterscheidet, die wir vorhin gelöst haben, da die Ableitung von y jetzt vom Wert von y abhängt. Insbesondere können wir nicht den Fundamentalsatz der Differenzial- und Integralrechnung anwenden, um die Lösung direkt zu berechnen. Es gibt jedoch einen Trick, der es erlaubt, (29.4) so umzuschreiben, dass der Fundamentalsatz angewendet werden kann. Dieser Trick funktioniert für einige Differenzialgleichungen, die eine spezielle Form besitzen, wie zum Beispiel (29.4).

Wir wissen, dass die Lösung y von (29.4) der Gleichung

$$y'(x) - ky(x) = 0 \qquad (29.5)$$

genügt. Der Trick, um die Lösung dieser Gleichung zu bestimmen, beruht auf der Beobachtung, dass die Produktregel impliziert, dass

$$\frac{d}{dx}\left(e^{-kx}y(x)\right) = e^{-kx}y'(x) - ke^{-kx}y(x)$$

für jede stark differenzierbare Funktion y. Deshalb multiplizieren wir (29.5) mit dem **integrierenden Faktor** e^{-kx} und erhalten

$$e^{-kx}y'(x) - ke^{-kx}y(x) = 0,$$

was bedeutet, dass

$$\frac{d}{dx}\left(e^{-kx}y(x)\right) = 0. \tag{29.6}$$

Der Fundamentalsatz der Differenzial- und Integralrechnung besagt, dass die einzige stark differenzierbare Lösung der Differenzialgleichung $z' = 0$ die Funktion $z = $ eine Konstante ist. Deshalb impliziert (29.6), dass es eine Konstante C mit

$$e^{-kx}y(x) = C \text{ oder } y = Ce^{kx}$$

gibt. Einsetzen der Bedingung $y(0) = y_0$ beweist die Behauptung.

BEISPIEL 29.6.   Wir verwenden dieses Ergebnis, um ein Modell des Atomzerfalls zu analysieren. Wenn eine Materialprobe P Atome eines radioaktiven Elements enthält, wie zum Beispiel Radium, findet man heraus, dass nach einer kurzen Zeit Δt ungefähr $kP\Delta t$ der Atome zerfallen sind. Erinnern wir uns an (29.1); wir approximieren deshalb die Menge der Atome $P(t)$ zum Zeitpunkt t durch eine stetige Funktion, die $P'(t) = -kP(t)$ genügt. Beachten Sie, dass wir willkürlich annehmen, dass k in diesem Beispiel eine positive Konstante ist und wir deshalb ein Minuszeichen in der Differenzialgleichung erhalten, um so zu garantieren, dass P eine fallende Funktion ist.

Die Standardmethode, um zu messen wieviel des radioaktiven Elements zerfallen ist, ist, die **Halbwertzeit** zu messen. Dabei handelt es sich um die Zeitspanne, die eine bestimmte Menge benötigt, um sich zur Hälfte abzubauen. Wenn P_0 die Anfangsmenge bezeichnet, dann wird die Halbwertzeit $t_{1/2}$ durch die Gleichung

$$P(t_{1/2}) = \frac{1}{P_0} = P_0 e^{-kt_{1/2}} \tag{29.7}$$

bestimmt. Beachten Sie, dass man die Anfangsmenge P_0 in dieser Gleichung ausklammern kann, so dass die Halbwertzeit unabhängig von der Anfangsmenge ist,

$$\frac{1}{2} = e^{-kt_{1/2}}$$

bzw., aufgelöst nach k:

$$k = \frac{\log(2)}{t_{1/2}}.$$

Unter Verwendung der Formel für die Halbwertzeit können wir die Lösung zu

$$P(t) = P_0 e^{-\log(2)t/t_{1/2}} = \frac{P_0}{2^{t/t_{1/2}}}$$

umschreiben.

BEISPIEL 29.7. Die Halbwertzeit von Radium beträgt 1656 Jahre. Wieviel Radium bleibt nach 2834 Jahren in einem Gegenstand zurück, der am Anfang 3 Gramm Radium enthielt? Die Antwort ist $3/2^{2834/1656} \approx 0,92$ Gramm. Wie lange dauert es, bis derselbe Gegenstand 0,1 Gramm enthält? Wir lösen

$$0,1 = 3e^{-\log(2)t/1656}$$

und erhalten $t \approx 8126$ Jahre.

29.4   Mehr über integrierende Faktoren

Wir können die Technik des Multiplizierens mit einem integrierenden Faktor benutzen, um viele Differenzialgleichungen der Form

$$y'(x) + a(x)y = b(x) \tag{29.8}$$

zu lösen. Wir können nicht direkt den Fundamentalsatz der Differenzial- und Integralrechnung auf (29.8) anwenden, da sowohl y' als auch y in der Gleichung vorkommen. Allerdings implizieren die Kettenregel und der Fundamentalsatz, dass

$$\frac{d}{dx}e^{\int a(x)\,dx} = e^{\int a(x)\,dx} \times \frac{d}{dx}\int a(x)\,dx = e^{\int a(x)\,dx}a(x).$$

BEISPIEL 29.8.
$$\frac{d}{dx}e^{\int x^3\,dx} = e^{\int x^3\,dx} \times 3x^2.$$

Wenn wir beide Seiten von (29.8) mit dem integrierenden Faktor $e^{\int a(x)\,dx}$ multiplizieren, dann erhalten wir

$$\frac{d}{dx}\left(e^{\int a(x)\,dx}y(x)\right) = e^{\int a(x)\,dx}y'(x) + e^{\int a(x)\,dx}a(x)y(x)$$

$$= e^{\int a(x)\,dx}b(x).$$

Da dies für jede durch $\int a(x)\,dx$ gegebene Fundamentallösung gilt, verwenden wir die Lösung, die in $x = 0$ Null ist. Dann besagt der Fundamentalsatz, dass die einzige Lösung von $z' = f(x)$ die Gleichung $z = \int f(x)\,dx$ ist. Wenn wir dies auf

$$\frac{d}{dx}\left(e^{\int a(x)\,dx}y(x)\right) = e^{\int a(x)\,dx}b(x)$$

anwenden, schließen wir, dass

$$e^{\int a(x)\,dx}y(x) = \int e^{\int a(x)\,dx}b(x)\,dx$$

bzw.

$$y(x) = e^{-\int a(x)\,dx}\int e^{\int a(x)\,dx}b(x)\,dx. \qquad (29.9)$$

BEISPIEL 29.9. Um

$$y' + 3x^2 y = x^2$$

zu lösen, multiplizieren wir beide Seiten mit

$$e^{\int 3x^2\,dx} = e^{x^3}$$

und erhalten

$$\frac{d}{dx}\left(e^{x^3}y\right) = e^{x^3}y' + 3x^3 e^{x^3}y = e^{x^3}x^2.$$

Dies bedeutet, dass

$$e^{x^3}y = \int e^{x^3}x^2\,dx.$$

Um dieses Integral zu berechnen, setzen wir $u = x^3$, also $du = 3x^2\,dx$ und wir erhalten

$$e^{x^3}y = \frac{1}{3}e^{x^3} + C,$$

mit einer Konstanten C. Wir dividieren und schließen, dass

$$y = \frac{1}{3} + Ce^{-x^3}.$$

Beachten Sie bei all diesen Beispielen, dass wir bei der Bestimmung der Definitionsbereiche für die beteiligten Funktionen vorsichtig sein müssen. Wir stellen dies als Übungsaufgabe (natürlich).

29.5   Allgemeine Exponentialfunktionen

Auf dieselbe Weise, auf die wir Logarithmen zu unterschiedlichen Basen definiert haben, die auf dem Logarithmus beruhen, definieren wir allgemeine Exponentialfunktionen unter Verwendung von $\exp(x)$. Da

$$a = e^{\log(a)}$$

für $a > 0$ und

$$\left(e^{\log(a)}\right)^x = e^{x \log(a)}$$

für $a > 0$ und alle x, definieren wir die allgemeine Exponentialfunktion als

$$a^x = e^{x \log(a)}.$$

Mit Hilfe dieser Definition können wir verschiedene Eigenschaften von a^x beweisen, wie zum Beispiel

$$a^0 = 1, \quad a^x a^y = a^{x+y}, \quad (a^x)^y = a^{xy}, \quad a^{-x} = 1/a^x, \qquad (29.10)$$

indem wir die entsprechenden Eigenschaften von e^x benutzen.

BEISPIEL 29.10. Per Definition und den Eigenschaften von e^x gilt

$$a^x a^y = e^{x \log(a)} e^{y \log(a)} = e^{(x+y) \log(a)} = a^{x+y}.$$

Sofort erhalten wir die Formel für die Ableitung:

$$\frac{d}{dx} a^x = \log(a) \times a^x$$

bzw.

$$da^u = \log(a) \times a^u \, du.$$

Dies bedeutet, dass

$$\int a^u \, du = \frac{1}{\log(a)} a^u + C.$$

BEISPIEL 29.11.

$$\frac{d}{dx} 3^{x^2} = \log(3) \times 3^{x^2} \times 2x.$$

BEISPIEL 29.12.

$$\int 10^x \, dx = \frac{1}{\log(10)} 10^x + C.$$

Wir können allgemeinere Exponentialfunktionen mit Hilfe derselben Idee definieren. Gilt $f(x) > 0$ für alle x in einem Definitionsbereich, dann definieren wir

$$f(x)^{g(x)} = e^{g(x)\log(f(x))}.$$

Die Ableitung einer solchen Funktion ist deshalb:

$$\frac{d}{dx} f(x)^{g(x)} = \frac{d}{dx} e^{g(x)\log(f(x))}$$

$$= e^{g(x)\log(f(x))}\left(g(x)\frac{f'(x)}{f(x)} + g'(x)\log(f(x))\right)$$

$$= f(x)^{g(x)}\left(g(x)\frac{f'(x)}{f(x)} + g'(x)\log(f(x))\right).$$

BEISPIEL 29.13. Für $x > 0$ gilt

$$x^x = e^{x\log(x)}$$

und damit

$$\frac{d}{dx} x^x = \frac{d}{dx} e^{x\log(x)} = e^{x\log(x)}\big(1 + \log(x)\big) = x^x\big(1 + \log(x)\big).$$

Wir können die Ableitung von solchen Funktionen auch berechnen, indem wir **logarithmisches Differenzieren** verwenden.

BEISPIEL 29.14. Um die Ableitung von $y = x^x$ zu berechnen, bilden wir zunächst den Logarithmus von beiden Seiten und erhalten

$$\log(y) = \log(x^x) = x\log(x).$$

Differenzieren ergibt jetzt

$$\frac{1}{y}y'(x) = 1 + \log(x),$$

folglich gilt

$$y'(x) = x^x\big(1 + \log(x)\big).$$

29.6   Wachstumsraten der Exponentialfunktion und des Logarithmus

Die graphische Darstellung von $\exp(x)$ in Abbildung 29.1 deutet darauf hin, dass die Exponentialfunktion mit zunehmendem x immer schneller anwächst. Tatsächlich werden wir zeigen, dass $\exp(x)$ schneller wächst als jede Potenz von x. Genauer gesagt werden wir beweisen, dass für jedes gegebene $p > 0$

$$e^x > x^p \text{ für alle hinreichend großen } x. \tag{29.11}$$

Der erste Schritt dazu ist zu zeigen, dass für eine natürliche Zahl n

$$e^x > 1 + x + \frac{x^2}{2!} + \cdots + \frac{x^n}{n!} + \frac{x^{n+1}}{(n+1)!}, \tag{29.12}$$

wobei wir für eine natürliche Zahl $n \geq 1$ den Ausdruck $n!$ oder n **Fakultät**[4] als

$$n! = n \times (n-1) \times (n-2) \times \cdots \times 1$$

mit $0! = 1$ definieren.

BEISPIEL 29.15.

$$1! = 1, \quad 2! = 2, \quad 3! = 6, \quad 4! = 24, \quad 5! = 120.$$

Diese Aussage ist einfach eine Übung zur vollständigen Induktion. Für den ersten Fall benutzen wir die Monotonie des Integrals und die Tatsache, dass $e^x > 1$ für $x > 0$ und wir erhalten

$$e^x = 1 + \int_0^x e^s \, ds > 1 + \int_0^x 1 \, ds = 1 + x.$$

Wir wiederholen jetzt das Argument und benutzen die neu hergeleitete Tatsache, dass $e^x > 1 + x$ für $x > 0$,

$$e^x = 1 + \int_0^x e^s \, ds > 1 + \int_0^x (1+s) \, ds = 1 + x + \frac{x^2}{2}.$$

Wir fahren auf diese Weise fort, mit vollständiger Induktion ergibt sich also (29.12). Das Ergebnis (29.11) für ganzzahlige Exponenten folgt nun sofort, da

$$1 + x + \frac{x^2}{2!} + \cdots + \frac{x^n}{n!} + \frac{x^{n+1}}{(n+1)!} > \frac{x^{n+1}}{(n+1)!} = x^n \frac{x}{(n+1)!},$$

also gilt

$$e^x > x^n \frac{x}{(n+1)!} > x^n$$

für $x > (n+1)!$. Der Beweis für einen allgemeinen Exponenten p folgt, indem man eine ganze Zahl $n > p$ für jedes gegebene p wählt.

---

[4]Die Größe $n!$ kann als die Anzahl unterschiedlicher Möglichkeiten interpretiert werden, n Objekte in einer Folge von rechts nach links anzuordnen. Denn wir können jedes der n Objekte für die erste Position wählen, dann jedes der $n-1$ für die zweite und so weiter und wir erhalten $n \times (n-1) \times (n-2) \times \cdots \times 1$ mögliche Anordnungen.

Es ist eine gute Übung zu zeigen, dass (29.11) impliziert, dass für jedes $p > 0$

$$x^p > \log(x) \text{ für alle hinreichend großen } x \qquad (29.13)$$

gilt, was bedeutet, dass $\log(x)$ zwar monoton wächst, dies aber langsamer als jede Potenz von x.

29.7 Eine Rechtfertigung des kontinuierlichen Modells

Wir begannen dieses Kapitel mit der Beschreibung von Situationen, in denen eine Größe, die sich um diskrete Beträge verändert, durch eine sich kontinuierlich ändernde Größe approximiert werden kann, die eine Differenzialgleichung löst. In diesem Abschnitt begründen wir diese Approximation für den Fall einer konstanten relativen Änderungsrate.

Wir haben die Modellierung von Populationen bereits diskutiert. Als ein weiteres Beispiel betrachten wir den Zinseszins.

BEISPIEL 29.16. Wir modellieren den Geldbetrag auf einem Sparkonto, auf das die Zinsen in festgelegten periodischen Zeitabständen aufgezinst werden, d.h., dass der durch die Zinsen verdiente Geldbetrag dem aktuellen Betrag auf dem Bankkonto in regelmäßigen Zeitintervallen hinzugefügt wird. Nehmen wir an, dass wir ein Bankkonto mit einem Anfangsbetrag P_0 bei einer Bank eröffnen, die einen jährlichen Zinssatz von α Prozent zahlt, der in regelmäßigen Zeitabständen aufgezinst wird. Die Aufgabe ist zu bestimmen, welcher Betrag auf dem Bankkonto nach einem Jahr zur Verfügung steht.

Wenn der Zinssatz jährlich aufgezinst wird, dann verdienen wir

$$\frac{\alpha}{100} P_0$$

am Ende des Jahres und nach einem Jahr befindet sich

$$(1 + \frac{\alpha}{100}) P_0$$

auf dem Bankkonto. Um die Dinge zu vereinfachen, setzen wir $\beta = \alpha/100$, also erhalten wir

$$(1 + \beta) P_0$$

zum Ende des Jahres auf einem Bankkonto, auf das die Zinsen jährlich aufgezinst werden.

Wenn stattdessen der Zinssatz halbjährlich aufgezinst wird, dann ergibt sich nach sechs Monaten

$$\left(1 + \frac{\beta}{2}\right) P_0$$

auf dem Bankkonto, was die Idee widerspiegelt, dass wir nach sechs Monaten nur die Hälfte der Zinsen verdienen. Dieser Betrag verbleibt aber auf dem Bankkonto, deshalb erhalten wir nach den zweiten sechs Monaten

$$\left(1 + \frac{\beta}{2}\right)\left(1 + \frac{\beta}{2}\right)P_0 = \left(1 + \frac{\beta}{2}\right)^2 P_0$$

auf dem Bankkonto. Dies ist sicherlich eine Verbesserung gegenüber einem Bankkonto, auf das die Zinsen jährlich aufgezinst werden, da

$$\left(1 + \frac{\beta}{2}\right)^2 = 1 + \beta + \frac{\beta^2}{4} > 1 + \beta.$$

Wir setzen diese Idee fort: Wenn die Zinsen vierteljährlich aufgezinst werden, erhalten wir nach einem Jahr

$$\left(1 + \frac{\beta}{4}\right)^4 P_0$$

auf dem Bankkonto, und wenn sie täglich aufgezinst werden, ergibt sich ein Betrag von

$$\left(1 + \frac{\beta}{365}\right)^{365} P_0.$$

Wir schließen, dass wenn die Zinsen n-mal während des Jahres aufgezinst werden, sich nach einem Jahr der Betrag

$$\left(1 + \frac{\beta}{n}\right)^n P_0$$

auf dem Konto befindet. Im Allgemeinen gilt: Je häufiger die Zinsen aufgezinst werden, desto mehr Geld haben wir nach einem Jahr verdient.

In dieser Situation wird deutlich, dass der Betrag, den wir verdienen, sich zu jedem Zeitpunkt, zu dem die Zinsen aufgezinst werden, um einen diskreten Betrag verändert. Jetzt versuchen wir, den Betrag, den wir verdienen, zu approximieren, indem wir eine sich kontinuierlich ändernde Funktion $P(t)$ verwenden. Voraussichtlich ist diese Approximation gültig, wenn n groß ist und die Veränderungen sehr klein sind und sehr häufig auftreten.

Da das Zeitintervall $1/n$ ist, setzen wir $\Delta t = 1/n$ und wir berechnen die Veränderung des Betrags $P(t)$ im Bankkonto zum Zeitpunkt t auf den Betrag $P(t + \Delta t)$ zum Zeitpunkt $t + \Delta t$, nachdem die Zinsen genau einmal aufgezinst wurden. Wir erhalten

$$P(t + \Delta t) = P(t)\left(1 + \frac{\beta}{n}\right) = P(t)(1 + \beta \Delta t),$$

was bedeutet, dass

$$\frac{P(t + \Delta t) - P(t)}{\Delta t} = \beta P(t).$$

Natürlich ist dies nichts anderes als (29.1). Wir wissen, dass wenn $P(t)$ eine differenzierbare Funktion ist und Δt gegen Null strebt, bzw. n gegen Unendlich, P die Gleichung $P' = \beta P$ löst und deshalb gilt

$$P(t) = P_0 e^{\beta t}.$$

Nach einem Jahr erhalten wir

$$P(1) = P_0 e^{\beta}.$$

BEISPIEL 29.17. Wenn der jährliche Zinssatz auf einem Bankkonto mit einem Kontostand von €2500 9% beträgt und die Zinsen jährlich aufgezinst werden, ergibt sich nach einem Jahr der Betrag €2725. Wenn die Zinsen kontinuierlich aufgezinst werden, ergeben sich €2735, 44.

Die wichtige Modellierungsfrage bezüglich der kontinuierlichen Approximation ist, ob die kontinuierliche Approximation $P(t)$ wirklich die wahre Größe approximiert, die sich um diskrete Beträge verändert. Mit anderen Worten, stimmt

$$P_0 e^{\beta} \approx \left(1 + \frac{\beta}{n}\right)^n P_0$$

für große n? Beachten Sie, dass man auf beiden Seiten durch P_0 dividieren kann und somit P_0 irrelevant für die Diskussion ist.

Mathematisch gesprochen möchten wir beweisen, dass

$$\lim_{n \to \infty} \left(1 + \frac{\beta}{n}\right)^n = e^{\beta} \tag{29.14}$$

für jedes β.[5] Beachten Sie, dass wenn $h = 1/n$, also $h \to 0^+$ für $n \to \infty$, dies äquivalent ist zu

$$\lim_{h \to 0^+} (1 + \beta h)^{1/h} = e^{\beta}. \tag{29.15}$$

Tatsächlich werden wir den äquivalenten Grenzwert

$$\lim_{h \to 0^+} \log (1 + \beta h)^{1/h} = \beta \tag{29.16}$$

beweisen, aus dem (29.15) durch Potenzieren beider Seiten folgt.

---

[5]Euler war der Erste, der dies bewies.

Für jedes β ist $\log(1+\beta x)$ für x in der Nähe von 0 stark differenzierbar. Dies bedeutet, dass es eine Konstante $\mathcal{K}$ gibt, so dass für x in der Nähe von 0

$$\left| \log(1+\beta x) - \left(\log(1) + \frac{\beta}{1+\beta x}\,(x-0) \right) \right| \le (x-0)^2 \mathcal{K}$$

gilt. Wir setzen $x = h$, dann ergibt sich nach Vereinfachung:

$$\left| \log(1+\beta h) - \frac{\beta}{1+\beta h}\,h \right| \le h^2 \mathcal{K}.$$

Wir dividieren durch h und benutzen die Eigenschaften von $\log$:

$$\left| \log((1+\beta h)^{1/h}) - \frac{\beta}{1+\beta h} \right| \le h\mathcal{K}.$$

Jetzt können wir den Grenzwert der Funktion auf der rechten Seite für $h \to 0$ bilden, um auf (29.16) zu schließen.

BEISPIEL 29.18. Wir berechnen:

$$\lim_{x\to\infty} \left(1 - \frac{2}{x} \right)^{2x} = \left(\lim_{x\to\infty} \left(1 + \frac{-2}{x} \right)^{x} \right)^2 = \left(e^{-2} \right)^2 = e^{-4}.$$

Kapitel 29   Aufgaben

29.1. Newtons Gesetz der Abkühlung besagt:

Die Änderungsrate des Temperaturunterschiedes zwischen einem Objekt und seinem umgebenden Medium ist zum Temperaturunterschied proportional.

Formulieren Sie eine Differenzialgleichung, die diese Situation modelliert.

29.2. Das Isotop ^{14}C zerfällt mit einer Rate, die proportional zu ihrer Masse ist. Es gibt ein Elektron ab, um ein festes Stickstoffatom ^{14}N zu bilden. Die Basis der „Kohlenstoffdatierung" von ehemals lebenden Organismen ist, dass die Menge des ^{14}C sich im Organismus wieder auffüllt, während der Organismus lebt, die Auffüllung jedoch aufhört, sobald der Organismus gestorben ist. Formulieren Sie eine Differenzialgleichung, die die Menge des verbleibenden ^{14}C modelliert, wobei eine feste Anfangsmenge vorgegeben wird.

29.3. Eine bestimmte Bank zahlt 4% Zinsen, die unverzüglich aufgezinst werden. Schreiben Sie eine Differenzialgleichung nieder, die dies modelliert.

29.4. Die „Nutzlast" eines Sees im Hinblick auf eine Fischart ist die maximale Anzahl an Fischen dieser Art, die der See erhalten kann. Angenommen, die relative Änderungsrate der Population einer Fischart ist proportional zu der nicht genutzten Kapazität. Formulieren Sie eine Differenzialgleichung, die die Population modelliert.

29.5. Ein laufender Motor erzeugt mit einer konstanten Rate Hitze und strahlt sie mit einer Rate proportional zur Temperatur wieder ab. Schreiben Sie eine Differenzialgleichung nieder, die die Temperatur im Motor modelliert.

29.6. Eine bestimmte Tierart wächst derart, dass ihre relative Geburtenrate eine positive Konstante ist, während die relative Todesrate proportional zur Population ist. Schreiben Sie eine Differenzialgleichung nieder, die die Population modelliert.

29.7. Erklären Sie, warum 2^x die zu $\log_2(x)$ inverse Funktion ist.

29.8. Berechnen Sie die Ableitungen der folgenden Funktionen:

(a) $e^{7x^4 - 27x}$ (b) $\log(e^x + e^{-x})$ (c) $\left(e^{3x} - x\right)^8$

(d) $e^{e^{e^x}}$ (e) x^e (f) 7^x .

29.9. Berechnen Sie die folgenden Integrale:

$$\text{(a)} \int \frac{e^{4x}}{1 - e^{4x}}\, dx \qquad \text{(b)} \int \frac{e^x - e^{-x}}{e^x + e^{-x}}\, dx$$

$$\text{(c)} \int e^x \frac{\log(1 + e^x)}{1 + e^x}\, dx \quad \text{(d)} \int \sqrt{e^x}\, dx$$

$$\text{(e)} \int \frac{e^{\sqrt{x}}}{\sqrt{x}}\, dx \qquad \text{(f)} \int x e^x\, dx.$$

29.10. Die Halbwertzeit von Polonium beträgt ungefähr 140 Tage. Wieviel Polonium bleibt von einer 15 Gramm Probe nach 2,5 Jahren übrig?

29.11. Es dauert 4 Jahre bis 1/4 einer gegebenen Menge von radioaktivem Material zerfällt. Was ist die Halbwertzeit?

29.12. 27 Gramm eines radioaktiven Materials reduzieren sich nach 1,5 Jahren auf 9 Gramm. Was ist die Halbwertzeit des Materials?

29.13. Die Halbwertzeit einer radioaktiven Substanz beträgt 21 Tage. Wie lange dauert es, bis 80 Gramm der Substanz sich auf 2 Gramm reduziert haben?

29.14. Eine bestimmte Art von Bakterien pflanzt sich mit einer Rate fort, die proportional zur momentanen Anzahl an Bakterien ist. Außerdem wächst eine anfängliche Kolonie von 1000 Bakterien zu 1500 Bakterien nach 50 Minuten. Wie lange dauert es bis die Bakterienpopulation sich vervierfacht hat?

29.15. Eine bestimmte Art von Bakterien pflanzt sich mit einer Rate fort, die proportional zur momentanen Anzahl an Bakterien ist. Es wird beobachtet, dass eine Bakterienkolonie nach 24 Stunden eine Population von 20,000,000 erreicht. Wie groß war die

ursprüngliche Population (zu Beginn der 24 Stunden Periode)?

29.16. Berechnen Sie die Lösung der folgenden Differenzialgleichungen, indem Sie die Gleichung mit einem geeigneten integrierenden Faktor multiplizieren und dann die Aufgabe vereinfachen:

$$\text{(a)}\ y' + 5y = x \qquad \text{(b)}\ y' + 2xy = x$$

$$\text{(c)}\ y' + \frac{1}{x}y = x^3 \quad \text{(d)}\ y' = y + \frac{1}{1 + e^{-x}}.$$

29.17. Berechnen Sie die Ableitungen der folgenden Funktionen:

$$\text{(a)}\ x^{x^2} \qquad \text{(b)}\ (2x - 4)^x \quad \text{(c)}\ (\log(x))^x$$

$$\text{(d)}\ x^{\log(x)} \quad \text{(e)}\ x^{x^x} \qquad \text{(f)}\ \frac{1}{x^x}.$$

29.18. Beweisen Sie die Formeln aus (29.10).

29.19. Berechnen Sie die folgenden Integrale:

$$\text{(a) } \int 3^x \, dx \qquad \text{(b) } \int \frac{1}{9^{5x}} \, dx$$

$$\text{(c) } \int 11^{x^2} x \, dx \qquad \text{(d) } \int 10^{10^x} 10^x \, dx \,.$$

29.20. Führen Sie den Induktionsschritt durch, um (29.12) zu beweisen.

29.21. Beweisen Sie, dass (29.12) für ein beliebiges p wahr ist, indem Sie das Ergebnis verwenden, das wir für ganze Zahlen p bewiesen haben.

29.22. Gehen wir von anfänglichen Kontoständen von €1000 aus; vergleichen Sie die Beträge auf zwei Sparkonten, die nach 10 Jahren erzielt wurden und zwar mit jährlichen Zinssätzen von 10%, wobei die Zinsen auf dem einen Bankkonto 6 Mal pro Jahr aufgezinst werden und auf dem anderen Konto kontinuierlich.

29.23. Ein Elternteil, das für ihr neues Baby eine Ausbildungsversicherung abschließt, möchte am 18. Geburtstag des Kindes €80.000 zur Verfügung haben. Gehen wir von einem jährlichen Zinssatz von 7% aus, welcher kontinuierlich aufgezinst wird; wie hoch muss die Anfangseinlage sein, um diesen Betrag zu erreichen?

29.24. Bestimmen Sie die folgenden Grenzwerte:

$$\text{(a) } \lim_{x \to \infty} \left(1 + \frac{3}{x}\right)^x \qquad \text{(b) } \lim_{x \to \infty} \left(1 - \frac{1}{4x}\right)^x \qquad \text{(c) } \lim_{x \to \infty} \left(1 + \frac{1}{x+1}\right)^x$$

$$\text{(d) } \lim_{x \to \infty} \left(1 + \frac{1}{x}\right)^{2x+1} \qquad \text{(e) } \lim_{x \to 0^+} \left(1 + \frac{x}{5}\right)^{1/x} \qquad \text{(f) } \lim_{x \to \infty} \left(1 + \frac{1}{x}\right)^{(x+1)/x} \,.$$

29.25. Beweisen Sie (29.13).

30

Ein Masse–Feder–System und die trigonometrischen Funktionen

Wir schließen die Untersuchung von drei wichtigen Differenzialgleichungen ab: Die dritte Aufgabe, die wir betrachten, ist $y''(x) = cy(x)$ mit einer Konstanten c. Ihre Lösung führt auf die trigonometrischen Funktionen.

Die trigonometrischen Funktionen werden normalerweise als eine Möglichkeit zur Beschreibung von geometrischen Situationen eingeführt, in denen es um Winkel und Längen geht. Erinnern wir uns, dass eine definierende Eigenschaft der trigonometrischen Funktionen ist, dass sie periodisch sind. Die Graphen von sin und cos sind in Abbildung 30.1 dargestellt. Aus diesem Grund tauchen die trigonometrischen Funktionen oft in Situationen auf, in denen eine Größe vorkommt, die sich auf wiederholende Art und Weise verändert.

30.1 Das Hookesche Modell eines Masse–Feder–Systems

Hookes Gesetz für eine Feder besagt:

> Die Rückstellkraft, die von einer um die Distanz s aus ihrer Ruhelage komprimierten oder gestreckten Feder ausgeübt wird, ist proportional zu s.

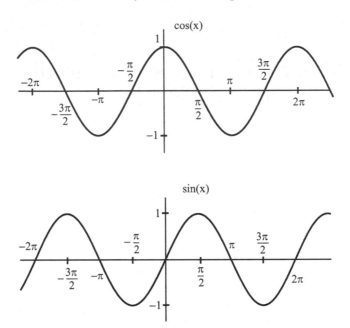

Abbildung 30.1: Graphische Darstellungen von cos (oben) und sin (unten).

Hookes Gesetz, benannt nach dem englischen Wissenschaftler Robert Hooke,[1] ist eine lineare Approximation dessen, was tatsächlich mit einer Feder passiert und für kleine s gültig.

Wir modellieren eine Feder, deren eines Ende an einer Mauer und deren anderes Ende an einer Masse m befestigt ist, der es gestattet ist, auf einem Tisch ungehindert vor- und zurückzugleiten (wir vernachlässigen die Reibung). Wir wählen die Koordinaten so, dass wenn die Feder sich in ihrer Ruheposition befindet, die Masse sich bei $s = 0$ befindet; $s > 0$ entspricht einer Ausdehnung der Feder nach rechts (vgl. Abbildung 30.2). In diesem Koordinatensystem liest sich Hookes Gesetz für die Kraft F als

$$F = -ks, \tag{30.1}$$

wobei die Proportionalitätskonstante $k > 0$ die **Federkonstante** genannt wird. Wir kombinieren Hookes Gesetz mit Newtons Gesetz der Bewegung und erhalten die Gleichung

$$m\frac{d^2s}{dt^2} = -ks, \tag{30.2}$$

---

[1]Robert Hooke (1635–1703) war ein wahrer Universalwissenschaftler. Während er die meiste Zeit seiner Karriere einen Lehrstuhl in Geometrie hielt, machte er auch zahlreiche wichtige wissenschaftliche Beobachtungen und arbeitete als Architekt und Gutachter.

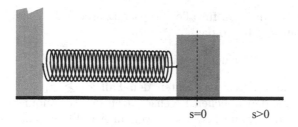

$$s=0 \qquad s>0$$

Abbildung 30.2: Darstellung des Koordinatensystems, das wir benutzen, um ein Feder–Masse–System zu beschreiben. Die Masse darf ungehindert ohne Reibung vor- und zurückgleiten.

die die Bewegung der Masse bestimmt.

Normalerweise wird diese Gleichung zu

$$s'' + \omega^2 s = 0, \quad \omega = \sqrt{\frac{k}{m}} \qquad (30.3)$$

umgeschrieben. Um eine bestimmte Lösung vorzugeben, geben wir auch einige Anfangsbedingungen zum Zeitpunkt $t = 0$ vor. Wir können zum Beispiel die Anfangsposition des Objektes vorgeben, $s(0) = s_0$, und die Anfangsgeschwindigkeit $s'(0) = s_1$. Die vollständige Aufgabe lautet deshalb:

$$\begin{cases} s''(t) + \omega^2 s(t) = 0, & t > 0, \\ s(0) = s_0, \ s'(0) = s_1. \end{cases} \qquad (30.4)$$

Dies entspricht dem Drücken oder Ziehen des Objektes in eine vorgegebene Position, sowie ihm anschließend einen Schubs zu geben. Das Ziel ist zu beschreiben, wie das Objekt sich anschließend bewegt.

In diesem Kapitel zeigen wir, dass die Lösung von (30.4) mit Hilfe der trigonometrischen Funktionen angegeben werden kann.

30.2   Die Glattheit der trigonometrischen Funktionen

Zuerst zeigen wir, dass $\sin(x)$ und $\cos(x)$ Lipschitz-stetig sind und danach, dass sie für alle x stark differenzierbar sind. Beachten Sie, dass ausschließlich die Glattheit von sin diskutiert werden muss, da

$$\cos(x) = \sin(x + \pi/2) \qquad (30.5)$$

bedeutet, dass cos einfach die Komposition von sin mit der linearen Funktion $x + \pi/2$ ist.

Um zu zeigen, dass sin für alle x Lipschitz-stetig ist, zeigen wir, dass es eine Konstante L gibt, so dass

$$|\sin(x_2) - \sin(x_1)| \leq L|x_2 - x_1|$$

für alle x_2 und x_1. Wir betrachten den Fall $x_2 \geq x_1 \geq 0$, die anderen Fälle folgen aus den üblichen Eigenschaften der trigonometrischen Funktionen. Wir veranschaulichen den Beweis in Abbildung 30.3. Wir zeichnen

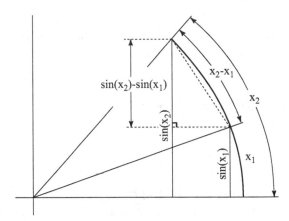

Abbildung 30.3: Darstellung des Beweises, dass sin Lipschitz-stetig ist.

ein rechtwinkliges Dreieck in den Sektor des Kreises zwischen den Strahlen, die x_1 und x_2 definieren, parallel zu den Achsen, und die Hypotenuse verbindet die zwei Punkte auf dem Einheitskreis, die zu x_1 und x_2 gehören. Das Dreieck ist in Abbildung 30.3 dargestellt. Die Höhe des Dreiecks, die $|\sin(x_2) - \sin(x_1)|$, ist, ist kleiner als die Hypotenuse, die wiederum kleiner als die Distanz entlang des Teils des Kreises ist, der die Endpunkte der Hypotenuse verbindet, dieser ist $x_2 - x_1$. Mit anderen Worten, es gilt

$$|\sin(x_2) - \sin(x_1)| \leq |x_2 - x_1| \tag{30.6}$$

für alle x_1 und x_2. Da $x + \pi/2$ für alle x mit der Lipschitz-Konstanten 1 Lipschitz-stetig ist, impliziert (30.5), dass auch

$$|\cos(x_2) - \cos(x_1)| \leq |x_2 - x_1| \tag{30.7}$$

für alle x_1 und x_2 gilt. Dies bedeutet, dass tan auf jedem Intervall Lipschitz-stetig ist, das die Punkte $\cdots, -5\pi/2, -3\pi/2, -\pi/2, \pi/2, 3\pi/2, 5\pi/2, \cdots$ nicht enthält, jedoch ist die Lipschitz-Konstante nicht 1.

Wir wählen $x_1 = 0$ und $x_2 = x$ in (30.6) und (30.7) und erhalten damit die nützlichen Abschätzungen

$$|\sin(x)| \leq |x| \tag{30.8}$$

und

$$|1 - \cos(x)| \leq |x|, \tag{30.9}$$

die für alle sx gelten. Die zweite Abschätzung kann verbessert werden, indem die üblichen Eigenschaften der trigonometrischen Funktionen benutzt werden. Da

$$1 - \cos(x) = \frac{1 + \cos(x)}{1 + \cos(x)} (1 - \cos(x)) = \frac{1 - \cos^2(x)}{1 + \cos(x)} = \frac{\sin^2(x)}{1 + \cos(x)},$$

impliziert (30.8), dass

$$|1 - \cos(x)| = \frac{|\sin^2(x)|}{|1 + \cos(x)|} \leq \frac{|x|^2}{|1 + \cos(x)|}.$$

Wenn x auf $|x| \leq \pi/2$ beschränkt wird, dann gilt $\cos(x) \geq 0$ und

$$|1 - \cos(x)| \leq |x|^2 \text{ für } |x| \leq \pi/2. \tag{30.10}$$

Es stellt sich heraus, dass $\sin$ stark differenzierbar ist und $D\sin(x) = \cos(x)$ für alle x. Um dies zu zeigen, müssen wir eine Konstante $\mathcal{K}_{\bar{x}}$ konstruieren, so dass für alle x in der Nähe von $\bar{x}$ gilt:

$$|\sin(x) - (\sin(\bar{x}) + \cos(\bar{x})(x - \bar{x}))| \leq (x - \bar{x})^2 \mathcal{K}_{\bar{x}}. \tag{30.11}$$

Dazu benutzen wir das Additionstheorem

$$\sin(x_1 + x_2) = \cos(x_1)\sin(x_2) + \sin(x_1)\cos(x_2). \tag{30.12}$$

Wir setzen $s = x - \bar{x}$ und berechnen

$$\sin(x) = \sin(\bar{x} + s) = \sin(\bar{x})\cos(s) + \cos(\bar{x})\sin(s).$$

Der erste Schritt ist, die rechte Seite neu anzuordnen, so dass sie wie die rechte Seite von (30.11) aussieht. Durch Addition und Subtraktion erhalten wir

$$\sin(x) = \sin(\bar{x}) + \cos(\bar{x})s + \big(\sin(\bar{x})(\cos(s) - 1) + \cos(\bar{x})(s - \sin(s))\big).$$

Wenn wir jetzt R durch

$$R(s) = \sin(\bar{x})(\cos(s) - 1) + \cos(\bar{x})(s - \sin(s))$$

definieren, erhalten wir das Ergebnis:

$$|\sin(x) - (\sin(\bar{x}) + \cos(\bar{x})s)| = |R(s)|.$$

Daraus folgt (30.11) mit $x - \bar{x} = s$, vorausgesetzt, dass es eine Konstante $\mathcal{K}_{\bar{x}}$ gibt, so dass

$$|R(s)| \leq |s|^2 \mathcal{K}_{\bar{x}}.$$

Wir beginnen, $|R|$ abzuschätzen, indem wir die Dreiecksungleichung benutzen:

$$|R(s)| \leq |\sin(\bar{x})|\,|\cos(s) - 1| + |\cos(\bar{x})|\,|s - \sin(s)|.$$

Da $|\sin(\bar{x})| \leq 1$ und $|\cos(\bar{x})| \leq 1$, gilt

$$|R(s)| \leq |\cos(s) - 1| + |s - \sin(s)|.$$

Der erste Term auf der rechten Seite ist für kleine s durch (30.10) quadratisch beschränkt. Wir zeichnen ein weiteres Bild, um zu zeigen, dass $|s - \sin(s)|$ quadratisch beschränkt ist. In Abbildung 30.4 sind zwei „ge-

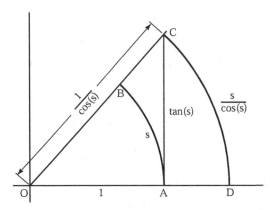

Abbildung 30.4: Darstellung der Abschätzung für $|s - \sin(s)|$.

schachtelte“ Sektoren von Kreisen dargestellt. Der kleinere Sektor wird vom Einheitskreis mit dem Winkel s bestimmt. Wir bezeichnen diesen Sektor mit $\angle BOA$, wobei A und B die zwei Endpunkte des Sektors sind und 0 der Ursprung ist. Um den größeren Sektor zu zeichnen, der mit $\angle COD$ bezeichnet ist, zeichnen wir eine vertikale Gerade vom Punkt A hoch zum Punkt C, wo diese Gerade die Gerade schneidet, die durch O und B läuft, und wir zeichnen dann den Kreis, dessen Mittelpunkt im Ursprung liegt und der durch den Schnittpunkt C verläuft. Wir werden auch auf das Dreieck mit den Endpunkten C, O und A Bezug nehmen, das wir mit $\triangle COA$ bezeichnen.

Die Abschätzung beruht auf der Beobachtung, dass die Fläche des kleineren Kreissektors $\angle BOA$ kleiner als die Fläche des Dreiecks $\triangle COA$ ist, welche wiederum kleiner als die Fläche des größeren Kreissektors $\angle COD$ ist. Mit anderen Worten,

Fläche von $\angle BOA$ $\leq$ Fläche von $\triangle COA$ $\leq$ Fläche von $\angle COD$.

Klassische Resultate aus der Geometrie besagen, dass die Fläche eines Kreissektors die Hälfte des Radius mal der Länge entlang des Sektorbogens ist; die Fläche des Dreiecks ist die Hälfte der Basis mal der Höhe.

Die Fläche von $\angle BOA$ ist deshalb $\frac{1}{2} \times 1 \times s = s/2$. Die Basis von $\triangle COA$ besitzt die Länge 1 und ihre Höhe beträgt $\tan(s)$. Also ist die Fläche von $\triangle COA$ $\tan(s)/2$. Letztendlich beträgt der Radius von $\angle COD$ $1/\cos(s)$, was aufgrund der Ähnlichkeit impliziert, dass die Länge des Bogens von D bis C $s/\cos(s)$ ist. Also ist die Fläche von $\angle COD$ $s/(2\cos^2(s))$. Wir schließen, dass

$$\frac{s}{2} \leq \frac{\tan(s)}{2} \leq \frac{s}{2\cos^2(s)}$$

bzw.

$$s \leq \tan(s) \leq \frac{s}{\cos^2(s)}.$$

Wir multiplizieren mit $\cos(s)$, dies ergibt

$$s\cos(s) \leq \sin(s) \leq \frac{s}{\cos(s)}.$$

Zum Schluß erzeugt die Subtraktion von s:

$$s\cos(s) - s \leq \sin(s) - s \leq \frac{s}{\cos(s)} - s.$$

Dieses Paar von Ungleichungen impliziert, dass $|\sin(s) - s|$ kleiner als das Maximum von

$$|s\cos(s) - s| \quad \text{und} \quad \left| \frac{s}{\cos(s)} - s \right|$$

ist.

Jetzt impliziert (30.10), dass

$$|s\cos(s) - s| \leq |s|^3$$

für $|s| \leq \pi/2$. Um den anderen Term abzuschätzen, schreiben wir

$$\frac{s}{\cos(s)} - s = s\frac{1 - \cos(s)}{\cos(s)}.$$

Wenn s beschränkt ist, so dass $|s| \leq \pi/6$, dann ist $\cos(s) \geq 1/2$ und es gilt

$$\left| \frac{s}{\cos(s)} - s \right| \leq 2|s|^3.$$

Der Beweis, dass

$$\frac{d}{dx}\sin(x) = \cos(x) \qquad\qquad (30.13)$$

ist damit abgeschlossen.

Wir benutzen (30.5) und schließen sofort, dass

$$\frac{d}{dx}\cos(x) = -\sin(x), \qquad\qquad (30.14)$$

und damit

$$\frac{d}{dx}\tan(x) = \frac{1}{\cos^2(x)} = \sec^2(x). \tag{30.15}$$

Die Kettenregel impliziert dann, dass

$$\frac{d}{dx}\sin(u) = \cos(u)u', \quad \frac{d}{dx}\cos(u) = -\sin(u)u',$$

$$\frac{d}{dx}\tan(u) = \sec^2(u)u'. \tag{30.16}$$

BEISPIEL 30.1.

$$\frac{d}{dx}\sin(e^x) = \cos(e^x)\,e^x$$

BEISPIEL 30.2.

$$\frac{d}{dx}\log(\tan(x)) = \frac{1}{\tan(x)}\frac{1}{\cos^2(x)}$$

Der Fundamentalsatz der Differenzial- und Integralrechnung impliziert, dass

$$\int \sin(u)\,du = -\cos(u) + C, \tag{30.17}$$

$$\int \cos(u)\,du = \sin(u) + C, \tag{30.18}$$

und

$$\int \sec^2(u)\,du = \tan(u) + C. \tag{30.19}$$

BEISPIEL 30.3. Um

$$\int \frac{\sin(\log(x))}{x}\,dx$$

zu integrieren, setzen wir $u = \log(x)$, dann ist $du = dx/x$ und es gilt

$$\int \frac{\sin(\log(x))}{x}\,dx = \int \sin(u)\,du$$

$$= -\cos(u) + C = -\cos(\log(x)) + C.$$

BEISPIEL 30.4. Um

$$\int \tan(x)\,dx = \int \frac{\sin(x)}{\cos(x)}\,dx$$

zu integrieren, setzen wir $u = \cos(x)$, dann ist $du = -\sin(x)\,dx$ und

$$\int \frac{\sin(x)}{\cos(x)}\,dx = -\int \frac{du}{u} = \log|u| + C = -\log|\cos(x)| + C.$$

30.3   Wir lösen das Modell für ein Masse–Feder–System

Es ist einfach nachzuweisen, dass die Funktion

$$s(t) = A\sin(\omega t) + B\cos(\omega t)$$

der Differenzialgleichung (30.3) genügt, wobei A und B Konstanten sind. Wir differenzieren und berechnen

$$s'(t) = A\omega\cos(\omega t) - B\omega\sin(\omega t)$$

und daher

$$s''(t) = -A\omega^2\sin(\omega t) - B\omega^2\cos(\omega t) = \omega^2 s.$$

Wir können nach den Konstanten A und B auflösen, indem wir die Anfangsbedingungen verwenden:

$$s(0) = B = s_0 \text{ und } s'(0) = \omega A = s_1.$$

Wir schließen, dass die Funktion

$$s(t) = \frac{s_1}{\omega}\sin(\omega t) + s_0\cos(\omega t) \tag{30.20}$$

eine Lösung der Aufgabe (30.4) ist.

In Abbildung 30.5 stellen wir zwei Beispiele dieser Lösung für bestimmte ω, s_1 und s_0 graphisch dar. Im Allgemeinen bestimmt ω die Frequenz der Schwingungen der Feder, während s_0 und s_1 die Stärke der Schwingungen festlegen. Ein großes ω bedeutet schnellere Schwingungen, wie in Abbildung 30.5 dargestellt. ω ist groß, wenn die Federkonstante k verhältnismäßig groß zur Masse ist.

Jetzt, da wir über eine Lösung zu (30.4) verfügen, ist die wichtige Frage, ob es weitere Lösungen gibt. Wir müssen dies herausfinden, um vorherzusagen, wie sich das Feder–Masse–System verhält. Um zu zeigen, dass (30.20) die einzige Lösung ist, benutzen wir ein sogenanntes **Energieargument**.

Wenn wir annehmen, dass s und r zwei stark differenzierbare Lösungen von (30.4) sind, dann ist zu zeigen, dass $s(t) = r(t)$ für alle t gilt. Eine andere Möglichkeit, dies zu betrachten, ist, $\varepsilon = s - r$ zu definieren und dann zu zeigen, dass $\varepsilon(t) = 0$ für alle t gilt. Zuerst zeigen wir, dass $\varepsilon(t)$ (30.3) genügt. Dies folgt, da

$$\begin{aligned}
\varepsilon''(t) + \omega^2\varepsilon(t) &= s''(t) - r''(t) + \omega^2(s(t) - r(t)) \\
&= s''(t) + \omega^2 s(t) - (r''(t) + \omega^2 r(t)) \\
&= 0 - 0 = 0.
\end{aligned}$$

Außerdem gilt $\varepsilon(0) = s(0) - r(0) = 0$ und ebenso $\varepsilon'(0) = 0$. Mit anderen Worten, ε genügt

$$\begin{cases} \varepsilon'' + \omega^2\varepsilon = 0 & t > 0, \\ \varepsilon(0) = 0, \ \varepsilon'(0) = 0. \end{cases}$$

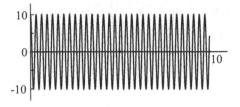

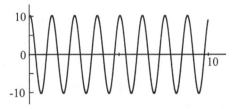

Abbildung 30.5: Zwei Lösungen von (30.4) für $0 \leq t \leq 10$. Die Lösung in der oberen graphischen Darstellung gehört zu den Werten $\omega = 2$, $s_0 = 10$ und $s_1 = 1$, die Lösung in der unteren zu $\omega = 0,5$, $s_0 = 10$ und $s_1 = 1$.

Wir definieren eine neue Funktion, die „Energie", durch

$$E(t) = \omega^2 \varepsilon^2(t) + (\varepsilon'(t))^2.$$

Wir differenzieren E und erhalten

$$\begin{aligned} E'(t) &= \omega^2 2\varepsilon(t)\varepsilon'(t) + 2\varepsilon'(t)\varepsilon''(t) \\ &= 2\varepsilon'(t)(\omega^2 \varepsilon(t) + \varepsilon''(t)) \\ &= 0. \end{aligned}$$

Mit anderen Worten, E bleibt konstant, d.h. die Größe wird „erhalten". Da $E(0) = 0$, schließen wir, dass $E(t) = 0$ für alle t. Aber E ist die Summe von nichtnegativen Termen, deshalb kann es nur dann Null sein, wenn die Terme Null sind, also gilt $\varepsilon(t) = 0$ für alle t.

Wir fassen dies in einem Satz zusammen.

Satz 30.1 *Die eindeutige stark differenzierbare Lösung des Anfangswertproblems* (30.4) *ist:*

$$s(t) = \frac{s_1}{\omega} \sin(\omega t) + s_0 \cos(\omega t).$$

30.4   Inverse trigonometrische Funktionen

Jetzt wenden wir uns der Definition der inversen trigonometrischen Funktionen zu und leiten einige ihrer Eigenschaften her. Es ist nicht überraschend, dass die Inversen immer dort benötigt werden, wo man die trigonometrischen Funktionen benötigt. Wir liefern ein Beispiel in Form einer Anwendung des polaren Koordinatensystems.

Das polare Koordinatensystem ist eine Alternative zum rechteckigen Koordinatensystem, um Punkte in der Ebene zu beschreiben. Die Idee ist, einen Punkt in der Ebene durch den Abstand des Punktes zum Ursprung zu kennzeichnen, zusammen mit dem Winkel, den der Strahl vom Ursprung durch den Punkt mit der positiven x-Achse einschließt. Dies ist die natürliche Art und Weise, ein Objekt zu beschreiben, das den Ursprung umkreist. Wir veranschaulichen dies in Abbildung 30.6. Wenn $r \geq 0$ den Abstand zwi-

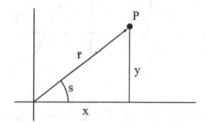

Abbildung 30.6: Das polare Koordinatensystem (r, s).

schen dem Ursprung und dem Punkt P bezeichnet und s den zugehörigen Winkel, dann können wir einen Punkt P durch (r, s) festlegen. Beachten Sie, dass ein Punkt P keine eindeutige Darstellung in diesem System hat, da $(r, s) = (r, s + 2n\pi)$ für jede ganze Zahl n.

Ein natürliches Problem ist, zwischen den rechteckigen Koordinaten eines Punktes P, (x, y), und seinen polaren Koordinaten (r, s) umzurechnen (vgl. Abbildung 30.6). Ist (r, s) gegeben, dann ist es einfach, x und y zu bestimmen, da aufgrund der Eigenschaften von ähnlichen Dreiecken und der Definition von sin und cos gilt:

$$x = r\cos(s) \text{ und } y = r\sin(s). \tag{30.21}$$

BEISPIEL 30.5. Gegeben sei $(r, s) = (3, \pi/4)$, wir berechnen $x = 3/\sqrt{2}$ und $y = 3/\sqrt{2}$. Für $(r, s) = (3, 5\pi/4)$ berechnen wir $x = -3/\sqrt{2}$ und $y = -3/\sqrt{2}$.

Die umgekehrte Richtung ist schwieriger. Nach dem Satz von Pythagoras gilt $r = \sqrt{x^2 + y^2}$. Aber können wir s aus

$$\sin(s) = x/r$$

zurückgewinnen? Um dies zu tun, benötigen wir die Inverse zu sin.

Als erstes erarbeiten wir die Inverse zu sin, dann präsentieren wir die Folgerungen für cos und stellen die Details als Übung.

Selbstverständlich ist das Erste, was wir bei der Berechnung einer Inversen für sin bemerken, dass $\sin(x)$ nicht den „Test der Horizontalen Geraden" besteht (erinnern wir uns an Abbildung 30.1) und keine Inverse besitzt. Genauso wie bei x^2 müssen wir den Definitionsbereich von sin einschränken, um eine invertierbare Funktion zu erhalten.

Es gibt viele Möglichkeiten, den Definitionsbereich von sin einzuschränken. Einige Beispiele sind in Abbildung 30.7 dargestellt. Willkürlich wählen wir

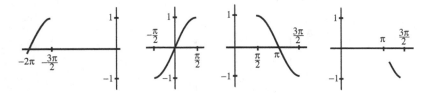

Abbildung 30.7: Vier Möglichkeiten, den Definitionsbereich von sin einzuschränken und so eine invertierbare Funktion zu erhalten.

den größtmöglichen Definitionsbereich, der dem Ursprung am nächsten ist. Deshalb betrachten wir die „neue" Funktion sin mit dem Definitionsbereich $[-\pi/2, \pi/2]$ und dem Bildbereich $[-1, 1]$, die in Abbildung 30.8 dargestellt ist.[2]

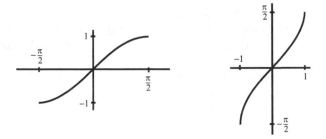

Abbildung 30.8: Die eingeschränkte Funktion sin, die auf $[-\pi/2, \pi/2]$ definiert ist (links) und ihre Inverse $\sin^{-1}$ (rechts).

BEISPIEL 30.6.
$$\sin^{-1}(1/2) = \pi/6.$$

---

[2]Manchmal wird diese Funktion mit Sin bezeichnet, wir tun dies aber nicht. Wir nehmen an, dass immer wenn ein $\sin^{-1}$ auftaucht, wir über die beschränkte sin Funktion sprechen, die in Abbildung 30.8 dargestellt ist.

In Abbildung 30.8 zeichnen wir die Inverse von sin, die wir durch Spiegelung erhalten. Der Definitionsbereich ist $[-1, 1]$ und der Bildbereich ist $[-\pi/2, \pi/2]$. Mit dieser Wahl gilt

$$\sin^{-1}(\sin(x)) = x \text{ für } -\frac{\pi}{2} \le x \le \frac{\pi}{2}$$
$$\sin(\sin^{-1}(x)) = x \text{ für } -1 \le x \le 1.$$

BEISPIEL 30.7. Manchmal müssen wir beim Gebrauch von $\sin^{-1}$ vorsichtig sein, wie zum Beispiel:

$$\sin^{-1}(\sin(5\pi/6)) = \pi/6.$$

Da $D\sin(x) = \cos(x) > 0$ für $-\pi/2 < x < \pi/2$, ist $\sin^{-1}(x)$ für $-1 < x < 1$ differenzierbar. Selbstverständlich können wir dies auch anhand der graphischen Darstellung feststellen. Sie besitzt keine einseitigen Ableitungen in $x = 1$ oder $x = -1$, da die Linearisierungen in den Punkten, die sich 1 und -1 nähern, immer vertikaler werden.

Um $D\sin^{-1}$ zu berechnen, benutzen wir die Tatsache, dass, da $y = \sin^{-1}(x)$ differenzierbar ist, es auch $\sin(y(x))$ ist; deshalb können wir beide Seiten von

$$\sin(y(x)) = x$$

differenzieren und erhalten

$$\cos(y(x)) \, y'(x) = 1$$

bzw.

$$y'(x) = \frac{1}{\cos(y(x))}.$$

Erinnern wir uns, dass wir denselben Trick benutzt haben, um e^x zu differenzieren. Er wird **implizites Differenzieren** genannt. Normalerweise mögen wir es nicht, wenn ein y in der Formel für die Ableitung auftaucht. Um also $\cos(y)$ loszuwerden, benutzen wir die Identität

$$\sin^2(x) + \cos^2(x) = 1 \text{ für alle } x$$

und erhalten

$$\cos(y) = \pm\sqrt{1 - \sin^2(y)} = \pm\sqrt{1 - x^2}.$$

Da die graphische Darstellung von $\cos^{-1}$ zeigt, dass ihre Ableitung positiv ist, schließen wir, dass

$$\frac{d}{dx}\sin^{-1}(x) = \frac{1}{\sqrt{1 - x^2}}. \tag{30.22}$$

Daraus folgt, dass

$$\frac{d}{dx} \sin^{-1}(u) = \frac{u'}{\sqrt{1-u^2}} \tag{30.23}$$

und deshalb

$$\int \frac{1}{\sqrt{1-u^2}}\, du = \sin^{-1}(u) + C. \tag{30.24}$$

BEISPIEL 30.8.
$$\frac{d}{dx} \sin^{-1}(e^x) = \frac{e^x}{\sqrt{1-e^{2x}}}.$$

BEISPIEL 30.9. Um
$$\int \frac{1}{\sqrt{1-4t^2}}\, dt$$

zu integrieren, benutzen wir $u = 2t$ und $du = 2dt$, so dass

$$\int \frac{1}{\sqrt{1-4t^2}}\, dt = \int \frac{1}{\sqrt{1-(2t)^2}}\, dt = \frac{1}{2} \int \frac{1}{\sqrt{1-u^2}}\, du$$
$$= \sin^{-1}(u) + C = \sin^{-1}(2t) + C.$$

BEISPIEL 30.10. Um
$$\int \frac{z^{3/2}}{\sqrt{1-z^5}}\, dz$$

zu integrieren, schreiben wir dies zuerst als

$$\int \frac{z^{3/2}}{\sqrt{1-(z^{5/2})^2}}\, dz.$$

Wir benutzen $u = z^{5/2}$ und $du = \frac{5}{2} z^{3/2} dz$, so dass

$$\frac{z^{3/2}}{\sqrt{1-z^5}}\, dz = \frac{2}{5} \int \frac{1}{\sqrt{1-u^2}}\, du = \frac{2}{5} \sin^{-1}(z^{3/2}) + C.$$

Mit dieser Definition können wir das Problem der Umrechnung der rechteckigen Koordinaten (x, y) in die polaren Koordinaten (r, s) lösen. Wenn der Punkt P sich im ersten oder vierten Quadranten befindet, d.h. falls $x \geq 0$, dann berechnen wir

$$r = \sqrt{x^2 + y^2} \text{ für alle } x, y, \tag{30.25}$$

und dann

$$s = \sin^{-1}(y/r) \text{ für } x \geq 0. \tag{30.26}$$

Beachten Sie, dass $|y/r| \leq 1$ für alle x gilt. Dieser Ansatz funktioniert nicht, wenn der Punkt P sich im zweiten oder dritten Quadranten befindet (d.h.

wenn $x < 0$), da der Bildbereich von $\sin^{-1}(x)$ $[-\pi/2, \pi/2]$ ist. In diesem Fall können wir r nach wie vor auf dieselbe Weise berechnen, aber wenn wir $s = \sin^{-1}(y/r)$ berechnen, erhalten wir den Winkel zwischen der negativen x-Achse und der Geraden, die den Ursprung mit dem Punkt P verbinden. Um den Winkel zur positiven x-Achse zu erhalten, setzen wir:

$$s = \pi - \sin^{-1}(y/r) \text{ für } x < 0. \tag{30.27}$$

Wir können $\cos^{-1}$ auf dieselbe Art und Weise konstruieren. Wir betrachten $\cos$ auf dem willkürlich beschränkten Definitionsbereich $[0, \pi]$, wie in Abbildung 30.9 dargestellt, um eine invertierbare Funktion zu erhalten ($\cos^{-1}$ ist ebenfalls gezeichnet). Der Definitionsbereich von $\cos^{-1}$ ist

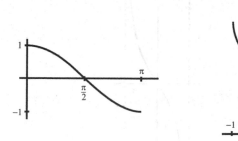

Abbildung 30.9: Die eingeschränkte Funktion $\cos$, die auf $[-0, \pi]$ definiert ist (links) und ihre Inverse $\cos^{-1}$ (rechts).

$[-1, 1]$, während der Bildbereich $[0, \pi]$ ist. Wir argumentieren genauso wie für $\sin^{-1}$ und berechnen

$$\frac{d}{dx}\cos^{-1}(x) = \frac{-1}{\sqrt{1 - x^2}}. \tag{30.28}$$

Daraus folgt, dass

$$\frac{d}{dx}\cos^{-1}(u) = \frac{-u'}{\sqrt{1 - u^2}} \tag{30.29}$$

und deshalb

$$\int \frac{-1}{\sqrt{1 - u^2}}\, du = \cos^{-1}(u) + C. \tag{30.30}$$

Normalerweise benutzen wir (30.24) an Stelle von (30.30).

BEISPIEL 30.11. Um

$$\int \frac{\cos^{-1}(x)}{\sqrt{1 - x^2}}\, dx$$

zu integrieren, benutzen wir $u = \cos^{-1}(x)$, also $du = -dx/\sqrt{1 - x^2}$, und erhalten

$$\int \frac{\cos^{-1}(x)}{\sqrt{1 - x^2}}\, dx = -\int u\, du = -\frac{u^2}{2} + C = -\frac{\left(\cos^{-1}(x)\right)}{2} + C.$$

Schließlich berechnen wir eine Inverse für tan. Wir beginnen, indem wir den Definitionsbereich auf $(-\pi/2, \pi/2)$ einschränken, wie in Abbildung 30.10 dargestellt, um so eine invertierbare Funktion zu erhalten. Die graphische Darstellung zeigt, dass die neue Funktion invertierbar ist und wir können auch $D\tan(x) = 1/\cos^2(x) > 0$ für $-\pi/2 < x < \pi/2$ berechnen. Die Funktion $\tan^{-1}$, die wir durch Spiegelung erhalten, ist in Abbildung 30.11 dargestellt. Der Definitionsbereich von $\tan^{-1}$ ist $\mathbb{R}$, der

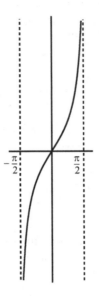

Abbildung 30.10: Die eingeschränkte Funktion tan, die auf $[-\pi/2, \pi/2]$ definiert ist.

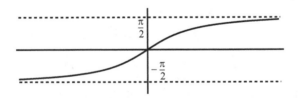

Abbildung 30.11: Die graphische Darstellung von $\tan^{-1}$.

Bildbereich $(-\pi/2, \pi/2)$.

Es ist eine gute Übung, analog zur Argumentation für $\sin^{-1}$, die Formel

$$\frac{d}{dx}\tan^{-1}(x) = \frac{1}{1+x^2} \qquad (30.31)$$

herzuleiten. Daraus folgt, dass

$$\frac{d}{dx}\tan^{-1}(u) = \frac{u'}{1+u^2} \tag{30.32}$$

und deshalb

$$\int \frac{1}{1+u^2}\,du = \tan^{-1}(u) + C. \tag{30.33}$$

BEISPIEL 30.12.

$$\frac{d}{dx}\tan^{-1}(x^2) = \frac{2x}{1+x^4}.$$

BEISPIEL 30.13. Um

$$\int_0^1 \frac{s}{1+s^4}\,ds$$

zu integrieren, benutzen wir $u = s^2$, also $s = 0 \rightarrow u = 0$, $s = 1 \rightarrow u = 1$ und $du = 2s\,ds$, so dass

$$\int_0^1 \frac{s}{1+s^4}\,ds = \frac{1}{2}\int_0^1 \frac{1}{1+u^2}\,du = \frac{1}{2}(\tan^{-1}(1) - \tan^{-1}(0)) = \frac{\pi}{8}.$$

BEISPIEL 30.14. Um

$$\int \frac{1}{9+x^2}\,dx$$

zu integrieren, schreiben wir zuerst den Integranden so um, dass wie im Integranden für $\tan^{-1}$ eine 1 vorkommt, d.h.

$$\int \frac{1}{9+x^2}\,dx = \frac{1}{9}\int \frac{1}{1+x^2/9}\,dx.$$

Jetzt benutzen wir $u = x/3$ und $du = dx/3$, so dass

$$\int \frac{1}{9+x^2}\,dx = \frac{1}{3}\int \frac{1}{1+u^2}\,du$$

$$= \frac{1}{3}\tan^{-1}(u) + C = \frac{1}{3}\tan^{-1}(x/3) + C.$$

Kapitel 30 Aufgaben

30.1. Ein realistischeres Modell einer Feder und einer gleitenden Masse beinhaltet den Dämpfungseffekt der Reibung. Die Kraft aufgrund der Dämpfung wird anhand von Experimenten als proportional zur Geschwindigkeit der Masse am Ende der Feder erkannt. Formulieren Sie ein Differenzialgleichungsmodell, das diese Situation beschreibt.

30.2. Formulieren Sie eine Differenzialgleichung, die die Bewegung einer Feder und einer Masse modelliert, die von einer Decke herunterhängen und ignorieren Sie dabei das Gewicht der Feder.

30.3. Benutzen Sie ein geometrisches Argument, um zu beweisen, dass cos mit der Lipschitz-Konstanten 1 Lipschitz-stetig ist.

30.4. Bestimmen Sie für tan den kleinstmöglichen Wert einer Lipschitz-Konstanten auf $[-\pi/4, \pi/4]$.

30.5. Bestimmen Sie für sin den kleinstmöglichen Wert einer Lipschitz-Konstanten auf $[-\pi/6, \pi/6]$.

30.6. Zeigen Sie direkt, dass $D\cos = -\sin$ gilt, d.h. indem Sie die Definition benutzen und nicht, indem Sie die Ableitungsformel für sin benutzen.

30.7. Zeigen Sie, dass der Abschnitt AC in Abbildung 30.4 die Länge $\tan(s)$ hat.

30.8. Zeigen Sie, dass der Radius des Winkels $\angle COD$ in Abbildung 30.4 die Länge $1/\cos(s)$ hat.

30.9. Bewerten Sie die folgenden Grenzwerte:

$$\text{(a)} \lim_{s \to 0} \frac{1 - \cos(s)}{s} \qquad \text{(b)} \lim_{s \to 0} \frac{\sin(s)}{s} \ .$$

30.10. Berechnen Sie die Ableitungen der folgenden Funktionen:

(a) $\sin(9x^3)$ (b) $\cos(3x - x^7)$ (c) $\sin^2(\tan(t))$ (d) $\tan(x^{1/2})$

(e) $\log(\tan(x))$ (f) $\sin\left(\dfrac{1+t}{1-t}\right)$ (g) $e^{\tan(t)}$ (h) $\dfrac{1 - \sin(u)}{1 + \sin(u)}$.

30.11. Berechnen Sie die folgenden Integrale:

(a) $\displaystyle\int \cos(8x)\, dx$ (b) $\displaystyle\int x^2 \sin(x^3)\, dx$

(c) $\displaystyle\int e^{\sin(x)} \cos(x)\, dx$ (d) $\displaystyle\int \sin(2x)\cos(2x)\, dx$

(e) $\displaystyle\int \tan(x)\, dx$ (f) $\displaystyle\int_{-\pi/4}^{\pi/4} \sin^4(s + \pi/4)\cos(s + \pi/4)\, ds$.

30.12. Arbeiten Sie die Details zur Herleitung von $\cos^{-1}$ aus, und zwar indem Sie diesen Schritten folgen:

1. Zeichnen Sie die eingeschränkte Funktion $\cos(x)$, $0 \le x \le \pi$, und weisen Sie nach, dass sie invertierbar ist.
2. Zeichnen Sie unter Verwendung der Spiegelung die graphische Darstellung von $\cos^{-1}$ und bestimmen Sie ihren Definitions- und Bildbereich.
3. Beweisen Sie, dass $\cos^{-1}(x)$ für $-1 < x < 1$ differenzierbar ist.
4. Leiten Sie die Ableitung von $\cos^{-1}$ her.

30.13. Erarbeiten Sie die Details für die inverse Funktion zur eingeschränkten Funktion $\sin(x)$ mit $\pi/2 \le x \le 3\pi/2$.

30.14. Erarbeiten Sie die Details für die inverse Funktion zu einer geeigneten Einschränkung von cot.

30.15. Beweisen Sie (30.27).

30.16. Rechnen Sie die folgenden rechteckigen Koordinaten in polare Koordinaten um:

$$\text{(a) } (4,8) \quad \text{(b) } (-3,7) \quad \text{(c) } (-1,-9).$$

30.17. Rechnen Sie die folgenden polaren Koordinaten in rechteckige Koordinaten um:

$$\text{(a) } (4,\pi/4) \quad \text{(b) } (9,-7\pi/3) \quad \text{(c) } (2,5\pi/4).$$

30.18. Berechnen Sie die folgenden Integrale:

$$\text{(a) } \int \frac{1}{\sqrt{9-x^2}}\, dx \qquad \text{(b) } \int \frac{x}{\sqrt{1-x^4}}\, dx$$

$$\text{(c) } \int \frac{1}{\sqrt{1-(x+5)^2}}\, dx \quad \text{(d) } \int \left(\frac{\sin^{-1}(x)}{1-x^2} \right)^{1/2} dx$$

$$\text{(e) } \int \frac{1}{x^2+2x+2}\, dx \qquad \text{(f) } \int \frac{s^2}{1+s^6}\, ds.$$

30.19. Bestimmen und zeichnen Sie (für $0 \le t \le 10$) die Lösungen des Feder–Masse–Systems (30.4) und zwar für

(a) $s_0 = 10$, $s_1 = 1$, $\omega = 2$ und $\omega = 0,2$
(b) $s_0 = 1$, $s_1 = 10$, $\omega = 2$ und $\omega = 0,2$.

30.20. Diese Aufgabe befasst sich mit der Herleitung der Lösung des Zweipunkt–Randwertproblems für das Feder–Masse–System

$$\begin{cases} s'' + \omega^2 s = 0, & 0 \le t \le \pi/(2\omega), \\ s(0) = s_0, \ s(\pi/(2\omega)) = s_1. \end{cases} \tag{30.34}$$

Hier beobachtet man die Position der Masse zu den Zeitpunkten $t = 0$ und $t = \pi/(2\omega)$ und kann daraus die Bewegung in der verbleibenden Zeit vorhersagen.

1. Zeigen Sie, dass $s(t) = A\sin(\omega t) + B\cos(\omega t)$ der Differenzialgleichung aus (30.34) für beliebige Konstanten A und B genügt.

2. Bestimmen Sie die Werte von A und B aus den Werten von s zu den Zeitpunkten $t = 0$ und $t = \pi/(2\omega)$.

3. Zeigen Sie, dass die Lösung, die Sie in (1) und (2) bestimmt haben, die einzige Lösung ist und zwar indem Sie die folgenden Schritte durchführen:

   (a) Nehmen Sie an, dass es zwei Lösungen s und r gibt und zeigen Sie, dass $\varepsilon = s - r$ dem Randwertproblem

   $$\begin{cases} \varepsilon''(t) + \omega^2\varepsilon(t) = 0, & 0 \leq t \leq \pi/(2\omega), \\ \varepsilon(0) = 0, \ \varepsilon(\pi/(2\omega)) = 0 \end{cases}$$

   genügt.

   (b) Definieren Sie eine Energiefunktion E für ε und zeigen Sie, dass $E'(t) = 0$. Schließen Sie, dass $E(t) = E_0^2$ (eine nichtnegative Konstante) für alle t.

   (c) Leiten Sie aus der Gleichung $E(t) = E_0^2$ eine Differenzialgleichung

   $$\varepsilon'(t) = \sqrt{E_0^2 - \omega^2\varepsilon(t)^2}. \tag{30.35}$$

   her.

   (d) Lösen Sie (30.35) durch Trennung der Variablen und zeigen Sie, dass die Lösung $\varepsilon(t) = \frac{E_0}{\omega}\sin(\omega t + C)$ mit einer Konstanten C ist.

   (e) Zeigen Sie, dass ε für alle t Null sein muss, indem Sie die Werte bei $t = 0$ und $t = \pi/(2\omega)$ verwenden.

31
Die Fixpunktiteration und das Newton–Verfahren

Wir schließen die Besprechung der Infinitesimalrechnung ab, indem wir die Idee der Linearisierung auf Nullstellen- und Fixpunktprobleme für Funktionen anwenden. Wir haben uns dieser Art von Problemen genähert, indem wir Approximationsmethoden konstruiert haben, die eine Folge von Iterierten $\{x_i\}$ erzeugen, die gegen die Nullstelle oder den Fixpunkt $\bar{x}$ konvergieren. Die erste Methode, die wir untersucht haben, war der Bisektionsalgorithmus in Kapitel 13, der die Eigenschaft besitzt, dass der Fehler der Iterierten x_i mit einem Faktor von $1/2$ nach jedem Schritt abnimmt. Später, in Kapitel 15, haben wir die Fixpunktiteration betrachtet. Eine Motivation dafür war, dass viele Modelle normalerweise auf Fixpunktprobleme führen. Eine gleichermaßen wichtige Motivation ist aber auch, dass wir daran interessiert sind, Methoden zu finden, bei denen der Fehler der Iterierten schneller als im Bisektionsalgorithmus abnimmt. Wir haben gesehen, dass dies in dem Sinne möglich ist, dass der Fehler der Iterierten einiger Fixpunktiterationen mit einem Faktor kleiner als $1/2$ in jedem Schritt abnimmt.

In diesem Kapitel fahren wir mit der Suche nach Approximationsmethoden für Nullstellen- und Fixpunktprobleme fort, die schnell konvergieren. Die hauptsächliche Methode, in die wir in diesem Kapitel einführen, ist das sogenannte Newton–Verfahren. Die meisten modernen Techniken zur Lösung von Nullstellenproblemen benutzen im Kern des Algorithmus eine bestimmte Variante des Newton–Verfahrens.

31.1 Die Linearisierung und die Fixpunktiteration

Der erste Schritt ist, die Linearisierung in der Analyse von Fixpunktmethoden zu benutzen. In Kapitel 15 haben wir gezeigt, dass wenn g auf einem Intervall $I = [a, b]$ eine kontrahierende Abbildung und insbesondere die Lipschitz-Konstante von g auf I eine Konstante $L < 1$ ist, die Fixpunktiteration für g konvergiert. Mit Satz 19.1 ist die Funktion g, wenn sie auf I mit $|g'(x)| < L$ für alle x in I gleichmäßig stark differenzierbar ist, mit der Konstanten L Lipschitz-stetig. Daraus folgt sofort, dass der folgende Satz gilt.

Satz 31.1 *Wenn es ein Intervall I und eine Konstante $L < 1$ gibt, so dass g auf I gleichmäßig stark differenzierbar ist und die Bedingung*

$$g : I \to I \tag{31.1}$$

$$|g'(x)| \leq L < 1 \text{ für alle } x \text{ in } I \tag{31.2}$$

erfüllt, dann konvergiert die Folge $\{x_i\}$, die durch die Fixpunktiteration erzeugt wurde und mit einem beliebigen Punkt x_0 in I beginnt, gegen den eindeutigen Fixpunkt $\bar{x}$ von g in I.

BEISPIEL 31.1. Betrachten wir das Fixpunktproblem $g(x) = \cos(x) = x$ auf dem Intervall $I = [0, \pi/3]$. Da $-\sin(x) = D\cos(x) \leq 0$ für $0 \leq x \leq \pi/3$ gilt, ist $\cos$ auf I streng fallend. Um $g : I \to I$ zu zeigen, genügt es deshalb zu prüfen, ob die Funktionswerte von g in den Endpunkten des Intervalls I sich innerhalb von I befinden. Da $\cos(0) = 1$, während $\cos(\pi/3) = 1/2$, gilt $g : I \to I$. Außerdem ist $0 \leq |g'(x)| = \sin(x) \leq \sqrt{3}/2 < 1$ für x in I. Daher konvergiert die Fixpunktiteration gegen einen eindeutigen Fixpunkt $\bar{x}$ in I. Wir beginnen mit $x_0 = 0$ und es stellt sich heraus, dass die Iterierten nach 91 Iterationen auf 15 Stellen übereinstimmen, wobei $x_{91} = 0,739085133215161\cdots$.

31.2 Globale Konvergenz und lokales Verhalten

Die Sätze 15.1 and 31.1 besitzen einige angenehme Eigenschaften. Zum einen müssen wir nicht wissen, dass es einen Fixpunkt gibt, um die Sätze anzuwenden.[1] Wenn wir ein Intervall finden können, auf dem g den Eigenschaften (31.1) und (31.2) genügt, dann implizieren die Sätze, dass es einen eindeutigen Fixpunkt gibt, der auf jede gewünschte Genauigkeit approximiert werden kann, indem man die Fixpunktiterierten $\{x_i\}$ benutzt und

---

[1] In einer Dimension können wir normalerweise anhand eines Graphen beurteilen, ob es einen Fixpunkt gibt, in höheren Dimensionen ist das nicht so leicht. Analoge Sätze zu Fixpunkt- und Newton–Verfahren gelten auch für Probleme in höheren Dimensionen.

mit einem beliebigen Anfangswert im Intervall beginnt. Insbesondere muss der Anfangswert nicht in der Nähe von $\bar{x}$ liegen. Diese Sätze sind Beispiele von **globalen** Konvergenzergebnissen.

Ein Nachteil dieser zwei Sätze ist, dass es ziemlich schwierig sein kann, ein Intervall I zu finden, auf dem g die erforderlichen Eigenschaften besitzt.[2] Wir haben zum Beispiel sorgfältig Funktionen g ausgewählt, die in den Beispielen entweder monoton steigen oder fallen, da es dann viel einfacher ist nachzuweisen, dass $g : I \to I$ gilt. Im Allgemeinen führt die Überprüfung dieser Eigenschaft auf weitere Nullstellenprobleme für g', um maximale und minimale Werte von g auf I zu ermitteln!

Ein weiterer Nachteil dieser zwei Sätze ist, dass sie den Faktor, mit dem die Fehler nach jedem Schritt der Fixpunktiteration abnehmen, ernsthaft überschätzen können, wenn sich die Iterierten in der Nähe des Fixpunkts befinden.

BEISPIEL 31.2. Wir betrachten auf dem Intervall $I = [0{,}5, 10]$ das Fixpunktproblem

$$g(x) = x + \frac{9}{20}e^{-2(x-1/2)} - \frac{9}{20}e. \tag{31.3}$$

Der Fixpunkt ist $\bar{x} = 1$. In Abbildung 31.1 zeichnen wir g und g'. Vom visuellen Eindruck her genügt g (31.1) und (31.2). Jedoch ist

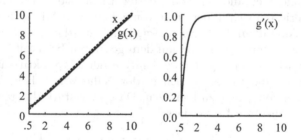

Abbildung 31.1: Links: Die Funktion g in (31.3), zusammen mit $y = x$. Rechts: $g'(x)$.

$g'(1) \approx 0{,}669$ für die meisten x in $[0{,}5, 10]$ wesentlich kleiner als $g'(x)$. Zum Beispiel ist $g'(3) \approx 0{,}994$, während $L = g'(10) \approx 0{,}999999995$. Satz 31.1 prophezeit, dass der Fehler der Iterierten $|x_i - 1|$ mit einem Faktor L bei jedem Schritt abnimmt, was selbstverständlich extrem langsam ist. In Abbildung 31.2 sind die Fehler $\{|x_i - 1|\}$ und die Verhältnisse $\{|x_i - 1|/|x_{i-1} - 1|\}$ für die Fixpunktiteration dargestellt; wir beginnen mit $x_0 = 10$.

---

[2]Wie Sie möglicherweise aufgrund der Bearbeitung einiger Aufgaben wissen.

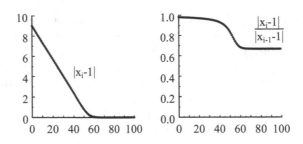

Abbildung 31.2: Links sind die Fehler $\{|x_i - 1|\}$ der Fixpunktiteration für g und rechts die Verhältnisse $\{|x_i - 1|/|x_{i-1} - 1|\}$ dargestellt, wobei wir mit $x_0 = 10$ begonnen haben.

Zuerst nehmen die Fehler sehr langsam ab, aber sobald sich die Iterierten der 1 nähern, beginnen die Fehler viel schneller abzunehmen.

Dieses Problem taucht auf, wenn man die Lipschitz-Konstante oder den maximalen Wert von g auf dem gesamten Intervall I benutzt, da dies ein zu ungenaues Maß dafür ist, wie sich g verhält, wenn I relativ groß ist und die Iterierten sich nahe der Nullstelle oder dem Fixpunkt befinden. In Beispiel 31.2 sagt die Konstante L genau voraus, wie die Fehler für die Iterierten abnehmen, die weit von $\bar{x}$ entfernt sind, sie ist aber nicht genau, wenn die Iterierten sich in der Nähe von $\bar{x}$ befinden. Mit anderen Worten, das **lokale Verhalten** der Iterierten kann viel günstiger sein als das globale Verhalten der Fixpunktiteration auf dem gesamten Intervall.

Eine Möglichkeit, eine genauere Analyse der Fixpunktiteration durchzuführen, wenn die Iterierten sich in der Nähe von $\bar{x}$ befinden, ist, die Linearisierung von g in $\bar{x}$ zu benutzen. Da g in $\bar{x}$ stark differenzierbar ist, gibt es eine Konstante $\mathcal{K}_{\bar{x}}$, so dass

$$|g(x) - (g(\bar{x}) + g'(\bar{x})(x - \bar{x}))| \leq |x - \bar{x}|^2 \mathcal{K}_{\bar{x}},$$

bzw., da $g(\bar{x}) = \bar{x}$,

$$|g(x) - \bar{x} - g'(\bar{x})(x - \bar{x}))| \leq |x - \bar{x}|^2 \mathcal{K}_{\bar{x}}. \tag{31.4}$$

Nehmen wir an, dass x_{n-1} in der Nähe von $\bar{x}$ liegt und setzen wir $x = x_{n-1}$. Wir beachten, dass $x_n = g(x_{n-1})$ und erhalten

$$|x_n - \bar{x} - g'(\bar{x})(x_{n-1} - \bar{x})| \leq |x_{n-1} - \bar{x}|^2 \mathcal{K}_{\bar{x}}. \tag{31.5}$$

Deshalb gilt für x_{n-1} in der Nähe von $\bar{x}$

$$x_n - \bar{x} \approx g'(\bar{x})(x_{n-1} - \bar{x}). \tag{31.6}$$

Mit anderen Worten, der Fehler nimmt ungefähr mit einem Faktor von $g'(\bar{x})$ ab, wenn die Iterierten sich nahe $\bar{x}$ befinden. Es ist die Größe von $g'(\bar{x})$, die letztendlich bestimmt, wie der Fehler abnimmt, nicht der maximale Wert von $|g'|$ auf dem gesamten Intervall I. Dies ist in Abbildung 31.2 deutlich ersichtlich.

Wir können diese Analyse des lokalen Konvergenzverhaltens präzisieren.

Satz 31.2 Lokale Konvergenz der Fixpunktiteration *Wenn $\bar{x}$ eine Lösung von $g(x) = x$ ist und g in $\bar{x}$ gleichmäßig stark differenzierbar ist, sowie*

$$|g'(\bar{x})| < 1, \tag{31.7}$$

dann konvergiert die Fixpunktiteration für alle Anfangswerte x_0, die hinreichend nahe bei $\bar{x}$ liegen, gegen $\bar{x}$. Außerdem gilt

$$\lim_{n \to \infty} \frac{x_n - \bar{x}}{x_{n-1} - \bar{x}} = g'(\bar{x}). \tag{31.8}$$

Es ist eine gute Idee Satz 31.2 mit Satz 31.1 direkt zu vergleichen. Um Satz 31.2 anwenden zu können, müssen wir wissen, dass der Fixpunkt existiert, sowie seinen ungefähren Wert kennen, so dass wir (31.7) nachweisen können. Dagegen können wir (31.1) und (31.2) nachweisen, ohne zu wissen, dass es einen Fixpunkt gibt. Andererseits ist (31.7) normalerweise einfacher zu prüfen, wenn wir über eine ungefähre Schätzung des Fixpunkts verfügen.

BEISPIEL 31.3. Wir wenden den Satz auf das Fixpunktproblem $g(x) = \log(x+2) = x$ an. In Abbildung 31.3 sind g und g' graphisch dargestellt. Aus der graphischen Darstellung von g ist ersichtlich, dass $\bar{x}$ zwischen 1 und $1,5$ liegt und $|g'(\bar{x})| \leq 0,4$ gilt. Die Fixpunktiteration, die mit $x_0 = 1$ beginnt, ergibt $x_{27} \approx 1,146193220620577$ und alle nachfolgenden Iterierten stimmen mit x_{27} überein.

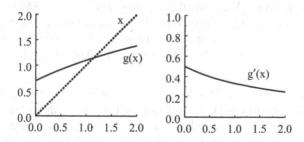

Abbildung 31.3: Links: $g(x) = \log(x + 2)$ zusammen mit $y = x$, rechts: $g'(x)$.

Satz 31.1 stellt sicher, dass die Fixpunktiteration für jeden Anfangswert x_0 konvergiert, auch für Werte, die sich weit entfernt von $\bar{x}$ befinden. Satz 31.2 erfordert einen Anfangswert x_0 in der Nähe von $\bar{x}$, besagt aber nicht, wie nahe, deshalb sind wiederum Informationen über $\bar{x}$ erforderlich. Aus diesem Grund nennen wir Satz 31.2 ein **lokales** Konvergenzergebnis.

BEISPIEL 31.4. Der Fixpunkt von $g(x) = (x-1)^3 + 0,9x + 0,1$ ist $\bar{x} = 1$. Es ist leicht nachzuprüfen, dass $g'(\bar{x}) = 0,9 < 1$. Experimentell konvergiert die Fixpunktiteration für x_0 in $[0,69, 1,31]$, divergiert allerdings rasant für Werte außerhalb dieses Intervalls.

Andererseits kann die Abschätzung darüber, wie schnell der Fehler abnimmt (31.8), sehr genau sein.

BEISPIEL 31.5. In Abbildung 31.4 stellen wir die Fehler $\{|x_i - 1|\}$ und die Quotienten $\{|x_i - 1|/|x_{i-1} - 1|\}$ für die Fixpunktiteration in Beispiel 31.3 für den Anfangswert $x_0 = 1$ dar. Die Fehler beginnen mit

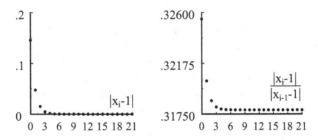

Abbildung 31.4: Links zeichnen wir die Fehler $\{|x_i - 1|\}$ und rechts die Quotienten $\{|x_i - 1|/|x_{i-1} - 1|\}$ für die Fixpunktiteration $\log(2 + x)$, wobei wir mit $x_0 = 1$ beginnen.

einem mehr oder wenigen konstanten Faktor nach den ersten paar Iterationen abzunehmen. Wir stellen fest, dass $|g'(\bar{x})| \approx 0,3178444$, während der Fehler von x_{21} ungefähr $0,3178446$ mal dem Fehler von x_{20} ist. Beide Werte sind nicht weit von der simplen Abschätzung $0,4$ entfernt, die wir aufgrund der graphischen Darstellung in Abbildung 31.3 ermittelt haben.

Wir beweisen Satz 31.2, indem wir ein kleines Intervall I finden, das $\bar{x}$ als den Mittelpunkt enthält, auf dem g eine kontrahierende Abbildung ist, so dass Satz 31.1 Anwendung findet. Wir beginnen, indem wir eine Konstante L mit $|g'(\bar{x})| < L < 1$ wählen. Da g' Lipschitz-stetig ist, ist auch $|g'|$ Lipschitz-stetig und dies bedeutet, dass $|g'(x)| \leq L$ für alle x in der Nähe von $\bar{x}$ ist. Insbesondere gibt es ein $\delta > 0$, so dass $|g'(x)| \leq L$ für x in $I = [\bar{x} - \delta, \bar{x} + \delta]$ (vgl. Abbildung 31.5). Man kann einen Wert für δ berechnen. Wenn die Lipschitz-Konstante von g' für x in der Nähe von $\bar{x}$ K ist, dann gilt $|g'(x) - g'(\bar{x})| \leq K|x - \bar{x}|$. Um sicherzustellen, dass $|g'(x)| \leq L$ gilt, können wir

$$|g'(x)| \leq |g'(\bar{x})| + K|x - \bar{x}| \leq L$$

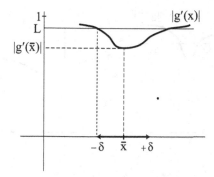

Abbildung 31.5: $|g'(x)| \leq L < 1$ für x in $I = [\bar{x} - \delta, \bar{x} + \delta]$.

benutzen, was

$$|x - \bar{x}| \leq \frac{L - |g'(\bar{x})|}{K} = \delta$$

ergibt.

Jetzt verfügen wir also über ein Intervall I, auf dem (31.2) erfüllt ist, also müssen wir nur noch (31.1) überprüfen, um Satz 31.1 anwenden zu können. Das Intervall I ist einfach die Menge der Punkte x, so dass $|x - \bar{x}| \leq \delta$ gilt. Wenn sich also x in I befindet, müssen wir zeigen, dass $|g(x) - \bar{x}| \leq \delta$ gilt. Nun gilt aber $|g(x) - \bar{x}| = |g(x) - g(\bar{x})|$, und Satz 19.1 impliziert, dass

$$|g(x) - g(\bar{x})| \leq L|x - \bar{x}| \leq L\delta. \tag{31.9}$$

Da $L < 1$, zeigt dies, dass (31.1) erfüllt ist.

Um zu zeigen, dass (31.8) wahr ist, dividieren wir beide Seiten von (31.5) durch $|x_{n-1} - \bar{x}|$ und erhalten

$$\left| \frac{x_n - \bar{x}}{x_{n-1} - \bar{x}} - g'(\bar{x}) \right| \leq |x_{n-1} - \bar{x}|\mathcal{K}_{\bar{x}}.$$

(Wenn $x_{n-1} = \bar{x}$, gibt es nichts zu beweisen.) Wir schließen, dass (31.8) wahr ist, indem wir den Grenzwert für n gegen Unendlich bilden.

Mit diesem Argument ist gewährleistet, dass die Fixpunktiteration für jedes x_0 im Intervall I konvergiert, das in Abbildung 31.5 konstruiert wurde. Deshalb gilt: Je kleiner das Intervall I ist, desto näher muss x_0 bei $\bar{x}$ liegen und desto besser müssen wir folglich die Lage von $\bar{x}$ kennen, bevor wir die Fixpunktiteration beginnen. Die Größe von I hängt vom Abstand zwischen $|g'(\bar{x})|$ und 1 und davon ab, wie sich $|g'(x)|$ für x in der Nähe von $\bar{x}$ verhält. Wenn $g'(\bar{x})$ sich nahe 1 befindet und steil ansteigt, während x sich von $\bar{x}$ entfernt, dann muss I sehr klein gewählt werden. Wir veranschaulichen dies in Abbildung 31.6. Andererseits: Wenn $|g'(x)|$ im Wert fällt, während x sich von $\bar{x}$ entfernt, dann kann I groß gewählt werden.

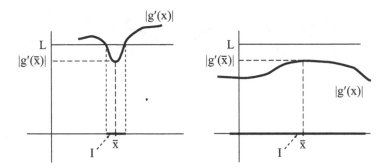

Abbildung 31.6: Die Größe von I hängt davon ab, wie sich $|g'(x)|$ für x in der Nähe von $\bar{x}$ verhält. Links steigt $|g'(x)|$ steil von $|g'(\bar{x})|$ an und I ist klein. Rechts ist $|g'(x)|$ immer kleiner als L und I kann groß gewählt werden.

BEISPIEL 31.6. Der Fixpunkt von

$$g(x) = 0,9 + 1,9x - \frac{1}{10}\tan^{-1}(10(x-1))$$

mit

$$g'(x) = 1,9 - \frac{1}{1 + 100(x-1)^2} \qquad (31.10)$$

ist $\bar{x} = 1$. Anhand der graphischen Darstellung von $g'(x)$ in Abbildung 31.7 können wir Konvergenz auf Intervallen garantieren, die in etwa so groß wie $[0,97, 1,03]$ oder kleiner sind. Experimentell konvergiert die Fixpunktiteration gegen $\bar{x}$ für x_0 in $[0,96, 1,06]$, divergiert aber für $x_0 = 0,939$ und $x_0 = 1,061$.

BEISPIEL 31.7. Der Fixpunkt der Funktion $g(x) = \frac{1}{2}\cos(x)$ ist $\bar{x} \approx 0,450183611294874$. Es gilt $|g'(x)| = \frac{1}{2}|\sin(x)| \leq \frac{1}{2}$ für alle x und expe-

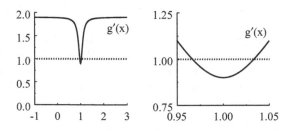

Abbildung 31.7: Graphische Darstellungen von $g'(x)$, das in (31.10) definiert ist. Die rechte Darstellung ist eine Großaufnahme für x in $[0,95, 1,05]$.

rimentell konvergiert die Fixpunktiteration gegen $\bar{x}$ für jeden Anfangswert x_0.

Im allgemeinen Fall mag bei der Lösung eines Fixpunktproblems für eine
gegebene Funktion g die Funktion die Bedingungen der oben formulierten
Konvergenzsätze erfüllen — oder auch nicht. Wenn g die Bedingungen nicht
erfüllt, können wir versuchen, das Problem $g(x) = x$ umzuschreiben, so dass
wir ein äquivalentes Problem für eine andere Funktion $\tilde{g}$ erhalten, die die
Bedingungen erfüllt.

BEISPIEL 31.8. Die obigen Sätze lassen sich nicht auf das Fixpunkt-
problem $g(x) = e^x - 2$ anwenden, da $\bar{x} \approx 1,146193220621$ und $|g'(\bar{x})| \approx$
$3,146 > 1$. Tatsächlich konvergiert die Fixpunktiteration für kein $x_0 \neq$
$\bar{x}$ gegen $\bar{x}$. Jedoch können wir

$$e^{\bar{x}} - 2 = \bar{x} \Leftarrow :e^{\bar{x}} = \bar{x} + 2 \Leftarrow :\bar{x} = \log(\bar{x} + 2)$$

lösen und wir können Satz 31.2 auf $g(x) = \log(x + 2)$ anwenden, wie
wir in Beispiel 31.3 gezeigt haben.

31.3   Hohe Konvergenzordnung

Im vorherigen Abschnitt haben wir herausgefunden, dass die Fehler der
Fixpunktiterierten ungefähr mit dem Faktor $|g'(\bar{x})|$ in jedem Schritt ab-
nehmen, wenn $g'(\bar{x}) \neq 0$. Da kleinere Werte von $|g'(\bar{x})|$ bedeuten, dass die
Fehler in jedem Schritt stärker abnehmen, liegt es nahe, den Fall $|g'(\bar{x})| = 0$
zu untersuchen. In diesem Fall reduziert sich (31.4) auf:

$$|g(x) - \bar{x}| \leq |x - \bar{x}|^2 \mathcal{K}_{\bar{x}}.$$

Wenn wir $x = x_{n-1}$ und $x_n = g(x_{n-1})$ einsetzen, erhalten wir

$$|x_n - \bar{x}| \leq \mathcal{K}_{\bar{x}}|x_{n-1} - \bar{x}|^2. \tag{31.11}$$

Mit vollständiger Induktion ergibt sich

$$|x_n - \bar{x}| \leq \mathcal{K}_{\bar{x}}\big(\mathcal{K}_{\bar{x}}|x_{n-2} - \bar{x}|^2\big)^2 \leq \cdots \leq \big(\mathcal{K}_{\bar{x}}|x_0 - \bar{x}|\big)^{2^{n-1}} |x_0 - \bar{x}|.$$

Deshalb konvergiert die Iteration gegen $\bar{x}$ für alle x_0 mit $\mathcal{K}_{\bar{x}}|x_0 - \bar{x}| < 1$,
d.h. für alle Anfangswerte x_0, die hinreichend nahe bei $\bar{x}$ liegen. Außerdem
kann (31.11) als

$$\mathcal{K}_{\bar{x}}|x_n - \bar{x}| \leq \big(\mathcal{K}_{\bar{x}}|x_{n-1} - \bar{x}|\big)^2$$

geschrieben werden. Wenn $|x_{n-1} - \bar{x}| \leq 10^{-p-\log(\mathcal{K}_{\bar{x}})}$ für ein p gilt, d.h.
wenn x_{n-1} mit $\bar{x}$ in mindestens $p + \log(\mathcal{K}_{\bar{x}})$ Stellen übereinstimmt, dann
gilt $|x_n - \bar{x}| \leq 10^{-2p-\log(\mathcal{K}_{\bar{x}})}$, bzw. x_n stimmt in ungefähr $2p + \log(\mathcal{K}_{\bar{x}})$

Stellen mit $\bar{x}$ überein. Mit anderen Worten, wenn $g'(\bar{x}) = 0$, dann besitzt die Fixpunktiterierte x_n ungefähr doppelt so viele exakte Stellen wie die vorhergehende Iterierte x_{n-1}. Die Folge konvergiert also extrem schnell! Wir sagen, dass die Folge $\{x_i\}$ mit der **Ordnung 2** bzw. **quadratisch** konvergiert.

BEISPIEL 31.9. Der Fixpunkt von

$$g(x) = \frac{2(x+1)}{5 + 4x + x^2} \tag{31.12}$$

ist $\bar{x} = \sqrt{2} - 1 \approx 0,414213562373095$. Es ist einfach nachzuweisen, dass $g'(\bar{x}) = 0$ gilt. In Abbildung 31.8 sind die ersten Fixpunktiterierten zusammen mit den Fehlern aufgelistet. Verglichen mit den vorherigen

i	x_i	$|x_i - \bar{x}|$
0	$0,000000000000000$	$0,414213562373095$
1	$0,400000000000000$	$0,014213562373095$
2	$0,414201183431953$	$1,237894114247684 \times 10^{-5}$
3	$0,414213562363800$	$9,295619829430279 \times 10^{-12}$
4	$0,414213562373095$	$0,000000000000000$

Abbildung 31.8: Die ersten paar Fixpunktiterierten und zugehörigen Fehler für g in (31.12).

Beispielen zur Fixpunktiteration ist die Konvergenz sehr schnell und beim Zählen der Stellen stellen wir fest, dass x_i ungefähr zweimal so viele exakte Stellen besitzt wie x_{i-1}.

Es ist möglich, Fixpunktiterationen zu finden, die sogar schneller als mit Ordnung 2 an Genauigkeit gewinnen. Um alle Möglichkeiten abzudecken, geben wir eine genauere Definition der **Konvergenzordnung** einer Folge $\{x_n\}$ mit $\lim_{n \to \infty} x_n = \bar{x}$. Wir sagen, dass $\{x_n\}$ **mit Ordnung p konvergiert** oder mit **$p$ter Ordnung** konvergiert, falls es für ein gegebenes $p > 0$ Konstanten $C > 0$ und $N > 0$ gibt, so dass

$$|x_n - \bar{x}| \le C|x_{n-1} - \bar{x}|^p \text{ für alle } n \ge N. \tag{31.13}$$

Höhere Konvergenzordnung bedeutet insofern schnellere Konvergenz, dass die Fehler mit jeder Iteration schneller abnehmen.

BEISPIEL 31.10. Die Fixpunktiterationen für $g_1(x) = \frac{1}{2}x$, $g_2(x) = \frac{1}{2}x^2$, $g_3(x) = \frac{1}{2}x^3$ und $g_4(x) = \frac{1}{2}x^4$ konvergieren auf dem Intervall $I = [-1, 1]$ jeweils mit der Ordnung 1, 2, 3 und 4 gegen $\bar{x} = 0$. Wir listen in Abbildung 31.9 die ersten Iterierten für jeden Fall auf. Die Unterschiede in der Konvergenzgeschwindigkeit sind deutlich.

i	$\frac{1}{2}x$	$\frac{1}{2}x^2$	$\frac{1}{2}x^3$	$\frac{1}{2}x^4$
0	1	1	1	1
1	$0,5$	$0,5$	$0,5$	$0,5$
2	$0,25$	$0,125$	$0,0625$	$0,03125$
3	$0,125$	$0,0078125$	$0,000122\cdots$	$0,00000047\cdots$

Abbildung 31.9: Die ersten Fixpunktiterierten für die angegebene Funktion.

Beachten Sie, dass diese Definition die Möglichkeit einschließt, dass der Fehler der ersten Iterierten eventuell nicht so schnell abnimmt wie der der restlichen, was auf der Grundlage der obigen Diskussionen auch Sinn ergibt, insbesondere im Hinblick auf Beispiel 31.2.

Wenn die Konvergenzordnung $p = 1$ ist, dann konvergiert die Iteration nur für $C < 1$. C wird der **Konvergenzfaktor** genannt, wenn die Konvergenz erster Ordnung ist, und es ist üblich, die Konvergenzraten von konvergenten Folgen erster Ordnung zu vergleichen, indem man die relativen Größen der Konvergenzfaktoren vergleicht.

BEISPIEL 31.11.   Die Fixpunktiteration konvergiert für $g_1(x) = \frac{1}{4}x$ schneller als die Fixpunktiteration für $g_2(x) = \frac{1}{2}(x)$.

Wenn die Konvergenzordnung größer als 1 ist, bestimmt der Wert von C, wie nahe der Anfangswert x_0 beim Fixpunkt $\bar{x}$ liegen muss, damit die Fixpunktiteration konvergiert. Je größer C ist, desto näher muss x_0 an $\bar{x}$ liegen.

BEISPIEL 31.12. Die Fixpunktiteration konvergiert für $g_1(x) = \frac{1}{2}x^2$ gegen den Fixpunkt $\bar{x} = 0$ für alle Anfangswerte $|x_0| < 2$, da dies bedeutet, dass

$$\frac{1}{2}x_0^2 = \frac{1}{2}|x_0| \times |x_0| < |x_0|.$$

Sie divergiert für jeden Anfangswert mit $|x_0| > 2$. Im Gegensatz dazu konvergiert die Fixpunktiteration für $g_2(x) = 4x^2$ gegen $\bar{x} = 0$ für jeden Anfangswert $|x_0| < \frac{1}{4}$ und divergiert für $|x_0| > \frac{1}{4}$.

Satz 31.2 garantiert, dass die Fixpunktiteration mit erster Ordnung konvergiert, falls $0 < |g'(\bar{x})| < 1$ gilt, während die obige Diskussion impliziert, dass der folgende Satz wahr ist.

Satz 31.3 *Wenn $\bar{x}$ eine Lösung von $g(x) = x$ ist und g in $\bar{x}$ stark differenzierbar ist, sowie*

$$|g'(\bar{x})| = 0 \tag{31.14}$$

gilt, dann konvergiert die Fixpunktiteration mindestens mit zweiter Ordnung gegen $\bar{x}$ für alle Anfangswerte x_0, die sich hinreichend nahe an $\bar{x}$ befinden.

31.4 Das Newton–Verfahren

Wie erwähnt war eine Motivation für die Einführung des Fixpunktproblems, schnellere Methoden zur Lösung von Nullstellenproblemen zu finden. Wir verwenden jetzt Satz 31.3, um eine Methode zur Lösung von Nullstellenproblemen zu konstruieren, die mit zweiter Ordnung konvergent ist und „Newton–Verfahren" genannt wird.

Eine der einfachsten Möglichkeiten, ein Nullstellenproblem $f(x) = 0$ in ein Fixpunktproblem $g(x) = x$ umzuschreiben, ist

$$g(x) = x - \alpha f(x)$$

zu wählen, wobei α eine Konstante ungleich Null ist. Aufgrund von Satz 31.3 wird man natürlich versuchen, α so zu wählen, dass $g'(\bar{x}) = 0$ gilt und sich dadurch eine Konvergenz zweiter Ordnung ergibt. Wir nehmen an, dass f stark differenzierbar ist und berechnen

$$g'(x) = 1 - \alpha f'(x).$$

Das bedeutet, dass α so gewählt werden sollte, dass

$$\alpha = \frac{1}{f'(\bar{x})}$$

gilt, d.h.

$$g(x) = x - \frac{f(x)}{f'(\bar{x})}.$$

Die Fixpunktiteration lautet dann

$$x_i = x_{i-1} - \frac{f(x_{i-1})}{f'(\bar{x})}$$

und konvergiert quadratisch. Leider müssen wir, um diese Fixpunktiteration zu benutzen, den Wert von $\bar{x}$ kennen.

Wir versuchen eine durchführbare Methode zu finden und benutzen den fortgeschritteneren Ansatz

$$g(x) = x - \alpha(x)f(x),$$

wobei $\alpha(x)$ eine stark differenzierbare Funktion ungleich Null ist. Jetzt gilt

$$g'(x) = 1 - \alpha'(x)f(x) - \alpha(x)f'(x).$$

Wir setzen $\bar{x}$ ein und benutzen $f(\bar{x}) = 0$. Es ergibt sich, dass $\alpha(x)$ die Eigenschaft

$$\alpha(\bar{x}) = \frac{1}{f'(\bar{x})}$$

besitzen muss. Eine Möglichkeit zu garantieren, dass α diese Eigenschaft in $\bar{x}$ besitzt, ist,

$$\alpha(x) = \frac{1}{f'(x)}$$

für *alle* x zu wählen. Mit anderen Worten, wir berechnen die Fixpunktiteration für

$$g(x) = x - \frac{f(x)}{f'(x)}.$$

Dies ergibt:

Algorithmus 31.1 Das Newton–Verfahren Wir wählen x_0 und für $i = 1, 2, \cdots$ setzen wir

$$x_i = x_{i-1} - \frac{f(x_{i-1})}{f'(x_{i-1})}. \tag{31.15}$$

Um dies zu überprüfen, differenzieren wir und erhalten

$$g'(x) = \frac{f(x)f''(x)}{(f'(x))^2},$$

also gilt $g'(\bar{x}) = 0$ (da $f(\bar{x}) = 0$), vorausgesetzt, dass $f'(\bar{x}) \neq 0$ und $f''(\bar{x})$ definiert ist. Außerdem ist $g'(x)$ für x in der Nähe von $\bar{x}$ Lipschitz-stetig, vorausgesetzt $f'(\bar{x}) \neq 0$ und $f''(x)$ ist in der Nähe von $\bar{x}$ Lipschitz-stetig. Falls diese Bedingungen gelten, dann impliziert Satz 31.3:

Satz 31.4 Lokale Konvergenz des Newton–Verfahrens *Wenn $\bar{x}$ eine Lösung von $f(x) = 0$ ist, wobei f in einem Intervall, das $\bar{x}$ enthält, eine Lipschitz-stetige zweite Ableitung besitzt, und wenn*

$$|f'(\bar{x})| \neq 0 \tag{31.16}$$

gilt, dann konvergiert das Newton–Verfahren (31.15) mindestens mit zweiter Ordnung gegen $\bar{x}$ für alle Anfangswerte x_0, die hinreichend nahe an $\bar{x}$ liegen.

BEISPIEL 31.13. Betrachten wir das Nullstellenproblem

$$f(x) = \frac{1}{2+x} - x.$$

Das Newton–Verfahren ist die Fixpunktiteration für

$$g(x) = x - \frac{\frac{1}{2+x} - x}{\frac{-1}{(2+x)^2} - 1} = \frac{2(x+1)}{5 + 4x + x^2},$$

welche wir aus (31.12) wiedererkennen. Hier gilt $f'(x) \neq 0$. Die ersten Iterierten des Newton–Verfahrens sind in Abbildung 31.8 dargestellt.

BEISPIEL 31.14. Die Fixpunktiteration $g(x) = \log(x + 2)$, die wir in Beispiel 31.3 betrachtet haben, konvergiert linear und benötigt 27 Iterationen, um 15 Stellen an Genauigkeit zu erlangen. Um eine Fixpunktiteration zweiter Ordnung zu erhalten, schreiben wir zuerst das Fixpunktproblem zu einem Nullstellenproblem um und wenden dann das Newton–Verfahren an, um ein günstigeres Fixpunktproblem zu erhalten. Wir setzen $f(x) = x - \log(x+2)$, dann gilt genau dann $f(\bar{x}) = 0$, wenn $g(\bar{x}) = \bar{x}$. Es folgt

$$f'(x) = 1 - \frac{1}{x+2};$$

also ist $f'(x) = 0$ nur in $x = -1$, dies ist nicht der Fixpunkt $\bar{x}$. Deshalb können wir das Newton–Verfahren anwenden, das der Fixpunktiteration für

$$g(x) = x - \frac{x - \log(x + 2)}{1 - \frac{1}{x+2}} = \frac{-x + (2 + x)\log(2 + x)}{1 + x}$$

entspricht. In Abbildung 31.10 sind die Ergebnisse dargestellt.

i	x_i
0	$1,000000000000000$
1	$1,147918433002165$
2	$1,146193440797909$
3	$1,146193220620586$
4	$1,146193220620583$
5	$1,146193220620583$

Abbildung 31.10: Die ersten Iterierten des Newton–Verfahrens für $f(x) = x - \log(x + 2)$.

Es ist wichtig sich zu merken, dass Satz 31.4 nur gewährleistet, dass das Newton–Verfahren konvergiert, wenn der Anfangswert x_0 hinreichend nahe bei $\bar{x}$ liegt. Andernfalls sind die Ergebnisse des Verfahrens sehr unberechenbar.

BEISPIEL 31.15. Das Newton–Verfahren ist problemlos auf $f(x) = (x-2)(x-1)x(x+0,5)(x+1,5)$ anwendbar, da $f'(x) \neq 0$ in jeder Nullstelle von f gilt. Wir führen 21 Newton–Iterationen für f durch und beginnen mit 5000 gleichmäßig verteilten Anfangswerten in $[-3, 3]$, wobei wir den letzten Wert, der mit dem Verfahren berechnet wurde, speichern. In Abbildung 31.11 sind die sich ergebenden Paare von Punkten dargestellt. Jede der Nullstellen ist in einem Intervall enthalten, in dem alle Anfangswerte gegen die Nullstelle konvergieren. Außerhalb dieser Intervalle aber ist das Verhalten der Iteration unberechenbar, da nahegelegene Anfangswerte gegen unterschiedliche Nullstellen konvergieren.

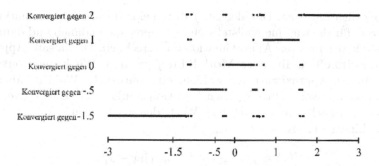

Abbildung 31.11: Diese graphische Darstellung zeigt die Nullstellen von $f(x) = (x-2)(x-1)x(x+0,5)(x+1,5)$, die mit Hilfe des Newton–Verfahrens für 5000 gleichmäßig verteilte Anfangswerte in $[-3,3]$ gefunden wurden. Die horizontale Position der Punkte gibt die Lage des Anfangswerts und die vertikale Position die zwanzig ersten Iterierten an.

31.5 Einige Interpretationen und etwas Geschichte zum Newton–Verfahren

Wir beginnen diesen Abschnitt, indem wir zwei Interpretationen des Newton–Verfahrens darstellen.

Die erste Interpretation ist geometrischer Natur und stellt eine gute Möglichkeit dar, sich die Formel für das Newton–Verfahren zu merken. Die Idee ist in Abbildung 31.12 dargestellt. Für einen gegebenen Wert x_{n-1}

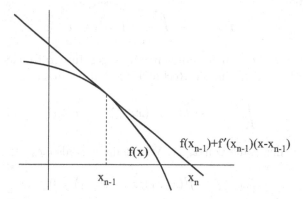

Abbildung 31.12: Eine Veranschaulichung eines Schrittes des Newton–Verfahrens von x_{n-1} zu x_n.

würden wir gerne den Graphen von f bis zu dem Punkt verfolgen, an dem er die x-Achse kreuzt, d.h. bis zu $\bar{x}$. Dies ist aber schwierig durchzuführen wenn f nichtlinear ist. Die Idee ist, f durch eine lineare Approximation zu ersetzen, für die wir eine Nullstelle einfach berechnen können und dann die Nullstelle der linearen Approximation zu berechnen. Die lineare Approximation wird oft ein **lineares Modell** für f genannt. Wir können verschiedene lineare Approximationen wählen, eine natürliche Wahl ist aber die Linearisierung von f im aktuellen Iterationspunkt x_{i-1}. Dies ist vermutlich der am nächsten an $\bar{x}$ gelegene Wert, den wir kennen.

Die Linearisierung von f in x_{n-1} ist

$$f(x) \approx f(x_{n-1}) + f'(x_{n-1})(x - x_{n-1}).$$

Um die Nullstelle von $f(x) = 0$ zu approximieren, berechnen wir die Nullstelle x_n der Linearisierung

$$f(x_{n-1}) + f'(x_{n-1})(x - x_{n-1}) = 0,$$

was

$$x_n = x_{n-1} - \frac{f(x_{n-1})}{f'(x_{n-1})}$$

ergibt. Dies entspricht genau der Definition des Newton–Verfahrens!

Die zweite Interpretation ist insbesondere nützlich, wenn wir Nullstellenprobleme höherer Dimension betrachten. Der Fundamentalsatz besagt, dass

$$f(x) = f(x_{n-1}) + \int_{x_{n-1}}^{x} f'(s)\, ds$$

für jedes x. Eine alternative Interpretation von $\bar{x}$ ist, sie als die Zahl zu sehen, für die

$$f(x_{n-1}) + \int_{x_{n-1}}^{\bar{x}} f'(s)\, ds = 0$$

gilt. Da wir $\bar{x}$ nicht kennen, können wir dieses Integral nicht berechnen. Ein Ausweg besteht darin, die Rechteckregel zu benutzen:

$$\int_{x_{n-1}}^{x} f'(s)\, ds \approx f'(x_{n-1})(x - x_{n-1})$$

für jedes x in der Nähe von x_{n-1}. Wir definieren also x_n als die Zahl, so dass

$$f(x_{n-1}) + f'(x_{n-1})(x_n - x_{n-1}) = 0.$$

Auch dies ergibt das Newton–Verfahren.

Die Geschichte zum Newton–Verfahren und zu Newton–ähnlichen Verfahren ist lang und kompliziert (vgl. Sie Ypma [21] für eine ausführliche Darstellung). Methoden, die mit dem Bisektionsalgorithmus und dem Newton–Verfahren verwandt sind, waren schon den Babyloniern bekannt und es fand eine kontinuierliche Entwicklung bis zu Newtons Zeit statt, besonders in Arabien und China. Newton kannte verschiedene Techniken und wurde insbesondere durch die Arbeiten von Vieta[3] beeinflusst. Newton leitete sein Verfahren unter Verwendung algebraischer Methoden her, nicht der Infinitesimalrechnung. Außerdem erklärte er sein Verfahren nur im Kontext der Berechnung von Nullstellen von Polynomen, obwohl er es auch benutzte, um Nullstellen von nichtpolynomiellen Funktion zu finden. Newtons Beschreibung und Durchführung seines Verfahrens waren sehr kompliziert, was seine Zugänglichkeit außerordentlich begrenzte.

Wallis veröffentlichte die erste gedruckte Beschreibung des Newton–Verfahrens, im Wesentlichen folgte er dabei Newtons Darstellung. Später veröffentlichte Raphson[4] ein Buch, in dem er eine Methode zur Lösung von polynomiellen Gleichungen beschrieb, die äquivalent zum Verfahren war, das Newton erfunden hatte. Seine Beschreibung und Umsetzung war jedoch viel einfacher und Raphson betrachtete sein Verfahren als neu. Wie Newton benutzte auch Raphson keine Infinitesimalrechung in seiner Herleitung.

Die erste Person, die die Infinitesimalrechnung benutzte, um das Newton–Verfahren zu beschreiben, war Simpson.[5] Danach veröffentlichte Lagrange eine Beschreibung, die die moderne f'–Notation für die Ableitung benutzte und ein bisschen später veröffentlichte Fourier ein einflussreiches Buch, in dem er das Newton–Verfahren in moderner Form beschrieb und es „Newtons Verfahren" nannte. Wie wir gesehen haben, wäre ein genauerer Name vielleicht „Vieta-Newton-Raphson-Simpson Verfahren".

31.6 Was ist der Fehler in einer approximierten Nullstelle?

Natürlicherweise sind wir an dem **Fehler**

$$|x_n - \bar{x}|$$

---

[3]François Vieta (Frankreich, 1540–1603) war niemals ein professioneller Mathematiker, dennoch machte er einige wichtige frühe Beiträge zur Algebra, Geometrie, zur Lösung von Gleichungen und der Trigonometrie. Ebenso schrieb er etliche Texte. Er arbeitete auch für König Henry IV, um spanische Geheimcodes zu knacken.

[4]Der englische Mathematiker Joseph Raphson (1648–1715) war einer der wenigen Leute, die einen direkten Zugang zu Newtons Werk genossen. Raphson schrieb etliche Bücher, die viele von Newtons Ergebnissen beschrieben. Raphson veröffentlichte eine Version des Newton–Verfahrens lange bevor Newton dazu kam, dies zu tun.

[5]Der englische Mathematiker Thomas Simpson (1710–1761) war eine interessante Persönlichkeit. Er schrieb mehrere Bücher und lehrte als herumziehender Dozent in den Kaffeehäusern von London. Vielmehr außergewöhnlich war, dass Simpson das Newton–Verfahren für ein System entwickelte und es verwendete, um eine Funktion mit mehreren Variablen zu maximieren. Von Simpsons Arbeiten sind die zur Interpolation und numerischen Integration am besten in Erinnerung geblieben.

von x_n interessiert. Normalerweise ist jedoch $\bar{x}$ unbekannt, so dass der Fehler im Allgemeinen nicht berechnet werden kann. Stattdessen müssen wir den Fehler in irgendeiner Art und Weise abschätzen.

Eine Größe, die berechnet werden kann, ist $f(x_n)$, die das **Residuum** von x_n genannt wird. Sie ist ein Maß dafür, wie gut x_n die Gleichung $f(x) = 0$ löst, da das Residuum der wahren Nullstelle $\bar{x}$ Null ist, d.h. $f(\bar{x}) = 0$. Die Frage ist, wie man das berechenbare Residuum mit dem unbekannten Fehler in Verbindung bringt. Wir erhalten eine Abschätzung, wenn wir annehmen, dass f auf einem Intervall, das $\bar{x}$ enthält, gleichmäßig stark differenzierbar ist. Das bedeutet, dass es eine Konstante $\mathcal{K}$ gibt, so dass für x_n hinreichend nahe bei $\bar{x}$

$$|f(\bar{x}) - (f(x_n) + f'(x_n)(\bar{x} - x_n))| \leq |\bar{x} - x_n|^2 \mathcal{K}$$

gilt. Da $f(\bar{x}) = 0$, schließen wir, dass für x_n nahe bei $\bar{x}$,

$$0 \approx f(x_n) + f'(x_n)(\bar{x} - x_n)$$

gilt bzw.

$$(\bar{x} - x_n) \approx -f'(x_n)^{-1} f(x_n). \tag{31.17}$$

Die Approximation (31.17) besagt, dass der Fehler $\bar{x} - x_n$ proportional zum Residuum $f(x_n)$ mit der Konstanten $f'(x_n)^{-1}$ ist, wenn x_n in der Nähe von $\bar{x}$ liegt.

Eine Konsequenz davon ist, dass falls $|f'(x_n)|$ sehr klein ist, der Fehler dann groß sein kann, auch wenn das Residuum sehr klein ist. In diesem Fall gilt der Prozess der Berechnung der Nullstelle $\bar{x}$ als **schlecht konditioniert**.

BEISPIEL 31.16. Wir wenden das Newton–Verfahren auf $f(x) = (x - 2)^2 - 10^{-15}x$ mit der Nullstelle $\bar{x} \approx 1,00000003162278$ an. Hier ist $f'(\bar{x}) = 10^{-15}$, so dass $f'(x_n)$ sehr klein für alle x_n in der Nähe von $\bar{x}$ ist. In Abbildung 31.13 sind die Fehler und Residuuen in Abhängigkeit der Anzahl der Iterationen aufgetragen. Die Residuuen werden wesentlich schneller klein als die Fehler.

Beachten Sie, dass nach Definition des Newton–Verfahrens,

$$x_{n+1} = f(x_n) - f(x_n)/f'(x_n)$$

gilt; daher impliziert (31.17), dass

$$|x_n - \bar{x}| \approx |x_{n+1} - x_n|. \tag{31.18}$$

Mit anderen Worten, um eine Abschätzung des Fehlers von x_n zu erhalten, können wir einen zusätzlichen Schritt mit dem Newton–Verfahren durchführen, um x_{n+1} zu erhalten, und dann $|x_{n+1} - x_n|$ berechnen.

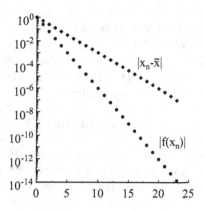

Abbildung 31.13: Graphische Darstellungen der Residuuen ● und der Fehler ♦ in Abhängigkeit der Iterationsanzahl für das Newton–Verfahren, angewendet auf $f(x) = (x - 2)^2 - 10^{-15}x$ mit dem Anfangswert $x_0 = 2$.

i	$\lvert x_i - \bar{x}\rvert$	$\lvert x_{i+1} - x_i\rvert$
0	$0,586$	$0,5$
1	$0,086$	$0,083$
2	$2,453 \times 10^{-3}$	$2,451 \times 10^{-3}$
3	$2,124 \times 10^{-6}$	$2,124 \times 10^{-6}$
4	$1,595 \times 10^{-12}$	$1,595 \times 10^{-12}$
5	0	0

Abbildung 31.14: Der Fehler und die Fehlerabschätzung für das Newton–Verfahren für $f(x) = x^2 - 2$ mit $x_0 = 2$.

BEISPIEL 31.17. Wir wenden das Newton–Verfahren auf $f(x) = x^2 - 2$ an und stellen in Abbildung 31.14 den Fehler und die Fehlerabschätzung (31.18) dar. Die Fehlerabschätzung erweist sich als ziemlich brauchbar.

Eine Fragestellung, die eng mit der Fehlerabschätzung verwandt ist, ist die Frage, wann man die Iteration beendet. In vielen Situationen ist das Ziel der Lösung eines Nullstellenproblems, die Nullstelle $\bar{x}$ bis auf eine bestimmte Genauigkeit zu approximieren. Deshalb sollten wir idealerweise festlegen, dass der Fehler der letzten Iterierten x_n kleiner als eine vorgegebene **Fehlertoleranz** $TOL > 0$ sein sollte:

$$|x_n - \bar{x}| \leq TOL.$$

Selbstverständlich kennen wir im Allgemeinen den Fehler nicht, also muss dieses ideale Ziel durch etwas praktisch Umsetzbares ersetzt werden. Wir könnten zum Beispiel (31.18) benutzen und die Iteration beenden, wenn

$$|x_{n+1} - x_n| \leq TOL \tag{31.19}$$

gilt. Bedingung (31.19) wird ein **Abbruch–Kriterium** für die Iteration genannt. In einigen Fällen liegt es näher zu prüfen, ob das Residuum hinreichend klein ist. Mit anderen Worten, man beendet die Iteration, wenn

$$|f(x_n)| \leq TOL \tag{31.20}$$

gilt.

31.7   Global konvergente Verfahren

Die Theorie garantiert nur, dass das Newton–Verfahren konvergiert, wenn x_0 hinreichend nahe bei $\bar{x}$ liegt. Außerdem stellt sich heraus, dass dies auch die einzige Möglichkeit ist, Konvergenz in der Praxis zu garantieren. Die Frage ist also, wie man gute Anfangswerte für das Newton–Verfahren findet.

Eine Lösung beruht auf der Beobachtung, dass es iterative Methoden gibt, die konvergieren, ohne dass sie einen Anfangswert x_0 in der Nähe von $\bar{x}$ benötigen. Erinnern wir uns zum Beispiel, dass der Bisektionsalgorithmus gegen den Fixpunkt konvergiert, wobei man mit einem Intervall beliebiger Länge beginnen darf, solange die Funktion in den Endpunkten entgegengesetzte Vorzeichen besitzt. Der Bisektionsalgorithmus ist ein **global** konvergentes Verfahren, im Gegensatz zum Newton–Verfahren, das **lokal** konvergent ist. Das Problem bei global konvergenten Verfahren ist, dass sie ausnahmslos tendenziell langsam konvergieren, d.h. sie konvergieren mit erster Ordnung.

Die Idee ist nun einen Algorithmus zu benutzen, der ein global konvergentes Verfahren mit einem lokal konvergenten Verfahren derart kombiniert, dass das schnelle lokale Verfahren benutzt wird, wenn es gut funktioniert, andernfalls aber das langsame-aber-sichere global konvergente Verfahren benutzt wird. Solch ein Verfahren wird manchmal ein **hybrides Newton–Verfahren** genannt. Man sollte sich merken, dass es im Allgemeinen unmöglich ist zu garantieren, dass ein iteratives Approximationsverfahren zur Berechnung von Nullstellen eine gewünschte Nullstelle approximiert. Mit anderen Worten, es gibt keine wirklich schnellen, global konvergenten Verfahren. Wir können bestenfalls Verfahren entwickeln, die im Allgemeinen *eine* Nullstelle berechnen, und zwar für fast alle Anfangswerte. Wir beschreiben im Folgenden eine *Vereinfachung* eines solchen Verfahrens.[6]

Zum Beispiel könnten wir einen Algorithmus konstruieren, der den Bisektionsalgorithmus verwendet, bis die Endpunkte hinreichend nahe zusammen liegen und dann zum Newton–Verfahren wechselt. Das Problem ist zu bestimmen, wann der Wechsel zum Newton–Verfahren stattfinden sollte: Es gibt keine natürlichen Kriterien für diese Entscheidung. Stattdessen werden wir versuchen, Verfahren zu konstruieren, die automatisch von einem global konvergenten Verfahren zum Newton–Verfahren umschalten.

Ein weit verbreiteter Ansatz beruht auf der Betrachtung der Newton–„Änderung",

$$-\frac{f(x_{n-1})}{f'(x_{n-1})}, \tag{31.21}$$

die zu x_{n-1} addiert wird, um x_n zu erhalten, und die sowohl eine Richtung, als auch eine Distanz festlegt (vgl. Abbildung 31.15). Das Newton–Verfahren besitzt die Eigenschaft, dass $f(x)$ anfangs immer für solche x fällt, deren Wert sich von x_{n-1} ausgehend in die Richtung (31.21) ändert, d.h. in Richtung von x_n. Falls das Newton–Verfahren eine große Veränderung von x_{n-1} nach x_n andeutet, dann ist es unglücklicherweise möglich, dass $|f(x_n)| > |f(x_{n-1})|$ gilt (vgl. Abbildung 31.15). Dies ist kontraproduktiv, da wir versuchen, $f(\cdot)$ zu verkleinern.

Die Idee ist nun, die berechnete Newton–Iterierte x_n zu akzeptieren, wenn $|f(x_n)| < |f(x_{n-1})|$ gilt, und sie andernfalls zu verwerfen. Wenn eine Iterierte verworfen wird, wird eine Bisektionssuche auf dem Intervall $[x_{n-1}, x_n]$ mit dem Zweck durchgeführt, ein x^* zwischen x_{n-1} und x_n zu finden, so dass $|f(x^*)| < |f(x_{n-1})|$ gilt. Zuerst setzen wir $x^* = (x_n + x_{n-1})/2$ und prüfen $|f(x^*)| < |f(x_{n-1})|$. Wenn dies wahr ist, setzen wir $x_n = x^*$ und fahren mit dem nächsten Newton–Schritt fort. Wenn dies falsch ist, setzen wir $x_n = x^*$ und kehren dazu zurück, einen weiteren Bisektions-

---

[6]Die Analysis dieses Verfahrens ist ziemlich kompliziert und erfordert außerdem einige geringfügige Änderungen des Algorithmus, den wir formuliert haben; daher geben wir dieses nicht an und verweisen stattdessen auf Dennis und Schnabel [9].

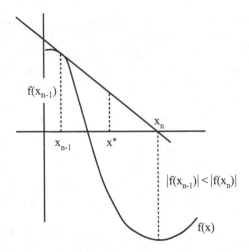

Abbildung 31.15: Der Newton–Schritt bestimmt sowohl die Distanz, als auch die Richtung für die Berechnung von x_n aus x_{n-1}. $f(x)$ fällt zunächst, während x seinen Wert von x_{n-1} in die Richtung von x_n ändert. Jedoch gilt eventuell $|f(x_n)| > |f(x_{n-1})|$, falls die Änderung $x_{n-1} \to x_n$ groß ist.

schritt durchzuführen. Im Newton–Schritt, der in Abbildung 31.15 gezeigt wird, verwirft der Algorithmus x_n und führt einen Schritt der Bisektionssuche durch, bevor er $x_n = x^*$ setzt und mit der Newton–Iteration fortfährt. Der Algorithmus lautet:

Algorithmus 31.2 Hybrides Newton–Verfahren

> Gegeben seien f, f', x_0
>
> für $n = 1, 2, 3, \cdots$.
>
> > Berechne $x_n = x_{n-1} - f(x_{n-1})/f'(x_{n-1})$,
> > falls $|f(x_n)| > |f(x_{n-1})|$
> > > setze $x_n = (x_n + x_{n-1})/2$
> > > solange $|f(x_n)| > |f(x_{n-1})|$,
> > > > setze $x_n = (x_n + x_{n-1})/2$.
> >
> > entscheide, ob eine weitere Newton–Iteration benötigt
> > wird.

BEISPIEL 31.18. Wir implementieren diesen Algorithmus mit Hilfe von $MATLAB^©$ und wenden ihn auf die Funktion $f(x) = \tan^{-1}(x - 1)$ mit der Nullstelle $\bar{x} = 1$ an, wobei wir $x_0 = 6$ benutzen. Die Ausgabe des Programms ist in Abbildung 31.16 dargestellt. In diesem Beispiel divergiert das Newton–Verfahren tatsächlich für $x_0 = 6$. Das hybride Newton–Verfahren wechselt dagegen zum sicheren, aber langsamen

i	Methode	x_i	$f(x_i)$
0	Anfangswert	$6,000000000000000$	$1,373400766945016$
1	Newton–Iterierte	$-29,708419940570410$	$-1,538243471665299$
	Bisektionssuche	$-11,854209970285200$	$-1,493157178586551$
	Bisektionssuche	$-2,927104985142602$	$-1,321454920055357$
2	Newton–Iterierte	$18,774030640348380$	$1,514593719328215$
	Bisektionssuche	$7,923462827602890$	$1,427351950092280$
	Bisektionssuche	$2,498178921230144$	$0,982232920022955$
3	Newton–Iterierte	$-0,688715155697761$	$-1,036156901891317$
	Bisektionssuche	$0,904731882766191$	$-0,094981458393522$
4	Newton–Iterierte	$1,000575394221151$	$0,000575394157651$
5	Newton–Iterierte	$0,999999999873000$	$-0,000000000127000$
6	Newton–Iterierte	$1,000000000000000$	$0,000000000000000$

Abbildung 31.16: Ergebnisse des hybriden Newton–Verfahrens, angewendet auf $f(x) = \tan^{-1}(x - 1)$.

globalen Verfahren, bis x_n sich nahe genug an 1 befindet, so dass das Newton–Verfahren konvergiert.

31.8 Wenn gute Ableitungen schwierig zu finden sind

In vielen Situationen ist die Berechnung der Ableitung von f unerwünscht oder sogar unmöglich. Zum Beispiel kann f' sehr schwierig zu berechnen sein, besonders in höheren Dimensionen, und die Auswertung von f' erfordert außerdem die Berechnung zusätzlicher Funktionswerte, was hinsichtlich der Rechenzeit sehr teuer sein kann. Es kommt auch häufig vor, dass f nur aufgrund einer Menge von Werten bekannt ist, die während einer Rechnung oder eines Versuchs gemessen wurden, so dass es gar keine zu differenzierende Funktion gibt.

In Abschnitt 31.5 haben wir das Newton–Verfahren als ein Verfahren interpretiert, die Funktion f durch ihre Linearisierung in den aktuellen Iterierten zu ersetzen und die Linearisierung zu benutzen, um die nächste Iterierte zu berechnen. Die grundlegende Idee, um die Ableitung von f zu vermeiden, ist nun, eine andere lineare Approximation an die Funktion f zu benutzen. Ein einfaches Beispiel ist, eine Sekantengerade zu benutzen, die durch die aktuelle Iterierte x_{n-1} und einen nahegelegenen Punkt $x_{n-1} + h_n$ läuft, wobei h_n eine geeignet gewählte kleine Zahl ist. Die Steigung der Sekantengeraden ist

$$m_n = \frac{f(x_{n-1} + h_n) - f(x_{n-1})}{h_n}, \tag{31.22}$$

und die lineare Approximation an f ist

$$f(x) \approx f(x_{n-1}) + m_n(x - x_{n-1}).$$

Die neue Iterierte wird durch Berechnung der Nullstelle der linearen Approximation gefunden und wir erhalten

$$x_n = x_{n-1} - \frac{f(x_{n-1})}{m_n}. \tag{31.23}$$

Wir veranschaulichen dies in Abbildung 31.17. Ein Newton–Verfahren, dass

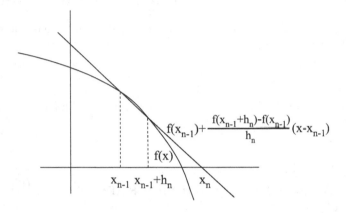

Abbildung 31.17: Veranschaulichung eines Schritts eines Quasi–Newton–Verfahrens von x_{n-1} zu x_n mit dem Schritt h_n.

eine andere lineare Approximation an eine Funktion als die Linearisierung benutzt, wird manchmal ein **Quasi–Newton–Verfahren** genannt.

Die wichtige Frage lautet nun, ob die neue Methode funktioniert und insbesondere, ob sie mit zweiter Ordnung konvergiert. Es stellt sich heraus, dass — unter Vernachlässigung von Rundungsfehlern — falls h_n mit derselben Geschwindigkeit gegen Null konvergiert wie $x_n - \bar{x}$, und insbesondere falls es eine Konstante $c > 0$ gibt, so dass

$$h_n \leq c|x_{n-1} - \bar{x}| \tag{31.24}$$

für alle hinreichend großen n, oder äquivalent, wenn es eine Konstante $\tilde{c}$ gibt, so dass

$$h_n \leq \tilde{c}|f(x_{n-1})|, \tag{31.25}$$

dann das Quasi–Newton–Verfahren mit zweiter Ordnung für alle x_0 konvergiert, die hinreichend nahe bei $\bar{x}$ liegen. In der Praxis funktioniert dies zunächst, aber wenn x_{n-1} sich $\bar{x}$ nähert, verursachen die Auswirkungen der Rundungen für die Subtraktion $f(x_{n-1} + h_n) - f(x_{n-1})$ viel Ärger, da sich

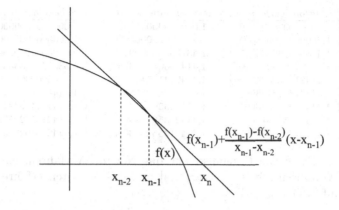

Abbildung 31.18: Veranschaulichung eines Schritts des Sekantenverfahrens zur Berechnung von x_n.

aufgrund der Nähe von $x_{n-1} + h_n$ und x_{n-1} viele der führenden Dezimalstellen auslöschen. Deshalb gilt als Faustregel, dass h_n niemals kleiner als eine Konstante mal $\sqrt{u}$ gewählt wird, wobei u die Maschinengenauigkeit bezeichnet.

Ein Nachteil allgemeiner Quasi–Newton–Verfahren ist, dass f an zwei Stellen ausgewertet werden muss, nämlich in x_{n-1} und in $x_{n-1} + h_n$, um x_n zu berechnen. Dies motiviert die Wahl $h_n = -(x_{n-1} - x_{n-2})$, was

$$m_n = \frac{f(x_{n-1}) - f(x_{n-2})}{x_{n-1} - x_{n-2}} \qquad (31.26)$$

ergibt, und

$$x_n = x_{n-1} - \frac{f(x_{n-1})}{m_n}. \qquad (31.27)$$

Dieses Verfahren wird das **Sekantenverfahren** genannt. Wir stellen es in Abbildung 31.18 dar. Beachten Sie, dass das Sekantenverfahren zwei Anfangswerte x_0 und x_1 erfordert. Es stellt sich heraus, dass das Sekantenverfahren mit der Ordnung $(1 + \sqrt{5})/2 \approx 1,6$ konvergiert.

BEISPIEL 31.19.   In Abbildung 31.19 betrachten wir die Funktion $f(x) = x^2 - 2$ und vergleichen das Newton–Verfahren und ein Quasi–Newton–Verfahren, wobei wir $x_0 = 1$ und für das Sekantenverfahren $x_0 = 0$ und $x_1 = 1$ verwenden.

31.9   Unbeantwortete Fragen

Wir haben hier nur kurze Beschreibungen der Konstruktion von global konvergenten hybriden Newton–Verfahren und Quasi–Newton–Verfahren gege-

i	Newton–Verfahren	Quasi–Newton–Verfahren	Sekantenverfahren
0	1,000000000000000	1,000000000000000	0,000000000000000
1	1,500000000000000	1,400000000000000	1,000000000000000
2	1,416666666666667	1,437500000000000	2,000000000000000
3	1,414215686274510	1,414855072463768	1,333333333333334
4	1,414213562374690	1,414214117144937	1,400000000000000
5	1,414213562373095	1,414213562373512	1,414634146341463
6	1,414213562373095	1,414213562373095	1,414211438474870
7	1,414213562373095	1,414213562373095	1,414213562057320
8	1,414213562373095	1,414213562373095	1,414213562373095

Abbildung 31.19: Die Ergebnisse für das Newton–Verfahren, ein Quasi–Newton–Verfahren mit $h_n = |f(x_{n-1})|$ und das Sekantenverfahren, angewendet auf $f(x) = x^2 - 1$.

ben, bei denen finite Differenzen anstelle von Ableitungen benutzt wurden. Wir haben weder bewiesen, dass diese Ideen funktionieren, noch wichtige praktische Details besprochen. Dies ist ein interessantes und kompliziertes Thema. Für weitere Details verweisen wir auf Dennis und Schnabel [9].

Kapitel 31   Aufgaben

Die Aufgaben 31.1–31.10 befassen sich mit der Fixpunktiteration.

31.1. Beweisen Sie, dass der Fixpunkt, der in Satz 31.1 gefunden wurde, eindeutig ist.

31.2. Weisen Sie nach, dass die Annahmen in Satz 31.1 für $g(x) = 1/(2+x)$ auf $I = [0,1]$ erfüllt sind. Berechnen Sie den Fixpunkt.

31.3. Weisen Sie nach, dass die Annahmen in Satz 31.1 für $g(x) = 0,5\tan(x)$ auf $I = [-0,5, 0,5]$ erfüllt sind. Führen Sie die Fixpunktiteration mit dem Anfangswert $x_0 = 0,5$ durch.

31.4. Finden Sie ein Intervall I, so dass Satz 31.1 zur Berechnung des Fixpunktes von $g(x) = 1 - \log(1 + e^{-x})$ Anwendung findet. Berechnen Sie den Fixpunkt.

31.5. Erstellen Sie eine Tabelle, die die Annahmen und Schlüsse von Satz 31.1 und Satz 31.2 gegenüberstellt.

31.6. Führen Sie die Berechnungen durch, die in Beispiel 31.2 dargestellt sind.

31.7. Weisen Sie die Behauptungen in Beispiel 31.4 nach.

31.8. Finden Sie die Fixpunkte der folgenden Funktionen, indem Sie einen Graphen benutzen, um die Annahmen in Satz 31.2 zu verifizieren und finden Sie einen Anfangswert x_0, der nahe genug an $\bar{x}$ liegt, um Konvergenz zu erhalten. Führen Sie dann genügend Iterationen durch, um 3 Stellen an Genauigkeit für jeden Fixpunkt $\bar{x}$ zu garantieren. Beachten Sie, dass Sie eventuell das Fixpunktproblem $g(x) = x$ für jeden Fixpunkt $\bar{x}$ umschreiben müssen, um Satz 31.2 zu benutzen!

(a) $g(x) = 2 + 2\cos(x/4)$ (b) $g(x) = x^3 - x^2 - 1$
(c) $g(x) = \log(2 + x^2)$ (d) $g(x) = x^6 - 1$
(e) $g(x) = 2e^{-x}$ (f) $g(x) = x^3$.

31.9. Wir setzen

$$c_1 = 0,4/64, \quad c_2 = 0,99999, \quad c_3 = 4 - 4c_2 + \frac{2}{15}c_1$$

und

$$g(x) = c_3 + c_2 x - c_1 \left(\frac{1}{20}x^5 - x^4 + \frac{16}{3}x^3 \right).$$

(a) Weisen Sie nach, dass Satz 31.2 Anwendung findet. (b) Führen Sie 30 Fixpunktiterationen durch, wobei Sie mit $x_0 = 0$ beginnen und weisen Sie nach, dass x_i gegen den Fixpunkt $\bar{x} = 4$ konvergiert. (c) Erstellen Sie eine graphische Darstellung der Quotienten:

$$\frac{|x_i - \bar{x}|}{|x_{i-1} - \bar{x}|}.$$

Erläutern Sie die Ergebnisse des Graphen, indem Sie eine graphische Darstellung von $|g'(x)|$ verwenden.

31.10. Schreiben Sie das Nullstellenproblem $f(x) = x^2 - 3$ in ein Fixpunktproblem um, indem Sie $g(x) = x + c(x^2 - 3)$ setzen und einen Wert von c finden, der

die Anwendung von Satz 31.2 gestattet.

Die Aufgaben 31.11–31.17 befassen sich mit der Konvergenz höherer Ordnungen der Fixpunktiteration.

31.11. Schätzen Sie für die Fixpunktiterationen, die in Aufgabe 31.8 durchgeführt wurden, die Konvergenzordnung und im Falle von Konvergenz erster Ordnung den Konvergenzfaktor ab.

31.12. (a) Finden Sie die Werte von c, für die Sie sicherstellen können, dass die Fixpunktiteration für $g(x) = 2 - (1 + c)x + cx^3$ gegen $\bar{x} = 1$ konvergiert. (b) Welcher Wert von c ergibt Konvergenz zweiter Ordnung?

31.13. Bestimmen Sie in jedem der folgenden Fälle, ob die Fixpunktiteration gegen den angegebenen Fixpunkt konvergiert, und falls sie konvergiert, bestimmen Sie die Konvergenzordnung, sowie, wenn die Ordnung eins ist, den Konvergenzfaktor:

> (a) $g(x) = x + 9/x^2 - 1$, $\bar{x} = 3$
>
> (b) $g(x) = \frac{2}{3}x + \frac{1}{x^2}$, $\bar{x} = 3^{1/3}$
>
> (c) $g(x) = 6/(1 + x)$, $\bar{x} = 2$.

31.14. (a) Weisen Sie experimentell die Behauptungen nach, die in Beispiel 31.6 und Beispiel 31.7 über die Intervalle gemacht wurden, auf denen die Fixpunktiteration konvergiert. (b) Geben Sie eine Erklärung für die Beobachtung, dass das Konvergenzintervall der Konvergenz aus Beispiel 31.6, das experimentell gefunden wurde, größer als das durch die Analyse vorhergesagte ist. *Hinweis:* Was kann in den Abschätzungen aus (31.9) überschätzt sein?

31.15. (a) Weisen Sie theoretisch nach, dass die Fixpunktiteration

$$g(x) = \frac{1}{2}\left(x + \frac{a}{x}\right)$$

quadratisch konvergiert, wobei $\bar{x} = \sqrt{a}$. (b) Versuchen Sie etwas darüber auszusagen, welche Anfangswerte Konvergenz für $a = 3$ garantieren, und zwar indem Sie einige Fixpunktiterationen durchführen.

31.16. (a) Zeigen Sie analytisch, dass die Fixpunktiteration

$$g(x) = \frac{x(x^2 + 3a)}{3x^2 + a}$$

für die Berechnung von $\bar{x} = \sqrt{a}$ mit dritter Ordnung konvergent ist. (b) Berechnen Sie einige Iterationen für $a = 2$ und $x_0 = 1$. Wieviele Stellen an Genauigkeit werden mit jeder Iteration erreicht?

31.17. (a) Weisen Sie die Behauptungen über die Konvergenzrate für die Funktionen in Beispiel 31.10 nach. (b) Weisen Sie die Behauptungen über die Konvergenz für die Funktionen in Beispiel 31.12 nach.

Die Aufgaben 31.18–31.22 befassen sich mit dem Newton–Verfahren.

31.18. Bestimmen Sie die Fixpunkte der folgenden Funktionen, indem Sie das Newton–Verfahren benutzen. Vergleichen Sie die Konvergenzraten für jede Berechnung mit den Raten, die für die Fixpunktberechnungen in Aufgabe 31.8 ermittelt wurden.

(a) $f(x) = 2 + 2\cos(x/4) - x$ (b) $f(x) = x^3 - x^2 - x - 1$
(c) $f(x) = \log(2 + x^2) - x$ (d) $f(x) = x^6 - x - 1$
(e) $f(x) = 2e^{-x} - x$ (f) $f(x) = x^3 - x$.

31.19. Verwenden Sie das Newton–Verfahren, um alle Nullstellen von $f(x) = x^5 + 3x^4 - 3x^3 - 5x^2 + 5x - 1$ zu berechnen.

31.20. Benutzen Sie das Newton–Verfahren, um die kleinste positive Nullstelle von $f(x) = \cos(x) + \sin(x)^2(50x)$ zu berechnen.

31.21. Benutzen Sie das Newton–Verfahren, um die Nullstelle $\bar{x} = 0$ der Funktion

$$f(x) = \begin{cases} \sqrt{x}, & x \geq 0, \\ -\sqrt{-x}, & x < 0 \end{cases}$$

zu berechnen. Konvergiert das Verfahren? Wenn ja, konvergiert es mit zweiter Ordnung? Erläutern Sie Ihre Antwort.

31.22. Wenden Sie das Newton–Verfahren auf $f(x) = x^3 - x$ an und starten Sie mit $x_0 = 1/\sqrt{5}$. Konvergiert das Verfahren? Erläutern Sie Ihre Antwort unter Verwendung einer graphischen Darstellung von $f(x)$.

Die Aufgaben 31.23–31.25 befassen sich mit Fehlerabschätzungen und Kriterien zum Beenden der Iteration.

31.23. Modifizieren Sie den Code, der benutzt wurde, um die Nullstellenprobleme in Aufgabe 31.18 zu lösen, so dass eine Fehlerabschätzung für jedes x_n ausgegeben wird. Benutzen Sie dabei (31.18) und lassen Sie auch den realen Fehler berechnen, wenn die Nullstelle $\bar{x}$ in das Programm eingegeben wird. Lassen Sie die Berechnungen nochmals laufen, die Sie in Aufgabe 31.18 durchgeführt haben und vergleichen Sie die Fehlerabschätzungen mit den Fehlern in Abbildung 31.14. Falls Sie die exakte Nullstelle für ein Problem nicht kennen, verwenden Sie den Wert x_N für ein großes N als eine Approximation für $\bar{x}$ und vergleichen Sie dann die Fehler für n, das im Vergleich zu N nicht zu groß ist.

31.24. Modifizieren Sie den Code, der benutzt wurde, um die Nullstellenprobleme in Aufgabe 31.18 zu lösen, so dass er entweder (31.19) oder (31.20) benutzt, um die Iteration zu beenden.

31.25. (a) Leiten Sie eine approximative Beziehung zwischen dem Residuum $g(x) - x$ eines Fixpunktproblems g und dem Fehler der Fixpunktiterierten $x_n - \bar{x}$ her. (b) Entwickeln Sie zwei Kriterien für die Beendigung einer Fixpunktiteration. (c) Überarbeiten Sie Ihren Fixpunktcode.

Die Aufgaben 31.26–31.28 befassen sich mit Modifikationen des Newton–Verfahrens.

31.26. (a) Implementieren Sie Algorithmus 31.2 und implementieren Sie, dass ausgegeben wird, wann eine Bisektionssuche durchgeführt wird. (b) Wenden Sie Ihren Code auf die oben behandelten Probleme aus Aufgabe 31.18 an und vermerken Sie, ob Bisektionssuchen benutzt wurden. (c) Wenden Sie Ihren Code auf Aufgabe 31.19 an. (d) Wenden Sie Ihren Code auf Aufgabe 31.21 an. (e) Wenden Sie Ihren Code auf Aufgabe 31.22 mit $x_0 < 1/\sqrt{5}$, $x_0 = 1/\sqrt{5}$ und $x_0 > 1/\sqrt{5}$ an.

31.27. (a) Benutzen Sie eine graphische Darstellung, um zu erklären, warum das Newton–Verfahren für das Nullstellenproblem in Beispiel 31.18 divergiert. (b) Veranschaulichen Sie in Ihrer Darstellung die erste Newton–Iterierte und die Schritt–für–Schritt Ergebnisse der nachfolgenden Bisektionssuche.

31.28. (a) Schreiben Sie einen Code, der gleichzeitig das Newton–Verfahren, ein Quasi–Newton–Verfahren mit dem Schritt $h_n = |f(x_{n-1})|$ und das Sekantenverfahren implementiert. (b) Wenden Sie Ihren Code auf die oben betrachteten Probleme aus Aufgabe 31.18 an und vergleichen Sie die Konvergenz der Verfahren.

In den Aufgaben 31.29 und 31.30 wenden wir das Newton–Verfahren in Situationen an, in denen die Bedingungen, die Konvergenz garantieren, nicht gelten.

31.29. Verwenden Sie das Newton–Verfahren, um die Nullstelle $\bar{x} = 1$ von $f(x) = x^4 - 3x^2 + 2x$ zu berechnen. Konvergiert die Methode quadratisch? *Hinweis:* Sie können dies prüfen, indem Sie $|x_n - 1|/|x_{n-1} - 1|$ für $n = 1, 2, \cdots$ graphisch darstellen.

31.30. Nehmen wir an, dass $f(x)$ die Form $f(x) = (x - \bar{x})^2 h(x)$ hat, wobei h eine differenzierbare Funktion mit $h(\bar{x}) \neq 0$ ist. (a) Weisen Sie nach, dass $f'(\bar{x}) = 0$, aber $f''(\bar{x}) \neq 0$ gilt. (b) Zeigen Sie, dass das Newton–Verfahren, angewendet auf $f(x)$, gegen $\bar{x}$ linear konvergiert und berechnen Sie den Konvergenzfaktor.

Der Sumpf der Infinitesimalrechnung

Es gibt zwei größere Kontroversen, die mit der Entstehung der Infinitesimalrechnung verbunden sind. An beiden Debatten waren Generationen von Mathematikern beteiligt und beide hatten einen großen Einfluß auf die Entwicklung der Mathematik. Beide Probleme liefern wichtige Lektionen für moderne Wissenschaftler und Mathematiker.

Eine Kontroverse ist auch heute noch wohl bekannt, und zwar darüber, ob zuerst Leibniz oder Newton die Infinitesimalrechnung erfand. Die Kontroverse begann kurze Zeit nachdem Leibniz und Newton ihre Ergebnisse veröffentlichten. Zunächst diskutierten ihre direkten Kollegen, später wurden Leibniz und Newton selbst beteiligt, so wie die folgende bzw. die folgenden zwei Generationen von Mathematikern. Die Debatte hatte starke negative Auswirkungen auf die Geschwindigkeit der Entwicklung der Mathematik, da sie die britischen Mathematiker von Mathematikern in Kontinentaleuropa über Generationen hinweg isolierte.

Im Rückblick jedoch ist diese Debatte im Einzelnen und im Allgemeinen völlig bedeutungslos. Tatsächlich machten Leibniz und Newton die meisten ihrer Entdeckungen in der Infinitesimalrechnung unabhängig voneinander und innerhalb weniger Jahre. Newton machte die meisten seiner Entdeckungen etwas früher als Leibniz, aber Leibniz veröffentlichte seine Ergebnisse vor Newton. In Anbetracht dieser Umstände ist es einfach „feiner Leute" unwürdig, zwecklos über die Rangfolge zu diskutieren.

Am wichtigsten vielleicht: Diese Debatte ist allgemein betrachtet bedeutungslos. Weder Leibniz noch Newton „erfanden" die Infinitesimalrechnung. Sie trugen vielmehr zum bedeutenden Fortschritt der Entwicklung der Infinitesimalrechung bei, welche mit den antiken Griechen begonnen hatte und bis zur rigorosen Konstruktion der reellen Zahlen fortdauerte, lange nachdem Leibniz und Newton gestorben waren.

Die Ergebnisse von Leibniz und Newton gründeten auf einem bedeutenden Fundament an Arbeit über die Infinitesimalrechnung. Die antiken Griechen kannten unendliche Reihen und eine Form der Integration (vgl. Kapitel 27). Die Untersuchung von Reihen wurde bis in Leibniz' und Newton's Zeit fortgesetzt und Reihen spielten eine Schlüsselrolle in ihren Argumenten. Die Generationen von Mathematikern unmittelbar vor Leibniz und Newton arbeiteten direkt an den zentralen Problemen der Infinitesimalrechnung, wie zum Beispiel der Berechnung von Tangenten und der Integration. Das Lehrbuch über die Infinitesimalrechnung von Barrows,[1] der Newtons Vorgänger in Cambridge war, beinhaltete Material über das Finden von Tangenten an Kurven; das Differenzieren von Produkten und Quotienten; über Ableitungen von Monomen; implizite Differenzierung; Integration, einschließlich der Transformationsformel für bestimmte Integrale und das Berechnen der Längen von Kurven; alles wurde aus einer geometrischen Sichtweise beschrieben. Wallis schrieb ein ähnliches Lehrbuch aus einer algebraischen Perspektive. Sowohl Leibniz als auch Newton waren die früheren Arbeiten über die Infinitesimalrechnung bestens bekannt.

Dennoch war die Infinitesimalrechnung kein einheitliches Thema vor Leibniz und Newton. Sie bestand eher aus unzusammenhängenden Ergebnissen für bestimmte Funktionen. Die gewaltige Errungenschaft von Leibniz und Newton war, diese Ergebnisse zu einem allgemeinen Verfahren zusammenzufügen und insbesondere das enge Verhältnis zwischen Differenzieren und Integrieren zu erkennen. Sie bewiesen auch die Leistungsfähigkeit dieses Verfahrens, indem sie eine bemerkenswerte Menge von wissenschaftlichen Anwendungen durchführten.

Die Entwicklung eines allgemeinen Werkzeuges für die Analysis setzte eine Revolution in der Mathematik und der Naturwissenschaft frei. Da dies mit Leibniz und Newton begann, liegt es nahe, sie als die Erfinder der Infinitesimalrechnung zu betrachten. Beugt man sich jedoch der beklagenswerten menschlichen Tendenz in Richtung des „Personenkults",[2] so wählt man eine sehr vereinfachte Sichtweise davon, wie Wissenschaft und Mathematik betrieben werden. Fortschritt in der Wissenschaft und der Mathematik ist eine gemeinschaftliche Angelegenheit. Spektakuläre Errungenschaften, wie die von Leibniz und Newton, kennzeichnen eine spezielle Art von Genie, dennoch sind auch sie lediglich Teil des allgemeinen menschlichen Marsches in Richtung eines Verständnisses der Natur.

---

[1] Isaac Barrows (1630–1677) hielt den „Lucasian" Lehrstuhl in Mathematik an der Universität von Cambridge, bevor er sein Amt niederlegte, so dass Newton seinen Platz einnehmen konnte. Barrows schrieb sehr einflußreiche Artikel in der Geometrie, einer frühen Form der Infinitesimalrechnung und der Optik.

[2] Mit den schlimmen Auswirkungen, die überall in Wirtschaft, Politik, Religion und Wissenschaft sichtbar werden.

Die zweite Kontroverse war deutlich substanzieller und für die Entwicklung der modernen Mathematik wichtig. Diese Kontroverse entstand, weil die Infinitesimalrechnung von Leibniz und Newton mathematisch nicht rigoros war. Das zentrale Thema war die Bedeutung von *Grenzwerten*, die nicht mathematisch präzise behandelt wurden.

Diese Kontroverse nahm nicht die Form einer Debatte zwischen Befürwortern und Gegnern der Infinitesimalrechnung an. Sie nahm vielmehr die Form einer ernsthaften Selbst-Untersuchung durch Mathematiker an. Leibniz und

Newton waren sich bewußt, wie auch die nachfolgenden Generationen von Mathematikern, dass es wesentliche Löcher in den mathematischen Fundamenten der Infinitesimalrechnung gab. Sie und ihre unmittelbaren Nachfolger, wie die Bernoullis, Dirichlet, Euler und Lagrange kümmerten sich intensiv darum, die Infinitesimalrechnung auf eine rigorose Basis zu stellen. Dies trieb die letztendlich erfolgreichen Bemühungen von Bolzano, Cantor, Cauchy, Dedekind und Weierstrass an.

Wie auch immer, die Mächtigkeit der Infinitesimalrechnung zur Beschreibung der physikalischen Welt und die überwältigenden rechnerischen und experimentellen Belege, dass die Infinitesimalrechnung korrekt war, gaben den frühen Analytikern Zuversicht, mit der Entwicklung und dem Gebrauch der Infinitesimalrechnung fortzufahren, auch wenn sie gleichzeitig mit mangelnder Strenge zu kämpfen hatten. Es ist wichtig zu erkennen, dass die Revolution in der Naturwissenschaft und der Mathematik, die im 17. Jahrhundert begann, teilweise auf analytischen Techniken beruhte, deren Korrektheit in großen Teilen bis Anfang dieses Jahrhunderts unbewiesen blieben.[3]

Dennoch machten der große Erfolg der Anwendung von Mathematik zum Verständnis der physikalischen Welt und die großen Fortschritte, die in der Mathematik erreicht wurden, umso mehr die Erstellung eines rigorosen Fundaments zwingend notwendig. Tatsächlich existierten viele falsche wissenschaftlichen Erklärungen, die auf fehlerhafter Mathematik beruhten,[4] die anschließend verworfen wurden. Der allmähliche Prozess der Erstellung einer rigorosen mathematischen Analysis war nicht nur mathematisch wichtig, sondern auch wissenschaftlich.

Kurz gesagt, die Bemühung, die Analysis auf ein rigoroses Fundament zu stellen, wurde von Mathematikern betrieben, die sowohl in reiner als auch angewandter Mathematik arbeiteten und die sowohl durch mathematische, als auch durch wissenschaftliche Belange motiviert waren. Aus diesem Grund ist es erstaunlich und bestürzend festzustellen, dass sich in

---

[3]Dieser Trend dauert heute weiter an. Zum Beispiel benutzen theoretische Physiker, die Subjekte wie die Quantenmechanik untersuchen, Forschungsmathematik, die bei weitem hinter dem liegt, was als wahr bewiesen wurde.

[4]Die ungenierte Behandlung der Konvergenz von unendlichen Reihen hatte vor allem irreführende Konsequenzen.

diesem Jahrhundert eine beträchtliche Kluft zwischen reiner und angewandter, und zwischen rigoroser und experimenteller Mathematik gebildet hat. In der Tat betrachtet heutzutage ein großer Schwaden von Mathematikern diese Gebiete als separate Disziplinen.

Diese Entwicklung hat teilweise historische Gründe. Die tiefgreifende Selbstuntersuchung, die zu rigoroser Analysis führte, etablierte die Mathematik als eine von den anderen grundlegend verschiedene Wissenschaft. Der Standard für mathematische Wahrheit beruht letztendlich auf einem konsistenten und richtigen Beweis, im Gegensatz zu einem experimentellen Nachweis. Wir glauben, dass korrekte Mathematik beweisbar richtig ist und dass wir Mathematik nicht vollständig verstehen, bevor sie als wahr bewiesen wurde.[5] Im Gegensatz dazu beruhen die anderen Wissenschaften auf experimentellem Nachweis und die Wahrheiten in der Wissenschaft können nicht in einem mathematischen Sinn als wahr bewiesen werden.

Es ist die Interpretation von „letztendlich" in der vorhergehenden Beschreibung, die Diskussionen und Kontroversen unter den Mathematikern hervorgebracht hat. Impliziert „letztendlich" Unmittelbarkeit, d.h. dass eine mathematische Argumentation keine *Mathematik* darstellt, solange sie nicht in der Form eines rigorosen Beweises vorliegt? Oder interpretieren wir „letztendlich" in der Bedeutung, dass ein Beweis das endgültige Ziel ist, wir aber akzeptieren, dass es gültige und nützliche mathematische Argumentationen gibt, die noch keine Beweise sind?

Das Verständnis der geschichtlichen Wurzeln der Kluft zwischen reiner und angewandter und zwischen rigoroser und experimenteller Mathematik entschuldigt nicht die Ignoranz und die Vorurteile, die diese Kluft bestehen lassen.

Weder der Mathematik, noch der Wissenschaft tut diese Spaltung gut. Auf der anderen Seite hat sie viele schlechte Konsequenzen. Der ganz überwiegende Großteil an Forschung, die Mathematik einbezieht, wird von Nicht-Mathematikern durchgeführt, die naturwissenschaftliche und ingenieurwissenschaftliche Probleme untersuchen. Mathematiker, die sich selbst ausschließlich auf die Mathematik beschränken, die beweisbar wahr ist, begrenzen sich selbst auf einen kleinen Teil der mathematischen Welt, und verlieren folglich eine Fundgrube an mathematischen Problemen und an Intuition. Gleichzeitig vermissen Wissenschaftler und Ingenieure in vielen Gebieten schmerzhaft das Fachwissen von Mathematikern, die helfen könnten, sie in der forschenden Welt der angewandten Mathematik zu leiten.

---

[5] Dies besagt nicht, dass wir Mathematik verstehen, nur da sie als wahr bewiesen wurde. Ein Beweis kann möglicherweise gar nicht oder nur teilweise erklären, warum eine Tatsache wahr ist.

Teil III

Sie möchten Analysis?
Hier ist sie.

32

Definitionen der Stetigkeit und der Differenzierbarkeit

Im dritten Teil dieses Buches werden wir die Eigenschaften von Funktionen genauer betrachten. Wir beginnen dieses Kapitel, indem wir verschiedene Möglichkeiten betrachten, Stetigkeit und Differenzierbarkeit zu definieren und indem wir die Beziehungen zwischen den unterschiedlichen Definitionen herausstellen. Bis zu diesem Punkt haben wir etwas eingeschränkte Definitionen von Stetigkeit und Differenzierbarkeit gebraucht, die uns ermöglichten, konstruktive Beweise von wichtigen Sätzen zu verwenden. Indem wir schwächere Definitionen dieser Konzepte betrachten, schließen wir mehr Funktionen in die Diskussion mit ein und entdecken auch einige wichtige Eigenschaften. In vielen Fällen verlieren wir jedoch die Möglichkeit einer konstruktiven Analyse.

Ab diesem Kapitel nimmt die Diskussion einen deutlich theoretischen Charakter an und erfordert mehr Geschick[1] beim Lesen. Andererseits öffnet die Beherrschung des Materials in diesem Teil die Tore zur gesamten Welt der Analysis.

32.1 Eine allgemeine Definition der Stetigkeit

Erinnern wir uns, dass unser Ziel bei der Definition der Lipschitz-Stetigkeit war, eine Funktion danach zu klassifizieren, ob sie glatt variiert in dem Sinne, dass kleine Veränderungen im Argument zu kleinen Veränderungen

---

[1]Übersetzung: Geduld und Frustration.

des Wertes führen. Die Bedingung der Lipschitz-Stetigkeit, $|f(x) - f(y)| \leq L|x - y|$, quantifiziert den maximalen Betrag eines Funktionswertes, um den er sich für eine bestimmte Veränderung im Argument ändern darf. Die Definition der Lipschitz-Stetigkeit basierte auf dem Verhalten von linearen Funktionen.

Lipschitz-Stetigkeit ist aber nicht der allgemeinste Weg, die Idee auszudrücken, dass f glatt variieren sollte.

BEISPIEL 32.1. Betrachten wir die Funktion $x^{1/3}$, die auf jedem beschränkten Intervall, das von 0 weg beschränkt ist, Lipschitz-stetig ist. Wir überprüfen die Lipschitz-Bedingung in 0 und dies ergibt:

$$|x^{1/3} - 0^{1/3}| = |x|^{1/3}.$$

Für jede Konstante L gilt:

$$|x|^{1/3} > L|x| \quad \text{für alle hinreichend kleinen } x; \qquad (32.1)$$

daher kann $x^{1/3}$ auf keinem Intervall Lipschitz-stetig sein, das 0 enthält oder 0 als einen Endpunkt besitzt.

Andererseits kommt $|x|^{1/3}$ der 0 beliebig nahe, wenn $|x|$ klein genug gewählt wird. Deshalb variiert $x^{1/3}$ glatt, wenn x die 0 durchläuft. Wir können dies anhand der graphischen Darstellung in Abbildung 32.1 erkennen.

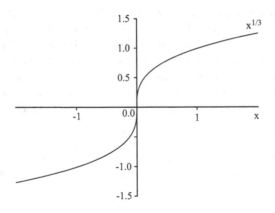

Abbildung 32.1: Graphische Darstellung von $x^{1/3}$.

Wir erstellen eine allgemeine Definition der Stetigkeit, die solche Fälle abdeckt.[2] Wir sagen, dass f in $\bar{x}$ **stetig** ist, wenn es für jedes gegebene

---

[2]Bolzano, Cauchy, und Weierstraß benutzten alle diese Definition der Stetigkeit. Die Notation geht auf Weierstraß zurück.

hinreichend kleine $\epsilon > 0$ ein $\delta > 0$ gibt, so dass

$$|f(x) - f(\bar{x})| < \epsilon \text{ für alle } x \text{ mit } |x - \bar{x}| < \delta.$$

In Worten ausgedrückt besagt dies, dass die Veränderung im Wert von $f(x)$ im Vergleich zu $f(\bar{x})$ beliebig klein gemacht werden kann, indem man x hinreichend nahe bei $\bar{x}$ wählt. Beachten Sie, dass $f(x)$ für alle x hinreichend nahe bei $\bar{x}$ definiert sein muss. Beachten Sie auch, dass $\delta = \delta_{\bar{x},\epsilon}$ normalerweise sowohl von $\bar{x}$ als auch von ϵ abhängt.

> BEISPIEL 32.2. Wir zeigen, dass x^2 in 1 stetig ist. Gegeben sei $\epsilon > 0$, wir möchten zeigen, dass $|x^2 - 1| < \epsilon$ für alle x in der Nähe von 1 gilt. Es gilt $|x^2 - 1| = |x + 1||x - 1|$, wenn wir also x auf $[0, 2]$ beschränken, dann gilt $|x^2 - 1| \leq 3|x - 1|$. Wenn wir daher x weiter beschränken, so dass $3|x - 1| < \epsilon$ gilt, dann erhalten wir
>
> $$|x^2 - 1| \leq 3|x - 1| < \epsilon.$$
>
> Wir müssen also $\delta = \epsilon/3$ wählen.

> BEISPIEL 32.3. Wir zeigen, dass $x^{1/3}$ in 0 stetig ist. Gegeben sei $\epsilon > 0$, wir möchten erreichen, dass $|x^{1/3} - 0^{1/3}| = |x|^{1/3} < \epsilon$ für alle x in der Nähe von 1 gilt. Dies ist wahr, falls $\left(|x|^{1/3}\right)^3 < \epsilon^3$ oder falls $|x| < \epsilon^3 = \delta$ gilt.

Das letzte Beispiel zeigt, dass Stetigkeit irgendwie eine „schwächere" Eigenschaft als Lipschitz-Stetigkeit ist.

32.2   Eigenschaften stetiger Funktionen

Die allgemeinen Eigenschaften stetiger Funktionen folgen fast direkt aus der vorangegangenen Diskussion. Ersichtlich wird dies aus dem folgenden Satz, der eine alternative Formulierung zur Stetigkeit präsentiert.

Satz 32.1 *Die Funktion f ist genau dann in $\bar{x}$ stetig, wenn $f(\bar{x})$ definiert ist und $\lim_{x \to \bar{x}} f(x) = f(\bar{x})$ gilt.*

Wir stellen die Aufgabe (Aufgabe 32.4), dies unter Anwendung von Satz 12.5 zu beweisen.

> BEISPIEL 32.4. Die Funktion $f(x) = (x^2 - 1)/(x - 1)$ besitzt einen Grenzwert in $\bar{x} = 1$, ist aber dort nicht stetig, da $f(1)$ undefiniert ist.

Aus diesem Ergebnis folgt:

Satz 32.2 *Es seien f und g in $\bar{x}$ stetig und c eine Zahl. Dann sind $f + cg$ und fg in $\bar{x}$ stetig. Gilt $g(\bar{x}) \neq 0$, dann ist f/g ebenfalls in $\bar{x}$ stetig.*

Den Beweis hiervon stellen wir als Aufgabe (Aufgabe 32.5).

Schließlich stellen wir auch die Aufgabe (Aufgabe 32.6), ein Ergebnis über die Komposition von stetigen Funktionen zu beweisen.

Satz 32.3 *Wenn g in $\bar{x}$ mit $\bar{y} = g(\bar{x})$ stetig ist und f in $\bar{y}$ stetig ist, dann ist $f \circ g$ in $\bar{x}$ stetig.*

32.3 Stetigkeit auf einem Intervall

Wie zuvor sagen wir, dass eine Funktion auf einem Intervall I **stetig** ist, wenn sie in jedem Punkt in I stetig ist.

BEISPIEL 32.5. Wir zeigen, dass x^2 auf $(-\infty, \infty)$ stetig ist. Wählen wir eine reelle Zahl $\bar{x}$. Gegeben sei $\epsilon > 0$, wir möchten erreichen, dass $|x^2 - \bar{x}^2| < \epsilon$ für alle x in der Nähe von $\bar{x}$ gilt. Es gilt $|x^2 - \bar{x}^2| = |x + \bar{x}||x - \bar{x}|$, wenn wir also x auf $[\bar{x} - 1, \bar{x} + 1]$ beschränken, dann gilt $|x^2 - \bar{x}^2| \leq (2|\bar{x}| + 1)|x - \bar{x}|$. Wenn wir daher x weiter beschränken, so dass $(2|\bar{x}| + 1)|x - \bar{x}| < \epsilon$ gilt, dann erhalten wir

$$|x^2 - \bar{x}^2| \leq (2|\bar{x}| + 1)|x - \bar{x}| < \epsilon.$$

Wir müssen also $\delta = \epsilon/(2|\bar{x}| + 1)$ wählen.

BEISPIEL 32.6. Die Treppenfunktion $I(t)$ ist in $t = 0$ und $t = 1$ unstetig, sie ist aber auf $(-\infty, 0)$, $(0, 1)$ und $(1, \infty)$ stetig.

BEISPIEL 32.7. Die Funktion, die auf $[0, 1]$ durch

$$Q(x) = \begin{cases} 0, & x \text{ irrational} \\ 1, & x \text{ rational} \end{cases}$$

definiert ist, ist in jedem Punkt in $[0, 1]$ unstetig. Sei x ein beliebiger Punkt in $[0, 1]$, dann nimmt Q die Werte 0 und 1 für Punkte an, die beliebig nahe an x liegen.

Wir untersuchen einige Eigenschaften von Funktionen, die auf einem Intervall stetig sind. Als erstes: Es ist einfach, den Beweis des Bisektionsalgorithmus so abzuändern, dass der Satz auf stetige Funktionen Anwendung findet. Wir stellen die Details als Aufgabe (Aufgabe 32.10). Wir erhalten:

Satz 32.4 Satz von Bolzano *Wenn f auf einem Intervall $[a, b]$ stetig ist und $f(a)$ und $f(b)$ entgegengesetzte Vorzeichen aufweisen, dann hat f mindestens eine Nullstelle in (a, b) und der Bisektionsalgorithmus, mit $x_0 = a$ und $X_0 = b$ gestartet, konvergiert gegen eine Nullstelle von f in (a, b).*

Der Zwischenwertsatz folgt sofort.

Satz 32.5 Der Zwischenwertsatz *Es sei f auf einem Intervall [a, b] stetig. Dann gibt es für jedes d zwischen f(a) und f(b) mindestens einen Punkt c zwischen a und b, so dass f(c) = d.*

Eine weitere interessante Tatsache ist, dass im Gegensatz zur Lipschitz-Stetigkeit, Stetigkeit auf eine inverse Funktion ohne Bedingung übertragen wird. Wir stellen den Beweis des folgenden Satzes als Übung (Aufgabe 32.11).

Satz 32.6 Satz über die inverse Funktion *Sei f eine stetige monotone Funktion auf [a, b] mit $\alpha = f(a)$ und $\beta = f(b)$. Dann besitzt f eine stetige monotone inverse Funktion, die auf [α, β] definiert ist. Für jedes x in (α, β) kann der Wert von f^{-1} berechnet werden, indem man den Bisektionsalgorithmus anwendet, um die Nullstelle y von $f(y) - x = 0$ zu berechnen und auf dem Intervall [a, b] startet.*

BEISPIEL 32.8. Die Funktion x^3 ist Lipschitz-stetig und auf [0, 1] stetig, allerdings ist ihre inverse Funktion $x^{1/3}$ nur auf [0, 1] stetig, nicht aber Lipschitz-stetig.

Es gibt zwei Definitionen stetigen Verhaltens auf einem Intervall: Stetigkeit und Lipschitz-Stetigkeit. Lipschitz-Stetigkeit ist offenbar die „stärkere" Definition, da Lipschitz-Stetigkeit Stetigkeit impliziert, und da insbesondere Lipschitz-stetige Funktionen weniger abrupt variieren dürfen, als lediglich stetige Funktionen. Wir verbringen den Rest dieses Abschnitts mit der Untersuchung der Art und Weise, mit der die Lipschitz-Bedingung restriktiver ist.

Tatsächlich schränkt die Lipschitz-Bedingung das Verhalten einer stetigen Funktion auf zwei Arten ein. Zum einen stellt sie sicher, dass das stetige Verhalten auf dem Intervall gleichmäßig ist. Um dies zu präzisieren, erinnern wir uns daran, dass wenn f auf einem Intervall I stetig ist, wir dann für ein gegebenes $\bar{x}$ in I und $\epsilon > 0$ ein $\delta_{\bar{x},\epsilon}$ finden können, so dass für alle x in I mit $|x - \bar{x}| < \delta_{\bar{x},\epsilon}$, $|f(x) - f(\bar{x})| < \epsilon$ gilt. Dies ist *keine* gleichmäßige Definition der Stetigkeit auf I, da sowohl $\delta_{\bar{x},\epsilon}$ von $\bar{x}$ abhängt, als auch ϵ.

BEISPIEL 32.9. Erinnern wir uns, dass wir in Beispiel 32.5 gezeigt haben, dass x^2 auf $(-\infty, \infty)$ mit dem Stetigkeitsmodul $\delta_{\bar{x},\epsilon} = \epsilon/(2|\bar{x}| + 1)$ für jedes x und $\epsilon > 0$ stetig ist.

BEISPIEL 32.10. Wir zeigen, dass die Funktion $1/x$ auf $(0, \infty)$ stetig ist. Wir wählen $x, \bar{x}$ in $(0, \infty)$ und berechnen

$$\left| \frac{1}{x} - \frac{1}{\bar{x}} \right| = \frac{|x - \bar{x}|}{|x||\bar{x}|}.$$

In diesem Beispiel sind die Dinge ein wenig komplizierter, da die rechte Seite sowohl von x als auch von $\bar{x}$ und $|x - \bar{x}|$ abhängt. Wir können uns von der Abhängigkeit von x befreien, indem wir annehmen, dass x so beschränkt ist, dass $|x - \bar{x}| < |\bar{x}|/2$ oder speziell so, dass $x > \bar{x}/2$ gilt. Dann gilt

$$\left| \frac{1}{x} - \frac{1}{\bar{x}} \right| = \frac{|x - \bar{x}|}{|x||\bar{x}|} \leq \frac{2|x - \bar{x}|}{|\bar{x}|^2}.$$

Gegeben sei $\epsilon > 0$. Wenn wir zusätzlich annehmen, dass $|x - \bar{x}| < |\bar{x}|^2\epsilon/2$, dann gilt

$$\left| \frac{1}{x} - \frac{1}{\bar{x}} \right| \leq \frac{2|x - \bar{x}|}{|\bar{x}|^2} < \epsilon.$$

Daher gilt für jedes gegebene $\epsilon > 0$,

$$\left| \frac{1}{x} - \frac{1}{\bar{x}} \right| < \epsilon$$

für alle $x > 0$, die

$$|x - \bar{x}| < \delta_{\bar{x},\epsilon} = \min\left\{ |\bar{x}|/2, |\bar{x}|^2\epsilon/2 \right\} = \frac{|\bar{x}|}{2} \min\{1, |\bar{x}|\epsilon\}$$

genügen.

Für den Fall, dass f auf einem Intervall I stetig ist und wir wie oben ein $\delta_{\bar{x},\epsilon} = \delta_\epsilon$ finden können, das *unabhängig* von x in I ist, sagen wir, dass f auf I gleichmäßig stetig ist. Präziser: f ist auf einem Intervall I **gleichmäßig stetig**, wenn es für jedes $\epsilon > 0$ ein $\delta > 0$ gibt, so dass $|f(x) - f(y)| < \epsilon$ für alle x und y in I mit $|x - y| < \epsilon$. Der wichtige Punkt ist, dass das Ausmaß, für das f mit einer gegebenen Änderung im Argument variieren kann, dasselbe ist, unabhängig von der Lage des Arguments. Die Idee gleichmäßiger Stetigkeit wurde ursprünglich von Heine[3] formuliert.

BEISPIEL 32.11. Eine lineare Funktion $f(x) = ax + b$ ist auf $(-\infty, \infty)$ gleichmäßig stetig.

BEISPIEL 32.12. Wir zeigen, dass x^2 auf jedem beschränkten Intervall $[a, b]$ gleichmäßig stetig ist. In der Tat zeigt Beispiel 32.5, dass dies wahr ist, da $2|\bar{x}| + 1 \leq 2\max\{|a|, |b|\} + 1$ für jedes $\bar{x}$ in $[a, b]$. Beachten Sie, dass x^2 auf $(-\infty, \infty)$ *nicht* gleichmäßig stetig ist.

BEISPIEL 32.13. Die Funktion x^{-1} ist auf jedem Intervall $[a, b]$ mit $a > 0$ gleichmäßig stetig. Tatsächlich folgt aus Beispiel 32.10, dass wir für ein gegebenes beliebiges $\epsilon > 0$, falls wir $\delta = \epsilon a^2$ wählen, für x und y in $[a, b]$ mit $|x - y| < \delta$

$$\left| \frac{1}{x} - \frac{1}{y} \right| < \epsilon$$

---

[3]Heinrich Eduard Heine (1821–1881) war ein deutscher Mathematiker. Er entdeckte einige wichtige Ergebnisse in der Analysis, einschließlich einiger fundamentaler Eigenschaften von Mengen reeller Zahlen.

erhalten. Jedoch ist x^{-1} auf keinem Intervall, das 0 als einen Endpunkt besitzt, gleichmäßig stetig (vgl. Abbildung 32.2).

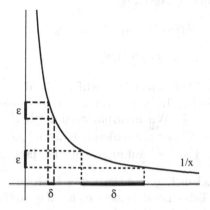

Abbildung 32.2: Die Funktion $1/x$ ist auf keinem Intervall, das 0 als einen Endpunkt besitzt, gleichmäßig stetig. Die graphische Darstellung von $1/x$ deutet darauf hin, dass eine Veränderung im Wert von $1/x$ der Größe ϵ eine kleinere Veränderung der Größe δ im Wert von x für kleinere Werte von x erfordert.

Eine Funktion f, die auf einem Intervall I Lipschitz-stetig ist, ist sicherlich auf I auch gleichmäßig stetig, da

$$|f(x) - f(y)| \leq L|x - y| < \epsilon,$$

vorausgesetzt, dass $|x - y| < \delta = \epsilon/L$. Lipschitz-Stetigkeit ist im Allgemeinen allerdings restriktiver als gleichmäßige Stetigkeit, da sie eine Schranke dafür vorgibt, wie schnell sich eine Funktion bei einer Änderung im Argument ändern kann, indem ein lineares Verhältnis zwischen ϵ und δ verlangt wird. Für allgemein stetige Funktionen kann die Abhängigkeit von δ von ϵ komplizierter sein. Zum Beispiel können wir eine nützliche Verallgemeinerung der Definition der Lipschitz-Stetigkeit, die auf Hölder[4] zurückgeht, durchführen, indem wir eine Potenzbeziehung zwischen δ and ϵ annehmen. Wir sagen, dass f auf einem Intervall I **Hölder-stetig** ist, wenn es Konstanten L und $\alpha > 0$ gibt, so dass

$$|f(x) - f(y)| \leq L|x - y|^{\alpha} \text{ für alle } x, y \text{ in } I.$$

---

[4]Otto Ludwig Hölder (1859–1937) war ein deutscher Mathematiker, dessen wichtigste Beiträge in der Gruppentheorie lagen. Er war aber auch an Fourierreihen interessiert und entdeckte die wichtige Ungleichung, die seinen Namen trägt.

Wir nennen α den **Hölder-Exponent** von f. Eine Lipschitz-stetige Funktion ist Hölder-stetig mit dem Exponent 1. Eine auf I Hölder-stetige Funktion ist auf I gleichmäßig stetig, da

$$|f(x) - f(y)| \leq L|x - y|^\alpha < \epsilon$$

gilt, so lange $|x - y| < \delta = L^{-1/\alpha}\epsilon^{1/\alpha}$.

BEISPIEL 32.14. Als Beispiel überprüfen wir, dass $x^{1/2}$ mit dem Exponent $1/2$ auf $[0, \infty)$ Hölder-stetig ist. Für x und y in $[0, \infty)$ gilt $|\sqrt{x} - \sqrt{y}| \leq |\sqrt{x} + \sqrt{y}|$. Wir multiplizieren mit $|\sqrt{x} - \sqrt{y}|$ und erhalten $|\sqrt{x} - \sqrt{y}|^2 \leq |x - y|$, oder mit anderen Worten $|\sqrt{x} - \sqrt{y}| \leq |x - y|^{1/2}$. Erinnern wir uns, dass $x^{1/2}$ auf $[0, \infty)$ nicht Lipschitz-stetig ist.

Einige der nützlichen Eigenschaften von Lipschitz-stetigen Funktionen resultieren aus der Tatsache, dass sie gleichmäßig stetig sind. Erinnern wir uns zum Beispiel, dass eine Funktion, die auf einem beschränkten Intervall Lipschitz-stetig ist, beschränkt ist. Tatsächlich ist die Beschränktheit eine Konsequenz der gleichmäßigen Stetigkeit. Nehmen wir an, dass f auf einem beschränkten Intervall I gleichmäßig stetig ist. Wir betrachten den Fall, dass $I = [a, b]$ abgeschlossen ist und stellen den Fall „I offen" als Aufgabe 32.20. Der Beweis beruht auf der Konstruktion eines Gitters auf $[a, b]$. Setzen wir $x_0 = a$ und legen wir $\epsilon > 0$ fest. Nach Annahme gibt es ein $\delta > 0$, *unabhängig* von x_0, so dass $|f(x) - f(x_0)| < \epsilon$ für alle $x_0 \leq x < x_0 + \delta$. Dies bedeutet, dass

$$|f(x)| \leq |f(x_0)| + \epsilon \text{ für } x_0 \leq x \leq x_0 + \delta.$$

Wir setzen $x_1 = x_0 + \delta$ und dasselbe Argument zeigt, dass

$$|f(x)| \leq |f(x_1)| + \epsilon \text{ für } x_1 \leq x \leq x_1 + \delta.$$

Wir fahren mit diesem Prozess fort, um das Gitter zu definieren. Wenn wir n als diejenige ganze Zahl setzen, die gerade größer als oder gleich $(b-a)/\delta$ ist, so dass $(n-1)\delta < b \leq n\delta$, können wir das Gitter durch $x_i = a + i \times \delta$ für $i = 0, 1, \cdots, n-1$ und $x_n = b$ definieren. Beachten Sie, dass $|x_n - x_{n-1}| \leq \delta$ und

$$|f(x)| \leq |f(x_i)| + \epsilon \text{ für } x_i \leq x \leq x_{i+1}$$

für $i = 0, 1, \cdots n - 1$ gilt. Wir veranschaulichen dies in Abbildung 32.3. Das bedeutet aber, dass $|f(x)|$ durch das Maximum von $\{|f(x_0)| + \epsilon, \cdots, |f(x_{n-1})| + \epsilon\}$ beschränkt ist, welches existiert, da dies eine endliche Menge von Zahlen ist. Sobald der Fall eines offenen Intervalls betrachtet wurde (Aufgabe 32.20), haben wir den folgenden Satz bewiesen:

Satz 32.7 *Eine Funktion, die auf einem beschränkten Intervall gleichmäßig stetig ist, ist auf dem Intervall beschränkt.*

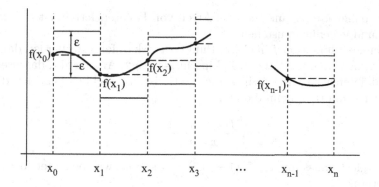

Abbildung 32.3: Darstellung des Beweises von Satz 32.7.

Für diesen Beweis ist es wesentlich, dass das Intervall beschränkt ist und dass die Funktion gleichmäßig stetig ist.

BEISPIEL 32.15. Die Funktion $f(x) = 1/x$ ist auf $(0,1)$ stetig, aber nicht gleichmäßig stetig. Sie ist auch nicht beschränkt.

BEISPIEL 32.16. Die Funktion $y = 2x$ ist auf $(-\infty, \infty)$ gleichmäßig stetig, sie ist aber nicht beschränkt.

Im Folgenden untersuchen wir weitere Eigenschaften von gleichmäßig stetigen Funktionen.

32.4   Differenzierbarkeit und starke Differenzierbarkeit

Wir haben sowohl starke Differenzierbarkeit, als auch Differenzierbarkeit einer Funktion f definiert. Diese sind nicht äquivalent. Die Definitionen implizieren, dass wenn f in $\bar{x}$ stark differenzierbar ist, sie notwendigerweise differenzierbar ist. Differenzierbarkeit impliziert jedoch nicht starke Differenzierbarkeit.

BEISPIEL 32.17. Die Funktion $f(x) = x^{4/3}$ ist in 0 differenzierbar, da $f'(x) = \frac{4}{3}x^{1/3}$, sie ist aber nicht stark differenzierbar. Denn falls wir versuchen, den Fehler der Linearisierung zu berechnen, erhalten wir

$$\left| x^{4/3} - (0 + 0(x-0)) \right| = |x|^{4/3}.$$

Für jedes gegebene $L > 0$ ist $|x|^{4/3} > L|x|^2$ für alle hinreichend kleinen x; daher wird der Fehler der Linearisierung nicht hinreichend klein.

Es ist daher interessant, die zwei Arten von Differenzierbarkeit zu vergleichen und gegenüberzustellen.

Wenn die Funktion f in einem Punkt $\bar{x}$ stark differenzierbar ist, dann ist
sie in $\bar{x}$ im Sinne von Satz 16.1 „Lipschitz-stetig". Analog gilt, dass wenn f
in $\bar{x}$ differenzierbar ist, sie in $\bar{x}$ auch stetig ist. Tatsächlich folgt dies direkt
aus der Definition, denn damit

$$\lim_{x \to \bar{x}} \frac{f(x) - f(\bar{x})}{x - \bar{x}} = f'(\bar{x})$$

konvergiert, muss $\lim_{x \to \bar{x}} f(x) - f(\bar{x}) = 0$ gelten, was bedeutet, dass f in
$\bar{x}$ stetig ist.

Als nächstes betrachten wir die Glattheit der Ableitung einer Funktion,
die auf einem Intervall differenzierbar ist. Es stellt sich heraus, dass *weder
Differenzierbarkeit noch starke Differenzierbarkeit auf einem Intervall ausreichend sind, um zu garantieren, dass f' stetig ist.* Anhand eines Beispiels
erklären wir, warum.

BEISPIEL 32.18. Betrachten wir die stetige Funktion

$$f(x) = \begin{cases} x^2 \sin(1/x), & x \neq 0, \\ 0, & x = 0. \end{cases} \tag{32.2}$$

Wir zeichnen f in Abbildung 32.4.

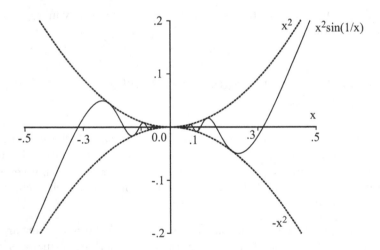

Abbildung 32.4: Graphische Darstellung der Funktion f, die in (32.2) definiert wird.

Für $x \neq 0$ gilt $f'(x) = -\cos(1/x) + 2x \sin(1/x)$. Obwohl für $x \neq 0$
definiert, ist $\lim_{x \to 0} f'(x)$ undefiniert, da $-\cos(1/x)$ mit kleiner wer-

dendem x schneller und schneller oszilliert und alle Werte zwischen -1 und 1 annimmt.

Wenn wir jedoch die Ableitung in 0 unter Verwendung der Definition berechnen,

$$f'(0) = \lim_{x \to 0} \frac{x^2 \sin(1/x) - 0}{x - 0} = \lim_{x \to 0} x \sin(1/x) = 0,$$

stellen wir fest, dass sie definiert ist und $f'(0) = 0$ gilt. Außerdem läßt sich leicht zeigen, dass f in jedem x stark differenzierbar ist, einschließlich 0. Daher ist f auf jedem Intervall, das 0 enthält, stark differenzierbar, allerdings ist f' auf einem solchen Intervall nicht stetig.

Andererseits haben wir oben auch bewiesen, dass eine auf einem Intervall gleichmäßig stark differenzierbare Funktion eine Lipschitz-stetige Ableitung auf dem Intervall besitzt. Deshalb muss die Gleichmäßigkeit zusätzlich etwas Glattheit auf die Ableitung übertragen. Um dies zu verstehen, fügen wir der Definition von Differenzierbarkeit Gleichmäßigkeit hinzu. Wir sagen, dass f auf einem Intervall I **gleichmäßig differenzierbar** ist , wenn es für jedes gegebene $\epsilon > 0$ ein $\delta > 0$ gibt, so dass

$$\left| \frac{f(y) - f(x)}{y - x} - f'(x) \right| < \epsilon \text{ für alle } x \text{ und } y \text{ in } I \text{ mit } |x - y| < \delta.$$

Dies ist das direkte Analogon zur Definition von gleichmäßiger Stetigkeit. Beachten Sie, dass wenn die Funktion f auf einem Intervall gleichmäßig stark differenzierbar ist, sie auf dem Intervall gleichmäßig differenzierbar ist, das Gegenteil im Allgemeinen jedoch nicht wahr ist.

BEISPIEL 32.19. Aus der obigen Diskussion folgt, dass x^2 auf jedem beschränkten Intervall $[a, b]$ gleichmäßig differenzierbar ist.

BEISPIEL 32.20. Die Funktion $1/x$ ist auf $(0, 1)$ differenzierbar, aber nicht gleichmäßig differenzierbar.

Wir nehmen an, dass f auf einem Intervall I gleichmäßig differenzierbar ist und berechnen die Veränderung in f' zwischen zwei Punkten x und y in I:

$$|f'(y) - f'(x)| = \left| f'(y) - \frac{f(y) - f(x)}{y - x} + \frac{f(y) - f(x)}{y - x} - f'(x) \right|$$

$$\leq \left| f'(y) - \frac{f(y) - f(x)}{y - x} \right| + \left| \frac{f(y) - f(x)}{y - x} - f'(x) \right|.$$

Nach Annahme können wir für jedes gegebene $\epsilon > 0$ ein $\delta > 0$ finden, so dass jede der zwei Größen auf der rechten Seite kleiner als $\epsilon/2$ für jedes x und y in I mit $|x - y| < \delta$ ist. Damit haben wir folgendes bewiesen:

Satz 32.8 *Eine auf einem Intervall gleichmäßig differenzierbare Funktion besitzt auf dem Intervall eine gleichmäßig stetige Ableitung.*

Beachten Sie, dass dieser Satz nicht garantiert, dass f' Lipschitz-stetig ist.

Einige der anderen nützlichen Eigenschaften von gleichmäßig stark differenzierbaren Funktionen resultieren aus der Gleichmäßigkeit. Eine der wichtigsten ist, dass der Mittelwertsatz für gleichmäßig differenzierbare Funktionen gilt.

Satz 32.9 Der Mittelwertsatz *Nehmen wir an, dass f auf einem Intervall $[a, b]$ gleichmäßig differenzierbar ist. Dann gibt es mindestens einen Punkt c in $[a, b]$, so dass*

$$\frac{f(b) - f(a)}{b - a} = f'(c).$$

Der Beweis hiervon verwendet einen Algorithmus zur Approximation des Punktes c und ist fast derselbe wie der Beweis für gleichmäßig stark differenzierbare Funktionen. Wir stellen diesen Beweis als Übung (Aufgabe 32.22).

Erinnern wir uns, dass gleichmäßig stark differenzierbare Funktionen auch Lipschitz-stetig sind. Dies ist auch eine Konsequenz der Gleichmäßigkeit. Nehmen wir an, dass f auf einem abgeschlossenen Intervall $[a, b]$ gleichmäßig differenzierbar ist. Der Mittelwertsatz besagt, dass es für zwei beliebige Punkte x und y in $[a, b]$ einen Punkt c in $[a, b]$ gibt, so dass

$$|f(x) - f(y)| = |f'(c)| \, |x - y|.$$

Nun ist die Funktion f' auf $[a, b]$ gleichmäßig stetig. Satz 32.7 impliziert, dass sie beschränkt ist, d.h. es gibt ein M, so dass $|f'(x)| \leq M$ für alle x in $[a, b]$. Daher gilt $|f(x) - f(y)| \leq M|x - y|$ für alle x und y in $[a, b]$.

Wir fassen die Ergebnisse über die Glattheit einer differenzierbaren Funktion in einem Satz zusammen.

Satz 32.10 *Eine Funktion, die auf einem Intervall differenzierbar ist, ist auf dem Intervall stetig. Eine Funktion, die auf einem abgeschlossenen Intervall gleichmäßig differenzierbar ist, ist auf diesem Intervall Lipschitz-stetig.*

32.5   Der Satz von Weierstraß und gleichmäßige Stetigkeit

In der obigen Diskussion haben wir festgestellt, dass Gleichmäßigkeit auf einem Intervall eine starke Bedingung mit vielen guten Konsequenzen ist. Deshalb ist der folgende Satz, der auf Dirichlet zurückgeht, ziemlich bemerkenswert.

Satz 32.11 Das Prinzip der gleichmäßigen Stetigkeit *Eine Funktion, die auf einem abgeschlossenen, beschränkten Intervall stetig ist, ist auf diesem Intervall gleichmäßig stetig.*

Ein Vorteil dieses Satzes ist, dass es oftmals viel leichter ist zu zeigen, dass eine Funktion in jedem Punkt in einem Intervall stetig ist, als zu zeigen, dass sie auf dem Intervall gleichmäßig stetig ist. Es ist allerdings wichtig zu beachten, dass das Intervall abgeschlossen sein *muss*.

BEISPIEL 32.21. Die Funktion $f(x) = 1/x$ ist auf $(0,1)$ stetig, dort aber nicht gleichmäßig stetig (oder auch auf $[0,1]$, aber dann ist f in 0 nicht definiert).

Der Beweis dieses Satzes benutzt eine bemerkenswerte und wichtige Tatsache über Folgen von Zahlen, den sogenannten Satz von Weierstraß. Der Satz von Weierstraß Satz befasst sich mit Folgen, die zwar nicht unbedingt konvergieren, aber trotzdem eine Art von regelmäßigem Verhalten aufweisen.

BEISPIEL 32.22. Die Folge $\{n^2\}$ konvergiert nicht, da die Terme mit wachsendem n ohne Beschränkung anwachsen, d.h. sie divergiert gegen Unendlich.

BEISPIEL 32.23. Die Folge $\{(-1)^n + 1/n\} = \{0, 3/2, -2/3, 5/4, -4/5, 7/6, -6/7, 9/8, -8/9, 11/10, \cdots\}$ konvergiert auch nicht, da die Terme sich nicht einer einzigen Zahl annähern (vgl. Abbildung 32.5). Andererseits nähern sich die ungeraden Terme $\{0, -2/3, -4/5, -6/7, -8/9,, \cdots\}$ dem Wert -1 an, während sich die geraden Terme $\{3/2, 5/4, 7/6, 9/8, 11/10, \cdots\}$ der 1 nähern.

BEISPIEL 32.24. Die Folge $\{\sin(n)\}$ konvergiert sicherlich nicht. Was genau passiert, ist schwierig zu bestimmen (vgl. Abbildung 32.6).

Wir möchten Folgen kennzeichnen, die die Eigenschaft besitzen, dass ein Teil der Folge gegen einen Grenzwert konvergiert. Für eine gegebene Folge $\{x_n\}_{n=1}^{\infty}$ ist eine **Teilfolge** eine Folge der Form $\{x_{n_k}\}_{k=1}^{\infty} = \{x_{n_1}, x_{n_2}, \cdots\}$, wobei $n_1 < n_2 < n_3 < \cdots$ eine Teilmenge der natürlichen Zahlen ist. Wir sagen auch, dass wir eine Teilfolge durch **Extrahieren** einer unendlichen Anzahl von Termen der Folge $\{x_n\}$ erhalten. Wir nennen x einen **Häufungspunkt** einer Folge $\{x_n\}$, wenn wir eine Teilfolge $\{x_{n_k}\}$ extrahieren können, die gegen x im üblichen Sinne konvergiert.

BEISPIEL 32.25. Die Folge $\{n^2\}$ besitzt keine Häufungspunkte, da jede Teilfolge ohne Beschränkung anwächst.

BEISPIEL 32.26. Die Folge $\{(-1)^n + 1/n\} = \{0, 3/2, -2/3, 5/4, -4/5, 7/6, -6/7, 9/8, -8/9, 11/10, \cdots\}$ besitzt die zwei Häufungspunkte -1

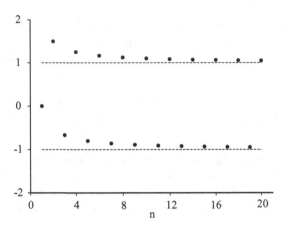

Abbildung 32.5: Graphische Darstellung einiger Werte von $\{(-1)^n + 1/n\}$.

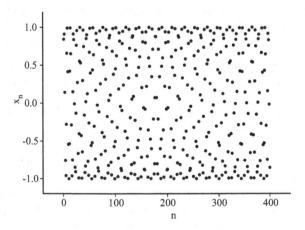

Abbildung 32.6: Graphische Darstellung einiger Werte von $\{\sin(n)\}$.

und 1 (vgl. Abbildung 32.5). Die Teilfolge, die durch die ungeraden Terme gebildet wird, konvergiert gegen −1 und die Teilfolge der geraden Terme gegen 1.

Eine weitere Möglichkeit, einen Häufungspunkt zu charakterisieren, ist die folgende Beobachtung.

Satz 32.12 *Ein Punkt x ist genau dann ein Häufungspunkt der Folge $\{x_n\}$, wenn jedes offene Intervall, das x enthält, ein Element aus $\{x_n\}$ ungleich x enthält.*

Dies zu beweisen ist eine gute Übung (Aufgabe 32.25).

Beachten Sie, dass ein Häufungspunkt x von $\{x_n\}$ nicht unbedingt ein Grenzwert der Folge $\{x_n\}$ ist, die ja tatsächlich nicht einmal konvergieren muss, wie im obigen Beispiel. Andererseits, wenn $\{x_n\}$ gegen einen Grenzwert x konvergiert, dann ist x notwendigerweise ein Häufungspunkt von $\{x_n\}$ und tatsächlich konvergiert jede Teilfolge von $\{x_n\}$ notwendigerweise gegen x. Wir stellen den Beweis als Aufgabe 32.23.

Im Satz von Weierstraß geht es um die Existenz von Häufungspunkten:

Satz 32.13 Satz von Weierstraß *Jede beschränkte Folge besitzt mindestens einen Häufungspunkt, d.h. hat mindestens eine konvergente Teilfolge.*

Der Beweis ist eine Variante der Argumentation, die für die Konvergenz des Bisektionsalgorithmus verwendet wurde. Da die Folge $\{x_n\}$ beschränkt ist, sind ihre Elemente in einem beschränkten Intervall $[y_1, Y_1]$ enthalten. Wir beginnen mit diesem Intervall und konstruieren eine Folge von verschachtelten Intervallen $[y_i, Y_i]$ mit $|Y_i - y_i| = \frac{1}{2}|Y_{i-1} - y_{i-1}|$, so dass jedes unendlich viele Punkte von $\{x_n\}$ enthält. Wir wissen, dass $[y_1, Y_1]$ unendlich viele Punkte $\{x_n\}$ enthält. Nehmen wir an, dass $[y_{i-1}, Y_{i-1}]$ unendlich viele Punkte von $\{x_n\}$ enthält. Wir definieren den Mittelpunkt $m_{i-1} = (Y_{i-1} + y_{i-1})/2$. Mindestens eines der beiden Intervalle $[y_{i-1}, m_{i-1}]$ oder $[m_{i-1}, Y_{i-1}]$ muss unendlich viele Punkte von $\{x_n\}$ enthalten, dieses bezeichnen wir mit $[y_i, Y_i]$.

Nun sind die Folgen $\{y_i\}$ und $\{Y_i\}$ Cauchy-Folgen und konvergieren deshalb gegen einen gemeinsamen Grenzwert x. Jedes offene Intervall, das x enthält, enthält notwendigerweise alle Intervalle $[y_i, Y_i]$ für alle hinreichend großen i, enthält daher unendlich viele x_n. Deshalb ist x ein Häufungspunkt von $\{x_n\}$.[5]

---

[5]Dieser Beweis des Satzes von Weierstraß ist insofern ziemlich irreführend, als dass er keinen Algorithmus zur Berechnung des Häufungspunkts angibt, trotz seiner engen Verwandschaft zum Beweis des Bisektionsalgorithmus. Der entscheidende Unterschied zwischen den zwei Beweisen ist der Entscheidungsprozess für die Wahl der Teilintervalle. Der Punkt ist, dass wir nicht nachweisen können, dass ein bestimmtes Intervall eine unendliche Anzahl von Termen einer Folge enthält, indem wir abzählen. In der Praxis müssen wir immer irgendwo aufhören und dann wissen wir nicht, wieviele Elemente übrig geblieben sein könnten: Eine endliche oder eine unendliche Anzahl. Erinnern Sie

BEISPIEL 32.27. Bemerkenswerterweise muss die Folge $\{\sin(n)\}$, die in Abbildung 32.6 gezeigt ist, mindestens eine konvergente Teilfolge enthalten.

Ebenso wie der Mittelwertsatz läßt sich der Satz von Weierstraß zum Beweis vieler interessanter Tatsachen verwenden. Dennoch wird er zunächst oft in andere äquivalente Formen umgeformt. Zum Beispiel ist eine nützliche Folgerung aus dem Satz von Weierstraß der folgende Satz über nicht-fallende Folgen $\{x_n\}$ mit $x_1 \leq x_2 \leq \cdots$ und über nicht-wachsende Folgen $\{x_n\}$ mit $x_1 \geq x_2 \geq \cdots$.

Satz 32.14 *Eine beschränkte nicht-fallende oder nicht-wachsende Folge* $\{x_n\}$ *konvergiert gegen einen Grenzwert.*

Wir stellen den Beweis als Übung (Aufgabe 32.26).

Eine weitere wichtige Folgerung befasst sich mit der Existenz „schärfester" Schranken für eine beschränkte Menge von Zahlen. Erinnern wir uns, dass wir in Kapitel 8 eine Menge von Zahlen A als mit der Größe kleiner als oder gleich $b - a$ **beschränkt** definiert haben, wenn die Zahlen in der Menge in einem endlichen Intervall $[a, b]$ enthalten sind. Wenn wir das *kleinste* Intervall $[a, b]$ mit dieser Eigenschaft finden können, definieren wir die **Größe** von A als $|A| = b - a$. Dies wirft die Frage auf, ob das kleinste Intervall, das eine beschränkte Menge von Zahlen enthält, bestimmt werden kann oder nicht. Diese Frage besteht aus zwei Teilen: a und b zu bestimmen. Wir bezeichnen jede Zahl größer als die Elemente einer Menge als eine **obere Schranke** für die Menge und ebenso jede Zahl kleiner als die Elemente einer Menge als eine **untere Schranke** für die Menge. In mathematischen Termen: a ist eine untere Schranke für eine Menge A, wenn $a \leq x$ für alle x in A und b ist eine obere Schranke für eine Menge A, wenn $x \leq b$ für alle x in B. Wenn es eine kleinste obere Schranke für eine Menge A gibt, nennen wir diese Zahl die **kleinste obere Schranke** oder **Supremum** von A und schreiben dafür $\sup A$. Ebenso nennen wir, wenn es eine größte untere Schranke für eine Menge A gibt, diese Zahl die **größte untere Schranke** oder das **Infimum** von A und schreiben $\inf A$. Mathematisch ausgedrückt:

$$\text{untere Schranken } x \leq \inf A \leq y \text{ in } A \leq \sup A \leq \text{ obere Schranken } z.$$

Wenn wir $\inf A$ und $\sup A$ bestimmen können, dann ist die Größe von A einfach $|A| = \sup A - \inf A$. Beachten Sie, dass wenn entweder $\sup A$ oder $\inf A$ existiert, diese Zahl dann entweder ein Teil von A oder der Grenzwert einer Folge von Punkten in A sein muss. Betrachten wir zum Beispiel $\sup A$. Liegt es nicht in A, dann müssen wir in der Lage sein, Zahlen in A zu finden,

---

sich, dass wir darauf hingewiesen haben, dass ein strikter Konstruktivist einen ähnlichen Einwand hinsichtlich der Definition einer strikten Ungleichung erheben würde.

die beliebig nahe an $\sup A$ liegen, da wir andernfalls obere Schranken von A kleiner als $\sup A$ finden könnten. Insbesondere bedeutet dies, dass wir eine Folge von Zahlen $\{x_n\}$ in A mit $|\sup A - x_n| < 1/n$ finden können und deshalb $\{x_n\}$ gegen $\sup A$ konvergiert.

BEISPIEL 32.28. Die Menge von Zahlen $A = \{1/n\}$ für natürliche Zahlen n ist mit $\sup A = 1$, die in A liegt und mit $\inf A = 0$, die nicht in A liegt, beschränkt.

Wenn sich $\sup A$ in A befindet, bezeichnen wir $\sup A$ als das **Maximum** von A und schreiben $\sup A = \max A$. Ebenso nennen wir, wenn sich $\inf A$ in A befindet, $\inf A$ das **Minimum** von A und schreiben $\inf A = \min A$.

Der Satz von Weierstraß impliziert ein Ergebnis, das ursprünglich von Bolzano bewiesen wurde:

Satz 32.15 Der Satz über die kleinste obere Schranke *Eine beschränkte Menge von Zahlen besitzt eine größte untere Schranke und eine kleinste obere Schranke.*

Wir beweisen die Existenz der kleinsten oberen Schranke und stellen die größte untere Schranke als Übung. Wir nehmen an, dass A eine beschränkte Menge ist und definieren b_n als die kleinste rationale obere Schranke für A mit dem Nenner 2^n. Beachten Sie, dass nur eine endliche Anzahl von Zählern überprüft werden muss, um b_n zu bestimmen. Dann erhalten wir für jedes x in A,

$$x \leq b_{n+1} \leq b_n \leq b_1 \text{ für alle } n \geq 1.$$

Die Folge $\{b_n\}$ ist deshalb beschränkt und nicht-wachsend und muss daher einen Grenzwert b besitzen. Nun muss b eine obere Schranke für A sein, da andernfalls einige der b_n keine obere Schranke für A wären, da sich die b_n beliebig nahe an b annähern. Außerdem muss b per Konstruktion von $\{b_n\}$ kleiner als oder gleich einer beliebig anderen oberen Schranke sein.

Mit diesen Sätzen an der Hand wenden wir uns dem Beweis einiger Fakten über stetige Funktionen zu. Zunächst benutzen wir den Satz von Weierstraß, um Satz 32.11 zu beweisen. Nehmen wir an, dass f auf dem beschränkten Intervall $[a, b]$ stetig ist. Wenn f nicht gleichmäßig stetig ist, dann gibt es ein $\epsilon > 0$, so dass Punkte x und y in $[a, b]$ existieren, die beliebig nahe zusammen liegen, für die aber dennoch $|f(x) - f(y)| \geq \epsilon$ gilt. Insbesondere können wir für jede gegebene natürliche Zahl n Punkte x_n und y_n in $[a, b]$ finden, für die $|f(x_n) - f(y_n)| \geq \epsilon$ und $|x_n - y_n| < 1/n$ gilt.

Die Folge $\{x_n\}$ ist beschränkt, da sie in $[a, b]$ enthalten ist, und Satz 32.13 impliziert, dass sie eine Teilfolge $\{x_{n_k}\}$ enthält, die gegen einen Häufungspunkt x konvergiert. Wir behaupten, dass x in $[a, b]$ enthalten sein muss. Nehmen wir zum Beispiel an, dass $x > b$. Dann gilt $|x - x_{n_k}| \geq |x - b|$ für jeden Term x_{n_k} und daher könnte $\{x_{n_k}\}$ nicht gegen x konvergieren.[6]

---

[6]Das Intervall $[a, b]$ muss abgeschlossen sein, damit dies wahr ist.

Da die Terme in $\{y_n\}$ sich für wachsendes n beliebig den Termen in $\{x_n\}$ annähern, gibt es eine Teilfolge $\{y_{m_k}\}$ von $\{y_n\}$, die auch gegen x konvergiert.

Da f auf $[a, b]$ stetig ist, muss gelten:

$$\lim_{k \to \infty} f(x_{n_k}) = \lim_{k \to \infty} f(y_{m_k}) = f(x).$$

Dies widerspricht aber der Annahme, dass $|f(x_n) - f(y_n)| \geq \epsilon$ für alle n.

Nach Satz 32.7 folgt, dass eine stetige Funktion auf einem abgeschlossenen Intervall beschränkt ist. Aber wir können sogar noch mehr sagen. Nehmen wir an, dass f auf dem Intervall $[a, b]$ stetig ist. Dann ist die Menge von Zahlen $A = \{f(x), a \leq x \leq b\}$ beschränkt. Deshalb besitzt sie eine kleinste obere Schranke $M = \sup A$ und eine größte untere Schranke $m = \inf A$. Aufgrund der obigen Bemerkung sind M und m die Grenzwerte von Folgen von Punkten in A. Es gibt zum Beispiel eine Folge $\{x_n\}$ mit x_n in $[a, b]$, so dass $\lim_{n \to \infty} f(x_n) = M$. Da $\{x_n\}$ beschränkt ist, muss sie eine konvergente Teilfolge $\{x_{n_k}\}$ enthalten, die gegen einen Häufungspunkt x konvergiert, der in $[a, b]$ liegt. Mit der Stetigkeit von f folgt $f(x) = \lim_{k \to \infty} f(x_{n_k}) = M$. Kurz gesagt, f nimmt tatsächlich den Wert $\sup_{a \leq x \leq b} f(x)$ in einem Punkt in $[a, b]$ an. Ebenso nimmt f auch den Wert $\inf_{a \leq x \leq b} f(x)$ in einem Punkt in $[a, b]$ an. Wenn f den Wert $\sup_{x \text{ in } A} f(x)$ annimmt, nennen wir dies den **maximalen Wert** von f auf A. Ebenso nennen wir, wenn f den Wert $\inf_{x \text{ in } A} f(x)$ annimmt, dies den **minimalen Wert** von f auf A. Wir haben ein Ergebnis bewiesen, das ursprünglich auf Weierstraß zurückgeht:

Satz 32.16 Der Satz über das Extremum für eine stetige Funktion
Eine stetige Funktion ist auf einem geschlossenen Intervall beschränkt und nimmt ihre maximalen und minimalen Werte an Punkten im Intervall an.

Unter Verwendung dieses Ergebnisses können wir eine andere Version des Mittelwertsatzes beweisen, der für eine größere Gruppe von Funktionen Anwendung findet, allerdings auf Kosten eines Beweises, der keinen durchführbaren Algorithmus angibt. Der Satz lautet:

Satz 32.17 Mittelwertsatz *Es sei f auf einem Intervall $[a, b]$ stetig und auf (a, b) differenzierbar. Dann gibt es einen Punkt c in (a, b), so dass*

$$f'(c) = \frac{f(b) - f(a)}{b - a}.$$

Es ist sinnvoll, diesen Satz mit Satz 21.1 zu vergleichen. Wie schon zuvor folgt dieser Satz aus der nichtkonstruktiven Form des Satzes von Rolle (Aufgabe 32.28).

Satz 32.18 Satz von Rolle *Es sei g auf einem Intervall $[a, b]$ stetig und auf (a, b) differenzierbar und $g(a) = g(b) = 0$. Dann gibt es einen Punkt c in (a, b), so dass $g'(c) = 0$.*

Wir beweisen Satz 32.18. Da die Funktion g auf $[a, b]$ stetig ist, nimmt sie ihren maximalen Wert M und ihren minimalen Wert m in einigen Punkten in $[a, b]$ an. Da $g(a) = 0$, muss $m \leq 0 \leq M$ gelten. Gilt jetzt $m = M$, dann folgt $g(x) = 0$ für alle x und daher $g'(x) = 0$ für alle x; wir haben es geschafft. Also nehmen wir an, dass $M > 0$ und wir setzen c als den Punkt in (a, b) mit $g(c) = M$.[7]

Da $g(x) \leq g(c) = M$ für alle x in $[a, b]$ gilt, erhalten wir $g(x) - g(c) \leq 0$ für alle x in $[a, b]$. Folglich:

$$\frac{g(x) - g(c)}{x - c} \begin{cases} \geq 0, & x < c, \\ \leq 0, & x > c. \end{cases}$$

Nähern wir x dem Punkt c zunächst von unten und dann von oben an, schließen wir, dass $g'(c) \leq 0$ und $g'(c) \geq 0$. Daher gilt $g'(c) = 0$, wie gewünscht.

32.6   Äquivalenzen zwischen Definitionen der Differenzierbarkeit

Wir schließen dieses Kapitel, indem wir diese Ergebnisse benutzen, um Äquivalenzen zwischen den verschiedenen Definitionen der Differenzierbarkeit zu finden.

Wir haben oben gezeigt, dass wenn f auf einem Intervall gleichmäßig differenzierbar ist, f' auf dem Intervall gleichmäßig stetig ist. Jetzt nehmen wir an, dass f auf einem Intervall I differenzierbar ist und außerdem, dass f' auf I gleichmäßig stetig ist. Wir berechnen für x und y in I, $x \neq y$, den Fehler der Linearisierung

$$|f(x) - (f(y) + f'(y)(x - y))| = |f(x) - f(y) - f'(y)(x - y)|.$$

Nach Satz 32.17 gibt es einen Punkt c zwischen x und y, so dass

$$|f(x) - (f(y) + f'(y)(x - y))| = |f'(c)(x - y) - f'(y)(x - y)|$$
$$= |f'(c) - f'(y)| \, |x - y|.$$

Division ergibt:

$$\left| \frac{f(x) - f(y)}{x - y} - f'(y) \right| = |f'(c) - f'(y)|.$$

Da f' auf I gleichmäßig stetig ist, gibt es für jedes $\epsilon > 0$ ein $\delta > 0$, so dass

$$\left| \frac{f(x) - f(y)}{x - y} - f'(y) \right| = |f'(c) - f'(y)| < \epsilon$$

---

[7]Beachten Sie, dass $c \neq a$ oder b.

für alle x und y in I mit $|x - y| < \delta$.[8] Dies zeigt, dass f gleichmäßig differenzierbar ist und wir haben das folgende Zwischenergebnis zu Satz 32.8 bewiesen:

Satz 32.19 *Eine Funktion ist genau dann auf einem Intervall gleichmäßig differenzierbar, wenn sie auf dem Intervall differenzierbar ist und die Ableitung auf dem Intervall gleichmäßig stetig ist.*

Wie oben gesagt, impliziert Differenzierbarkeit auf einem Intervall nicht starke Differenzierbarkeit auf dem Intervall. Aber wir können die folgende Äquivalenz beweisen.

Satz 32.20 *Eine Funktion ist genau dann auf einem Intervall gleichmäßig stark differenzierbar, wenn sie auf dem Intervall gleichmäßig differenzierbar ist und ihre Ableitung auf dem Intervall Lipschitz-stetig ist.*

Wir wissen bereits, dass wenn eine Funktion f gleichmäßig stark differenzierbar ist, sie dann gleichmäßig differenzierbar ist und ihre Ableitung Lipschitz-stetig ist. Die Umkehrung ist eine Konsequenz aus dem Mittelwertsatz. Nehmen wir an, die Lipschitz-Konstante von f' ist K. Wir berechnen den Fehler der Linearisierung in einem Punkt $\bar{x}$ in $[a, b]$,

$$|f(x) - (f(\bar{x}) + f'(\bar{x})(x - \bar{x}))| = |f(x) - f(\bar{x}) - f'(\bar{x})(x - \bar{x})|.$$

Nach dem Mittelwertsatz gibt es einen Punkt c zwischen x und $\bar{x}$, so dass

$$|f(x) - (f(\bar{x}) + f'(\bar{x})(x - \bar{x}))| = |f'(c)(x - \bar{x}) - f'(\bar{x})(x - \bar{x})|$$
$$= |f'(c) - f'(\bar{x})| \, |x - \bar{x}|.$$

Die Lipschitz-Bedingung impliziert:

$$|f(x) - (f(\bar{x}) + f'(\bar{x})(x - \bar{x}))| \leq K|x - \bar{x}|^2.$$

Daraus folgt das Ergebnis.

---

[8]Wir verwenden die Tatsache, dass c zwischen x und y liegt.

Kapitel 32 Aufgaben

Die Aufgaben 32.1–32.9 behandeln die allgemeine Definition der Stetigkeit.

32.1. Beweisen Sie die Behauptung über (32.1).

32.2. Beweisen Sie, dass $\sqrt{x}$ in 0 und in 1 stetig ist.

32.3. Beweisen Sie, dass x^3 in 2 stetig ist.

32.4. Beweisen Sie Satz 32.1.

32.5. Beweisen Sie Satz 32.2.

32.6. Beweisen Sie Satz 32.3.

32.7. Beweisen Sie, dass $\sqrt{x}$ auf $[0, \infty)$ stetig ist.

32.8. Beweisen Sie, dass x^3 auf $(-\infty, \infty)$ stetig ist.

32.9. Nehmen wir an, dass f auf einem Intervall $[a, b]$ stetig ist und nur rationale Werte annimmt. Beweisen Sie, dass f konstant ist.

Die Aufgaben 32.10–32.20 befassen sich mit der Stetigkeit auf einem Intervall.

32.10. Beweisen Sie Satz 32.4.

32.11. Beweisen Sie Satz 32.6.

32.12. Weisen Sie die Behauptungen aus Beispiel 32.11 nach.

32.13. Weisen Sie die Behauptungen aus Beispiel 32.12 nach.

32.14. Weisen Sie die Behauptungen aus Beispiel 32.13 nach.

32.15. Betrachten wir $f(x) = 1/x$ auf $(0, 1)$. Zeigen Sie für jedes gegebene $\epsilon > 0$, dass es Punkte x und y in $(0, 1)$ gibt, die beliebig nahe beieinander liegen, so dass $|f(x) - f(y)| \geq \epsilon$ gilt. *Hinweis:* Wählen Sie $\delta > 0$. Setzen Sie $x = \delta/4$ und $y = 3\delta/4$. Zeigen Sie, dass $|f(x) - f(y)| \geq \epsilon$ für alle hinreichend kleinen δ gilt.

32.16. Beweisen Sie, dass x^3 auf jedem beschränkten Intervall stetig ist.

32.17. Beweisen Sie, dass die Funktion

$$f(x) = \begin{cases} \dfrac{1}{\log_2 |x|}, & x \neq 0, \\ 0, & x = 0 \end{cases}$$

auf $[-0{,}5, 0{,}5]$ stetig, aber nicht Hölder stetig ist. *Hinweis:* Analysieren Sie den Fall $x = 0$, indem Sie die Folge $x_n = 2^{-n/\alpha}$ für $\alpha > 0$ betrachten.

32.18. Nehmen wir an, dass $f(x)$ auf $(-\infty, \infty)$ definiert ist und dass

$$|f(x) - f(y)| \le (y - x)^2$$

für alle x und y gilt. Beweisen Sie, dass f konstant ist.

32.19. Formulieren und beweisen Sie einen Satz über die gleichmäßige Stetigkeit der Komposition zwei gleichmäßig stetigen Funktionen.

32.20. Stellen Sie den Beweis von Satz 32.7 fertig, indem Sie zeigen, dass er auch für ein Intervall $I = (a, b)$ gilt. *Hinweis:* Das Problem ist jetzt, den anfänglichen Gitterpunkt x_0 zu definieren, der nicht a sein kann. Nach Annahme gibt es für ein gegebenes $\epsilon > 0$ ein $\delta > 0$, so dass $|f(x) - f(y)| < \epsilon$ für alle x und y in I mit $|x - y| < \delta$ gilt. Wählen Sie x_0 als einen Punkt in $(a, a + \delta)$. Dementsprechend definieren Sie jetzt den Rest des Gitters. Passen Sie bei der Definition von x_n auf.

Die Aufgaben 32.21 und 32.22 befassen sich mit der Differenzierbarkeit.

32.21. Zeigen Sie, dass die Funktion f, die in (32.2) definiert wird, in jedem x stark differenzierbar ist.

32.22. Modifizieren Sie den Beweis von Satz 21.1, um Satz 32.9 zu beweisen. *Hinweis:* Der ausschlaggebende Punkt ist zu beweisen, dass wenn g auf einem Intervall $[a, b]$ gleichmäßig differenzierbar ist, das einen Punkt y mit $g'(y) > 0$ enthält, es dann einen Punkt $\tilde{y} > y$ gibt, so dass $g(\tilde{y}) > g(y)$. Analog gibt es einen Punkt $\tilde{y} < y$ mit $g(\tilde{y}) < g(y)$ und den entsprechenden Ergebnissen, wenn $g'(y) < 0$. Um dies zu zeigen, berücksichtigen Sie, dass es für jedes $\epsilon > 0$ ein $\delta > 0$ gibt, so dass für alle $\tilde{y} > y$ und $|\tilde{y} - y| < \delta$

$$\left| \frac{g(\tilde{y}) - g(y)}{\tilde{y} - y} - g'(y) \right| < \epsilon$$

gilt. Aus dieser Herleitung folgt, dass für alle solchen $\tilde{y}$,

$$(g'(y) - \epsilon)(\tilde{y} - y) + g(y) < g(\tilde{y}) < (g'(y) + \epsilon)(\tilde{y} - y) + g(y).$$

Wählen Sie jetzt $\epsilon = g'(y)/2$ und ziehen Sie die Schlussfolgerung.

Die Aufgaben 32.23–32.30 befassen sich mit dem Satz von Weierstraß und damit zusammenhängenden Ergebnissen.

32.23. Beweisen Sie, dass wenn $\{x_n\}$ gegen einen Grenzwert x konvergiert, dann x notwendigerweise ein Häufungspunkt von $\{x_n\}$ ist, und tatsächlich jede Teilfolge von $\{x_n\}$ notwendigerweise gegen x konvergiert.

32.24. Zeichnen Sie die Folge von Intervallen, die im Beweis des Satzes von Weierstraß für die Folge $\{1 - 1/n\}$, $n \ge 1$ erzeugt wird.

32.25. Beweisen Sie Satz 32.12.

32.26. Verwenden Sie Satz 32.13, um Satz 32.14 zu beweisen.

32.27. Beweisen Sie, dass eine beschränkte Menge von Zahlen eine größte untere Schranke besitzt.

32.28. Zeigen Sie, dass Satz 32.17 aus Satz 32.18 folgt.

32.29. Nehmen wir an, dass f auf $[a, b]$ stetig und auf (a, b) differenzierbar ist. Beweisen Sie, dass $f'(c) = 0$ in jedem Punkt c in (a, b) gilt, in dem die Funktion f ihren maximalen oder minimalen Wert annimmt.

32.30. Beweisen Sie den folgenden Satz:

Satz 32.21 Mittelwertsatz in Integralform   *Angenommen, f ist auf $[a, b]$ stetig. Dann gibt es einen Punkt c in (a, b), so dass*

$$\int_a^b f(x)\, dx = f(c)(b - a).$$

Erklären Sie, warum dies bedeutet, dass eine stetige Funktion ihren Mittelwert mindestens einmal in einem Intervall annimmt.

Die Aufgaben 32.31–32.35 beinhalten diverse Ergebnisse über stetige Funktionen.

32.31. Nehmen wir an, dass g auf $(-\infty, \infty)$ mit einer beschränkten Ableitung differenzierbar ist, d.h. es gibt eine Konstante M, so dass $|g'(x)| \leq M$ für alle x. Beweisen Sie, dass für alle hinreichend kleinen $\epsilon > 0$ die Funktion $f(x) = x + \epsilon g(x)$ invertierbar ist.

32.32. Nehmen wir an, dass f eine auf einem Intervall $[a, b]$ stetige Funktion ist. Zeigen Sie, dass es eine Funktion g gibt, die auf $(-\infty, \infty)$ stetig ist, so dass $g(x) = f(x)$ für $a \leq x \leq b$. Eine solche Funktion wird eine *stetige Erweiterung* von f genannt. Zeigen Sie anhand eines Beispiels, dass das Ergebnis falsch ist, wenn das Intervall (a, b) stattdessen offen ist.

32.33. Eine Funktion f, die auf einem Intervall (a, b) definiert wird, ist *konvex*, wenn für jedes x und y in (a, b)

$$f(sx + (1 - s)y) \leq sf(x) + (1 - s)f(y) \text{ für alle } 0 < s < 1$$

gilt. Beweisen Sie, dass eine konvexe Funktion stetig ist.

32.34. Beweisen Sie, dass eine auf einem Intervall $[a, b]$ monotone Funktion f, die jeden Wert zwischen $f(a)$ und $f(b)$ mindestens einmal annimmt, während x zwischen a und b variiert, stetig ist. Warum ist die Monotonie notwendig?

32.35. Nehmen wir an, dass f eine auf $[0, 1]$ stetige Funktion ist, so dass $0 \leq f(x) \leq 1$ für $0 \leq x \leq 1$ gilt. Beweisen Sie, dass $f(x) = x$ für mindestens ein x in $[0, 1]$.

33
Folgen von Funktionen

Als wir die Lösung von Differenzialgleichungen untersucht haben, haben wir betont, dass die Lösung einer Differenzialgleichung selten in Form einer expliziten Formel mit Hilfe von bekannten Funktionen aufgeschrieben werden kann. Stattdessen versuchen wir, die Lösung unter Verwendung einer Folge von relativ einfachen Funktionen zu approximieren, die gegen die Lösung konvergiert. Tatsächlich war dies genau der verwendete Ansatz, um $y'(x) = f(x)$ auf $[a, b]$[1] für x in $[a, b]$ zu lösen, und zwar indem wir eine Cauchy-Folge von Funktionen $\{Y_N\}$ konstruiert haben, die gleichmäßig gegen y konvergiert. Ein wichtiger Schritt in diesem Prozess war zu beweisen, dass y einige nützliche Eigenschaften der Folge $\{Y_N\}$ „erbt", wie zum Beispiel die Lipschitz-Stetigkeit.

In diesem Kapitel untersuchen wir die Frage geerbter Eigenschaften für abstrakte Folgen von Funktionen, die gegen einen Grenzwert konvergieren. Mit anderen Worten: Wenn $\{f_n\}$ gegen eine Funktion f konvergiert, welche Eigenschaften der Funktionen f_n werden dann auf den Grenzwert f übertragen? Im Allgemeinen betrachten wir die Folge $\{f_n\}$ als eine Folge von sukzessiv genaueren Approximationen des Grenzwerts f, wie im Fall der Integration, allerdings ohne zu spezifizieren, wie die approximierende Folge konstruiert ist.[2]

---

[1] Was der Berechnung $\int_a^x f(s)\, ds$ entspricht.

[2] Erinnern Sie sich, dass wir einen ähnlich abstrakten Standpunkt eingenommen hatten, als wir die Eigenschaften reeller Zahlen besprochen haben.

In Anlehnung an den Trend in diesem Teil des Buches beginnen wir, indem wir die Vorstellung der Konvergenz einer Folge von Funktionen verallgemeinern. Nehmen wir an, dass $\{f_n\}$ eine Folge von Funktionen auf einem Intervall I ist, so dass die Folge von Zahlen $\{f_n(x)\}$ für jedes x in I konvergiert. Wir definieren den **Grenzwert** von $\{f_n\}$ als die Funktion f mit dem Wert

$$f(x) = \lim_{n \to \infty} f_n(x) \text{ für jedes } x \text{ in } I.$$

Präziser: Für jedes x in I und $\epsilon > 0$ gibt es ein N, so dass für $n > N$,

$$|f(x) - f_n(x)| < \epsilon.$$

Wir sagen, dass $\{f_n\}$ auf I **punktweise** gegen f konvergiert. Beachten Sie, dass punktweise Konvergenz nicht dasselbe ist wie gleichmäßige Konvergenz. Erinnern wir uns, dass eine Folge von Funktionen $\{f_n\}$ auf einem Intervall I **gleichmäßig** gegen f konvergiert, wenn es zu jedem $\epsilon > 0$ ein N gibt, so dass für alle x in I,

$$|f_n(x) - f(x)| < \epsilon \text{ für } n \geq N.$$

BEISPIEL 33.1. Die Folge $\{x^n\}_{n=1}^{\infty}$ konvergiert auf $[0,1]$ punktweise, aber nicht gleichmäßig. Tatsächlich gilt

$$\lim_{n \to \infty} x^n = \begin{cases} 0, & 0 \leq x < 1, \\ 1, & x = 1. \end{cases}$$

Andererseits gibt es zu jedem gegebenen n ein x in $[0,1)$, so dass x^n beliebig nahe an 1 liegt (vgl. Abbildung 33.1). Deshalb kann x^n für $0 \leq x < 1$ nicht gleichmäßig gegen 0 konvergieren.

Bei punktweiser Konvergenz kann die Folge von Zahlen $\{f_n(x)\}$ mit unterschiedlicher Geschwindigkeit für jedes x konvergieren.

Insbesondere werden wir uns mit der Vererbung von Stetigkeit, Differenzierbarkeit und Integrierbarkeit von einer konvergenten Folge von Funktionen beschäftigen. In jedem dieser Fälle kann die Frage als die Frage nach der Vertauschbarkeit der Reihenfolge von zwei Grenzwertprozessen formuliert werden. Betrachten wir zum Beispiel die Stetigkeit. Nach Satz 32.1 gilt, wenn jedes Element in $\{f_n\}$ in $\bar{x}$ stetig ist,

$$\lim_{x \to \bar{x}} f_n(x) = f_n(\bar{x}) \text{ für jedes } n.$$

Wenn $\{f_n\}$ gegen f konvergiert, dann müssen wir, um zu zeigen, dass f in $\bar{x}$ stetig ist, d.h. um zu zeigen, dass

$$\lim_{x \to \bar{x}} f(x) = f(\bar{x})$$

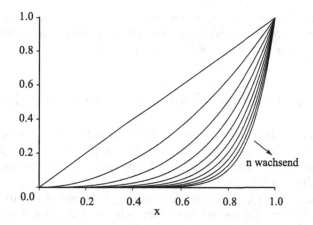

Abbildung 33.1: Graphische Darstellungen der Funktionen $\{x^n\}$ für $n = 1, 2, \cdots, 10$.

gilt, nachweisen, dass

$$\lim_{x \to \bar{x}} f(x) = \lim_{x \to \bar{x}} \lim_{n \to \infty} f_n(x) = \lim_{n \to \infty} \lim_{x \to \bar{x}} f_n(x) = \lim_{n \to \infty} f_n(\bar{x}). \qquad (33.1)$$

Die Frage ist deshalb äquivalent zu der Frage, ob die Vertauschbarkeit der Reihenfolge der Grenzwerte in der Mitte von (33.1) gerechtfertigt ist.

Auch wenn die Intuition die Vermutung nahelegen könnte, dass die Hintereinanderausführung mehrerer Grenzwerte unabhängig von der Reihenfolge sein „sollte", ist dies tatsächlich ein Punkt, an dem die Intuition sehr irreführend sein kann. *Im Allgemeinen ist die Reihenfolge bei der Hintereinanderausführung mehrerer Grenzwerte von Bedeutung.* Ein einfaches Beispiel zeigt, warum.

BEISPIEL 33.2. Betrachten wir die Folge mit dem doppelten Index

$$\left\{ \frac{m}{n+m} \right\}_{n=1,\, m=1}^{\infty}.$$

Zuerst berechnen wir

$$\lim_{m \to \infty} \lim_{n \to \infty} \frac{m}{n+m} = \lim_{m \to \infty} 0 = 0.$$

Auf der anderen Seite gilt

$$\lim_{n \to \infty} \lim_{m \to \infty} \frac{m}{n+m} = \lim_{n \to \infty} 1 = 1.$$

Es ist leicht, die Unterschiede in den Grenzwerten zu verstehen, indem man die Folge zuerst für wachsendes m und festes n und dann für wachsendes n und festes m betrachtet.

Es ist nicht überraschend, dass einige zusätzlichen Annahmen über eine konvergente Folge von Funktionen erforderlich sind, um zu garantieren, dass der Grenzwert bestimmte Eigenschaften erbt.

33.1   Gleichmäßige Konvergenz und Stetigkeit

Tatsächlich zeigt Beispiel 33.1 bereits, dass Stetigkeit im Allgemeinen nicht erhalten bleibt. In diesem Fall sind die Funktionen $\{x^n\}$ alle gleichmäßig stetige Funktionen auf $[0, 1]$; trotzdem konvergieren sie gegen eine unstetige Funktion, die 0 in $0 \leq x < 1$ und 1 in $x = 1$ ist.

Wenn die Folge $\{f_n\}$ jedoch *gleichmäßig* konvergiert, dann bleibt die Stetigkeit erhalten. Insbesondere werden wir den folgenden Satz beweisen:

Satz 33.1 *Es sei $\{f_n\}$ eine Folge von stetigen Funktionen auf einem Intervall I, die auf I gleichmäßig gegen f konvergiert. Dann ist f auf I stetig.*

In Anlehnung an die obige Diskussion gilt für jedes $\bar{x}$ in I,

$$\lim_{n \to \infty} f_n(\bar{x}) = f(\bar{x}) \text{ und } \lim_{x \to \bar{x}} f_n(x) = f_n(\bar{x}),$$

während wir zeigen müssen, dass

$$\lim_{x \to \bar{x}} f(x) = f(\bar{x})$$

gilt. Wir schätzen ab:[3]

$$|f(x) - f(\bar{x})| = |f(x) - f_n(x) + f_n(x) - f_n(\bar{x}) + f_n(\bar{x}) - f(\bar{x})|$$
$$\leq |f(x) - f_n(x)| + |f_n(x) - f_n(\bar{x})| + |f_n(\bar{x}) - f(\bar{x})|.$$

Aufgrund der gleichmäßigen Konvergenz gibt sich zu jedem $\epsilon > 0$ ein $N > 0$, so dass $n \geq N$ impliziert, dass

$$|f(x) - f_n(x)| < \epsilon/3 \text{ und } |f_n(\bar{x}) - f(\bar{x})| < \epsilon/3 \text{ für alle } x, \bar{x} \text{ in } I.$$

Zu jedem $n \geq N$ gibt es ein $\delta > 0$, so dass, wenn $|x - \bar{x}| < \delta$ und x sich in I befindet,

$$|f_n(x) - f_n(\bar{x})| < \epsilon/3$$

gilt. Daher gibt es zu jedem gegebenen $\epsilon > 0$ ein $\delta > 0$, so dass wenn $|x - \bar{x}| < \delta$ und x in I ist,

$$|f(x) - f(\bar{x})| < \epsilon/3 + \epsilon/3 + \epsilon/3 = \epsilon$$

gilt.

---

[3]Die Strategie ist hier, die Tatsachen auszunutzen, dass $f_n(x)$ sich für jedes x dem Wert $f(x)$ nähert und $f_n(x)$ sich für jedes n $f_n(\bar{x})$ nähert, wenn x sich $\bar{x}$ annähert.

Es ist wichtig festzustellen, dass auch wenn gleichmäßige Konvergenz hinreichend ist, um zu garantieren, dass der Grenzwert von stetigen Funktionen stetig ist, sie dafür *nicht* notwendig ist.

BEISPIEL 33.3. Betrachten wir die Folge $\{nxe^{-nx}\}$. Die ersten Terme sind in Abbildung 33.2 dargestellt. Für jedes x gilt $f_n(x) \to 0$ für

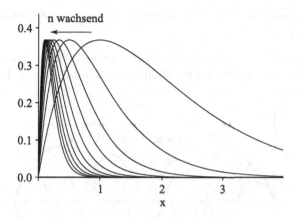

Abbildung 33.2: Graphische Darstellungen der Funktionen $\{nxe^{-nx}\}$ für $n = 1, 2, \cdots, 10$.

$n \to \infty$. Andererseits gilt $f_n(1/n) = e^{-1}$ für alle n, daher kann die Konvergenz nicht gleichmäßig sein. Also ist dies eine Folge von stetigen Funktionen, die punktweise — aber nicht gleichmäßig — gegen eine stetige Funktion konvergiert.

33.2   Gleichmäßige Konvergenz und Differenzierbarkeit

Als nächstes betrachten wir eine Folge von auf einem Intervall I differenzierbaren Funktionen $\{f_n\}$, die gegen eine Funktion f konvergiert. Wir versuchen zu bestimmen, ob f differenzierbar ist und ob $\{f_n'\}$ gegen f' konvergiert. Da f in $\bar{x}$ differenzierbar ist, wenn

$$\lim_{x \to \bar{x}} \frac{f(x) - f(\bar{x})}{x - \bar{x}} = f'(\bar{x})$$

konvergiert, entspricht diese Frage der Frage, ob die folgende Gleichung wahr ist:

$$\lim_{x \to \bar{x}} \lim_{n \to \infty} \frac{f_n(x) - f_n(\bar{x})}{x - \bar{x}} = \lim_{n \to \infty} \lim_{x \to \bar{x}} \frac{f_n(x) - f_n(\bar{x})}{x - \bar{x}}.$$

Wieder ist es notwendig, mehr als bloß allgemeine punktweise Konvergenz anzunehmen.

BEISPIEL 33.4. Die Folge $\{x^n\}$ auf $[0,1]$ besteht aus stark differenzierbaren Funktionen, dennoch ist ihr Grenzwert in 1 unstetig, deshalb ist er dort sicherlich nicht differenzierbar.

Wie auch immer, einfach gleichmäßige Konvergenz hinzuzufügen, ist auch nicht ausreichend.

BEISPIEL 33.5. Betrachten wir die Folge von Funktionen $\{\sin(nx)/\sqrt{n}\}$. Die ersten paar Terme sind in Abbildung 33.3 dargestellt. Diese Folge

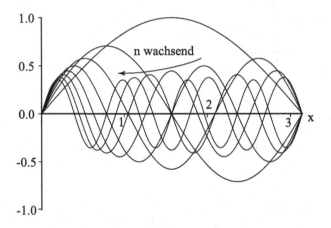

Abbildung 33.3: Graphische Darstellungen der Funktionen $\{\sin(nx)/\sqrt{n}\}$ für $n = 1, 2, \cdots, 8$.

konvergiert auf jedem Intervall gleichmäßig gegen $f(x) = 0$, da

$$\left| \frac{\sin(nx)}{\sqrt{n}} - 0 \right| \leq \frac{1}{\sqrt{n}} \text{ für alle } x.$$

Außerdem ist f differenzierbar und $f'(x) = 0$ für alle x. Dennoch konvergiert $\{f_n'\}$ mit $f_n'(x) = \sqrt{n}\cos(nx)$ nicht für die meisten Werte von x.

Wir beweisen den folgenden Satz:

Satz 33.2 *Es sei $\{f_n\}$ eine Folge von Funktionen mit stetigen Ableitungen $\{f_n'\}$ auf $[a,b]$, $\{f_n(\bar{x})\}$ konvergiere für ein $\bar{x}$ in $[a,b]$ und $\{f_n'\}$ konvergiere gleichmäßig auf $[a,b]$. Dann konvergiert $\{f_n\}$ auf $[a,b]$ gleichmäßig gegen eine differenzierbare Funktion f und $\{f_n'\}$ konvergiert gleichmäßig gegen f'.*

Beachten Sie, dass die Konvergenz der Folge von Ableitungen $\{f_n'\}$ von Elementen in einer Folge $\{f_n\}$ nicht ausreichend ist, um zu garantieren, dass die Folge selbst konvergiert.

BEISPIEL 33.6. Betrachten wir die Folge $\{n + x/n\}$, die nicht konvergiert. Die Folge von Ableitungen $\{1/n\}$ konvergiert gleichmäßig gegen Null.

Wir beginnen, indem wir zeigen, dass unter den Annahmen von Satz 33.2 die Folge $\{f_n\}$ gleichmäßig auf $[a, b]$ konvergiert. Für Indizes n, m schätzen wir ab:

$$|f_n(x) - f_m(x)| = |f_n(x) - f_m(x) - (f_n(\bar{x}) - f_m(\bar{x})) + (f_n(\bar{x}) - f_m(\bar{x}))|$$
$$\leq |f_n(x) - f_m(x) - (f_n(\bar{x}) - f_m(\bar{x}))| + |(f_n(\bar{x}) - f_m(\bar{x}))|.$$

Der Mittelwertsatz 32.17, angewendet auf die Funktion $f_n(x) - f_m(x)$, impliziert, dass es ein c zwischen x und $\bar{x}$ gibt, so dass

$$f_n(x) - f_m(x) - (f_n(\bar{x}) - f_m(\bar{x})) = (f_n'(c) - f_m'(c))(x - \bar{x}).$$

Aufgrund der gleichmäßigen Konvergenz von $\{f_n'\}$ gibt es zu jedem $\epsilon > 0$ ein N_1, so dass für $n > N_1$

$$|f_n'(c) - f_m'(c)| < \frac{\epsilon}{2(b - a)} \text{ für jedes } c \text{ in } [a, b]$$

gilt. Da $|x - \bar{x}| \leq b - a$, gibt es zu jedem $\epsilon > 0$ ein N_1, so dass für $n > N_1$,

$$|f_n(x) - f_m(x) - (f_n(\bar{x}) - f_m(\bar{x}))| < \frac{\epsilon}{2(b - a)}(b - a) = \frac{\epsilon}{2}$$

für alle x und $\bar{x}$ in $[a, b]$.

Andererseits gibt es, da $\{f_n(\bar{x})\}$ konvergiert, zu jedem gegebenen $\epsilon > 0$ ein N_2, so dass für $n, m > N_2$

$$|(f_n(\bar{x}) - f_m(\bar{x}))| < \frac{\epsilon}{2}$$

gilt. Folglich gibt es zu jedem gegebenen $\epsilon > 0$ ein $N = \max\{N_1, N_2\}$, so dass für $n, m > N$

$$|f_n(x) - f_m(x)| < \frac{\epsilon}{2} + \frac{\epsilon}{2} = \epsilon \text{ für alle } x \text{ in } [a, b].$$

Satz 25.2 impliziert nun, dass $\{f_n\}$ gleichmäßig konvergiert.

Nun konvergiert $\{f_n\}$ gleichmäßig gegen eine Funktion f und $\{f_n'\}$ konvergiert gleichmäßig auf $[a, b]$ gegen eine Funktion $\tilde{f}$. Wir möchten zeigen, dass f differenzierbar ist und $f' = \tilde{f}$ gilt.

Wir legen $\bar{x}$ in $[a, b]$ fest und betrachten die Folge

$$\left\{ \frac{f_n(x) - f_n(\bar{x})}{x - \bar{x}} \right\}, \tag{33.2}$$

die für $x \neq \bar{x}$ in $[a, b]$ definiert ist. Beachten Sie, dass

$$\lim_{x \to \bar{x}} \frac{f_n(x) - f_n(\bar{x})}{x - \bar{x}} = f_n'(\bar{x}).$$

Wir zeigen, dass diese Folge gleichmäßig konvergiert, indem wir für Indizes n, m abschätzen:

$$\left| \frac{f_n(x) - f_n(\bar{x})}{x - \bar{x}} - \frac{f_m(x) - f_m(\bar{x})}{x - \bar{x}} \right| = \left| \frac{f_n(x) - f_m(x) - (f_n(\bar{x}) - f_m(\bar{x}))}{x - \bar{x}} \right|.$$

Unter Verwendung des Mittelwertsatzes (vgl. oben), gibt es ein c zwischen x und $\bar{x}$, so dass

$$\left| \frac{f_n(x) - f_n(\bar{x})}{x - \bar{x}} - \frac{f_m(x) - f_m(\bar{x})}{x - \bar{x}} \right| = \left| \frac{(f_n'(c) - f_m'(c))(x - \bar{x})}{x - \bar{x}} \right|$$

$$= |f_n'(c) - f_m'(c)|.$$

Aufgrund der gleichmäßigen Konvergenz von $\{f_n'\}$ gibt es zu jedem gegebenen $\epsilon > 0$ ein N, so dass für $n, m > N$,

$$\left| \frac{f_n(x) - f_n(\bar{x})}{x - \bar{x}} - \frac{f_m(x) - f_m(\bar{x})}{x - \bar{x}} \right| < \epsilon \text{ für alle } x \neq \bar{x} \text{ in } [a, b].$$

Daher konvergiert die Folge (33.2) gleichmäßig für $x \neq \bar{x}$ in $[a, b]$. Ihr Grenzwert ist

$$\lim_{n \to \infty} \frac{f_n(x) - f_n(\bar{x})}{x - \bar{x}} = \frac{f(x) - f(\bar{x})}{x - \bar{x}} \text{ für } x \neq \bar{x}.$$

Jetzt schätzen wir ab:

$$\left| \frac{f(x) - f(\bar{x})}{x - \bar{x}} - f_n'(x) \right|$$

$$\leq \left| \frac{f(x) - f(\bar{x})}{x - \bar{x}} - \frac{f_n(x) - f_n(\bar{x})}{x - \bar{x}} \right| + \left| \frac{f_n(x) - f_n(\bar{x})}{x - \bar{x}} - f_n'(\bar{x}) \right|.$$

Zu jedem gegebenen $\epsilon > 0$ gibt es ein N_1, so dass für $n > N_1$,

$$\left| \frac{f(x) - f(\bar{x})}{x - \bar{x}} - \frac{f_n(x) - f_n(\bar{x})}{x - \bar{x}} \right| < \frac{\epsilon}{4} \text{ für alle } x \neq \bar{x} \text{ in } [a, b].$$

Was den zweiten Term anbelangt: Der Mittelwertsatz 32.17 impliziert, dass es ein c zwischen x und $\bar{x}$ gibt, so dass

$$\left| \frac{f_n(x) - f_n(\bar{x})}{x - \bar{x}} - f_n'(\bar{x}) \right| = \left| \frac{f_n'(c)(x - \bar{x})}{x - \bar{x}} - f_n'(\bar{x}) \right|$$

$$= |f_n'(c) - f_n'(x)|.$$

Jetzt schätzen wir ab:

$$|f_n'(c) - f_n'(x)| \leq |f_n'(c) - \tilde{f}(c)| + |\tilde{f}(c) - \tilde{f}(x)| + |\tilde{f}(x) - f_n'(x)|.$$

Aufgrund der gleichmäßigen Konvergenz von $\{f_n'\}$ gibt es zu jedem $\epsilon > 0$ ein N_2, so dass für $n > N_2$,

$$|f_n'(c) - \tilde{f}(c)| < \frac{\epsilon}{4} \text{ und } |f_n'(x) - \tilde{f}(x)| < \frac{\epsilon}{4} \text{ für jedes } x, c \text{ in } [a, b].$$

Außerdem impliziert Satz 33.1, dass $\tilde{f}$ stetig ist und es ein $\delta > 0$ gibt, so dass für alle x in $[a, b]$ mit $|x - \bar{x}| < \delta$

$$|\tilde{f}(c) - \tilde{f}(x)| < \frac{\epsilon}{4}$$

gilt, da c zwischen x und $\bar{x}$ liegt. Wir schließen, dass es zu jedem gegebenen $\epsilon > 0$ ein $\delta > 0$ gibt und ein $N = \max\{N_1, N_2\}$, so dass für alle $n > N$ und x in $[a, b]$, $x \neq \bar{x}$, $|x - \bar{x}| < \delta$,

$$\left| \frac{f(x) - f(\bar{x})}{x - \bar{x}} - f_n'(x) \right| < \frac{\epsilon}{4} + \frac{\epsilon}{4} + \frac{\epsilon}{4} + \frac{\epsilon}{4} = \epsilon$$

gilt. Wir bilden den Grenzwert für $n \to \infty$ und schließen, dass

$$\left| \frac{f(x) - f(\bar{x})}{x - \bar{x}} - \tilde{f}(x) \right| < \epsilon$$

für jedes $\epsilon > 0$ und x hinreichend nahe bei $\bar{x}$. Dies beweist den Satz.

33.3 Gleichmäßige Konvergenz und Integrierbarkeit

Schließlich betrachten wir eine Folge von auf einem Intervall $[a, b]$ stetigen Funktionen $\{f_n\}$, die gegen eine Funktion f konvergiert. Jedes f_n ist ebenso wie f auf $[a, b]$ integrierbar, da alle Funktionen stetig sind. Die Frage ist, ob die Integrale von $\{f_n\}$ gegen das Integral von f konvergieren. Wenn f auf $[a, b]$ integrierbar ist, dann gilt

$$\int_a^b f(x)\, dx = \lim_{N \to \infty} \sum_{i=1}^{2^N} f(x_{N,i-1}) \Delta x_N,$$

wobei für jedes N, $\Delta x_N = (b - a)/2^N$ und $x_{N,i} = a + i \times \Delta x_N$ für $i = 0, 1, \cdots, 2^N$. Daher kann die Frage zur Frage umformuliert werden, ob die folgende Gleichung gilt:

$$\lim_{N \to \infty} \lim_{n \to \infty} \sum_{i=1}^{2^N} f_n(x_{N,i-1}) \Delta x_N = \lim_{n \to \infty} \lim_{N \to \infty} \sum_{i=1}^{2^N} f_n(x_{N,i-1}) \Delta x_N.$$

Wieder werden mehr Voraussetzungen als punktweise Konvergenz benötigt.

BEISPIEL 33.7. Betrachten wir die Folge $\{f_n(x)\} = \{nx(1-x^2)^n\}$. Einige Terme sind in Abbildung 33.4 dargestellt. Für $0 < x \leq 1$ gilt

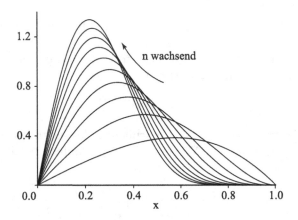

Abbildung 33.4: Graphische Darstellungen der Funktionen $\{nx(1-x^2)^n\}$ für $n = 1, 2, \cdots, 10$.

$$\lim_{n \to \infty} nx(1-x^2)^n = 0,$$

da $|1 - x^2| < 1$. Auch gilt $f_n(0) = 0$ für alle n und wir schließen, dass $f_n \to f = 0$ für $n \to \infty$. Jedoch ist die Konvergenz nicht gleichmäßig. Darüber hinaus ist es einfach nachzuweisen, dass

$$\int_0^1 nx(1-x^2)^n \, dx = \frac{n}{2(n+1)}$$

und deshalb

$$\lim_{n \to \infty} \int_0^1 f_n(x) \, dx = \frac{1}{2} \neq 0 = \int_0^1 \lim_{n \to \infty} f_n(x) \, dx.$$

Wir beweisen:

Satz 33.3 *Es sei* $\{f_n\}$ *eine Folge von stetigen Funktionen auf* $[a,b]$, *die auf* $[a,b]$ *gleichmäßig gegen f konvergiert. Dann gilt*

$$\int_a^b f(x) \, dx = \lim_{n \to \infty} \int_a^b f_n(x) \, dx.$$

Das ist nicht schwierig. Mit der obigen Gitternotation gilt:

$$\left| \int_a^b f(x)\,dx - \int_a^b f_n(x)\,dx \right| = \lim_{N\to\infty} \left| \sum_{i=1}^{2^N} (f(x_{N,i-1}) - f_n(x_{N,i-1}))\Delta x_N \right|.$$

Aufgrund der gleichmäßigen Konvergenz gibt es zu jedem gegebenen $\epsilon > 0$ ein N, so dass $n > N$ für alle $1 \le i \le 2^N$

$$|f(x_{N,i-1}) - f_n(x_{N,i-1})| < \frac{\epsilon}{b-a}$$

impliziert. Daher gibt es zu jedem $\epsilon > 0$ ein N_1, so dass für $n > N_1$

$$\left| \int_a^b f(x)\,dx - \int_a^b f_n(x)\,dx \right| < \lim_{N\to\infty} \frac{\epsilon}{b-a} \sum_{i=1}^{2^N} \Delta x_N = \frac{\epsilon}{b-a}(b-a) = \epsilon$$

gilt. Dies beweist den Satz.

33.4 Unbeantwortete Fragen

Der Stoff zur Integration in Abschnitt 33.3 deutet auf einige erhebliche Mängel in der Riemann–Theorie der Integration hin. Beispiel 33.7 zeigt, dass Integration und die Bildung von Grenzwerten nicht austauschbar sind, d.h. $\int \lim f_n\,dx$ ist nicht unbedingt gleich $\lim \int f_n\,dx$. Tatsächlich konvergiert eine Folge von integrierbaren Funktionen $\{f_n\}$, die auf einem Intervall konvergiert, nicht unbedingt gegen eine integrierbare Funktion. Ein weiterer Mangel der Riemann–Theorie ist, dass Integration nur auf Intervallen definiert ist, in der Praxis müssen wir jedoch eventuell über kompliziertere Mengen von Zahlen integrieren. Dies kommt zum Beispiel häufig in der Wahrscheinlichkeitstheorie vor.

Es gibt mehrere alternative Definitionen der Integration, die die Mängel des Riemann–Integrals beseitigen und die gleichzeitig mit dem Riemann–Integral für stetige Funktionen auf Intervallen übereinstimmen. Die vielleicht bekannteste alternative Theorie geht auf Lebesgue[4] zurück. Wir verweisen auf Rudin [19] für eine Einführung zum Lebesgue–Integral.

---

[4]Henri Léon Lebesgue (1875–1941) war ein französischer Mathematiker. Er ist am besten für seine Konstruktion der Maßtheorie sowie der Lebesgue–Theorie der Integration bekannt, die einen starken Einfluß auf die Analysis hatten. Er machte auch wichtige Beiträge zur Fourier–Analysis, der Potenzialtheorie und der Topologie.

Kapitel 33 Aufgaben

33.1. Die Folge $\{s_{ij}\}_{i,j=1}^{\infty}$ habe die folgenden Eigenschaften: $\lim_{j\to\infty} s_{ij} = S_i$ existiert für jedes i und $\lim_{i\to\infty} s_{ij} = U_j$ konvergiert *gleichmäßig* für alle j. Zeigen Sie, dass $\lim_{i\to\infty} S_i$ existiert und $\lim_{i\to\infty} S_i = \lim_{j\to\infty} U_j$. Mit anderen Worten, es gilt $\lim_{i\to\infty} \lim_{j\to\infty} s_{ij} = \lim_{j\to\infty} \lim_{i\to\infty} s_{ij}$. Diskutieren Sie Beispiel 33.2 im Zusammenhang mit diesem Ergebnis.

33.2. Berechnen Sie den Grenzwert von $\{1/(1+x^{2n})\}$. Ist der Grenzwert stetig? Bestimmen Sie, ob die Konvergenz gleichmäßig ist.

33.3. Nehmen wir an, dass $f(x)$ eine auf $[0,1]$ mit $f(1) = 0$ stetige Funktion ist. Zeigen Sie, dass $\{f(x)x^n\}$ gleichmäßig gegen 0 konvergiert.

33.4. Nehmen wir an, dass f eine auf $(-\infty, \infty)$ gleichmäßig stetige Funktion ist. Definieren Sie für jede natürliche Zahl $n > 0$ $f_n(x) = f(x + 1/n)$. Zeigen Sie, dass $\{f_n\}$ gleichmäßig auf $(-\infty, \infty)$ konvergiert.

33.5. Definieren Sie für $\alpha > 0$, $0 \leq x \leq 1$ und ganze Zahlen $n \geq 2$:

$$f_n(x) = \begin{cases} xn^{\alpha}, & 0 \leq x \leq 1/n, \\ \left(\frac{2}{n} - x\right)n^{\alpha}, & 1/n \leq x \leq 2/n, \\ 0, & 2/n \leq x \leq 1. \end{cases}$$

(a) Zeigen Sie, dass f_n stetig ist. (b) Zeigen Sie, dass $\lim_{n\to\infty} f_n = 0$. (c) Entscheiden Sie, ob die Konvergenz gleichmäßig ist oder nicht und zwar in Abhängigkeit des Wertes von α.

33.6. Definieren Sie für ganze Zahlen $n > 1$ und $x \geq 0$:

$$f_n(x) = \begin{cases} 0, & 0 \leq x \leq 1/(n+1), \\ \sin^2(\pi/x), & 1/(n+1) \leq x \leq 1/n, \\ 0, & 1/n \leq x. \end{cases}$$

Zeigen Sie, dass $\{f_n\}$ gegen eine stetige Funktion — aber nicht gleichmäßig — konvergiert.

33.7. Nehmen wir an, dass $\{f_n\}$ auf $[a,b]$ gleichmäßig gegen f konvergiert und dass g eine Funktion auf $[a,b]$ ist. Finden Sie Bedingungen an g, die garantieren, dass $\{gf_n\}$ gleichmäßig gegen gf auf $[a,b]$ konvergiert.

33.8. (a) Nehmen wir an, dass $\{f_n\}$ und $\{g_n\}$ auf einem Intervall I gleichmäßig gegen f und g konvergieren und c eine Zahl ist. Beweisen Sie, dass $\{f_n + g_n\}$ und $\{cf_n\}$ gleichmäßig konvergieren und bestimmen Sie die Grenzwerte. (b) Nehmen Sie zusätzlich an, dass $\{f_n\}$ und $\{g_n\}$ Folgen von beschränkten Funktionen sind und zeigen Sie, dass $\{f_n g_n\}$ gleichmäßig auf I konvergiert.

33.9. Beweisen Sie, dass der Grenzwert einer gleichmäßig konvergenten Folge von Funktionen, die auf einem Intervall I gleichmäßig stetig sind, selbst gleichmäßig stetig ist.

33.10. Konstruieren Sie Folgen $\{f_n\}$ und $\{g_n\}$, die auf einem Intervall I gleichmäßig konvergieren, so dass $\{f_n g_n\}$ auf I konvergiert, aber nicht gleichmäßig konvergiert.

33.11. Beweisen Sie, dass eine gleichmäßig konvergente Folge von beschränkten Funktionen $\{f_n\}$ auf einem Intervall I gleichmäßig beschränkt ist; d.h. dass es ein M gibt, so dass $|f_n(x)| \leq M$ für alle n und x.

33.12. *(Schwierig)* Beseitigen Sie in Satz 33.2 die Annahme, dass f_n' stetig ist.

33.13. (a) Zeigen Sie, dass die Folge $\{x/(1 + nx^2)\}$ gleichmäßig gegen eine Funktion f konvergiert. (b) Zeigen Sie, dass $f'(x) = \lim_{n \to \infty} x/(1 + nx^2)$ für $x \neq 0$, aber nicht für $x = 0$.

33.14. Definieren Sie $f_n(x) = n^2 x e^{-nx}$ für natürliche Zahlen $n > 0$ und reelle x. Beweisen Sie, dass $\{f_n\}$ und $\{f_n'\}$ punktweise gegen 0 konvergieren, aber $\{f_n'\}$ nicht gleichmäßig konvergiert.

33.15. Definieren Sie für natürliche Zahlen $n > 0$ und reelle x:

$$f_n(x) = \begin{cases} 1/n, & |x| \leq 1/n, \\ |x|, & |x| \geq 1/n. \end{cases}$$

Beweisen Sie, dass $\{f_n\}$ gleichmäßig auf $(-\infty, \infty)$ gegen $|x|$ konvergiert. Beachten Sie, dass jedes f_n in $x = 0$ differenzierbar ist, der Grenzwert aber $|x|$ nicht.

33.16. Es sei $\{f_n\}$ eine Folge von stetigen Funktionen, die gleichmäßig gegen eine Funktion f für x in einer Menge von Zahlen S konvergiert. Beweisen Sie, dass

$$\lim_{n \to \infty} f_n(x_n) = f(x)$$

für jede Folge von Punkten $\{x_n\}$ in S, so dass $x_n \to x$ und x sich in S befindet. Ist die Umkehrung wahr?

33.17. *(Schwierig)* Nehmen wir an, dass $\{f_n\}$ auf einem beschränkten Intervall $[a, b]$ eine Folge von stetigen Funktionen ist, die gegen eine stetige Funktion f konvergiert. Beweisen Sie, dass wenn $\{f_n(x)\}$ für jedes x gegen $f(x)$ monoton wachsend oder monoton fallend ist, $\{f_n\}$ tatsächlich gleichmäßig gegen f auf $[a, b]$ konvergiert. *Hinweis:* Nehmen Sie an, dass die Folge fallend ist. Wenn die Behauptung nicht wahr ist, dann gibt es ein $\epsilon > 0$, so dass es für jedes n eine natürliche Zahl m_n und einen Punkt x_n in $[a, b]$ mit $f_{m_n}(x_n) > f(x_n) + \epsilon$ gibt. Leiten Sie einen Widerspruch her.

34
Erleichterte Integration

Nein, dieses Kapitel enthält nicht das Geheimnis über die Integration, das es jedem Studenten der Mathematik ermöglicht, Frieden mit der Welt zu schließen. Wir wenden lediglich die Gedanken über Funktionen aus Kapitel 32 und Kapitel 33 an, um die Annahmen abzuschwächen, die wir in Kapitel 25 benutzt haben, um zu beweisen, dass die Integration funktioniert. Insbesondere werden wir zeigen, dass Funktionen, die lediglich stetig sind, integriert werden können und verwenden weitaus allgemeinere Gitter, um das Integral zu berechnen. Wir schließen dieses Kapitel, indem wir diese Konzepte anwenden, um die Länge einer Kurve zu definieren und zu berechnen.

34.1   Stetige Funktionen

Die Analysis der Integration in Kapitel 25 setzt die Lipschitz-Stetigkeit des Integranden voraus. Wir zeigen hier, dass eigentlich die gleichmäßige Stetigkeit des Integranden für diese Analysis wichtig ist, die automatisch aus der Voraussetzung der Lipschitz-Stetigkeit folgt. Ebenso haben wir in Kapitel 32 gesehen, dass viele angenehme Eigenschaften von Lipschitz-stetigen Funktionen auf die gleichmäßige Natur der Lipschitz-Stetigkeit zurückzuführen sind. Die Analysis in diesem Abschnitt lehnt sich eng an die in Kapitel 25 an, was bedeutet, dass sie mit langwierigen Details angefüllt ist. Ein vernünftiger Weg, mit dem Stoff umzugehen, ist einfach die Beweise in diesem Abschnitt mit denen aus Kapitel 25 zu vergleichen, um die Unterschiede zu erkennen, die erforderlich sind, um Gleichmäßigkeit anstelle von Lipschitz-Stetigkeit zu behandeln.

Beachten Sie, dass es genügt, Stetigkeit statt gleichmäßiger Stetigkeit vorauszusetzen, und zwar aufgrund von Satz 32.11, der besagt, dass eine Funktion, die auf einem abgeschlossenen beschränkten Intervall stetig ist, auf diesem Intervall auch gleichmäßig stetig ist. Daher nehmen wir an, dass die Funktion f auf dem beschränkten Intervall $[a, b]$ stetig ist, und wir möchten zeigen, dass das Anfangswertproblem

$$\begin{cases} y'(x) = f(x), & a < x \leq b, \\ y(a) = 0, \end{cases} \tag{34.1}$$

eine eindeutige Lösung besitzt, die wir in der Form

$$y(x) = \int_a^x f(s)\, ds$$

darstellen, und die mit beliebiger Genauigkeit approximiert werden kann. Erinnern wir uns daran, dass sobald wir (34.1) für den Anfangswert 0 gelöst haben, wir leicht eine Aufgabe für einen beliebigen Anfangswert y_0 lösen können.

Auch wenn f vielleicht nicht Lipschitz-stetig ist, genügt die Stetigkeit, um dieselbe approximative Lösung Y_N zu definieren, die wir oben verwendet haben. Wir konstruieren ein **Gitter** von gleichmäßig verteilten Punkten $\{x_{N,i}\}$ in $[a, b]$, indem wir $\Delta x_N = (b - a)/2^N$ für eine natürliche Zahl N und $x_{N,i} = a + i \times \Delta x_N$ für $i = 0, 1, \cdots, 2^N$ setzen. Beachten Sie insbesondere, dass $x_{N,0} = a$ und $x_{N,2^N} = b$ gilt. Wir lösen die approximativen Anfangswertprobleme (25.3) Intervall für Intervall, und berechnen die approximative Lösung Y_N, so dass für $x_{N,n-1} \leq x < x_{N,n}$

$$Y_N(x) = \sum_{i=1}^{n-1} f(x_{N,i-1}) \Delta x_N + f(x_{N,n-1})(x - x_{N,n-1}) \tag{34.2}$$

gilt, wobei der Wert von Y_N im Knoten $x_{N,n}$

$$Y_{N,n} = Y_N(x_{N,n}) = \sum_{i=1}^{n} f(x_{N,i-1}) \Delta x_N \tag{34.3}$$

ist. Wir müssen nur zeigen, dass $\{Y_N\}$ eine Cauchy-Folge bildet, die gegen eine eindeutige Funktion konvergiert, welche (34.1) genügt.

Unter Verwendung derselben Notation wie oben wählen wir natürliche Zahlen $M \geq N$ und definieren $\mu(i)$ als die Menge der Indizes j, so dass $[x_{M,j-1}, x_{M,j}]$ in $[x_{N,i-1}, x_{N,i}]$ enthalten ist (vgl. Abbildung 34.1). Wir können

$$Y_M(x_{N,n}) = \sum_{i=1}^{n} \sum_{j \text{ in } \mu(i)} f(x_{M,j-1}) \Delta x_M$$

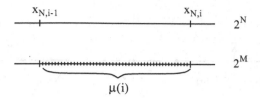

Abbildung 34.1: Zur Definition von $\mu(i)$.

schreiben, sowie

$$Y_N(x_{N,n}) = \sum_{i=1}^{n} f(x_{N,i-1})\Delta x_N = \sum_{i=1}^{n} \sum_{j \text{ in } \mu(i)} f(x_{N,i-1})\Delta x_M.$$

Wir schätzen ab und erhalten

$$|Y_M(x_{N,n}) - Y_N(x_{N,n})| \leq \sum_{i=1}^{n} \sum_{j \text{ in } \mu(i)} |f(x_{M,j-1}) - f(x_{N,i-1})|\Delta x_M.$$

Aufgrund der gleichmäßigen Stetigkeit gibt es zu jedem $\epsilon > 0$ ein $\delta > 0$, so dass $|f(x_{M,j-1}) - f(x_{N,i-1})| < \epsilon$, falls $|x_{M,j-1} - x_{N,i-1}| < \delta$. Da

$$|x_{M,j-1} - x_{N,i-1}| < |x_{N,i} - x_{N,i-1}| \text{ für } j \text{ in } \mu(i),$$

gibt es zu jedem gegebenen $\delta > 0$ ein $\bar{N}$, so dass für $N > \bar{N}$, $|x_{M,j-1} - x_{N,i-1}| < \delta$ für $1 \leq i \leq 2^N$ und j in $\mu(i)$ gilt. Wir schließen, dass es zu jedem $\epsilon > 0$ ein $\bar{N}$ gibt, so dass für $M \geq N > \bar{N}$

$$|Y_M(x_{N,n}) - Y_N(x_{N,n})| \leq \epsilon \sum_{i=1}^{n} \sum_{j \text{ in } \mu(i)} \Delta x_M = \epsilon(x_{N,n} - x_{N,0}) \leq \epsilon(b-a)^1$$

gilt.

Deshalb können wir die Differenz zwischen Y_M und Y_N in den Knoten beliebig klein machen, indem wir $M \geq N$ hinreichend groß wählen. Eine ähnliche Argumentation funktioniert für die Werte von x zwischen den Knoten. Daher ist $\{Y_N\}$ eine gleichmäßige Cauchy-Folge, die gleichmäßig konvergiert, $\lim_{N\to\infty} Y_N(x) = y(x)$ für $a \leq x \leq b$.

Unter Verwendung einer ähnlichen Argumentation können wir zeigen, dass Y_N für jedes N auf $[a, b]$ stetig ist und deshalb nach Satz 33.1 die Grenzfunktion y auf $[a, b]$ stetig ist. Wir müssen zeigen, dass y differenzierbar ist und (34.1) genügt. Beachten Sie, dass $y(a) = 0$.

Wie in Kapitel 25 wählen wir zu einem gegebenen $\bar{x}$ und $x > \bar{x}$ in $[a, b]$ für jedes N ein m_N, so dass $x_{N,m_N-1} < \bar{x} \leq x_{N,m_N}$ und wir wählen auch

Abbildung 34.2: Zur Wahl von m_N und n_N.

n_N so, dass $x_{N,n_N-1} < x \le x_{N,n_N}$ (vgl. Abbildung 34.2). Mit dieser Wahl gilt

$$x - \bar{x} = (x - x_{N,n_N-1}) + \sum_{j=m_N}^{n_N-1} \Delta x_N - (\bar{x} - x_{N,n_N-1})$$

und

$$\lim_{N\to\infty} x_{N,m_N-1} = \lim_{N\to\infty} x_{N,m_N} = \bar{x} \text{ und } \lim_{N\to\infty} x_{N,n_N-1} = \lim_{N\to\infty} x_{N,n_N} = x.$$

Außerdem gilt

$$Y_N(\bar{x}) = Y_N(x_{N,m_N-1}) + f(x_{N,m_N-1})(\bar{x} - x_{N,m_N-1})$$

und

$$Y_N(x) = Y_N(x_{N,m_N-1}) + \sum_{j=m_N}^{n_N-1} f(x_{N,j-1})\Delta x_N$$
$$+ f(x_{N,n_N-1})(x - x_{N,n_N-1}).$$

Subtraktion ergibt

$$Y_N(x) - Y_N(\bar{x}) = f(x_{N,n_N-1})(x - x_{N,n_N-1}) + \sum_{j=m_N}^{n_N-1} f(x_{N,j-1})\Delta x_N$$
$$- f(x_{N,m_N-1})(\bar{x} - x_{N,m_N-1}).$$

Wir können dies umschreiben zu:

$$Y_N(x) - Y_N(\bar{x}) = f(\bar{x})(x - \bar{x})$$
$$+ (f(x_{N,n_N-1}) - f(\bar{x}))(x - x_{N,n_N-1})$$
$$+ \sum_{j=m_N}^{n_N-1} (f(x_{N,j-1}) - f(\bar{x}))\Delta x_N$$
$$- (f(x_{N,m_N-1}) - f(\bar{x}))(\bar{x} - x_{N,m_N-1}),$$

---

[1]Vergleichen Sie dieses Ergebnis mit (25.12).

und erhalten

$$|Y_N(x) - Y_N(\bar{x}) - f(\bar{x})(x - \bar{x})|$$

$$\leq |f(x_{N,n_N-1}) - f(\bar{x})| \, |x - x_{N,n_N-1}|$$

$$+ \sum_{j=m_N}^{n_N-1} |f(x_{N,j-1}) - f(\bar{x})|\Delta x_N$$

$$+ |f(x_{N,m_N-1}) - f(\bar{x})| \, |\bar{x} - x_{N,m_N-1}|. \quad (34.4)$$

Bis jetzt folgte die Analyse genau den Schritten (25.15)–(25.19). Jetzt schätzen wir (34.4) allerdings unter Verwendung der gleichmäßigen Stetigkeit von f ab. Gegeben sei $\epsilon > 0$, dann gibt es ein $\delta > 0$, so dass $|f(y) - f(\bar{x})| < \epsilon$ für alle y mit $|y - \bar{x}| < \delta$. Mit diesem gegebenen δ nehmen wir an, dass $|x - \bar{x}| < \delta/2$ und wählen $\bar{N}$ so, dass $\Delta x_N < \delta/2$ für alle $N > \bar{N}$. Wir erhalten $|x_{M,n_M-1} - \bar{x}| < \delta/2$, $|x_{N,i} - \bar{x}| \leq |x - \bar{x}| < \delta/2$ für $n_N \leq i \leq m_N - 1$ und $|x_{N,m_N} - \bar{x}| \leq |x - \bar{x}| + |x_{N,m_N} - x| < \delta$. Folglich gilt

$$|Y_N(x) - Y_N(\bar{x}) - f(\bar{x})(x - \bar{x})| < 3\epsilon|x_{N,n_N} - x_{N,m_N-1}|.$$

Für $N \to \infty$ erhalten wir

$$|y(x) - (y(\bar{x}) + f(\bar{x})(x - \bar{x}))| < 3\epsilon|x - \bar{x}|.^2 \quad (34.5)$$

Es ist einfach, die Fälle $\bar{x} > x$ und $\bar{x} = a$ oder b zu behandeln. Daher gibt es zu jedem $\epsilon > 0$ ein $\delta > 0$, so dass

$$\left| \frac{y(x) - y(\bar{x})}{x - \bar{x}} - f(\bar{x}) \right| \leq 3\epsilon$$

für alle $x \neq \bar{x}$ mit $|x - \bar{x}| < \delta/2$. Deshalb ist y in $\bar{x}$ differenzierbar und es gilt $y'(\bar{x}) = f(\bar{x})$ für $a \leq \bar{x} \leq b$.

Wir fassen diese Analyse in zwei Sätzen zusammen.[3]

Satz 34.1 Der Fundamentalsatz der Differential- und Integralrechnung *Es sei f eine auf $[a, b]$ stetige Funktion. Dann gibt es eine eindeutige Lösung y von (34.1), die durch die Funktion*

$$Y_N(x) = \sum_{i=1}^{n-1} f(x_{N,i-1})\Delta x_N + f(x_{N,n-1})(x - x_{N,n-1})$$

approximiert wird, wobei $\Delta x_N = (b - a)/2^N$ für eine natürliche Zahl N, $x_{N,i} = a + i \times \Delta x_N$ für $i = 0, 1, \cdots, 2^N$ und $x_{N,n-1} < x \leq x_{N,n}$. Die Approximation ist insofern gleichmäßig genau, als dass es zu jedem gegebenen $\epsilon > 0$ ein $\bar{N}$ gibt, so dass für alle $N > \bar{N}$

$$|y(x) - Y_N(x)| \leq (b - a)\epsilon \text{ für } a \leq x \leq b. \quad (34.6)$$

---

[2]Vergleichen Sie dies mit (25.20).

[3]Vergleichen Sie diese Ergebnisse mit Satz 25.4 und Satz 25.5.

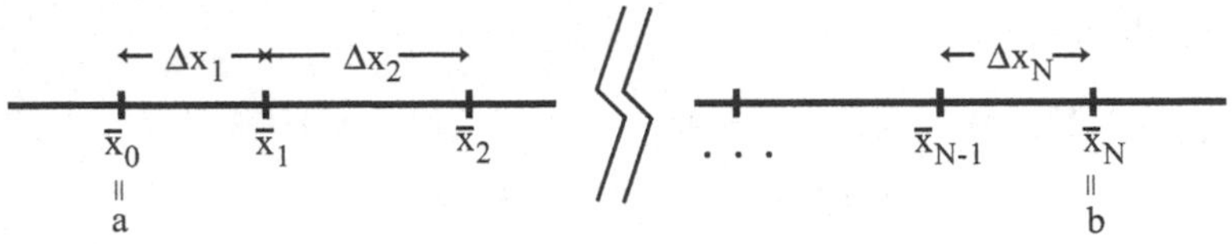

Abbildung 34.3: Ein nicht-gleichmäßiges Gitter für $[a, b]$.

Umgeschrieben zu einem Ergebnis über die Integration lautet dieser Satz:

Satz 34.2 Der Fundamentalsatz der Differential- und Integralrechnung *Ist f eine auf $[a, b]$ stetige Funktion, dann existiert*

$$\int_a^b f(x)\, dx$$

und zu jedem gegebenen $\epsilon > 0$ gibt es ein $\bar{N}$, so dass für $N > \bar{N}$

$$\left| \int_a^b f(x)\, dx - \sum_{i=1}^{2^N} f(x_{N,i-1})\Delta x_N \right| \le (b-a)\epsilon$$

gilt, wobei $\Delta x_N = (b-a)/2^N$ für eine natürliche Zahl N und $x_{N,i} = a + i \times \Delta x_N$ für $i = 0, 1, \cdots, 2^N$.

34.2   Allgemeine Gitter

Als nächstes schwächen wir die Voraussetzungen an das Gitter ab, das wir verwenden, um die approximative Lösung Y_N für (34.1) zu berechnen. Die Länge der Teilintervalle soll variabel sein dürfen und es soll möglich sein, Interpolationspunkte innerhalb der Teilintervalle zu wählen. Die Hauptschwierigkeit ist herauszufinden, wie man Approximationen vergleicht, die auf zwei unterschiedlichen Gittern berechnet wurden, wenn diese Gitter nicht länger „verschachtelt" sind.

Der Hauptgrund dafür, allgemeinere Gitter zu verwenden, ist ein rechnerischer, deshalb beschränken wir die Diskussion auf die Berechnung des bestimmten Integrals $\int_a^b f(x)\, dx$, wobei f eine auf $[a, b]$ stetige Funktion ist. Aufgrund der Ergebnisse in Abschnitt 34.1 wissen wir, dass das Integral wohldefiniert ist und mit beliebiger Genauigkeit, unter Verwendung von gleichmäßigen, verschachtelten Gittern, approximiert werden kann. Wir möchten zeigen, dass es auch unter Verwendung allgemeinerer Gitter approximiert werden kann.

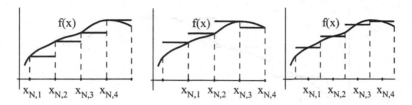

Abbildung 34.4: Drei stückweise konstante Interpolierende von f. Die Interpolationspunkte x_n in $[\bar{x}_{n-1}, \bar{x}_n]$ sind jeweils $x_n = \bar{x}_{n-1}$, $x_n = \bar{x}_n$ und $x_n = (\bar{x}_{n-1} + \bar{x}_n)/2$.

Wir unterteilen $[a, b]$ unter Verwendung eines **Gitters** $\mathcal{T}_N$, das durch eine Menge von $N + 1$ **Knoten**

$$\mathcal{T}_N = \{\bar{x}_{\mathcal{T}_N,0}, \bar{x}_{\mathcal{T}_N,1}, \cdots, \bar{x}_{\mathcal{T}_N,N}\} = \{\bar{x}_0, \bar{x}_1, \cdots, \bar{x}_N\}$$

mit

$$a = \bar{x}_0 < \bar{x}_1 < \cdots < \bar{x}_N = b$$

bestimmt ist. Sofern nicht unbedingt notwendig, vernachlässigen wir den Index, der das aktuell relevante Gitter $\mathcal{T}_N$ angibt, bei jeder Gitter-bezogenen Größe. Da die Teilintervalle $[\bar{x}_{n-1}, \bar{x}_n]$ in der Länge variieren, sehen wir $\Delta x_n = \bar{x}_n - \bar{x}_{n-1}$ (vgl. Abbildung 34.3). Um die „Feinheit" von $\mathcal{T}_N$ zu messen, verwenden wir die Größe des größten Teilintervalls

$$\Delta_{\mathcal{T}_N} = \max_{1 \leq n \leq N} \Delta x_n,$$

das wir die **Gitterweite** nennen.

Schließlich wählen wir einen Interpolationspunkt x_n in jedem Teilintervall $[\bar{x}_{n-1}, \bar{x}_n]$, $1 \leq n \leq N$. In den bisherigen Erörterungen haben wir $x_n = \bar{x}_{n-1}$ verwendet. In Abbildung 34.4 sind drei unterschiedliche Interpolierende einer Funktion auf einem gleichmäßigen Gitter dargestellt, wobei die Interpolationspunkte jeweils dieselbe Position in den Teilintervallen besitzen. Wir können sogar die Position der Interpolationspunkte variieren, wie in Abbildung 34.5 dargestellt.

Wir konstruieren die approximative Lösung $Y_{\mathcal{T}_N,N} = Y_N$ für (34.1) wie oben Intervall für Intervall. Auf $[\bar{x}_0, \bar{x}_1]$ berechnen wir Y_N, indem wir

$$\begin{cases} Y_N' = f(x_1), & \bar{x}_0 \leq x \leq \bar{x}_1, \\ Y_N(\bar{x}_0) = 0, \end{cases}$$

lösen, und erhalten $Y_N(x) = f(x_1)(x - \bar{x}_0)$ für $\bar{x}_0 \leq x \leq \bar{x}_1$ mit den Knotenwerten $Y_{N,0} = Y(\bar{x}_0) = 0$ und $Y_{N,1} = Y_N(\bar{x}_1) = f(x_1)\Delta x_1$. Dann lösen wir für den gegebenen Knotenwert $Y_{N,n-1}$

$$\begin{cases} Y_N' = f(x_n), & \bar{x}_{n-1} \leq x \leq \bar{x}_n, \\ Y_N(\bar{x}_{n-1}) = Y_{N,n-1}. \end{cases}$$

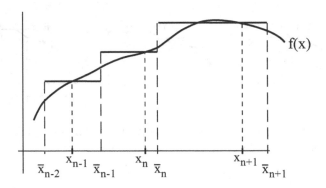

Abbildung 34.5: Eine Interpolierende von f auf einem nicht-gleichmäßigen Gitter, in dem die Interpolationspunkte in verschiedenen Teilintervallen an unterschiedlichen Stellen gewählt sind.

Wir fahren für $1 \leq n \leq N$ fort und erhalten die endgültige Formel für die Approximation von $\int_a^b f(x)\, dx$:

$$Y_{N,N} = \sum_{n=1}^{N} f(x_n)\Delta x_n. \tag{34.7}$$

Wir interpretieren dieses Ergebnis im Hinblick auf die Fläche unterhalb der Kurve f in Abbildung 34.6.

BEISPIEL 34.1. Wir wiederholen Beispiel 25.4 und verwenden dabei unterschiedliche Interpolationspunkte. Die Aufgabe ist, die Integralapproximation für $f(x) = x$ auf $[0,1]$ zu berechnen und ein gleichmäßiges Gitter mit $N + 1$ Knoten zu benutzen. Wir haben $\Delta x_N = 1/N$ und die Knoten $\bar{x}_n = n/N$, $0 \leq n \leq N$. Wenn wir den Interpolationspunkt $x_n = \bar{x}_n$ auf $[x_{n-1}, x_n]$ verwenden, dann gilt

$$Y_{N,n} = \sum_{i=1}^{n} \frac{i}{N} \times \frac{1}{N} = \frac{1}{N^2} \frac{n(n+1)}{2},$$

sowie

$$Y_{N,N} = Y_N(1) = \frac{1}{2} + \frac{1}{2N}.$$

Verwenden wir stattdessen $x_n = (\bar{x}_n + \bar{x}_{n-1})/2$, dann ergibt sich

$$Y_{N,n} = \sum_{i=1}^{n} \frac{1}{2}\left(\frac{i}{N} + \frac{i-1}{N}\right)\frac{1}{N} = \frac{1}{N^2} \frac{n^2}{2}$$

und

$$Y_{N,N} = Y_N(1) = \frac{1}{2}.$$

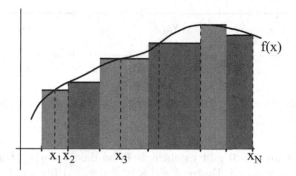

Abbildung 34.6: Die Fläche unterhalb der stückweise konstanten Interpolierenden von f. Wir wechseln die Schattierung, um die Beiträge der benachbarten Rechtecke zu unterscheiden.

Beachten Sie, dass diese Formel für jedes N die exakte Antwort liefert!

Wir möchten jetzt zeigen, dass es eine eindeutige Zahl gibt, so dass für eine Folge von Gittern $\{\mathcal{T}_N\}_{N=1}^{\infty}$ mit $\Delta_{\mathcal{T}_N} \to 0$, die Summe (34.7) gegen diese Zahl konvergiert. Da eine solche Folge sich aus den gleichmäßigen, verschachtelten Gittern zusammensetzt, die wir oben verwendet haben, muss diese Zahl $\int_a^b f(x)\,dx$ sein.

Zunächst vergleichen wir Y_M und Y_N mit $M > N$, wobei $\mathcal{T}_M$ eine **Verfeinerung** von $\mathcal{T}_N$ darstellt. Das bedeutet, dass alle Knoten in $\mathcal{T}_N$ auch Knoten in $\mathcal{T}_M$ sind. Um einen doppelten Index zu vermeiden, schreiben wir $\mathcal{T}_M = \{\bar{y}_0, \bar{y}_1, \cdots, \bar{y}_M\}$, wählen entsprechende Interpolationspunkte $\{y_i\}$ und setzen

$$Y_{M,M} = \sum_{m=1}^{M} f(y_m)\Delta y_m,$$

wobei $\Delta y_m = \bar{y}_m - \bar{y}_{m-1}$, $1 \leq m \leq M$.

Zwei beliebige benachbarte Knoten $\bar{x}_{n-1}$, $\bar{x}_n$ in $\mathcal{T}_N$ sind auch in $\mathcal{T}_M$ enthalten, so dass es ganze Zahlen i und j gibt, so dass

$$\bar{x}_{n-1} = \bar{y}_{i-1} \text{ und } \bar{x}_n = \bar{y}_j.$$

Wir veranschaulichen dies in Abbildung 34.7. Wir vergleichen die Beiträge zum approximativen Integral auf $[\bar{x}_{n-1}, \bar{x}_n]$, nämlich

$$\sum_{l=i}^{j} f(y_l)(\bar{y}_l - \bar{y}_{l-1})$$

und

$$f(x_n)(\bar{x}_n - \bar{x}_{n-1}) = \sum_{l=i}^{j} f(x_n)(\bar{y}_l - \bar{y}_{l-1}).$$

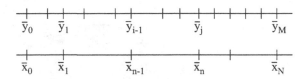

Abbildung 34.7: Die verschachtelten Gitter $\mathcal{T}_M$ und $\mathcal{T}_N$.

Zu gegebenem $\epsilon > 0$ gibt es ein $\delta > 0$, so dass $|f(y_l) - f(x_n)| < \epsilon$ für alle l mit $|y_l - x_n| < \delta$. Da $|y_l - x_n| \leq |\bar{x}_n - \bar{x}_{n-1}|$ für $i \leq l \leq j$, gilt die Bedingung, vorausgesetzt $\Delta_{\mathcal{T}_N} < \delta$. Wenn dies wahr ist, erhalten wir

$$\left| \sum_{l=i}^{j} (f(y_l) - f(x_n))(\bar{y}_l - \bar{y}_{l-1}) \right| \leq \sum_{l=i}^{j} \epsilon(\bar{y}_l - \bar{y}_{l-1}) \leq \epsilon(\bar{x}_n - \bar{x}_{n-1}).$$

Wir addieren und schließen, dass es zu jedem $\epsilon > 0$ ein $\delta > 0$ gibt, so dass für alle Gitter $\mathcal{T}_M$ und $\mathcal{T}_N$, wobei $\mathcal{T}_M$ eine Verfeinerung von $\mathcal{T}_N$ ist und $\Delta_{\mathcal{T}_N} < \delta$ gilt:

$$|Y_{M,M} - Y_{N,N}| \leq \epsilon \sum_{n=1}^{N} (\bar{x}_n - \bar{x}_{n-1}) = \epsilon(b - a).$$

Wir haben gezeigt, dass die Differenz zwischen den Werten in den End-knoten zweier Approximationen, die auf verschachtelten Gittern berechnet wurden, beliebig klein gemacht werden kann, indem man sicherstellt, dass die Gitter hinreichend **verfeinert** sind, d.h. dass die entsprechenden Git-terweiten hinreichend klein sind.

Zum Schluß möchten wir die Voraussetzung beseitigen, dass die Gitter verschachtelt sind. Es seien $\mathcal{T}_N$ und $\mathcal{T}_M$ zwei beliebige Gitter. Um die ent-sprechenden Approximationen zu vergleichen, verwenden wir das Gitter $\mathcal{T}_{N+M}$, das konstruiert wird, indem man die Vereinigung der Knoten in $\mathcal{T}_N$ und $\mathcal{T}_M$ bildet.[4] Wir veranschaulichen dies in Abbildung 34.8. Ohne präzise zu sein, wählen wir Interpolationspunkte $\{z_i\}$ in den Teilinterval-len von $\mathcal{T}_{N+M}$ und bezeichnen mit Y_{N+M} die entsprechende approximative Lösung.

Jetzt schätzen wir ab:

$$|Y_{M,M} - Y_{N,N}| \leq |Y_{M,M} - Y_{N+M,N+M}| + |Y_{N+M,N+M} - Y_{N,N}|,$$

---

[4]Beachten Sie, dass wir hier die Notation missbrauchen, da $\mathcal{T}_{N+M}$ wahrscheinlich weniger als $N + M + 2 = N + 1 + M + 1$ Knoten besitzt. Wir müssen aber nicht präzise sein, da wir $\mathcal{T}_{N,M}$ nicht verwenden, um eine Approximation zu berechnen. Wir benötigen lediglich seine Existenz und die Tatsache, dass es sowohl eine Verfeinerung von $\mathcal{T}_N$ als auch von $\mathcal{T}_M$ ist.

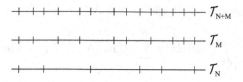

Abbildung 34.8: Zwei Gitter $\mathcal{T}_M$ und $\mathcal{T}_N$ sowie ihre „Vereinigung" $\mathcal{T}_{N+M}$.

wobei $Y_{N+M,N+M}$ der Wert im Endknoten von Y_{N+M} ist. Aufgrund der obigen Ergebnisse gibt es zu jedem gegebenen $\epsilon > 0$ ein $\delta > 0$, so dass, wenn $\Delta_{\mathcal{T}_M} < \delta$ und $\Delta_{\mathcal{T}_N} < \delta$,

$$|Y_{M,M} - Y_{N,N}| < 2\epsilon(b-a).$$

Folglich kann die Differenz zwischen den Werten in den Endknoten von approximativen Lösungen, die auf zwei unterschiedlichen Gittern berechnet wurden, beliebig klein gemacht werden, indem sichergestellt wird, dass die Gitter hinreichend fein sind.

Wir betrachten nun eine Folge $\{\mathcal{T}_N\}$ von Gittern und die entsprechenden approximativen Lösungen $\{Y_N\}$, wobei $\Delta_{\mathcal{T}_N} \to 0$ für $N \to \infty$. Insbesondere gibt es zu jedem gegebenen $\delta > 0$ ein $\bar{N}$, so dass $\Delta_{\mathcal{T}_N} < \delta$ für alle $N > \bar{N}$. Deshalb gibt es zu jedem $\epsilon > 0$ ein $\bar{N}$, so dass

$$|Y_{N,N} - Y_{M,M}| < 2\epsilon(b-a) \text{ für } M > \bar{N} \text{ und } N > \bar{N}.$$

Folglich ist $\{Y_{N,N}\}$ eine Cauchy-Folge und $\lim_{N\to\infty} Y_{N,N} = Y$ existiert. Wir behaupten, dass dieser Grenzwert unabhängig von der Folge von Gittern und Interpolationspunkten ist.

Betrachten wir also eine weitere Folge $\{\overline{\mathcal{T}}_N\}$ von Gittern mit $\Delta_{\overline{\mathcal{T}}_N} \to 0$. Es bezeichne $\{\bar{Y}_N\}$ die entsprechenden Approximationen mit der Eigenschaft $\lim_{N\to\infty} \bar{Y}_{N,N} = \bar{Y}$. Zu jedem gegebenen $\epsilon > 0$ gibt es ein $\bar{N}$, so dass

$$|Y_{N,N} - \bar{Y}_{N,N}| < 2\epsilon(b-a) \text{ für } N > \bar{N}.$$

Daher gilt $|Y - \bar{Y}| < 2\epsilon(b-a)$ für jedes $\epsilon > 0$, d.h. $Y = \bar{Y}$. Da wir die Folge von gleichmäßigen Gittern, die wir oben verwendet haben, wählen können, muss $Y = \int_a^b f(x)\,dx$ gelten. Wir fassen dieses Ergebnis in einem Satz zusammen.[5]

Satz 34.3 Der Fundamentalsatz der Differential- und Integralrechnung *Ist f eine auf $[a,b]$ stetige Funktion und $\{\mathcal{T}_N\}$ eine Folge von Gittern auf $[a,b]$ mit $\Delta_{\mathcal{T}_N} \to 0$ für $N \to \infty$, dann existiert*

$$\int_a^b f(x)\,dx$$

---

[5]Die sechste und letzte Version!

und für jedes gegebene $\epsilon > 0$ gibt es ein $\bar{N}$, so dass für $N > \bar{N}$

$$\left| \int_a^b f(x)\,dx - \sum_{n=1}^{N} f(x_n)\Delta x_n \right| \leq (b-a)\epsilon$$

gilt, wobei $\{x_n\}$ die Menge der Interpolationspunkte für T_N ist und $\{\Delta x_n\}$ die Größen der Teilintervalle bezeichnet.

34.3 Anwendung auf die Berechnung der Länge einer Kurve

In Kapitel 27 haben wir zwei Anwendungen der Integration besprochen, nämlich die Definition und Berechnung der Fläche unterhalb einer Kurve sowie den Mittelwert einer Funktion. In diesem Kapitel benutzen wir die Integration, um die Länge der Kurve, die durch den Graphen einer Funktion gegeben ist (vgl. Abbildung 34.9), zu definieren und zu berechnen. Die Länge einer Kurve ist in physikalischen Anwendungen wichtig. So sind

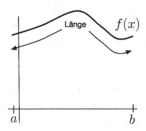

Abbildung 34.9: Die Länge der Kurve, die durch den Graphen einer Funktion gegeben ist.

wir zum Beispiel oft an der Gesamtlänge des Weges interessiert, den ein Teilchen zurücklegt, das gezwungen wird, sich auf einem bestimmten Pfad zu bewegen, der als Graph einer Funktion beschrieben werden kann. Wie bei anderen Anwendungen der Integration vermuten wir intuitiv, dass die Länge einer Kurve wohldefiniert ist.[6]

Diese Aufgabe stellt eine interessante Anwendung für die Ideen dieses Kapitels dar. Manchmal sind wir in der Analysis gezwungen, bestimmte Teilintervalle und/oder Interpolationspunkte zu verwenden. Dies ist zum Beispiel bei der Definition der Länge einer Kurve der Fall.

Um die Länge einer Kurve f auf einem Intervall $[a, b]$ zu definieren, verwenden wir die Idee der Integration, indem wir zuerst die Länge einer Ap-

---

[6]Trotzdem benötigen wir eine analytische Definition, um inneren Frieden zu erlangen.

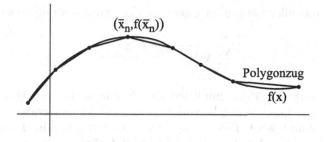

Abbildung 34.10: Die Länge eines Polygonzuges, der den Graphen einer Funktion durch Interpolation approximiert.

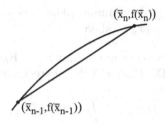

Abbildung 34.11: Die Länge eines Segments des Polygonzugs, das den Graphen einer Funktion durch Interpolation approximiert.

proximation der Kurve in Form eines Polygonzuges definieren. Wir wählen ein Gitter $T_N = \{\bar{x}_0, \bar{x}_1, \cdots, \bar{x}_N\}$ mit $a = \bar{x}_0 < \bar{x}_1 < \cdots < \bar{x}_N = b$ und den Längen $\{\Delta x_n\}$ der Teilintervalle. Wir berechnen die Länge des Polygons, indem wir die Punkte $\{(\bar{x}_0, f(\bar{x}_0)), (\bar{x}_1, f(\bar{x}_1)), \cdots, (\bar{x}_N, f(\bar{x}_N))\}$ verbinden (vgl. Abbildung 34.10).

Nach dem Satz von Pythagoras (vgl. Abbildung 34.11) beträgt die Distanz zwischen $(\bar{x}_{n-1}, f(\bar{x}_{n-1}))$ und $(\bar{x}_n, f(\bar{x}_n))$

$$\sqrt{(\bar{x}_n - \bar{x}_{n-1})^2 + (f(\bar{x}_n) - f(\bar{x}_{n-1}))^2}.$$

Nach dem Mittelwertsatz 32.17 gibt es einen Punkt x_n in $[\bar{x}_{n-1}, \bar{x}_n]$, so dass

$$\sqrt{(\bar{x}_n - \bar{x}_{n-1})^2 + (f(\bar{x}_n) - f(\bar{x}_{n-1}))^2}$$
$$= \sqrt{(\bar{x}_n - \bar{x}_{n-1})^2 + (f'(x_n)(\bar{x}_n - \bar{x}_{n-1}))^2}$$
$$= \sqrt{1 + (f'(x_n))^2}\,\Delta x_n.$$

Die Summe aller Längen aller geraden Segmente des Polygonzugs ergibt

$$\sum_{n=1}^{N} \sqrt{1 + (f'(x_n))^2} \Delta x_n. \tag{34.8}$$

Wenn f' stetig ist, dann impliziert der Fundamentalsatz 34.3, dass die Summe (34.8) gegen einen bestimmten Grenzwert konvergiert, wenn das Gitter verfeinert wird. Diesen Grenzwert, den wir als die **Länge einer Kurve, definiert durch f von a bis b, definieren**, ist

$$\int_a^b \sqrt{1 + f'(x)^2}\, dx = \lim_{\Delta_{T_N} \to 0} \sum_{n=1}^{N} \sqrt{1 + (f'(x_n))^2} \Delta x_n.$$

Beachten Sie, dass wir in der Summe (34.8) *keinen* Einfluss auf die Lage der Interpolationspunkte $\{x_n\}$ haben.

BEISPIEL 34.2. Wir berechnen die Länge der Kurve von $f(x) = 2x^{3/2}$ von $x = 0$ bis $x = 1$. Da $f'(x) = 3x^{1/2}$, berechnen wir

$$\int_0^1 \sqrt{1 + (3x^{1/2})^2}\, dx = \int_0^1 \sqrt{1 + 9x}\, dx$$

$$= \frac{1}{9} \int_1^{10} \sqrt{u}\, du = \frac{2}{27}(10^{3/2} - 1).$$

Tatsächlich gibt es nur sehr wenige Funktionen, für die die Länge der entsprechenden Kurve analytisch berechnet werden kann. Die Summe (34.8) ist für die Berechnung von Approximationen der Länge mit den Interpolationspunkten $\{x_i\}$, die durch den Mittelwertsatz gegeben sind, unpraktisch. Wir wählen jedoch einfach andere Interpolationspunkte, wenn wir (34.8) in der Praxis benutzen möchten.

Kapitel 34   Aufgaben

34.1. Beweisen Sie, dass es zu jedem gegebenen $\epsilon > 0$ ein $\bar{N}$ gibt, so dass, wenn $M \geq N > \bar{N}$, $|Y_M(x) - Y_N(x)| < \epsilon$ für $a \leq x \leq b$ gilt, wobei Y_M und Y_N die Funktionen sind, die in Abschnitt 34.1 definiert wurden. Wir haben das Ergebnis für Werte in Knoten x bewiesen.

34.2. Beweisen Sie, dass die Funktion Y_N, die in Abschnitt 34.1 definiert ist, auf $[a, b]$ stetig ist.

34.3. Zeigen Sie (34.5), wenn $\bar{x} > x$ und $\bar{x} = a$ oder b gilt.

34.4. Erläutern Sie, warum (34.6) gültig ist.

Die Aufgaben 34.5–34.7 befassen sich mit approximierender Integration auf allgemeinen Gittern.

34.5. Verifizieren Sie (34.7).

34.6. (a) Wiederholen Sie Aufgabe 25.5 und Aufgabe 25.6. Verwenden Sie dazu $x_n = \bar{x}_n$ und ein gleichmäßiges Gitter mit $N + 1$ Knoten. (b) Wiederholen Sie Aufgabe 25.5 und Aufgabe 25.6. Verwenden Sie dazu $x_n = (\bar{x}_n + \bar{x}_{n-1})/2$ und ein gleichmäßiges Gitter mit $N + 1$ Knoten.

34.7. Sei $\{T_N\}$ eine Menge von Gittern auf $[a, b]$ mit $\Delta_{T_N} \to 0$ für $N \to \infty$ und für ein Gitter T_N mit den Knoten $\{\bar{x}_0, \bar{x}_1, \cdots, \bar{x}_N\}$, wobei $\bar{x}_0 = a < \bar{x}_1 < \cdots < \bar{x}_N = b$ und $\Delta x_n = \bar{x}_n - \bar{x}_{n-1}$ für $1 \leq n \leq N$, seien x_n und y_n Punkte in $[\bar{x}_{n-1}, \bar{x}_n]$ für $1 \leq n \leq N$. Nehmen Sie an, dass f und g stetige Funktionen auf $[a, b]$ sind. Zeigen Sie, dass dann

$$\lim_{\Delta_{T_N} \to 0} \sum_{n=1}^{N} f(x_n)g(y_n)\Delta x_n = \int_a^b f(x)g(x)\,dx.$$

Interpretieren Sie dieses Ergebnis im Hinblick auf die Berechnung von gewichteten Mittelwerten von Funktionen. *Hinweis:* Betrachten Sie

$$\sum_{n=1}^{N} f(x_n)(g(y_n) - g(x_n))\Delta x_n.$$

Aufgabe 34.8 präsentiert eine weitere Möglichkeit die Existenz des Integrals nachzuweisen, die insbesondere Anwendung auf Funktionen findet, die nicht notwendigerweise stetig sind.

34.8. Sei f eine Funktion auf einem endlichen Intervall $[a, b]$, die beschränkt ist, d.h. es gibt eine Zahl M, so dass $|f(x)| \leq M$ für $a \leq x \leq b$. Für ein Gitter T_N auf $[a, b]$ mit den Knoten $\{x_0, x_1, \cdots, x_N\}$, wobei $x_0 = a < x_1 < \cdots < x_N = b$ und $\Delta x_n = x_n - x_{n-1}$ für $1 \leq n \leq N$ ist, sei M_n die kleinste obere Schranke von f auf $[x_{n-1}, x_n]$ und m_n die größte untere Schranke von f auf $[x_{n-1}, x_n]$. Beide diese Schranken existieren, da f auf $[a, b]$ beschränkt ist. Die **Obersumme** von f auf $\mathcal{T}_N$ ist

$$U_N = \sum_{n=1}^{N} M_n \Delta x_n,$$

die **Untersumme** von f auf $\mathcal{T}_N$

$$L_N = \sum_{n=1}^{N} m_n \Delta x_n.$$

(a) Beweisen Sie, dass $U_N \geq L_N$.

(b) Zeigen Sie, dass wenn ein Gitter durch Hinzufügen von Knoten verfeinert wird, die Obersumme dann auf dem neuen Gitter entweder gleich oder kleiner als die Obersumme auf dem alten Gitter ist und ebenso die Untersumme entweder gleich oder größer als die Untersumme auf dem alten Gitter ist.

(c) Das **obere Darboux–Integral** von f, bezeichnet mit $\mathcal{M}$, ist die größte untere Schranke aller Obersummen U_N von f für alle Gitter. Ebenso ist das **untere Darboux–Integral** von f, bezeichnet mit $\mathcal{L}$, die kleinste obere Schranke aller Untersummen L_N von f für alle Gitter. Wenn die oberen und unteren Darboux–Integrale von f existieren und gleich sind, nennen wir den gemeinsamen Wert das **Darboux–Integral** von f.[7] Beweisen Sie, dass wenn f stetig ist, die oberen und unteren Darboux–Integrale von f existieren und gleich sind. Beweisen Sie auch, dass das sich ergebende Darboux–Integral gleich dem gewöhnlichen Integral von f ist.

(d) Beachten Sie, dass das Konzept des Darboux–Integrals auf Funktionen f Anwendung findet, die lediglich definiert und auf $[a, b]$ beschränkt sind; d.h. die Funktionen müssen nicht stetig sein. Folglich haben wir eine Definition zur Integrierbarkeit gegeben, die nicht von der Annahme der Stetigkeit abhängig ist. Teil (c) zeigt, dass diese Definition mit der üblichen Definition übereinstimmt, wenn der Integrand stetig ist. Als Beispiel, das zeigt, dass die neue Definition allgemeiner ist, beweisen Sie, dass das Darboux–Integral einer monotonen, beschränkten, obgleich nicht unbedingt stetigen, Funktion existiert. *Hinweis:* Es ist möglich, eine explizite Formel für die Darboux–Integrale von f auf gleichmäßigen Gittern aufzustellen.

(e) Berechnen Sie entweder das Darboux–Integral der Treppenfunktion $I(x)$ ($I(x) = 1$ für $0 \leq x \leq 1$ und 0 für alle anderen x) auf $[-1, 2]$ oder beweisen Sie, dass es nicht existiert. Sind die Werte von $I(x)$ in $x = 0$ und 1 entscheidend?

(f) Finden Sie ein Beispiel einer Funktion, die kein Darboux–Integral besitzt.

Die Aufgaben 34.9–34.13 beinhalten die Berechnung der Länge einer Kurve.

---

[7]Benannt nach dem französischen Mathematiker Jean Gaston Darboux (1842–1917), der wichtige Beiträge zur Analysis und Differenzialgeometrie machte. Für seine Arbeit wurde er zu Lebzeiten hoch geehrt.

34.9. Berechnen Sie die Länge der Kurve $f(x) = x$ auf $[0, 1]$ sowohl geometrisch als auch unter Verwendung der Integration.

34.10. Berechnen Sie die Länge von $f(x) = \frac{1}{3}(x^2 + 2)^{3/2}$ von 0 bis 2.

34.11. Berechnen Sie die Länge von $f(x) = (4 - x^{2/3})^{3/2}$ von 0 bis 8.

34.12. Berechnen Sie die Länge von $f(x) = \frac{1}{6}x^3 + \frac{1}{2}x^{-1}$ von 1 bis 3.

34.13. Berechnen Sie die Länge von $f(x)$ von 1 bis 2, wobei $f(x)$ eine beliebige Lösung der Differenzialgleichung $y' = (x^4 - 1)^{1/2}$ ist.

35

Heikle Grenzwerte und hässliches Verhalten

In diesem Kapitel untersuchen wir einige „heikle Grenzwerte" von Funktionen. Insbesondere haben wir bis jetzt vermieden, Grenzwerte von Funktionen zu bestimmen, wenn die Argumente gegen Unendlich streben und wir haben vermieden, Funktionen zu betrachten, die ohne Beschränkung wachsen oder fallen, wenn die Argumente gegen einen Grenzwert streben. Mit anderen Worten, wir haben größtenteils vermieden, Grenzwerte von Funktionen zu betrachten, wenn Unendlich im Spiel ist. Wie auch immer, zu wissen, wie sich eine Funktion verhält, wenn das Argument wächst oder zu wissen, dass eine Funktion ohne Beschränkung wächst, wenn das Argument gegen einen Grenzwert strebt, ist in der Praxis oft wichtig. Also beginnen wir, indem wir die Idee des Grenzwerts erweitern, um beide Situationen in einer Art und Weise abzudecken, die mit den gewöhnlichen „endlichen" Grenzwerten konsistent ist. Anschließend leiten wir ein nützliches Instrument her, das die Regel von de L'Hôpital genannt wird, das die Berechnung von Grenzwerten in Situationen gestattet, die möglicherweise Unendlich involvieren. Schließlich führen wir Terminologie ein, die bei der Besprechung der Rate, mit der eine Funktion im Wert wächst oder fällt, sehr nützlich ist.

35.1   Funktionen und Unendlichkeit

Zuerst betrachten wir „die Bestimmung eines Grenzwerts in ∞." Wir sagen, dass die **Funktion f in ∞ gegen L konvergiert** und schreiben

$$\lim_{x \to \infty} f(x) = L,$$

wenn die Zahl L die Eigenschaft besitzt, dass es zu jedem gegebenen $\epsilon > 0$ ein m gibt, so dass

$$|f(x) - L| < \epsilon \text{ für alle } x > m.$$

In Worten, $f(x)$ nähert sich L, wenn x anwächst. Analog **konvergiert eine Funktion f in $-\infty$ gegen L** und wir schreiben

$$\lim_{x \to -\infty} f(x) = L,$$

wenn die Zahl L die Eigenschaft besitzt, dass es zu jedem gegebenen $\epsilon > 0$ ein m gibt, so dass

$$|f(x) - L| < \epsilon \text{ für alle } x < m.$$

In Worten, $f(x)$ nähert sich L, wenn x fällt.

BEISPIEL 35.1. Wir zeigen, dass

$$\lim_{x \to \infty} \left(1 + \frac{1}{x}\right) = 1.$$

Gegeben sei $\epsilon > 0$, dann gilt

$$\left|\left(1 + \frac{1}{x}\right) - 1\right| = \left|\frac{1}{x}\right| < \epsilon,$$

falls $x > 1/\epsilon = m$.

BEISPIEL 35.2. Die graphische Darstellung von sin (vgl. Abbildung 35.1) verdeutlicht, dass $\lim_{x \to \infty} \sin(x)$ undefiniert ist. Analytisch gesehen gibt es zu jeder gegebenen Zahl y in $[-1, 1]$ beliebig große x mit $\sin(x) = y$.

Beachten Sie, dass wir uns den Grenzwert in ∞ als einen linksseitigen Grenzwert vorstellen können, d.h.

$$\lim_{x \to \infty} f(x) = \lim_{x \uparrow \infty} f(x),$$

und gleichermaßen den Grenzwert in $-\infty$ als einen rechtsseitigen Grenzwert, d.h.

$$\lim_{x \to -\infty} f(x) = \lim_{x \downarrow \infty} f(x).$$

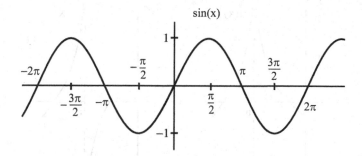

Abbildung 35.1: Graphische Darstellung von sin.

Als nächstes definieren wir „unendliche Grenzwerte“. Wir sagen, dass f **in einer Zahl a gegen ∞ konvergiert** und schreiben

$$\lim_{x \to a} f(x) = \infty,$$

wenn es zu jedem M ein $\delta > 0$ gibt, so dass

$$f(x) > M \text{ für alle } x \text{ mit } 0 < |x - a| < \delta.$$

In Worten, $f(x)$ kann beliebig groß werden, wenn x hinreichend nahe bei a gewählt wird. Gleichermaßen **konvergiert f in einer Zahl a gegen $-\infty$**,

$$\lim_{x \to a} f(x) = -\infty,$$

wenn es zu jedem M ein $\delta > 0$ gibt, so dass

$$f(x) < M \text{ für alle } x \text{ mit } 0 < |x - a| < \delta.$$

BEISPIEL 35.3. Wir zeigen, dass $\lim_{x \to 0} x^{-2} = \infty$. Gegeben sei ein beliebiges $M > 0$, dann gilt

$$\frac{1}{x^2} > M$$

für alle x mit $x^2 < 1/M$ oder $|x| < 1/\sqrt{M} = \delta$.

Diese Definition kann schwieriger anzuwenden sein, als es scheinen mag. Betrachten wir die zwei Funktionen, die in Abbildung 35.2 graphisch dargestellt sind. Keine der beiden Funktionen ist in a stetig. Jedoch konvergiert die linke Funktion gegen ∞, während x sich a nähert, die rechte Funktion dagegen *nicht*, da sie sich auf beiden Seiten von a unterschiedlich verhält.

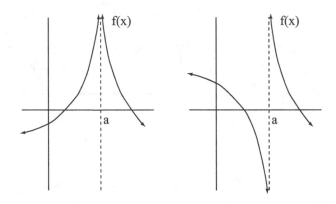

Abbildung 35.2: Graphische Darstellung zweier Funktionen, deren Beträge groß werden, wenn x sich a nähert.

Oftmals müssen wir einseitige Grenzwerte betrachten, um einen unendlichen Grenzwert zu berechnen. Daher gilt genau dann

$$\lim_{x \to a} f(x) = \infty, \text{ wenn } \lim_{x \uparrow a} f(x) = \infty \text{ und } \lim_{x \downarrow a} f(x) = \infty,$$

mit der offensichtlichen Definition der einseitigen Grenzwerte.

BEISPIEL 35.4. Wir zeigen, dass $\lim_{x \to 0} x^{-1}$ undefiniert ist. Denn falls $x > 0$, dann gilt für jedes gegebene $M > 0$, $1/x > M$ solange $0 < x < 1/M = \delta$. Auf der anderen Seite gilt, wenn $x < 0$, für jedes gegebene $M < 0$, $1/x < M$, solange $1/M = \delta < x < 0$. Deshalb $\lim_{x \uparrow 0} x^{-1} = -\infty$ und $\lim_{x \downarrow 0} x^{-1} = \infty$.

Selbstverständlich können diese unterschiedlichen Definitionen kombiniert werden. Wir sagen, dass f **in** ∞ **gegen** ∞ **konvergiert** und schreiben

$$\lim_{x \to \infty} f(x) = \infty,$$

wenn es zu jedem M ein m gibt, so dass

$$f(x) > M \text{ für alle } x > m$$

und f **in** ∞ **gegen** $-\infty$ **konvergiert** und wir schreiben

$$\lim_{x \to \infty} f(x) = -\infty,$$

wenn es zu jedem M ein m gibt, so dass

$$f(x) < M \text{ für alle } x > m.$$

Wir stellen als Übung (Aufgabe 35.2), eine Funktion f zu definieren, die gegen ∞ konvergiert, wenn x sich $-\infty$ annähert und so weiter.

BEISPIEL 35.5. Wir zeigen, dass $\lim_{x \to \infty} x^2 = \infty$. Für jedes $M > 0$ gilt $x^2 > M$ für alle x mit $x > \sqrt{M} = N$.

35.2 Die Regel von de L'Hôpital

Die bisher behandelten Beispiele waren einfache Anwendungen der Definitionen. Wie beim Fall der gewöhnlichen „endlichen" Grenzwerte jedoch können Grenzwerte, die Unendlich involvieren oder zu involvieren drohen, schwierig zu berechnen sein. Wir haben uns bereits mit einigen Beispielen befasst. Zum Beispiel sind wir bei der Ableitung von sin auf den Grenzwert

$$\lim_{x \to 0} \frac{\sin(x)}{x}$$

gestoßen. Dies ist ein schwieriger Grenzwert, da sowohl der Zähler als auch der Nenner gegen Null streben und es unklar ist, was ihr Quotient macht. Wir haben dies bewältigt, indem wir komplizierte Geometrie angewendet haben. Ein anderes Beispiel eines relativ schwierigen Grenzwerts ist

$$\lim_{x \to \infty} \frac{\log(x^3 + 1)}{\log(x^2 + 5x)}.$$

In diesem Fall wachsen sowohl der Zähler als auch der Nenner ohne Schranke an und es ist unklar, was ihr Quotient macht.

Dies sind beides Beispiele für **unbestimmte Ausdrücke**. Unbestimmte Ausdrücke beinhalten Grenzwerte von Quotienten von Funktionen, bei denen der Zähler und der Nenner beide gegen Null streben oder beide gegen plus oder minus Unendlich. Unter Missbrauch der Notation werden diese zwei Fälle oftmals durch „0/0" und „∞/∞" gekennzeichnet, obgleich diese zwei Ausdrücke tatsächlich bedeutungslos sind. Unbestimmte Ausdrücke beinhalten auch Grenzwerte eines Produkts zweier Funktionen, wobei eine Funktion gegen Null strebt und die andere ohne Schranke wächst, sowie die Differenz zweier Funktionen, bei der beide gegen plus oder minus Unendlich streben. Diese werden entsprechend mit „$0 \cdot \infty$" und „$\infty - \infty$" gekennzeichnet. Andere unbestimmte Ausdrücke beinhalten „∞^0," „1^∞" und „0^0" mit den üblichen Interpretationen. Wir besprechen im Folgenden spezielle Beispiele.

In diesem Abschnitt formulieren und beweisen wir die Regel von de L'Hôpital, welche oft ein nützliches Instrument zur Berechnung unbestimmter Ausdrücke ist.[1] Da sie in einigen unterschiedlichen Situationen Anwendung findet, ist die Formulierung des allgemeinen Ergebnisses weder leicht

---

[1]Dieses Ergebnis wurde nach dem französischen Mathematiker Guillaume Francois Antoine Marquis de L'Hôpital (1661–1704) benannt. L'Hôpital bezahlte Johann Bernoulli für private Unterrichtsstunden zur Infinitesimalrechnung von Leibniz sowie für

zu lesen noch zu verstehen. Deshalb motivieren wir zunächst durch Darstellung des einfachsten Falles.

Nehmen wir an, dass f und g differenzierbare Funktionen auf einem offenen Intervall sind, das a mit $f(a) = g(a) = 0$ enthält und dass wir

$$\lim_{x \to a} \frac{f(x)}{g(x)}$$

berechnen wollen. Wir können diesen Grenzwert umschreiben zu

$$\lim_{x \to a} \frac{f(x)}{g(x)} = \lim_{h \to 0} \frac{f(a+h)}{g(a+h)}.$$

Für kleines h gilt

$$f(x+h) \approx f(a) + hf'(a) = hf'(a)$$
$$g(x+h) \approx g(a) + hg'(a) = hg'(a).$$

Daher gilt, wenn $f'(a)/g'(a)$ definiert ist, für kleine h

$$\frac{f(x+h)}{g(x+h)} \approx \frac{f'(a)}{g'(a)},$$

was darauf hindeutet, dass

$$\lim_{x \to a} \frac{f(x)}{g(x)} = \frac{f'(a)}{g'(a)}.$$

Im Wesentlichen ist dies die Regel von de L'Hôpital, welche im Allgemeinen den Grenzwert des Quotienten zweier Funktionen unter bestimmten Umständen durch den Grenzwert des Quotienten ihrer Ableitungen ersetzt.

Satz 35.1 Die Regel von de L'Hôpital *Es seien f und g auf (a, b) differenzierbare Funktionen, und $g'(x) \neq 0$ für alle x in (a, b), wobei $-\infty \leq a < b \leq \infty$.*

1. Nehmen wir an, dass

$$\lim_{x \downarrow a} \frac{f'(x)}{g'(x)} = A$$

existiert, wobei A endlich oder unendlich sein kann.

Wenn (a) $\lim_{x \downarrow a} f(x) = 0$ und $\lim_{x \downarrow a} g(x) = 0$ oder (b) $\lim_{x \downarrow a} g(x) = \pm\infty$, dann gilt

$$\lim_{x \downarrow a} \frac{f(x)}{g(x)} = A.$$

---

das Recht, einige von Bernoullis Ergebnissen in seinem Lehrbuch zu benutzen, welches das erste Lehrbuch zur Differenzialrechnung war. Die Regel von de L'Hôpital wurde fast sicher von Johann Bernoulli entdeckt, obgleich L'Hôpital ein passabler Mathematiker war.

2. *Nehmen wir an, dass*

$$\lim_{x \uparrow b} \frac{f'(x)}{g'(x)} = B$$

existiert, wobei B endlich oder unendlich sein kann.

Wenn (a) $\lim_{x \uparrow b} f(x) = 0$ *und* $\lim_{x \uparrow b} g(x) = 0$ *oder (b)* $\lim_{x \uparrow b} g(x) = \pm\infty$, *dann gilt*

$$\lim_{x \uparrow b} \frac{f(x)}{g(x)} = B.$$

Diese Formulierung der Regel von de L'Hôpital verwendet einseitige Grenzwerte. Wenn wir dies anwenden wollen, um $\lim_{x \to a} f(x)$ für endliche a zu berechnen, dann schreiben wir den Grenzwert als den gemeinsamen Wert der links- und rechtsseitigen Grenzwerte in a.

BEISPIEL 35.6. Beachten Sie bei der Berechnung von

$$\lim_{x \to 0} \frac{\sin(x)}{x},$$

dass $\sin(x)$ und x überall differenzierbar sind, während $(x)' = 1 \neq 0$ für jedes x gilt. Da $(\sin(x))' = \cos(x)$, folgt

$$\lim_{x \downarrow 0} \frac{\cos(x)}{1} = \lim_{x \uparrow 0} \frac{\cos(x)}{1} = 1.$$

Wir schließen, dass

$$\lim_{x \to 0} \frac{\sin(x)}{x} = 1.$$

BEISPIEL 35.7. Beachten Sie bei der Berechnung von

$$\lim_{x \to \infty} \frac{\log(x^3 + 1)}{\log(x^2 + 5x)},$$

dass Zähler und Nenner differenzierbar sind, während $(\log(x^2 + 5x))' = (2x + 5)/(x^2 + 5x) \neq 0$ für $x > 0$ gilt und außerdem $\lim_{x \to \infty} \log(x^2 + 5x) = \infty$. Wir berechnen

$$\frac{(\log(x^3 + 1))'}{(\log(x^2 + 5x))'} = \frac{\frac{3x^2}{x^3+1}}{\frac{2x+5}{x^2+5x}} = \frac{3x^4 + 15x^3}{2x^4 + 5x^3 + 2x + 5}.$$

Unter Verwendung eines Tricks, den wir für rationale Funktionen entwickelt hatten, schließen wir, dass

$$\lim_{x \to \infty} \frac{3x^4 + 15x^3}{2x^4 + 5x^3 + 2x + 5} = \lim_{x \to \infty} \frac{(x^{-4})(3x^4 + 15x^3)}{(x^{-4})(2x^4 + 5x^3 + 2x + 5)}$$

$$= \lim_{x \to \infty} \frac{3 + 15x^{-1}}{2 + 5x^{-1} + 2x^{-3} + 5x^{-4}} = \frac{3}{2}. \quad (35.1)$$

Wir können jedoch auch (35.1) durch wiederholte Anwendung der Regel von de L'Hôpital nachweisen. Dies ist einfach

$$\lim_{x \to \infty} \frac{3x^4 + 15x^3}{2x^4 + 5x^3 + 2x + 5} = \lim_{x \to \infty} \frac{12x^3 + 45x^2}{8x^3 + 15x^2 + 2}$$

$$= \lim_{x \to \infty} \frac{36x^2 + 90x}{24x^2 + 30x} = \lim_{x \to \infty} \frac{36x + 90}{24x + 30}$$

$$= \lim_{x \to \infty} \frac{36}{24} = \frac{3}{2},$$

wobei bei jedem Schritt die Annahmen des Satzes solange gelten, wie der neue Grenzwert existiert.

Wir beweisen Fall 1 und stellen Fall 2 als Übung (Aufgabe 35.8). Der Beweis beruht auf einer Verallgemeinerung des Mittelwertsatzes 32.17.

Satz 35.2 Verallgemeinerter Mittelwertsatz *Wenn f und g stetige Funktionen auf $[a, b]$ und differenzierbar auf (a, b) sind, dann gibt es ein c in (a, b), so dass*

$$\big(f(b) - f(a)\big)g'(c) = \big(g(b) - g(a)\big)f'(c). \tag{35.2}$$

Den Beweis stellen wir als Übung (Aufgabe 35.4). Beachten Sie, dass der übliche nicht-konstruktive Mittelwertsatz 32.17 aus diesem Ergebnis folgt, indem man $g = x$ wählt.

Wir beginnen, indem wir annehmen, dass (a) gilt und behandeln drei Fälle, wobei wir mit $-\infty < A < \infty$ starten. Nach Definition gibt es zu jedem $\epsilon > 0$ ein $m > a$, so dass

$$\left| A - \frac{f'(t)}{g'(t)} \right| < \epsilon \text{ für } a < t < m.$$

Wir wählen w und x mit $a < w < x < m$, denn da $g'(s) \neq 0$ für jedes s in (a, b) gilt, impliziert Satz 35.2, dass es ein t in (w, x) mit

$$\frac{f(x) - f(w)}{g(x) - g(w)} = \frac{f'(t)}{g'(t)}$$

gibt. Dies bedeutet, dass

$$\left| A - \frac{f(x) - f(w)}{g(x) - g(w)} \right| < \epsilon.$$

Für $w \to a$ schließen wir, dass es zu jedem $\epsilon > 0$ ein $m > a$ gibt, so dass

$$\left| A - \frac{f(x)}{g(x)} \right| < \epsilon \text{ für } a < x < m.$$

Dies beweist die Behauptung.

Im zweiten Fall nehmen wir an, dass $A = -\infty$. Nach Definition gibt es zu jedem gegebenen $M > A$ ein $m > a$, so dass

$$A < \frac{f'(t)}{g'(t)} < M \text{ für } a < t < m.$$

Wir wiederholen jetzt das obige Argument und schließen, dass es zu jedem $M > A$ ein $m > a$ gibt, so dass

$$A < \frac{f(x)}{g(x)} < M \text{ für } a < x < m. \tag{35.3}$$

Auf ähnliche Weise behandeln wir $A = \infty$. Wir stellen die Details beider Argumentationen als Übungen (Aufgaben 35.5 und 35.6).

Jetzt betrachten wir Annahme (b). Wir spalten den Beweis in zwei Fälle auf und beginnen mit $-\infty \leq A < \infty$. Wir zeigen das Ergebnis unter Verwendung einseitiger Grenzwerte und nehmen an, dass $g(x) \to \infty$. Der Fall $g(x) \to -\infty$ folgt direkt.

Zu jedem gegebenen $M > A$ wählen wir $\tilde{M}$, so dass $A < \tilde{M} < M$. Nach Definition gibt es ein $m > a$, so dass

$$\frac{f'(t)}{g'(t)} < \tilde{M} < M \text{ für } a < t < m.$$

Wenn $a < x < y < m$, dann gibt es ein t in (x, y), so dass

$$\frac{f(x) - f(y)}{g(x) - g(y)} = \frac{f(y) - f(x)}{g(y) - g(x)} = \frac{f'(t)}{g'(t)} < \tilde{M}. \tag{35.4}$$

Da $g(x)$ unbeschränkt wächst, wenn x sich a nähert, gilt nach eventueller Verkleinerung von m $g(x) > 0$ und $g(x) > g(y)$ für alle $a < x < y < m$. Wir multiplizieren (35.4) mit $(g(x) - g(y))/g(x) > 0$ und erhalten

$$\frac{f(x) - f(y)}{g(x)} < \tilde{M} \, \frac{g(x) - g(y)}{g(x)} = \tilde{M} - \tilde{M} \frac{g(y)}{g(x)}$$

bzw.

$$\frac{f(x)}{g(x)} < \tilde{M} - \tilde{M} \frac{g(y)}{g(x)} + \frac{f(y)}{g(x)}.$$

Da $g(x) \to \infty$ für $x \downarrow a$, gilt für ein festes y und alle x hinreichend nahe bei a,

$$\tilde{M} - \tilde{M} \frac{g(y)}{g(x)} + \frac{f(y)}{g(x)} < M.$$

Daher schließen wir, dass es zu jedem $M > A$ ein $m > a$ gibt, so dass

$$\frac{f(x)}{g(x)} < M \text{ für } a < x < m. \tag{35.5}$$

Gilt jetzt $A = -\infty$, dann wurde das gewünschte Ergebnis bewiesen. Andernfalls, wenn $-\infty < A \leq \infty$, benutzen wir ein sehr ähnliches Argument (Aufgabe 35.7), um zu zeigen, dass es zu jedem $N < A$ ein $n > a$ gibt, so dass

$$N < \frac{f(x)}{g(x)} \text{ für } a < x < n. \tag{35.6}$$

Dies beweist die Behauptung direkt, wenn $A = \infty$. Zusammen beweisen (35.5) und (35.6) die Behauptung für den Fall $-\infty < A < \infty$.

Wir haben erwähnt, dass die anderen unbestimmten Ausdrücke behandelt werden, indem man sie in die unbestimmten Ausdrücke „0/0" oder „∞/∞" umschreibt und dann die Regel von de L'Hôpital anwendet, falls notwendig. Wir schließen diesen Abschnitt, indem wir einige Beispiele besprechen.

BEISPIEL 35.8. Ein Beispiel des unbestimmten Ausdrucks „$\infty - \infty$" ist

$$\lim_{x \to \infty} x - \sqrt{x^2 + 1}.$$

Um diesen Grenzwert zu berechnen, schreiben wir zuerst

$$x - \sqrt{x^2 + 1} = \left(x - \sqrt{x^2 + 1}\right) \frac{x + \sqrt{x^2 + 1}}{x + \sqrt{x^2 + 1}}$$

$$= \frac{x^2 - (x^2 + 1)}{x + \sqrt{x^2 + 1}} = -\frac{1}{x + \sqrt{x^2 + 1}}.$$

Da

$$\lim_{x \to \infty} \frac{1}{x + \sqrt{x^2 + 1}} = 0,$$

schließen wir, dass

$$\lim_{x \to \infty} x - \sqrt{x^2 + 1} = 0.$$

BEISPIEL 35.9. Bei der Betrachtung der Exponentialfunktion trafen wir auf den unbestimmten Ausdruck „1^∞" und zwar in der Form

$$L = \lim_{x \to 0} (1 + x)^{1/x}.$$

Da der Logarithmus eine monoton wachsende, stetige Funktion ist, gilt

$$\log(L) = \log\left(\lim_{x \to 0} (1 + x)^{1/x}\right) = \lim_{x \to 0} \log\left((1 + x)^{1/x}\right),$$

vorausgesetzt der zweite Grenzwert existiert. Es gilt

$$\log\left((1 + x)^{1/x}\right) = \frac{\log(1 + x)}{x}.$$

Wir wenden die Regel von de L'Hôpital an, um

$$\lim_{x \to 0} \frac{\log(1 + x)}{x} = \lim_{x \to 0} \frac{(1 + x)^{-1}}{1} = 1$$

zu berechnen. Wir schließen, dass $\log(L) = 1$ oder $L = e$.

35.3 Größenordnungen

Wir haben gesehen, dass die Regel von de L'Hôpital ein nützliches Instrument zum Vergleich der Geschwindigkeiten ist, mit denen zwei Funktionen ihre Werte ändern, wenn beide unbeschränkt anwachsen oder beide gegen Null streben, wenn ihr Argument sich ändert. In diesem Abschnitt führen wir einige nützliche Ausdrücke zum Vergleich der Wachstumsraten zweier Funktionen ein.

Betrachten wir zwei Funktionen $f(x)$ und $g(x)$, die beide für x gegen ∞ gegen ∞ streben. Wir sagen, dass f **mit höherer Ordnung (größerer Geschwindigkeit) als g unendlich wird**, wenn

$$\lim_{x \to \infty} \left| \frac{f(x)}{g(x)} \right| = \infty.$$

Dies bedeutet, dass solange sowohl $|f|$ als auch $|g|$ für wachsendes x unbeschränkt wachsen, $|f|$ schneller wächst.

BEISPIEL 35.10. Natürlich wird x^3 mit höherer Ordnung als x^2 unendlich.

BEISPIEL 35.11. In Kapitel 29 haben wir bewiesen, dass $\exp(x)$ für hinreichend große x für jedes p größer als x^p wird, und ebenso wird x^p letztendlich größer als $\log(x)$. Wir können nun diese Vergleiche präzisieren.

Zuerst zeigen wir, dass für jede natürliche Zahl n

$$\lim_{x \to \infty} \frac{e^x}{x^n} = \infty$$

gilt, und zwar durch induktive Anwendung der Regel von de L'Hôpital:

$$\lim_{x \to \infty} \frac{e^x}{x^n} = \lim_{x \to \infty} \frac{e^x}{nx^{n-1}} = \lim_{x \to \infty} \frac{e^x}{n(n-1)x^{n-2}}$$

$$= \cdots \lim_{x \to \infty} \frac{e^x}{n(n-1)\cdots 1} = \infty. \quad (35.7)$$

Für jedes $p > 0$ sei n jetzt die größte natürliche Zahl kleiner als oder gleich p. Dann gilt für $x > 1$,

$$\frac{e^x}{x^p} \geq \frac{e^x}{x^p} \frac{x^p}{x^n} = \frac{e^x}{x^n}. \quad (35.8)$$

Daher gilt für jedes $p > 0$

$$\lim_{x \to \infty} \frac{e^x}{x^n} = \infty, \quad (35.9)$$

und deshalb wird $\exp(x)$ mit höherer Ordnung als x^p für jedes $p > 0$ unendlich. Verwendet man dies, ist es einfach zu zeigen, dass x^p für jedes $p > 0$ mit höherer Ordnung als $\log(x)$ unendlich wird.

Analog sagen wir, dass wenn $f(x)$ und $g(x)$ für $x \to \infty$ gegen Unendlich tendieren, f **mit niedrigerer Ordnung (kleinerer Geschwindigkeit) als g unendlich wird,** wenn

$$\lim_{x \to \infty} \left| \frac{f(x)}{g(x)} \right| = 0.$$

Letztendlich sagen wir, dass f **und g mit derselben Ordnung unendlich werden,** wenn es Konstanten $c_1 < c_2$ gibt, so dass

$$c_1 < \left| \frac{f(x)}{g(x)} \right| < c_2$$

für alle hinreichend großen x.

BEISPIEL 35.12. In Beispiel 35.7 haben wir gezeigt, dass $\log(x^3 + 1)$ und $\log(x^2 + 5x)$ mit derselben Größenordnung wachsen.

Beachten Sie, dass beim letzten Fall der Quotient der Funktionen nicht gegen einen Grenzwert streben muss.

Um die Terminologie zu vervollständigen, sagen wir, dass x^p für $x \to \infty$ die **Größenordnung** p besitzt. Jede Funktion, die mit derselben Ordnung wie x^p unendlich wird, besitzt auch die Größenordnung p. Die obigen Beispiele zeigen, dass $\exp(x)$ für $x \to \infty$ eine Größenordnung größer als jedes $p > 0$ besitzt, während $\log(x)$ eine kleinere Größenordnung als jedes $p > 0$ besitzt.

Obwohl diese Notation oftmals nützlich ist, kann sie nicht verwendet werden, um die Wachstumsraten zweier beliebiger Funktionen zu vergleichen.

BEISPIEL 35.13. Wir können die Funktionen $x^2 \sin^2(x) + x + 1$ und $x^2 \cos^2(x) + 1$ nicht unter Verwendung von Größenordnungen vergleichen. Der Quotient dieser zwei Funktionen bleibt weder zwischen zwei Konstanten, noch strebt er gegen Null oder Unendlich.

Andererseits ist sie auch nicht dafür bestimmt, alle Funktionen zu vergleichen. Zum Beispiel liefert die Kenntnis dessen, wie sich eine der Funktionen in Beispiel 35.13 verhält, keine nützlichen Informationen darüber, wie sich die andere Funktion verhält.

Wir können die Idee der Größenordnung anwenden, um die Geschwindigkeiten zu vergleichen, mit denen zwei Funktionen gegen Null fallen und zwar indem wir eine Variablentransformation durchführen, nämlich

$$\lim_{x \downarrow 0} f(x) = \lim_{y \to \infty} f(1/y).$$

Um zwei Funktionen $f(x)$ und $g(x)$ für $x \downarrow 0$ zu vergleichen, vergleichen wir $f(1/y)$ und $g(1/y)$ für $y \to \infty$. Es folgt, dass f **mit höherer Ordnung als g verschwindet,** wenn

$$\lim_{x \downarrow 0} \left| \frac{f(x)}{g(x)} \right| = 0.$$

Wir sagen, dass f **mit niedrigerer Ordnung als** g **verschwindet,** wenn

$$\lim_{x \downarrow 0} \left| \frac{f(x)}{g(x)} \right| = \infty.$$

Schließlich sagen wir, dass f **und** g **mit derselben Ordnung verschwin-den,** wenn es Konstanten $c_1 < c_2$ gibt, so dass

$$c_1 < \left| \frac{f(x)}{g(x)} \right| < c_2$$

für alle hinreichend kleinen x.

Konsequenterweise sagen wir, dass x^p für $p > 0$ und $x \downarrow 0$ mit der Größen-ordnung p fällt oder verschwindet, und wir ordnen allgemeinen Funktionen Größenordnungen in Abhängigkeit davon zu, wie sie sich im Vergleich zu x^p verhalten.

BEISPIEL 35.14. In Beispiel 35.11 haben wir gezeigt, dass $\log(x)$ mit einer kleineren Größenordnung als x^p für jedes $p > 0$ verschwindet und ebenso verschwindet $\exp(-1/x)$ mit einer größeren Größenordnung.

BEISPIEL 35.15. Die Funktion $x^p + x$ verschwindet mit derselben Ord-nung wie x, wenn $p > 1$, und mit derselben Ordnung wie x^p, wenn $0 < p < 1$.

Es gibt eine prägnante Notation für die Diskussion von Größenordnun-gen, die die „groß O" und „klein o" Notation genannt wird und die auf Landau zurückgeht.[2] Wenn die Funktion f von kleinerer Größenordnung als g ist, schreiben wir

$$f = \mathbf{o}(g)$$

und sagen, dass f ein „kleines o" von g ist. Dies bedeutet, dass

$$\frac{f}{g} \to 0,$$

für $x \to \infty$ oder $x \downarrow 0$, je nachdem, was relevant ist. Wir können jetzt die obigen Ergebnisse abkürzen, indem wir einfach schreiben:

$$x^p = \mathbf{o}(x^q) \text{ für } p < q \text{ und } x \to \infty$$
$$\log(x) = \mathbf{o}(x^p) \text{ für } p > 0 \text{ und } x \to \infty$$
$$x^p = \mathbf{o}(e^x) \text{ für } p > 0 \text{ und } x \to \infty$$
$$x^p = \mathbf{o}(x^q) \text{ für } p > q \text{ und } x \downarrow 0$$
$$\log(x) = \mathbf{o}(1/x^p) \text{ für } p > 0 \text{ und } x \downarrow 0$$
$$e^{-1/x} = \mathbf{o}(x^p) \text{ für } p > 0 \text{ und } x \downarrow 0.$$

---

[2]Der deutsche Mathematiker Edmund Georg Hermann Landau (1877–1938) schrieb viele Veröffentlichungen zur Zahlentheorie und machte insbesondere fundamentale Bei-träge zur analytischen Zahlentheorie.

Die „groß O" Notation wird verwendet, um anzugeben, dass eine Funktion höchstens dieselbe Größenordnung wie eine andere besitzt. Wir sagen, dass $f = \mathbf{O}(g)$, wenn es Konstanten c_1 und c_2 gibt, so dass

$$c_1 < \left| \frac{f(x)}{g(x)} \right| < c_2$$

für alle relevanten Werte von x.

BEISPIEL 35.16.

$$\sqrt{x} = \mathbf{O}(\sqrt{x+1}) \text{ für alle } x \geq 0$$
$$\sqrt{x} = \mathbf{O}(x) \text{ für alle } x \geq 1$$
$$\log(x) = \mathbf{O}(x) \text{ für alle } x \geq 1$$
$$x = \mathbf{O}(\sin(x)) \text{ für alle } x \leq 1.$$

Kapitel 35 Aufgaben

In Aufgabe 35.1 bitten wir Sie, die Definitionen zu verwenden, um die angegebenen Grenzwerte zu berechnen. Den Rest der Aufgaben zur Berechnung von Grenzwerten sollten Sie unter Verwendung der Regel von de L'Hôpital lösen.

35.1. Berechnen Sie unter Verwendung der Definition die folgenden Grenzwerte oder zeigen Sie, dass sie nicht definiert sind.

$$\text{(a) } \lim_{x \to \infty} x^5 \qquad\qquad \text{(b) } \lim_{x \to \infty} 2/(x+1)$$

$$\text{(c) } \lim_{x \to 3} 1/(x-3)^4 \qquad \text{(d) } \lim_{x \to 1} x/(x-1) \; .$$

35.2. Formulieren Sie eine Definition der Konvergenz einer Funktion gegen ∞ für $x \to -\infty$.

35.3. Berechnen Sie die folgenden Grenzwerte:

$$\text{(a) } \lim_{x \to 1} \frac{x^3 + x^2 - 2x}{x^3 - x^2 + x - 1} \qquad \text{(b) } \lim_{x \to 0} \frac{x - \sin(x)}{x^3}$$

$$\text{(c) } \lim_{x \to 0} \frac{1 - \cos(x)}{x^2} \qquad\qquad \text{(d) } \lim_{x \to \infty} \frac{x^4 - 3000x + 1}{x^2 + 2x + 4}$$

$$\text{(e) } \lim_{x \to \infty} \frac{\log(x-1)}{\log(x^2-1)} \qquad \text{(f) } \lim_{x \to \infty} \frac{x \log(x)}{(x+1)^2} .$$

35.4. Beweisen Sie Satz 35.2. *Hinweis:* Betrachten Sie die Funktion

$$h(x) = \big(f(b) - f(a)\big)g(x) - \big(g(b) - g(a)\big)f(x) - \big(f(b)g(a) - f(a)g(b)\big).$$

35.5. Verifizieren Sie (35.3).

35.6. Führen Sie den Beweis des 1. Falles von Satz 35.1 unter der Annahme (a) mit $A = \infty$ durch.

35.7. Führen Sie den Beweis des 1. Falles von Satz 35.1 unter der Annahme (b) mit $-\infty < A \le \infty$ durch.

35.8. Führen Sie den Beweis des 2. Falles von Satz 35.1 durch.

35.9. Berechnen Sie die folgenden Grenzwerte:

$$\text{(a) } \lim_{x \to 0} \big(\sin(x) \log(x)\big) \qquad \text{(b) } \lim_{x \to 1} \left(\frac{1}{\log(x)} - \frac{x}{x-1} \right)$$

$$\text{(c) } \lim_{x \to \infty} x^{1/x} \qquad\qquad\qquad \text{(d) } \lim_{x \downarrow 0} (\log(1+x))^x .$$

35.10. (a) Zeigen Sie, dass das Newton–Verfahren, das auf eine differenzierbare Funktion $f(x)$ mit $f(\bar{x}) = f'(\bar{x}) = 0$ angewendet wird, wobei $\bar{x}$ die relevante Nullstelle von f ist, linear konvergiert. *Hinweis:* Benutzen Sie die Regel von de L'Hôpital, um zu zeigen, dass $\lim_{x \to \bar{x}} g'(x) = 1/2$, wobei $g(x) = x - f(x)/f'(x)$. (b) Wie groß ist die Konvergenzrate der folgenden Variante des Newton–Verfahrens im Falle einer doppelten Nullstelle: $g(x) = x - 2f(x)/f'(x)$?

35.11. Verifizieren Sie die Details in (35.7).

35.12. Verifizieren Sie (35.8) und zeigen Sie, dass dies (35.9) impliziert.

35.13. Zeigen Sie, dass x^p mit höherer Ordnung als $\log(x)$ für jedes $p > 0$ unendlich wird.

35.14. Verifizieren Sie die Behauptungen in Beispiel 35.13.

35.15. Zeigen Sie, dass $\sin(x) = \mathbf{o}(x)$ für $x \to \infty$.

35.16. Verifizieren Sie die Gleichungen in Beispiel 35.16.

35.17. Übersetzen Sie die Ergebnisse aus Aufgabe 35.3 in die „groß O" und „klein o" Notation.

35.18. Es sei $f(x)$ eine differenzierbare Funktion auf einem offenen Intervall, das 0 enthält, und $f(0) = f'(0) = 0$. Zeigen Sie, dass f mit höherer Ordnung als x für $x \to 0$ verschwindet.

36
Der Approximationssatz von Weierstraß

Erinnern wir uns, dass die fundamentale Idee, die der Konstruktion der reellen Zahlen zugrundeliegt, die Approximation durch die einfacheren rationalen Zahlen ist. Zunächst werden Zahlen oftmals als unbekannte Nullstellen einer Gleichung bestimmt und wenn wir die Gleichung nicht eindeutig lösen können, wie das meistens der Fall ist, dann müssen wir approximative Lösungen berechnen. Aber auch wenn wir eine reelle Zahl symbolisch aufschreiben, wie zum Beispiel $\sqrt{2}$, können wir im Allgemeinen ihren numerischen Wert nicht vollständig bestimmen. In diesem Fall approximieren wir die reelle Zahl mit beliebiger Genauigkeit unter Verwendung rationaler Zahlen mit endlichen Dezimaldarstellungen.

Die Situation ist bei Funktionen vollständig analog. Im Allgemeinen können Funktionen, die als Lösungen von Differenzialgleichungen bestimmt sind, nicht unter Zuhilfenahme bekannter Funktionen explizit aufgeschrieben werden. Stattdessen müssen wir nach guten Approximationen Ausschau halten. Außerdem sind die meisten Funktionen, die wir aufschreiben können, d.h. jene, die exp, log, sin und so weiter beinhalten, in dem Sinne „kompliziert", dass sie reelle Werte annehmen, die nicht explizit aufgeschrieben werden können. Um diese Funktionen in praktischen Berechnungen zu benutzen, müssen wir auf gute Approximationen ihrer Werte zurückgreifen. Kurz gesagt: Wenn wir die e^x Taste auf einem Taschenrechner drücken, erhalten wir nicht e^x, sondern vielmehr eine gute Approximation.

Dies wirft eines der fundamentalen Probleme der Analysis auf, nämlich herauszufinden, wie man eine gegebene Funktion unter Verwendung einfacherer Funktionen approximiert. In diesem Kapitel beginnen wir mit der

Untersuchung dieses Problems, und zwar indem wir ein fundamentales Ergebnis beweisen, was besagt, dass jede stetige Funktion durch Polynome beliebig gut approximiert werden kann. Dies ist ein wichtiges Ergebnis, da Polynome relativ einfach sind. Insbesondere wird ein Polynom vollständig durch eine endliche Menge von Koeffizienten bestimmt. Mit anderen Worten, die relativ einfachen Polynome spielen dieselbe Rolle in Bezug auf stetige Funktionen, wie die rationalen Zahlen in Bezug auf die reellen Zahlen.

Das Ergebnis geht auf Weierstraß zurück und besagt:

Satz 36.1 Weierstraß'scher Approximationssatz *Es sei f auf einem abgeschlossenen, beschränkten Intervall I stetig. Zu jedem gegebenen $\epsilon > 0$ gibt es ein Polynom P_n von hinreichend hohem Grad n, so dass*

$$|f(x) - P_n(x)| < \epsilon \ \text{für } a \le x \le b. \tag{36.1}$$

Es gibt viele unterschiedliche Beweise dieses Ergebnisses, aber wir halten uns an unsere konstruktiven Tendenzen und präsentieren einen konstruktiven Beweis, der auf Bernstein–Polynomen[1] basiert. Die Motivation für diesen Ansatz liegt in der Wahrscheinlichkeitstheorie. Wir haben in diesem Buch keinen Platz, um die Wahrscheinlichkeitstheorie zu entwickeln, aber wir beschreiben die Verbindung auf eine intuitive Art und Weise. Später in Kapitel 37 und Kapitel 38 untersuchen wir andere polynomielle Approximationen von Funktionen, die von anderen Überlegungen herrühren.

Bevor wir beginnen, stellen wir fest, dass es genügt, Satz 36.1 für das Intervall $[0, 1]$ zu beweisen. Der Grund dafür ist, dass das beliebige Intervall $a \le y \le b$ auf $0 \le x \le 1$ durch $x = (a - y)/(a - b)$ abgebildet wird und umgekehrt durch $y = (b - a)x + a$. Wenn g auf $[a, b]$ stetig ist, dann ist $f(x) = g((b - a)x + a)$ auf $[0, 1]$ stetig. Wenn das Polynom P_n vom Grad n die Funktion f bis auf ϵ auf $[0, 1]$ approximiert, dann approximiert das Polynom $\tilde{P}_n(y) = P_n((a - y)/(a - b))$ vom Grad n die Funktion $g(y)$ bis auf ϵ auf $[a, b]$.

36.1   Die Binomialentwicklung

Ein Bestandteil, der benötigt wird, um die polynomiellen Approximationen zu konstruieren, ist eine wichtige Formel, die die Binomialentwicklung genannt wird. Für natürliche Zahlen $0 \le m \le n$ definieren wir den **Binomialkoeffizienten** $\binom{n}{m}$ oder n **über** m als

$$\binom{n}{m} = \frac{n!}{m!(n - m)!}.$$

---

[1]Der russische Mathematiker Sergi Natanovich Bernstein (1880–1968) studierte in Frankreich, bevor er nach Russland zurückkehrte, um dort zu arbeiten. Er bewies bedeutende Resultate in der Approximations- und Wahrscheinlichkeitstheorie.

BEISPIEL 36.1.

$$\binom{4}{2} = \frac{4!}{2!2!} = 6, \quad \binom{6}{1} = \frac{6!}{1!5!} = 6, \quad \binom{3}{0} = \frac{3!}{3!0!} = 1$$

Wir können n über m als die Anzahl verschiedener Teilmengen mit m Elementen interpretieren, die aus einer Menge von n Objekten ausgewählt werden können oder als die Anzahl von Kombinationen von n Objekten, wobei man jeweils m betrachtet.

BEISPIEL 36.2. Wir berechnen die Wahrscheinlichkeit $\mathcal{P}$, ein Karo–Ass in einem Pokerblatt mit 5 Karten zu erhalten, wobei die Karten zufällig aus einem Standardkartenspiel mit 52 Karten ausgewählt werden. Erinnern wir uns an die Formel

$$\mathcal{P}(\text{Ereignis}) = \text{Wahrscheinlichkeit eines Ereignisses}$$

$$= \frac{\text{Anzahl der Ergebnisse aus dem Ereignis}}{\text{Gesamtanzahl möglicher Ergebnisse}},$$

die gilt, wenn alle Ergebnisse gleich wahrscheinlich sind. Die Gesamtanzahl von Pokerblättern mit 5 Karten beträgt $\binom{52}{5}$. Ein „gutes" Blatt zu erhalten, läuft darauf hinaus, 4 beliebige Karten aus den verbleibenden 51 Karten zu wählen, nachdem man ein Karo–Ass erhalten hat. Also gibt es $\binom{51}{4}$ gute Blätter. Wir erhalten also

$$\mathcal{P} = \frac{\binom{51}{4}}{\binom{52}{5}} = \frac{51!}{4!47!} \frac{5!47!}{52!} = \frac{5}{52}.$$

Es ist unkompliziert (Aufgabe 36.3), die folgenden Identitäten zu zeigen:

$$\binom{n}{m} = \binom{n}{n-m}, \quad \binom{n}{1} = \binom{n}{n-1}, \quad \binom{n}{n} = \binom{n}{0} = 1. \qquad (36.2)$$

Eine wichtige Anwendung der Binomialkoeffizienten ist der folgende Satz.

Satz 36.2 Binomialentwicklung *Für eine beliebige natürliche Zahl n gilt*

$$(a + b)^n = \sum_{m=0}^{n} \binom{n}{m} a^m b^{n-m}. \qquad (36.3)$$

BEISPIEL 36.3.

$$(a + b)^2 = a^2 + 2ab + b^2$$
$$(a + b)^3 = a^3 + 3a^2b + 3ab^2 + b^3$$
$$(a + b)^4 = a^4 + 4a^3b + 6a^2b^2 + 4ab^3 + b^4$$

Der Beweis erfolgt mit Hilfe vollständiger Induktion. Für $n = 1$ gilt

$$(a + b)^1 = a + b = \binom{1}{0}a + \binom{1}{1}b.$$

Wir nehmen an, dass die Formel für $n - 1$ wahr ist, so dass

$$(a + b)^{n-1} = \sum_{m=0}^{n-1} \binom{n-1}{m} a^m b^{n-1-m},$$

und beweisen, dass sie für n gilt.

Wir multiplizieren aus

$$(a + b)^n = (a + b)(a + b)^{n-1}$$

$$= \sum_{m=0}^{n-1} \binom{n-1}{m} a^{m+1} b^{n-1-m} + \sum_{m=0}^{n-1} \binom{n-1}{m} a^m b^{n-m}.$$

Jetzt ändern wir die Variablen in der Summe

$$\sum_{m=0}^{n-1} \binom{n-1}{m} a^{m+1} b^{n-1-m} = \sum_{m=1}^{n-1} \binom{n-1}{m-1} a^m b^{n-m} + a^n b^0,$$

wobei

$$\sum_{m=0}^{n-1} \binom{n-1}{m} a^m b^{n-m} = a^0 b^n + \sum_{m=1}^{n-1} \binom{n-1}{m} a^m b^{n-m}.$$

Daher gilt

$$(a + b)^n = a^0 b^n + \sum_{m=1}^{n-1} \left(\binom{n-1}{m-1} + \binom{n-1}{m} \right) a^m b^{n-m} + a^n b^0. \quad (36.4)$$

Es ist eine gute Übung (Aufgabe 36.5), zu zeigen, dass

$$\binom{n-1}{m-1} + \binom{n-1}{m} = \binom{n}{m}. \quad (36.5)$$

Eingesetzt in (36.4) erhalten wir die Behauptung.

Wir verwenden die Binomialentwicklung, um zwei weitere nützliche Formeln herzuleiten. Wir differenzieren beide Seiten von

$$(x + b)^n = \sum_{m=0}^{n} \binom{n}{m} x^m b^{n-m} \quad (36.6)$$

und erhalten

$$n(x + b)^{n-1} = \sum_{m=0}^{n} m \binom{n}{m} x^{m-1} b^{n-m}.$$

Wir setzen $x = a$ und multiplizieren mit a/n,

$$a(a + b)^{n-1} = \sum_{m=0}^{n} \frac{m}{n} \binom{n}{m} a^m b^{n-m}. \tag{36.7}$$

Wir differenzieren (36.6) zweimal (Aufgabe 36.6), dies ergibt

$$\left(1 - \frac{1}{n}\right) a^2 (a + b)^{n-2} = \sum_{m=0}^{n} \left(\frac{m^2}{n^2} - \frac{m}{n^2}\right) \binom{n}{m} a^m b^{n-m}. \tag{36.8}$$

36.2 Das Gesetz der großen Zahlen

Die approximierenden Polynome, die wir benutzt haben, um Satz 36.1 zu beweisen, werden konstruiert, indem man Linearkombinationen von elementareren Polynomen bildet, die binomische Polynome genannt werden. In diesem Abschnitt erforschen wir die Eigenschaften binomischer Polynome sowie ihre Verbindung zur Wahrscheinlichkeitsrechnung.

Wir setzen $a = x$ und $b = 1 - x$ in der Binomialentwicklung (36.3) und erhalten

$$1 = (x + (1 - x))^n = \sum_{m=0}^{n} \binom{n}{m} x^m (1 - x)^{n-m}. \tag{36.9}$$

Wir definieren die $m + 1$ **binomischen Polynome** vom Grad n als die Terme in der Entwicklung, also

$$p_{n,m}(x) = \binom{n}{m} x^m (1 - x)^{n-m}, \quad m = 0, 1, \cdots, n.$$

BEISPIEL 36.4.

$$p_{2,0}(x) = \binom{2}{0} x^0 (1 - x)^2 = (1 - x)^2$$

$$p_{2,1}(x) = \binom{2}{1} x^1 (1 - x)^1 = 2x(1 - x)$$

$$p_{2,2}(x) = \binom{2}{2} x^2 (1 - x)^0 = x^2$$

Wenn $0 \le x \le 1$ die Wahrscheinlichkeit eines Ereignisses E ist, dann ist $p_{n,m}(x)$ die Wahrscheinlichkeit, dass E genau m mal in n unabhängigen Versuchen eintritt.

BEISPIEL 36.5. Wir betrachten speziell das Hochwerfen einer Münze mit der Wahrscheinlichkeit x für Kopf (K) und entsprechend der Wahrscheinlichkeit $1 - x$ für Zahl (Z). Die Münze ist „unfair", falls $x \ne 1/2$.

Die Wahrscheinlichkeit des Eintritts einer bestimmten Folge von n Würfen, die m Köpfe enthalten, z.B.

$$\underbrace{KZZKKZKZKZZKKKZKZKZZZ\cdots T}_{m \text{ Köpfe in } n \text{ Würfen}},$$

ist $x^m(1-x)^{m-n}$ nach der Multiplikationsregel für Wahrscheinlichkeiten. Es gibt $\binom{n}{m}$ Folgen von n Würfen mit genau m Köpfen. Nach der Additionsregel für Wahrscheinlichkeiten ist $p_{n,m}(x)$ die Wahrscheinlichkeit, genau m Köpfe in n Würfen zu erhalten.

Die binomischen Polynome besitzen mehrere nützliche Eigenschaften, von denen einige direkt aus der Verbindung zur Wahrscheinlichkeitsrechnung folgen. Wir interpretieren zum Beispiel

$$\sum_{m=0}^{n} p_{n,m}(x) = 1, \tag{36.10}$$

als die Aussage, dass das Ereignis E mit der Wahrscheinlichkeit x genau 0, 1, $\cdots$ oder n Mal in n unabhängigen Versuchen mit der Wahrscheinlichkeit 1 eintritt. Da $p_{n,m}(x) \geq 0$ für $0 \leq x \leq 1$, impliziert (36.10), dass $0 \leq p_{n,m}(x) \leq 1$ für $0 \leq x \leq 1$, wie es sein muss, da es sich um eine Wahrscheinlichkeit handelt.

Einige weitere nützliche Eigenschaften: (36.7) impliziert

$$\sum_{m=0}^{n} m p_{n,m}(x) = nx \tag{36.11}$$

und (36.8) impliziert

$$\sum_{m=0}^{n} m^2 p_{n,m}(x) = (n^2 - n)x^2 + nx. \tag{36.12}$$

Eine wichtige Verwendung binomischer Polynome ist eine Anwendung auf das Gesetz der großen Zahlen. Nehmen wir an, wir betrachten ein Ereignis E, das die Eintrittswahrscheinlichkeit x besitzt, so wie zum Beispiel die unfaire Münze aus Beispiel 36.5. Aber nehmen wir an, dass wir die Wahrscheinlichkeit nicht kennen. Wie könnten wir x bestimmen? Wenn wir einen einzigen Versuch durchführen, d.h. die Münze einmal werfen, wird Ereignis E eintreten oder nicht. Ein Versuch gibt nicht viele Informationen zur Bestimmung von x. Wenn wir andererseits eine größere Anzahl $n \gg 1$ von Versuchen durchführen, dann würden wir intuitiv behaupten, dass E ungefähr nx Mal in n Versuchen eintreten sollte, zumindestens „meistens."

BEISPIEL 36.6. Die Verbindung zwischen der Eintrittswahrscheinlichkeit in einem Versuch und der Eintrittshäufigkeit bei vielen Versuchen ist nicht ganz einfach zu bestimmen. Betrachten wir noch einmal das Werfen einer Münze. Wenn wir eine gerechte Münze 100, 000 Mal hochwerfen, erwarten wir *in den meisten Fällen ungefähr* 50, 000 Köpfe zu sehen. Selbstverständlich könnten wir sehr viel Pech haben und nur Zahlen erhalten. Aber die Wahrscheinlichkeit, das dieses eintritt, beträgt nur

$$\left(\frac{1}{2}\right)^{100000} \approx 10^{-30103}.$$

Andererseits ist es auch unwahrscheinlich, dass wir bei genau der Hälfte der Würfe Kopf erhalten. Tatsächlich kann man zeigen, dass die Wahrscheinlichkeit, bei genau der Hälfte der Würfe Kopf zu erhalten, ungefähr $1/\sqrt{\pi n}$ für große n ist und sie deshalb für $n \to \infty$ gegen Null geht.

Irgendwie kapselt ein Gesetz der großen Zahlen die intuitive Verbindung zwischen der Wahrscheinlichkeit eines Ereignisses in einem Versuch und der Häufigkeit, dass das Ereignis bei einer großen Anzahl von Versuchen eintritt. Diese Intuition mathematisch auszudrücken, ist jedoch ein wenig verzwickt, wie wir in Beispiel 36.6 gesehen haben. Wir beweisen die folgende Version, die ursprünglich auf Jacob Bernoulli zurückgeht.

Satz 36.3 Das Gesetz der großen Zahlen *Nehmen wir an, dass Ereignis E mit der Wahrscheinlichkeit x eintritt. Es bezeichne m die Häufigkeit, mit der E in n Versuchen eintritt. Seien $\epsilon > 0$ und $\delta > 0$ gegeben. Die Wahrscheinlichkeit, dass m/n von x weniger als δ abweicht, ist größer als $1 - \epsilon$, d.h.*

$$\mathcal{P}\left(\left|\frac{m}{n} - x\right| < \delta\right) > 1 - \epsilon, \tag{36.13}$$

für alle hinreichend großen n.

Beachten Sie, dass wir $\epsilon > 0$ und $\delta > 0$ auf Kosten eines möglicherweise sehr großen n beliebig klein wählen können, daher der Name des Satzes. Beachten Sie auch, dass, obwohl dieses Ergebnis besagt, dass es wahrscheinlich ist, dass Ereignis E ungefähr xn Male bei n Versuchen eintreten wird, *es nicht besagt, dass Ereignis E genau xn Male bei n Versuchen eintreten wird. Noch besagt es, dass Ereignis E ungefähr xn Male bei n Versuchen eintreten muss.* Daher widerspricht dieses Ergebnis nicht den Berechnungen aus Beispiel 36.6.

Ausgedrückt mit Hilfe der binomischen Polynome möchten wir zeigen, dass für ein gegebenes ϵ, $\delta > 0$,

$$\sum_{\substack{0 \leq m \leq n \\ \left|\frac{m}{n} - x\right| < \delta}} p_{n,m}(x) > 1 - \epsilon \tag{36.14}$$

für hinreichend große n.

Betrachten wir die komplementäre Summe

$$\sum_{\substack{0 \le m \le n \\ \left|\frac{m}{n} - x\right| \ge \delta}} p_{n,m}(x) = 1 - \sum_{\substack{0 \le m \le n \\ \left|\frac{m}{n} - x\right| < \delta}} p_{n,m}(x),$$

die wir einfach folgendermaßen abschätzen können:

$$\sum_{\substack{0 \le m \le n \\ \left|\frac{m}{n} - x\right| \ge \delta}} p_{n,m}(x) \le \frac{1}{\delta^2} \sum_{\substack{0 \le m \le n \\ \left|\frac{m}{n} - x\right| \ge \delta}} \left(\frac{m}{n} - x\right)^2 p_{n,m}(x) \le \frac{1}{n^2 \delta^2} S_n,$$

wobei

$$\begin{aligned}
S_n &= \sum_{m=0}^{n} (m - nx)^2 p_{n,m}(x) \\
&= \sum_{m=0}^{n} m^2 p_{n,m}(x) - 2nx \sum_{m=0}^{n} m p_{n,m}(x) + n^2 x^2 \sum_{m=0}^{n} p_{n,m}(x).
\end{aligned} \tag{36.15}$$

Unter Verwendung von (36.10), (36.11) und (36.12) stellen wir fest, dass S_n (Aufgabe 36.9) sich zu $S_n = nx(1 - x)$ vereinfacht. Da $x(1 - x) \le 1/4$ für $0 \le x \le 1$, gilt $S_n \le n/4$. Deshalb gilt

$$\sum_{\substack{0 \le m \le n \\ \left|\frac{m}{n} - x\right| \ge \delta}} p_{n,m}(x) \le \frac{1}{4n\delta^2} \tag{36.16}$$

und

$$\sum_{\substack{0 \le m \le n \\ \left|\frac{m}{n} - x\right| < \delta}} p_{n,m}(x) \ge 1 - \frac{1}{4n\delta^2}.$$

Insbesondere können wir für feste ϵ, $\delta > 0$ sicherstellen, dass $(4n\delta^2)^{-1} < \epsilon$, und zwar indem wir $n > 1/(4\delta^2\epsilon)$ wählen.

36.3 Das Stetigkeitsmaß

Um eine starke Version von Satz 36.1 zu beweisen, führen wir eine nützliche Verallgemeinerung der Lipschitz-Stetigkeit ein.

Wir stellen zunächst fest, dass nach Satz 32.11 die stetige Funktion f auf $[a, b]$ in Satz 36.1 auf $[a, b]$ tatsächlich gleichmäßig stetig ist. Das heißt, zu einem gegebenen $\epsilon > 0$ gibt es ein $\delta > 0$, so dass $|f(x) - f(y)| < \epsilon$ für alle x, y in $[a, b]$ mit $|x - y| < \delta$.[2] Nun ist eine Lipschitz-stetige Funktion

---

[2]Die Gleichmäßigkeit bezieht sich auf die Tatsache, dass δ unabhängig von x und y gewählt werden kann.

f mit der Lipschitz–Konstanten L gleichmäßig stetig, da $|f(x) - f(y)| \leq L|x-y| < \epsilon$ für alle x, y mit $|x-y| < \delta = \epsilon/L$. Andererseits sind gleichmäßig stetige Funktionen nicht unbedingt Lipschitz-stetig. Jedoch genügen sie einer Verallgemeinerung der Bedingung, die Lipschitz-Stetigkeit definiert, genannt das Stetigkeitsmaß.

Die Verallgemeinerung beruht auf der Beobachtung, dass wenn f auf einem abgeschlossenen, beschränkten Intervall $I = [a, b]$ gleichmäßig stetig ist, für jedes $\delta > 0$ die Menge von Zahlen

$$\{|f(x) - f(y)| \text{ mit } x, y \text{ in } I, |x - y| < \delta\} \tag{36.17}$$

beschränkt ist. Andernfalls könnte f nicht gleichmäßig stetig sein (Aufgabe 36.10). Satz 32.15 impliziert dann aber, dass die Menge von Zahlen (36.17) eine kleinste obere Schranke hat. Wir drehen diese Betrachtung um und definieren das **Stetigkeitsmaß** $\omega(f, \delta)$ einer allgemeinen Funktion f auf einem allgemeinen Intervall I durch

$$\omega(f, \delta) = \sup_{\substack{x, y \text{ in } I \\ |x-y|<\delta}} \{|f(x) - f(y)|\}.$$

Beachten Sie, dass $\omega(f, \delta) = \infty$, wenn die Menge (36.17) nicht beschränkt ist. Wir können garantieren, dass $\omega(f, \delta)$ endlich ist, wenn f gleichmäßig stetig ist und I ein abgeschlossenes Intervall ist; aber wenn f nicht gleichmäßig stetig und/oder I offen oder unbeschränkt ist, dann kann $\omega(f, \delta)$ unendlich sein.

BEISPIEL 36.7. Wir wissen, dass x^2 auf $[0, 1]$ gleichmäßig stetig ist. Betrachten wir jetzt die Differenz $|x^2 - y^2| = |x - y| \, |x + y|$, wobei $|x - y| < \delta$. Die Werte von $|x - y|$ wachsen monoton von 0 bis δ, wohingegen die entsprechenden größten Werte von $|x+y|$ monoton von 2 bis $2 - \delta$ abnehmen. Der größte Wert ihres Produktes liegt vor, wenn $|x - y| = \delta$, so dass $\omega(x^2, \delta) = 2\delta - \delta^2$.

BEISPIEL 36.8. $\omega(x^{-1}, \delta)$ auf $(0, 1)$ ist unendlich.

BEISPIEL 36.9. $\omega(\sin(x^{-1}), \delta) = 2$ auf $(0, 1)$, da wir zu jedem $\delta > 0$ ein x und y innerhalb δ von 0 finden können, und daher auch innerhalb von δ voneinander, so dass $\sin(x^{-1}) = 1$ und $\sin(y^{-1}) = -1$.

Beachten Sie, dass die Funktionen in Beispiel 36.8 und Beispiel 36.9 auf den angegebenen Intervallen nicht gleichmäßig stetig sind. Vielmehr gilt, wenn f auf $[a, b]$ gleichmäßig stetig ist, $\omega(f, \delta) \to 0$ für $\delta \to 0$ (Aufgabe 36.14).

Wenn f auf $[a, b]$ mit der Konstanten L Lipschitz-stetig ist, gilt $\omega(f, \delta) \leq L\delta$. In diesem Sinne handelt es sich bei dem Stetigkeitsmaß um eine Verallgemeinerung der Idee der Lipschitz-Stetigkeit.

36.4   Die Bernstein–Polynome

Um das approximierende Polynom zu konstruieren, partitionieren wir $[0, 1]$ durch ein gleichmäßiges Gitter mit $n + 1$ Knoten

$$x_m = \frac{m}{n}, \quad m = 0, \cdots, n.$$

Das **Bernstein–Polynom** vom Grad n für f auf $[0, 1]$ ist

$$B_n(f, x) = B_n(x) = \sum_{m=0}^{n} f(x_m) p_{n,m}(x). \tag{36.18}$$

Beachten Sie, dass der Grad von B_n höchstens n ist.

Das Argument, dass die Bernstein–Polynome mit wachsendem Grad n zunehmend genauere Approximationen werden ist eher intuitiv. Die Formel für $B_n(x)$ läßt sich in zwei Summen zerlegen

$$B_n(x) = \sum_{x_m \approx x} f(x_m) p_{n,m}(x) + \sum_{|x_m - x| \text{ groß}} f(x_m) p_{n,m}(x).$$

Die erste Summe konvergiert gegen $f(x)$, wenn n wächst, da wir Knoten $x_m = m/n$ finden können, die beliebig nahe an x liegen, indem wir n groß wählen.[3] Die zweite Summe konvergiert nach dem Gesetz der großen Zahlen gegen Null. Dies ist genau das, was wir im Folgenden beweisen werden.

Bevor wir ein Konvergenzergebnis angeben, betrachten wir einige Beispiele.

BEISPIEL 36.10. Das Bernstein–Polynom B_n für x^2 auf $[0, 1]$ mit $n \geq 2$ ist durch

$$B_n(x) = \sum_{m=0}^{n} \left(\frac{m}{n} \right)^2 p_{n,m}(x)$$

gegeben. Mit (36.12) bedeutet dies

$$B_n(x) = \left(1 - \frac{1}{n} \right) x^2 + \frac{1}{n} x = x^2 + \frac{1}{n} x(1 - x).$$

Wir sehen, dass $B_n(x^2, x) \neq x^2$ und tatsächlich nimmt der Fehler

$$|x^2 - B_n(x)| = \frac{1}{n} x(1 - x)$$

wie $1/n$ ab, während n wächst.

---

[3]Erinnern wir uns, dass eine beliebige reelle Zahl durch rationale Zahlen beliebig gut approximiert werden kann.

BEISPIEL 36.11. Wir berechnen B_1, B_2 und B_3 für $f(x) = e^x$ auf $[0,1]$,

$$B_1(x) = e^0(1-x) + e^1 x = (1-x) + ex$$

$$B_2(x) = (1-x)^2 + 2e^{1/2}x(1-x) + ex^2$$

$$B_3(x) = (1-x)^3 + 3e^{1/2}x(1-x)^2 + 3e^{2/3}x^2(1-x) + ex^3.$$

Wir stellen diese Funktionen in Abbildung 36.1 graphisch dar.

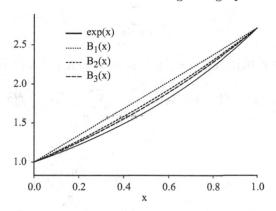

Abbildung 36.1: Die ersten drei Bernstein–Polynome für e^x.

Wir beweisen:

Satz 36.4 Der Bernstein–Approximationssatz *Sei f eine stetige Funktion auf $[0,1]$ und $n \geq 1$ eine natürliche Zahl. Dann gilt*

$$|f(x) - B_n(f,x)| \leq \frac{9}{4}\omega(f, n^{-1/2}). \tag{36.19}$$

Wenn f mit der Konstanten L Lipschitz-stetig ist, gilt

$$|f(x) - B_n(f,x)| \leq \frac{9}{4}Ln^{-1/2}. \tag{36.20}$$

Satz 36.1 folgt sofort, da wir für $\epsilon > 0$ einfach n hinreichend groß wählen, so dass

$$|f(x) - B_n(f,x)| \leq \frac{9}{4}\omega(f, n^{-1/2}) < \epsilon.$$

Unter Verwendung von (36.10) schreiben wir den Fehler als eine Summe, die die Differenzen zwischen $f(x)$ und den Werten von f an den Knoten berücksichtigt:

$$f(x) - B_n(x) = \sum_{m=0}^{n} f(x)p_{n,m}(x) - \sum_{m=0}^{n} f(x_m)p_{n,m}(x)$$

$$= \sum_{m=0}^{n} (f(x) - f(x_m))p_{n,m}(x)$$

Aufgrund der Stetigkeit von f erwarten wir, dass die Differenzen $f(x) - f(x_m)$ klein sein sollten, wenn x in der Nähe von x_m liegt. Um uns dies für $\delta > 0$ zunutze zu machen, teilen wir die Summe in zwei Teile auf:

$$f(x) - B_n(x) = \sum_{\substack{0 \leq m \leq n \\ |x - x_m| < \delta}} (f(x) - f(x_m))p_{n,m}(x)$$

$$+ \sum_{\substack{0 \leq m \leq n \\ |x - x_m| \geq \delta}} (f(x) - f(x_m))p_{n,m}(x). \quad (36.21)$$

Aufgrund der Stetigkeit von f ist die erste Summe klein, da

$$\left| \sum_{\substack{0 \leq m \leq n \\ |x - x_m| < \delta}} (f(x) - f(x_m))p_{n,m}(x) \right| \leq \sum_{\substack{0 \leq m \leq n \\ |x - x_m| < \delta}} |f(x) - f(x_m)|p_{n,m}(x)$$

$$\leq \omega(f, \delta) \sum_{\substack{0 \leq m \leq n \\ |x - x_m| < \delta}}^{n} p_{n,m}(x)$$

$$\leq \omega(f, \delta) \sum_{m=0}^{n} p_{n,m}(x) = \omega(f, \delta).$$

Wir können leicht eine grobe Schranke für die zweite Summe in (36.21) herleiten. Da f auf $[0, 1]$ stetig ist, gibt es eine Konstante C, so dass $|f(x)| \leq C$ für $0 \leq x \leq 1$. Deshalb gilt mit (36.16)

$$\sum_{\substack{0 \leq m \leq n \\ |x - x_m| \geq \delta}} (f(x) - f(x_m))p_{n,m}(x) \leq 2C \sum_{\substack{0 \leq m \leq n \\ |x - x_m| \geq \delta}} p_{n,m}(x) \leq \frac{C}{n\delta^2}$$

Folglich können wir die zweite Summe so klein wie gewünscht machen, indem wir n groß wählen.

Um eine schärfere Abschätzung für die zweite Summe in (36.21) zu erhalten, verwenden wir einen Trick, der dem ähnlich ist, den wir verwendeten, um Satz 19.1 zu beweisen. Sei M die größte ganze Zahl kleiner oder gleich $|x - x_m|/\delta$. Wir wählen M gleichmäßig verteilte Punkte $y_1, y_2, \cdots, y_M$ in dem Intervall, das von x und x_m gebildet wird, so dass jedes der sich ergebenden $M + 1$ Intervalle die Länge $|x - x_m|/(M + 1) < \delta$ besitzt.

Jetzt können wir schreiben:

$$f(x) - f(x_m) = (f(x) - f(y_1)) + (f(y_1) - f(y_2)) + \cdots$$
$$+ (f(y_M) - f(x_m)).$$

Deshalb gilt

$$|f(x) - f(x_m)| \leq (M + 1)\omega(f, \delta) \leq \left(1 + \frac{|x - x_m|}{\delta}\right) \omega(f, \delta).$$

Wir verwenden dies, um die zweite Summe in (36.21) abzuschätzen

$$\left| \sum_{\substack{0\leq m\leq n \\ |x-x_m|\geq\delta}} (f(x) - f(x_m))p_{n,m}(x) \right|$$

$$\leq \omega(f,\delta)\left(\sum_{\substack{0\leq m\leq n \\ |x-x_m|\geq\delta}} p_{n,m}(x) + \frac{1}{\delta} \sum_{\substack{0\leq m\leq n \\ |x-x_m|\geq\delta}} |x - x_m|p_{n,m}(x) \right).$$

Unter Verwendung der Tatsache, dass $|x - x_m|/\delta = M \geq 1$ gilt, folgt mit (36.11) und (36.12)

$$\left| \sum_{\substack{0\leq m\leq n \\ |x-x_m|\geq\delta}} (f(x) - f(x_m))p_{n,m}(x) \right|$$

$$\leq \omega(f,\delta)\left(\sum_{\substack{0\leq m\leq n \\ |x-x_m|\geq\delta}} p_{n,m}(x) + \frac{1}{\delta^2} \sum_{\substack{0\leq m\leq n \\ |x-x_m|\geq\delta}} (x - x_m)^2 p_{n,m}(x) \right)$$

$$\leq \omega(f,\delta)\left(\sum_{m=0}^{n} p_{n,m}(x) + \frac{1}{\delta^2} \sum_{m=0}^{n} (x - x_m)^2 p_{n,m}(x) \right)$$

$$\leq \omega(f,\delta)\left(1 + \frac{1}{4n\delta^2} \right).$$

Also gilt

$$\left| \sum_{\substack{0\leq m\leq n \\ |x-x_m|\geq\delta}} (f(x) - f(x_m))p_{n,m}(x) \right| \leq \omega(f,\delta)\left(1 + \frac{1}{4n\delta^2} \right).$$

Wir setzen die Abschätzungen der Summen in (36.21) ein und erhalten

$$|f(x) - B_n(x)| \leq \omega(f,\delta)\left(2 + \frac{1}{4n\delta^2} \right).$$

Wir setzen $\delta = n^{-1/2}$ und haben damit den Satz bewiesen.

36.5 Genauigkeit und Konvergenz

Wir können Satz 36.4 interpretieren, indem wir sagen, dass die Bernstein–Polynome $\{B_n(f,x)\}$ für $n \to \infty$ gleichmäßig gegen $f(x)$ auf $[0,1]$ konvergieren. Mit anderen Worten, die Fehler der Bernstein–Polynome B_n streben für eine gegebene Funktion f auf $[0,1]$ für $n \to \infty$ gegen Null. Dies ist eine starke Eigenschaft; unglücklicherweise ist der Preis dafür, dass die Konvergenz im Allgemeinen sehr langsam ist.

BEISPIEL 36.12. Um zu zeigen, wie langsam die Bernstein–Polynome unter Umständen konvergieren, zeichnen wir in Abbildung 36.2 die Bernstein–Polynome vom Grad 4 für $\sin(\pi x)$ auf $[0, 1]$.

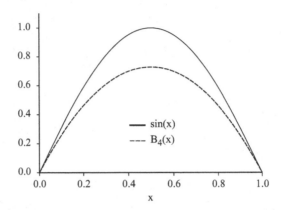

Abbildung 36.2: Eine graphische Darstellung der Bernstein–Polynome $B_4(x)$ für $\sin(\pi x)$.

Wenn die Fehlerschranke in (36.19) scharf ist, d.h.

$$|f(x) - B_n(x)| \approx \frac{9}{4}\omega(f, n^{-1/2}) \approx Cn^{-1/2} \text{ für eine beliebige Konstante } C,$$

dann müssen wir n um den Faktor 100 vergrößern, um eine Verbesserung um den Faktor 10 (eine zusätzliche Stelle an Genauigkeit) im Fehler zu erhalten. Dies folgt, da wir aus der Berechnung

$$\frac{|f(x) - B_{n_1}(x)|}{|f(x) - B_{n_2}(x)|} \approx \frac{n_1^{-1/2}}{n_2^{-1/2}} = 10^{-1}$$

die Relation $n_2 = 100n_1$ erhalten.

Der Fehler kann in manchen Fällen schneller abnehmen. Oben haben wir gesehen, dass der Fehler für x^2 wie $1/n$ abnimmt. Aber selbst dies ist im Vergleich zu einigen anderen polynomiellen Approximationen relativ langsam. Aus diesem Grund werden die Bernstein–Polynome in der Praxis nicht oft verwendet.

36.6 Offene Fragen

Wir haben gezeigt, dass stetige Funktionen durch Polynome approximiert werden können. Aber wir haben nicht wirklich erklärt, warum Polynome zur Approximation von Funktionen gut geeignet sind. Mit anderen Worten, was sind die Eigenschaften von Polynomen, die sie zu guten Approximationen werden lassen? Gibt es andere Klassen von Funktionen, die ähnliche Approximationseigenschaften besitzen? Atkinson [2], Isaacson und Keller [15] sowie Rudin [19] verfügen über interessantes Material zu diesen Themen.

Kapitel 36 Aufgaben

36.1. Berechnen Sie $\binom{8}{3}$.

36.2. Erläutern Sie die Behauptung, dass $\binom{n}{m}$ die Anzahl an Möglichkeiten angibt, n Objekte in Gruppen von m anzuordnen.

36.3. Beweisen Sie (36.2).

36.4. Berechnen Sie $(a + b)^6$.

36.5. Beweisen Sie (36.5).

36.6. Beweisen Sie (36.8).

36.7. Verifizieren Sie (36.12).

36.8. Leiten Sie eine Formel für die Wahrscheinlichkeit her, genau $n/2$ Köpfe zu erhalten, wenn eine faire Münze n Mal geworfen wird, wobei n gerade ist. Erstellen Sie eine graphische Darstellung der Formel für n im Bereich von 1 bis 100 und prüfen Sie die Behauptung, dass es sich für große n dem Wert $\sqrt{\pi n}$ annähert.

36.9. Beweisen Sie, dass S_n, das in (36.15) definiert ist, gleich $S_n = nx(1 - x)$ ist.

Die Aufgaben 36.10–36.15 befassen sich mit dem Stetigkeitsmaß. Einige der Beweise dieses Buches könnten verallgemeinert werden, indem man das Stetigkeitsmaß anstelle der Lipschitz-Stetigkeit verwendet.

36.10. Beweisen Sie, dass wenn f auf $[a, b]$ gleichmäßig stetig ist, die Menge von Zahlen (36.17) für jedes $\delta > 0$ beschränkt ist.

36.11. Berechnen Sie

(a) $\omega(x^2, \delta)$ auf $[0, 2]$ (b) $\omega(1/x, \delta)$ auf $[1, 2]$ (b) $\omega(\log(x), \delta)$ auf $[1, 2]$.

36.12. Verifizieren Sie Beispiel 36.8.

36.13. Verifizieren Sie Beispiel 36.9.

36.14. Beweisen Sie, dass wenn f auf $[a, b]$ gleichmäßig stetig ist, $\omega(f, \delta) \to 0$ für $\delta \to 0$ gilt.

36.15. Beweisen Sie, dass wenn f auf $[a, b]$ eine stetige Ableitung besitzt, $\omega(f, \delta) \leq \max_{[a,b]} |f'| \delta$ gilt.

Die Berechnung von Approximationen mit Hilfe von Bernstein–Polyno-
men kann langwierig sein. Benutzen Sie zum Beispiel einfach MAPLE © *,*
um die Aufgaben 36.16–36.21 zu erledigen.

36.16. Berechnen Sie Formeln für $p_{3,m}$, $m = 0, 1, 2, 3$.

36.17. Verifizieren Sie die Berechnungen in Beispiel 36.11.

36.18. Berechnen Sie die Bernstein–Polynome für x auf $[0, 1]$.

36.19. Berechnen und zeichnen Sie die Bernstein–Polynome vom Grad 1, 2 und 3 für $\exp(x)$ auf $[1, 3]$.

36.20. (a) Leiten Sie eine Summationsformel für die Bernstein–Polynome vom Grad ≥ 3 für x^3 auf $[0, 1]$ her. (b) Finden Sie eine explizite Formel für die Bernstein–Polynome in (a), die keine Summation erfordert. (c) Leiten Sie eine Formel für den Fehler her.

36.21. Berechnen und zeichnen Sie die Bernstein–Polynome vom Grad 1, 2, 3 und 4 für $\sin(\pi x)$ auf $[0, 1]$.

Wir haben gezeigt, dass die Bernstein–Polynome eine differenzierbare Funktion approximieren, welche selbstverständlich stetig ist, nämlich gleich-mäßig stetig. In Aufgabe 36.22 werden wir sie bitten zu zeigen, dass die Ab-leitung der Funktion auch durch die Ableitungen der Bernstein–Polynome der Funktion approximiert wird.

36.22. Beweisen Sie, dass wenn $f(x)$ eine stetige erste Ableitung auf $[0, 1]$ besitzt, die Ableitungen der Bernstein–Polynome $\{P_n'(f, x)\}$ gleichmäßig gegen $f'(x)$ auf $[0, 1]$ konvergieren.
Hinweis: Verifizieren Sie zuerst folgende Formeln:

$$p'_{n,m} = n(p_{n-1,m-1} - p_{n-1,m}) \text{ für } m = 1, \cdots, m - 1$$
$$p'_{n,n} = np_{n-1,n-1}, \quad p'_{n,0} = -np_{n-1,0}.$$

Leiten Sie dann eine Summationsformel für den Fehler $f'(x) - P_n'(x)$ her und ordnen Sie die Summe im Hinblick auf $p_{n-1,m}$ für $m = 0, 1, \cdots, n - 1$ um.

36.23. Beweisen Sie, dass wenn f auf $[0, 1]$ stetig ist und wenn

$$\int_0^1 f(x)x^n \, dx = 0 \text{ für } n = 0, 1, 2, \cdots,$$

, $f(x) = 0$ für $0 \leq x \leq 1$ gilt. *Hinweis:* Dies besagt, dass das Integral des Produktes von f mit *jedem* Polynom Null ist. Verwenden Sie Satz 36.1, um zuerst zu beweisen, dass

$$\int_0^1 f^2(x) \, dx = 0.$$

*Wir sagen, dass die reellen Zahlen $\mathbb{R}$ **separabel** sind, da jede reelle Zahl mit beliebiger Genauigkeit durch eine rationale Zahl approximiert werden kann. Die analoge Eigenschaft gilt für den Raum von stetigen Funktionen auf einem abgeschlossenen, beschränkten Intervall. Dies ist Inhalt des Satzes, den wir Sie in Aufgabe 36.24 zu beweisen bitten.*

36.24. Beweisen Sie die folgende Erweiterung des Approximationssatzes von Weierstraß:

Satz 36.5 *Nehmen wir an, dass f auf einem abgeschlossenen, beschränkten Intervall I stetig ist. Zu einem beliebigen gegebenen $\epsilon > 0$ gibt es ein Polynom P_n mit rationalen Koeffizienten mit endlichen Dezimaldarstellungen und von hinreichend hohem Grad n, so dass*

$$|f(x) - P_n(x)| < \epsilon \text{ für } a \leq x \leq b.$$

Hinweis: Verwenden Sie Satz 36.1, um zuerst ein approximierendes Polynom zu erhalten und analysieren Sie dann die Auswirkungen, wenn man seine Koeffizienten durch rationale Approximationen ersetzt.

37
Das Taylor–Polynom

Wir haben in Kapitel 36 gesehen, dass eine stetige Funktion durch Polynome beliebig gut approximiert werden kann. Unglücklicherweise konvergieren die im Beweis verwendeten Bernstein–Polynome langsam. Folglich kann selbst eine mäßig genaue Approximation einer Funktion ein Polynom von hohem Grad und viele Funktionswerte erfordern.

Diese Tatsache motiviert, nach anderen Methoden zur Berechnung von polynomiellen Approximationen einer gegebenen Funktion zu suchen. Wir beginnen diese Suche, indem wir die Idee der Linearisierung einer Funktion in einem Punkt, die wir in Kapitel 16 eingeführt hatten, verallgemeinern. Erinnern wir uns, dass die Linearisierung einer Funktion in einem Punkt ein lineares Polynom ist, das denselben Wert der Funktion in einem Punkt besitzt und dessen Graph Tangente an den Graphen der Funktion ist. Wir zeigen, wie man diese Idee verallgemeinert, um eine polynomielle Approximation einer Funktion von beliebigem Grad zu finden, vorausgesetzt, dass die Funktion hinreichend glatt ist.

37.1 Eine quadratische Approximation

Zur Motivation beginnen wir, indem wir die Idee der Linearisierung auf die Bestimmung einer quadratischen Approximation einer Funktion erweitern. Wir suchen also nach einem quadratischen Polynom für eine Funktion f in der Nähe von $\bar{x}$ mit der Eigenschaft, dass sein Fehler in $|x - \bar{x}|$ kubisch ist. Beachten Sie, dass für kleines $|x - \bar{x}|$, der Fehler der quadratischen Approximation kleiner als der Fehler der linearen Approximation ist.

Mathematisch ausgedrückt suchen wir nach einer Approximation, die

$$\left| f(x) - \big(f(\bar{x}) + m_1(x - \bar{x}) + m_2(x - \bar{x})^2 \big) \right| \leq |x - \bar{x}|^3 \mathcal{K}_{\bar{x}} \qquad (37.1)$$

für x in der Nähe von $\bar{x}$ genügt, wobei m_1, m_2 und $\mathcal{K}_{\bar{x}}$ Konstanten sind. Für kleines $|x - \bar{x}|$ ist $|x - \bar{x}|^3 |\mathcal{K}_{\bar{x}}|$ viel kleiner als $m_1|x - \bar{x}|$ oder $m_2|x - \bar{x}|^2$.

BEISPIEL 37.1.   Wir berechnen die quadratische Approximation für $1/x$ in $\bar{x} = 1$. Wir suchen m_1, m_2 und $\mathcal{K}_1$, so dass

$$\left| \frac{1}{x} - \big(1 + m_1(x - 1) + m_2(x - 1)^2 \big) \right| \leq |x - 1|^3 \mathcal{K}_1$$

für x in der Nähe von 1. Wir erwarten, dass wir x von 0 entfernt halten müssen. Wir vereinfachen den linken Ausdruck, ziehen einen gemeinsamen Faktor heraus und erhalten

$$\left| \frac{1}{x} - \big(1 + m_1(x - 1) + m_2(x - 1)^2 \big) \right| = |x - 1| \left| \frac{1}{x} + m_1 + m_2(x - 1) \right| .$$

Deshalb gilt $\lim_{x \to 1} \left| \frac{1}{x} - \big(1 + m_1(x - 1) + m_2(x - 1)^2 \big) \right| = 0$ für jedes m_1 und m_2. Um die Ideen hinter (16.6) und (16.7) zu erweitern, fordern wir ebenfalls, dass

$$\lim_{x \to 1} \frac{\left| \frac{1}{x} - \big(1 + m_1(x - 1) + m_2(x - 1)^2 \big) \right|}{|x - 1|}$$

$$= \lim_{x \to 1} \left| \frac{1}{x} + m_1 + m_2(x - 1) \right| = 0.$$

Dies erzwingt $m_1 = -1$, wobei es sich um die Ableitung von $1/x$ in 1 handelt. Als nächstes fordern wir

$$\lim_{x \to 1} \frac{\left| \frac{1}{x} - \big(1 - (x - 1) + m_2(x - 1)^2 \big) \right|}{|x - 1|^2} = \lim_{x \to 1} \left| \frac{1}{x} - m_2(x - 1) \right| = 0,$$

was $m_2 = 1$ erzwingt. Wir benutzen dieselbe Art von Berechnungen und schätzen den Fehler ab:

$$\left| \frac{1}{x} - \big(1 + m_1(x - 1) + m_2(x - 1)^2 \big) \right| \leq |x - 1|^3 \frac{1}{x}. \qquad (37.2)$$

Wir können $1/x$ durch eine Konstante $\mathcal{K}_1$ beschränken, vorausgesetzt x wird auf ein Intervall I_1 beschränkt, das 1 enthält und von Null weg beschränkt ist.

Wir schließen, dass die quadratische Approximation für $1/x$ in 1

$$\frac{1}{x} \approx 1 - (x - 1) + (x - 1)^2$$

für alle $x \neq 0$ ist. In Abbildung 37.1 stellen wir die Approximation graphisch dar.

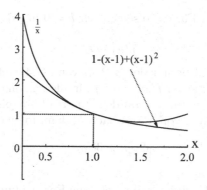

Abbildung 37.1: Die quadratische Approximation $1-(x-1)+(x-1)^2$ von $1/x$ in $\bar{x}=1$. Vergleichen Sie sie mit der linearen Approximation, die in Abbildung 16.11 gezeigt wird.

37.2 Die Taylor–Darstellung eines Polynoms

Auch wenn die Idee der Linearisierung erweitert werden kann, um (wie oben) eine polynomielle Approximation von beliebigem Grad zu berechnen, so ist das Verfahren doch schwerfällig.[1] Wir suchen sowohl eine Formel für die Approximation, die „leicht" zu berechnen ist, als auch einen nützlichen Ausdruck für den Fehler der Approximation.

Wir beginnen, indem wir den Fall eines Polynoms vom Grad n betrachten

$$p(x) = c_0 + c_1 x + \cdots + c_n x^n,$$

wobei $c_0, c_1, \cdots, c_n$ gewisse Zahlen sind. Im Geiste der Linearisierung in der Nähe eines Punktes a möchten wir $p(x)$ so umschreiben, dass sein Verhalten für Werte von x in der Nähe von a besser wiedergegeben wird. Wir nehmen an, dass $x = a + h$, wobei h klein ist und setzen ein. Wir erhalten

$$p(a + h) = c_0 + c_1(a + h) + \cdots + c_n(a + h)^n.$$

Jetzt multiplizieren wir alle Potenzen aus, fassen die Terme zusammen und stellen fest, dass es Koeffizienten $\bar{c}_0, \cdots, \bar{c}_n$ gibt, die von $c_0, \cdots, c_n$ und a abhängen, so dass

$$p(a + h) = \bar{c}_0 + \bar{c}_1 h + \cdots + \bar{c}_n h^n. \tag{37.3}$$

Die natürliche Frage lautet: Welche Werte haben die $\{\bar{c}_i\}$? Die Taylor–Darstellung eines Polynoms ist die Erkenntnis, dass

$$\bar{c}_i = \frac{1}{i!} p^{(i)}(a) \text{ für } 0 \le i \le nm, \tag{37.4}$$

---

[1]Und dies ist noch höflich ausgedrückt.

wobei $p^{(i)} = d^i p / dx^i$. Für $i = 0$ setzen wir $h = 0$ in (37.3) ein und erhalten

$$p(a) = \bar{c}_0.$$

Im allgemeinen Fall beruht der Beweis von (37.4) auf der Beobachtung, dass wenn zwei Funktionen $f(x) = g(x)$ für alle x in einem offenen Intervall genügen, alle ihre Ableitungen auf dem Intervall übereinstimmen. Wir differenzieren beide Seiten von (37.3) nach h, dann folgt mit der Kettenregel

$$p'(a + h) = \bar{c}_1 + 2\bar{c}_2 h + 3\bar{c}_3 h^2 + \cdots + n\bar{c}_n h^{n-1}.$$

In $h = 0$ ist $p'(a) = \bar{c}_1$.

Nach i maligem Ableiten ergibt sich eine Entwicklung der Form

$$p^{(i)}(a + h) = i(i-1)\cdots 1 \bar{c}_i + (i+1)(i-1)\cdots 2 \bar{c}_{i+1} h + \cdots$$
$$+ n(n-1)\cdots(n-i+1)\bar{c}_n h^{n-i+1}.$$

Wenn wir $h = 0$ einsetzen, ergibt sich (37.4).

Für den späteren Gebrauch notieren wir hier die **Taylor–Darstellung eines Polynoms** in kompakter Form

$$p(a + h) = p(a) + \frac{p'(a)}{1!} h + \frac{p^{(2)}(a)}{2!} h^2 + \cdots + \frac{p^{(n)}(a)}{n!} h^n. \qquad (37.5)$$

BEISPIEL 37.2.   Wir berechnen die Taylor–Darstellung von $p(x) = x - 2x^3$ in der Nähe von $a = 1$. Es gilt

$$p(1) = -1, \ p'(1) = 1 - 6 \times 1^2 = -5, \ p^{(2)}(1) = -12 \times 1, \ p^{(3)} = -12,$$

also

$$p(1 + h) = -1 - 5h - 12h^2 - 12h^3.$$

37.3   Das Taylor–Polynom für eine allgemeine Funktion

Die Formel (37.5) kann auf eine beliebige Funktion angewendet werden, die eine hinreichende Anzahl von Ableitungen besitzt. Selbstverständlich können wir nicht erwarten, Gleichheit in der Entwicklung zu erhalten, wenn die Funktion kein Polynom ist. Gegeben sei eine Funktion f, die n stetige Ableitungen auf einem offenen Intervall besitzt, das den Punkt a enthält. Das **Taylor–Polynom** vom Grad n von f in a ist

$$T_n(a, x) = T_n(f, a, x) = f(a) + f'(a)(x - a) + \frac{f^{(2)}(a)}{2!}(x - a)^2 + \cdots$$
$$+ \frac{f^{(n)}(a)}{n!}(x - a)^n. \qquad (37.6)$$

Beachten Sie, dass dies (37.5) entspricht, wobei $h = x - a$ für gewöhnlich als klein angenommen wird.

Wir definieren den **Rest des Taylor–Polynoms** von f als den Fehler

$$R_n(a, x) = R_n(f, a, x) = f(x) - T_n(f, a, x), \qquad (37.7)$$

also

$$f(x) = T_n(f, a, x) + R_n(f, a, x).$$

BEISPIEL 37.3. Wir berechnen das Taylor–Polynom von $f(x) = \log(x)$ vom Grad n in $a = 1$.

n	$f^{(n)}(x)$	$f^{(n)}(a)$
0	$\log(x)$	0
1	x^{-1}	1
2	$-x^{-2}$	-1
3	$2x^{-3}$	2
4	$-6x^{-4}$	-6
$\vdots$	$\vdots$	$\vdots$
n	$(-1)^{n+1}(n-1)!x^{-n}$	$(-1)^{n+1}(n-1)!$

Deshalb gilt

$$T_n(\log(x), 1, x) = 0 + (x - 1) - \frac{(x-1)^2}{2} + \frac{(x-1)^3}{3}$$
$$- \frac{(x-1)^4}{4} + \cdots + \frac{(-1)^{n+1}(x-1)^n}{n} \qquad (37.8)$$

bzw.

$$T_n(\log(x), 1, x) = \sum_{i=1}^{n} \frac{(-1)^{i+1}(x-1)^i}{i}. \qquad (37.9)$$

BEISPIEL 37.4. Wir berechnen das Taylor–Polynom von $f(x) = e^x$ vom Grad n in $a = 0$.

n	$f^{(n)}(x)$	$f^{(n)}(a)$
0	e^x	1
1	e^x	1
2	e^x	1
3	e^x	1
$\vdots$	$\vdots$	$\vdots$
n	e^x	1

Deshalb gilt

$$T_n(e^x, 0, x) = 1 + x + \frac{2^2}{2!} + \frac{x^3}{3!} + \cdots + \frac{x^n}{n!}. \qquad (37.10)$$

bzw.

$$T_n(e^x, 0, x) = \sum_{i=0}^{n} \frac{x^i}{i!}. \qquad (37.11)$$

BEISPIEL 37.5. Wir berechnen das Taylor–Polynom von $f(x) = \sin(x)$ vom Grad $2n - 1$ für gerade n und $2n + 1$ für ungerade n in $a = 0$.

n	$f^{(n)}(x)$	$f^{(n)}(a)$
0	$\sin(x)$	0
1	$\cos(x)$	1
2	$-\sin(x)$	0
3	$-\cos(x)$	-1
4	$\sin(x)$	0
5	$\cos(x)$	1
$\vdots$	$\vdots$	$\vdots$
n gerade	$(-1)^{n/2} \sin(x)$	0
n ungerade	$(-1)^{(n-1)/2} \cos(x)$	$(-1)^{(n-1)/2}$

Deshalb gilt

$$T_n(\sin(x), 0, x) = 0 + x + 0 - \frac{x^3}{3!} + 0 + \frac{x^5}{5!} + \cdots \qquad (37.12)$$

bzw.

$$T_n(\sin(x), 0, x) = \sum_{i=0}^{\tilde{n}} \frac{(-1)^i x^{2i+1}}{(2i+1)!}, \quad \tilde{n} = \begin{cases} n - 1, & n \text{ gerade,} \\ n, & n \text{ ungerade.} \end{cases}$$
$$(37.13)$$

37.4   Der Fehler des Taylor–Polynoms

Da es unwahrscheinlich ist, dass das Taylor–Polynom einer beliebigen Funktion exakt gleich der Funktion ist, ist es wichtig, den Rest $R_n(f, a, x)$ zu analysieren, um so zum Beispiel zu verstehen, wann er klein ist. Wir führen dies durch, indem wir einige exakte Formeln für $R_n(f, a, x)$ unter der Annahme herleiten, dass f $n + 1$ stetige Ableitungen besitzt, d.h. mindestens eine mehr als der Grad des Taylor–Polynoms, das wir benutzen.

Als erstes betrachten wir den Fehler der Linearisierung einer Funktion. Erinnern wir uns, dass wenn f in a stark differenzierbar ist, es ein offenes Intervall I_a gibt, das a enthält und eine Konstante $\mathcal{K}_a$, so dass

$$\left| f(x) - \big(f(a) + f'(a)(x - a) \big) \right| \le (x - a)^2 \mathcal{K}_a \quad \text{für alle } x \text{ in } I_a. \quad (37.14)$$

Wir zeigen, dass wenn f zwei stetige Ableitungen auf einem offenen Intervall besitzt, das a und x enthält, (37.14) automatisch gilt.

In diesem Fall gilt

$$R_1(a, x) = f(x) - \big(f(a) + f'(a)(x - a)\big).$$

Jetzt halten wir x fest und betrachten a als die Variable. Da $f(a)$ und $f'(a)$ differenzierbar sind, ist $R_1(a, x)$ in Bezug auf a differenzierbar und unter Verwendung der Produktregel gilt

$$R_1'(a, x) = \frac{d}{da} R_1(a, x) = f'(a) - f'(a) + f''(a)(x - a),$$

bzw.

$$R_1'(a, x) = f''(a)(x - a).$$

In $a = x$ beträgt der Rest $R_1(x, x) = 0$. Daher gilt

$$R_1(a, x) = R_1(a, x) - R_1(x, x) = \int_x^a R_1'(s, x)\, ds = -\int_a^x R_1'(s, x)\, ds,$$

und deshalb

$$R_1(a, x) = \int_a^x (x - s) f''(s)\, ds. \tag{37.15}$$

Dies ist die **Integralform des Restgliedes des Taylor–Polynoms**.

Es gibt eine weitere Formel für den Rest, der in der Praxis sehr nützlich ist. Wir können sie aus (37.15) unter Verwendung des folgenden Mittelwertsatzes zur Integration herleiten, welcher Aufgabe 32.30 verallgemeinert.

Satz 37.1 Verallgemeinerter integraler Mittelwertsatz *Nehmen wir an, dass $f(x)$ und $\omega(x)$ auf $[a, b]$ stetig sind und dass außerdem $\omega(x) \geq 0$ für $a \leq x \leq b$ und $\int_a^b \omega(x)\, dx > 0$ gilt. Dann gibt es einen Punkt c in $[a, b]$, so dass*

$$\int_a^b f(x)\omega(x)\, dx = f(c) \int_a^b \omega(x)\, dx. \tag{37.16}$$

Erinnern wir uns, dass

$$\bar{f} = \frac{\int_a^b f(x)\omega(x)\, dx}{\int_a^b \omega(x)\, dx}$$

der gewichtete Mittelwert von f in Bezug auf ω über $[a, b]$ ist. Deshalb besagt Satz 37.1, dass f ihren gewichteten Mittelwert $\bar{f}$ in einem Punkt c annimmt, vorausgesetzt, die Gewichtsfunktion ist positiv.

Der Satz folgt unmittelbar aus dem Zwischenwertsatz 32.5, wenn $\bar{f}$ auf $[a, b]$ zwischen dem minimalen Wert m und dem maximalen Wert M von f liegt. Erinnern wir uns, dass f ihre minimalen und maximalen Werte auf $[a, b]$ annimmt, da sie stetig ist. Der Zwischenwertsatz besagt, dass f alle Werte zwischen m und M, einschließlich $\bar{f}$, mindestens einmal in $[a, b]$ annimmt.

Wenn wir die Ungleichung

$$m \leq f(x) \leq M$$

mit der *nichtnegativen* Zahl $\omega(x)$ multiplizieren, erhalten wir

$$m\omega(x) \leq f(x)\omega(x) \leq M\omega(x) \text{ für alle } a \leq x \leq b.$$

Integration ergibt

$$m \int_a^b \omega(x)\, dx \leq \int_a^b f(x)\omega(x)\, dx \leq M \int_a^b \omega(x)\, dx,$$

bzw. nach Division

$$m \leq \bar{f} \leq M.$$

Jetzt betrachten wir (37.15) für $x > a$. Dies bedeutet, dass $x - s \geq 0$ für $a \leq s \leq x$ gilt und wir können Satz 37.1 anwenden, um zu bestätigen, dass es einen Punkt $a \leq c \leq b$ gibt, so dass

$$R_1(a, x) = f''(c) \int_a^b (x - s)\, ds = \frac{f''(c)}{2}(x - a)^2. \tag{37.17}$$

Dies wird die **Lagrangesche Form des Restgliedes des Taylor–Polynoms** genannt. Es ist einfach zu zeigen, dass (37.17) auch für $x < a$ gilt. Beachten Sie, dass (37.17) auch (37.14) mit $\mathcal{K}_a = |f''(c)|/2$ impliziert.

BEISPIEL 37.6. Wir schätzen den Rest für das lineare Taylor–Polynom für e^x in $a = 0$ ab. Nach (37.17) gibt es ein c zwischen a und x, so dass

$$|e^x - (1 + x)| = |R_1(0, x)| = \frac{e^c}{2}x^2.$$

Die Tatsache, dass c unbekannt ist, ist ärgerlich, aber wir können e^c durch eine obere Schranke ersetzen. Wenn zum Beispiel $x < 0$, dann gilt $e^c < e^0$, also $|R_1(0, x)| \leq x^2/2$, und wenn $0 < x < 1$, dann gilt $R_1(0, x) \leq ex^2/2$.

Wir können genau dasselbe Argument anwenden, um $R_n(a, x)$ abzuschätzen, wobei wir annehmen, dass $f^{(n+1)}$ in a stetig ist. Wir beginnen mit der Definition

$$R_n(a, x) = f(x) - f(a) - f'(a)(x - a) - \frac{f^{(2)}(a)}{2!}(x - a)^2 - \cdots$$
$$- \frac{f^{(n)}(a)}{n!}(x - a)^n.$$

Wir halten x fest und betrachten a als die Variable. Nach Annahme besitzt $R_n(a, x)$, wie die rechte Seite, mindestens eine stetige Ableitung in Bezug auf a. Wir differenzieren nach a

$$R'_n(a, x) = -f'(a) + f'(a) - f''(a)(x - a) + f''(a)(x - a) + \cdots$$
$$- \frac{f^{(n)}(a)}{(n-1)!}(x - a)^{n-1} + \frac{f^{(n)}(a)}{(n-1)!}(x - a)^{n-1}$$
$$- \frac{f^{(n+1)}(a)}{n!}(x - a)^n$$
$$= -\frac{f^{(n+1)}(a)}{n!}(x - a)^n.$$

Wie zuvor $R_n(x, x) = 0$, also

$$R_n(a, x) = -\int_a^x R'_n(s, x)\, ds = \int_a^x \frac{f^{(n+1)}(s)}{n!}(s - a)^n\, ds.$$

Ebenfalls wie zuvor können wir Satz 37.1 anwenden, um zu schließen, dass es einen Punkt c zwischen a und x gibt, so dass

$$R_n(a, x) = f^{(n+1)}(c) = \int_a^x \frac{(s - a)^n}{n!}\, ds = \frac{f^{(n+1)}(c)}{(n+1)!}(x - a)^{n+1}.$$

Wir fassen diese Ergebnisse zu einem Satz zusammen.

Satz 37.2 Fehlerformeln für Taylor–Polynome *Nehmen wir an, dass f auf einem offenen Intervall I, das einen Punkt a enthält, $n + 1$ stetige Ableitungen besitzt. Dann gilt für alle x in I*

$$f(x) = \sum_{i=0}^n \frac{f^{(i)}(a)}{i!}(x - a)^i + R_n(a, x),$$

wobei

$$R_n(a, x) = \int_a^x \frac{f^{(n+1)}(s)}{n!}(s - a)^n\, ds. \tag{37.18}$$

Es gibt einen Punkt c zwischen a und x, so dass

$$R_n(a, x) = \frac{f^{(n+1)}(c)}{(n+1)!}(x - a)^{n+1}. \tag{37.19}$$

BEISPIEL 37.7. Wir berechnen den Rest für das Taylor–Polynom für $\log(x)$ um $a = 1$ herum, das in Beispiel 37.3 berechnet wurde. Da $f^{(n+1)}(x) = (-1)^n n! x^{-n-1}$, gilt

$$R_n(1, x) = (-1)^n \int_1^x s^{-n-1}(x - s)^n\, ds$$

bzw.

$$R_n(1, x) = \frac{(-1)^n c^{-n-1}}{n+1}(x - 1)^{n+1} \text{ für ein } c \text{ zwischen } 1 \text{ und } x.$$

BEISPIEL 37.8. Wir berechnen den Rest für das Taylor–Polynom für e^x um $a = 0$ herum, das in Beispiel 37.4 berechnet wurde. Da $f^{(n+1)}(x) = e^x$, gilt

$$R_n(0, x) = \frac{1}{n!} \int_1^x e^s (x - s)^n \, ds$$

bzw.

$$R_n(0, x) = \frac{e^c}{(n + 1)!} x^{n+1} \text{ für ein } c \text{ zwischen } 0 \text{ und } x.$$

BEISPIEL 37.9. Wir berechnen den Rest für das Taylor–Polynom für $\sin(x)$ um $a = 0$ herum, das in Beispiel 37.5 berechnet wurde. Wenn n gerade ist, dann gilt $f^{(n+1)}(x) = (-1)^{n/2} \cos(x)$ und

$$R_n(0, x) = \frac{(-1)^{n/2}}{n!} \int_1^x \cos(s)(x - s)^n \, ds$$

bzw.

$$R_n(0, x) = \frac{(-1)^{n/2} \cos(c)}{(n + 1)!} x^{n+1} \text{ für ein } c \text{ zwischen } 0 \text{ und } x.$$

Wenn n ungerade ist, dann gilt $f^{(n+1)}(x) = (-1)^{(n+1)/2} \sin(x)$ und

$$R_n(0, x) = \frac{(-1)^{(n+1)/2}}{n!} \int_1^x \sin(s)(x - s)^n \, ds$$

bzw.

$$R_n(0, x) = \frac{(-1)^{(n+1)/2} \sin(c)}{(n + 1)!} x^{n+1} \text{ für ein } c \text{ zwischen } 0 \text{ und } x.$$

37.5   Eine andere Perspektive

Die Bedeutung des Satzes von Taylor 37.2 für die Analysis kann gar nicht deutlich genug betont werden. Es ist deshalb eine gute Idee, das Ergebnis auf so vielen Ebenen wie möglich zu verstehen. In diesem Abschnitt geben wir eine alternative Herleitung der Lagrangeschen Form des Restgliedes, die zeigt, dass der Satz von Taylor eine Verallgemeinerung des Mittelwertsatzes darstellt.

In der Tat impliziert (37.19) für $n = 0$

$$f(x) = f(a) + f'(c)(x - a)$$

bzw.

$$\frac{f(x) - f(a)}{x - a} = f'(c)$$

für ein c zwischen a und x. Dies ist nichts anderes als der Mittelwertsatz 32.17.

Für ein festes $x \neq a$ sei r die Zahl, die durch

$$f(x) = T_n(x) + r(x - a)^{n+1}$$

definiert ist. Wir möchten zeigen, dass $r = f^{(n+1)}(c)/(n + 1)!$ für ein c zwischen a und x gilt.

Wir setzen

$$g(t) = f(t) - T_n(t) - r(t - a)^{n+1}$$

für t zwischen a und x. Da T_n vom Grad n ist, folgt, dass

$$g^{(n+1)}(t) = f^{(n+1)}(t) - (n + 1)!r$$

für alle t zwischen a und x gilt. Wenn es ein c zwischen a und x gibt, so dass $g^{(n+1)}(c) = 0$, dann haben wir es geschafft.

Nach Konstruktion des Taylor–Polynoms gilt $g(a) = 0$. Aufgrund der Wahl von M gilt auch $g(x) = 0$. Daher gibt es nach dem Mittelwertsatz 32.17 ein c_1 zwischen a und x, so dass $g'(c_1) = 0$. Jetzt gilt $g'(a) = 0$, daher zeigt eine weitere Anwendung des Mittelwertsatzes, dass es eine Zahl c_2 zwischen a und c_1 gibt, so dass $g''(c_2) = 0$. Dann können wir das Argument wiederholen und finden c_3 in (a, c_2) mit $g^{(3)}(c_3) = 0$. Tatsächlich können wir dieses Argument $n + 1$ mal wiederholen, um zu schließen, dass es eine Zahl $c = c_{n+1}$ zwischen a und c_n gibt, also zwischen a und x, so dass $g^{(n+1)}(c) = 0$.

37.6   Genauigkeit und Konvergenz

Ein Konvergenzergebnis für das Taylor–Polynom würde besagen, dass die Taylor–Polynome T_n auf einem gegebenen Intervall $[a, b]$ für eine gegebene Funktion f mit wachsendem n genauer werden. Dies ist sicherlich wünschenswert, da es mehr Rechenaufwand erfordert, T_n zu berechnen. Betrachten wir die Lagrangesche Form des Restglieds (37.19),

$$\frac{|f^{(n+1)}(c)||x - a|^{n+1}}{(n + 1)!}.$$

Der Nenner $(n + 1)!$ wächst sehr schnell mit n an, dies hilft uns also wirklich. Gilt $|x - a| < 1$, dann ist auch $|x - a|^{n+1}$ für hinreichend große n klein. Tatsächlich nimmt diese Größe mit wachsendem n exponentiell ab. Andererseits wächst $|x - a|^{n+1}$ für $|x - a| > 1$ exponentiell, wenn n zunimmt. Wir müssen diese beiden Faktoren mit der Größe von $|f^{(n+1)}(c)|$ abgleichen. Wenn f zum Beispiel die nette Eigenschaft besitzt, dass alle ihre Ableitungen gleichmäßig beschränkt sind, dann schadet die Betrachtung von höheren Ableitungen nicht. Wenn jedoch aufeinanderfolgende Ableitungen von f in der Größe zunehmen, dann besitzt dies einen negativen Einfluß auf die Größe des Restglieds.

BEISPIEL 37.10. Wir schätzen die maximale Größe des Restglieds für das Taylor–Polynom für $\log(x)$ in $a = 1$ ab, das in Beispiel 37.7 berechnet wurde. Für die Beträge gilt

$$|R_n| = \frac{1}{n+1}\left(\frac{|x-1|}{c}\right)^{n+1}.$$

Für $1 \le c \le x$ gilt $1 \ge c^{-1} \ge x^{-1}$, also

$$x - 1 \ge \frac{x-1}{c} \ge \frac{x-1}{x}$$

und

$$\left(1 - \frac{1}{x}\right)^{n+1} \le \left(\frac{x-1}{c}\right)^{n+1} \le (x-1)^{n+1}.$$

Für $1 \le x < 2$ muss der Rest mit wachsendem n exponentiell abnehmen. Für $x = 2$ nimmt der Rest mindestens wie $1/(n+1)$ ab. Für $x > 2$ kann der Rest mit wachsendem n exponentiell zunehmen.

Auf ähnliche Weise können wir zeigen, dass für $0,5 < x < 1$ der Rest mit wachsendem n exponentiell abnehmen muss. Für $x = 0,5$ muss der Rest wie $1/(n+1)$ abnehmen. Für $x < 0,5$ kann der Rest exponentiell wachsen.

BEISPIEL 37.11. Wir schätzen den Rest des Taylor–Polynoms für e^x in $a = 0$ ab, das in Beispiel 37.8 berechnet wurde. Hier gilt

$$|R_n| \le \frac{e^x}{(n+1)!}|x|^{n+1}.$$

Hieraus folgt, dass für jedes feste x $\lim_{n \to \infty} |R_n| = 0$ gilt. Für ein gegebenes x sei $\tilde{n}$ die größte ganze Zahl kleiner als x. Dann gilt

$$\frac{|x|^{n+1}}{(n+1)!} = \frac{|x|}{1}\frac{|x|}{2}\frac{|x|}{3}\cdots\frac{|x|}{\tilde{n}} \times \frac{|x|}{\tilde{n}+1}\cdots\frac{|x|}{n+1}.$$

Jetzt gilt

$$\frac{|x|}{1}\frac{|x|}{2}\frac{|x|}{3}\cdots\frac{|x|}{\tilde{n}} \le |x|^{\tilde{n}},$$

während

$$\frac{|x|}{i} \le 1, \quad \tilde{n}+1 \le i \le n.$$

Daher gilt

$$\frac{|x|^{n+1}}{(n+1)!} \le \frac{|x|^{\tilde{n}+1}}{n+1}.$$

Da $\tilde{n}$ fest ist, zeigt dies, dass $|R_n| \to 0$ für $n \to \infty$.

Im Allgemeinen kann die Bestimmung der Größe des Restgliedes des Taylor–Polynoms sehr kompliziert sein. In der Regel können wir nur erwarten, dass $T_n(f, a, x)$ eine gute Approximation von $f(x)$ darstellt, wenn $f^{(n+1)}$ in der Nähe von a stetig ist und $|x - a|$ hinreichend klein ist. Umgekehrt können wir erwarten, dass der Fehler größer wird, wenn $|x - a|$ wächst.

BEISPIEL 37.12. Das Taylor–Polynom vom Grad $2n$ für $1/(1 + x^2)$ in $a = 0$ ist

$$T_{2n}(x) = 1 - x^2 + x^4 - x^6 + \cdots \pm x^{2n}. \qquad (37.20)$$

In Abbildung 37.2 zeichnen wir einige dieser Taylor–Polynome. Alle

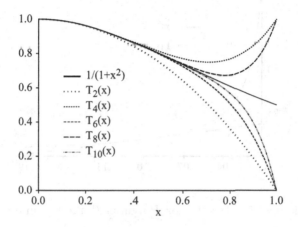

Abbildung 37.2: Einige Taylor–Polynome für $1/(1 + x^2)$ in $a = 0$.

Approximationen sind für x in der Nähe von $a = 0$ genau, werden aber schnell ungenau, wenn x sich von 0 entfernt. Hätten wir versucht, diese Approximationen auf dem Intervall $[0, 2]$ darzustellen, dann hätten wir eine vertikale Skala in den Hunderten verwenden müssen, da die Taylor–Polynome so groß werden.

Beachten Sie, dass wenn für ein n die Ableitung $f^{(n+1)}(x)$ in $x = a$ oder in einem nahegelegenen Punkt nicht existiert, dies ernste Auswirkungen auf die Genauigkeit des Taylor–Polynoms T_n haben kann.

BEISPIEL 37.13. Wir berechnen das Taylor–Polynom T_1 von $f(x) = x^{-1}$ in $a = 0, 1$. Natürlich sind hier $f(x)$ und ihre Ableitungen in $x = 0$ nicht definiert.

n	$f^{(n)}(x)$	$f^{(n)}(a)$
0	x^{-1}	10
1	$-x^{-2}$	-100
2	$2x^{-3}$	

Also gilt
$$T_1(x^{-1}, 0,1, x) = 10 - 100(x - 0,1)$$
mit dem Restglied

$$R_1(0,1, x) = c^{-3}(x - 0,1)^3 \text{ für ein } c \text{ zwischen } x \text{ und } 0,1.$$

Für $0 < x < 0,1$ kann der Rest sehr groß sein! Wir können dies in der graphischen Darstellung von T_1 ablesen, die in Abbildung 37.3 gezeigt ist. Der Fehler von T_1 wächst mit abnehmendem $x < 0,1$ sehr schnell.

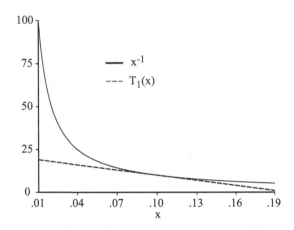

Abbildung 37.3: Das Taylor–Polynom T_1 für x^{-1} in $a = 0,1$.

Damit erhalten wir also im Hinblick auf ein Konvergenzergebnis, dass f auf einem hinreichend kleinen Intervall $[a, b]$ gleichmäßig beschränkte Ableitungen beliebiger Ordnung besitzt, der Fehler von T_n auf $[a, b]$ mit wachsendem n gegen 0 abnimmt. Dies ist kein sehr zufriedenstellendes Ergebnis. Insbesondere ist die Bedingung an f, gleichmäßig beschränkte Ableitungen jeder Ordnung zu besitzen, sehr restriktiv. Im Allgemeinen können wir nicht erwarten, dass ein solches Konvergenzergebnis Anwendung findet.

Wir schließen mit einer Beobachtung bezüglich der Kosten der Berechnung des Taylor–Polynoms einer Funktion. Wenn f gleichmäßig beschränkte Ableitungen in der Nähe von a besitzt und $|x - a|$ klein ist, ist die Genauigkeit des Taylor–Polynoms von f in a wirklich fantastisch. Die Kosten dieser Genauigkeit bestehen in einer Menge von Informationen über die Funktion f im Punkt a, nämlich den Werten von f und ihren Ableitungen in a. Vergleichen Sie dies mit dem Bernstein–Polynom vom Grad $n+1$, welches lediglich $n + 1$ Werte von f in $n + 1$ Punkten erfordert. Mit anderen Worten, die Berechnung eines Bernstein–Polynoms erfordert die Auswertung *einer* Funktion, während die Berechnung eines Taylor–Polynoms die Bewertung *vieler* Funktionen erfordert.

37.7 Offene Fragen

Wir haben in den Beispielen 37.10 und 37.11 gesehen, dass die Taylor–Polynome in der Tat mit wachsendem Grad für jene Funktionen genauer werden. Dies ist jedoch für andere Funktionen nicht wahr. Dies wirft die natürliche Frage auf: Welche Art von Funktionen besitzen die Eigenschaft, dass ihre Taylor–Polynome mit wachsendem Grad zunehmend genauere Approximationen bilden? Eine weitere Möglichkeit diese Frage zu formulieren ist: Welche Art von Funktionen besitzen konvergente Taylor–Reihen, die man als den Grenzwert der Folge von Taylor–Polynomen für wachsenden Grad erhält?[2] Es stellt sich heraus, dass diese Frage den Kern der Analysis glatter Funktionen bildet und den Ausgangspunkt für die sogenannte Theorie der analytischen Funktionen darstellt. Diese Themen werden detailliert in der komplexen Analysis behandelt, die grob als die Infinitesimalrechnung komplexwertiger Funktionen von komplexen Variablen beschrieben werden könnte (vgl. Ahlfors [1] für weitere Details).

37.8 Zur Geschichte der Taylor–Polynome

Die Geschichte der Taylor–Reihen und der Taylor–Polynome ist schwierig sauber darzustellen. Taylor–Reihen für spezielle Funktionen waren lange vor Leibniz und Newton bekannt und die beiden machten umfangreich Gebrauch von diesen Entwicklungen bei der Entwicklung der Differential- und Integralrechnung. Taylor[3] wird zugeschrieben, eine der frühesten allgemeinen Formulierungen der Taylor–Reihen aufgeschrieben zu haben, vielleicht da diese in einem sehr einflußreichen Lehrbuch erschienen, das er geschrieben hatte. Leibniz und Johann Bernoulli leiteten unabhängig voneinander und ungefähr zur gleichen Zeit die Taylor–Reihen her, während Maclaurin[4] einen speziellen Fall beschrieb, der manchmal seinen Namen trägt. Lagrange gab die erste Formel für das Restglied eines Taylor–Polynoms

---

[2]Wir können uns die Taylor–Polynome als die Partialsummen der Taylor–Reihen vorstellen.

[3]Brook Taylor (1685–1731) war ein englischer Mathematiker. Er machte fundamentale Entdeckungen in der Physik und der Astronomie, begründete die Theorie der endlichen Differenzen und entdeckte die partielle Integration und die Taylor–Reihen. Außerdem schrieb er zwei einflußreiche Lehrbücher. Unglücklicherweise wurde sein letzter Lebensabschnitt durch mehrere persönliche Tragödien verdorben.

[4]Colin Maclaurin (1698–1746) war ein schottischer Mathematiker, der Newton persönlich nahe stand. Maclaurin machte fundamentale Beiträge zur Infinitesimalrechnung, zur Geometrie und zur Physik, und half auch mit, die Grundlagen des Versicherungswesens zu legen. Maclaurin schrieb das erste allgemeine Lehrbuch, das Newtons Ergebnisse zur Infinitesimalrechnung beschrieb. Auch ihm lagen die Grundlagen der Infinitesimalrechnung sehr am Herzen und er versuchte in seinem Buch, Newtons Ergebnisse auf ein rigoroseres Fundament zu stellen.

von endlichem Grad an und er hob auch als erster den Stellenwert der Taylor–Reihen und Taylor–Polynome für die Analysis hervor.

Kapitel 37 Aufgaben

37.1. Verifizieren Sie (37.2).

37.2. Beweisen Sie, dass $m_1 = f'(\bar{x})$ in der quadratischen Approximation (37.1) gilt.

37.3. Berechnen Sie die quadratische Approximation für $(x+2)^2$ in $\bar{x} = 1$. *Hinweis:* Versuchen Sie, dies mit möglich geringem Arbeitsaufwand durchzuführen.

37.4. Berechnen Sie die Taylor–Darstellung für das Polynom $p(x) = 3 + x - 2x^2 + 4x^4$ in der Nähe von $a = 1$ und $a = -2$.

Sie müssen geschickt vollständige Induktion verwenden, um eine Formel für das allgemeine Taylor–Polynom einer gegebenen Funktion zu finden, wie Sie in Aufgabe 37.5 feststellen werden.

37.5. Berechnen Sie für die folgenden Funktionen in den angegebenen Punkten a die Taylor–Polynome vom Grad n:

(a) $\log(x + 1)$, $a = 0$ (b) e^{2x}, $a = 0$ (c) e^x, $a = 1$

(d) $\sin(2x)$, $a = 0$ (e) $\cos(x)$, $a = 0$ (f) $\cos(x)$, $a = \pi/2$.

Der Knackpunkt in den Aufgaben 37.6–37.9 ist, dass es auch möglich ist zu „mogeln" und Taylor–Polynome für eine komplizierte Funktion zu finden, indem man Taylor–Polynome einfacherer Funktionen benutzt.

37.6. Berechnen Sie die ersten drei Terme ungleich Null im Taylor–Polynom für $\sin^2(x)$ in $a = 0$, und zwar indem Sie ein Taylor–Polynom für $\sin(x)$ quadrieren.

37.7. Berechnen Sie das Taylor–Polynom vom Grad n für $\sin^{-1}(x)$ in $a = 0$, indem Sie die Formel

$$\sin^{-1}(x) = \int_0^x \frac{dt}{\sqrt{1 - t^2}}$$

verwenden.

37.8. Berechnen Sie das Taylor–Polynom vom Grad n für

$$\int_0^x e^{-s^2}\, ds$$

in $a = 0$.

37.9. Leiten Sie (37.20) her, indem Sie die Formel für das Taylor–Polynom benutzen und indem Sie die schriftliche Polynomdivision anwenden.

In den Aufgaben 37.10-37.12 bitten wir Sie, Schranken für die Fehler von Taylor–Polynomen zu finden.

37.10. Schätzen Sie die maximale Größe des Rests des Taylor–Polynoms vom Grad n für $\log(x)$ in $a = 1$ für den Fall ab, dass $0 < x < 1$, indem Sie der Argumentation aus Beispiel 37.10 folgen.

37.11. Schätzen Sie die maximale Größe des Rests des Taylor–Polynoms vom Grad n für $\sin(x)$ in $a = 0$ ab. *Hinweis:* Vgl. Beispiel 37.11.

37.12. Schätzen Sie die Größen der Reste für die Taylor–Polynome ab, die wir in Aufgabe 37.5 berechnet haben.

37.13. *Eindeutigkeit eines Taylor–Polynoms.* Nehmen wir an, wir haben eine Entwicklung

$$f(x) = a_0 + a_1 x + \cdots + a_n x^n + R_n(x),$$

wobei $a_0, \cdots, a_n$ Konstanten sind, die Funktion R_n n mal stetig differenzierbar ist und $R_n(x)/x^n \to 0$ für $x \to 0$. Zeigen Sie, dass

$$a_k = \frac{f^{(k)}(0)}{k!}, \quad k = 0, \cdots, n.$$

In den Aufgaben 37.14–37.15 bitten wir Sie, unterschiedliche Möglichkeiten zu finden, Formeln für das Restglied des Taylor–Polynoms herzuleiten.

37.14. (a) Nehmen wir an, dass $g(h)$ stetige Ableitungen der Ordnung $n + 1$ für $0 \le h \le H$ besitzt. Angenommen $g(0) = g'(0) = \cdots = g^{(n)}(0) = 0$, wobei $|g^{(n+1)}(h)| \le M$ für $0 \le h \le H$. Zeigen Sie, dass dann

$$|g^{(n)}(h)| \le Mh, \ |g^{(n-1)}(h)| \le \frac{Mh^2}{2!}, \ \cdots, \ |g(h)| \le \frac{Mh^n}{n!}, \quad 0 \le h \le H.$$

(b) Nehmen wir an, dass f auf $a \le x \le b$ glatt ist. Wenden Sie (a) auf $g(h) = R_n(f, a, a + h) = f(a + h) - T_n(f, a, a + h)$ an, um eine ungefähre Schätzung für den Rest des Taylor–Polynoms für f zu erhalten.

37.15. Leiten Sie die Integralformel für das Restglied R_n her, indem Sie die partielle Integration wiederholt auf

$$f(a + h) - f(a) = \int_0^h f'(x + s) \, ds$$

anwenden.

In den Aufgaben 37.16 und 37.17 stellen wir zwei Anwendungen des Taylor–Polynoms vor.

37.16. Nehmen wir an, dass f drei stetige Ableitungen auf $[a, b]$ besitzt. Beweisen Sie, dass

$$\lim_{h \to 0} \frac{f(x + h) - 2f(x) + f(x - h)}{h^2} = f''(x)$$

für alle $a < x < b$.

37.17. Nehmen wir an, dass $f^{(2)}$ auf $[a, b]$ stetig ist und dass $f''(x) \ge 0$ für $a \le x \le b$. Zeigen Sie, dass für ein beliebiges $\bar{x}$ in $[a, b]$ $f(x)$ niemals kleiner als der Wert der Tangente an f in $\bar{x}$ wird.

38
Polynominterpolation

Bis jetzt haben wir zwei Möglichkeiten beschrieben, eine gegebene Funktion f durch Polynome zu approximieren. Die polynomielle Bernstein–Approximation verwendet Werte von f in $n+1$ gleichmäßig verteilten Punkten in einem Intervall, um ein approximatives Polynom vom Grad $n+1$ zu erzeugen. Die polynomielle Taylor–Approximation verwendet $n+1$ Werte von f sowie ihrer ersten n Ableitungen in einem gemeinsamen Punkt, um ein approximatives Polynom vom Grad n zu erzeugen. Beide diese Approximationen besitzen jedoch Nachteile. Obwohl es auf einem Intervall gleichmäßig genau ist, benötigt das Bernstein–Polynom u.U. sehr viele Werte von f, um auch nur mäßige Genauigkeit zu erlangen, während das Taylor–Polynom die Funktion f *und* ihre Ableitungen benötigt und man außerdem nur erwarten kann, dass es in der Nähe eines Punktes genau ist.

Deshalb sind wir noch immer motiviert, nach anderen polynomiellen Approximationen einer Funktion zu suchen. In diesem Kapitel stellen wir einen anderen Ansatz vor, der Interpolation genannt wird. Die (**polynomielle**) **Interpolationsaufgabe** für eine Funktion f auf einem Intervall $[a, b]$ ist, ein Polynom p zu finden, das mit f in $n+1$ Punkten $a = x_0 < x_1 < \cdots < x_n = b$ übereinstimmt, diese werden die **Interpolationsknoten** genannt. Mit anderen Worten, es soll $p(x_i) = f(x_i)$, $i = 0, 1, \cdots, n$, gelten. Das Polynom p wird das **Interpolationspolynom** von f genannt und man sagt, dass es f in den Knoten **interpoliert**.

Die polynomielle Interpolationsaufgabe liegt aus mehreren Gesichtspunkten auf der Hand. Erstens verwenden wir Werte der Funktion f in einem Intervall, um das Polynom zu berechnen, genau wie bei der polynomiellen Bernstein–Approximation, aber wir fordern, dass das Polynom in den

Knoten *exakt* ist, was der Idee des Taylor–Polynoms entspricht. Zweitens entsteht die Interpolationsaufgabe bei der Durchführung von physikalischen Experimenten auf natürliche Weise. In vielen Situationen wissen wir theoretisch, dass zwei Größen y und x durch eine unbekannte Funktion $y = f(x)$ miteinander in Verbindung stehen, im Labor sind wir jedoch nur in der Lage, Werte der Funktion in bestimmten Punkten $x_0, x_1, \cdots, x_n$ zu messen.

BEISPIEL 38.1. Nach der Zündung steigt die Temperatur innerhalb eines Motors wie eine glatte Funktion der Zeit ab dem Zeitpunkt der Zündung an. Experimentell können wir die Temperatur vielleicht alle paar Sekunden von Hand erfassen, sowie alle paar Zehntelsekunden elektronisch.

In dieser Situation möchten wir gerne eine glatte Funktion durch die Punkte $x_0, x_1, \cdots, x_n$ finden, um sie anstelle der unbekannten Funktion f zu benutzen, so dass wir Werte zwischen den Knoten vorhersagen können oder vielleicht differenzieren können, um eine punktweise Änderungsrate zu erhalten oder um zu integrieren und so die durchschnittliche Änderung zu erhalten. Die Interpolationsaufgabe ist eine Möglichkeit, dies zu tun.

38.1   Existenz und Eindeutigkeit

Wir beginnen, indem wir zeigen, dass es in einem speziellen Sinn eine eindeutige Lösung für die polynomielle Interpolationsaufgabe gibt. Insbesondere zeigen wir, dass es zu gegebenen $x_0 < x_1 < \cdots < x_n$ ein eindeutiges Polynom p_n vom Grad n gibt, so dass

$$p_n(x_i) = f(x_i), \quad 0 \le i \le n.$$

Erinnern wir uns, dass ein Polynom vom Grad n durch $n + 1$ Koeffizienten bestimmt ist:

$$p(x) = a_0 + a_1 x + \cdots + a_n x^n. \tag{38.1}$$

Im Zusammenhang mit der Berechnung einer polynomiellen Approximation einer Funktion nennen wir diese Koeffizienten die **Freiheitsgrade** der polynomiellen Approximation, da wir die Koeffizienten frei wählen können, um die Approximation zu berechnen. Wir behaupten, dass es ein eindeutiges Interpolationspolynom mit der Eigenschaft gibt, dass die Anzahl der Freiheitsgrade dieselbe ist wie die Anzahl der Funktionswerte.

Wir beweisen zuerst, dass es mindestens ein Interpolationspolynom vom Grad n gibt, und dann, dass es nur eines gibt. Dazu verwenden wir eine spezielle Art und Weise, Polynome vom Grad n zu notieren, die sich von der Standardform (38.1) unterscheidet.

Wir bezeichnen die Monome $\{1, x, \cdots, x^n\}$ als **Basis** für die Menge von Polynomen vom Grad kleiner oder gleich n, da *jedes* Polynom vom Grad kleiner oder gleich n auf *eindeutige* Weise als eine Linearkombination dieser Monome geschrieben werden kann, wie zum Beispiel in (38.1).[1] Wir nennen $\{a_0, \cdots, a_n\}$ die **Koeffizienten** von p in (38.1) in Bezug auf die Basis $\{1, x, \cdots, x^n\}$.

Es stellt sich heraus, dass es viele Mengen von Basispolynomen für die Menge von Polynomen vom Grad kleiner oder gleich n gibt.

BEISPIEL 38.2. So sind zum Beispiel 1 und x die Standardbasis der Monome für die linearen Polynome. Aber 1 und $x + 2$ sind eine weitere Basis. Denn wenn $p(x)$ ein lineares Polynom mit $p(x) = a_0 \times 1 + a_1 \times x$ ist, können wir auch

$$p(x) = a_0 + a_1 x = a_0 1 + a_1(x + 2) - 2a_1$$
$$= (a_0 - 2a_1) \times 1 + a_1 \times (x + 2)$$

schreiben. Folglich haben wir $p(x)$ als Linearkombination von 1 und $x+2$ dargestellt. Außerdem, und dies ist sehr wichtig, sind die Koeffizienten eindeutig, da die ursprünglichen Koeffizienten a_0 und a_1 eindeutig sind.

BEISPIEL 38.3. Es ist eine gute Übung zu beweisen, dass die Menge von Polynomen

$$1, (x - c), (x - c)^2, \cdots (x - c)^n$$

eine Basis für die Polynome vom Grad kleiner oder gleich n ist, wobei c eine beliebige feste Zahl ist.[2] Die Basis von Monomen ist nur der spezielle Fall $c = 0$.

Aber nicht jede Menge von Polynomen stellt notwendigerweise eine Basis dar.

BEISPIEL 38.4. Die Polynome $\{1, x + x^2\}$ sind *keine* Basis für die Polynome vom Grad kleiner oder gleich 2, weil sie nicht genug Funktionen enthält. Wir können zum Beispiel x nicht als Linearkombination von 1 und $x + x^2$ schreiben.

BEISPIEL 38.5. Die Menge von Polynomen $\{1, x, 2 + x, x^2\}$ ist *keine* Basis für die Polynome vom Grad kleiner oder gleich 2, da sie zu viele Funktionen enthält und folglich die Eindeutigkeit verloren geht. Wir können zum Beispiel $2x + 1$ auf zwei verschiedene Arten und Weisen schreiben:

$$2x + 1 = 1 \times 1 + 2 \times x = -3 \times 1 + 2 \times (2 + x).$$

---

[1] Erinnern wir uns daran, dass wir dies in Beispiel 7.7 bewiesen haben.

[2] Erinnern wir uns, dass wir diese Polynome benutzt haben, um das Taylor–Polynom zu definieren.

Wir verwenden eine spezielle Basis für die Polynome vom Grad kleiner oder gleich n, um die polynomielle Interpolationsaufgabe zu lösen. Gegeben seien die Punkte $x_0, x_1, \cdots, x_n$, dann ist die **Lagrangebasis** $\{l_{n,0}(x), l_{n,1}(x), \cdots, l_{n,n}(x)\}$ für die Polynome vom Grad kleiner oder gleich n wie folgt definiert: Für $0 \le i \le n$ gilt

$$l_{n,i}(x)$$
$$= \frac{(x - x_0)(x - x_1) \cdots (x - x_{i-1})(x - x_{i+1}) \cdots (x - x_n)}{(x_i - x_0)(x_i - x_1) \cdots (x_i - x_{i-1})(x_i - x_{i+1}) \cdots (x_i - x_n)}. \quad (38.2)$$

Beachten Sie, dass $l_{n,i}$ den Grad n für jedes i besitzt und beachten Sie auch, dass

$$l_{n,i}(x_j) = \begin{cases} 1, & i = j, \\ 0, & i \ne j, \end{cases} \text{ for } 0 \le i, j \le n. \quad (38.3)$$

Mit anderen Worten, eine Funktion in der Lagrangebasis nimmt in einem bestimmten Knoten den Wert 1 und in allen anderen den Wert 0 an.

BEISPIEL 38.6. Die Lagrangebasis für die Polynome vom Grad kleiner oder gleich 1 ist

$$\{l_{1,0}(x), l_{1,1}(x)\} = \left\{ \frac{x - x_1}{x_0 - x_1}, \frac{x - x_0}{x_1 - x_0} \right\}.$$

Diese Funktionen sind in Abbildung 38.1 dargestellt.

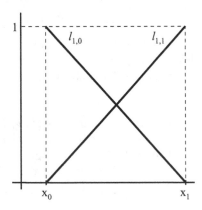

Abbildung 38.1: Die Lagrangebasis für die Polynome vom Grad kleiner oder gleich 1.

BEISPIEL 38.7. Die Lagrangebasis für die Polynome vom Grad 2 ist

$$\{l_{2,0}(x), l_{2,1}(x), l_{2,2}(x)\}$$
$$= \left\{ \frac{(x-x_1)(x-x_2)}{(x_0-x_1)(x_0-x_2)}, \frac{(x-x_0)(x-x_2)}{(x_1-x_0)(x_1-x_2)}, \frac{(x-x_0)(x-x_1)}{(x_2-x_0)(x_2-x_1)} \right\}.$$

In Abbildung 38.2 ist die Basis zu den Knoten x_0, $x_1 = (x_0 + x_2)/2$ und x_2 dargestellt.

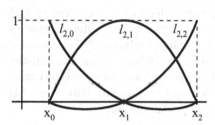

Abbildung 38.2: Die Lagrangebasis für die Polynome vom Grad kleiner oder gleich 2 zu den Knoten x_0, $x_1 = (x_0 + x_2)/2$ und x_2.

Übrigens haben wir nicht bewiesen, dass die Lagrangebasis tatsächlich eine Basis ist, dies folgt aber, sobald wir zeigen, dass die Interpolierende eindeutig ist.

Aufgrund von (38.3) können wir die Interpolationsaufgabe schnell lösen. Tatsächlich ist das Polynom p_n vom Grad n, das f in den Knoten $x_0, \cdots, x_n$ interpoliert, einfach

$$p_n(x) = f(x_0)\, l_{n,0}(x) + f(x_1)\, l_{n,1}(x) + \cdots + f(x_n)\, l_{n,n}(x).$$

Wir müssen nur prüfen, dass für $0 \le i \le n$

$$\begin{aligned}
p_n(x_i) &= f(x_0)\, l_{n,0}(x_i) + f(x_1)\, l_{n,1}(x_i) + \cdots + f(x_i)\, l_{n,i}(x_i)\\
&\qquad + f(x_{i+1})\, l_{n,i+1}(x_{i+1}) + \cdots + f(x_n)\, l_{n,n}(x_i)\\
&= f(x_0) \times 0 + f(x_1) \times 0 + \cdots + f(x_i) \times 1\\
&\qquad + f(x_{i+1}) \times 0 + \cdots + f(x_n) \times 0\\
&= f(x_i).
\end{aligned}$$

BEISPIEL 38.8. Das lineare Polynom, das e^x in $x = 0$ und $x = 1$ interpoliert, ist

$$p_1(x) = e^0 \frac{x-1}{0-1} + e^1 \frac{x-0}{1-0} = 1 + (e^1 - 1)x.$$

BEISPIEL 38.9. Das quadratische Polynom, das durch $(0,1)$, $(1,0)$ und $(2,2)$ verläuft, ist

$$p_2(x) = 1 \times \frac{(x-1)(x-2)}{2} + 0 \times \frac{(x-0)(x-2)}{1} + 2 \times \frac{(x-0)(x-1)}{2}.$$

Also haben wir mindestens ein Interpolationspolynom vom Grad n für f hinsichtlich der Knoten $x_0, \cdots, x_n$ gefunden. Wir müssen lediglich zeigen, dass es nur ein einziges solches Polynom gibt. Tatsächlich folgt dies aus den elementaren Eigenschaften der Polynome. Erinnern wir uns, dass wenn ein Polynom $p(x)$ die Nullstelle r besitzt, der Faktor $(x-r)$ das Polynom $p(x)$ ohne Rest teilt. Nehmen wir an, dass es zwei Polynome $p_n(x)$ und $q_n(x)$ vom Grad n gibt, die in $x_0, \cdots, x_n$ übereinstimmen. Ihre Differenz $d_n(x) = p_n(x) - q_n(x)$ ist ein Polynom vom Grad m, $0 \le m \le n$, mit $n+1$ eindeutigen Nullstellen $x_0, \cdots, x_n$. Mit Hilfe der Polynomdivision für die Nullstellen $x_0, \cdots, x_{m-1}$, können wir

$$d_n(x) = c(x - x_0)(x - x_1) \cdots (x - x_{m-1})$$

für eine Konstante c schreiben. Wenn wir aber x_m einsetzen, ergibt sich

$$d_n(x_m) = 0 = c(x_m - x_0)(x_m - x_1) \cdots (x_m - x_{m-1}).$$

Da $x_m - x_0 \ne 0$, $\cdots$, gilt $x_m - x_{m-1} \ne 0$, $c = 0$. Mit anderen Worten, es gilt $d_n(x) = 0$ für alle x und deshalb $p_n = q_n$.

Dies impliziert auch, dass die Lagrangebasis in der Tat eine Basis ist. Für gegebene, voneinander verschiedene Punkte $x_0, \cdots, x_n$ kann jedes Polynom p vom Grad kleiner oder gleich n *eindeutig* geschrieben werden als

$$p(x) = p(x_0) \, l_{n,0}(x) + p(x_1) \, l_{n,1}(x) + \cdots + p(x_n) \, l_{n,n}(x).$$

Wir können dieses Ergebnis als die Tatsache interpretieren, dass das interpolierende Polynom vom Grad n für ein Polynom P vom Grad m mit $m \le n$ einfach P ist, d.h. es gilt $P = p_n$ für jedes Polynom P mit $\deg(P) \le n$.

BEISPIEL 38.10. Erinnern wir uns, dass das Bernstein–Polynom vom Grad $n \ge 2$ für x^2 auf $[0,1]$ $B_n(x) = x^2 + \frac{1}{n}x(1-x)$ ist. Das interpolierende Polynom vom Grad $n \ge 2$ für x^2 auf $[0,1]$ ist $p_n(x) = x^2$.

Wir fassen diese Diskussion zu einem Satz zusammen:

Satz 38.1 Existenz des Interpolationspolynoms *Es gibt ein eindeutiges Polynom $p_n(x)$ vom Grad kleiner oder gleich n, das die $n+1$ Werte $f_0, f_1, \cdots, f_n$ in den entsprechenden $n+1$ verschiedenen Punkten $x_0, x_1, \cdots, x_n$ annimmt. Das Polynom p_n ist gegeben durch:*

$$p_n(x) = f_0 \, l_{n,0}(x) + f_1 \, l_{n,1}(x) + \cdots + f_n \, l_{n,n}(x). \tag{38.4}$$

38.2   Der Fehler eines Interpolationspolynoms

In dem Fall, dass das interpolierende Polynom p_n mit Hilfe von $n+1$ Werten einer Funktion $f(x_0), f(x_1), \cdots, f(x_n)$ berechnet wird, ist es natürlich, sich Gedanken über die Größe des Fehlers

$$e(x) = f(x) - p_n(x)$$

in einem *beliebigen* Punkt x in $[a, b]$ zu machen. Wir wissen, dass $e(x_0) = e(x_1) = \cdots e(x_n) = 0$, die Frage lautet: Was passiert dazwischen? Wenn wir annehmen, dass f $n+1$ stetige Ableitungen in $[a, b]$ besitzt, dann ist es möglich, eine präzise Formel für den Fehler anzugeben.

Um dies zu tun, verwenden wir jetzt noch eine weitere Verallgemeinerung des Satzes von Rolle 32.18.

Satz 38.2 Der Satz von Rolle für beliebige Ordnung   *Wenn $f(x)$ stetige Ableitungen der Ordnung $n+1$ in $[a, b]$ besitzt, und in $n+2$ eindeutigen Punkten in $[a, b]$ verschwindet, dann gibt es einen Punkt c in (a, b), so dass $f^{(n+1)}(c) = 0$.*

Wir verwenden vollständige Induktion, um dies zu beweisen. Nehmen wir an, dass die Nullstellen von f durch die Punkte $x_0 < x_1 < \cdots < x_{n+1}$ gegeben sind. Da $f(x_i) = f(x_{i+1})$ für $0 \le i \le n$, impliziert der Satz von Rolle 32.18, dass es einen Punkt in (x_i, x_{i+1}) gibt, in dem f' Null ist für alle diese i. Mit anderen Worten, f' ist in $n+1$ verschiedenen Punkten in $[a, b]$ Null. Dasselbe Argument kommt jetzt zur Anwendung, um zu zeigen, dass es n eindeutige Punkte in $[a, b]$ gibt, in denen $f'' = (f')'$ Null ist. Vollständige Induktion beweist den Satz.

Jetzt betrachten wir die Funktion

$$E(x) = e(x) - K(x - x_0)(x - x_1) \cdots (x - x_n)$$

für eine Konstante K. Zuerst berücksichtigen wir, dass $E(x)$ in den $n+1$ verschiedenen Punkten $x_0, \cdots, x_n$ verschwindet. Außerdem, wenn y ein beliebiger Punkt in (a, b) verschieden von $x_0, \cdots, x_n$ ist, dann können wir K so wählen, dass $E(y) = 0$. Wir setzen nämlich

$$K = \frac{e(y)}{(y - x_0) \cdots (y - x_n)}.$$

Deshalb verschwindet $E(x)$ in den $n+2$ verschiedenen Punkten $x_0, \cdots, x_n, y$ und besitzt nach Annahme außerdem $n+1$ stetige Ableitungen. Folglich gibt es ein c in (a, b), so dass $E^{(n+1)}(c) = 0$.

Da $E^{(n+1)}(x) = f^{(n+1)}(x) - K(n+1)!$, schließen wir, dass $f^{(n+1)}(c) - K(n+1)! = 0$ oder

$$K = \frac{f^{(n+1)}(c)}{(n+1)!}.$$

Jetzt setzen wir $y = x$ für ein beliebiges x in $[a, b]$. Wir verwenden $E(x) = 0$ und folgern den folgenden Satz:

Satz 38.3 Fehlerformel für die Interpolation *Nehmen wir an, dass $f(x)$ $n + 1$ stetige Ableitungen auf $[a, b]$ besitzt und dass $a = x_0 < x_1 < \cdots < x_n = b$ $n + 1$ voneinander verschiedene Knoten sind. Dann gibt es einen Punkt c in (a, b), so dass*

$$e(x) = \frac{f^{(n+1)}(c)}{(n + 1)!} (x - x_0) \cdots (x - x_n). \tag{38.5}$$

BEISPIEL 38.11. Wir berechnen quadratische Interpolierende für $\sin(x)$ und $\cos(x)$ auf $[0, \pi]$ und verwenden $x_0 = 0$, $x_1 = \pi/2$ und $x_2 = \pi$. Wir erhalten

$$\sin(x) \approx p_2(x) = \frac{4}{\pi^2} x(x - \pi)$$

und

$$\cos(x) \approx p_2(x) = 1 - \frac{2}{\pi} x.$$

Bei den Fehlern beachten wir, dass $\sin^{(3)}(c) = -\cos(c)$ und $\cos^{(3}(c) = \sin(c)$. Deshalb genügt der Fehler der Approximation für sin

$$e(x) = \frac{-\cos(c)}{6} x(x - \pi/2)(x - \pi),$$

während der Fehler der Approximation für cos

$$e(x) = \frac{\sin(c)}{6} x(x - \pi/2)(x - \pi)$$

genügt. Wir stellen die Approximationen und ihre Fehler in Abbildung 38.3 dar.

38.3   Genauigkeit und Konvergenz

Satz 38.3 gibt eine genaue Formel für den Fehler in jedem Punkt x an. Dieses Ergebnis besitzt jedoch einige Nachteile. Erstens benötigen wir, obwohl wir nur Werte von f verwenden, um das Interpolationspolynom zu berechnen, punktweise Werte der $n + 1$-ten Ableitung von f, um den Fehler abzuschätzen. Im besten Falle sind diese schwierig zu bestimmen, im Fall experimentell bestimmter Daten ist es unmöglich. Zweitens gibt es eine Schranke für *jeden* Punkt x im Intervall $[a, b]$ an. Mit anderen Worten, wir müssen die Abschätzung für jedes x berechnen, für das wir den Fehler zu wünschen wissen.

Die Standardmethode, sich mit diesen zwei Problemen zu befassen, ist, aus der Abschätzung (38.5) eine *Fehlerschranke* herzuleiten. Eine Schranke

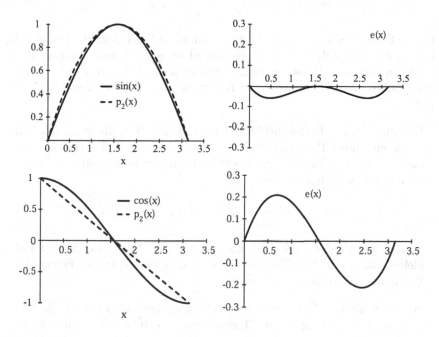

Abbildung 38.3: Graphische Darstellungen der quadratischen interpolierenden Polynome für sin und cos auf $[0, \pi]$ zusammen mit ihren Fehlern.

ist typischerweise größer als der Fehler, aber, da ungenauer, erfordert sie üblicherweise weniger Informationen. Es ist eine gute Übung, die folgende Schranke mit Hilfe von Satz 38.3 zu beweisen.

Satz 38.4 Fehlerschranke für die Interpolation *Nehmen wir an, dass* $f(x)$ $n + 1$ *stetige Ableitungen auf* $[a, b]$ *besitzt und dass* $a = x_0 < x_1 < \cdots < x_n = b$ $n + 1$ *voneinander verschiedene Knoten sind. Nehmen wir weiter an, dass* $|f^{(n+1)}|$ *auf* $[a, b]$ *durch eine Konstante* M *beschränkt ist. Dann gilt*

$$\max_{a \le x \le b} |e(x)| \le \frac{M}{(n+1)!} \max_{a \le x \le b} |x - x_0| \cdots |x - x_n|. \tag{38.6}$$

Dies liefert uns eine Schranke für den maximalen Wert des Fehlers auf $[a, b]$, daher müssen wir die Schranke nur einmal berechnen, selbst wenn wir die Fehler in mehreren Punkten erhalten möchten. Und dies erfordert, anstelle von punktweisen Werten, nur die Kenntnis einer beliebigen Schranke für $f^{(n+1)}$.

BEISPIEL 38.12. In Beispiel 38.11 haben wir auf $[0, \pi]$ die quadratischen interpolierenden Polynome für cos und sin berechnet. Da $|\cos(c)| \le 1$ und $|\sin(c)| \le 1$ für jedes c, erhalten wir eine Schranke für den Fehler für die beiden Polynome der Größe

$$\max |e| \le \frac{1}{6} \max_{[0,\pi]} |x||x - \pi/2||x - \pi| \le 1/4.$$

Tatsächlich ist der Fehler des interpolierenden Polynoms für sin viel kleiner, während die Schranke nicht zu weit entfernt vom Fehler des Polynoms für cos liegt.

BEISPIEL 38.13. Betrachten wir das interpolierende Polynom p_n von e^x unter Verwendung von $n + 1$ gleichmäßig verteilten Knoten in $[0, 1]$. Es gilt $d^{n+1} e^x / dx^{n+1} = e^x$, während $\max_{[0,1]} |x - x_0| \cdots |x - x_n| \le 1^{n+1}$. Wir schließen, dass

$$\max_{0 \le x \le 1} |e(x)| \le \frac{e^1}{(n+1)!}.$$

Beachten Sie, dass dies impliziert, dass der Fehler von p_n mit wachsendem n gegen Null geht.

Es ist nützlich, einige ausgewählte allgemeine Fälle zu betrachten.

BEISPIEL 38.14. Betrachten wir die konstante Interpolierende $p_0(x) = f(a)$ für $a \le x \le b$. Die Schranke (38.6) liefert

$$\max_{a \le x \le b} |e(x)| \le (b - a) \max_{a \le x \le b} |f'(x)|. \tag{38.7}$$

BEISPIEL 38.15. Betrachten wir die lineare Interpolierende $p_1(x)$ unter Verwendung der Knoten $x_0 = a$ und $x_1 = b$. Die Schranke (38.6) ergibt

$$\max_{a \leq x \leq b} |e(x)| \leq \frac{1}{8}(b-a)^2 \max_{a \leq x \leq b} |f''(x)|. \tag{38.8}$$

Um (38.8) zu erhalten, berechnen wir

$$\max_{a \leq x \leq b} |x-a||x-b|.$$

Dieses Maximum kommt im Maximum oder Minimum von $q(x) = (x - a)(x - b)$ vor. Die extremen Werte dieser Funktion treten entweder bei $q'(x) = 0$ oder $x = a$ oder $x = b$ auf. Die letzten zwei ergeben $q(a) = q(b) = 0$, wobei $q'(x) = 2x - (a + b) = 0$ in $x = (a + b)/2$ und $q((a + b)/2) = (b - a)^2/4$ ist. Wir setzen dies in (38.6) ein. Es ergibt sich (38.8).

BEISPIEL 38.16. Betrachten wir die quadratische Interpolierende $p_2(x)$ zu den Knoten $x_0 = a$, $x_1 = (a + b)/2$ und $x_1 = b$. Die Schranke (38.6) liefert

$$\max_{a \leq x \leq b} |e(x)| \leq \frac{\sqrt{3}}{216}(b-a)^3 \max_{a \leq x \leq b} |f^{(3)}(x)|. \tag{38.9}$$

Aus (38.6) schließen wir, dass wenn alle Ableitungen von f gleichmäßig durch eine Konstante M beschränkt sind und $b-a$ klein ist, die zunehmende Ordnung der interpolierenden Polynome zu einem kleineren Fehler führt. Wenn aber $b - a$ groß ist, dann impliziert (38.6) keinen kleinen Fehler. Tatsächlich ist der Faktor

$$(x - x_0)(x - x_1) \cdots (x - x_n)$$

in (38.5) Null, wenn x gleich einem der Knoten ist. Wenn x aber nicht gleich einem Knoten ist und $b - a$ groß ist, dann müssen wir annehmen, dass einige der Terme groß und einige klein sind. Wenn $b - a$ groß ist, ist es schwierig, allgemeine Aussagen über den Fehler des Interpolationspolynoms zu treffen, auch wenn die Funktion gleichmäßig beschränkte Ableitungen beliebiger Ordnung besitzt.

In der Tat kann der Fehler der Interpolierenden selbst für mäßig große n sehr groß sein, wie die nächsten Beispiele zeigen werden.

BEISPIEL 38.17. Wir interpolieren $f(x) = e^{-8x^2}$ in neun gleichmäßig verteilten Knoten $x_0 = -2$, $x_1 = -1,5$, $\cdots$, $x_8 = 2$ in $[-2, 2]$. In Abbildung 38.4 ist $p_8(x)$ zusammen mit $f(x)$ dargestellt. Zwischen den Interpolationsknoten ist der Fehler offensichtlich groß. Mit Hilfe von $MAPLE^{©}$ stellen wir fest, dass $|f^{(9)}(x)|$ durch 8×10^7 auf $[-2, 2]$ beschränkt ist, während $\max |x + 2| |x + 1,5| \cdots |x - 2| \leq 10$. Die Fehlerschranke (38.8) besagt also, dass $\max |e(x)| \leq 2205$, was uns nicht wirklich weiter hilft!

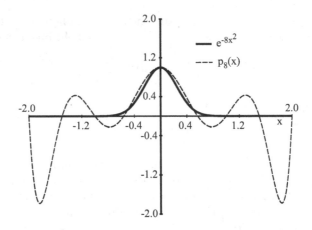

Abbildung 38.4: Graphische Darstellungen von e^{-8x^2} und dem unter Verwendung der Knoten $x_0 = -2$, $x_1 = -1,5$, $\cdots$, $x_8 = 2$ berechneten $p_8(x)$.

Ein Konvergenzergebnis für die Interpolation würde implizieren, dass der Fehler der interpolierenden Polynome p_n für eine gegebene Funktion f auf einem gegebenen Intervall $[a, b]$ mit wachsendem n gegen Null geht. Die obige Diskussion impliziert, dass ein solches Ergebnis gilt, *wenn* f gleichmäßig beschränkte Ableitungen aller Ordnungen besitzt und das Intervall $[a, b]$ hinreichend klein ist. Im Allgemeinen können wir jedoch nicht annehmen, dass ein solches Konvergenzergebnis gilt. Dies ähnelt der Situation bei den Taylor–Polynomen.

38.4   Ein stückweises Interpolationspolynom

Obwohl wir nicht erwarten können, mit wachsendem Grad Konvergenz für das Interpolationspolynom einer allgemeinen Funktion auf einem großen Intervall zu erhalten, bietet die Interpolation eine Möglichkeit, ein Verfahren zur Approximation einer Funktion zu entwickeln, das wünschenswerte Konvergenzeigenschaften besitzt. Die Idee ist, das große Intervall in Teilintervalle zu zerlegen und dann stückweise Interpolationspolynome auf dieser Zerlegung zu benutzen. Erinnern wir uns, dass wir die Idee der stückweise polynomiellen Approximationen im Wesentlichen aus demselben Grund als erstes bei der Untersuchung der Integration angewendet haben.[3]

---

[3]Das Thema der stückweise polynomiellen Approximation ist für viele Anwendungen in der Mathematik extrem wichtig. Es ist jedoch besser, dieses Thema erst anzugehen, nachdem man sich weiteres Hintergrundmaterial angeeignet hat, wie zum Beispiel die lineare Algebra, die wir in diesem Buch nicht abdecken können. Deshalb präsentieren

Gegeben sei eine Funktion $f(x)$ und eine Menge von Knoten $a = x_0 <$ $x_1 < \cdots x_n = b$, die **stückweise lineare Interpolierende** von f auf $[a, b]$ in Bezug auf das Gitter $\{x_0, \cdots, x_n\}$ ist die Funktion $P(x)$, die auf jedem Teilintervall $[x_{i-1}, x_i]$ für $1 \le i \le n$ linear ist und $P(x_i) = f(x_i)$ für $0 \le i \le n$ genügt. Wir illustrieren dies in Abbildung 38.5.

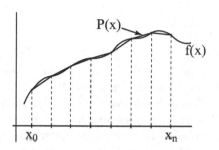

Abbildung 38.5: Die stückweise lineare Interpolierende von f.

Einige Tatsachen lassen sich ohne Aufwand herleiten. Erstens gibt es eine eindeutige stückweise lineare Interpolierende von f. Dies folgt aus der Eindeutigkeit des linearen Interpolationspolynoms, da die stückweise Interpolierende auf jedem Teilintervall lediglich ein lineares Interpolationspolynom ist. $P(x)$ ist auf $[x_{i-1}, x_i]$ gegeben durch

$$P(x) = f(x_{i-1})\frac{x - x_i}{x_{i-1} - x_i} + f(x_i)\frac{x - x_{i-1}}{x_i - x_{i-1}}.$$

Außerdem ist die stückweise lineare Interpolierende einer stetigen Funktion auch stetig.

Schließlich können wir eine Formel und eine Schranke für den Fehler aus Satz 38.3 herleiten. Nochmal, das stückweise lineare Polynom ist lediglich eine lineare Interpolierende auf jedem Teilintervall. Wenn wir ein x in $[a, b]$ wählen, dann ist x in $[x_{i-1}, x_i]$ für ein beliebiges i. Wir wenden Satz 38.3 auf $[x_{i-1}, x_i]$ an, und erhalten, dass es einen Punkt c in (x_{i-1}, x_i) gibt, so dass

$$e(x) = \frac{f''(c)}{2}(x - x_{i-1})(x - x_i).$$

Wenn $|f''|$ durch M auf $[a, b]$ beschränkt ist, erhalten wir für $x_{i-1} \le x \le x_i$:

$$|e(x)| \le \frac{M}{2} \max_{x_{i-1} \le x \le x_i} |x - x_{i-1}||x - x_i| \le \frac{M}{8}(x_i - x_{i-1})^2$$

wir keine allgemeine Diskussion zu stückweise polynomiellen Approximationen. Wir betrachten lediglich ein besonders einfaches Beispiel, das aber trotzdem die Stärke dieser Technik zeigt (vgl. Atkinson [2] und Eriksson, Estep, Hansbo und Johnson [10] für weitere Informationen).

und

$$\max_{a \leq x \leq b} |e(x)| \leq \frac{M}{8} \max_{1 \leq i \leq n} (x_i - x_{i-1})^2. \tag{38.10}$$

Wenn die Knoten gleichmäßig verteilt sind, also $x_i - x_{i-1} = \Delta x = (b-a)/n$ für $1 \leq i \leq n$, dann gilt

$$\max_{a \leq x \leq b} |e(x)| \leq \frac{M}{8} \Delta x^2 = \frac{M(b-a)}{8n^2}.$$

Diese Schranken implizieren, dass der Fehler der stückweise linearen Interpolierenden einer gegebenen Funktion auf einem gegebenen Intervall gegen Null geht, wenn die Gitterweiten gegen Null gehen, unter der einzigen Voraussetzung, dass f eine beschränkte zweite Ableitung auf dem Intervall besitzt. Wenn die Gitterpunkte gleichmäßig verteilt sind, dann nimmt der Fehler wie $1/n^2$ ab, wobei n die Anzahl der Gitterpunkte ist. Erinnern wir uns, dass der Fehler der Bernstein–Polynome wie $1/\sqrt{n}$ abnimmt, also viel langsamer.

BEISPIEL 38.18. Wenn wir (38.10) verwenden, um den Fehler der stückweise linearen Interpolierenden von e^{-8x^2} auf $[-2, 2]$ zu beschränken, erhalten wir

$$\Delta x = 0,5 \quad =: \quad \max_{[-2,2]} |e| \leq 1$$

$$\Delta x = 0,25 \quad =: \quad \max_{[-2,2]} |e| \leq 0,25$$

$$\Delta x = 0,125 \quad =: \quad \max_{[-2,2]} |e| \leq 0,0625$$

$$\vdots \qquad\qquad \vdots$$

Dies ist eine gewaltige Verbesserung gegenüber der Berechnung von Interpolationspolynomen höheren Grades unter Verwendung derselben Mengen an Knoten!

Beachten Sie, dass es deutlich weniger Aufwand erfordert, die stückweise linearen Interpolierenden einer Funktion mit Hilfe von n Knoten zu notieren, als das entsprechende Bernstein–Polynom. Wir müssen jedoch eine Entscheidung treffen (d.h. über das korrekte Teilintervall entscheiden), um die Funktion auszuwerten.

38.5   Offene Fragen

Wir haben drei unterschiedliche Wege beschrieben, eine Approximation einer gegebenen Funktion zu erzeugen und haben gezeigt, dass jedes Verfahren unter geeigneten Bedingungen eine genaue Approximation erzeugen kann. Unglücklicherweise haben wir auch gesehen, dass jedes Verfahren bei anderen Gegebenheiten ernste Mängel aufweist. Die Herausforderung, günstige Möglichkeiten zur Approximation von stetigen und noch glatteren Funktionen zu finden, bleibt also bestehen. Diese Suche fällt in die Rubrik der Approximationstheorie, die ein zentral wichtiges Thema in der Analysis und der numerischen Analysis ist.

Von den anderen Verfahren zur Berechnung von polynomiellen Approximationen möchten wir eine wichtige Technik erwähnen, die orthogonale Projektion genannt wird. Diese ähnelt der Idee der Polynominterpolation, die polynomielle Approximation ist jedoch so gewählt, dass sie dieselben gewichteten Mittelwerte (vgl. Abschnitt 27.2) wie die besagte Funktion im Hinblick auf eine bestimmte Wahl an Gewichten besitzt.

Wir wollen auch betonen, dass wir nach Approximationen suchen könnten, indem wir andere Klassen von approximierenden Funktionen verwenden, die so gewählt sind, dass sie besser zu dem Verhalten einer gegebenen Funktion passen. In Aufgabe 38.8 bitten wir Sie zum Beispiel, die Interpolationsaufgabe unter Verwendung einer Menge von exponentiellen Funktionen zu lösen, die gut geeignet sind, eine exponentiell wachsende Funktion zu approximieren. Wenn wir andererseits eine stetige *periodische* Funktion approximieren möchten, wäre es natürlich, nach Approximationen mit Hilfe von trigonometrischen Funktionen zu suchen.

Atkinson [2], Isaacson und Keller [15] enthalten zusätzliches Material zu diesen Themen.

Kapitel 38 Aufgaben

Die Aufgaben 38.1–38.5 befassen sich mit der Idee einer Basis für Polynome. Wir haben die Theorie der Vektorräume hier nicht entwickelt, deshalb konnten wir keine vollständige Erklärung für die Idee einer Basis angeben. Wenn Sie die folgenden Aufgaben bearbeiten, dann können Sie allerdings ein intuitives Verständnis entwickeln.

38.1. Beweisen Sie, dass $\{2 + x, x\}$ eine Basis für die linearen Polynome ist.

38.2. Beweisen Sie, dass die folgenden Mengen entweder eine Basis für die quadratischen Polynome sind oder nicht:

(a) $\{1, 2 - x - x^2, x\}$

(b) $\{x^2, x^2 + x, x^2 - 2x\}$

(c) $\{1, 2 - x^2, x + x^2, 1 + x^2\}$.

38.3. Verifizieren Sie die Behauptung in Beispiel 38.3.

38.4. Beweisen Sie, dass für jedes $n \geq 1$

$$\sum_{i=0}^{n} l_{n,i}(x) = 1 \text{ für alle } x.$$

38.5. Skizzieren Sie grob die Polynome der Lagrangebasis für die Polynome vom Grad kleiner oder gleich 3 auf $[a, b]$ mit gleichmäßig verteilten Knoten $x_0 = a, x_1 = a + (b - a)/3, x_2 = a + 2(b - a)/3, x_3 = b$.

38.6. Berechnen Sie die folgenden Interpolationspolynome:

(a) $p_2(x)$, die $\log(x)$ in $\{1, 2, 3\}$ interpoliert

(b) $p_3(x)$, die $\sqrt{x}$ in $\{0, 0{,}25, 0{,}64, 1\}$ interpoliert

(c) $p_2(x)$, die $\sin(x)$ in $\{0, \pi, 2\pi\}$ interpoliert

(d) $p_3(x)$, die durch die Punkte $(-1, 1)$, $(0, 2)$, $(1, -1)$, $(2, 0)$ verläuft.

Um die Aufgaben 38.7–38.9 anzugehen, versuchen Sie, entweder Satz 38.1 direkt zu verwenden, oder benutzen Sie die Ideen, die hinter seinem Beweis stecken.

38.7. Bestimmen Sie den Grad des Polynoms, das durch die Punkte $(-3, -5)$, $(-2, 0)$, $(-1, -1)$, $(0, -2)$ und $(1, 3)$ verläuft.

38.8. Beweisen Sie, dass die folgende Interpolationsaufgabe eine eindeutige Lösung besitzt. Gegeben seien $f(x)$ und die Knoten $a = x_0 < x_1 < \cdots x_n = b$, bestimmen Sie eine Funktion

$$e_n(x) = c_0 + c_1 e^x + c_2 e^{2x} + c_3 e^{3x} + \cdots + c_n e^{nx},$$

so dass

$$e_n(x_i) = f(x_i) \text{ für } 0 \leq i \leq n.$$

Hinweis: Schreiben Sie die Aufgabe in eine polynomielle Interpolationsaufgabe um.

38.9. Betrachten Sie eine rationale Interpolationsaufgabe: Gegeben sei eine Funktion $f(x)$ und die voneinander verschiedenen Knoten $a = x_0 < x_1 < x_2 = b$. Finden Sie eine rationale Funktion

$$q(x) = \frac{c_0 + c_1 x}{1 + c_2 x},$$

so dass

$$q(x_i) = f(x_i) \text{ für } 0 \le i \le 2.$$

Besitzt diese Aufgabe eine eindeutige Lösung? Die Antwort darauf könnte einige Annahmen oder Beschränkungen erfordern!

38.10. (a) Verwenden Sie Satz 38.3, um einen Ausdruck für den Fehler der quadratischen Interpolierenden von $\log(x)$ in den Knoten $\{1, 1,5, 2\}$ zu finden. (b) Leiten Sie unter Verwendung von Satz 38.4 eine Schranke für den Fehler her.

38.11. Verwenden Sie Satz 38.3, um einen Ausdruck für den Fehler des Interpolationspolynoms vom Grad 4 von e^x in fünf gleichmäßig verteilten Knoten in $[0, 1]$ zu finden. (b) Leiten Sie unter Verwendung von Satz 38.4 eine Schranke für den Fehler her.

38.12. Nehmen wir an, dass $f(x)$ stetige Ableitungen der Ordnung drei und kleiner auf $[a, b]$ besitzt und sei $p_2(x)$ die quadratische Interpolierende in den Knoten $\{x_0 = a, x_1 = (a+b)/2, x_2 = b\}$.

(a) Leiten Sie eine Formel für den Fehler $f'(x) - p_2'(x)$ für $a \le x \le b$ her.

(b) Leiten Sie spezielle Formeln für die Fehler $f'(x_i) - p_2'(x_i)$ für $i = 0, 1, 2$ her.

38.13. Beweisen Sie Satz 38.4.

38.14. Betrachten Sie das Taylor–Polynom dritten Grades in $a = 1$ und die Interpolierende dritten Grades zu den Knoten $\{1, 4/3, 5/3, 2\}$ von $\log(x)$.

(a) Verwenden Sie Satz 38.4 und vergleichen Sie die Schranken für die Fehler beider Approximationen auf $[1, 2]$.

(b) Stellen Sie die Fehler beider Approximationen auf $[1, 2]$ graphisch dar.

38.15. Verifizieren Sie (38.9).

38.16. Berechnen Sie $p_{10}(x)$ für $f(x) = 1/(1 + x^2)$ mit Hilfe von 11 gleichmäßig verteilten Knoten in $[-5, 5]$. Stellen Sie $f(x)$ und $p_n(x)$ in derselben graphischen Darstellung dar und zeichnen Sie auch den Fehler. *Hinweis:* Diese Aufgabe sollte zum Beispiel unter Verwendung von *MATLAB*© programmiert werden.

38.17. Schreiben Sie eine *MATLAB*© Funktion, die die stückweise lineare Interpolierende einer benutzerdefinierten Funktion $f(x)$ berechnet, die durch eine benutzerdefinierte Menge an Knoten $a = x_0 < x_1 < \cdots < x_n = b$ definiert wird.

38.18. Verwenden Sie ein symbolisches Manipulationspaket wie *MAPLE*© , um die Berechnungen in Beispiel 38.18 zu verifizieren.

38.19. Definieren Sie eine stückweise konstante Interpolierende $Q(x)$ einer Funktion $f(x)$ zu einer Menge von Knoten $a = x_0 < x_1 < \cdots < x_n$ durch

$$Q(x) = f(x_i) \text{ für } x_{i-1} \leq x < x_i, \quad 1 \leq i \leq n-1$$

und

$$Q(x) = f(x_{n-1}) \text{ für } x_{n-1} \leq x \leq x_n.$$

(a) Beweisen Sie, dass Q eindeutig ist. Ist Q im Allgemeinen stetig?

(b) Finden Sie einen exakten Ausdruck für den Fehler $e(x) = f(x) - Q(x)$ in jedem $a \leq x \leq b$. Nehmen Sie dazu an, dass f eine stetige Ableitung besitzt.

(c) Finden Sie eine Schranke für $\max_{a \leq x \leq b} |e(x)|$, indem Sie annehmen, dass f eine beschränkte erste Ableitung besitzt. Vereinfachen Sie die Schranke unter der Annahme, dass die Gitterpunkte gleichmäßig verteilt sind.

38.20. Definieren Sie eine stückweise quadratische Interpolierende $Q(x)$ einer Funktion $f(x)$ zu einer Menge an Knoten $a = x_0 < x_1 < \cdots < x_n$, wobei n gerade ist, indem Sie die Knoten zu Tripeln wie $\{x_0, x_1, x_2\}$, $\{x_2, x_3, x_4\}$, $\cdots$, $\{x_{n-2}, x_{n-1}, x_n\}$ gruppieren und die quadratischen Interpolierenden von f auf jedem Teilintervall $[x_0, x_2]$, $[x_2, x_4]$, $\cdots$, $[x_{n-2}, x_n]$ berechnen.

(a) Bestimmen Sie eine Formel für $Q(x)$ für jedes $a \leq x \leq b$.

(b) Beweisen Sie, dass Q eindeutig und stetig ist.

(c) Bestimmen Sie einen exakten Ausdruck für den Fehler $e(x) = f(x) - Q(x)$ in jedem $a \leq x \leq b$, indem Sie annehmen, dass f eine stetige dritte Ableitung besitzt.

(d) Bestimmen Sie eine Schranke für $\max_{a \leq x \leq b} |e(x)|$, indem Sie annehmen, dass f eine beschränkte dritte Ableitung besitzt. Vereinfachen Sie die Schranke unter der Annahme, dass die Gitterpunkte gleichmäßig verteilt sind.

(e) Stellen Sie die stückweise quadratischen und die stückweise linearen Interpolierenden von $\sin(x)$ auf $[0, \pi]$ graphisch dar, die unter Verwendung von drei gleichmäßig verteilten Knoten in $[0, \pi]$ berechnet wurden.

39

Nichtlineare Differenzialgleichungen

Wir beenden diese Einführung zur Analysis mit einem kurzen Blick in die Welt der nichtlinearen Differenzialgleichungen. Dieses Thema bildet einen perfekten Abschluss des Buches, da einerseits nahezu jeder bisher betrachtete Begriff vorkommt und es andererseits ein Sprungbrett in die vielen Gebiete der Analysis bietet, die noch vor uns liegen.

Wir betrachten das folgende Problem: Gegeben ist ein Punkt a, ein **Anfangswert** y_a und eine Funktion $f(x,y)$. Gesucht ist ein Punkt $b > a$ und eine Funktion $y(x)$, die auf $[a,b]$ differenzierbar ist und dem **Anfangswertproblem**

$$\begin{cases} y'(x) = f(x, y(x)), & a \leq x \leq b, \\ y(a) = y_a, \end{cases} \tag{39.1}$$

genügt. Wir verweisen auf Kapitel 23 für eine Diskussion der Bedeutung von (39.1) für die Modellierung. Wir betrachten die Komponenten a, y_a und $f(x,y)$ als **Daten** für das Anfangswertproblem. In typischen Anwendungen sind sie durch das Modell festgelegt. Den Endpunkt b festzulegen, könnte auch Teil der Anwendung sein. Wie wir aber später sehen werden, sind wir eventuell nicht in der Lage, eine Lösung auf einem beliebigen Intervall zu finden.

BEISPIEL 39.1. In Beispiel 29.1 schlagen wir ein einfaches lineares Modell für das Populationswachstum vor: $P'(t) = kP(t)$. Realistisch gesehen könnten wir erwarten, dass in den meisten Situationen eine kompliziertere Beziehung $P'(t) = f(P(t))$ gilt. Das lineare Modell berücksichtigt zum Beispiel nicht die Einschränkungen an die Populationsgröße, die infolge der Umwelt existieren, z.B. im Fall von eingeschlossenen Bakterien die physische Größe einer Petrischale.[1] Es gibt auch Konkurrenz um Nahrung und Partner, und, im Fall der Menschen, um Energie und Medizin.

Daher ist es nicht überraschend festzustellen, dass das lineare Populationsmodell lediglich für Populationen gültig ist, die im Verhältnis zu den zur Verfügung stehenden Ressourcen „klein" sind. Um ein Populationswachstum über lange Zeitintervalle zu modellieren, benötigen wir realistischere Modelle. Als einen ersten Schritt betrachten wir die Addition eines „Konkurrenzterms" zum linearen Modell, der die Wachstumsrate verringert, wenn die Population groß wird. Wir könnten erwarten, dass Konkurrenz durch die Anzahl der Begegnungen zwischen den Mitgliedern der modellierten Gattungen bestimmt wird. Statistisch gesehen ist die durchschnittliche Anzahl von Begegnungen zwischen zwei Mitgliedern pro Zeiteinheit proportional zum Quadrat der Populationsgröße. Dies führt auf das Anfangswertproblem für die **logistische Gleichung**

$$\begin{cases} P' = k_1 P - k_2 P^2, & 0 \le t \le b, \\ P(0) = P_a, \end{cases} \tag{39.2}$$

wobei $k_1 > 0$ und $k_2 > 0$ Konstanten sind. Diese wurde vom niederländischen Mathematiker Verhulst 1837 eingeführt und ist das kontinuierliche Gegenstück zum diskreten Verhulst–Modell, das wir in Abschnitt 4.4 besprochen haben.

Bei der Modellierung von Populationen bestimmt k_1 die lineare Geburtenrate der Gattung für kleine Populationen, während k_2 durch die zur Verfügung stehenden Ressourcen bestimmt wird. Im Allgemeinen erwarten wir, dass k_2 viel kleiner als k_1 ist, wenn also die Population P klein ist, ist der Term $-k_2 P^2$ im Vergleich zu $k_1 P$ nebensächlich und die Population wächst ungefähr mit exponentieller Geschwindigkeit, wie vom linearen Modell vorhergesagt. Wenn jedoch die Population hinreichend groß wird, dann ist $-k_2 P^2$ nicht länger nebensächlich, sondern verringert maßgeblich die Wachstumsrate.

BEISPIEL 39.2.

Der „Fichtenknospenwurm"[2] stellt eine ernsthafte Bedrohung für die Gesundheit der Balsamtannen in den Rocky Mountains dar. Ein gutuntersuchtes Modell der Population ist durch eine Abwandlung der logistischen Gleichung gegeben, die Raub durch Vögel berücksichtigt. Das

---

[1] Oder, im Fall von Menschen, den Zustand unserer armen, schlecht behandelten Erde.
[2] Engl.: Spruce Budworm.

Modell besitzt die Form

$$\begin{cases} P' = k_1 P - k_2 P^2 - k_3 \frac{P^2}{1+P^2}, & 0 \leq t \leq b, \\ P(0) = P_a, \end{cases} \qquad (39.3)$$

wobei k_1, k_2 und k_3 positive Konstanten sind. Die Konstante k_1 ist durch die lineare Geburtenrate des Fichtenknospenwurms bestimmt, während k_2 durch die Dichte der Blätter festgelegt ist. Der neue „Raub"–Term $-k_3 P^2/(1+P^2)$ wird so gewählt, dass die gemessenen Effekte der Räuber wiedergegeben werden. Er nähert sich einer konstanten Rate, wenn die Population groß wird, nimmt aber schnell gegen Null ab, wenn die Population klein ist, da die Vögel dazu tendieren fortzuziehen, wenn die Nahrung knapp wird. In Abbildung 39.1 ist ein Beispiel dargestellt.

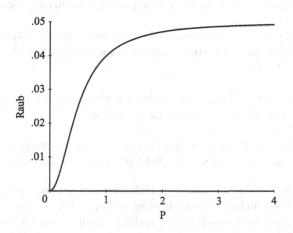

Abbildung 39.1: Eine graphische Darstellung des „Raub"–Terms $k_3 P^2/(1+P^2)$ im Modell vom Fichtenknospenwurm mit $k_3 = 0,05$.

Erinnern wir uns, dass wir die Theorie der Integration in Kapitel 25 als eine Möglichkeit hergeleitet haben, einen speziellen Fall von (39.1) zu lösen, nämlich

$$\begin{cases} y'(x) = f(x), & a \leq x \leq b, \\ y(a) = y_a, \end{cases} \qquad (39.4)$$

wobei f nicht von der unbekannten Lösung y abhängt. Es gibt einen gewaltigen Unterschied zwischen (39.1) und (39.4), der aus der möglicherweise nichtlinearen Abhängigkeit von der Unbekannten resultiert. Die Analyse von (39.4), so kompliziert sie auch ist, ist folglich viel einfacher als die von (39.1).

Um (39.1) zu lösen und zu analysieren, müssen wir Instrumente entwickeln, um mit Nichtlinearität umzugehen: Genauso wie die Suche nach numerischen Nullstellen nichtlinearer Gleichungen auf den Bisektionsalgorithmus, auf die Fixpunktiteration, auf die Ableitung und auf das Newton–Verfahren geführt hat. Tatsächlich spiegeln sich alle diese Themen, auf die wir bei der Lösung von nichtlinearen Gleichungen für Zahlen gestoßen sind, in der Lösung nichtlinearer Differenzialgleichungen wider.[3]

Wir beschreiben zwei Ansätze, um (39.1) zu lösen. Vorher wollen wir jedoch zuerst einige Fragen beschreiben, die angesprochen werden müssen. Zunächst ist es wichtig zu verstehen, dass die Lösung von (39.1) eigentlich nie in geschlossener Form formuliert werden kann, d.h. als Komposition von gebräuchlichen Funktionen.[4] Dies wirft vier fundamentale Fragen auf:

1. Existiert die Lösung von (39.1)? Existenz ist generell eine abstrakte Eigenschaft, falls man die Lösung nicht hinschreiben kann.

2. Existiert u.U. mehr als eine Lösung von (39.1)? Erinnern wir uns daran, dass nichtlineare Gleichungen für Zahlen oftmals mehr als eine Lösung besitzen.

3. Wie können wir Werte der Lösung im allgemeinen Fall approximieren, d.h. wenn wir sie nicht hinschreiben können?

4. Wie können wir Eigenschaften der Lösung im allgemeinen Fall bestimmen, d.h. wenn wir sie nicht hinschreiben können?

Eine Analyse einer nichtlinearen Differenzialgleichung zielt generell darauf ab, eine oder mehrere dieser Fragen zu behandeln. Natürlich haben wir dieselben Fragen beantwortet, als wir die Lösung des einfacheren Problems (39.4) durch Integration betrachtet haben. Sie nehmen lediglich jetzt mehr Dringlichkeit an, da die Bestimmung der Lösung schwieriger ist.

Aufgrund der Erfahrung mit (39.4) ist es nicht überraschend, dass wir Annahmen an f machen müssen, um die obigen Fragen zu beantworten. Letzten Endes haben wir (39.4) nur gelöst, falls $f(x)$ in x stetig ist. Ebenso nehmen wir an, dass $f(x, y)$ sich in x stetig verhält. Aber wie sieht ihr Verhalten im Hinblick auf y aus?

BEISPIEL 39.3. Es stellt sich heraus, dass wir die logistische Gleichung (39.2) in geschlossener Form lösen können, da sie separabel ist.[5] Wir

---

[3]Dies hat einige der wichtigsten und interessantesten Entwicklungen in der Analysis während der letzten zwei Jahrhunderte motiviert.

[4]Tatsächlich kann diese Behauptung sehr präzise formuliert werden (vgl. Braun [4]).

[5]Es ist praktisch, über ein interessantes nichtlineares Beispiel mit bekannter Lösung zu verfügen. Wir verwenden die logistische Gleichung, um unsere Ansätze zur Lösung von (39.1) zu testen.

schreiben die Differenzialgleichung unter Verwendung der Differenzial-notation um in

$$\frac{dP}{k_1 P - k_2 P^2} = dt.$$

Wir integrieren beide Seiten, rechts von 0 bis t und links entsprechend von $P_a = P(0)$ bis $P(t)$. Wir finden heraus, dass $P(t)$ bestimmt wird durch:

$$\int_{P_a}^{P(t)} \frac{dP}{k_1 P - k_2 P^2} = \int_0^t dt = t.$$

Jetzt verwenden wir die Partialbruchzerlegung und schreiben

$$\frac{1}{k_1 P - k_2 P^2} = \frac{1}{P(k_1 - k_2 P)} = \frac{1/k_1}{P} + \frac{k_2/k_1}{k_1 - k_2 P},$$

also

$$\int_{P_a}^{P(t)} \frac{dP}{k_1 P - k_2 P^2} = \frac{1}{k_2} \int_{P_a}^{P(t)} \frac{dP}{P} + \frac{k_2}{k_1} \int_{P_a}^{P(t)} \frac{dP}{k_1 - k_2 P}.$$

Indem wir beide Integrale auf der rechten Seite berechnen[6] und Terme zusammenfassen, wobei wir die Eigenschaften des Logarithmus verwenden, erhalten wir

$$\frac{1}{k_1} \log \left(\frac{P(t)}{P_a} \left| \frac{k_1 - k_2 P_a}{k_1 - k_2 P(t)} \right| \right) = t.$$

Es ist nicht schwierig zu zeigen, dass

$$\frac{k_1 - k_2 P_a}{k_1 - k_2 P(t)} > 0 \text{ für } t > 0,$$

und nach etwas langweiliger Algebra erhalten wir

$$P(t) = \frac{k_1 P_a}{k_2 P_a + (k_1 - k_2 P_a) e^{-k_1 t}} \text{ für } t \geq 0. \qquad (39.5)$$

Aus dieser Formel schließen wir, dass die Lösung für alle $t \geq 0$ existiert und dass $P(t) \to k_1/k_2$ für $t \to \infty$ für jedes P_a. Wenn $P_a < k_1/k_2$, dann gilt $P(t) < k_1/k_2$ für alle t, während wenn $P_a > k_1/k_2$ $P(t) > k_1/k_2$ für alle t folgt. Wir stellen einige Lösungen in Abbildung 39.2 dar.

In diesem Beispiel ist die Funktion $f(P) = k_1 P - k_2 P^2$ glatt und es existiert eine Lösung für alle Zeiten. Dennoch kann eine vermeintlich kleine Änderung zu einem vollständig anderen Verhalten führen.

---

[6]Diese Technik wird die **Trennung der Variablen** genannt.

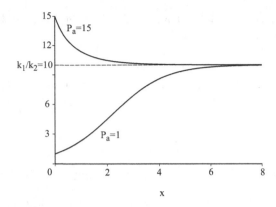

Abbildung 39.2: Zwei Lösungen der logistischen Gleichung (39.2) mit $k_1 = 1$ und $k_2 = 0, 1$. Die Lösung zu $P_a = 1$ besitzt die charakteristische „s"-Form, die mit Lösungen der logistischen Gleichung assoziiert wird.

BEISPIEL 39.4. Es ist einfach zu zeigen, dass die eindeutige Lösung von

$$\begin{cases} y'(x) = y^2, & 0 \le x, \\ y(0) = 1, \end{cases}$$

$y(x) = 1/(1 - x)$ ist, indem man Trennung der Variablen verwendet. Diese Funktion ist für $0 \le x < 1$ definiert, „explodiert" jedoch, wenn sich x der 1 nähert.

Im zweiten Beispiel ist die Funktion $f(y) = y^2$ auch völlig glatt, dennoch existiert keine Lösung für alle x.

Wenn wir Funktionen betrachten, die weniger glatt sind, können andere interessante Dinge passieren. Erinnern wir uns an Beispiel 23.13.

BEISPIEL 39.5. Die Funktionen $y(t) = 0$ für alle $t \ge 0$ und

$$y(t) = \begin{cases} 0, & 0 \le t \le c, \\ \dfrac{(t - c)^2}{4}, & t \ge c, \end{cases}$$

für beliebige $c \ge 0$ lösen

$$\begin{cases} y' = \sqrt{y}, & 0 \le t, \\ y(0) = 0. \end{cases}$$

Mit anderen Worten, es gibt unendlich viele unterschiedliche Lösungen.

Im letzten Beispiel ist $f(y) = \sqrt{y}$ für $y \ge 0$ stetig, aber lediglich Lipschitz-stetig für $y \ge \delta$ für ein beliebiges $\delta > 0$.

Wir können teilweise Antworten auf die obigen Fragen 1–4 für eine allgemeine Untersuchung von (39.1) liefern, wenn wir annehmen, dass es Konstanten $B > a$ und $M > 0$ gibt, so dass f in x stetig und **lokal gleichmäßig Lipschitz-stetig** in y ist, d.h. wenn es eine Konstante $L > 0$ gibt, so dass

$$|f(x, y_2) - f(x, y_1)| \le L|y_2 - y_1|$$

für alle (x, y) im Rechteck $\bar{\Re}$, das durch $a \le x \le B$ und $-M + y_a \le y_1, y_2 \le y_a + M$ festgelegt ist (vgl. Abbildung 39.3). Die „Gleichmäßigkeit" bezieht

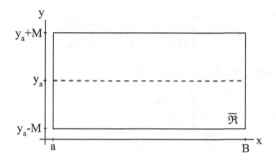

Abbildung 39.3: Das Rechteck $\bar{\Re} = \{(x, y) : a \le x \le B, \, -M + y_a \le y \le y_a + M\}$.

sich auf die Tatsache, dass die Lipschitz-Konstante L unabhängig von x in $[a, B]$ ist.[7]

Es stellt sich heraus, dass diese Stetigkeitsannahmen für f die Existenz einer eindeutigen Lösung zumindest für einige $x > a$ garantieren. Es funktioniert wie folgt: Wir können die Lipschitz-Bedingung an f im Hinblick auf y so lange verwenden, wie $(x, y(x))$ in $\bar{\Re}$ verbleibt. Da aber $y(x)$ stetig ist und mit dem Wert y_a in $x = a$ startet, verbleibt $(x, y(x))$ zumindestens für ein $x > a$ innerhalb von $\bar{\Re}$. Wir nennen solche Existenzergebnisse **kurzzeitige Existenz**.

Natürlich wissen wir nicht, was passiert, sobald $(x, y(x))$ $\bar{\Re}$ verläßt. In Beispiel 39.4 ist $f(y) = y^2$ auf jedem endlichen Intervall $[y_a - M, y_a + M]$ Lipschitz-stetig, aber nicht auf der gesamten Menge der reellen Zahlen. In diesem Problem wird die Lösung schließlich größer als jede feste Zahl und die Analyse der lokalen Existenz bricht zusammen. Folglich können wir eine Lösung finden, die für x bis 1 existiert, aber nicht für alle x.

Andererseits wird Lipschitz-Stetigkeit nicht benötigt, um eine eindeutige Lösung zu erhalten. Das folgende Beispiel zeigt aber, dass eine Ab-

---

[7]Natürlich ist $f(x, y)$, wenn sie für alle y Lipschitz-stetig ist, und zwar gleichmäßig in x, d.h. wenn f global gleichmäßig Lipschitz-stetig ist, auch auf einem beliebigen solchen Rechteck lokal gleichmäßig Lipschitz-stetig. Wir erinnern uns aber daran, dass es nur wenige nichtlineare Funktionen gibt, die auf ganz $\mathbb{R}$ Lipschitz-stetig sind.

schwächung der Lipschitz-Stetigkeit zu einer weniger starken Version der Hölder-Stetigkeit zu Problemen führen kann.

BEISPIEL 39.6. Die Annahme, dass

$$|f(x, y_2) - f(x, y_1)| \leq L|y_2 - y_1|^\alpha$$

für alle (x, y) in einem Rechteck $\bar{\Re}$ gilt, wobei $0 < \alpha < 1$, ist nicht hinreichend, um sicherzustellen, dass eine eindeutige Lösung existiert. Zum Beispiel lösen sowohl $y(x) = 0$, als auch

$$y(x) = \begin{cases} 0, & 0 \leq x \leq c, \\ (\epsilon(x - c))^{1/\epsilon}, & x \geq c, \end{cases}$$

für ein beliebiges $c > 0$ das Problem

$$\begin{cases} y' = y^{1-\epsilon}, & 0 \leq x, \\ y(0) = 0, \end{cases}$$

für $0 < \epsilon < 1$.

39.1   Eine Warnung

Wir schließen mit einer Warnung.[8] Es ist wichtig, eine allgemeine Analyse von (39.1), in der wir kein spezielles f festlegen, sondern stattdessen lediglich einige allgemeine Eigenschaften wie Stetigkeit voraussetzen, von einer bestimmten Analyse von (39.1) für eine spezielle Funktion f zu unterscheiden. Eine allgemeine Analyse zielt darauf ab, Bedingungen an das Problem zu finden, unter denen die obigen Fragen 1–4 beantwortet werden können. Dies ist wichtig, um die „Struktur" des Problems zu verstehen. Eine allgemeine Analyse aber schließt *nicht* aus, dass es möglich ist, diese Fragen für bestimmte Funktionen f zu beantworten, die nicht den Annahmen der allgemeinen Analyse genügen. Betrachten wir Beispiel 39.4 und Beispiel 39.1. Die zugehörigen Funktionen $f(y) = y^2$ und $f(P) = k_1 P - k_2 P^2$ sind, *allgemein* gesprochen, gleichwertig, z.B. sind sie beide Lipschitz-stetig. Sie bedingen aber ein vollständig unterschiedliches Verhalten der Lösungen der entsprechenden Anfangswertprobleme. Die Lösung zu $f(y) = y^2$ explodiert in $t = 1$, während die Lösung zu $f(P) = k_1 P - k_2 P^2$ für alle Zeiten existiert.

Es ist ein großer Fehler, die allgemeine Theorie der Differentialgleichungen zu erlernen, und dann zu glauben, dass diese Theorie alle interessanten Fälle abdeckt oder sogar notwendigerweise viel über einen bestimmten Fall aussagt.

---

[8]Warum wollen ältere Menschen die Jüngeren davon abhalten, dieselbe Art von Spaß zu haben, den sie hatten, als sie jung waren?

Kapitel 39 Aufgaben

39.1. Verifizieren Sie die Details in Beispiel 39.4.

39.2. Verifizieren Sie die Behauptungen in Beispiel 23.13.

39.3. Zeigen Sie, dass es mehr als eine Lösung zu

$$\begin{cases} y'(x) = \sin(2x)y^{1/3}, & 0 \le x, \\ y(0) = 0, \end{cases}$$

gibt. *Hinweis:* $y \equiv 0$ ist eine Lösung. Ignorieren Sie die Anfangsbedingung und verwenden Sie die Methode der Trennung der Variablen, um weitere zu finden.

39.4. Verifizieren Sie die Details in Beispiel 39.3.

39.5. Verifizieren Sie die Behauptungen in Beispiel 39.6.

40
Die Picard–Iteration

Bei unserem ersten Versuch,[1] (40.1) zu lösen,

$$\begin{cases} y'(x) = f(x, y(x)), & a \leq x \leq b, \\ y(a) = y_a, \end{cases} \tag{40.1}$$

formulieren wir das Problem in ein Fixpunktproblem um und benutzen dann eine kontrahierende Abbildung, um eine Folge zu erzeugen, die gegen die Lösung konvergiert. Dies ist das direkte Analogon zu unserem Ansatz, Fixpunktprobleme für Zahlen zu lösen.[2] Es gibt jedoch einen wichtigen Unterschied: Der Fixpunkt, den wir suchen, ist jetzt eine *Funktion*, keine Zahl.

Auf Basis der Diskussion in Kapitel 39 nehmen wir an, dass es Konstanten $B > a$ und $M > 0$ gibt, so dass f in x stetig und **lokal gleichmäßig Lipschitz-stetig** in y in dem Sinne ist, dass es eine Konstante $L > 0$ gibt, so dass

$$|f(x, y_2) - f(x, y_1)| \leq L|y_2 - y_1|$$

für alle (x, y) in dem Rechteck $\bar{\Re}$ gilt, das durch $a \leq x \leq B$ und $-M + y_a \leq y_1, y_2 \leq y_a + M$ beschrieben wird (vgl. Abbildung 39.3).

---

[1]Historisch gesehen wurde das Verfahren sukzessiver Approximationen, bzw. der Picard–Iteration, nach dem Euler–Verfahren entdeckt und man verwendete unendliche Reihen, um Existenz und Eindeutigkeit von Lösungen zu beweisen.

[2]Es ist eine gute Idee, den Stoff in Kapitel 15 zu wiederholen.

40.1   Operatoren und Räume von Funktionen

Wir beginnen, indem wir die grundlegenden Bestandteile zur Aufstellung eines Fixpunktproblems beschreiben, dessen Lösung eine Funktion ist.

Ein **Operator** ist eine Funktion, dessen Argumente Funktionen sind und dessen Werte aus Funktionen bestehen, d.h. eine Funktion von Funktionen. Die Fixpunktprobleme, die wir in diesem Kapitel untersuchen werden, beziehen sich auf Operatoren.

Die Idee der Operatoren mag als ein schwieriges Konzept erscheinen — und das ist es — aber wir sind mit einer Anzahl von Beispielen vertraut.

BEISPIEL 40.1.   Eine beliebige feste Zahl c läßt sich auf natürliche Weise einem Operator $\mathcal{A}$ zuordnen, der durch $\mathcal{A}(f(x)) = cf(x)$ für eine beliebige Funktion f definiert ist. Dies ist ein **linearer Operator**, da für beliebige Funktionen f, g und eine Zahl d, $\mathcal{A}(df(x) + g(x)) = c(df(x) + g(x)) = dcf(x) + cg(x) = d\mathcal{A}(f(x)) + \mathcal{A}(g(x))$ gilt.

BEISPIEL 40.2.   Eine beliebige feste Funktion $g(x)$ definiert einen Operator $\mathcal{G}$ über die Komposition auf der Menge der Funktionen, die Werte im Definitionsbereich von g besitzen, nämlich vermöge $\mathcal{G}(f(x)) = g(f(x))$. Beachten Sie, dass dies im Allgemeinen nicht für alle Funktionen definiert ist. Zum Beispiel ist $\mathcal{G}$ für $g(x) = \sqrt{x}$ nur auf Funktionen mit nichtnegativen Werten definiert.

BEISPIEL 40.3.   Die Ableitung ist ein linearer Operator, der auf Funktionen definiert ist, die eine Ableitung besitzen. Manchmal wird D der **Differenzialoperator** genannt und wir schreiben $D : f(x) \to f'(x)$.

BEISPIEL 40.4.   Integration ist ein linearer Operator, der auf der Menge der stetigen Funktionen definiert ist.

Erinnern wir uns, dass ein wichtiger Bestandteil der Fixpunktiteration zur Berechnung eines Fixpunkts einer Funktion ist, dass die Funktion ein Intervall auf sich selbst abbilden sollte. Das Analogon dieser Eigenschaft für Operatoren ist, dass der Operator eine Menge von Funktionen auf sich selbst abbilden sollte. Der Fixpunkt liegt dann in dieser Menge von Funktionen. Also müssen wir Mengen, oder **Räume** von Funktionen betrachten, um über ein Fixpunktproblem für einen Operator zu sprechen.

Es gibt sehr viele Räume von Funktionen und alle diese verschiedenen Beispiele zu untersuchen, würde eine gewaltige und schwierige Aufgabe darstellen. Wir begnügen uns für unsere Diskussion hier mit einem speziellen Beispiel, das für unseren Zweck gut geeignet ist. Für ein gegebenes endliches Intervall $[a, b]$ und eine natürliche Zahl $q \geq 0$ definieren wir den Raum $\mathcal{C}^q([a, b])$ als die Menge von stetigen Funktionen, die stetige Ableitungen der Ordnung q und kleiner auf $[a, b]$ besitzen. Für $q = 0$ ist dies gerade der Raum der stetigen Funktionen auf $[a, b]$.

Diese Räume besitzen mehrere angenehme Eigenschaften. Zum einen liegt $f + cg$ in $\mathcal{C}^q([a,b])$, wenn f, g in $\mathcal{C}^q([a,b])$ für $q \geq 0$ liegen und c eine Zahl ist. Die Nullfunktion $f(x) \equiv 0$ liegt für alle q auch in $\mathcal{C}^q([a,b])$.[3] Eine weitere wichtige Eigenschaft ist, dass $\mathcal{C}^q([a,b])$ in $\mathcal{C}^{q-1}([a,b])$ für $q \geq 1$ enthalten ist. Letztendlich eignet sich der Raum der stetigen Funktionen $\mathcal{C}^0([a,b])$ gut dazu, die Konvergenz einer Fixpunktiteration zu untersuchen, weil eine gleichmäßig konvergente Folge von stetigen Funktionen stetig ist.[4] Mit anderen Worten, eine gleichmäßig konvergente Folge von Funktionen in $\mathcal{C}^0([a,b])$ konvergiert gegen eine Funktion in $\mathcal{C}^0([a,b])$.[5]

Um jedoch diese letzte Eigenschaft zu verwenden, müssen wir uns mit einem Operator befassen, der stetige Funktionen auf stetige Funktionen abbildet. Solche Operatoren zu finden, ist nicht einfach.

BEISPIEL 40.5. Der Operator $\mathcal{A}$, der durch $\mathcal{A}(f) = cf$ definiert ist, wobei c eine Zahl ist, bildet $\mathcal{C}^q([a,b])$ auf $\mathcal{C}^q([a,b])$ für ein beliebiges $q \geq 0$ ab.

BEISPIEL 40.6. Wenn $g(x)$ stetig und ihr Definitionsbereich alle reellen Zahlen ist, dann bildet der Kompositionsoperator $\mathcal{G}(f) = g \circ f$ den Raum $\mathcal{C}^0([a,b])$ auf $\mathcal{C}^0([a,b])$ ab.

BEISPIEL 40.7. Die Ableitung bildet $\mathcal{C}^q([a,b])$ auf $\mathcal{C}^{q-1}([a,b])$ für $q \geq 1$ ab.

BEISPIEL 40.8. Integration bildet $\mathcal{C}^q([a,b])$ auf $\mathcal{C}^{q+1}([a,b])$ ab und daher auf $\mathcal{C}^q([a,b])$

für $q \geq 0$.

40.2 Ein Fixpunktproblem für eine Differenzialgleichung

Beispiel 40.7 deutet darauf hin, dass es schwierig sein könnte, ein Fixpunktproblem für eine Differenzialgleichung in einem Raum $\mathcal{C}^q([a,b])$ aufzustellen, da die Ableitung $\mathcal{C}^q([a,b])$ nicht auf sich selbst abbildet. Wir umgehen dies, indem wir die Differenzialgleichung (40.1) in eine äquivalente Form umschreiben, die diese Schwierigkeit nicht besitzt.

---

[3]In der Sprache der linearen Algebra ist $\mathcal{C}^q([a,b])$ ein Vektorraum.

[4]Vgl. Satz 33.1.

[5]Die analoge Tatsache für die Zahlen, nämlich dass eine konvergente Folge von Zahlen in einem geschlossenen Intervall gegen einen Grenzwert im Intervall konvergiert, ist entscheidend wichtig für die vorherigen Fixpunktergebnisse.

Die neue Formulierung beruht auf dem Fundamentalsatz 34.1, welcher insbesondere impliziert, dass

$$\int_a^x y'(x)\,dx = y(x) - y(a)$$

für eine beliebige differenzierbare Funktion y gilt. Folglich löst auch jede Lösung von (40.1) die **Integralgleichung**

$$y(x) = y_a + \int_a^x f(s, y(s))\,ds \text{ für } a \le x \le b. \tag{40.2}$$

Wir nennen (40.2) die **Integralform** bzw. **schwache Form** von (40.1), da sie keine explizite Ableitung von y enthält.

Umgekehrt können wir (40.2) als die Grundaufgabe betrachten und nach einer Funktion y suchen, die auf $[a, b]$ stetig ist und (40.2) für $a \le x \le b$ genügt. Jetzt können wir die Bedeutung von „schwach" verstehen, (40.2) erfordert nämlich nicht, dass ihre Lösung differenzierbar ist. Die Lösung muss lediglich stetig sein, damit das Integral definiert ist. Dies folgt, da f in y gleichmäßig Lipschitz-stetig ist. Da y auf $[a, b]$ stetig ist können wir sicherstellen, indem wir falls notwendig b verkleinern, dass $|y(x) - y_a| \le M$ für $a \le x \le b$ gilt. Schließlich gilt $y(a) = y_a$ und sie kann sich nicht zu weit entfernen, wenn x in der Nähe von a liegt. Dies bedeutet aber, dass $f(x, y(x))$ auf $[a, b]$ stetig ist, da $|f(x_2, y(x_2)) - f(x_1, y(x_1)))| \le L|y(x_2) - y(x_1)|$ für x_1, x_2 in $[a, b]$ gilt. Die Differenz auf der rechten Seite kann beliebig klein gemacht werden, indem man x_2 nahe an x_1 wählt. Deshalb ist das Integral in (40.2) für $a \le x \le b$ definiert.

Dies wirft eine grundlegende Frage auf: Besitzen (40.1) und (40.2) dieselben Lösungen?[6] Wir haben bereits gezeigt, dass eine beliebige Lösung von (40.1) auch (40.2) löst, daher müssen wir zeigen, dass eine Lösung von (40.2) auch (40.1) löst. Die entscheidende Beobachtung ist, dass $y(x)$ und folglich $f(x, y(x))$ auf $[a, b]$ stetig sind, was bedeutet, dass

$$y(x) = y_a + \int_a^x f(s, y(s))\,ds$$

für $a \le x \le b$ differenzierbar ist. Mit anderen Worten, obwohl die Lösung $y(x)$ von (40.2) nur stetig sein muss, ist sie tatsächlich differenzierbar. Außerdem gilt

$$y'(x) = \frac{d}{dx}\int_a^x f(s, y(s))\,ds = f(x, y(x)) \text{ für } a \le x \le b$$

und deshalb löst y (40.1).

---

[6]Natürlich möchten wir mit ja antworten.

Im Hinblick auf die Formulierung eines Fixpunktproblems erklärt Beispiel 40.8, was man gewinnt, wenn man die Differenzialgleichung (40.1) in die Integralgleichung (40.2) umschreibt. Wenn wir nämlich den **Integraloperator** $\mathcal{L}$ auf $\mathcal{C}^0([a,b])$ durch

$$\mathcal{L}(g(x)) = y_a + \int_a^x f(s, g(s))\, ds \qquad (40.3)$$

definieren, dann bildet $\mathcal{L}$ den Raum $\mathcal{C}^0([a,b])$ auf $\mathcal{C}^0([a,b])$ ab und außerdem ist ein beliebiger Fixpunkt von $\mathcal{L}$ eine Lösung von (40.2). Deshalb haben wir das Anfangswertproblem (40.1) in das Fixpunktproblem

$$\mathcal{L}(y) = y \qquad (40.4)$$

auf der Menge der stetigen Funktionen für den Integraloperator (40.3) umformuliert.

Beachten Sie, dass die Diskussion in diesem Abschnitt ein Beispiel von „A priori–Analysis" ist. Wir leiten Eigenschaften der Lösung her *unter der Annahme, dass sie existiert*. Wir müssen aber noch zeigen, dass die Lösung tatsächlich existiert.

40.3 Der Banachsche Fixpunktsatz

Wir formulieren und beweisen einen Fixpunktsatz, der auf ein Fixpunktproblem für einen allgemeinen Operator anwendbar ist. In Abschnitt 40.4 zeigen wir, dass das Fixpunktproblem (40.4) für eine Differenzialgleichung den Voraussetzungen dieses Satzes genügt.

Das abstrakte Fixpunktproblem für einen Operator $\mathcal{A}$, der auf einem Raum von Funktionen $\mathcal{S}$ definiert ist, besteht darin, y in $\mathcal{S}$ zu finden, so dass $\mathcal{A}(y) = y$ gilt. Die Fixpunktiteration lautet:

Algorithmus 40.1 Fixpunktiteration Wir wählen y_0 in $\mathcal{S}$ und berechnen für $i = 1,\, 2,\, \cdots$

$$y_i = \mathcal{A}(y_{i-1}). \qquad (40.5)$$

Der folgende Satz besagt, dass die Fixpunktiteration unter den richtigen Voraussetzungen für $\mathcal{S}$ und $\mathcal{A}$ konvergiert.

Satz 40.1 Der Banachsche Fixpunktsatz *Es sei $\mathcal{S}$ ein nichtleerer Raum von Funktionen, die auf einem Intervall $[a,b]$ definiert sind, und $\mathcal{A}$ ein Operator, der auf $\mathcal{S}$ definiert ist, so dass*

1. *Jede Funktion g in $\mathcal{S}$ ist gleichmäßig auf $[a,b]$ beschränkt.*

2. *Jede gleichmäßige Cauchy–Folge in $\mathcal{S}$ konvergiert gegen einen Grenzwert in $\mathcal{S}$.*

3. A bildet S in S ab.

4. Es gibt eine Konstante $0 < K < 1$, so dass

$$\sup_{a \leq x \leq b} |\mathcal{A}(g(x)) - \mathcal{A}(\tilde{g}(x))| \leq K \sup_{a \leq x \leq b} |g(x) - \tilde{g}(x)| \qquad (40.6)$$

für alle $g, \tilde{g}$ in S.

Dann gibt es eine eindeutige Lösung $y(x)$ in S des Fixpunktproblems $\mathcal{A}(y) = y$ und die durch Algorithmus 40.1 erzeugte Fixpunktiteration $\{y_i\}$ konvergiert gleichmäßig auf $[a, b]$ für ein beliebiges y_0 in S gegen y.

Die Voraussetzungen 1 und 2 stellen Bedingungen an S, die garantieren, dass eine Folge von Funktionen in S, die konvergiert, einen Grenzwert in S besitzt. Wenn der Grenzwert nicht in S läge, dann könnte es zum Beispiel zu Problemen kommen, wenn wir den Operator A auf den Grenzwert anwenden. Die Annahmen 3 und 4 stellen Bedingungen an $\mathcal{A}$, die garantieren, dass die Fixpunktiteration konvergiert. Ein Operator $\mathcal{A}$, der 3 und 4 oben genügt, wird als eine **kontrahierende Abbildung** auf S bezeichnet.

Der Beweis von Satz 40.1 folgt dem grundlegenden Schema des Beweises von Satz 15.1. Wir zeigen zuerst, dass die Fixpunktiteration eine gleichmäßige Cauchy–Folge ist. Wir beginnen, indem wir die Differenz zwischen zwei aufeinanderfolgenden Gliedern abschätzen. Nach Voraussetzung 3 ist y_i in S für alle i. Deshalb können wir Voraussetzung 4 induktiv anwenden, um zu schließen, dass für $i \geq 2$ und $a \leq x \leq b$

$$|y_i(x) - y_{i-1}(x)| = |\mathcal{A}(y_{i-1}(x)) - \mathcal{A}(y_{i-2}(x))| \leq K|y_{i-1}(x) - y_{i-2}(x)|$$
$$\leq K^{i-1}|y_1(x) - y_0(x)|.$$

Nach Voraussetzung 1 ist $|y_1(x) - y_0(x)|$ durch eine Konstante C gleichmäßig beschränkt. Daher gilt

$$\sup_{a \leq x \leq b} |y_i(x) - y_{i-1}(x)| \leq CK^{i-1}, \quad 2 \leq i. \qquad (40.7)$$

Da $K < 1$ kann die Differenz zwischen y_i und y_{i-1} gleichmäßig klein gemacht werden, indem i groß gewählt wird.

Um zu zeigen, dass $\{y_i\}$ eine Cauchy–Folge ist, müssen wir zeigen, dass dasselbe für $\sup_{a \leq x \leq b} |y_i(x) - y_j(x)|$ gilt, falls $j \geq i$ hinreichend groß gewählt wird. Für $j > i$ schreiben wir

$$|y_i(x) - y_j(x)| = |y_i(x) - y_{i+1}(x) + y_{i+1}(x) - y_{i+2}(x)$$
$$+ \cdots + y_{j-1}(x) - y_j(x)|$$
$$\leq \sum_{k=i}^{j-1} |y_k(x) - y_{k+1}(x)|.$$

Wir wenden (40.7) auf jeden Term in der Summe an und erhalten

$$|y_i(x) - y_j(x)| \leq \sum_{k=i}^{j-1} CK^k = CK^i \, \frac{1 - K^{j-i}}{1 - K}$$

mit Hilfe der Formel für die geometrische Summe. Da $K < 1$, gilt $1 - K^{j-i} \leq 1$ und deshalb

$$|y_i(x) - y_j(x)| \leq \frac{CK^i}{1 - K}, \quad a \leq x \leq b.$$

Da K^i sich mit wachsendem i der Null annähert, kann $\sup_{a \leq x \leq b} |y_i(x) - y_j(x)|$ mit $j \geq i$ beliebig klein gemacht werden, indem i groß gewählt wird. Mit anderen Worten, $\{y_i\}$ ist in $\mathcal{S}$ eine gleichmäßige Cauchy–Folge und konvergiert nach Voraussetzung 2 gegen eine Funktion y in $\mathcal{S}$.

Als nächstes müssen wir nachweisen, dass der Grenzwert y von $\{y_i\}$ ein Fixpunkt von $\mathcal{A}$ ist. Da y sich in $\mathcal{S}$ befindet, macht es übrigens Sinn, $\mathcal{A}(y)$ zu schreiben. Nach Voraussetzung 4 gilt

$$\sup_{a \leq x \leq b} |\mathcal{A}(y(x)) - \mathcal{A}(y_i(x))| \leq K \sup_{a \leq x \leq b} |y(x) - y_i(x)|.$$

Da $\{y_i\}$ gleichmäßig gegen y konvergiert, konvergiert $\{\mathcal{A}(y_i)\}$ gleichmäßig gegen $\mathcal{A}(y)$. Wir gehen zum Grenzwert für $i \to \infty$ in $y_i = \mathcal{A}(y_{i-1})$ über und schließen, dass $y = \mathcal{A}(y)$.

Zum Schluß zeigen wir, dass es einen eindeutigen Fixpunkt in $\mathcal{S}$ gibt. Sind y und $\tilde{y}$ zwei Fixpunkte, dann impliziert die Voraussetzung 4, dass

$$\sup_{a \leq x \leq b} |y(x) - \tilde{y}(x)| = \sup_{a \leq x \leq b} |\mathcal{A}(y(x)) - \mathcal{A}(\tilde{y}(x))| \leq K \sup_{a \leq x \leq b} |y(x) - \tilde{y}(x)|.$$

Da $K < 1$, muss $y = \tilde{y}$ gelten.

40.4 Die Picard–Iteration

Die Fixpunktiteration 40.1, die auf den Integraloperator $\mathcal{L}$ in (40.3) angewendet wird, wird **Picard–Iteration** oder das **Verfahren der sukzessiven Approximation** genannt. Diese Technik wurde zuerst von Liouville[7] verwendet, um eine spezielle Differenzialgleichung zweiter Ordnung zu lösen und Picard[8] verallgemeinerte die Technik.

---

[7]Joseph Liouville (1809–1882) war ein französischer Mathematiker. Liouville schrieb viele Artikel und machte wichtige Entdeckungen in der Analysis, der Astronomie, den Differenzialgleichungen, der Differenzialgeometrie und der Zahlentheorie.

[8]Charles Emile Picard (1856–1941) war ein französischer Mathematiker. Er machte fundamentale Entdeckungen in der algebraischen Geometrie, der Analysis, den Differenzialgleichungen und der Theorie der Funktionen. Er untersuchte auch Anwendungen in der Elastizitättheorie, der Elektrizität und der Wärmelehre.

Bevor wir einige Beispiele durchrechnen, weisen wir zunächst nach, dass das Fixpunktproblem (40.4) den Voraussetzungen 1–4 in Satz 40.1 für ein beliebiges b mit $a < b < B$ genügt. Um $a < b < B$ zu wählen, bezeichne $\Re$ das „Teilrechteck" von $\bar{\Re}$, das durch $a \leq x \leq b$ und $-M + y_a \leq y_1, y_2 \leq y_a + M$ beschrieben wird. Wir wählen $\mathcal{S}$ als die Menge von stetigen Funktionen auf $[a, b]$, deren Graphen in $\Re$ liegen und $A = \mathcal{L}$, der durch (40.3) definiert ist.

1. Stetige Funktionen sind auf abgeschlossenen, beschränkten Intervallen nach Satz 32.16 beschränkt.

2. Der Grenzwert einer gleichmäßigen Cauchy–Folge von stetigen Funktionen ist nach Satz 33.1 stetig. Der Graph des Grenzwerts einer gleichmäßig konvergenten Folge von stetigen Funktionen, deren Graphen in $\Re$ liegen, muss auch in $\Re$ liegen.

3. Zu zeigen, dass $\mathcal{L}\,\mathcal{S}$ auf $\mathcal{S}$ abbildet, erfordet ein wenig Arbeit. Sicherlich bildet $\mathcal{L}$ stetige Funktionen auf stetige Funktionen ab. Wir

   müssen nachweisen, dass der Operator eine Funktion mit einem Graphen in $\Re$ auf eine andere Funktion mit einem Graphen in $\Re$ abbildet. Die wichtige Beobachtung ist, dass $f(x, \cdot)$ selbst auf $\mathcal{S}$ gleichmäßig beschränkt ist. Sei z eine Funktion in $\mathcal{S}$. Für jedes $a < b \leq B$ und $a \leq x \leq b$ gilt

$$|f(x, z(x)) - f(x, y_a)| \leq L|z(x) - y_a| \leq LM,$$

da der Graph von z nach Annahme in $\Re$ liegt. Deshalb gilt

$$|f(x, z(x))| \leq LM + \sup_{a \leq x \leq b} |f(x, y_a)| = \tilde{M},$$

da f in x stetig ist und $\sup_{a \leq x \leq b} |f(x, y_a)|$ endlich ist. Aber dann gilt für z in $\mathcal{S}$

$$|\mathcal{L}(z) - y_a| = \left| \int_a^x f(s, z(s))\, ds \right| \leq \tilde{M}(x - a) \leq \tilde{M}(b - a). \quad (40.8)$$

Dies besagt, dass das Bild einer Funktion in $\mathcal{S}$ unter dem Integraloperator $\mathcal{L}$ in der dreieckigen Region innerhalb von $\bar{\Re}$ zwischen den Geraden mit den Steigungen $\pm \tilde{M}$, die durch (a, y_a) laufen, enthalten ist (vgl. Abbildung 40.1). Wir erhalten das gewünschte Ergebnis, wenn wir $b > a$ so wählen, dass

$$b \leq a + \frac{M}{\tilde{M}} \quad (40.9)$$

gilt, und wir definieren $\Re$ entsprechend.

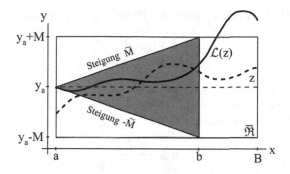

Abbildung 40.1: Das Bild des Integraloperators $\mathcal{L}$, der auf eine Funktion in $\mathcal{S}$ angewendet wird, ist in der dreieckigen schattierten Region innerhalb von $\bar{\mathfrak{R}}$ zwischen den Geraden durch (a, y_a) mit den Steigungen $\pm \tilde{M}$ enthalten.

4. Es seien z und $\tilde{z}$ in $\mathcal{S}$. Dann impliziert die gleichmäßige Lipschitz-Stetigkeit von f für b in (40.9):

$$|\mathcal{L}(z(x)) - \mathcal{L}(\tilde{z}(x))| = \left| \int_a^x \left(f(s, z(s)) - f(s, \tilde{z}(s)) \right) ds \right|$$

$$\leq L \int_a^x |z(s) - \tilde{z}(s)| \, ds$$

$$\leq L(x-a) \sup_{a \leq s \leq x} |z(s) - \tilde{z}(s)|.$$

Wir bestimmen das Supremum für $a \leq x \leq b$ und verkleinern b, falls notwendig, um sicherzustellen, dass $0 < K = L(b-a) < 1$, d.h. wir wählen

$$b < a + \min\left\{ \frac{1}{L}, \frac{M}{\tilde{M}} \right\}. \tag{40.10}$$

Dies beweist das gewünschte Ergebnis.

Wir fassen das Ergebnis in folgendem Satz zusammen.

Satz 40.2 Der Existenzsatz von Picard. *Nehmen wir an, dass $f(x, y)$ in x stetig und gleichmäßig Lipschitz-stetig in y für alle (x, y) im Rechteck $\bar{\mathfrak{R}}$ ist, das durch $a \leq x \leq B$ und $-M + y_a \leq y \leq y_a + M$ gegeben ist. Dann gibt es ein b mit $a < b \leq B$, so dass (40.1) eine eindeutige Lösung für $a \leq x \leq b$ besitzt und die Picard–Iteration für einen beliebigen stetigen Anfangswert gegen diese Lösung konvergiert, deren Graph im Rechteck $\mathfrak{R}$ enthalten ist, das durch $a \leq x \leq b$ und $-M + y_a \leq y \leq y_a + M$ definiert ist.*

Wir betrachten einige Beispiele.

BEISPIEL 40.9. Wir berechnen die Picard–Iterierten für

$$\begin{cases} y' = y, & 0 \le x, \\ y(0) = 1, \end{cases}$$

welche die Lösung $y(x) = e^x$ besitzt. In diesem Fall gilt $f(y) = y$ und $f'(y) = 1$, also $L = 1$. Für $|y - 1| \le M$ gilt $\tilde{M} = 1 + M$. Deshalb ist nach (40.10) Konvergenz für alle

$$b \le \frac{M}{1 + M}$$

garantiert. Mit anderen Worten, wir können Konvergenz auf $[0, 1)$ sicherstellen.

Wir beginnen mit $y_0 = y_a = 1$:

$$y_1(x) = 1 + \int_0^x 1 \, ds = 1 + x$$

und

$$y_2(x) = 1 + \int_0^x (1 + s) \, ds = 1 + x + \frac{x^2}{2}.$$

Induktiv erhalten wir

$$y_i(x) = 1 + \int_0^x y_{i-1}(s) \, ds = 1 + \int_0^x \left(1 + s + \cdots + \frac{s^{i-1}}{(i-1)!} \right) ds$$

$$= 1 + s + \cdots + \frac{s^i}{i!}.$$

Deshalb ist $y_i(x)$ nichts anderes als das Taylor-Polynom vom Grad i für e^x in 0! Wir haben damit einen zweiten Beweis geliefert, dass dieses Taylor-Polynom mit wachsendem Grad für $0 \le x < 1$ gegen e^x konvergiert.

Da wir wissen, dass das Taylor-Polynom für x in einem beliebigen beschränkten Intervall mit wachsendem Grad gegen e^x konvergiert (vgl. Beispiel 37.11), stellen wir fest, dass (40.10) eventuell pessimistisch bezüglich der Vorhersage über die Länge des Intervalls sein könnte, auf dem die Picard-Iteration konvergiert.

BEISPIEL 40.10. Wir berechnen die Picard–Iterierten für die logistische Gleichung (39.2) mit $k_1 = k_2 = 1$ und $P_a = 1/2$ und der Lösung

$$P(t) = \frac{1}{1 + e^{-t}} \text{ für } t \ge 0.$$

Hier ist $f(P) = P - P^2$. Für $|P - 1/2| \le M$ gilt

$$L = \max_{|P - 1/2| \le M} |1 - 2P| = |1 - 2(\frac{1}{2} + M)| = 2M.$$

Es gilt $\tilde{M}P_a - P_a^2 + LM = 1/4 + 2M^2$ und mit (40.10) können wir Konvergenz für

$$b = \frac{M}{\frac{1}{4} + 2M^2} = \frac{4M}{1 + 8M^2}$$

garantieren. Die Formel für b ist konkav nach oben und sie nimmt ihren kleinsten Wert an, wenn

$$\frac{d}{dM}\frac{4M}{1 + 8M^2} = 0 =: M = \frac{1}{\sqrt{8}}.$$

Folglich erhalten wir Konvergenz zumindest für x bis $b = 1/\sqrt{2}$.

Wir beginnen mit $P_0 = P_a = 1/2$ und benutzen $MAPLE^{\copyright}$ zur Berechnung von:

$$P_0 = \frac{1}{2}$$

$$P_1(t) = \frac{1}{2} + \frac{t}{4}$$

$$P_2(t) = \frac{1}{2} + \frac{t}{4} - \frac{t^3}{48}$$

$$P_3(t) = \frac{1}{2} + \frac{t}{4} - \frac{t^3}{48} + \frac{t^5}{480} - \frac{t^7}{16128}$$

In Abbildung 40.2 stellen wir diese Funktionen zusammen mit P dar. Beachten Sie, dass die Picard–Iterierten auf $[0, 1/\sqrt{2}]$ sehr genau sind,

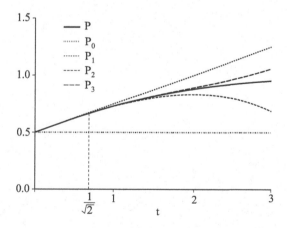

Abbildung 40.2: Graphische Darstellungen der Lösung $P(t)$ der logistischen Gleichung zusammen mit den ersten vier Picard–Iterierten.

allerdings auf viel größeren Intervallen nicht.

40.5   Offene Fragen

Wir können Satz 40.1 anwenden, um sicherzustellen, dass eine eindeutige Lösung von (40.1) auf einem kleinen Intervall (a, b) existiert. Beispiel 39.4 zeigt, dass es tatsächlich Probleme gibt, für die eine Lösung über einen bestimmten Zeitraum existiert, es aber einen Zeitpunkt gibt, an dem die Lösung „explodiert" und aufhört zu existieren. In den meisten Anwendungen ist es jedoch erforderlich, dass die Lösung auf einem gegebenen Zeitintervall existiert, das evtl. nicht kurz und oftmals sehr lang ist. Solche Existenzergebnisse werden **globale Existenz** genannt. In diesen Fällen ist eine wichtige Frage, wie man zeigt, dass eine Lösung von (40.1) auf dem erforderlichen Zeitintervall existiert. Es ist möglich, allgemeine Bedingungen an (40.1) zu formulieren, die sicherstellen, dass eine Lösung für jeden Zeitpunkt existiert (vgl. Aufgabe 40.9). Diese sind allerdings so umständlich, dass sie nur für einige wenige reale Modelle Anwendung finden. Stattdessen müssen wir im Allgemeinen eine Analyse durchführen, die auf ein spezielles Modell und seine Eigenschaften zugeschnitten ist, um ein globales Existenzergebnis zu beweisen.

Kapitel 40   Aufgaben

40.1. Sei $g(x) = 1/x$ und sei $G(f)$ der Operator $G(f) = g \circ f$. Beschreiben Sie eine Teilmenge der stetigen Funktionen, auf der G definiert ist. Bildet G diese Teilmenge auf sich selbst ab?

Die Aufgaben 40.2–40.8 befassen sich speziell mit der Picard–Iteration zur Lösung eines Anfangswertproblems. Es ist eine gute Idee, MAPLE © oder ein anderes symbolisches Manipulationspaket zu verwenden, um diese Aufgaben zu bearbeiten.

40.2. Berechnen Sie die Picard–Iterierten y_i, $i = 0, \cdots, 4$ für das Problem $y' = x + y$ für $0 \leq x$ und verwenden Sie die beiden Anfangswerte $y_a = 0$ und $y_a = 1$ mit der Anfangsiterierten $y_0 = y_a$. Stellen Sie die Ergebnisse für beide Fälle graphisch dar.

40.3. Berechnen Sie die Picard–Iterierten y_i, $i = 0, \cdots, 4$ für das Problem $y' = y^2$ für $0 \leq x$ und verwenden Sie den Anfangswert $y_a = 1$ sowie die Anfangsiterierte $y_0 = y_a$. Zeichnen Sie die Ergebnisse. Vergleichen Sie diese mit dem erwarteten Verhalten der wahren Lösung.

40.4. Berechnen Sie die Picard–Iterierten y_i, $i = 0, \cdots, 4$ für das Problem $y' = 1 - y^3$ für $0 \leq x$ und verwenden Sie die beiden Anfangswerte $y_a = 0$ und $y_a = 1$ mit der Anfangsiterierten $y_0 = y_a$ in beiden Fällen. Zeichnen Sie für beide Fälle die Ergebnisse. Erläutern Sie die Ergebnisse für $y_a = y_0 = 1$.

40.5. Berechnen Sie die Picard–Iterierten y_i, $i = 0, \cdots, 4$ für das Problem $y' = y^{1/2}$ für $0 \leq x$ und verwenden Sie den Anfangswert $y_a = 0$ sowie die zwei unterschiedlichen Anfangsiterierten $y_0 = 0$ und $y_0 = 1$. Erläutern Sie ihre Ergebnisse.

40.6. Berechnen Sie die Picard–Iterierten y_i, $i = 0, \cdots, 4$ für das Problem $y' = y - y^3$ für $0 \leq x$ und verwenden Sie den Anfangswert $y_a = 1$ sowie die zwei unterschiedlichen Anfangsiterierten $y_0 = 1$ und $y_0 = 1 - x$. Zeichnen Sie die Ergebnisse in beiden Fällen.

40.7. Finden Sie Intervalle $[a, b]$, auf denen nach (40.10) garantiert ist, dass die Picard–Iteration für Aufgabe 40.2, Aufgabe 40.3, Aufgabe 40.4 und Aufgabe 40.5 konvergiert.

40.8. Berechnen Sie die Picard–Iterierten P_i, $i = 0, 1, 2$ für das Modell vom Fichtenknospenwurm (39.3) mit $k_1 = 1$, $k_2 = 0,1$ und $k_3 = 0,05$ für $0 \leq t$ und verwenden Sie den Anfangswert $P_a = 1/2$ und die Anfangsiterierte $P_0 = 1/2$. Zeichnen Sie die Ergebnisse.

40.9. Nehmen wir an, dass $f(x, y)$ in x für $a \leq x < \infty$ stetig ist, $|f(x, y)| \leq \tilde{M}$ für $a \leq x < \infty$ und $-\infty < y < \infty$, sowie $|f(x, y) - f(x, z)| \leq L|y - z|$ für $a \leq x < \infty$ und $-\infty < y < \infty$ gilt. Zeigen Sie, dass die Lösung von

$$\begin{cases} y' = f(x, y), & a \leq x, \\ y(a) = y_a, \end{cases}$$

für alle $x \geq a$ existiert.

Die Aufgaben 40.10–40.13 sind Anwendungen des Satzes 40.1 auf Fixpunktprobleme für verschiedene Arten von Operatoren.

40.10. Betrachten wir den Operator $\mathcal{A}(f) = cf$, wobei c eine Zahl darstellt. Sei $\mathcal{S} = \mathcal{C}^q([a,b])$. Finden Sie Bedingungen an c, die garantieren, dass die Fixpunktiteration für y_0 in $\mathcal{S}$ konvergiert. Was ist der Fixpunkt von $\mathcal{A}$?

40.11. Betrachten Sie den Operator $G(f) = g \circ f$, wobei $g(x) = x^2/4$. Sei $\mathcal{S} = $ die Menge von stetigen Funktionen, deren Werte zwischen -1 und 1 liegen. Weisen Sie nach, dass Satz 40.1 anwendbar ist. Was sind die Fixpunkte von G? Welchen Fixpunkt erhalten wir durch die Fixpunktiteration für Anfangsiterierte in $\mathcal{S}$?

40.12. Ist Satz 40.1 auf $G(f) = g \circ f$ anwendbar, wobei $g(x) = \sqrt{x}$ und $\mathcal{S} = $ die Menge von stetigen Funktionen darstellt, deren Werte zwischen 0 und 1 liegen?

40.13. (a) Betrachten Sie die allgemeine Integralgleichung: Finden Sie ein y in $\mathcal{C}^0([a,b])$, so dass

$$y(x) = f(x) + \lambda \int_a^x e^{xs} y(s)\, ds, \quad a \le x \le b,$$

wobei λ eine Zahl und $f(x)$ eine stetige Funktion auf $[a,b]$ ist. Definieren Sie einen geeigneten Operator und finden Sie dann Bedingungen an b, f und λ, die es Satz 40.1 erlauben, sicherzustellen, dass eine Lösung existiert. (b) Führen Sie dasselbe für $y \in \mathcal{C}^0([a,b])$ durch, so dass

$$y(x) = f(x) + \lambda \int_a^x \sin(x+s) y(s)\, ds, \quad a \le x \le b.$$

(c) Betrachten Sie zum Schluss die allgemeine Integralgleichung

$$y(x) = f(x) + \lambda \int_a^x K(x,s) y(s)\, ds, \quad a \le x \le b.$$

$K(x,s)$ wird der **Kern** genannt. Finden Sie Bedingungen an b, f, λ und $K(x,y)$, die es Satz 40.1 erlauben, sicherzustellen, dass eine Lösung existiert.

Aufgabe 40.14 ist eine Anwendung von Satz 40.1, um eine wichtige Verallgemeinerung des Satzes über inverse Funktionen zu beweisen, die der Satz über implizite Funktionen genannt wird. Die Situation ist ein Modell, in dem es einen Parameter gibt, der variieren kann, so dass jede Lösung des Modells sich verändert, wenn der Parameter sich ändert. Der Satz über implizite Funktionen gibt Bedingungen an, unter denen wir garantieren können, dass die Lösung des Modells stetig von dem Parameter abhängt. Um das Ergebnis in voller Allgemeinheit zu beweisen, müssten wir Funktionen mit mehreren Variablen betrachten, was wir in diesem Buch vermeiden wollen. Der folgende spezielle Fall gibt aber einen Vorgeschmack des Satzes.

40.14. Beweisen Sie den folgenden Satz.

Der Satz über implizite Funktionen. Sei $f(x,y)$ für $a \leq x \leq b$ und $-\infty < y < \infty$ definiert. Nehmen wir an, dass $f(x,y)$ in x stetig, in y differenzierbar ist und dass es ferner Konstanten m, M gibt, so dass

$$0 < m \leq \frac{d}{dy} f(x,y) \leq M < \infty$$

für $a \leq x \leq b$ und $-\infty < y < \infty$ gilt. Dann besitzt

$$f(x,y) = 0$$

eine eindeutige Lösung $y(x)$ für jedes x in $[a,b]$, so dass $y(x)$ eine stetige Funktion ist.

Hinweis: Sei $\mathcal{S} = \mathcal{C}^0([a,b])$. Betrachten Sie den Operator

$$\mathcal{A}(z(x)) = z(x) - \frac{1}{M} f(x, z(x)).$$

Verwenden Sie Satz 40.1. Übrigens, der Mittelwertsatz für f nimmt die Form

$$f(x,y) - f(x,\tilde{y}) = \frac{d}{dy} f(x,c)(y - \tilde{y})$$

an für ein beliebiges $\tilde{y} < c < y$.

41

Das explizite Euler–Verfahren

In Kapitel 40 haben wir bewiesen, dass es eine eindeutige Lösung y von

$$\begin{cases} y'(x) = f(x, y(x)), & a \leq x \leq b, \\ y(a) = y_a, \end{cases} \tag{41.1}$$

gibt, indem wir eine Fixpunktiteration verwendet haben, die *theoretisch* betrachtet eine Folge von zunehmend genaueren Approximationen für y erzeugt. In der Praxis stellt sich heraus, dass die Berechnung der Picard–Iterierten die Berechnung einer Folge von zunehmend komplizierteren Integralen erfordert. Im Allgemeinen können wir folglich nicht sehr viele Iterierte berechnen. Leider konvergiert die Picard–Iteration unter Umständen sehr langsam.

Also stehen wir noch immer vor dem Problem, ein praktisches Verfahren zur Approximation der Lösung von (41.1) mit einer gewünschten Genauigkeit zu bestimmen. In diesem Kapitel konstruieren wir ein solches Verfahren, das eng mit dem Ansatz verwandt ist, den wir zur Definition und Berechnung des Integrals verwendet haben.[1]

41.1 Das explizite Euler–Verfahren

Genauso wie in Kapitel 40 verwenden wir die äquivalente Integral- bzw. schwache Form von (41.1): Bestimme eine Funktion y, die auf $[a, b]$ stetig

---

[1] Es ist eine gute Idee, sich die Kapitel 25 und 34 noch einmal anzuschauen.

ist und

$$y(x) = \mathcal{L}(y) = y_a + \int_a^x f(s, y(s))\, ds \text{ für } a \leq x \leq b \qquad (41.2)$$

genügt. In Abschnitt 40.2 haben wir den **Integraloperator** $\mathcal{L}$ diskutiert und insbesondere bewiesen, dass (41.2) und (41.1) in dem Sinne äquivalent sind, dass eine Lösung des einen Problems ebenfalls eine Lösung des anderen Problems darstellt.

Wir definieren eine approximative Lösung, indem wir $f(x, y(x))$ als eine Funktion von x betrachten und die Rechteckregel anwenden, um das Integral in (41.2) zu approximieren. Wir wählen ein Gitter $\mathcal{T} = \{x_0, x_1, \cdots, x_N\}$ mit $a = x_0 < x_1 < \cdots < x_N = b$ und den Schrittweiten $\Delta x_n = x_n - x_{n-1}$, $1 \leq n \leq N$. Wir verwenden die maximale Schrittweite $\Delta x_{\mathcal{T}} = \Delta x = \max_{1 \leq n \leq N} \Delta x_n$ als Maß für die „Feinheit" des Gitters $\mathcal{T}$.

Die Approximation ist hinsichtlich des Gitters $\mathcal{T}$ eine stückweise lineare, stetige Funktion. Wir verwenden Großbuchstaben, um die Approximation zu bezeichnen. Die Knotenwerte $\{Y_n\}_{n=0}^N$ werden mit Hilfe des folgenden Algorithmus' bestimmt.

Algorithmus 41.1 Das explizite Euler–Verfahren Wir setzen $Y_0 = y_a$ und für $1 \leq n \leq N$

$$Y_n = Y_0 + \sum_{k=1}^{n} f(x_{k-1}, Y_{k-1})\Delta x_k. \qquad (41.3)$$

Entsprechend ist die Approximation für $x_{n-1} \leq x \leq x_n$ gegeben durch:

$$Y(x) = Y_0 + \sum_{k=1}^{n-1} f(x_{k-1}, Y_{k-1})\Delta x_k + f(x_{n-1}, Y_{n-1})(x - x_{n-1}). \qquad (41.4)$$

Dies wird die explizite Euler–Approximation genannt, da der linke Endpunkt verwendet wird, um die Approximation des Integrals auf jedem Intervall $[x_{n-1}, x_n]$ zu definieren. Eine wichtige Konsequenz ist, dass die Gleichungen, die $\{Y_n\}$ festlegen, *linear* sind. Im Gegensatz dazu sind, wenn wir zum Beispiel den rechten Endpunkt in jedem Intervall verwenden, die sich ergebenden Gleichungen für die Knotenwerte nichtlinear (vgl. Aufgabe 41.6).

BEISPIEL 41.1. Wir berechnen die expliziten Euler–Approximationen für das Problem

$$\begin{cases} y' = y, & 0 \leq x, \\ y(0) = 1, \end{cases} \qquad (41.5)$$

das die Lösung $y(x) = e^x$ besitzt. Wir verwenden äquidistante Gitter auf $[0, 1]$ mit 5, 10, 20 und 40 Intervallen und stellen die sich ergebenden Approximationen in Abbildung 41.1 dar. Vergleichen Sie diese mit den Ergebnissen der Picard–Iteration in Beispiel 40.9.

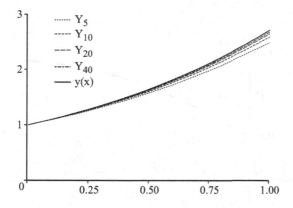

Abbildung 41.1: Graphische Darstellungen der expliziten Euler-Approximationen für (41.5) mit 5, 10, 20 und 40 äquidistant verteilten Knoten in $[0, 1]$ zusammen mit der wahren Lösung.

BEISPIEL 41.2. Wir berechnen die expliziten Euler–Approximationen für die logistische Gleichung mit $k_1 = k_2 = 1$:

$$\begin{cases} P' = P - P^2, & 0 \le t, \\ P(0) = 1/2, \end{cases} \tag{41.6}$$

die die Lösung $P(t) = 1/(1 + e^{-t})$ besitzt. Wir verwenden äquidistante Gitter auf $[0, 3]$ mit 5, 10, 20 und 40 Intervallen und stellen die sich ergebenden Approximationen in Abbildung 41.2 dar. Vergleichen Sie diese mit den Ergebnissen der Picard–Iteration in Beispiel 40.10.

BEISPIEL 41.3. Wir berechnen die expliziten Euler–Approximationen für das Modell vom Fichtenknospenwurm mit $k_1 = k_2 = k_3 = 1$:

$$\begin{cases} P' = P - P^2 - P^2/(1 + P^2), & 0 \le t, \\ P(0) = 1/2. \end{cases} \tag{41.7}$$

Wir verwenden äquidistante Gitter auf $[0, 3]$ mit 5, 10, 20 und 40 Intervallen und stellen die sich ergebenden Approximationen in Abbildung 41.3 dar. In diesem Fall ist es schwierig, mehr als zwei Picard–Iterationen zu berechnen (vgl. Aufgabe 40.8).

Wir können das explizite Euler–Verfahren als eine Methode zur approximativen Lösung einer Folge von Anfangswertproblemen interpretieren. Y löst auf $[x_0, x_1]$

$$\begin{cases} Y'(x) = f(x_0, Y_0), & x_0 \le x \le x_1, \\ Y(x_0) = y_a, \end{cases}$$

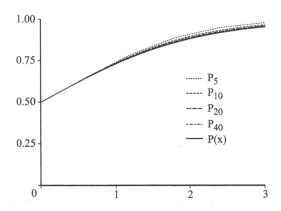

Abbildung 41.2: Graphische Darstellungen der expliziten Euler–Approximationen für (41.6) mit 5, 10, 20 und 40 äquidistant verteilten Knoten in $[0, 3]$ zusammen mit der wahren Lösung.

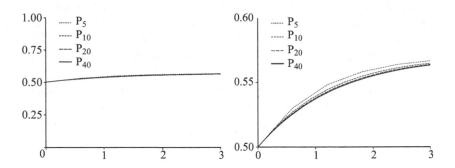

Abbildung 41.3: Graphische Darstellungen von expliziten Euler–Approximationen für (41.7) mit 5, 10, 20 und 40 äquidistant verteilten Knoten in $[0, 3]$. Links zeichnen wir die Ergebnisse auf derselben Skala ein, die wir in Abbildung 41.2 verwendet haben, so dass der Effekt des Raubs deutlich wird. Rechts ändern wir die Skala, um die Auswirkung der Gitteränderung zu verdeutlichen.

und mit dem gegebenen letzten Knotenwert Y_{n-1} gilt für $1 \leq n \leq N$

$$\begin{cases} Y'(x) = f(x_{n-1}, Y_{n-1}), & x_{n-1} \leq x \leq x_n, \\ Y(x_{n-1}) = Y_{n-1}. \end{cases}$$

Dies bedeutet, dass $Y(x)$ auf $[x_{n-1}, x_n]$ die Linearisierung der Funktion $\tilde{y}$ in x_{n-1} darstellt, die

$$\begin{cases} \tilde{y}'(x) = f(x, \tilde{y}(x)), & x_{n-1} \leq x \leq x_n, \\ \tilde{y}(x_{n-1}) = Y_{n-1}, \end{cases}$$

löst (vgl. Abbildung 41.4). $\tilde{y}$ wird die **lokale Lösung** auf $[x_{n-1}, x_n]$ genannt. In Aufgabe 41.7 bitten wir Sie zu zeigen, dass $\tilde{y}$ existiert. Der Term

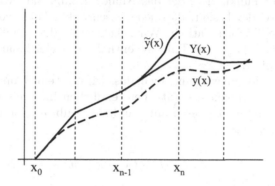

Abbildung 41.4: Die explizite Euler–Approximation $Y(x)$ ist auf $[x_{n-1}, x_n]$ die Linearisierung der lokalen Lösung $\tilde{y}$ in x_{n-1}.

„explizit" deutet darauf hin, dass der Wert von $f(x, Y(x))$ von x_{n-1} über $[x_{n-1}, x_n]$ extrapoliert wird.

41.2 Gleichgradige Stetigkeit und der Satz von Arzela

Wir haben eine Kollektion bzw. eine **Familie** von potentiellen Approximationen $\{Y\}$ von y zu allen möglichen Gittern $\{\mathcal{T}\}$ konstruiert, von denen es sehr viele gibt! Wir möchten zeigen, dass die Lösung y existiert und dass es möglich ist, y unter Verwendung von $\{Y\}$ auf jede gewünschte Genauigkeit zu approximieren. Wir können diese Ergebnisse wie folgt formulieren. Nehmen wir an, dass wir über eine Folge von Gittern mit der Eigenschaft verfügen, dass die zugehörigen maximalen Schrittweiten gegen Null streben. Dann bilden die entsprechenden Approximationen auf $[a, b]$

eine gleichmäßige Cauchy–Folge, die für $n \to \infty$ gegen einen Grenzwert, nämlich die Lösung y, konvergiert. Das werden wir im Folgenden beweisen.

In Kapitel 25 haben wir dieselbe Strategie verwendet, um zu zeigen, dass die durch die Rechtecksregel gegebene Approximation gegen das Integral einer stetigen Funktion konvergiert. Bei der Integration haben wir jedoch eine spezielle Folge von gleichmäßigen Gittern verwendet, die es relativ einfach macht, approximative Lösungen auf unterschiedlichen Gittern zu vergleichen. Hier vermeiden wir jede Annahme über die Folge von Gittern, bis auf die, dass ihre maximale Schrittweite gegen Null geht. Wir könnten die Argumentation abändern, die wir in Kapitel 25 für die Integration verwendet haben, um beliebige Gitter zu behandeln (vgl. Aufgabe 41.23). Wir wählen in diesem Kapitel jedoch einen anderen Ansatz.

Um zu zeigen, dass das Euler–Verfahren konvergiert, verwenden wir einen Satz über Funktionen, der das Analogon zum Satz von Weierstraß (Satz 32.13) ist, der besagt, dass jede beschränkte Folge von *Zahlen* eine konvergente Teilfolge enthält. Wir zeigen, dass die Familie der Euler–Approximationen $\{Y\}$ eine Teilfolge enthält, die gleichmäßig gegen die Lösung konvergiert.

Wir beginnen, indem wir annehmen, dass wir über eine Familie von Funktionen $\mathcal{F} = \{g\}$ verfügen, die auf einem endlichen Intervall $[a, b]$ definiert sind, und die gleichmäßig beschränkt sind. Also gibt es eine Konstante B, so dass für alle g in $\mathcal{F}$

$$|g(x)| \le B \text{ für } a \le x \le b.$$

Dies ist das Analogon zu einer beschränkten Menge von Zahlen.

Die beabsichtigte Anwendung für die Lösung der Integralgleichung (41.2) erfordert jedoch mehr. Die Familie $\mathcal{F}$ muss nämlich aus stetigen Funktionen bestehen, damit das Integral in (41.2) definiert ist. Tatsächlich ist die Familie der Euler–Approximationen stetig. Es ist jedoch auch erforderlich, dass der Grenzwert einer Folge in $\mathcal{F}$ stetig ist, damit (41.2) und (41.1) äquivalent sind.

Die Frage lautet deshalb: Unter welchen Bedingungen können wir beweisen, dass eine gleichmäßig beschränkte Familie von stetigen Funktionen eine Teilfolge besitzt, die gegen einen stetigen Grenzwert konvergiert? Wir haben bereits in Abschnitt 33.1 einen Hinweis auf die Antwort erhalten, in dem wir Folgen von stetigen Funktionen untersucht haben. *Eine Folge von stetigen Funktionen, die gegen eine Funktion konvergiert, muss keinen stetigen Grenzwert besitzen.* In Satz 33.1 haben wir diese Schwierigkeit umgangen, indem wir angenommen hatten, dass die Folge gleichmäßig konvergiert. Erinnern wir uns, dass eine Folge $\{g_n\}$ gleichmäßig gegen g auf $[a, b]$ konvergiert, wenn es zu einem gegebenen $\epsilon > 0$ ein N gibt, so dass für alle $n > N$

$$|g(x) - g_n(x)| < \epsilon \text{ für } a \le x \le b$$

gilt. Die Gleichmäßigkeit bezieht sich auf die Tatsache, dass Konvergenz für alle $a \leq x \leq b$ mit einer minimalen Geschwindigkeit stattfindet. *Eine Folge von stetigen Funktionen, die gleichmäßig konvergiert, muss gegen eine stetige Funktion konvergieren.*

Wenn wir folglich Bedingungen bestimmen, unter denen eine gleichmäßig beschränkte Familie $\mathcal{F}$ von stetigen Funktionen eine gleichmäßig konvergente Teilfolge besitzt, dann wissen wir, dass die Teilfolge einen stetigen Grenzwert besitzt. Dies erfordert einige zusätzliche Annahmen an $\mathcal{F}$, wie das nächste Beispiel veranschaulicht.

BEISPIEL 41.4. Wir definieren die Familie von Funktionen $\mathcal{F} = \{g_n\}$ auf $[0, 1]$ durch

$$g_n(x) = \frac{x^2}{x^2 + (1 - nx)^2} \quad n = 1, 2, 3, \cdots.$$

Hier gilt $|g_n(x)| \leq 1$ für alle $0 \leq x \leq 1$ und $n \geq 1$, deshalb ist $\mathcal{F}$ gleichmäßig beschränkt. Alle Funktionen g_n sind stetig und deshalb auf $[0, 1]$ gleichmäßig stetig. Für $0 \leq x \leq 1$ gilt

$$\lim_{n \to \infty} g_n(x) = 0,$$

deshalb konvergiert $\{g_n\}$ gegen eine stetige Funktion. Es gilt jedoch $g_n(1/n) = 1$ für $n \geq 1$, deshalb kann *keine* Teilfolge von $\{g_n\}$ gleichmäßig konvergieren.

Die Folge in Beispiel 41.4 besitzt keine gleichmäßig konvergente Teilfolge, obwohl sie konvergiert. Der Grund hierfür ist, dass obwohl jede Funktion in der Folge in x gleichmäßig stetig ist, die Funktionen hinsichtlich n nicht gleichmäßig stetig sind. Wir können diese Schwierigkeit vermeiden, indem wir eine Art von „doppelter" gleichmäßiger Stetigkeit auf $\mathcal{F}$ annehmen. Eine Familie $\mathcal{F} = \{g\}$ von Funktionen g, die auf $[a, b]$ definiert ist, ist **gleichgradig stetig** auf $[a, b]$, wenn es zu jedem $\epsilon > 0$ ein $\delta > 0$ gibt, so dass

$$|g(x) - g(z)| < \epsilon$$

für alle g in $\mathcal{F}$ und x, z in $[a, b]$ mit $|x - z| < \delta$ gilt. Gleichgradige Stetigkeit besagt, dass die Familie $\mathcal{F}$ sowohl im Argument als auch in den Funktionen gleichmäßig stetig ist.

BEISPIEL 41.5. Betrachten wir $\mathcal{F} = \{x^2 + x/n\}$ für $n \geq 1$, das auf $[0, 1]$ definiert ist. Es ist einfach zu zeigen, dass diese Funktionen gleichmäßig Lipschitz-stetig bezüglich n sind. Für x, z in $[0, 1]$ gilt:

$$\left| x^2 + \frac{x}{n} - \left(z^2 + \frac{z}{n} \right) \right| = \left| (x + z) + \frac{1}{n} \right| |x - z| \leq 2|x - z|.$$

Daher ist $\mathcal{F}$ gleichgradig stetig.

BEISPIEL 41.6. Betrachten wir $\mathcal{F} = \{nx^2\}$ für $n \geq 1$ auf $[0,1]$. Hier gilt für x, z in $[0,1]$

$$|nx^2 - nz^2| = n(x+z)|x-z|.$$

Um sicherzustellen, dass

$$|nx^2 - nz^2| < \epsilon$$

für ein beliebiges $\epsilon > 0$ gilt, müssen wir die Größe von $|x - z|$ so beschränken, dass es kleiner als $\epsilon/(n(x+z))$ ist, und für $x, z \neq 0$ kommt in diesem Ausdruck n vor. Folglich kann $\mathcal{F}$ nicht gleichgradig stetig sein.

Unter der Annahme, dass die Familie $\mathcal{F}$ gleichmäßig beschränkt und gleichgradig stetig ist, ist es ausreichend zu zeigen, dass sie eine gleichmäßig konvergente Teilfolge enthält. Der Beweis scheint, ebenso wie der Beweis des Satzes von Weierstraß, konstruktiv zu sein. Jeder Schritt erfordert allerdings die Entscheidung darüber, ob eine gegebene Region die Graphen einer unendlichen Anzahl von Funktionen enthält, etwas, das nicht durch einen Computer überprüft werden kann.

Sei B eine gleichmäßige Schranke für die Funktionen in $\mathcal{F}$. Da $\mathcal{F}$ auf $[a, b]$ gleichgradig stetig ist, gibt es zu einem beliebigen gegebenen $\epsilon > 0$ ein $\delta_\epsilon > 0$, so dass

$$|g(x) - g(z)| < \epsilon \text{ für } g \text{ in } \mathcal{F}, \ x, z \text{ in } [a,b] \text{ mit } |x-z| < \delta_\epsilon.$$

Es sei $\epsilon_i = B/2^i$ für $i = 1, 2, 3, \cdots$ und $\delta_i = \delta_{\epsilon_i}$.

Betrachten wir das Rechteck $\Re$, das durch $a \leq x \leq b$ und $-B \leq g \leq B$ gegeben ist. Das Rechteck ist in Abbildung 41.5 dargestellt. Wir konstruieren eine Folge von Regionen $\{b_n\}$, die in $\Re$ enthalten sind, so dass b_n in b_{n-1} enthalten ist, b_n in der Breite $[a,b]$ überdeckt, aber eine abnehmende „Höhe" besitzt und jedes b_n eine unendliche Anzahl von Funktionen von $\mathcal{F}$ enthält. Die Funktionen in $\{b_n\}$ bilden eine gleichmäßig konvergente Cauchy–Folge.

Wir konstruieren die Folge $\{b_n\}$ induktiv. Wir beginnen, indem wir $\Re$ in ein Schachbrettmuster von kleineren Rechtecken der Höhe ϵ_1 und der Breite δ_1, oder im Fall von Rechtecken an der rechten Kante möglicherweise auch kleiner, aufteilen. Wir bezeichnen die vertikalen „Streifen" von Rechtecken einer Spalte mit $S_1, S_2, \cdots, S_r$.

Keine Funktion g in $\mathcal{F}$ kann einen Graphen besitzen, der mehr als zwei angrenzende Rechtecke in S_1 überspannt, und zwar aufgrund der gleichgradigen Stetigkeit und der Wahl von δ_1. Deshalb müssen mindestens zwei angrenzende Rechtecke in S_1 eine unendliche Anzahl von Funktionen aus $\mathcal{F}$ enthalten. Wir haben in S_1 zwei solcher Rechtecke schattiert.

Der Graph einer beliebigen Funktion g in $\mathcal{F}$, der sich in den schattierten Rechtecken befindet, muss aufgrund der Stetigkeit durch eines der vier

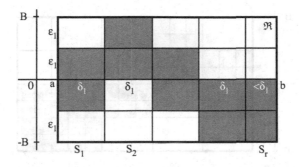

Abbildung 41.5: Das erste Schachbrettmuster eines Rechtecks, das im Beweis des Satzes von Arzela verwendet wird. Die Höhe der kleineren Rechtecke beträgt ϵ_1 und die Breite δ_1, außer möglicherweise für die Rechtecke an der rechten Kante, die eine kleinere Breite besitzen können. Das schattierte Band b_1 beinhaltet die Graphen einer unendlichen Anzahl von Funktionen in $\mathcal{S}$.

angrenzenden Rechtecke verlaufen, die die schattierte Region in S_2 überlappen. Und wieder kann der Graph einer solchen Funktion nicht mehr als zwei angrenzende Rechtecke überspannen. Folglich muss eines der angrenzenden Paare dieser vier Rechtecke eine unendliche Anzahl von Funktionen aus $\mathcal{F}$ enthalten.

Wir fahren auf dieselbe Weise fort und erhalten ein „Band" b_1 der Höhe $2\epsilon_1$ und Breite $[a, b]$, das Graphen einer unendlichen Anzahl von Funktionen in $\mathcal{F}$ enthält. Wir schattieren ein Beispiel eines solchen Bandes in Abbildung 41.5. Es bezeichne $\{g^{(1)}\}$ die unendliche Familie von Funktionen aus $\mathcal{F}$, deren Graphen in b_1 liegen. Wir wählen ein bestimmtes Mitglied und nennen es $\bar{g}_1$.

Als nächstes behandeln wir die Familie $\{g^{(1)}\}$ und das Band b_1 auf dieselbe Art und Weise mit ϵ_2 und δ_2, vgl. Abbildung 41.6. Wir teilen die Rechtecke in b_1 in Rechtecke der Höhe ϵ_2 und der Breite δ_2 auf, außer möglicherweise die Rechtecke an den rechten Kanten der Streifen in b_1, welche in der Breite kleiner sein könnten. Wir argumentieren genauso wie für b_1 und erhalten ein Band b_2 der Höhe $2\epsilon_2$, das in b_1 enthalten ist und das die Graphen von unendlich vielen Funktionen in $\{g^{(1)}\}$ enthält. Es bezeichne $\{g^{(2)}\}$ die unendliche Familie von Funktionen aus $\mathcal{F}$, deren Graphen in b_2 liegen, und $\bar{g}_2$ ein spezielles Mitglied dieser Familie.

Wir wiederholen dies und erhalten eine Folge von Bändern $\{b_n\}$, so dass b_n die Höhe $2\epsilon_n$ und die Breite $b - a$ besitzt, und b_n in b_{n-1} enthalten ist. Wir erhalten auch eine Folge von Funktionen $\{\bar{g}_n\}$ aus $\mathcal{F}$, wobei der Graph von $\bar{g}_m$ für $m \geq n$ in b_n enthalten ist. Wir schließen, dass $\{\bar{g}_n\}$ eine gleichmäßige Cauchy–Folge von stetigen Funktionen ist, die deshalb gleichmäßig gegen einen stetigen Grenzwert konvergieren muss.

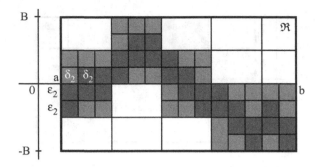

Abbildung 41.6: Das zweite Schachbrettmuster eines Rechtecks, das wir im Beweis des Satzes von Arzela verwendet haben. Die Höhe der kleineren Rechtecke beträgt ϵ_2 und die Breite δ_2, außer möglicherweise für die Rechtecke an der rechten Kante, die eine kleinere Breite besitzen können. Das schattierte Band b_2 beinhaltet die Graphen einer unendlichen Anzahl von Funktionen in $\{g^{(1)}\}$.

Wir fassen dies in folgendem wichtigen Satz zusammen, der nach Arzela[2] benannt ist.

Satz 41.1 Der Satz von Arzela *Eine gleichmäßig beschränkte, gleichgradig stetige Familie von Funktionen auf $[a, b]$ enthält eine Teilfolge, die gleichmäßig gegen eine stetige Funktion auf $[a, b]$ konvergiert.*

Gleichgradige Stetigkeit erscheint als eine eher strenge Bedingung. Wir können aber eine Art von Umkehrung von Satz 41.1 beweisen. Nehmen wir an, dass wir eine gleichmäßig konvergente Folge von stetigen Funktionen $\{g_n\}$ auf $[a, b]$ haben und $\epsilon > 0$ gegeben ist. Da $\{g_n\}$ eine gleichmäßige Cauchy–Folge ist, gibt es ein N, so dass für $n > N$

$$|g_n(x) - g_N(x)| < \epsilon, \quad a \leq x \leq b$$

gilt. Da stetige Funktionen auf einem beschränkten Intervall nach Satz 32.11 auf dem Intervall gleichmäßig stetig sind, gibt es ein $\delta > 0$, so dass für $1 \leq n \leq N$

$$|g_n(x) - g_n(z)| < \epsilon, \quad x, z \text{ in } [a, b] \text{ und } |x - z| < \delta.$$

Beachten Sie, dass obwohl dies wie die Bedingung für gleichgradige Stetigkeit einer Familie aussieht, sie es nicht ist, da wir lediglich die Stetigkeit einer *endlichen* Anzahl von Funktionen garantieren, nämlich $g_1, g_2, \cdots, g_N$. Eine endliche Menge von gleichmäßig stetigen Funktionen ist immer gleichgradig stetig (vgl. Aufgabe 41.9).

---

[2]Cesare Arzela (1847–1912) war ein italienischer Analytiker.

Wenn $n > N$ und x, z in $[a, b]$ mit $|x - z| < \delta$, dann gilt

$$|g_n(x) - g_n(z)| \le |g_n(x) - g_N(x)| + |g_N(x) - g_N(z)| + |g_N(z) - g_n(z)|$$
$$\le 3\epsilon.$$

Der erste und der letzte Term auf der rechten Seite sind wegen der gleichmäßigen Konvergenz von g klein und der rechte mittlere Term ist wegen der gleichmäßigen Stetigkeit von g_N klein. Da wir auch für $n \le N$ die Differenz $|g_n(x) - g_n(z)|$ kleiner als ϵ machen können, haben wir bewiesen:

Satz 41.2 *Nehmen wir an, dass $\{g_n\}$ eine Folge von stetigen Funktionen auf $[a, b]$ ist, die gleichmäßig auf $[a, b]$ gegen g konvergiert. Dann ist $\{g_n\}$ auf $[a, b]$ gleichgradig stetig.*

Dieses Ergebnis besagt, dass selbst wenn die ursprüngliche Familie $\mathcal{F}$ nicht gleichgradig stetig ist, jede Teilfolge von $\mathcal{F}$, die gleichmäßig konvergiert, gleichgradig stetig ist.

41.3 Konvergenz des Euler–Verfahrens

Wir wenden den Satz von Arzela 41.1 an, um zu zeigen, dass das Euler–Verfahren konvergiert. Wir nehmen an, dass wir eine Folge von Gittern mit der Eigenschaft besitzen, dass die maximalen Schrittweiten gegen Null streben. Dann verwenden wir den Satz von Arzela, um zu schließen, dass die Familie der zugehörigen Euler–Approximationen $\mathcal{F}$ eine gleichmäßige Cauchy–Teilfolge auf $[a, b]$ enthält, die für $N \to \infty$ gegen einen stetigen Grenzwert konvergiert, welcher die Lösung y ist.

Um sicherzustellen, dass $\mathcal{F}$ gleichmäßig beschränkt und gleichgradig stetig ist, müssen wir Annahmen an f treffen. Auf der Diskussion in Kapitel 39 basierend nehmen wir an, dass es Konstanten $B > a$ und $M > 0$ gibt, so dass f in x stetig und **lokal gleichmäßig Lipschitz-stetig** in y ist, d.h., dass es eine Konstante $L > 0$ gibt, so dass

$$|f(x, y_2) - f(x, y_1)| \le L|y_2 - y_1|$$

für alle (x, y) im Rechteck $\bar{\Re}$ gilt, das durch $a \le x \le B$ und $-M + y_a \le y_1, y_2 \le y_a + M$ gegeben ist (vgl. Abbildung 39.3).

Erinnern wir uns, dass dies impliziert, dass $f(x, \cdot)$ auf der Menge der stetigen Funktionen, deren Graphen in $\bar{\Re}$ liegen, gleichmäßig beschränkt ist. Sei z eine solche Funktion. Dann gilt für jedes $a < b \le B$ und $a \le x \le b$:

$$|f(x, z(x)) - f(x, y_a)| \le L|z(x) - y_a| \le LM,$$

denn nach Annahme liegt der Graph von z in $\bar{\Re}$. Deshalb gilt

$$|f(x, z(x))| \le LM + \sup_{a \le x \le b} |f(x, y_a)| = \tilde{M},$$

denn f ist in x stetig und daher ist $\sup_{a \le x \le b} |f(x, y_a)|$ endlich.

Wir zeigen, dass die Familie $\mathcal{F}$ der Euler–Approximationen auf einem Intervall $[a, b]$ gleichmäßig beschränkt und gleichgradig stetig ist, wobei $a < b \le B$ gewählt werden muss. Es bezeichne $\Re$ das „untere Rechteck" von $\bar{\Re}$, das durch $a \le x \le b$ und $-M + y_a \le y \le y_a + M$ beschrieben wird. Wir wenden den Integraloperator $\mathcal{L}$ auf eine stetige Funktion z an, deren Graph in $\Re$ enthalten ist und erhalten

$$|\mathcal{L}(z) - y_a| = \left| \int_a^x f(s, z(s))\, ds \right| \le \tilde{M}(x - a) \le \tilde{M}(b - a).$$

Dies besagt, dass das Bild des Integraloperators $\mathcal{L}$, der auf z angewendet wird, in der dreieckigen Region innerhalb von $\bar{\Re}$ zwischen den Geraden mit den Steigungen $\pm\tilde{M}$ enthalten ist, die durch (a, y_a) laufen (vgl. Abbildung 41.7). Wir wählen $b > a$, so dass

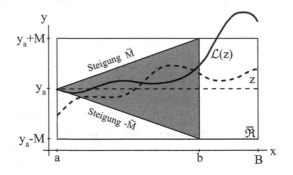

Abbildung 41.7: Das Bild des Integraloperators $\mathcal{L}$, der auf eine stetige Funktion angewendet wird, deren Graph in $\bar{\Re}$ enthalten ist, befindet sich in der dreieckigen, schattierten Region innerhalb von $\bar{\Re}$ zwischen den Geraden durch (a, y_a) mit den Steigungen $\pm\tilde{M}$.

$$b \le a + \frac{M}{\tilde{M}}.$$

Dies bedeutet, dass das Bild einer stetigen Funktion, deren Graph sich in $\Re$ unter $\mathcal{L}$ befindet, eine andere stetige Funktion ist, deren Graph sich in $\Re$ befindet.

Wir wählen ein Gitter aus $\{\mathcal{F}\}$ und bezeichnen die Knoten mit $\{x_0, x_1, \cdots, x_N\}$ und die zugehörigen Euler–Approximation mit Y. Nach (41.4) gilt

$$|Y(x) - Y_0| \le \sum_{k=1}^{n-1} |f(x_{k-1}, Y_{k-1})| \Delta x_k + |f(x_{n-1}, Y_{n-1})|(x - x_{n-1}) \quad (41.8)$$

für $x_{n-1} \le x \le n$, $1 \le n \le N$. Wir betrachten zuerst $x_0 \le x \le x_1$, wobei

$$|Y(t) - Y_0| \le |f(x_0, Y_0)||x - x_0| \le \tilde{M}(x - x_0) \le \tilde{M}(b - a) \le M.$$

Nehmen wir an, dass wir $|Y(x) - Y_0| \leq M$ für $x_{n-2} \leq x \leq x_{n-1}$ bewiesen haben. Dann impliziert (41.8) für $x_{n-1} \leq x \leq x_n$, dass

$$|Y(x) - Y_0| \leq \tilde{M} \sum_{k=1}^{n-1} \Delta x_k + \tilde{M}(x - x_{n-1}) = \tilde{M}(x - x_0)$$

$$\leq \tilde{M}(b - a) \leq M. \quad (41.9)$$

Daher ist $\mathcal{F}$ auf $[a, b]$ durch M gleichmäßig beschränkt.

Als nächstes zeigen wir, dass $\mathcal{F}$ gleichgradig stetig ist. Tatsächlich sind alle Euler–Approximationen in $\mathcal{F}$ mit der Konstanten $\tilde{M}$ Lipschitz-stetig und bezüglich ihrer jeweiligen Gitter gleichmäßig. Wir wählen ein Gitter $\mathcal{T}_N$ und bezeichnen die Knoten mit $\{x_0, x_1, \cdots, x_N\}$ und die entsprechende Euler–Approximation mit Y. Als nächstes wählen wir Punkte $a \leq \bar{x} < x \leq b$. Wenn sich x und $\bar{x}$ in demselben Teilintervall $[x_{n-1}, x_n]$ für $1 \leq n \leq N$ befinden, dann folgt sofort

$$|Y(x) - Y(\bar{x})| \leq |f(x_{n-1}, Y_{n-1})||x - \bar{x}| \leq \tilde{M}|x - \bar{x}|.$$

Andernfalls nehmen wir an, dass $x_{m-1} \leq \bar{x} \leq x_m$ und $x_{n-1} \leq x \leq x_n$ für ein beliebiges $1 \leq m < n \leq N$ gilt. Dann gilt

$$Y(x) - Y(\bar{x}) = (Y(x) - Y_0) - (Y(\bar{x}) - Y_0)$$

$$= \left(\sum_{k=1}^{n-1} f(x_{k-1}, Y_{k-1})\Delta x_k + f(x_{n-1}, Y_{n-1})(x - x_{n-1}) \right)$$

$$- \left(\sum_{k=1}^{m-1} f(x_{k-1}, Y_{k-1})\Delta x_k + f(x_{m-1}, Y_{m-1})(\bar{x} - x_{m-1}) \right).$$

$$(41.10)$$

Wir erweitern die erste Summe auf der rechten Seite zu

$$\sum_{k=1}^{m-1} f(x_{k-1}, Y_{k-1})\Delta x_k$$

$$+ f(x_{m-1}, Y_{m-1})(\bar{x} - x_{m-1}) + f(x_{m-1}, Y_{m-1})(x_m - \bar{x})$$

$$+ \sum_{k=m+1}^{n-1} f(x_{k-1}, Y_{k-1})\Delta x_k + f(x_{n-1}, Y_{n-1})(x - x_{n-1}),$$

(mit der Vereinbarung, dass die zweite Summe leer ist, falls m=n-1). Deshalb bedeutet (41.10), dass

$$Y(x) - Y(\bar{x}) = f(x_{m-1}, Y_{m-1})(x_m - \bar{x}) + \sum_{k=m+1}^{n-1} f(x_{k-1}, Y_{k-1})\Delta x_k$$

$$+ f(x_{n-1}, Y_{n-1})(x - x_{n-1}). \quad (41.11)$$

Mit Hilfe der gleichmäßigen Schranke für f schließen wir, dass

$$|Y(x) - Y(\bar{x})| \leq \tilde{M} \left((x_m - \bar{x}) + \sum_{k=m+1}^{n-1} \Delta x_k + (x - x_{n-1}) \right) \leq \tilde{M}|x - \bar{x}|.$$
(41.12)

Daher sind die Euler-Approximationen in $\mathcal{F}$ gleichgradig stetig.

Mit dem Satz von Arzela 41.1 schließen wir, dass $\mathcal{F}$ eine Teilfolge von Euler-Funktionen enthält, die gegen eine stetige Funktion $y(x)$ konvergiert. Wir bezeichnen diese Teilfolge mit $\{Y^{(n)}\}$ und die entsprechenden maximalen Schrittweiten mit $\{\Delta x^{(n)}\}$. Als nächstes beweisen wir, dass der Grenzwert y eine Lösung der Differenzialgleichung (41.1) ist.

Wir führen dies durch, indem wir zuerst zeigen, dass die Euler-Approximationen $\{Y^{(n)}\}$ „beinahe" die Differenzialgleichung lösen. Speziell wählen wir $\bar{x}$ in $[a, b]$ und zeigen, dass für ein beliebiges $\epsilon > 0$

$$\left| \frac{Y^{(n)}(x) - Y^{(n)}(\bar{x})}{x - \bar{x}} - f(\bar{x}, \bar{y}) \right| < \epsilon$$
(41.13)

für $|x - \bar{x}|$ hinreichend klein und n hinreichend groß gilt, wobei $\bar{y} = y(\bar{x})$.

Wir benötigen Informationen darüber, wie sich $f(\cdot, \cdot)$ verhält, wenn sich beide Argumente gleichzeitig ändern. Beachten Sie, dass $y_a - M \leq y(x) \leq y_a + M$ für $a \leq x \leq b$ gilt. Wir nehmen an, dass $a < \bar{x} < b$ und $y_a - M < \bar{y} < y_a + M$ und stellen den Fall, dass $\bar{x}$ oder $\bar{y}$ einer der Endpunkte der entsprechenden Intervalle ist, als Aufgabe 41.16.

Jetzt gilt für x in $[a, b]$ und z in $[y_a - M, y_a + M]$

$$|f(x, z) - f(\bar{x}, \bar{y})| \leq |f(x, z) - f(x, \bar{y})| + |f(x, \bar{y}) - f(\bar{x}, \bar{y})|$$
$$\leq L|z - \bar{y}| + |f(x, \bar{y}) - f(\bar{x}, \bar{y})|.$$

Daher gibt es zu einem gegebenen $\epsilon > 0$ ein $\delta > 0$, so dass

$$|f(x, z) - f(\bar{x}, \bar{y})| < \epsilon,$$
(41.14)

vorausgesetzt $|x - \bar{x}| < 2\delta$ und $|z - \bar{y}| < 4\tilde{M}\delta$. Dies definiert für hinreichend kleine δ ein Rechteck $\tilde{\Re}$, das in $\Re$ enthalten ist (vgl. Abbildung 41.8).

Wir wählen N hinreichend groß, so dass $n > N$ die Ungleichung $\Delta x^{(n)} < \delta$ impliziert, sowie

$$|y(x) - Y^{(n)}(x)| < \tilde{M}\delta \text{ für } a \leq x \leq b.$$

Dann befinden sich sowohl $(x, Y^{(n)}(x))$, als auch $(x, y(x))$ für $|x - \bar{x}| < 2\delta$ in $\tilde{\Re}$. Die erste Behauptung folgt aus (41.12), da

$$|Y^{(n)}(x) - \bar{y}| \leq |Y^{(n)}(x) - Y^{(n)}(\bar{x})| + |Y^{(n)}(\bar{x}) - \bar{y}| \leq 2\tilde{M}\delta + \tilde{M}\delta,$$

und die zweite Behauptung folgt aus

$$|y(x) - \bar{y}| \leq |y(x) - Y^{(n)}(x)| + |Y^{(n)}(x) - Y^{(n)}(\bar{x})| + |Y^{(n)}(\bar{x}) - \bar{y}|$$
$$\leq 4\tilde{M}\delta.$$

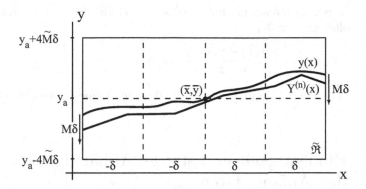

Abbildung 41.8: Das Rechteck $\tilde{\mathfrak{R}}$, das durch $|x-\bar{x}| < 2\delta$ und $|z-\bar{y}| < 4\tilde{M}\delta$ definiert ist.

Nehmen wir an, dass $x_{m-1} \leq \bar{x} \leq x_m$ und $x_{n-1} \leq x \leq x_n$ für ein beliebiges $1 \leq m \leq n \leq N$ gilt, dann impliziert (41.11)

$$Y(x) - Y(\bar{x}) = f(x_{m-1}, Y_{m-1})(x_m - \bar{x}) + \sum_{k=m+1}^{n-1} f(x_{k-1}, Y_{k-1})\Delta x_k$$
$$+ f(x_{n-1}, Y_{n-1})(x - x_{n-1}),$$

falls $m < n$ und

$$Y(x) - Y(\bar{x}) = f(x_{n-1}, Y_{n-1})(x - \bar{x})$$

falls $m = n$. Denn $\Delta x^{(n)} < \delta$, $x - \bar{x} < \delta$ impliziert, dass sich $x_{m-1}, \cdots, x_{n-1}$ innerhalb 2δ von $\bar{x}$ befinden. Deshalb impliziert (41.14), dass

$$(f(\bar{x},\bar{y}) - \epsilon)(x_m - \bar{x})$$
$$+ \sum_{k=m+1}^{n-1} (f(\bar{x},\bar{y}) - \epsilon)\Delta x_k + (f(\bar{x},\bar{y}) - \epsilon)(x - x_{n-1})$$
$$\leq Y(x) - Y(\bar{x})$$
$$\leq (f(\bar{x},\bar{y}) + \epsilon)(x_m - \bar{x})$$
$$+ \sum_{k=m+1}^{n-1} (f(\bar{x},\bar{y}) + \epsilon)\Delta x_k + (f(\bar{x},\bar{y}) + \epsilon)(x - x_{n-1}).$$

Wir vereinfachen dies zu:

$$(f(\bar{x},\bar{y}) - \epsilon)(x - \bar{x}) \leq Y(x) - Y(\bar{x}) \leq (f(\bar{x},\bar{y}) + \epsilon)(x - \bar{x}). \qquad (41.15)$$

Ein ähnliches Ergebnis gilt, falls $x < \bar{x}$ (vgl. Aufgabe 41.17) und wir erhalten (41.13).

Wir gehen zum Grenzwert für $n \to \infty$ in (41.13) über, was zeigt, dass für ein beliebiges $\epsilon > 0$

$$\left| \frac{y(x) - y(\bar{x})}{x - \bar{x}} - f(\bar{x}, y(\bar{x})) \right| < \epsilon$$

für $|x - \bar{x}| < \delta$ in $[a, b]$ gilt.[3] Dies zeigt, dass $y(x)$ eine Lösung von (41.1) ist.

41.4 Eindeutigkeit und stetige Abhängigkeit von den Anfangsdaten

Jetzt wissen wir, dass $\mathcal{F}$ eine Teilfolge von Euler–Approximationen enthält, die gegen eine Lösung von (41.1) konvergiert. Als nächstes zeigen wir, dass (41.1) eine eindeutige Lösung besitzen muss. Tatsächlich wissen wir dies bereits aus Kapitel 40, allerdings geben wir jetzt einen anderen Beweis und verwenden dabei ein sogenanntes Gronwall–Argument.

Nehmen wir an, dass wir zwei Lösungen $y(x)$ und $z(x)$ von $y' = f(x, y)$ für $a \leq x \leq b$ mit $y(a) = y_a$ und $z(a) = z_a$ kennen und dass deren Graphen sich in $\Re$ befinden. Wir erhalten eine Abschätzung für $|z(x) - y(x)|$ in Abhängigkeit der Differenz zwischen den Daten $|z_a - y_a|$. Durch Subtraktion der Integralform der Differenzialgleichungen für z und y

$$z(x) = z_a + \int_a^x f(s, z(s))\, ds \text{ und } y(x) = y_a + \int_a^x f(s, y(s))\, ds,$$

erhalten wir

$$z(x) - y(x) = (z_a - y_a) + \int_a^x \left(f(s, z(s)) - f(s, y(s)) \right) ds.$$

Da sich die Graphen von z und y für $a \leq x \leq b$ in $\Re$ befinden, können wir die Lipschitz-Stetigkeit von f benutzen und erhalten

$$|z(x) - y(x)| \leq |z_a - y_a| + L \int_a^x |z(s) - y(s)|\, ds.$$

Wir definieren die stetige Funktion $u(x) = |z(x) - y(x)|$ mit $u_a = |z_a - y_a|$, so dass

$$u(x) \leq u_a + \int_a^x u(s)\, ds. \tag{41.16}$$

Wir nehmen an, dass $u_a \neq 0$ gilt und stellen $u_a = 0$ als Aufgabe 41.18. Wenn wir

$$v(x) = L \int_a^x u(s)\, ds$$

---

[3] Mit einer geeigneten Interpretation, falls $\bar{x} = a$ oder b.

setzen, dann ist v auf $[a, b]$ differenzierbar und nach dem Fundamentalsatz 34.1 gilt $v'(x) = Lu(x)$. Daher impliziert (41.16), dass

$$\frac{dv}{dx} \leq Lu_a + Lv, \quad a \leq x \leq b.$$

Wir trennen die Variablen

$$\frac{dv}{u_a + v} \leq L\,dx, \quad a \leq x \leq b,$$

integrieren unter Verwendung von $v(a) = 0$ von a bis x und erhalten

$$\log(u_a + v(x)) - \log(u_a) \leq L(x - a).$$

Etwas einfache Algebra ergibt

$$v(x) \leq u_a e^{L(x-a)} - u_a.$$

Wir setzen dies in (41.16) ein und erhalten $u(x) \leq u_a e^{L(x-a)}$ für $a \leq x \leq b$. Wir fassen dieses letzte Ergebnis in folgendem Satz zusammen, der nach Gronwall[4] benannt ist.

Satz 41.3 Das Gronwall–Lemma *Nehmen wir an, dass $u_a \geq 0$ und $u(x)$ auf $a \leq x \leq b$ eine nichtnegative stetige Funktion ist, die*

$$u(x) \leq u_a + \int_a^x u(s)\,ds, \quad a \leq x \leq b$$

genügt. Dann gilt

$$u(x) \leq u_a e^{L(x-a)}, \quad a \leq x \leq b. \tag{41.17}$$

Das Gronwall–Lemma impliziert, dass die Lösung von (41.1) stetig von den Anfangsdaten abhängt. Wenn $z_a = y_a$, schließen wir insbesondere, dass $z(x) = y(x)$ für $a \leq x \leq b$ gilt. Mit anderen Worten, wenn (41.1) eine Lösung besitzt, deren Graph in $\Re$ liegt, dann ist diese Lösung eindeutig. Wir formulieren dieses Ergebnis als eigenen Satz.

---

[4]Hakon Tomi Grönvall oder Thomas Hakon Gronwall (1877–1932) wurde in Schweden geboren, besuchte in Schweden und Deutschland die Hochschule und arbeitete und starb in den Vereinigten Staaten. Er war sowohl ein starker Mathematiker, als auch ein ordentlicher physikalischer Chemiker und Bauingenieur. In der Mathematik machte er wichtige Beiträge zur Algebra, den Differenzialgleichungen, der mathematischen Physik, der Zahlentheorie und zur reellen und komplexen Analysis. Wesentliche Teile seiner Karriere verbrachte er als beratender Mathematiker für Ingenieure und Chemiker. Eine vielfältige Persönlichkeit: Es gibt eine Legende (die dem Autor von Lars Wahlbin erzählt wurde), dass Gronwall gar nicht 1932 starb. Stattdessen hörte er mit dem mathematischen Rattenrennen auf, verdiente viel Geld am Aktienmarkt, kaufte eine Insel im Südpazifik und verbrachte dort glücklich seinen Ruhestand.

Satz 41.4 Eindeutigkeit der Lösung einer gewöhnlichen Differenzialgleichung *Nehmen wir an, dass $f(s, y)$ in x stetig und in y gleichmäßig Lipschitz-stetig für (x, y) in dem Rechteck $\Re$ ist, das durch $a \leq x \leq b$ und $|y - y_a| \leq M$ gegeben ist. Es kann höchstens eine Lösung von (41.1) auf $a \leq x \leq b$ geben, deren Graph in $\Re$ enthalten ist.*

41.5 Mehr über die Konvergenz des Euler–Verfahrens

Jetzt haben wir gezeigt, dass eine Familie von Euler–Approximationen, die zu einer Folge von Gittern mit abnehmenden Schrittweiten gehört, eine Teilfolge enthält, die gleichmäßig gegen die eindeutige Lösung von (41.1) konvergiert. Wir möchten zeigen, dass tatsächlich die gesamte Familie von Euler–Approximationen gegen die Lösung konvergiert.

Für ein gegebenes $\epsilon > 0$ beweisen wir, dass höchstens eine endliche Anzahl von Euler–Approximationen $\{Y\}$ in $\mathcal{F}$ Graphen besitzen kann, die außerhalb der Region liegen, die links durch $x = a$, rechts durch $x = b$, unten durch $y(x) - \epsilon$ und oben durch $y(x) + \epsilon$ eingeschlossen ist, vgl. Abbildung 41.9. In der Tat, nehmen wir an, dass eine unendliche Anzahl von

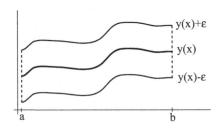

Abbildung 41.9: Die Region, die links durch $x = a$, rechts durch $x = b$, unten durch $y(x) - \epsilon$ und oben durch $y(x) + \epsilon$ beschränkt ist.

Euler–Approximationen außerhalb dieser Region liegt. Wir bezeichnen diese Approximationen mit $\{Y^{(n)}\}$ und die entsprechenden Schrittweiten mit $\{\Delta x^{(n)}\}$. Da $\Delta x^{(n)} \to 0$ gilt, können wir das obige Argument verwenden, um zu zeigen, dass es eine Teilfolge gibt, die gegen eine Lösung von (41.1) konvergiert und dass diese Lösung per Annahme nicht gleich $y(x)$ sein kann. Nach Satz 41.4 ist dies aber unmöglich.

Wir fassen dies in folgendem Satz zusammen, den wir den ersten drei Personen widmen, die Varianten des Ergebnisses bewiesen haben.[5]

---

[5]Cauchy gab das erste allgemeine Existenzergebnis für eine nichtlineare Differenzialgleichung erster Ordnung $y' = f(x, y)$. Er bewies, dass das Euler–Verfahren, das bereits

Satz 41.5 Existenzsatz von Cauchy, Lipschitz und Peano *Nehmen wir an, dass $f(x, y)$ in x stetig und in y gleichmäßig Lipschitz-stetig für alle (x, y) im Rechteck $\bar{\Re}$ ist, das durch $a \leq x \leq B$ und $-M + y_a \leq y \leq y_a + M$ beschrieben wird. Dann gibt es ein b mit $a < b \leq B$, so dass (40.1) eine eindeutige Lösung für $a \leq x \leq b$ besitzt. Außerdem konvergiert eine beliebige Folge von expliziten Euler–Approximationen, die zu einer Folge von Gittern gehören, deren maximale Schrittweiten gegen Null streben, gegen diese Lösung.*

41.6 Offene Fragen

Satz 41.5 impliziert, dass unter den richtigen Annahmen das explizite Euler–Verfahren verwendet werden kann, um die Lösung mit beliebiger gewünschter Genauigkeit zu approximieren. Allerdings gibt er keinen Hinweis auf die Genauigkeit einer bestimmten Approximation. Dies gibt Anlaß zu einigen Fragen. Wie schnell nähert sich die explizite Euler–Approximation der wahren Lösung, wenn man die Gitterweite verkleinert? Wie können wir den Fehler einer bestimmten Approximation abschätzen, um zu entscheiden, ob sie hinreichend genau ist oder nicht? Falls wir eine Approximation haben, die nicht hinreichend genau ist, wie sollen wir das Gitter verfeinern, d.h. die Schrittweiten verkleinern, um die Genauigkeit zu verbessern?

Wir verweisen auf Braun [4], Eriksson, Estep, Hansbo und Johnson [10], Henrici [13], Isaacson und Keller [15] für mehr Informationen zu diesen Themen.

---

früher von Euler beschrieben worden war, unter der Annahme konvergiert, dass f sowohl in Bezug auf x als auch auf y differenzierbar ist. Lipschitz bewies dasselbe Ergebnis, allerdings unter der schwächeren Annahme, dass f bezüglich x stetig und bezüglich y Lipschitz-stetig ist. Peano bewies das allgemeinste Ergebnis, indem er annahm, dass f in (x, y) lediglich stetig war, allerdings liefert Peanos Ergebnis keine Eindeutigkeit (vgl. Aufgabe 41.22).

Kapitel 41   Aufgaben

In den Aufgaben 41.1–41.5 werden Sie gebeten, explizite Euler–Approximationen auf gleichmäßigen Gittern für spezielle Anfangswertprobleme zu berechnen. Ein effizienter Weg, diese Aufgaben zu bearbeiten, ist zum Beispiel ein Programm in MATLAB© zu schreiben, dass die nichtlineare Funktion f, das Intervall $[a, b]$, den Anfangswert y_a und die Anzahl von Gitterpunkten als Eingabedaten annimmt und die entsprechende Approximation berechnet und zeichnet.

41.1. Berechnen Sie die expliziten Euler–Approximationen für das Problem $y' = x + y$ für $0 \leq x \leq 1$ zu den beiden Anfangswerten $y_a = 0$ und $y_a = 1$, sowie den gleichmäßigen Gittern mit $N = 5, 10, 20, 40$. Stellen Sie für alle Fälle die Ergebnisse graphisch dar.

41.2. Berechnen Sie die expliziten Euler–Approximationen für das Problem $y' = y^2$ für $0 \leq x \leq 0,9$ zu dem Anfangswert $y_a = 1$, sowie den gleichmäßigen Gittern mit $N = 40, 80, 160, 320$. Stellen Sie für alle Fälle die Ergebnisse graphisch dar. Vergleichen Sie diese mit dem erwarteten Verhalten der wahren Lösung.

41.3. Berechnen Sie die expliziten Euler–Approximationen für das Problem $y' = 1 - y^3$ für $0 \leq x \leq 1$ zu den beiden Anfangswerten $y_a = 0$ und $y_a = 1$, sowie den gleichmäßigen Gittern mit $N = 5, 10, 20, 40$. Stellen Sie für alle Fälle die Ergebnisse graphisch dar. Wie groß ist der Fehler der Approximationen für $y_a = 1$?

41.4. Berechnen Sie die expliziten Euler–Approximationen für das Problem $y' = y^{1/2}$ für $0 \leq x \leq 5$ zu den Anfangswerten $y_a = 0$ und $y_a = 0,0001$, sowie den gleichmäßigen Gittern mit $N = 20, 40, 80, 160$. Stellen Sie für alle Fälle die Ergebnisse graphisch dar. Wir könnten uns die zweite Anfangsbedingung als „Null" plus einen experimentellen Fehler vorstellen. Welche Lösungen dieses Problems werden durch die expliziten Euler–Approximationen gefunden?

41.5. (a) Berechnen Sie die expliziten Euler–Approximationen für das Problem $y' = 2xy$ für $1 \leq x \leq 2$ zum Anfangswert $y_a = e$, sowie den gleichmäßigen Gittern mit $N = 10, 20, 40, 80$. Stellen Sie für alle Fälle die Ergebnisse graphisch dar und vergleichen Sie sie mit der wahren Lösung $y(x) = e^{x^2}$. (b) Diese Lösung genügt auch $y' = 2y\sqrt{\log(y)}$ und $y(1) = e$. Wiederholen Sie die Berechnungen für dieses neue Problem und vergleichen Sie die Genauigkeit der expliziten Euler–Approximationen mit denen, die Sie für die erste Aufgabe erhalten haben. (c) Vergleichen Sie die beiden Probleme, falls wir sie auf $[0, 1]$ mit $y_a = 1$ lösen. Erwarten Sie Schwierigkeiten bei einem der Probleme?

41.6. Das **implizite Euler–Verfahren** wird konstruiert, indem man den rechten Endpunkt auf jedem Teilintervall benutzt. Die Knotenwerte $\{Y_n\}_{n=0}^{N}$ sind durch ein System von nichtlinearen Gleichungen festgelegt. Zuerst setzen wir $Y_0 = y_a$. Die Gleichung für Y_1 ist

$$Y_1 = Y_0 + f(x_1, Y_1)\Delta x_1,$$

und im Allgemeinen gilt für $1 \leq n \leq N$

$$Y_n = Y_0 + \sum_{k=1}^{n-1} f(x_k, Y_k)\Delta x_k + f(x_n, Y_n)\Delta x_n.$$

Beweisen Sie, indem Sie den Fixpunktsatz 15.1 anwenden, dass die Gleichung für Y_n eine eindeutige Lösung für einen hinreichend kleinen Zeitschritt Δx_n besitzt. Beschreiben Sie die Menge der gültigen Anfangsiterierten. *Hinweis:* Sie werden die Stetigkeitsannahme an f benötigen.

41.7. Beweisen Sie, unter der Voraussetzung, dass sich (x_{n-1}, Y_{n-1}) innerhalb von $\Re$ befindet, dass die lokale Lösung $\tilde{y}$ von

$$\begin{cases} \tilde{y}'(x) = f(x, \tilde{y}(x)), & x_{n-1} \leq x \leq x_n, \\ \tilde{y}(x_{n-1}) = Y_{n-1}, \end{cases}$$

für alle hinreichend kleinen Δx_n existiert. *Hinweis:* Verwenden Sie Satz 40.2 oder Satz 41.5.

Die Aufgaben 41.8–41.14 befassen sich mit der gleichgradigen Stetigkeit und dem Satz von Arzela 41.1.

41.8. Entscheiden Sie, ob die folgenden Familien gleichgradig stetig sind oder nicht und begründen Sie Ihre Antwort.

(a) $\left\{ \sin\left(x + \frac{1}{n}\right) \right\}$ auf $[0, \pi]$ (b) $\{x^n\}$ auf $[0, 1]$

(c) $\left\{ \dfrac{nx}{1 + nx^2} \right\}$ auf $[0, 1]$ (d) $\{x^2 + \sin(n)x\}$ auf $[0, 1]$.

41.9. Beweisen Sie, dass eine endliche Menge von gleichmäßig stetigen Funktionen gleichgradig stetig ist.

41.10. Nehmen wir an, dass $\{g_n\}$ eine Familie ist, die auf $[a, b]$ in dem Sinne gleichmäßig Lipschitz-stetig ist, dass es eine Konstante L gibt, so dass $|g_n(x_2) - g_n(x_1)| \leq L|x_2 - x_1|$ für $a \leq x_1, x_2 \leq b$ und alle n gilt. Zeigen Sie, dass $\{g_n\}$ gleichgradig stetig ist.

41.11. Nehmen wir an, dass g auf $\mathbf{R}$ stetig ist. Nehmen wir weiter an, dass die Familie von Funktionen $\{g_n\}$ auf $[0, 1]$ mit $g_n(x) = g(nx)$ gleichgradig stetig ist. Was können Sie über g sagen?

41.12. Nehmen wir an, dass $\{g_n\}$ auf $[a, b]$ gleichgradig stetig ist und auf $[a, b]$ punktweise konvergiert. Beweisen Sie, dass $\{g_n\}$ auf $[a, b]$ gleichmäßig konvergiert.

41.13. Konstruieren Sie die ersten drei Bänder b_1, b_2, b_3, die wir im Beweis des Satzes von Arzela 41.1 für die Familie $\{x^2 + x/n\}$ auf $[0, 1]$ verwendet haben. *Hinweis:* Benutzen Sie die Tatsache, dass $x^2 \leq x^2 + x/n \leq x^2 + x$ für $0 \leq x \leq 1$ gilt.

41.14. Nehmen wir an, dass $\{g_n\}$ eine gleichmäßig beschränkte Familie von stetigen Funktionen auf $[a, b]$ ist. Definieren Sie

$$G_n(x) = \int_a^x g_n(s)\, ds \text{ für } a \le x \le b.$$

Beweisen Sie, dass es eine Teilfolge von $\{G_n\}$ gibt, die gleichmäßig auf $[a, b]$ konvergiert.

Die Aufgaben 41.15–41.21 befassen sich mit dem Beweis von Satz 41.5.

41.15. Verifizieren Sie (41.9).

41.16. Verifizieren Sie, dass (41.13) für $\bar{x} = a$, $\bar{x} = b$, $\bar{y} = y_a - M$ und/oder $\bar{y} = y_a + M$ gilt.

41.17. Verifizieren Sie (41.17) für $x < \bar{x}$.

41.18. Beweisen Sie, dass (41.17) für $u_a = 0$ gilt. *Hinweis:* Verwenden Sie dasselbe v wie in dem Beweis von (41.17) für $u_a > 0$ und multiplizieren Sie $v' - Lv \le 0$ mit dem integrierenden Faktor e^{-Lt}. Zeigen Sie, dass

$$\frac{d}{dt}\left(e^{-Lt}v\right) = \left(v' - Lv\right)e^{-Lt}.$$

Verwenden Sie dann diese Tatsache.

41.19. Nennen und beweisen Sie ein allgemeineres Gronwall–Lemma für eine nichtnegative stetige Funktion u, die

$$u(x) \le u_a + \int_a^x g(s)u(s)\, ds, \quad a \le x \le b$$

genügt, wobei $u_a \ge 0$ gilt und $g(x)$ eine positive stetige Funktion auf $[a, b]$ ist.

41.20. Als Teil des Beweises von Satz 41.5 zeigen wir, dass die Euler–Approximation Y_n die Differenzialgleichung approximativ im Sinne von (41.13) löst und dann gehen wir zu dem Grenzwert über, um zu zeigen, dass der Grenzwert y die Differenzialgleichung löst. Beweisen Sie alternativ, dass der Grenzwert y die Integralgleichung (41.2) löst. *Hinweis:* Zeigen Sie, dass

$$\left| \int_a^x f(s, y(s))\, ds - Y(x) \right|$$

für $a \le x \le b$ gleichmäßig klein gemacht werden kann.

41.21. Was läuft im Beweis von Satz 41.5 falsch, wenn wir die Annahme fallen lassen, dass die Folge von Gittern, die zu der Familie der expliziten Euler–Approximationen $\mathcal{F}$ gehört, maximale Schrittweiten besitzt, die gegen Null streben?

Der Beweis von Peano, dass das explizite Euler–Verfahren gegen die Lösung konvergiert, verwendet schwächere Stetigkeitsannahmen an f als wir in Satz 41.5 annehmen und seine Version des Satzes liefert sogar Konvergenz, wenn es keine eindeutige Lösung gibt. Sein Beweis erfordert jedoch die Definition der Stetigkeit für Funktionen von mehreren Variablen sowie die Anwendung einiger Eigenschaften solcher Funktionen. Die gleichmäßige Lipschitz-Annahme in Satz 41.5 ist tatsächlich ausreichend, um einen konstruktiven Beweis zu geben, der nicht auf den Satz von Arzela zurückgreift. In den nächsten zwei Aufgaben werden wir Sie bitten, das ursprüngliche Ergebnis von Peano zu beweisen und einen konstruktiven Beweis dafür zu geben, dass das Euler–Verfahren konvergiert.

41.22. Peanos Version von Satz 41.5 gilt für Funktionen $f(x,y)$, die lediglich stetig sind. $f(x,y)$ ist in (x_1, z_1) stetig, wenn es für ein beliebiges $\epsilon > 0$ ein $\delta > 0$ gibt, so dass $|f(x_2, z_2) - f(x_1, z_1)| < \epsilon$ für ein beliebiges (x_2, z_2) mit $|x_2 - x_1| < \delta$ und $|z_2 - z_1| < \delta$ gilt.

Es ist möglich zu beweisen, dass eine Funktion, die auf einem geschlossenen, beschränkten Rechteck $\mathfrak{R}$ stetig ist, auf $\mathfrak{R}$ mit den offensichtlichen Definitionen dieser Begriffe gleichmäßig stetig und gleichmäßig beschränkt ist.[6]

Nehmen wir an, dass $f(x,y)$ auf einem Rechteck $\mathfrak{R}$ stetig ist, das durch $a \leq x \leq B$ und $|y - y_a| \leq M$ definiert ist. Beweisen Sie, dass es ein b mit $a < b \leq B$ gibt, so dass eine beliebige Familie von expliziten Euler–Approximationen, die auf einer Folge von Gittern auf $[a, b]$ definiert ist, deren Gitterweiten gegen Null gehen, gegen eine Lösung von (40.1) konvergiert. Dieses Ergebnis liefert keine Eindeutigkeit!

Hinweis: Definieren Sie b genauso wie in dem Beweis von Satz 41.5, wobei $\tilde{M}$ eine Schranke auf $f(x,y)$ auf $\mathfrak{R}$ darstellt. Folgen Sie denselben Argumenten mit geeigneten Modifikationen und verwenden Sie die gleichmäßige Stetigkeit und Beschränktheit von f auf $\mathfrak{R}$.

41.23. Modifizieren Sie die Analyse der Rechtecksregel zur Integration in den Kapiteln 25 und 34, um einen konstruktiven Beweis von Satz 41.5 zu geben.

---

[6]Es ist nicht wirklich schwieriger, dieses Ergebnis zu beweisen, als das Entsprechende in einer Dimension, das wir in Kapitel 32 besprochen hatten. Es erfordert jedoch einige geometrische Begriffe, die wir in diesem Buch nicht einführen wollen. Andernfalls hätten wir Peanos Version beweisen können, wobei es sich lediglich um eine Abänderung des Beweises von Satz 41.5 handelt, den wir oben angegeben haben.

Ein Fazit oder eine Einleitung?

Es erschien mir nicht angebracht, mit einem Fazit zu schließen, da dieses Buch lediglich eine Einleitung in das weite Feld der Analysis gibt. Stattdessen schließen wir, indem wir besprechen, wo man nach Lesen dieses Buches anknüpft.

Die Quellen, die im Literaturverzeichnis aufgeführt sind, sind ein guter Startpunkt für weitere Entdeckungen. Die Bücher von Courant, John [6] und Lay [17] besprechen die reelle Analysis ungefähr auf demselben Niveau wie in diesem Buch. Courant und John konzentrieren sich jedoch mehr auf die Infinitesimalrechnung, während Lay einen abstrakteren Ansatz aufgreift. Das Lehrbuch zur Infinitesimalrechnung von Bers [3] enthält auch etwas rigorose Analysis. Das Buch von Rudin [19] stellt das klassische Einführungsbuch in die reelle Analysis dar. Es ist abstrakter als dieses Buch und dringt tiefer in einige Aspekte der Analysis ein. Es wäre das nächste Buch zur Analysis, das man nach diesem Buch lesen sollte. Thomson, Bruckner und Bruckner [20] decken fast dasselbe Material wie Rudin ab, allerdings auf eine modernere Art und Weise. Der Autor schlug selber häufig in all diesen Büchern nach, während er dieses Lehrbuch schrieb.

Die komplexe Analysis, also die Analysis von Funktionen komplexer Zahlen, ist eines der wunderbarsten Gebiete der Mathematik. Es sollte sofort nach der reellen Analysis studiert werden. Ein Standardlehrbuch ist das von Ahlfors [1], wobei es sich tatsächlich um ein klassisches Buch in der Mathematik handelt.

Das Buch von Grinstead und Snell [12] ist eine beliebte Einführung in die Wahrscheinlichkeitsrechnung.

Zwei allgemeine Lehrbücher zur numerischen Analysis stammen von At-kinson, [2] Isaacson und Keller [15]. Diese Bücher bieten auch Material über allgemeine Analysis, die nicht oft in den Standardlehrbüchern zur Analysis besprochen wird. Diese zwei Bücher diskutieren das Newton–Verfahren sowie die Lösung von gewöhnlichen Differenzialgleichungen, allerdings sind diese Themen so kompliziert, dass sie eigene Bücher rechtfertigen würden. Dennis und Schnabel [9] stellen eine großartige Quelle dar, um die Lösung von nichtlinearen Gleichungen zu studieren. Das Lehrbuch von Braun [4] und das klassische Buch von Henrici [13] besprechen viele interessante Aspekte von Differenzialgleichungen und ihrer numerischen Lösung. Für eine modernere Perspektive kann der Leser in den Büchern von Eriksson, Estep, Hansbo und Johnson [10] nachschlagen, die erklären, wie viele In-genieure die numerische Lösung von Differenzialgleichungen betrachten.

Was die Geschichte der Mathematik anbelangt, so gibt es einige gute Quellen [5, 7, 11, 16, 18], die im Literaturverzeichnis aufgeführt sind. Alle Mathematikstudenten sollten schließlich das klassische Buch von Kline [16] lesen. Mathematiker sollten auch Davis und Hersh [8] lesen, wenn sie den Punkt erreichen, an dem sie anfangen, sich zu fragen, was sie tun und warum.

Vieles spricht dafür anzunehmen, dass auf jene, die sich ihren Weg durch den größten Teil dieses Buches gebahnt haben, wahrscheinlich weitere Aben-teuer und Entdeckungen in der Analysis warten. Ob diese in der Mathema-tik, in der Naturwissenschaft oder den Ingenieurwissenschaften liegen, ob zukünftige Untersuchungen aus Beweisen oder aus Berechnungen bestehen oder ob das Ziel ist, die physikalische Welt zu modellieren bzw. mathemati-sche Wahrheiten herauszufinden, denken Sie daran, dass das *alles* Analysis ist.

Literatur

[1] L. AHLFORS, *Complex Analysis*, McGraw-Hill Book Company, New York, 1979.

[2] K. ATKINSON, *An Introduction to Numerical Analysis*, John Wiley and Sons, New York, 1989.

[3] L. BERS, *Calculus*, Holt, Rinehart, and Winston, New York, 1976.

[4] M. BRAUN, *Differential Equations and their Applications*, Springer-Verlag, New York, 1984.

[5] R. COOKE, *The History of Mathematics. A Brief Course*, John Wiley and Sons, New York, 1997.

[6] R. COURANT AND F. JOHN, *Introduction to Calculus and Analysis*, vol. 1, Springer-Verlag, New York, 1989.

[7] R. COURANT AND H. ROBBINS, *What is Mathematics?*, Oxford University Press, New York, 1969.

[8] P. DAVIS AND R. HERSH, *The Mathematical Experience*, Houghton Mifflin, New York, 1998.

[9] J. DENNIS AND R. SCHNABEL, *Numerical Methods for Unconstrained Optimization and Nonlinear Equations*, Prentice-Hall, New Jersey, 1983.

[10] K. ERIKSSON, D. ESTEP, P. HANSBO, AND C. JOHNSON, *Computational Differential Equations*, Cambridge University Press, New York, 1996.

[11] I. GRATTAN-GUINESS, *The Norton History of the Mathematical Sciences*, W.W. Norton and Company, New York, 1997.

[12] C. GRINSTEAD AND J. SNELL, *Introduction to Probability*, American Mathematical Society, Providence, 1991.

[13] P. HENRICI, *Discrete Variable Methods in Ordinary Differential Equations*, John Wiley and Sons, New York, 1962.

[14] E. HILLE, *Thomas Hakon Gronwall - In Memoriam*, Bulletin of the American Mathematical Society, 38 (1932), pp. 775–786.

[15] E. ISAACSON AND H. KELLER, *Analysis of Numerical Methods*, John Wiley and Sons, New York, 1966.

[16] M. KLINE, *Mathematical Thought from Ancient to Modern Times*, vol. I, II, III, Oxford University Press, New York, 1972.

[17] S. LAY, *Analysis with an Introduction to Proof*, Prentice Hall, New Jersey, 2001.

[18] J. O'CONNOR AND E. ROBERTSON, *The MacTutor History of Mathematics Archive*, School of Mathematics and Statistics, University of Saint Andrews, Scotland, 2001. http://www-groups.dcs.st-and.ac.uk/~history/.

[19] W. RUDIN, *Principles of Mathematical Analysis*, McGraw–Hill Book Company, New York, 1976.

[20] B. THOMSON, J. BRUCKNER, AND A. BRUCKNER, *Elementary Real Analysis*, Prentice Hall, New Jersey, 2001.

[21] T. YPMA, *Historical development of the Newton-Raphson method*, SIAM Review, 37 (1995), pp. 531–551.

Index

Druck und Bindung: Strauss GmbH, Mörlenbach